河北塞罕坝昆虫

主 编 任国栋 国志锋 陈智卿
副主编 刘广智 宋艳辉

电子工业出版社
Publishing House of Electronics Industry
北京·BEIJING

内 容 提 要

该书是河北大学动物学国家重点（培育）学科与河北省塞罕坝机械林场于2015—2016年合作完成的科考项目成果，是迄今为止对该地区昆虫本底资源较为完整和系统的记录。全书内容分总论和各论两部分：总论部分包括塞罕坝自然概况、昆虫研究背景、昆虫种类多样性组成与分布、昆虫资源类型与保护利用等；各论部分按分类系统编排，包括塞罕坝六足动物亚门4纲23目134科654属958种（亚种），列出相关标本的信息、分布、取食对象等。文后附昆虫整体照片62版、参考文献及中文名称和拉丁文名称索引。

本书可作为国内外从事自然保护、农林业、植物保护、植物检疫、生物多样性、陆地生态学等学科和部门科技人员，以及大中专院校相关专业人员学习的参考。

未经许可，不得以任何方式复制或抄袭本书之部分或全部内容。
版权所有，侵权必究。

图书在版编目（CIP）数据

河北塞罕坝昆虫/任国栋，国志锋，陈智卿主编. —北京：电子工业出版社，2023.6
ISBN 978-7-121-45575-9

Ⅰ．①河… Ⅱ．①任… ②国… ③陈… Ⅲ．①昆虫－围场满族蒙古族自治县－图集
Ⅳ．①Q968.222.2-64

中国国家版本馆CIP数据核字（2023）第083797号

责任编辑：缪晓红
印　　刷：北京捷迅佳彩印刷有限公司
装　　订：北京捷迅佳彩印刷有限公司
出版发行：电子工业出版社
　　　　　北京市海淀区万寿路173信箱　邮编：100036
开　　本：787×1 092　1/16　印张：23　字数：688千字　彩插：32
版　　次：2023年6月第1版
印　　次：2023年6月第1次印刷
定　　价：560.00元

凡所购买电子工业出版社图书有缺损问题，请向购买书店调换。若书店售缺，请与本社发行部联系，联系及邮购电话：（010）88254888，88258888。
质量投诉请发邮件至zlts@phei.com.cn，盗版侵权举报请发邮件至dbqq@phei.com.cn。
本书咨询联系方式：（010）88254760，mxh@phei.com.cn。

THE SAIHANBA INSECTS FROM HEBEI, CHINA

Chief Editor   REN GUO-DONG   GUO ZHI-FENG
                CHEN ZHI-QING
Associate Editor   LIU GUANG-ZHI   SONG YAN-HUI

Publishing House of Electronics Industry

Beijing, China

编委会

主　编　任国栋　国志锋　陈智卿
副主编　刘广智　宋艳辉
编　委

河北大学

巴义彬	白兴龙	方　程	关环环	郭欣乐	荆彤彤	李　迪
李东越	李文静	李秀敏	刘　琳	牛一平	李　雪	潘　昭
寇博翔	任　甫	单军生	史　贺	唐慎言	闫　艳	苑彩霞
张润杨	张　宁					

河北塞罕坝机械林场

（以姓氏笔画为序）

于贵鹏	王利宏	王东红	王艳春	尹海龙	田茂贤	司宏煜
刘凤民	刘　扬	吴　松	邹建国	宋彦伟	张　扬	张泽辉
张　菲	张　磊	武玉梅	周建波	周福成	庞金霞	孟凡玲
袁中伟	郭玲玲	崔　萌	傅聿青	温亚楠	戴　楠	

图　片　任　甫　寇博翔　荆彤彤　牛一平
统　稿　任国栋

前 言

河北省塞罕坝机械林场是世界上最大的人工林场，也是国家级自然保护区和国家森林公园，属于森林—草原交错带，被誉为"中国绿色明珠"和"华北绿宝石"。历史上的塞罕坝是清朝著名的皇家猎苑——"木兰围场"的组成部分，是蒙汉混合语"塞罕达巴罕色钦"的简写，意为"美丽的高岭"。河北省塞罕坝机械林场总面积达 140 万亩，其中，森林面积 115.1 万亩，湿地面积 10.3 万亩，森林覆盖率 82.0%，是一处水草丰沛、森林茂密、禽兽繁集的地方，被誉为"水的源头、云的故乡、花的世界、林的海洋、珍禽异兽的天堂"。

在植物地理区划方面，塞罕坝不但是内蒙古、东北和华北 3 个植物区系的交会处，而且有西北和达乌里两种成分。在世界动物地理区划方面，塞罕坝属中日界和古北界交界处；在中国动物地理上隶属华北、东北和蒙新 3 个动物区的交会处，具有比较丰富的野生动物资源。在塞罕坝的历史记录中，该地区的生物多样性记录主要集中在植被及脊椎动物方面，而对于昆虫的研究记录主要局限于有害昆虫种类的防治方面，尚缺少比较完整的物种多样性考察，从而影响人们对该地区生物多样性及其生态功能的整体性认知。为此，我们在河北省塞罕坝机械林场的支持下，于 2015—2016 年启动了昆虫物种本底资源的首次全面调查工作，通过扫网、灯诱、黄盘诱集、杯诱等多种采集方法混合使用，获得了 12000 余件标本。经对捕获标本的初步鉴定和有关记录的搜集整理，撰写了《河北塞罕坝昆虫》一书。本次考察取得的重要成果如下。

一、首次记述该地区昆虫 958 种，隶属于六足动物亚门 Hexapoda 4 纲 23 目 134 科，其中，原尾纲 Protura 1 目 1 科 3 种，双尾纲 Diplura 1 目 1 科 1 种，弹尾纲 Collembola 2 目 3 科 6 种，昆虫纲 Insecta 19 目 127 科 948 种，绝大多数物种和现有整理数据是迄今为止河北省塞罕坝机械林场昆虫生物多样性的历史新纪录。

二、现有昆虫编目数据显示，塞罕坝地区昆虫的物种多样性构成以鞘翅目 Coleoptera 427 种和鳞翅目 Lepidoptera 282 种占据优势，两者合计 709 种，占目前已知昆虫总种数的 74.0%以上；科级阶元组成以天牛科 Cerambycidae（101 种）、夜蛾科 Noctuidae（84 种）、叶甲科 Chrysomelidae（76 种）、象甲科 Curculionidae（40 种）、蛱蝶科 Nymphalidae（40 种）、步甲科 Carabidae（34 种）6 个科的物种数量比较丰富，共计 375 种，占总种数体的 39.0%以上。

三、塞罕坝地区的昆虫区系成分以古北界、中日界和东洋界为主，尤其以这 3 界的共有成分占比较大，其由高到低依次为 2 界成分（古北界+中日界）49.79% >3 界成分（古北界+中日界+东洋界）29.02% > 1 界成分（中日界）3.86%；塞罕坝地区的昆虫区系在中国动物地理区突出华北区+东北区+蒙新区共同组成的 3 区共有成分（127 种，13.26%）＞6 区分布成分（华北区+东北区+蒙新区+华中区+华南区+西南区共有成分，共计 118 种，占比 12.32%）＞全国广布种（109 种，占比 11.38%）＞华北区+东北区+蒙新区+华中区共同组成的 4 区共有成分（共计 101 种，占比 10.54%）。

四、在分析资源组成基础上，本书将该地区已知的昆虫资源大致分为 6 类，其种数由高到低依次为食用类昆虫和药用类昆虫 374 种（39.1%）＞天敌类昆虫 187 种（19.5%）＞观赏类昆虫 148 种（15.5%）＞传粉类昆虫 143 种（14.9%）＞清洁类昆虫 73 种（7.6%）＞环境检测类昆虫 33 种（3.4%）。经综合考虑，本书提出河北省塞罕坝机械林场昆虫资源保护与利用的初步建议。

需要指出，本次记录的塞罕坝地区的昆虫是初步的，尚距该地区实际存在的昆虫物种数量相差甚远，也就是说，本书所总结的塞罕坝昆虫并不能客观完整地反映出该地区昆虫的真实面貌。由于人员和资金有限，加上标本采集的时间较短，现有调查数据对该地区昆虫的区系组成和分布格局的认识还存在一定的偏颇，尤其是受物种鉴定能力的限制，仍有相当一部分的类群没能鉴定出来，尤其是双翅目 Diptera 和膜翅目 Hymenoptera。另外，塞罕坝昆虫的区系形成和分化发展、南北物种交融等复杂理论问题，还需要通过对该地区历史生物地理学的深度剖析，才能相对客观地阐述和揭示，这将是我们今后努力的主要方面。

在塞罕坝昆虫资源考察期间，原河北省林草局森林病虫害防治检疫站邸济民站长、李跃科长、任卫红科长等对本项考察工作给予指导，并提供了部分昆虫生态照片；河北省塞罕坝机械林场森林病虫害防治检疫站及相关林场职工参加了部分野外考察工作；河北大学博物馆巴义彬副研究员、生命科学学院动物学专业的多位教师、博士后、博士和 3 届研究生参与了标本采集、物种归类和鉴定、文献整理、资料汇总和分析工作，在此一并致以诚挚的谢意！

任国栋

2022 年 5 月 10 日

目　录

第一篇　总　论

一、自然资源概况与昆虫研究现状 3
 （一）自然资源概况 3
  1. 区域位置和面积 3
  2. 气候特征 3
  3. 地形地貌与土壤类型 3
  4. 植物资源与植被特征 4
  5. 菌类资源 4
  6. 动物资源 5
 （二）昆虫研究现状 5
  1. 昆虫物种多样性本地调查基础极为薄弱 5
  2. 相关研究偏重应用 5

二、科考组织与项目实施 6
 （一）科考组织 6
 （二）项目实施 6
  1. 标本采集 6
  2. 标本制作 8
 （三）研究方法 8
  1. 物种鉴定 8
  2. 物种补录 8
  3. 区系分析 9
  4. 昆虫资源评价与保护 9

三、昆虫物种多样性与分布 10
 （一）塞罕坝昆虫物种多样性 10
  1. 目级阶元组成 11
  2. 科级阶元组成 11
  3. 属级阶元组成 15

（二）昆虫分布
1. 与世界动物地理区的关系 ·········· 15
2. 与中国动物地理区的关系 ·········· 16

四、昆虫资源类型及其保护利用 ·········· 19
1. 传粉类昆虫 ·········· 19
2. 天敌类昆虫 ·········· 19
3. 观赏类昆虫 ·········· 20
4. 食用类昆虫和药用类昆虫 ·········· 20
5. 清洁类昆虫 ·········· 21

五、昆虫研究展望 ·········· 22
（一）深挖昆虫资源，揭示其物种多样性 ·········· 22
（二）营造昆虫多样性生态环境 ·········· 22
（三）加强重要森林昆虫的生物学和科学管控技术研究 ·········· 24
（四）加强昆虫知识的公众教育 ·········· 24

第二篇　各　论

第一章　原尾纲 PROTURA ·········· 29
I. 古蚖目 EOSENTOMATA ·········· 29
1. 古蚖科 Eosentomidae ·········· 29

第二章　弹尾纲 COLLEMBOLA ·········· 31
II. 原蚖目 PODUROMORPHA ·········· 31
2. 土蚖科 Tullbergiidae ·········· 31
III. 长角蚖目 ENTOMOBRYOMORPHA ·········· 32
3. 长角蚖科 Entomobryidae ·········· 32
4. 等节蚖科 Isotomidae ·········· 32

第三章　双尾纲 DIPLURA ·········· 34
IV. 铗尾目 DICELLURA ·········· 34
5. 副铗虮科 Parajapygidae ·········· 34

第四章　昆虫纲 INSECTA ·········· 35
一、无翅亚纲 APTERYGOTA ·········· 35
V. 石蛃目 ARCHAEOGNATH ·········· 35

6. 石蛃科 Machilidae ········· 35

VI. 衣鱼目 ZYGENTOMA ········· 35

7. 衣鱼科 Lepismatidae ········· 35

二、有翅亚纲 PTERYGOTA ········· 36

VII. 蜉蝣目 EPHEMEROPTERA ········· 36

8. 细裳蜉科 Leptophlebiidae ········· 36
9. 蜉蝣科 Ephemeridae ········· 37

VIII. 蜻蜓目 ODONATA ········· 38

10. 蜓科 Aeshilidae ········· 38
11. 春蜓科 Gomphidae ········· 38
12. 伪蜻科 Corduliidae ········· 39
13. 蜻科 Libillulidae ········· 40
14. 螅科 Coenagrionidae ········· 42
15. 色螅科 Calopterygidae ········· 43

IX. 襀翅目 PLACOPTERA ········· 43

16. 叉襀科 Nemouridae ········· 43

X. 蜚蠊目 BLATTARIA ········· 44

17. 地鳖蠊科 Polyphagidae ········· 44

XI. 螳螂目 MANTEDEA ········· 44

18. 螳螂科 Mantidae ········· 44

XII. 直翅目 Orthoptera ········· 45

19. 蝼蛄科 Gryllotalpidae ········· 45
20. 蟋蟀科 Gryllidae ········· 45
21. 树蟋科 Oecanthidae ········· 46
22. 螽斯科 Tettigoniidae ········· 46
23. 癞蝗科 Pamphagidae ········· 48
24. 斑腿蝗科 Catantopidae ········· 49
25. 网翅蝗科 Arcypteridae ········· 49
26. 斑翅蝗科 Oedipodidae ········· 51
27. 剑角蝗科 Acrididae ········· 52

XIII. 革翅目 DERMAPTERA ········· 53

28. 球螋科 Forficulidae ········· 53

XIV. 半翅目 HEMIPTERA ········· 55

29. 蝉科 Cicadidae ········· 55
30. 沫蝉科 Cercopidae ········· 56
31. 叶蝉科 Cicadellidae ········· 56

32. 角蝉科 Membracidae ······ 56
33. 象蜡蝉科 Dictyopharidae ······ 57
34. 黾蝽科 Gerridae ······ 57
35. 划蝽科 Corixidae ······ 58
36. 猎蝽科 Reduviidae ······ 59
37. 盲蝽科 Miridae ······ 59
38. 姬蝽科 Nabidae ······ 62
39. 大眼长蝽科 Geocoridae ······ 63
40. 地长蝽科 Rhyparochromidae ······ 64
41. 缘蝽科 Coreidae ······ 64
42. 姬缘蝽科 Rhopalidae ······ 65
43. 同蝽科 Acanthosomatidae ······ 66
44. 土蝽科 Cydnidae ······ 67
45. 蝽科 Pentatomidae ······ 68
46. 龟蝽科 Plataspidae ······ 72
47. 盾蝽科 Scutelleridae ······ 72
48. 异蝽科 Urostylididae ······ 73

XV. 蛄目 PSOCOPTERA ······ 74
49. 虱蛄科 Liposcelididae ······ 74

XVI. 缨翅目 THYSANOPTERA ······ 75
50. 管蓟马科 Phlaeothripidae ······ 75
51. 蓟马科 Thripidae ······ 75

XVII. 鞘翅目 COLEOPTERA ······ 76
52. 龙虱科 Dytiscidae ······ 76
53. 步甲科 Carabidae ······ 76
54. 牙甲科 Hydrophilidae ······ 85
55. 葬甲科 Silphidae ······ 86
56. 隐翅甲科 Staphylinidae ······ 90
57. 阎甲科 Histeridae ······ 90
58. 粪金龟科 Geotrupidae ······ 91
59. 皮金龟科 Trogidae ······ 92
60. 锹甲科 Lucanidae ······ 93
61. 金龟科 Scarabaeidae ······ 93
62. 吉丁甲科 Buprestidae ······ 109
63. 叩甲科 Elateridae ······ 111
64. 皮蠹科 Dermestidae ······ 114

65. 郭公甲科 Cleridae	114
66. 露尾甲科 Nitidulidae	115
67. 瓢甲科 Coccinellidae	116
68. 蚁形甲科 Anthicidae	125
69. 赤翅甲科 Pyrochroidae	125
70. 芫菁科 Meloidae	126
71. 拟天牛科 Oedemeridae	130
72. 拟步甲科 Tenebrionidae	131
73. 暗天牛科 Vesperidae	138
74. 天牛科 Cerambycidae	139
75. 叶甲科 Chrysomelidae	169
76. 卷象科 Attelabidae	193
77. 象甲科 Curculionidae	196

XVIII. 广翅目 MEGALOPTERA · 209

78. 泥蛉科 Sialidae	209

XIX. 鳞翅目 Lepidoptera · 210

79. 长角蛾科 Adelidae	210
80. 斑蛾科 Zygaenidae	210
81. 带蛾科 Eupterotidae	210
82. 钩蛾科 Drepanidae	210
83. 草蛾科 Ethmiidae	211
84. 列蛾科 Autostichidae	211
85. 麦蛾科 Gelechiidae	211
86. 木蠹蛾科 Cossidae	213
87. 卷蛾科 Tortricidae	213
88. 螟蛾科 Pyralidae	217
89. 草螟科 Crambidae	219
90. 刺蛾科 Cochlidiidae	222
91. 尺蛾科 Geometridae	222
92. 波纹蛾科 Thyatiridae	228
93. 舟蛾科 Notodontidae	229
94. 毒蛾科 Lymantridae	233
95. 灯蛾科 Arctiidae	234
96. 鹿蛾科 Amatidae	239
97. 夜蛾科 Noctuidae	239
98. 天蛾科 Sphingidae	257

- 99. 大蚕蛾科 Saturniidae ... 261
- 100. 箩纹蛾科 Brahmaeidae ... 261
- 101. 枯叶蛾科 Lasiocampidae ... 261
- 102. 遮颜蛾科 Blastobasidae ... 264
- 103. 弄蝶科 Hesperiidae ... 264
- 104. 凤蝶科 Papilionidae ... 265
- 105. 粉蝶科 Pieridae ... 266
- 106. 蛱蝶科 Nymphalidae ... 269
- 107. 灰蝶科 Lycaenidae ... 278

XX. 脉翅目 NEUROPTERA ... 281
- 108. 草蛉科 Chrysopidae ... 281
- 109. 褐蛉科 Hemerobiidae ... 282
- 110. 蚁蛉科 Myrmeleontidae ... 283
- 111. 蝶角蛉科 Ascalaphidae ... 284

XXI. 蛇蛉目 RHAPHIDIODEA ... 284
- 112. 蛇蛉科 Raphidiidae ... 284

XXII. 双翅目 DIPTERA ... 285
- 113. 虻科 Tabanidae ... 285
- 114. 蜂虻科 Bombyliidae ... 286
- 115. 长足虻科 Dilichopodidae ... 287
- 116. 蚜蝇科 Syrphidae ... 288
- 117. 寄蝇科 Tachinidae ... 293

XXIII. 膜翅目 HYMENOPTERA ... 299
- 118. 三节叶蜂科 Argidae ... 299
- 119. 叶蜂科 Tethredinidae ... 299
- 120. 树蜂科 Siricidae ... 300
- 121. 姬蜂科 Ichneumonidae ... 301
- 122. 茧蜂科 Braconidae ... 304
- 123. 胡蜂科 Vespidae ... 305
- 124. 蚁科 Formicidae ... 307
- 125. 泥蜂科 Sphecidae ... 309
- 126. 蜜蜂科 Apidae ... 311
- 127. 切叶蜂科 Megachilidae ... 313
- 128. 沙蜂科 Sphecidae ... 315
- 129. 地蜂科 Andrenidae ... 315

  130. 准蜂科 Melittidae ·················· 315
  131. 长颈树蜂科 Xiphydriidae ·················· 316

附录　河北省塞罕坝机械林场未描述昆虫名录（24种） ·················· 317
  I. 半翅目 HEMIPTERA ·················· 317
  II. 鞘翅目 COLEOPTERA ·················· 317
  III. 鳞翅目 LEPIDOPTERA ·················· 318
  IV. 双翅目 DIPTERA ·················· 318
  V. 膜翅目 HYMENOPTERA ·················· 319

参考文献 ·················· 321

中文名称索引 ·················· 329

拉丁文名称索引 ·················· 340

图版 ·················· 353

第一篇

总 论

本篇分五部分，分别简要介绍河北省塞罕坝机械林场的自然资源概况与昆虫研究现状、科考组织与项目实施、昆虫物种多样性与分布、昆虫资源类型及其保护利用、昆虫研究展望，分叙如下。

一、自然资源概况与昆虫研究现状

（一）自然资源概况

1. 区域位置和面积

区域位置：河北省塞罕坝机械林场位于河北省的最北端，地处内蒙古高原与冀北山地的交界处，坐落于河北省承德市围场满族蒙古族自治县北部，其北边和西边与内蒙古自治区的克什克腾旗、多伦县相邻，南边和东边与御道口牧场、红松洼自然保护区毗邻，距围场县城86千米，距承德市区240千米，距北京460千米，地理坐标为北纬 42°23′~42°47′、东经 117°16′~118°14′。由此看出，河北省塞罕坝机械林场处在御道口草原湿地自然保护区、内蒙古元宝山牧场、乌兰布统草原生态自然保护区和内蒙古桦木沟国营林场的包围之中，地理区位比较特殊，享有诸多区域地理优势。

区域面积：塞罕坝机械林场于1962年由原林业部批准建立，1968年划归原河北省林业厅管理。2002年经河北省人民政府批准建立河北塞罕坝自然保护区，1993年经原林业部批准在河北省塞罕坝机械林场基础上建立塞罕坝国家森林公园，2007年经国务院审定批准建立国家级自然保护区。该林场总面积140万亩，其中，森林面积115.1万亩，湿地面积10.3万亩，森林覆盖率82.0%，是华北地区面积最大、兼具森林草原景观的大型国有林场，具有森林草原交错带生态系统与湿地生态系统特色。

2. 气候特征

河北省塞罕坝机械林场属于典型的半干旱寒温性大陆季风气候，春秋两季较短，冬季漫长寒冷，夏季短暂凉爽；全年极端最高气温33.4℃，极端最低气温-43.3℃，年均气温-1.3℃。积雪7个月，无霜期64天，降水量479 mm，大风日53天。

3. 地形地貌与土壤类型

河北省塞罕坝机械林场位于内蒙古高原的东南缘，地处内蒙古高原与冀北山地交接处，区域海拔高度1010~1939.9 m。塞罕坝按地形分为坝上和坝下两部分：坝上为内蒙古高原南缘，以丘陵和曼甸（熔岩地貌）为主，海拔1500~1939.9 m；坝下是阴山山脉与大兴安岭余脉交会处，为典型的山地地形，平均海拔1010～1700 m。

塞罕坝地处典型的森林—草原交错带和高原—丘陵—曼甸—接坝山地移行地段，有森林、草原、河流、湖泊、山地、高原、丘陵、曼甸，生态系统复杂多样，是滦河、辽河的重要发源地，每年为滦河、辽河涵养水源、净化水质2.84亿立方米，滋养着流域内的数千万人。土壤类型以山地棕壤土、灰色森林土和风沙土为主。

4. 植物资源与植被特征

在世界植物地理区划中，河北省塞罕坝机械林场处在内蒙古、东北和华北3个植物区系交会处，还有一定数量的西北和达乌里成分。该林场已知植物81科312属659种，其中，蕨类植物6科10属16种；裸子植物2科4属10种；被子植物73科289属592种，其中双子叶植物6科227属462种，单子叶植物10科62属130种。另有苔藓植物14科18属21种（杜兴兰，2018）；蕨类植物3科3属5种（傅津青，2018）。按植物生活型谱分析，北温带藤本植物约占1.5%；木本植物占16.5%；草本植物507种，占总数的82.0%。按植物区系组成分析，中生植物445种，占72.0%；旱生植物122种，占19.7%；湿生或沼生植物42种，占68.0%；水生植物6种，仅占1.0%。

河北省塞罕坝机械林场的植被类型分为落叶针叶林、长绿针叶林、针阔混交林、阔叶林、灌丛或灌草丛、草原与草甸、沼泽及水生群落7种，其下由25个群系构成，分别是华北落叶松群系、白杆群系、油松群系、油松—蒙古栎群系、落叶松—桦木—柞木群系、山杨—桦木群系、柞—椴—东北五角槭树群系、兴安圆柏灌丛、金露梅灌丛、越橘柳灌丛、柳叶绣线菊灌丛、山荆子灌丛、稠李灌丛、楔叶茶藨子灌丛、榛灌丛、虎榛灌丛、沙生桦灌丛、羊草—赖草群系、克氏针茅—老芒麦群系、翠雀—山韭群系、五花草甸、迷果芹草甸、水葱群系、大穗苔草群系、香蒲群系。

河北省塞罕坝机械林场已知国家重点保护野生植物4种，分别是刺五加 *Acanthopanax senticosus*、蒙古黄芪 *Astragalus mongholicus*、野大豆 *Glycine soja* 和沙芦草 *Agropyron mongolicum*；已知特有植物3种和1变种，分别是光萼山楂、黄花胭脂花、长柱多裂叶荆芥和围场茶藨子，已知花卉植物120多种。

由上述数据看出，河北省塞罕坝机械林场是河北省高寒地带少有的生物多样性富集中心。

5. 菌类资源

河北省塞罕坝机械林场目前已知有大型真菌22科51属79种，多数分布在林下、草甸或草原中，少数分布于荒漠沙地上。其中，具有经济价值的真菌65种（食用真菌35种，药用真菌24种，有毒真菌6种），其中，食用真菌多是一些腐生菌、共生菌和菌根菌，少数为寄生菌。它们自然野生于林间草地、腐朽枯木及活树木的枯枝上。保护区内的食用真菌主要有白蘑类、牛肝菌类、红菇类和珊瑚菌类，它们具有重要的食药用价值，同时也是菌食性昆虫的重要寄主和食源。

6. 动物资源

河北省塞罕坝机械林场在世界动物地理区位中处在中日界和古北界的交界处，其在中国动物地理中隶属于华北、东北和蒙新3个动物区系的交会处，拥有比较丰富的野生动物资源。河北省塞罕坝机械林场已知陆生脊椎动物4纲24目66科261种（亚种），其中两栖纲1目3科4种、爬行纲1目3科4种、鸟纲17目48科117属227种、哺乳纲5目12科26种（亚种）。该区有水生脊椎动物5科24属32种。在这些动物种类中，国家重点保护动物47种，其中兽类7种：豹 Panthera pardus、马鹿 Cervus elaphus、猞猁 Lynx lynx、兔狲 Felis manul、黄羊 Procapra gutturosa、青羊 Naemorhedus goral、水獭 Lutra lutra。该林场已知鸟类15目46科106属192种，其种数约占河北省鸟类总种数（420种）的45.71%（侯建华等，2011）；鸟类39种，分别是金雕 Aquila chrysaetos、大鸨 Otis tarda、黑鹳 Ciconia nigra、白头鹤 Grus monacha、白枕鹤 Grus vipio、蓑羽鹤 Anthropoides virgo、大天鹅 Cygnus cygnus、小天鹅 Cygnus columbianus、鸳鸯 Aix galericulata、苍鹰 Accipiter gentilis、雀鹰 Accipiter nisus、松雀鹰 Accipiter virgatus、黑琴鸡 Lyrurus tetrix、鸢 Milvus korschun、普通鵟 Buteo buteo、草原雕 Aquila nipalensis、秃鹫 Aegypius monachus、白尾鹞 Circus hudsonius、鹊鹞 Circus melanoleucos、矛隼 Falco rusticolus、燕隼 Falco subbuteo、红脚隼 Falco amurensis、白骨顶鸡 Fulica atra、岩鸽 Columba rupestris、雕鸮 Bubo bubo、长耳鸮 Asiootus otus 等；鱼类1种：细鳞鱼 Brachymystax lenok。

此外，具有较高经济价值的动物有野猪 Sus scrofa、猞猁 Lynx lynx、狍子 Capreolus pygargus、艾鼬 Mustela eversmanii、赤麻鸭 Tadorna ferruginea、绿头鸭 Anas platyrhynchos、环颈雉 Phasianus colchicus、白骨顶鸡 Fulica atra 等。

（二）昆虫研究现状

1. 昆虫物种多样性本地调查基础极为薄弱

迄今为止，有关河北省塞罕坝机械林场昆虫种类的文献记录寥寥无几。毕华明和王昆（2012）记载塞罕坝有害林业昆虫104种，隶属6目33科。吴龙飞等（2017）记载樟子松林昆虫7目70科195种。这些工作多为粗略的数字，缺少具体的系统分类名录和物种信息记录。

2. 相关研究偏重应用

河北省塞罕坝机械林场的昆虫物种多样性本底资源长期为人不知，已有工作基本都集中在害虫调查、识别和防治研究方面（周建波和杜兴兰，2018；赵明阳，2018；王栋和温亚楠，2018；宋彦会等，2016；刘晓兰和周建波，2015；毕华明，2013；朱晓青，2012；陈智卿等，2011；朱凤恩和司国玉，2008；曾兵兵，2008；曾兵兵等，2007；周福成等，2007，2014；杨春等，2007；毕华明等，2004，2006；刘瑞祥，2004；朱凤恩等，1996；于晓红和王文勋，1996）。吴龙飞等（2017）对塞罕坝樟子松不同林分类型对昆虫群落多样性的影响进行了探讨。

二、科考组织与项目实施

2015—2016 年,河北大学与河北省塞罕坝机械林场达成协议,由河北大学任国栋教授牵头组织实施"河北塞罕坝昆虫资源考察"项目。现从科考组织和项目实施两个方面做简要介绍。

(一)科考组织

参加本次昆虫资源考察项目的单位有河北大学、塞罕坝机械林场等 6 家单位,参与人员如表 1 所示。

表 1 河北塞罕坝昆虫资源考察参与单位和人员一览

序号	单位	参与人员
1	河北大学	任国栋、方 程、单军生、巴义彬、潘 昭、李秀敏、牛一平、闫 艳、唐慎言、郭欣乐、关环环、张润杨、尹文彬、李文静、高志忠、刘晓蕾、苑彩霞
2	塞罕坝机械林场	刘国权、国志峰、刘广智、周建波、王春凤、傅聿青、陈 艳、杜兴兰、郭玲玲、韩国霞、李振林、刘凤民、刘瑞祥、刘晓兰、刘 扬、龙双红、鲁艳华、穆荣俊、穆晓杰、聂鸿飞、庞金霞、司宏煜、宋艳辉、宋彦会、宋彦伟、宋振刚、孙立革、谭雪梅、田茂贤、王利宏、王 薇、王 伟、王亚琴、王艳春、温亚楠、杨国林、于贵鹏、袁中伟、岳志娟、张 菲、张丽华、张学国、张泽光、张泽辉、赵云国、周福成、朱晓青、邹建国
3	中国农业大学	刘星月、肖文敏
4	南开大学	李后魂、李素冉、赵胜男
5	沈阳师范大学	张春田、孙琦
6	广西师范大学	周善义、陈志林、谷博

(二)项目实施

1. 标本采集

本次河北省塞罕坝机械林场昆虫考察分别于 2015—2017 年的 5—8 月进行不定期昆虫多样性调查,涉及域内采集区系分析地点 39 个(见表 2),基本覆盖了河北省塞罕坝机械林场的生境类型。

表2 河北省塞罕坝机械林场昆虫采集样点表

序 号	地 点	采集时间
1	塞罕坝大唤起德胜沟	2015-VII
2	塞罕坝大唤起小梨树沟	2015-VIII～VIII
3	塞罕坝北曼甸高台阶	2015-VIII
4	塞罕坝80号	2016-VI
5	塞罕坝阴河白水	2015-VIII
6	塞罕坝阴河红水	2015-VIII
7	塞罕坝马蹄坑	2016-VIII
8	塞罕坝千层板神龙潭	2015-VIII
9	塞罕坝千层板烟子窖	2015-VII
10	塞罕坝北曼甸四道沟	2015-VIII
11	塞罕坝北曼甸十间房	2015-VIII
12	塞罕坝下河边	2015-VII，2016-VII
13	塞罕坝四道河口	2016-VII
14	塞罕坝千层板羊场	2015-VII
15	塞罕坝长腿泡子	2016-VIII，2016-VIII
16	塞罕坝阴河前曼甸	2015-VII
17	塞罕坝新丰挂牌树	2015-VIII
18	塞罕坝第三乡驻地	2015-V
19	塞罕坝第三乡翠花宫	2015-V
20	塞罕坝第三乡林场	2015-VIII
21	塞罕坝第三乡坝梁	2015-V
22	塞罕坝大唤起哈里哈	2015-VI
23	塞罕坝大唤起53号	2015-VII
24	塞罕坝第三乡莫里莫	2015-VII
25	塞罕坝北曼甸石庙子	2015-VII
26	塞罕坝二道河口	2015-VI
27	塞罕坝阴河丰富沟	2015-VI
28	塞罕坝母子沟	VII
29	塞罕坝第三乡北岔	2015-V
30	塞罕坝三道河口果园	2015-VI，2016-VI
31	塞罕坝第三乡坝梁	2016-VI～VIII
32	塞罕坝阴河亮兵台	2016-VI
33	塞罕坝阴河三道沟	2015-VI
34	塞罕坝机械林场总场	2015-VII
35	塞罕坝千层板烟子窖	2015-VIII
36	塞罕坝天桥梁	2017-VII
37	塞罕围场塞罕坝图尔根	2017-VII
38	塞罕坝坡来南	2017-VIII
39	塞罕坝北曼甸湾湾沟	2015-VIII

本次河北省塞罕坝机械林场昆虫标本采集主要采用了如下方法，采集时间包括白天采集和晚上周期性灯光诱集两种。

搜索：用以捕捉特定环境中的种类，如水域、粪便、石头、腐蚀的动物尸体等，能采集到扫网法捕捉不到的种类，如水龟虫、龙虱、弹尾纲昆虫、拟步甲、隐翅虫等。

震落法：主要针对栖息在高大灌木丛、乔木上的昆虫，将捕虫网或幕布铺在树底，敲打树枝让虫子掉落，可采集到一些半翅目和鞘翅目象甲科、叶甲科的昆虫。

扫网法：用来捕捉活动后停留在植物上的昆虫，是采集的主要方法，采集到的种类多为鳞翅目、鞘翅目、双翅目、膜翅目、脉翅目的昆虫。扫网法捕捉种类多而且数量大，但基本为常见种，稀有种类较少。

灯诱法：夜晚挂灯捕捉，诱集种类大多为鳞翅目、半翅目、鞘翅目、脉翅目的一些趋光昆虫，蛾类的采集大多用此法。

黄盘诱集：利用黄色诱集双翅目与膜翅目的昆虫，有时还能吸引半翅目和鳞翅目的昆虫。诱集的昆虫大多体型微小。

杯诱：在杯中放置不同种类的诱剂，该方法的诱集效果影响因素较多，如诱剂种类、放置地点、放置时间等。诱剂有瘦肉、糖醋液、可乐液、可乐醋液、虾头、鱼内脏，诱集种类多为步甲、葬甲、阎甲、隐翅虫等。

筛土：采集土壤中微型昆虫的常用方法，有时能捕捉到特有种类，如原尾纲、弹尾纲、小型鞘翅目昆虫等。

2. 标本制作

（1）将采集到的无鳞粉的昆虫标本直接投到乙酸乙酯做好的毒瓶或75%的酒精液中，带回驻地制成干制标本；

（2）对鳞翅目等有鳞粉及半翅目易变色的昆虫在用乙酸乙酯处理后，用三角纸袋包好带回驻地制成干制标本；

（3）将所有的干制标本贴上包括采集时间、地点、经纬度、海拔和采集人的标签。

（三）研究方法

1. 物种鉴定

标本鉴定由目级阶元到科、属、种级阶元依次进行，主要参考《中国动物志》（昆虫纲各卷册）、《中国经济昆虫志》各卷册、《河北动物志》各相关卷册、《中国蛾类图鉴》（I-IV）、《中国蜂虻志》、《中国蝶类志》（上、下）、《北京蛾类图谱》等比较权威的专著；以及国内外期刊上刊登的相关学术论文，详见参考文献。

2. 物种补录

从有关论文和专著中搜集有河北省塞罕坝机械林场分布的昆虫种类，统计物种记录信息，以补充物种名录。

3. 区系分析

（1）物种编目：将物种鉴定结果和补录种类汇总形成河北省塞罕坝机械林场昆虫物种数据库，按照公认度高的分类体系进行编目，进而基于比较完整的物种检视信息、分布信息和寄主或捕食（寄生）对象，整理出区域昆虫系统分类和分布的目录。

（2）种类组成：将鉴定结果和搜集的各类昆虫结果列表，统计出各级类群的数量和比重，再将其数量由高到低排列。

（3）区系成分与分布类型划分：本研究有关地理分布区的分析分别参考张荣祖（2011）中国动物地理区的观点和 Holt et al.（2013）世界动物地理区的 11 区划分观点。

4. 昆虫资源评价与保护

本文将塞罕坝地区的昆虫资源分为传粉类昆虫、天敌类昆虫、观赏类昆虫、食用类昆虫和药用类昆虫、清洁类昆虫，并简要分析了该林场需要保护的昆虫种类，提出昆虫资源保护和利用的初步措施和建议。

三、昆虫物种多样性与分布

昆虫是河北省塞罕坝机械林场进化最为成功的生物类群，是维系森林生态系统多样性稳定发展不可缺少的力量。

（一）塞罕坝昆虫物种多样性

本次考察项目共获得塞罕坝昆虫标本 12400 余件，经分类鉴定，共得到六足动物（泛指昆虫）4 纲 23 目 134 科 654 属 958 种（亚种）（见表 3）。根据现有数据，对各纲昆虫的种数由高到低依次排序为：昆虫纲 19 目 129 科 647 属 948 种>弹尾纲 2 目 3 科 5 属 6 种>原尾纲 1 目 1 科 1 属 3 种=双尾纲 1 目 1 科 1 属 1 种。可以看出，昆虫纲是构成河北省塞罕坝机械林场昆虫的绝对主体，弹尾纲和原尾纲 2 纲仅占总种数的 0.93%。

表 3　塞罕坝昆虫的科、属、种组成

纲	目	科 数量	属 数量	属 百分比（%）	种 数量	种 百分比（%）
原尾纲 Protura	古蚖目 Eosentomata	1	1	0.15	3	0.32
双尾纲 Diplura	铗尾目 Dicellura	1	1	0.15	1	0.10
弹尾纲 Collembola	原蚖目 Poduromorpha	1	1	0.15	1	0.10
	长角蚖目 Poduromorpha	2	4	0.61	5	0.52
昆虫纲 Insecta	石蛃目 Archaeognath	1	1	0.15	1	0.10
	衣鱼目 Zygentoma	1	1	0.15	1	0.10
	蜉蝣目 Ephemeroptera	2	2	0.31	3	0.32
	蜻蜓目 Odonata	6	16	2.45	23	2.40
	襀翅目 Placoptera	1	1	0.15	1	0.10
	蜚蠊目 Blattaria	1	1	0.15	1	0.10
	螳螂目 Mantedea	1	1	0.15	1	0.10
	直翅目 Orthoptera	9	19	2.91	23	2.40
	革翅目 Dermaptera	1	3	0.46	5	0.52
	半翅目 Hemiptera	20	44	6.73	60	6.26

(续表)

纲	目	科 数量	属 数量	属 百分比（%）	种 数量	种 百分比（%）
昆虫纲 Insecta	蛄目 Psocoptera	1	1	0.15	1	0.10
	缨翅目 Thysanoptera	2	2	0.31	2	0.22
	鞘翅目 Coleoptera	26	263	40.21	427	44.57
	鳞翅目 Lepidoptera	29	209	31.96	282	29.44
	脉翅目 Neuroptera	4	6	0.92	9	0.95
	广翅目 Megaloptera	1	1	0.15	1	0.10
	蛇蛉目 Rhaphidioptera	1	2	0.31	2	0.22
	双翅目 Diptera	6	28	4.29	42	4.38
	膜翅目 Hymenoptera	16	46	7.03	63	6.58
合计		23	134	654	100	958	100

1. 目级阶元组成

由于构成河北省塞罕坝机械林场已知昆虫物种多样性的 3 个纲（原尾纲 Protura、弹尾纲 Collembola、双尾纲 Diplura）的物种占比甚低，在此我们以昆虫纲 Insecta 为例，分析其目级阶元的物种组成情况。目前，该地区昆虫纲已知由 19 目组成，其中无翅亚纲 Apterygota 2 目 2 科 2 属 2 种，仅占总种数的 0.21%，有翅亚纲 Apterygota 17 目 126 科 645 属 946 种，占总种数的 98.75%，它们的物种数量及占比从高到低依次为：鞘翅目（427 种，44.57%）>鳞翅目（282 种，29.44%）>膜翅目（63 种，6.58%）>半翅目（60 种，6.26%）>双翅目（42 种，4.38%）>蜻翅目（23 种，2.40%）= 直翅目（23 种，2.40%）>脉翅目（9 种，0.95%）>革翅目（5 种，0.52%）>蛇蛉目（2 种，0.22%）= 缨翅目（2 种，0.22%）>广翅目（1 种，0.10%）= 蛄目（1 种，0.10%）= 螳螂目（1 种，0.10%）= 蜚蠊目（1 种，0.10%）= 襀翅目（1 种，0.10%）= 衣鱼目（1 种，0.10%）= 石蛃目（1 种，0.10%）。由上述数据可知，河北省塞罕坝机械林场的昆虫优势目为鞘翅目和鳞翅目，两者共计 709 种，约占其昆虫总种数的 74.0%；其次为膜翅目、半翅目、双翅目、蜻蜓目和直翅目，这 5 目昆虫约占 22.0%，其余 12 目约占 4.0%。特别需要说明的是，由于各目昆虫物种鉴定的程度不同，该数据的一少部分恐与实际存在的物种数据大相径庭，如双翅目和水生昆虫类。

2. 科级阶元组成

本次河北省塞罕坝机械林场昆虫考察获得有翅亚纲昆虫 946 种，分属于 127 科（见表 4）。其中，物种数量超过 50 种的科 3 个（2.4%），41~50 种的科 1 个（0.8%），31~40 种的科 3 个（2.4%），21~30 种的科 3 个（2.4%），11~20 种的科 15 个（12.0%），10 种及以下的科 102 个（80.0%）。该数据显示，构成河北省塞罕坝机械林场昆虫多样性的类群以小型属和寡型种或单型种相对较多，占据了总科数的绝大多数，从中看出，组成区域昆虫多样性是相对复杂的。

现有分析数据显示：构成河北省塞罕坝机械林场昆虫的优势科有 5 个，占据其他科总和的 40.76%，分别是天牛科（101 种，10.68%）、夜蛾科（84 种，8.88%）、叶甲科（77 种，8.02%）、金龟科（47 种，4.97%）象甲科（40 种，4.23%）、蛱蝶科（40 种，4.23%）、步甲科（34 种，3.59%）。

表 4　塞罕坝有翅亚纲昆虫的科级阶元组成

亚　纲	目	科	属 数量（个）	属 百分比（%）	种 数量（个）	种 百分比（%）
有翅亚纲 Pterygota	蜉蝣目	细裳蜉科	1	0.16	1	0.11
		蜉蝣科	1	0.16	2	0.21
	蜻蜓目	蜓科	2	0.31	2	0.21
		春蜓科	4	0.62	4	0.42
		蜻科	4	0.62	10	1.05
		伪蜻科	2	0.31	2	0.21
		蟌科	2	0.31	3	0.31
		色蟌科	2	0.31	2	0.21
	襀翅目	叉襀科	1	0.16	1	0.11
	蜚蠊目	地鳖蠊科	1	0.16	1	0.11
	螳螂目	螳螂科	1	0.16	1	0.11
	直翅目	蝼蛄科	1	0.16	1	0.11
		蟋蟀科	2	0.47	2	0.21
		树蟋科	1	0.16	1	0.11
		螽斯科	5	0.78	6	0.63
		癞蝗科	1	0.16	1	0.11
		斑腿蝗科	2	0.31	2	0.21
		网翅蝗科	3	0.47	6	0.63
		斑翅蝗科	3	0.47	3	0.31
		剑角蝗科	1	0.16	1	0.11
	革翅目	球螋科	3	0.47	5	0.52
	半翅目	蝉科	2	0.31	2	0.21
		沫蝉科	1	0.16	1	0.11
		叶蝉科	1	0.16	1	0.11
		角蝉科	1	0.16	1	0.11
		象蜡蝉科	1	0.16	1	0.11
		黾蝽科	1	0.16	2	0.21
		划蝽科	1	0.16	1	0.11
		猎蝽科	2	0.31	3	0.31
		盲蝽科	7	1.09	11	1.16
		姬蝽科	2	0.31	2	0.21
		大眼长蝽科	1	0.16	1	0.11
		地长蝽科	1	0.16	1	0.11
		缘蝽科	2	0.31	3	0.31
		姬缘蝽科	2	0.31	3	0.31
		同蝽科	3	0.47	4	0.42

（续表）

亚　纲	目	科	属		种	
			数量（个）	百分比（%）	数量（个）	百分比（%）
有翅亚纲 Pterygota	半翅目	土蝽科	1	0.16	1	0.11
		蝽科	10	1.55	14	1.48
		龟蝽科	1	0.16	1	0.11
		盾蝽科	2	0.31	2	0.21
		异蝽科	2	0.31	5	0.52
	蚤目	虱蚤科	1	0.16	1	0.11
	缨翅目	管蓟马科	1	0.16	1	0.11
		蓟马科	1	0.16	1	0.11
	鞘翅目	龙虱科	1	0.16	1	0.11
		步甲科	18	2.79	34	3.59
		牙甲科	1	0.16	1	0.11
		葬甲科	8	1.24	15	1.58
		隐翅甲科	2	0.31	2	0.21
		阎甲科	4	0.62	4	0.42
		粪金龟科	3	0.47	3	0.31
		皮金龟科	1	0.16	1	0.11
		锹甲科	2	0.31	2	0.21
		金龟科	28	4.34	47	4.97
		吉丁甲科	4	0.62	6	0.63
		叩甲科	8	1.24	11	1.16
		皮蠹科	1	0.16	1	0.11
		郭公甲科	4	0.62	4	0.42
		露尾甲科	2	0.31	2	0.21
		瓢甲科	15	2.33	26	2.75
		蚁形甲科	1	0.16	1	0.11
		赤翅甲科	1	0.16	1	0.11
		芫菁科	6	0.93	13	1.37
		拟天牛科	2	0.31	3	0.31
		拟步甲科	13	2.02	21	2.22
		暗天牛科	1	0.16	1	0.11
		天牛科	61	9.46	101	10.68
		叶甲科	45	6.98	77	8.02
		卷象科	7	1.09	9	0.96
		象甲科	24	3.72	40	4.23
	鳞翅目	长角蛾科	1	0.16	1	0.11
		斑蛾科	1	0.16	1	0.11
		带蛾科	1	0.16	1	0.11
		钩蛾科	1	0.16	1	0.11
		草蛾科	1	0.16	1	0.11

（续表）

亚　纲	目	科	属		种	
			数量（个）	百分比（%）	数量（个）	百分比（%）
有翅亚纲 Pterygota	鳞翅目	列蛾科	1	0.16	1	0.11
		麦蛾科	3	0.47	6	0.63
		木蠹蛾科	1	0.16	1	0.11
		卷蛾科	11	1.71	13	1.37
		螟蛾科	5	0.78	6	0.63
		草螟科	8	1.24	10	1.06
		刺蛾科	2	0.31	2	0.21
		尺蛾科	23	3.57	25	2.64
		波纹蛾科	3	0.47	3	0.31
		舟蛾科	10	1.55	14	1.48
		毒蛾科	2	0.31	2	0.21
		灯蛾科	14	2.17	17	1.80
		鹿蛾科	1	0.16	1	0.11
		夜蛾科	50	7.75	84	8.88
		天蛾科	11	1.71	12	1.27
		大蚕蛾科	1	0.16	1	0.11
		箩纹蛾科	1	0.16	1	0.11
		枯叶蛾科	7	1.09	8	0.84
		遮颜蛾科	1	0.16	1	0.11
		弄蝶科	5	0.78	6	0.63
		凤蝶科	1	0.16	1	0.11
		粉蝶科	6	0.93	11	1.16
		蛱蝶科	27	4.19	40	4.23
		灰蝶科	10	1.55	11	1.16
	脉翅目	草蛉科	1	0.16	3	0.31
		褐蛉科	1	0.16	2	0.21
		蚁蛉科	2	0.31	2	0.21
		蝶角蛉科	2	0.31	2	0.21
	广翅目	泥蛉科	1	0.16	1	0.11
	蛇蛉目	蛇蛉科	2	0.31	2	0.21
	膜翅目	三节叶蜂科	1	0.16	1	0.11
		叶蜂科	6	0.93	7	0.74
		树蜂科	1	0.16	1	0.11
		姬蜂科	11	1.71	11	1.16
		茧蜂科	1	0.16	1	0.11
		胡蜂科	3	0.47	7	0.74
		蚁科	5	0.78	11	1.16
		泥蜂科	4	0.62	5	0.52
		蜜蜂科	5	0.78	8	0.84

(续表)

亚　　纲	目	科	属		种	
			数量（个）	百分比（%）	数量（个）	百分比（%）
有翅亚纲 Pterygota	膜翅目	切叶蜂科	3	0.47	5	0.52
		沙蜂科	1	0.16	1	0.11
		地蜂科	1	0.16	1	0.11
		准蜂科	1	0.16	1	0.11
		长颈树蜂科	1	0.16	1	0.11
		青蜂科	1	0.16	1	0.11
		蛛蜂科	1	0.16	1	0.11
	双翅目	虻科	3	0.47	5	0.52
		蜂虻科	2	0.31	3	0.31
		长足虻科	2	0.31	3	0.31
		蚜蝇科	11	1.71	17	1.80
		寄蝇科	9	1.40	13	1.37
		粪蝇科	1	0.16	1	0.11
总计		127	645	100	946	100

3. 属级阶元组成

本次考察的初步物种鉴定结果显示，河北省塞罕坝机械林场昆虫已知由 3 属级阶元构成（见表5）。其物种数量基本组成是：仅 1 种组成的属 486 个，占总属数的 74.3%；含 2～5 种的属 160 个，占比 24.5%；含 5 种以上的属 8 个，占比 1.2%。由此可看出，构成河北省塞罕坝机械林场昆虫的主要为仅含单种属和寡种属，两者共计 646 个，占比 98.8%，说明该地区的昆虫属级多样性指数较高，但每属孕育的种较少，这种情况需要通过进一步研究加以解释。

表 5　塞罕坝昆虫的属级阶元组成

属　　别	属数（个）	百分比（%）
单种属（仅 1 种）	486	74.3
寡种属（2～5 种）	160	24.5
多种属（5 种以上）	8	1.2
合计	654	100.0

（二）昆虫分布

1. 与世界动物地理区的关系

将目前已知的河北省塞罕坝机械林场昆虫种类置入新的世界动物地理 11 区中（Holt et al., 2013）比较，共产生 15 个分布类型（见表6）。从中看出，该地区的昆虫区系构成以中日界+古北界类型最多，约占总数的 49.79%；其次是中日界+古北界+东洋界，占总数的 29.02%；其余成分比较一般。

表6 河北省塞罕坝机械林场昆虫与世界动物地理界的一般分布关系

区系类型	数量	比例（%）
中日界	37	3.86
中日界+东洋界	32	3.34
中日界+古北界	477	49.79
中日界+新北界	1	0.10
中日界+撒阿界	2	0.21
中日界+东洋界+撒阿界	0	
中日界+古北界+东洋界	278	29.02
中日界+古北界+新北界	16	1.67
中日界+古北界+撒阿界	32	3.34
中日界+古北界+东洋界+撒阿界	42	4.38
中日界+古北界+东洋界+新北界	23	2.40
中日界+古北界+新北界+撒阿界	0	
中日界+古北界+东洋界+新北界+撒阿界	9	0.94
广布种	9	0.94
其他		
总和	958	100

2. 与中国动物地理区的关系

按照张荣祖（2011）的中国动物地理7区划分意见，我们将河北省塞罕坝机械林场已知的昆虫物种放在其中进行比较，得到该地区昆虫分类类型共计60个（见表7），其中，1区分布型（仅在华北分布者）17个，种数占比1.77%；2区分布型6个，种数占比8.77%，以华北+东北区者最多，共有40种，占比4.18%；3区分布型14个，种数占比20.15%，以华北区+东北区+蒙新区最多，共127种，占比13.26%；4区分布型19个，种数占比23.49%，以华北区+东北区+蒙新区+华中区最多，共101种，占比10.54%；5区分布型13个，种数占比11.98%，以华北区+东北区+蒙新区+华中区+西南区最多，共46种，占比4.8%；6区分布型5个，种数占比17.64%，以华北区+东北区+蒙新区+华中区+华南区+西南区最多，共118种，占比12.32%。其中，分布于北方（华北、东北、华中等区）的种类多于广泛分布在南北方的种类（东北至西南都有分布），且复杂区域分布类型多于单一区域分布类型，说明塞罕坝昆虫区系组成具有类型多、成分复杂、物种多样性丰富的特点。

表7 河北省塞罕坝机械林场昆虫纲中国动物地理区系成分

分布型		种数	比例（%）
1区分布型	华北区	17	1.77
2区分布型	华北区+东北区	40	4.18
	华北区+华南区	4	0.42
	华北区+华中区	25	2.61
	华北区+蒙新区	14	1.46

（续表）

	分 布 型	种　　数	比例（%）
2区分布型	华北区+青藏区	1	0.10
	华北区+西南区	0	0
3区分布型	华北区+东北区+华南区	0	0
	华北区+东北区+华中区	18	1.88
	华北区+东北区+蒙新区	127	13.26
	华北区+东北区+青藏区	0	0
	华北区+东北区+西南区	1	0.10
	华北区+华南区+西南区	6	0.63
	华北区+华中区+华南区	10	1.04
	华北区+华中区+西南区	12	1.25
	华北区+蒙新区+华中区	13	1.36
	华北区+蒙新区+青藏区	3	0.31
	华北区+蒙新区+西南区	1	0.10
	华北区+青藏区+华南区	0	0
	华北区+青藏区+华中区	2	0.21
	华北区+青藏区+西南区	0	0
4区分布型	华北区+东北区+华南区+西南区	1	0.10
	华北区+东北区+华中区+华南区	17	1.77
	华北区+东北区+华中区+西南区	12	1.25
	华北区+东北区+蒙新区+华南区	3	0.31
	华北区+东北区+蒙新区+华中区	101	10.54
	华北区+东北区+蒙新区+青藏区	30	3.13
	华北区+东北区+青藏区+华南区	1	0.10
	华北区+东北区+蒙新区+西南区	0	0
	华北区+东北区+青藏区+华中区	2	0.21
	华北区+东北区+青藏区+西南区	0	0
	华北区+华中区+华南区+西南区	30	3.13
	华北区+蒙新区+华南区+西南区	1	0.10
	华北区+蒙新区+华中区+华南区	3	0.31
	华北区+蒙新区+华中区+西南区	14	1.46
	华北区+蒙新区+青藏区+华中区	2	0.21
	华北区+蒙新区+青藏区+西南区	0	0
	华北区+青藏区+华南区+西南区	1	0.10
	华北区+青藏区+华中区+华南区	1	0.10
	华北区+青藏区+华中区+西南区	6	0.63
5区分布型	华北区+东北区+华中区+华南区+西南区	26	2.71
	华北区+东北区+蒙新区+华南区+西南区	1	0.10
	华北区+东北区+蒙新区+华中区+华南区	33	3.44
	华北区+东北区+蒙新区+华中区+西南区	46	4.8.
	华北区+东北区+蒙新区+青藏区+华南区	0	0

(续表)

	分 布 型	种 数	比例（%）
5区分布型	华北区+东北区+蒙新区+青藏区+华中区	28	2.92
	华北区+东北区+蒙新区+青藏区+西南区	0	0
	华北区+东北区+青藏区+华中区+华南区	1	0.10
	华北区+蒙新区+华中区+华南区+西南区	13	1.36
	华北区+蒙新区+青藏区+华中区+华南区	1	0.10
	华北区+蒙新区+青藏区+华中区+西南区	5	0.52
	华北区+东北区+青藏区+华中区+西南区	3	0.31
	华北区+青藏区+华中区+华南区+西南区	4	0.42
6区分布型	华北区+东北区+蒙新区+华中区+华南区+西南区	118	12.32
	华北区+东北区+蒙新区+青藏区+华南区+西南区	0	0
	华北区+东北区+蒙新区+青藏区+华中区+华南区	9	0.94
	华北区+东北区+蒙新区+青藏区+华中区+西南区	36	3.76
	华北区+东北区+青藏区+华中区+华南区+西南区	1	0.10
	华北区+蒙新区+青藏区+华中区+华南区+西南区	5	0.52
广布型	全国分布	109	11.38
总计	60	958	100

四、昆虫资源类型及其保护利用

按照不同种类昆虫具有的功能，我们将河北省塞罕坝机械林场的昆虫资源初步划分为以下几类。

1. 传粉类昆虫

昆虫授粉是一项重要性的生态系统服务，为人类社会提供了重大的经济和美学效益、文化价值，以及陆地生态系统中的重要生态过程。昆虫授粉对于开花植物的繁殖具有非常重要的作用。大多数开花植物不能自己授粉，它们不得不依赖昆虫等动物。昆虫授粉促进了植物特殊的适应能力，如一些植物的花朵颜色鲜艳，带有醒目的图案，这样昆虫就能找到花粉和花蜜。一些植物还通过产生模仿昆虫信息素的信息素来吸引昆虫。这种植物被称为虫媒植物。传粉昆虫活动于花上并能为植物的繁衍传花授粉，为人类带来作物增产的福祉。

在自然界中，传粉类昆虫大约涉及 7 个目，超过 20 万种，其中，膜翅目 Hymenoptera 约占 43.7%，鳞翅目 Lepidoptera 约占 30.0%，双翅目约占 28.4%，鞘翅目 Coleoptera 约占 14.1%，半翅目 Hemiptera、缨翅目 Thysanoptera、膜翅目 Hymenoptera 等昆虫也占一定比例。常见的传粉类昆虫如蜜蜂、蝶、蛾、蚁、甲虫等，它们在维持生态系统的相对稳定和动态平衡上起重要作用。塞罕坝地区常见的传粉类昆虫种类包括蝶类、日出性蛾类、蜜蜂总科 Apoidea 等，以淡翅红腹蜂 Sphecodes grahami Cockerell, 1923、盗条蜂 nthophora (Melea) plagiata Illiger, 1806、红光熊蜂 Bombus (Bombus) ignitus Smith, 1869、彩艳斑蜂 Nomada versicolor Smith, 1844、黄领蜂虻 *Bombylius vitellinus*、横带花蝇 *Anthomyia illocata* Walker, 1857、绿芫菁 *Lytta caraganae* Pallas, 1781 等比较常见。

2. 天敌类昆虫

天敌类昆虫是可寄生或捕食农林害虫、抑制害虫危害的一类昆虫，主要分为寄生性天敌昆虫和捕食性天敌昆虫两大类。它们是控制病虫害的一项重要组成部分，在生物防治方面有着不可替代的作用，也是未来控制害虫危害的有效方法。不同害虫在生活史不同时期有不同的天敌，利用不同天敌昆虫可以针对不同虫龄的害虫进行寄生或捕食。

塞罕坝天敌类昆虫已知 11 目 43 科 127 属约 200 种，占塞罕坝昆虫总种数的 20.87%，其中，捕食性天敌昆虫 171 种，约占天敌类昆虫总种数的 85.5%，包括蜻蜓目 Odonata、襀翅目 Plecoptera、螳螂目 Mantodea、革翅目 Dermaptera、脉翅目 Neuroptera、蛇蛉目 Rhaphidiodea、广翅目 Megaloptera 的全部，半翅目 Hemiptera 的猎蝽科 Reduviidae、姬蝽科 Nabidae、花蝽科 Anthocoridae 的全部及蝽科 Pentatomidae 的少部分，鞘翅目 Coleoptera 的步甲科 Carabidae、龙虱科 Dytiscidae、牙甲科 Hydrophilidae、蚁形甲科 Anthicidae、郭公甲科 Cleridae、芫菁科 Meloidae、瓢虫科 Coccinellidae 等，以及双翅目的蚜蝇科 Syrphidae、食虫虻科 Aselidae、泥蜂科 Sphecidae、蛛蜂科 Pompilidae、胡蜂科 Vespidae、青蜂科 Chrysididae、蚁科 Formicidae 等；寄生性天敌昆虫 29 种（约占塞罕坝天敌类昆虫总数的 14.5%），主要为双翅目 Diptera 寄蝇科 Tachinidae、蜂虻科 Bombyliidae、长足虻科 Dilichopodidae 等；膜翅目 Hymenoptera 寄生蜂类，如姬蜂科 Ichneumonidae、茧蜂科 Braconidae。

3. 观赏类昆虫

观赏类昆虫具有艳丽的颜色、奇特的形态、特殊的行为，可以给人类带来美的享受和乐趣，甚至影响人类的文化。一些鳞翅目和鞘翅目昆虫的观赏价值和美学价值世人皆知，在我国文学艺术、诗歌、绘画、服饰中处处可见它们的踪影，甚至有些已成为文学艺术中的珍品。有些昆虫独特的拟态和保护色行为，既有科学价值，又有较高的观赏价值。直翅目的蟋蟀作为一类有着渊源历史的打斗昆虫，在中国民间娱乐活动中一直沿袭下来。

塞罕坝地区的观赏类昆虫约有 4 目 26 科 148 种，约占塞罕坝昆虫总种数的 15.4%，主要集中在蝶类如凤蝶科 Papilionidae、蛱蝶科 Nymphalidae、粉蝶科 Pieridae、弄蝶科 Hesperiidae 和灰蝶科 Lycaenidae；蛾类主要有箩纹蛾科 Brahmaeidae、大蚕蛾科 Saturniidae、天蛾科 Sphingidae、灯蛾科 Arctiidae、尺蛾科 Geometridae 的部分、波纹蛾科 Thyatiridae、刺蛾科 Cochlidiidae、木蠹蛾科 Cossidae 的部分、斑蛾科 Zygaenidae 等；蜻蜓目 Odonata 的全部；鞘翅目 Coleoptera 的锹甲科 Lucanidae、花金龟亚科 Cetoniidae、丽金龟亚科 Rutelidae、粪金龟科 Geotrupidae、金龟科 Scarabaeidae 部分、粪金龟科 Geotrupidae、锹甲科 Lucanidae、吉丁甲科 Buprestidae 的全部、步甲科 Carabidae 的部分；直翅目 Orthoptera 的螽斯科 Tettigoniidae、蟋蟀科 Gryllidae 等。

4. 食用类昆虫和药用类昆虫

食用类昆虫是指蛋白质含量高、营养丰富、无异味、无毒副作用的昆虫。昆虫是大多数动物的捕食对象，古代人们也有食用昆虫的记载，昆虫作为一种高蛋白、低脂肪的健康食品，获得途径简单，饲养也较为方便，既增加了食物的品种，也改善了人类的食品结构。

塞罕坝食用类昆虫有 6 目 49 科 407 种，占塞罕坝昆虫总种数的 42.5%，主要集中在：蜻蜓目 Odonata，直翅目 Orthoptera，半翅目 Hemiptera 的蝉类和蝽类，鞘翅目 Coleoptera 金龟科 Scarabaeidae、天牛科 Cerambycidae、象甲科 Curculionidae 等，一些鳞翅目 Lepidoptera 幼虫及膜翅目 Hymenoptera 的蜜蜂科 Apidae、胡蜂科 Vespidae、蚁科 Formicidae 等。

药用类昆虫是指具有药用作用，可以治疗或协助治疗某种疾病，能增强机体免疫力的昆虫。我国药用类昆虫资源丰富，开发潜力大，昆虫的整体、部位或者分泌物等都能够入药。

塞罕坝药用类昆虫主要有冀地鳖 *Polyphaga plancyi* Bolívar, 1882、中华大刀螳 *Tenodera sinensis* Saussure, 1842、薄翅螳 *Mantis religiosa* Linnaeus, 1758、黑脸油葫芦 *Teleogryllus occipitais* (Serville 1838)、东方蝼蛄 *Gryllotalpa orintalis* Bumeister, 1839、芫菁科 Meloidae 的大部分种、铜绿异丽金龟 *Anomala corpulenta* Motschulsky, 1853、白星花金龟 *Protaetia brevitarsis* Lewis, 1879 等。可以这样看问题：几乎每种昆虫都有其食用价值或药用价值，都是我们人类及其饲养动物的高级食物。受制于我们对昆虫的认知水平，这些资源广泛沉睡，尚未引起我们的高度重视罢了。

5. 清洁类昆虫

清洁类昆虫是一类能清除自然景观腐殖质垃圾及动物尸体的腐食性及肉食性昆虫。它们与微生物配合，将污染环境的动物、植物尸体及残枝落叶分解成简单的物质，变成有机肥料，再供给植物吸收利用。

塞罕坝记录的此类昆虫约占本地区昆虫总种数的 7.6%，常见种类有：专门嗜食各种动物的腐尸的葬甲科 Silphidae、阎甲科 Histeridae、隐翅甲科 Staphylinidae 部分种类、皮金龟科 Trogidae、皮蠹科 Dermestidae 等；专门嗜食植物的集存腐质物、人畜及家禽粪便的金龟科 Scarabaeidae、粪金龟科 Geotrupidae、蝇科 Muscidae、丽蝇科 Calliphoridae 等。

此外，环境昆虫是一类对生态环境敏感并具有指示作用的昆虫资源，包括水环境监测类昆虫和土壤环境监测类昆虫。前者主要为蜉蝣目、蜻蜓目、襀翅目、毛翅目、广翅目、半翅目水生蝽类和鞘翅目水生甲虫类，用于水质优劣的检测；土壤指示性昆虫以弹尾纲、原尾目、膜翅目和鞘翅目的土栖类为主，对土壤污染，尤其重金属污染敏感度高。

本次昆虫资源调查共发现塞罕坝水质指示性昆虫 1 纲 4 目 10 科 31 种，占总种数的 3.2%，主要为蜉蝣目 Ephemeroptera、蜻蜓目 Odonata、半翅目 Hemiptera（黾蝽科 Gerridae、划蝽科 Corixidae）、广翅目 Megaloptera 等。土壤指示性昆虫 2 纲 2 目 2 科 2 属 2 种，即原尾纲 Protura 日升古蚖 *Eosentoman asahi* Imadate, 1961 和双尾纲 Diplura 黄副铗虮 *Parajapyx isaballae* (Grassi, 1886)。

五、昆虫研究展望

（一）深挖昆虫资源，揭示其物种多样性

河北省塞罕坝机械林场的昆虫多样性是构成该地区生物多样性稳定的重要力量，实际蕴藏物种数量十分庞大，目前所知种类只是这个庞大数字的一部分，甚至是一小部分，大量未知物种有待我们今后挖掘和揭示。我们要有这样一个整体性认识：昆虫多样性是河北省塞罕坝机械林场生物整体多样性的一个组成部分，而且是十分重要的组成部分，它们相互之间，它们与其他生物之间，以及它们与生活环境之间始终体现着相互关联的复杂关系；从一定意义上讲，河北省塞罕坝机械林场昆虫多样性是本地区生物资源丰富多彩的标志。昆虫物种多样性是该地区生物多样性最为重要和最基本的实体，它在未来的资源潜力巨大。本次考察获得的958种昆虫只是该地区众多昆虫物种的冰山一角，无论其有益还是有害，无论它们知名还是不知名，都是该地区丰富多彩昆虫资源的标志。

在本项目研究之前，河北省塞罕坝机械林场针对昆虫物种资源缺乏有效的本底考察，也缺少对已知物种资源的全面性总结，对昆虫多样性的研究更是空白。本次考察初步弥补了这些不足，但该地区的丰富昆虫资源有待于我们今后持续不断地加大调查的广度、深度和力度，也可以有针对性地设立一些专题进行考察，如食叶类昆虫、蛀干类昆虫、土壤类昆虫、传粉类昆虫、清洁类昆虫、水生类昆虫、天敌类昆虫等，逐步摸清它们在境内生物群落中扮演的角色和所发挥的功能，逐步揭示本区域神秘的昆虫多样性面纱，提高人们对其资源的认知水平。

（二）营造昆虫多样性生态环境

河北省塞罕坝机械林场是孕育各种生命的生态系统，该系统主要通过3种形式表现其生物多样性基本特征，分别是生物学意义上的生物多样性、生态学意义上的生物多样性和生物地理学意义上的生物多样性。生物学意义上的生物多样性侧重不同等级

的生命实体群在代谢生理、形态行为等方面表现出的差异性;生态学意义上的生物多样性主要通过群落生态系统、景观组成、结构、功能及动态等方面的差异性,也包括生态过程及生境的差异等;生物地理学意义上的生物多样性则指不同的分类群或其组合的分布特征或差异。河北省塞罕坝机械林场生物资源的物质水平是通过生物多样性的丰富程度来体现的。生物多样性的基本特点反映在遗传多样性、物种多样性和生态系统多样性3个不同水平上,不同水平的多样性是紧密联系且不可分割的。为此,我们要有这样的基本认识:生物多样性是维系自然保护区生态安全的基础,没有生物多样性,我们就会失去赖以生存的物质基础,也就是人类生活水平的不断提高主要是建立在利用生物多样性的基础之上的。

昆虫是所有陆地生态系统的生物基础。生态系统建立在物种和群落与环境共存的基础之上。昆虫对生态恢复有很大帮助,它们在营养循环、传播种子、植物授粉、维持土壤结构、提高肥力和控制其他生物体的数量方面发挥着重要作用。昆虫帮助分解森林环境中的腐殖质、动物尸体和动物粪便等有机物,通过对这些养分的再利用,可以提高土壤的通气性和肥力。有些植物结出的果实和种子,供蚂蚁食用和采集,它们把这些种子带到其巢穴里享用,在搬运过程中传播开来,一些藏在土壤里可能在一个新的地方发芽和生长。因此,蚂蚁在植物果实和种子的传播中起着十分重要的作用,大约超过150种植物的扩散与此有关。同样,蜜蜂授粉并帮助植物生长、繁殖和生产食物,为了维持生命的循环,蜜蜂在开花植物之间传递花粉。我们食用的很多食物如杏仁、苹果、南瓜等都依赖于授粉,尤其是蜜蜂授粉。因此,昆虫从食物链中消失将会对人类的食物供应产生负面影响。

昆虫处于食物链的底部,它们的多样性恢复是其他物种恢复的先决条件。昆虫的这些功能实际上是一种环境保护和生态恢复形式,在增加生物多样性、创造自我维持的环境和减缓气候变化方面具有巨大潜力。让环境恢复野生状态主要有两种方法:一种是通过防止人类活动的影响,使退化的土地得以恢复,并允许自然在最少的人类干扰下自我保护;二是将失去或减少的植物或动物物种重新引入它们生活的环境,恢复它们的数量和生态平衡。

昆虫能够为森林生态系统,甚至我们人类健康提供各种有用的服务。昆虫含有人类和动物所需的大量营养物质,如蛋白质、碳水化合物、维生素、纤维、矿物质等。许多开花植物和作物的授粉过程主要依赖于昆虫。捕食性昆虫以威胁森林植物的害虫为食,从而起到杀虫剂的作用。由此看出,昆虫构成了我们生态系统的重要组成部分,但随着栖息地的丧失、环境污染和气候变化,昆虫的数量和多样性正在减少。保护和恢复支持昆虫多样性的栖息地对它们的保护至关重要,否则许多昆虫物种将会灭绝。为此,为了一个繁荣的未来,我们必须保护昆虫多样性的世界。

河北省塞罕坝机械林场是人类改造或改善自然环境逐步趋好的成功实例,为生物多样性的繁荣创造了良好空间,但尚需要加强如下方面的工作:

(1)营造更佳的生态环境,为昆虫等生物营造多样化的栖息环境;

（2）对昆虫资源分类管理，有针对性地保护昆虫资源，如保护和丰富传粉类昆虫的蜜源植物，保护天敌类昆虫的生活环境，营造有益生物控制有害生物的环境，合理划分昆虫生活保护区和保护级别，在保护区设立昆虫资源小型保护带等；

（3）制定相关昆虫资源保护的条例条款，加强相关方面的监管；

（4）对观赏类、药用类、食用类昆虫可以通过饲养管理，发展区域特色经济，带动经济发展。

（三）加强重要森林昆虫的生物学和科学管控技术研究

在地球所有的生物中，昆虫是植物的主要消费者，它们在分解植物和动物物质中发挥着重要作用，并构成许多其他动物的主要食物来源。昆虫是一类适应性极强的生物，它们已经进化到可以在河北省塞罕坝机械林场的任何一种生境中都能成功生存，它们在身体大小、形状和行为上具有惊人的多样性和适应性。因为个头很小，它们只需要少量的食物，就可以在非常小的生态位或空间中生存。此外，昆虫可以相对较快地产生大量后代。昆虫种群还具有相当大的遗传多样性和适应不同或不断变化环境的巨大潜力，这就是昆虫特别强大的力量。昆虫通过生产蜂蜜、蚕丝、蜡和其他产品对人类直接有益，它们也间接地成为植物的主要传粉者、害虫的天敌、食腐动物和其他生物的食物。与此同时，昆虫是人类和家养动物的主要害虫，因为它们破坏森林及其林产品并传播疾病。事实上，在自然生态环境中，昆虫中的有害种类所占比例不足其总种数的1%，这些有害种类的存在或破坏导致了重大的经济损失，就是这些为数不多的有害物种，它们会在一定情况下给我们的森林植物造成损害。我们在对它们的科学管控中，要"知己知彼"，对其生物学和行为，包括它们的天敌了解得越多，我们就越有可能有效地管理它们。

森林有害生物的管理，既涉及行政、法律、经济和社会方面，又关系科学和技术方面，如造林、保护和森林管理等。首先必须科学地了解防控对象在其生长发育过程中的生物学表现，抓准其活动中的薄弱环节，有的放矢和对症下药，但要以防重于治和绿色环保为前提，尽可能地利用生物的力量调控害虫的种群数量；其次要以虫情测报为基础，详细掌握其发生和为害的调查和监测预防，为制定科学防控实施方案奠定基础；再次在森林自然生态环境中尽可能地少用或不用化学药物，以免出现"杀敌一千、自损八百"的不良局面，即为了控制1%的有害生物而搭上99%的其他生物种类，这样得不偿失，将妨害森林生态系统的自然调控功能。

（四）加强昆虫知识的公众教育

昆虫作为地球上物种最多样化的类群，它们在生态系统中扮演着复杂的角色，从而影响着生态系统提供的供应服务、调节服务、文化服务和支持服务。这种新的合成增强了我们对昆虫在生态系统服务中重要功能的理解，将帮助我们以更好的方式管理自然资源，以实现可持续发展的目标。昆虫多样性和我们人类的文化密切相关、融合发展，不然我们的汉字里面怎么会出现那么多的包括虫子部首在内的大量与植物、动物相关的偏旁和部首呢。人类应用日益增长的生物知识来操纵自然以满足自己日益增长的物质文化需要，从中显示出生物强大的生命力。遗憾的是，我们迄今对昆虫为改造地球繁荣所做出的贡献，以及它们为我们人类生存做出的巨大贡献知之甚少。当我们了解了下面的一些情况之后，就会对昆虫怀有敬慕之心了。

昆虫是技术的真正发明者。它们使用的技术已经超过5000万年，至今还保持着完美的生态平衡。相比之下，从环境的角度来看，人类是业余的技术专家。我们的技术将人类的生存和整个生物圈置于危险之中。通过研究昆虫的特殊社会世界和它们的技术，我们可以学会如何与地球上的生物更和谐地相处。

"群居性"是社会行为的最高形式，是人类社会与一些昆虫社会共有的行为。这种社会行为涉及复杂的劳动分工，不同的世代一起工作，不同的个体从事不同的工作，包括生育和抚养后代。地球上最著名的社会化营群体生活者是蚂蚁、白蚁和蜜蜂等昆虫，还有我们智人。

认识昆虫的群居性能够帮助我们发展技术。群居昆虫的成员会识别并执行它们最适合的任务，无论是守护巢穴还是寻找食物，它们都能避免与其他成员发生冲突。通过这种方式，一群动物会自发地组织成一个集体——能够产生技术的"超级有机体"。技术的第一种进化形式是农业，它实际上是由蚂蚁和白蚁在5000万年前所发明的。农业是大规模生产粮食的技术过程。例如，切叶蚁利用它们令人印象深刻的园艺技能、强大的技术，以及与真菌的共生关系，将绿叶生物量转化为食物。而人类的农业实践始于1万年前。所以我们可以把全球第一个文明阶段称为昆虫文明时期。

如果没有昆虫，人类将陷入更大麻烦。这是因为昆虫在为我们食用的植物授粉、分解森林土壤中的废物，以及形成其他大型动物（包括人类）赖以生存的食物链的基础方面发挥着关键作用。如果没有昆虫，我们的社会将会出现大规模饥荒和动荡，可能到处都是粪便和尸体，因为分解这些物质的蜣螂和其他昆虫消失了。

当然，我们也应看到，当今世界令人不安的是受生态环境的恶化和生物栖息地丧失的影响，昆虫的物种数量总体上在下降。大多数昆虫的数量在持续减少，这对它们和我们来说都是一个十分严重的问题。2019年，世界生物保护组织报告称，全球40%的昆虫物种正在减少，约50万种昆虫面临灭绝的威胁，其中一些物种将在未来几十年灭绝。在河北省塞罕坝机械林场，大约有3/4的开花植物在某个阶段都依赖于昆虫授粉。我们可以这样想象：如果没有昆虫为我们的植物授粉，我们将动用画笔和羽毛在树枝上手工为植物授粉——这可是一个巨大的密集型劳动经营活动，肯定不能维持长久！由此推想：如果没有昆虫，我们的世界、我们的生存环境，将会变得更加安静、沉闷和单调，这样生态安全和粮食安全将面临巨大挑战。

本次在河北省塞罕坝机械林场的考察获得了上万件昆虫标本，隶属于958种。我们应该在认知其资源的基础上，充分利用这些昆虫资源为自然保护区的繁荣发展事业服务：一是保护和利用昆虫资源，建立健全昆虫资源和信息共享平台，使相关专家和研究人员能够有效地沟通和合作，促进昆虫资源共享和利用，提高昆虫资源的使用效率，促进研究成果的应用与转化；二是将这些昆虫资源转化为提高普通民众科学文化素养的教育资源，设立非正式的科学教育机构，如展览馆、科技馆，或组织青少年夏令营、划定相关小型特色景区，展示本地和外来的昆虫和其他动物，以提高公众对这些生物的认知，唤起他们保护自然生态环境的觉悟，也通过向游客科普宣传塞罕坝的文化和生物资源特色，提升保护区的综合形象。

第二篇

各　论

第一章

原尾纲 PROTURA

I. 古蚖目 EOSENTOMATA

1. 古蚖科 Eosentomidae

(1) 日升古蚖 *Eosentomon asahi* (Imadaté, 1961)（图1）

识别特征：体长1200.0～1600.0 μm；头椭圆形，长130.0～140.0 μm，宽90～112.5 μm。大颚端齿3个；刚毛sr和r羽状；假眼圆形，长10.0 μm，头眼比=12；前跗长110.0～110.0 μm，爪长20.0～22.0 μm，跗爪比=6.1～6.7，基端比=0.92～1.0；中跗长48.0～53.0 μm，爪长13.0～16.0 μm，后跗长61.0～63.0 μm，爪长16.0～18.0 μm；第3对胸足跗节基部的刚毛D2刺状；第2、3胸足的爪垫均短，约为爪长的1/6。

分布：河北、北京、东北、内蒙古、宁夏、甘肃、青海；日本。

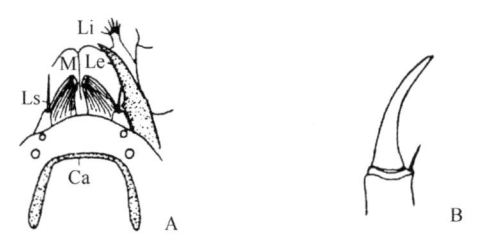

图1　日升古蚖 *Eosentomon asahi* (Imadaté, 1961)
A. 口器背面观；B. 后爪和中垫（A 仿 Imadaté 1974；B 引自尹文英，1999）

(2) 九毛古蚖 *Eosentomon novemchaetum* Yin, 1965（图2）

识别特征：体长600.0～900.0 μm；活体呈半透明的草黄色或象牙白色，表皮骨化较弱。头呈卵圆形，缺触角、复眼和单眼，假眼较小。前胸足细长，向头前伸出；前跗节长 54.0～58.0 μm，爪长约 10.0 μm；其背面和外侧面的感觉器有鼓锤形、匙形、棍棒形等不同形状，而且长短也很悬殊。中胸和后胸背板各生气孔 1 对。成虫腹部 12 节，3 对腹足均为 2 节，各生 5 根刚毛。第 8 腹节的腹板刚毛式为 2/9，与已知 200 多种古蚖的刚毛式（0/7 或 2/7）均不同。无尾须。

生境：潮湿的土壤、泥炭和砖石下，以及树皮下或林地落叶层、树根、苔藓附近。以腐木、腐败有机质和菌类等为食。

分布：河北、辽宁、江苏、上海、安徽、江西。

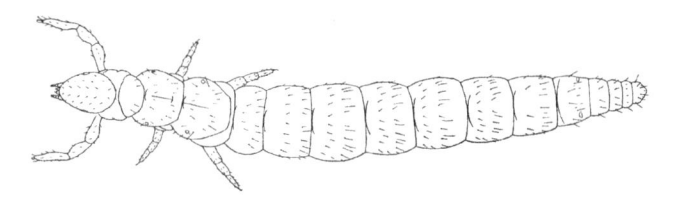

图 2　九毛古蚖 *Eosentomon novemchaetum* Yin, 1965 整体背面观（引自尹文英，1999）

（3）东方古蚖 *Eosentomon orientalis* Yin, 1965（图 3）

识别特征：全长 800.0～924.0 μm；头长 90.0～102.0 μm，宽 64.0～75.0 μm。假眼长 10.0～13.0 μm，具 3 条线纹，有时线纹不清楚，头眼比= 8～10。前跗节长 60.0～74.0 μm，爪长 10.0～12.0 μm，跗爪比=5.0～6.0。背部感器 t–1 较短，中部和顶部膨大，基端比=0.8；t–2 尖细，t–3 较长；外侧感器 a 和 b 长度相仿，c 较长，d 长大且粗钝；e 和 g 匙形，f–1 柳叶形，f–2 甚短小。内侧感器 a'较短、略阔，b'–1 和 b'–2 均存在，后者较短小；c'缺如。中跗长 26.0～30.0 μm，爪长 7.0～9.0 μm，中垫短小；后跗长 30.0～40.0 μm，爪长 8.0～10.0 μm，中垫甚长。中、后胸气孔直径约 5.0～6.0 μm。

分布：河北、辽宁、陕西、江苏、上海、安徽、浙江、湖北、江西、湖南、广东、海南、广西、重庆、四川、贵州。

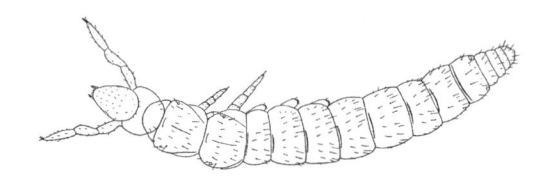

图 3　东方古蚖 *Eosentomon orientalis* Yin, 1965 整体背面观（引自尹文英，1999）

第二章

弹尾纲 COLLEMBOLA

II. 原蚖目 PODUROMORPHA

2. 土蚖科 Tullbergiidae

(4) 林栖美土蚖 *Mesaphorura hylophila* **Rusek, 1982**（图4）

识别特征：体长约 500.0 μm。后触角器官狭窄，长 14.0~16.0 μm，宽 4.0~5.0 μm，由 28~32 个椭圆形囊泡组成，排成 2 列。上唇毛式 4-5-4；下唇乳突 5 个，顶端 6 防御毛，6 端刚毛，基中 4 刚毛和 5 基侧刚毛。触角短于头，第 1 节 7 毛，第 2 节 11 毛，第 4 节 5 个微粗感器 a~e，感器 6 粗，感器 d、e 细长，近端部具微感器，端部 1 大囊突。腿上无棒状胫跗骨毛。前胸背板刚毛 m1 和 m3 长 6.0~7.0 μm，m2 和 m4 长 11.0~15.0 μm。第 2 节具微感器，侧感器毛长 15.0~16.0 μm。腹部第 1—3 节的背侧轴向毛 2+2。具 m4 毛，第 1—3 节有侧毛，但第 2 节和第 3 节的毛粗，第 4 节具 m4 和 m5 毛，第 5 节有感觉毛，似纺锤状；缺 a2 毛和微毛 p4，第 6 节有新月形脊。

分布：河北；俄罗斯，德国，斯洛伐克，西班牙，斯堪的纳维亚（半岛），挪威，格陵兰。

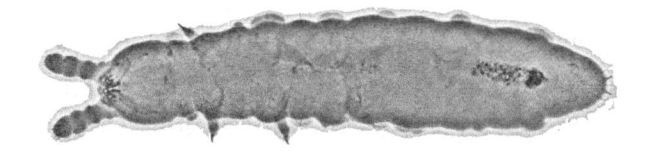

图 4 　林栖美土蚖*Mesaphorura hylophila* Rusek, 1982（引自卜云等，2017）

III. 长角䖴目 ENTOMOBRYOMORPHA

3. 长角䖴科 Entomobryidae

（5）黑暗长角䖴 *Coecobrya tenebricosa* (Folsom, 1902)

识别特征：无唇状乳头，唇缘"U"形，唇毛光滑，每侧眼 0～3 只，色素减少。触角顶端无鳞茎，镰状短毛有基底棘，触须有 4+4 齿和 1 大条纹毛，鳞片和牙棘无。柄具背面具光滑毛。胫节跗节具分化的毛囊。腹部第 1 节中间长毛 6+6 根；第 2 节中间内侧长毛 3+3 根。

分布：华北、东北、华中、华东、华南、西南；世界性分布。

（6）曲毛裸长角跳 *Sinella curviseta* Brook, 1882（图 5）

识别特征：体长 1.6 mm，浅污黄，足的胫节、跗节和触角端节浅色。触角 4 节，第 4 节最长、浅色；背面具许多弯曲的长缘毛，以头胸部的最为发达；每侧有眼 2 个，其周围具褐斑；单眼分离。弹器端节的基刺明显长过亚端齿。

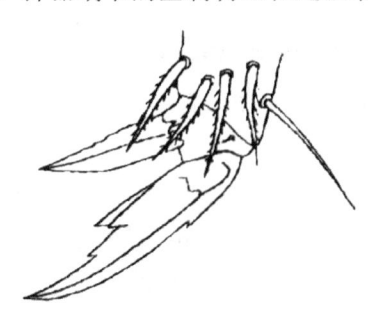

图 5　曲毛裸长角跳 *Sinella curviseta* Brook, 1882 后足爪和小爪（仿 Chen & Christiansen, 1933）

取食对象：食用菌。

分布：河北、北京、山东、陕西、江苏、上海、安徽、浙江、江西、台湾、湖北、四川、贵州；日本，印度，欧洲，美洲。

4. 等节䖴科 Isotomidae

（7）白符等䖴 *Folsomia candida* Willem, 1902

识别特征：体长 600.0～1400.0 μm，白色。无眼。角后器窄椭圆形。爪简单。第 4—6 腹节完全愈合。弹器发达，齿节长，齿节腹面内侧毛一般大于 8+8；端节 2 齿状。

分布：河北、山东、西北、江苏、上海、浙江、福建；世界性分布。

(8) 二眼符䖴 *Folsomia decemoculata* Stach, 1946（图6）

识别特征：体长不超过 1.4 mm。全身除点眼外无色素；1+1 个眼；角后器长，长度超过触角第 1 节的宽度；小颚须分叉，外颚叶有 4 根颚须；爪上有侧齿；腹管 4+4 根刚毛；齿节前侧 14~17 根刚毛，中胸第 2 节至腹节第 4 节的中部感毛所处位置在最末排刚毛 p 排之前，在第 2、3 腹节上位于大刚毛 2、3 之间。

分布：河北、北京、山西、陕西、江苏、上海、浙江；全北区广布。

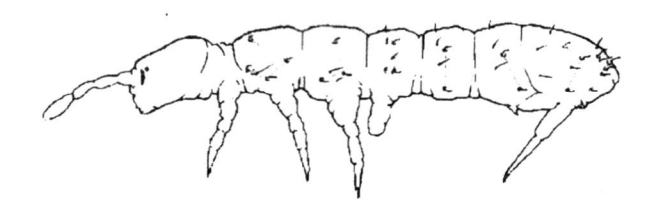

图 6　二眼符䖴 *Folsomia decemoculata* Stach, 1946（仿 Potapov & Dunger, 2000）

（9）小原等䖴 *Proisotoma (Proisotoma) minuta* (Tullberg, 1871)

识别特征：体长约为 1.1 mm，体长筒形，体灰色。8+8 眼，基本相等。角后器椭圆形。小颚外侧叶具 4 根小叶毛，下唇具不完全护卫毛。体表刚毛中等长度，胸部第 1 节无刚毛，第 2、3 节均具 1+1 或 2+2 刚毛。腹管侧顶端具有 4+4 刚毛，后面具 6 根刚毛。握弹器具 4+4 齿，1 根刚毛。弹器较短，弹器基前具 1+1 刚毛，齿节前后面均具 6 根刚毛，前面刚毛排列方式为 1-2-3。端节具 3 齿，没有薄片，亚顶端的齿最大。胫跗节具较长的粘毛，不是棍状。

分布：河北、上海；世界性分布。

第三章

双尾纲 DIPLURA

IV. 铗尾目 DICELLURA

5. 副铗虯科 Parajapygidae

(10) 黄副铗虯 *Parajapyx isabellae* (Grassi, 1886)（图7）

识别特征：体长 2.0~2.8 mm。小型，细长；白色，末节及尾部黄褐。头腹比 1.0。触角 18 节。腹部第 1—7 节有刺突，腹板第 2—3 节有囊泡。臀尾比 1.6；尾铗单节，左右略对称，内缘有 5 大齿，近基部 1/3 处内陷。两侧爪略有差异，有不成对中爪。

检视标本：1 头，木兰围场五道沟，2016-VII-11，卜云采。

分布：河北、北京、山东、河南、陕西、宁夏、甘肃、江苏、上海、安徽、浙江、湖北、湖南、福建、广东、广西、四川、贵州、云南。

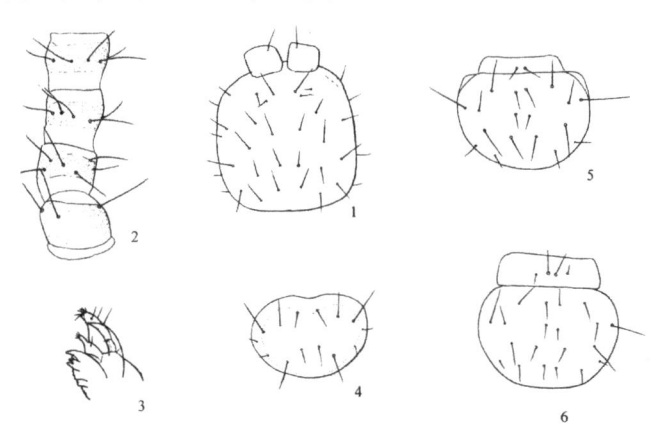

图 7 黄副铗虯 *Parajapyx isabellae* (Grassi, 1886)（引自周尧，2002）
1. 头部背面观；2. 触角第 1—4 节；3. 上颚与下颚的端部；4. 前胸背板；5. 中胸背板；6. 后胸背板

第四章

昆虫纲 INSECTA

一、无翅亚纲 APTERYGOTA

V. 石蛃目 ARCHAEOGNATH

6. 石蛃科 Machilidae

（11）希氏跳蛃 *Pedetontus silvestrii* (Mendes, 1993)

识别特征：体长雄性 10.0~13.0 mm，雌性 10.0~15.0 mm。棕黑，背板具黑鳞片；复眼隆起，深棕色，中连线长 0.6~0.7 mm。第 2、3 胸足具基节刺突；第 1、6、7 腹板具 1 对可以外翻的伸缩囊；第 2—5 腹板具 2 对可以外翻的伸缩囊；雄性仅在第 4 腹片上具阳茎和阳基侧突；雌性产卵管初级型。

分布：河北、北京、吉林、辽宁。

VI. 衣鱼目 ZYGENTOMA

7. 衣鱼科 Lepismatidae

（12）多毛栉衣鱼 *Ctenolepsima villosa* (Fabricius, 1775)（图 8）

识别特征：体长 10.0~12.0 mm；体扁长圆锥形，头大，体密被银色鳞片；无单眼，具复眼，两复眼左右远离；头部、胸部和腹部边缘具棘状毛束。腹部第 1 节背面具梳状毛 3 对。腹部具梳状毛 2 对，雄性生殖器较短。

分布：河北等全国各地；朝鲜，日本。

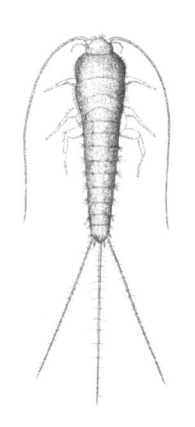

图 8 多毛栉衣鱼 *Ctenolepsima villosa* (Fabricius, 1775)（引自周尧，2002）

二、有翅亚纲 PTERYGOTA

VII. 蜉蝣目 EPHEMEROPTERA

8. 细裳蜉科 Leptophlebiidae

（13）弯拟细裳蜉 *Paraleptophlebia cincta* (Retziu, 1783)（图 9）

识别特征：体长 6.0~6.5 mm，前足 6.0 mm，前翅 7.5 mm，后翅 1.0 mm，尾丝 8.0 mm。黑褐（雄性）或红褐（雌性）。复眼上半部灰白色，下半部黑，复眼在头顶中部彼此呈点状接触；单眼端部白色，下半部黑。胸部黑褐。翅无色透明，横脉模糊（雄性）或清晰（雌性），PM 脉的分叉点与翅基的距离较 Rs 脉与翅基的距离近，CuA 脉与 CuP 脉之间 3 根闰脉及 2 根横脉，后 2 根闰脉较长翅痣区的横脉不同程度分叉；后翅前缘略凹，横脉多。前足腿节与胫节、胫节与跗节的接合处红褐，其他部分黄；各足具爪 2 枚，1 钝 1 尖。腹部第 2—6 节无色透明，而其他部分黑褐，雌性第 9 腹板的后缘中间强凹。尾丝 3 根，白色。

分布：河北；俄罗斯，欧洲。

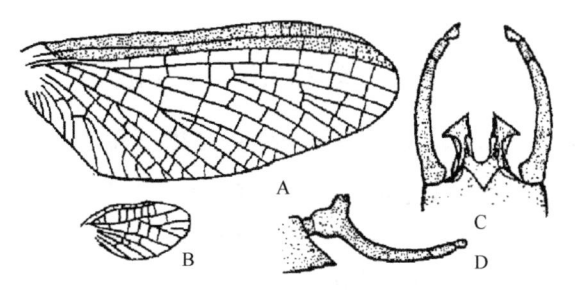

图 9 弯拟细裳蜉 *Paraleptophlebia cincta* (Retziu, 1783)（引自周长发，2002）
雄成虫：A. 前翅；B. 后翅；C. 外生殖器腹面观；D. 尾铗侧面观

9. 蜉蝣科 Ephemeridae

（14）吉林蜉 *Ephemera kirinensis* Shum, 1931（图 10）

识别特征：雄性体长 16.0 mm，头部赭黄。复眼淡灰黑，分开。胸部赭褐。前胸背板前缘有 2 黑褐斑，并 2 条黑褐纵纹延伸至后缘。翅淡绿褐色，前翅长 13.5 mm，翅脉呈绿褐至黑褐。前足腿节褐，胫节黑褐，跗节淡灰色，中、后足白色。腹部背面淡黄褐，腹面淡黄。背腹面均有纵纹。尾铗 4 节，第 2 节最长，肘形，其长度为 2 个端节之和的 2.0 倍。尾须长 29.0 mm，黄褐，节间有黑褐环纹。

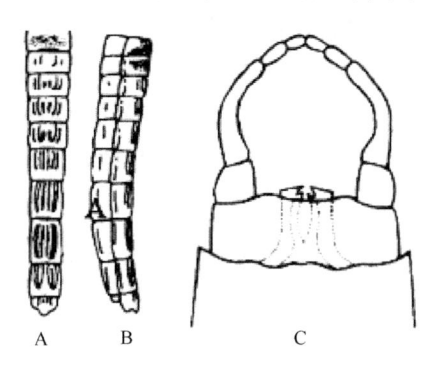

图 10 吉林蜉 *Ephemera kirinensis* Shu, 1931（仿 徐荫祺）
雄成虫：A. 腹部背面观；B. 腹部侧面观；C. 生殖器腹面观

雌性体长 18.0 mm，体色偏青色。前翅长 16.0 mm。前足白色，胫节基端和顶端及腿节均有黑褐斑纹。尾须长 34.0 mm。

分布：河北、北京、吉林。

（15）梧州蜉 *Ephemera wuchowensis* Hsu, 1937（图 11）

识别特征：体长 13.0～15.0 mm，淡黄。头部触角窝边缘具黑斑，复眼上半部灰，下半部棕。胸部具棕色斑点或条纹。足黄，前足腿节端部、胫跗节基部和端部褐。各腹节背板具黑纵纹；尾丝 3 根，黄，具黑环纹。

分布：河北、北京、辽宁、河南、陕西、甘肃、安徽、浙江、湖北、湖南、四川、贵州。

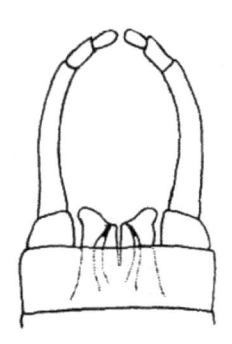

图 11 梧州蜉 *Ephemera wuchowensis* Hsu, 1937 雄性生殖器腹面观（仿 徐荫祺）

VIII. 蜻蜓目 ODONATA

10. 蜓科 Aeshilidae

（16）碧伟蜓 *Anax parthenope Julius* (Brauer, 1865)（图版 I：1）

识别特征：体长 68.0～76.0 mm，腹长 49.0～55.0 mm，后翅长 50.0～52.0 mm。额黄色，1 宽黑横纹和 1 淡蓝横纹。头顶具黑条纹，头顶中间 1 突起。后头黄色。合胸黄绿色；肩条纹和第 3 条纹褐色，第 2 条纹 2 黑斑。翅透明，略黄色，翅痣黄褐色。腹部第 1—2 节膨大；第 1 节绿色，背面 2 褐色横纹；第 2 节基部绿色，后部褐色；第 3 节褐色，两侧具淡色纵带；第 4—8 节背面黑色，侧面褐色；第 9、10 节背面褐色，侧面 1 淡色斑。

分布：河北、北京、江苏、福建、台湾、广东、海南、广西、云南；朝鲜半岛，日本，越南，缅甸。

（17）山西黑额蜓 *Planaeschna shanxiensis* Zhu & Zhang, 2001（图版 I：2）

识别特征：体长 68.0～70.0 mm，腹长 52.0～54.0 mm，后翅长 46.0～50.0 mm。体色以黄黑为主，合胸黑色，具肩前条纹和肩前下点，侧面 2 条宽阔的黄绿色条纹，后胸前侧片 2 大小不一的黄色斑点。足黑褐色。翅透明。腹部黑色，各腹节侧缘具黄绿色斑点。雌性翅略褐色，基部有橙黄色，尾毛甚短，约与第 10 节等长。

分布：河北、北京、山西、湖北。

11. 春蜓科 Gomphidae

（18）马奇异春蜓 *Anisogomphus maacki* (Selys, 1872)（图版 I：3）

识别特征：体长 49.0～54.0 mm，腹长 32.0～39.0 mm，后翅长 30.0～34.0 mm。头黑，侧单眼间略成"W"形突起；后头后方 1 大黄斑。雄性上唇以黄为主，具黑边；后唇基两侧 1 黄斑。前胸黑，具黄斑；前叶底色黄，背板中间 1 对黄斑；合胸脊黑，背条纹与领条纹相连，形成 1 对倒置的"7"形纹。合胸侧方黑，第 2 条纹中间间断甚远。翅透明，基部略黄，翅痣红黄。第 7—10 节相邻节间的节间膜黄；第 7—9 节向两侧膨大。足黑，前足腿节下侧 1 黄纵纹。

分布：河北、北京、东北、山西、陕西、华中、西南；俄罗斯（远东地区），朝鲜半岛，日本，越南。

（19）联纹小叶春蜓 *Gomphidia confluens* Selys, 1878（图版 I：4）

识别特征：体长 73.0～75.0 mm，腹长 53.0～54.0 mm，后翅长 46.0～48.0 mm。雄性颜面大部分黄，侧单眼后方具 1 对锥形突起，后头黑，后头缘略微隆起。胸部的黑褐条纹与领条纹相连，具甚细小的肩前条纹和肩前上点，合胸侧面大面积黄，后胸侧缝线黑；腹部黑，各节布不同形状的小黄斑。雌性与雄性相似，但体更粗壮。

分布：河北、北京、东北、山西、河南、江苏、安徽、浙江、湖北、福建、广东、广西、台湾；俄罗斯（远东地区），朝鲜半岛，越南。

（20）环钩尾春蜓 *Lamelligomphus ringens* (Needham, 1930)（图版 I：5）

识别特征：体长 61.0～63.0 mm，腹长约 45.0～47.0 mm，后翅长 35.0～39.0 mm。头黑，后头中间 1 低纵隆脊，后方中间 1 大黄斑；单眼上方 1 横扁突起；额横纹波状。前胸黑，具黄斑。合胸背前方黑，具黄条纹；侧方底色黄，具黑条纹，第 2、3 条纹大部合并，其间 1 "V" 形黄纹，上方 1 "7" 形黄斑。翅透明，基部略带黄，翅痣黑。腹部黑，具黄斑纹，第 10 节背面中间 1 黄宽横带；第 7—10 节两侧膨大。足黑，前足、后足腿节外侧 1 黄纵纹。

分布：河北、北京、东北、山西、安徽、湖北、重庆、四川；朝鲜半岛。

（21）大团扇春蜓 *Sinictinogomphus clavatus* (Fabricius, 1775)（图版 I：6）

识别特征：体长 69.0～71.0 mm，腹长 51.0～55.0 mm，后翅长 41.0～47.0 mm。额黑，有绿宽横纹；头顶黑，有 2 大圆形突起；后头及其后方淡绿，周围具黑边。前胸黑，背板两侧各 1 黄斑；合胸大部黑，具绿条纹；合胸脊黑。足黄，有黑条纹。翅白色透明，翅痣黑。腹部黑具黄斑。第 8 腹节侧缘扩大如圆扇状，扇状中间呈黄、边缘黑，扇区的黄斑较小（雌性）或较大（雄性）。

分布：河北、北京、东北、天津、山东、陕西、江苏、浙江、湖北、湖南、四川、福建、台湾、云南；俄罗斯（远东地区），朝鲜半岛，日本，越南，老挝，柬埔寨，泰国，缅甸。

12. 伪蜻科 Corduliidae

（22）缘斑毛伪蜻 *Epitheca marginata* (Selys, 1883)（图版 I：7）

识别特征：成虫腹长 35.0～38.0 mm。前额黄，上额黑与头顶黑横条纹连成一片；头顶中间突起有小黄斑；后头黑。合胸黄、褐两色，背面 1 三角形大黑斑；侧面黄，有黑条纹。翅透明，翅痣褐；前缘脉黄。腹部黑为主，有黄斑；第 2—8 节侧下方各 1 大黄斑；第 9、10 节黑。雌性翅基部有褐斑，个别个体延伸成纵带。

分布：河北、北京、吉林、天津、山东、河南、江苏、安徽、浙江、江西、福建、四川；朝鲜，韩国，日本。

（23）绿金光伪蜻 *Somatochlora dido* Needham, 1930（图版 I：8）

识别特征：腹长 26.0～40.0 mm，后翅长 30.0～38.0 mm；额绿有金属光泽，两侧 1 黄斑点。头顶 1 大突起，绿发光；后头黑，缘具白毛。前胸黑，具黄斑；合胸绿，具金属光泽。翅透明，翅痣及翅脉褐。腹部黑，具黄斑；第 2 节膨大，绿，具金属光泽，两侧具耳形突，下方 1 黄斑；第 3 节细，侧下方具黄斑。足黑，前足基节背面 1 黄斑。

分布：河北、黑龙江。

13．蜻科 Libillulidae

（24）白尾灰蜻 *Orthetrum albistylum* (Selys, 1848)（图版 I：9）

识别特征：体长 50.0～56.0 mm，腹长 35.0～38.0 mm，后翅长 47.0～42.0 mm。体淡黄带绿；雌性复眼深绿，面部白色，具黑短毛；头顶 1 大突起，其前方 1 宽黑条纹；后头褐。前胸浓褐，背板中间具接连的黄斑；合胸背前方褐；脊淡色，上端具小褐斑；领淡色，两端各 1 褐横斑；合胸侧面淡蓝色，具黑条纹。翅透明；翅痣黑褐；前缘脉及邻近横脉黄，M_2 脉强烈波弯。腹部第 1—6 节淡黄，具黑斑，第 7—10 节黑。足黑，胫节具黑长刺。

检视标本：1 头，围场塞罕坝，2016-VII-11，方程采。

分布：河北等全国性；俄罗斯（西伯利亚），朝鲜半岛，日本，中亚，欧洲。

（25）线痣灰蜻 *Orthetrum lineostigma* (Selys, 1886)（图版 II：1）

识别特征：体长 41.0～45.0 mm，腹长 27.0～30.0 mm，后翅长 32.0～35.0 mm。体灰色。雄性复眼蓝灰色，面部蓝白色；额灰黑，两侧及前缘暗黄。头顶黑，后头深褐，具黄斑。翅透明，末端具淡褐斑，翅痣上部黑褐，下部黄。腹部背中脊和第 2、3 节的横脊、各节后缘、下侧缘黑，足黑，具刺。雌性面部黄；前胸黑褐，背板中间 2 黄斑；合胸背前方黄褐，脊黑，侧面黄。腹部淡黄至黄，第 1—8 节两侧具黑斑，第 9 节黑，第 10 节黄褐。

检视标本：2 头，围场塞罕坝，2016-VII-11，方程采。

分布：河北、北京、吉林、辽宁、山西、山东、河南、陕西、江苏；朝鲜半岛。

（26）鼎脉灰蜻 *Orthetrum triangulare* (Selys, 1878)（图版 II：2）

识别特征：体长 45.0～50.0 mm，腹长 29.0～33.0 mm，后翅长 39.0～41.0 mm；雄性复眼深绿色，面部黑色；胸部黑褐色，翅透明，后翅基方具黑褐色斑；腹部黑色，通常第 1—7 节具蓝白粉霜。雌性大面积黄色，具褐色条纹，年老以后腹部覆盖蓝灰色粉霜。腹部第 8 节侧面具片状突起。

分布：河北、北京、华东、华中、华南、西南；亚洲热带及亚热带地区。

（27）异色灰蜻 *Orthetrum melania melania* (Selys, 1883)（图版 II：3）

识别特征：体长 51.0～55.0 mm，腹长 33.0～35.0 mm，后翅长 40.0～43.0 mm。雄性全身覆盖蓝色粉霜；头部黑褐；翅透明，翅端略染褐，后翅基方具黑褐斑；腹部末端黑。雌性黄具大量黑条纹；腹部第 8 节侧面具片状突起。

分布：华北、华南、西南；俄罗斯，朝鲜半岛，日本。

(28) 黄蜻 *Pantala flavescens* (Fabricius, 1798)（图版 II: 4）

识别特征：体长 49.0～50.0 mm，腹长 32.0～33.0 mm，后翅长 39.0～40.0 mm。雄性复眼上方红褐，下方蓝灰色，颜面黄；胸部黄褐，翅透明，翅痣赤黄，后翅臀域淡褐；腹部背面赤黄，第 1、第 4—10 节背面具黑褐斑，以第 8—10 节中间斑较大。雌性黄褐，后翅略褐；腹部土黄，腹面随活动时间延长逐渐覆盖白粉霜。头顶具黑条纹；后头褐。前胸黑褐；合胸背前方赤褐具细毛；脊上具黑褐线纹；领黑褐；侧面黄褐具稀疏的细毛。足腿节及前、中足胫节具黄线纹。

检视标本：1 头，围场塞罕坝，2016-VII-11，方程采。

分布：全国性；除南极洲外的热带、亚热带和北美洲。

(29) 玉带蜻 *Pseudothemis zonata* (Burmeister, 1839)（图版 II: 5）

识别特征：体长 44.0～46.0 mm，腹长 29.0～31.0 mm，后翅长 39.0～42.0 mm；雄性复眼褐色，面部黑色，额白色；胸部黑褐色，侧面具黄色细条纹，翅透明，后翅基方具甚大的黑褐色斑；腹部主要黑色，第 2—4 节白色。雌性与雄性相似。腹部第 2—4 节黄色，第 5—7 节侧面具黄斑。

分布：全国广布；朝鲜半岛、日本、老挝、越南。

(30) 半黄赤蜻 *Sympetrum croceolum* (Selys, 1883)（图版 II: 6）

识别特征：体长 37.0～48.0 mm，腹长 24.0～32.0 mm，后翅长 28.0～35.0 mm。雄性头部、胸部和翅金褐色。腹部红色。雌性腹部黄褐色。下生殖板较凸出。额前面红黄色，后部淡褐色，具黑色毛。头顶前部具 1 黑色窄条纹，头顶中间为 1 黄褐色突起。后头褐色。前胸褐色。合胸背前方赤黄色，无斑纹；合胸侧面赤黄夹杂橄榄色。前翅和后翅基半部金黄色，端半部透明；翅痣赤褐色。腹部黄或赤褐色，具界线不清晰的黑褐斑纹，足赤褐色，具黑刺。

分布：华北、东北、华中、华东、华南、西南；朝鲜半岛，日本。

(31) 扁腹赤蜻 *Sympetrum depressiusculum* (Selys, 1841)（图版 II: 7）

识别特征：体长 27.0～40.0 mm，腹长 17.0～27.0 mm，后翅长 22.0～30.0 mm；雄性体红色，面部黄；侧面具黑条纹，翅透明；胸部黄褐，侧面有不完整的黑条纹。翅透明，前缘翅脉略带黄，翅痣较长，黄；弓脉位于第 1、2 节前横脉之间；末端节前横脉不完整；前翅三角室 1 横脉；腹部红色。雌性多型。腹部橙红或土黄，两侧有褐小斑；足黑，基节和腿节基部黄。

分布：河北、北京、东北、内蒙古、台湾；朝鲜半岛，日本，俄罗斯（西伯利亚），欧洲。

(32) 褐带赤蜻 *Sympetrum pedemontanum* (Müller, 1766)（图版 II: 8）

识别特征：腹长约 23.0 mm，后翅长约 26.0 mm；额前面红色，周边红褐色，具黑色短毛。头顶为 1 红褐突起，突起之前具黑色条纹；后头褐色。前胸黑色，具黄斑；合胸背前方红褐色，具淡褐色细毛；合胸脊后部黑色，脊两侧各 1 条不明显褐色条纹；领黑色；合胸侧面红褐色，具黑色条纹。翅透明；翅痣红色，从翅前缘到后缘，具 1 褐色横带。腹部红褐色。肛附器黄褐色。雌性面色黄；翅痣白。足基节、转节及前足腿节下侧黄色，余黑色，具黑刺。

分布：河北、北京、东北、内蒙古、新疆；广布于从欧洲至日本的欧亚大陆温带区域。

(33) 大黄赤蜻 *Sympetrum uniforme* (Selys, 1883)（图版 II：9）

识别特征：体长 42.0～47.0 mm，腹长 29.0～31.0 mm，后翅长 30.0～34.0 mm；整个身体金黄，仅翅痣红色，但色彩随年纪增长而逐渐变暗。本种与半黄赤蜻相似，但翅的色彩均匀，半黄赤蜻翅基方色彩变深，中间透明。

分布：河北、北京、东北、内蒙古、山西、山东、河南、陕西；俄罗斯（远东地区），朝鲜半岛，日本。

14. 蟌科 Coenagrionidae

(34) 心斑绿蟌 *Enallagma cyathigerum* (Charpentier, 1840)（图版 III：1）

识别特征：体长 29.0～36.0 mm，腹长 22.0～28.0 mm，后翅长 15.0～21.0 mm。下唇黄，上唇基部 3 小黑斑。胸部黄或绿；前胸背板中间具方形黑斑；合胸背前方黑，肩前条纹较宽，肩缝黑。翅透明；翅痣黄；弓脉在第 2 节前横脉之下；翅柄止于臀横脉内方。腹部绿或黄；第 1 节背面基部具方形黑斑；第 2 节黑斑位于背面端半部，呈心脏形；第 3—5 节黑斑在端半部；第 1—7 节末端具 1 环状条纹；第 10 节背面黑。足黄绿，胫节内侧具黑条纹。

检视标本：1 头，围场塞罕坝，2016-VII-16，方程采。

分布：河北、黑龙江、吉林、内蒙古、宁夏、新疆、西藏；俄罗斯（远东地区），欧洲大部分温带地区。

(35) 东亚异痣蟌 *Ischnura asiatica* (Brauer, 1865)

识别特征：体长 27.0～29.0 mm，腹长 22.0～23.0 mm，后翅 10.0～11.0 mm。整个身体金黄，仅翅痣红色并随时间变化。雌性未熟时红色，成熟后黄绿或褐具黑条纹。雄性颜面黑，具蓝色斑点。胸部背面黑，具黄绿的肩前条纹，侧面黄绿。腹部黑，侧面具黄条纹，第 8—10 节具蓝斑。

分布：华北、东北、陕西、华中、西南地区；俄罗斯（远东地区），朝鲜半岛，日本。

(36) 长叶异痣蟌 *Ischnura elegan* (Vanderl, 1820)（图版 III：2）

识别特征：体长 30.0～35.0 mm，腹长 22.0～30.0 mm，后翅长 14.0～23.0 mm。

额顶、头顶和后头黑绿。前胸前叶前、后缘黑,中间有黄横带,背板黑,侧角黄绿,后叶黑;合胸背前方黑,1 对蓝绿背条纹;侧方淡蓝绿,中胸后侧片前半部黑。翅透明;前翅翅痣基半部黑,端半部蓝白色;后翅翅痣白色,中间褐。腹部背面黑,有闪光;侧面蓝至蓝绿。雌性各部分蓝色较少,为黄绿。

分布:华北、东北;朝鲜半岛,日本,欧洲西部至东部。

15. 色蟌科 Calopterygidae

(37)黑暗色蟌 *Atrocalopteryx atrata* (Selys, 1853)(图版 III:3)

识别特征:体长 47.0~58.0 mm,腹长 38.0~48.0 mm,后翅长 31.0~38.0 mm。雄性头部黑褐;胸部和腹部深绿并具金属光泽,翅深褐,略透明。雌性全黑褐。触角基部黄。胸部黑,斑纹具金属光泽。腹除第 8—10 腹节外各节端部均具暗黄斑。足细长,黑,具黑长毛。

分布:全国广布(除西北地区外);俄罗斯(远东地区),朝鲜半岛,日本。

(38)透顶单脉色蟌 *Matrona basilaris* Selys, 1853(图版 III:4)

识别特征:体长 56.0~62.0 mm,腹长 46.0~51.0 mm,后翅长 34.0~43.0 mm。雄性颜面金属绿,胸部深绿具金属光泽,后胸具黄条纹。翅黑,翅脉基部 1/2 蓝色。腹部第 8—10 节腹面黄褐。雌性胸部青铜色,翅深褐,具白色的伪翅痣。腹部褐。北方雄性翅正面几乎完全深蓝色,南方雄性仅基部不足 1/2 处蓝色。

分布:全国性(除西北地区外);越南,老挝。

IX. 襀翅目 PLACOPTERA

16. 叉襀科 Nemouridae

(39)北京叉襀 *Nemoura geei* Wu, 1929(图 12)

雄性前翅长 60.0~68.5 mm,后翅长 55.0~66.2 mm;雌性前翅长 65.0~68.0 mm,后翅长 55.0~66.2 mm;前翅长 92.0~94.0 mm,后翅 8.0~8.1 mm。头深褐色,略宽于前胸。触角棕色;前胸背板棕色;足黄色;腹部褐色,尾须浅褐色。雄性第 9 背板中间 1 撮刚毛;第 10 背板前缘凹入;肛下突粗短,长宽约相等,基部宽,末端尖,顶端伸至肛上突的基部,并向上弯曲;囊状突长于肛下突 1/2,基部略细,顶圆;肛侧突分 2 叶:内叶小,膜质;外叶大且近三角形,大部分膜质,外缘 1 骨化条;尾须外侧骨化,内部膜质,末端向内侧延伸。肛上突背面具 1 大的基垫,背骨片形状奇特;侧瘤突小;腹骨片在肛上突的顶端向两侧延伸为 2 个顶端游离的骨化条,末端 3 个齿突。第 7 腹板后缘中部向后延伸形成三角形的前生殖板,抵达第 8 腹板的中部。第 10

腹板的前缘两侧尖锐。

分布：河北、北京、东北，山东；俄罗斯（远东地区），日本，韩国。

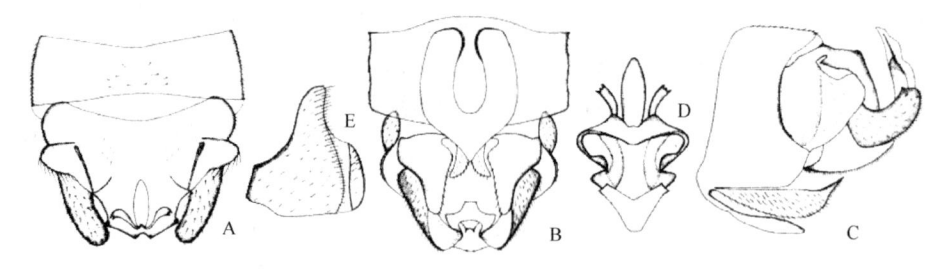

图 12　北京叉䗛 *Nemoura geei* Wu, 1929 (♂)（引自杨定、李卫海等，2015）
A. 外生殖器，背观；B. 外生殖器，腹观；C.外生殖器，侧观；D. 肛上突，背观；E. 肛上突，尾观

X. 蜚蠊目 BLATTARIA

17. 地鳖蠊科 Polyphagidae

(40) 冀地鳖 *Phlyphaga plancyi* Bolivar, 1882（图版 III：5）

识别特征：体长 22.0～36.0 mm，宽 14.0～25.0 mm。背面和腹面均扁平。背部黑棕色，通常在边缘有淡黄褐斑块及黑小点。雄性具翅，雌性无翅。头小，向腹面弯曲，口器为嚼式，上颚坚硬。触角长丝状，多节。复眼发达，肾脏形，环绕触角；单眼 2 个。前胸宽盾状，前狭后阔，将其头部掩于其下；雄性的前胸波状纹，有缺刻，具翅 2 对，前翅革质，后翅膜质。腹部第 1 腹节极短，其腹板不发达，第 8、9 腹节的背板缩短，尾须 1 对。足 3 对，发育相等，具细毛，生刺颇多，基部扩大，盖及胸腹面及腹基部分。

食性：多种蔬菜叶片、根、茎及花朵；豆类、瓜类等的嫩芽、果实，杂草中的嫩叶和种子；米、面、麸皮、谷糠等干鲜品；家畜、家禽碎骨肉的残渣及昆虫残体等。

检视标本：2 头，塞罕坝，2016-VII-10，方程等采。

分布：华北、东北、山东、河南、陕西、甘肃、青海、江苏、浙江、湖南；俄罗斯。

XI. 螳螂目 MANTEDEA

18. 螳螂科 Mantidae

(41) 薄翅螳中国亚种 *Mantis religiosa sinica* Bazyluk, 1960

识别特征：体长 43.0～88.0 mm；绿或淡褐色。额小盾片略呈方形，上缘角状突出；雄性触角粗而长，雌性触角细而短。前胸背板较短，略与前足腿节等长，沟后区与前足基节等长；雌性外缘齿列均不明显。前翅和后翅均发达，超过腹部末端，前翅略短于后翅，较薄，膜质透明，仅前缘区有较狭革质且有不规则细的分支横脉；后翅膜翅透明。腹部细长，肛上板短宽，中间具隆脊，端部中间略凹陷。前足基节内侧 1 深色斑或 1 具深色饰边的白斑；前足腿节具 4 枚中列刺和 4 枚外列刺，中、后足腿节膝部内侧片缺刺。

分布：河北等全国性分布；朝鲜半岛，日本，越南。

XII. 直翅目 Orthoptera

19. 蝼蛄科 Gryllotalpidae

（42）东方蝼蛄 *Gryllotalpa orientalis* Burmeister, 1838（图版 III：6）

识别特征：体长 25.0～34.5 mm；体背面红褐，腹面黄褐；前翅褐，翅脉黑褐；足浅褐；腹部各节腹面具 2 个小的暗斑。前胸背板隆起，具短毛。雄性前翅可达腹部中部，具发声器；雌性横脉较多。前足胫节具 4 趾突，片状，前足腿节外侧腹缘较直；后足腿节较短；后足胫节长；胫节外侧具刺 1 枚，内侧刺 4 枚。腹部末端背面两侧各 1 列毛刷。尾须细长，约为体长之半。

分布：河北、西北、华东、华南、西南；俄罗斯，日本，印度，菲律宾，印度尼西亚，澳大利亚，美国。

20. 蟋蟀科 Gryllidae

（43）纹腹珀蟋 *Plebeiogryllus guttiventris guttiventris* (Walker, 1871)（图版 III：7）

识别特征：头黑褐色，口须褐色，端色深；单眼黄色，复眼黄褐色；复眼后角 2 条黄褐色短带；前胸背板红褐色，背片后端侧角黄褐色，具褐色斑，前端中间具黄褐色斑；前翅黄褐色，侧区基部及上半部褐色；足褐色，后足腿节外侧具黑色中线。头部光亮；后缘具微绒毛；侧观后头宽平，头顶高，与后头成平面，颜面较长，额唇基沟平直。触角柄节圆盾形，其宽约为额突之半。前胸背板被中等稠密的柔毛，前后缘具刚毛；背片中部平坦，两侧倾斜；前后缘平直，前缘脊状；后缘向后延伸；侧片下角向后叶状延伸。前翅长过腹部末端；镜膜横卵形，外缘略方正，底边外侧环带在翅内侧 1 翅室。前足和中足密被柔毛，具刚毛；前足胫节的听器内小外大，内侧的卵圆形，外侧的长卵形。后足胫节的背刺数为内 6 外 7；端距 6 枚，其外侧的中端距最短，内侧的下端距最短；后足腿节粗短。尾须具半直立细长毛。下生殖板端缘平。

分布：河北、福建、广东、广西、云南；印度次大陆，斯里兰卡。

（44）黑脸油葫芦 *Teleogryllus occipitalis* (Serville, 1838)

识别特征：体长 16.5～26.5 mm；头胸红褐色，复眼上缘沿额突具狭窄黄条纹。颜面圆形，复眼卵圆形；单眼 3 枚，呈半月形，宽扁。前胸背板前缘较直；后缘波浪状，中部向后突；背片宽平，具 1 对大的三角形斑。雄性前翅基域深褐色，余褐色；基部宽，逐渐向后收缩；斜脉 3 条或 4 条；后翅明显长于前翅，尾状。足黄褐色；前足胫节外侧听器大，长椭圆形，内侧听器小，近圆形；后足胫节端部深褐色，背面两侧各 6 枚长刺。雌性前翅具 10～11 平行纵斜脉，横脉较规则。

分布：河北、浙江、湖北、江西、湖南、福建、广东、海南、广西、西南；日本。

21. 树蟋科 Oecanthidae

（45）长瓣树蟋 *Oecanthus longicauda* Matsumura, 1904（图 13）

识别特征：体长 11.5～14.0 mm。体细长、纤弱，一般灰白、淡绿或淡黄。前胸背板长，向后略扩宽；雄性后胸背板具 1 大的圆形腺窝，内具瘤状突起。雄性前翅透明，镜膜甚大，内具分脉 1 条，斜脉 3 条。足细长；前足胫节内、外侧具大的长椭圆形膜质听器；后足胫节背面具刺，刺间具背距，胫节外侧上端距较长，爪基部具 1 齿突。产卵瓣矛状，端部较圆，具齿。

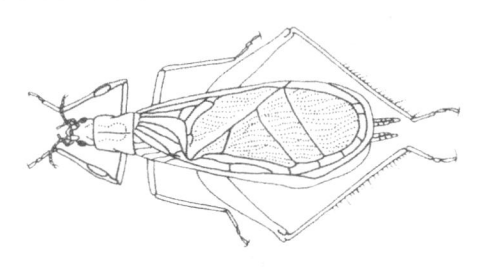

图 13　长瓣树蟋 *Oecanthus longicauda* Matsumura, 1904（引自王志国等，2007）

分布：河北、吉林、黑龙江、山西、河南、陕西、浙江、福建、江西、湖南、广西、四川、贵州、云南。

22. 螽斯科 Tettigoniidae

（46）中华寰螽 *Atlanticus sinensis* Uvarov, 1924（图版 III：8）

识别特征：体长 23.0～29.0 mm；身体褐色至暗褐色。头顶狭窄，两侧呈黑色，每个复眼后方各 1 条黑色纵纹。前胸背板侧片上部和胸的侧部分布有黑褐色；雄性前翅长达到第 3—4 腹节，不露出前胸背板后缘。前、中和后足腿节腹面内缘分别有 2 枚、2 枚和 3～5 枚刺，各腿节的外缘通常无刺；后足腿节外侧具较宽黑褐色纵带。

分布：河北、北京、东北、内蒙古、山西、陕西、河南、宁夏、甘肃、湖北、四川；朝鲜半岛。

第四章 昆虫纲 INSECTA

(47) 邦氏初姬螽 *Chizuella bonneti* (Bolivar, 1890)（图 14）

曾用名：邦内特姬螽 *Metrioptera bonneti* (Bolivar, 1890)。

识别特征：体长 16.0~22.0 mm。前胸背板长 5.0~6.0 mm；体色有绿色和褐色之分；复眼后方有白色条纹；前胸背板侧叶黑褐色，上黑下浅；腿为红褐色，各腿节上方、胫节基部黑色。头顶宽圆。前胸背板平坦，沟后区中隆线虚弱；侧片下缘微斜；后缘缺肩凹。前翅缩短，长达第 3 腹节背板后缘或略超过腹端，翅面散布黑色斑点；后翅不长于前翅。前足胫节外侧 3 端距，各足腿节下侧无刺。雄性腹部末节背板后端开裂成 2 个尖形的叶；尾须较细长，内齿位于基部；下生殖板宽大；后缘中凹较深，腹突细长。

分布：河北、北京、黑龙江、吉林、内蒙古、河南、陕西、宁夏、甘肃、江苏、安徽、湖北、四川；俄罗斯，朝鲜，日本。

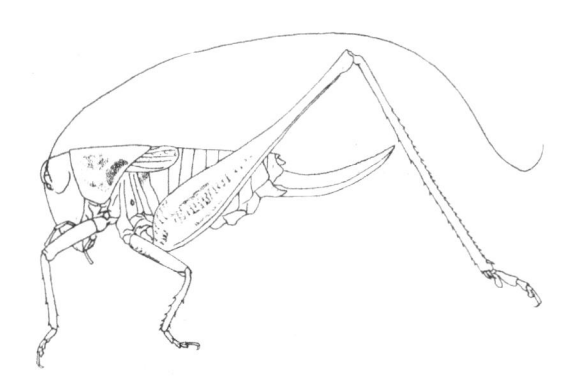

图 14 邦氏初姬螽 *Chizuella bonneti* (Bolivar, 1890)（引自王志国等，2007）

(48) 长翅草螽 *Conocephalus* (*Anisoptera*) *longipennis* (Haan, 1843)（图版 III：9）

识别特征：体长 15.0~17.0 mm；绿色。头顶较狭，顶端钝；侧缘近平行；复眼后方具 1 较宽的深褐色纵带，向后延伸至后翅顶端。前胸背板侧片长、高近相等，下缘向后倾斜；后缘具较弱肩凹；前胸腹板具 2 刺突。前翅长 9.5~18.0 mm，长过后足腿节顶端，较狭窄；后翅显长于前翅。后足腿节端部和跗节暗黑色，腿节下侧外缘具 4~6 刺，膝叶具 2 刺。雄性第 10 腹节背板具 1 对钝的裂叶；雄性尾须内刺具球状的端部。产卵瓣长不超过后翅端部。

分布：河北、河南、上海、安徽、浙江、福建、台湾、湖南、广东、香港、海南、广西、四川、云南、西藏；日本，菲律宾，柬埔寨，印度尼西亚，缅甸，印度，斯里兰卡。

(49) 长尾草螽 *Conocephalus* (*Anisoptera*) *percaudatus* Bey-Bienko, 1955（图版 III：10）

识别特征：体长 15.0~17.7 mm；小型。头顶从正面观侧缘近乎平行，背面具细纵沟。复眼卵圆形。前胸背板前、后缘截形；侧片近三角形，下缘强向后倾斜。前胸腹板具 1 对短刺；后胸腹板裂叶近卵圆形。前翅缩短，长 9.5～18.0 mm，长达腹部长度之半，长于后翅，雄性前翅端部狭圆，无暗斑。各足腿节下侧光滑。前足基节具 1 长刺；前足腿节内侧膝叶端部具 1 钝刺，外侧膝叶端部钝圆形；前足胫节腹面具 6 对距。中、后足腿节内侧膝叶端部各 1 刺，中足胫节腹面具 6 对距，后足腿节外侧膝叶端部具 2 刺；后足胫节腹端具 2 对长距。雄性尾须内刺端部球形。产卵瓣长为后足腿节长的 1.8～2.1 倍。

分布：河北、黑龙江、内蒙古、河南、宁夏、安徽、福建、台湾、海南、广西、四川、云南、西藏；俄罗斯（远东地区），泰国，印度，缅甸，尼泊尔，斯里兰卡，菲律宾，新加坡，印度尼西亚。

(50) 暗褐蝈螽 *Gampsocleis sedakovii* (Fischer von Waldheim, 1846)（图版 III：11）

识别特征：体中等偏大，长 35.0～40.0 mm。粗壮，与优雅蝈螽相似，但个体较小。草绿或褐绿色。头大。前胸背板宽大，马鞍形，侧板下缘和后缘无白色边。前翅长过腹部末端，翅端狭圆，翅面有草绿色条纹，并布满褐色斑点，呈花翅状；边缘具褐绿相间的斑纹；雌性颜色偏绿。

食性：植食性兼肉食性，以植物的花、果、茎、叶或嫩芽为食，也捕食小型昆虫。

分布：河北、北京、东北、内蒙古、山西、山东、河南、江苏、湖北；俄罗斯，蒙古，朝鲜，日本。

(51) 镰尾露螽 *Phaneroptera* (*Phaneroptera*) *falcate* (Poda, 1761)（图版 III：12）

识别特征：体长 12.0～18.0 mm；绿色，具赤褐色散点。前胸背板背面圆凸。前翅和后翅小部分淡绿色，翅室内具小黑点。前翅不透明，雄性左前翅发音部具 2 个暗斑。第 10 腹节背板后缘截形，肛上板横宽；后缘截形，背面中间具凹陷。尾须较长，端半部角形弯曲，上翘，端部尖。

分布：河北、北京、东北、河南、陕西、甘肃、新疆、江苏、上海、安徽、浙江、湖北、湖南、福建、台湾、四川；朝鲜，日本，欧洲，非洲。

23. 癞蝗科 Pamphagidae

(52) 笨蝗 *Haplotropis brunneriana* Saussure, 1888（图版 IV：1）

识别特征：体长 29.0～33.0 mm；体表具粗颗粒和短隆线；体黄褐至暗褐；前胸背板侧片常具不规则淡色斑纹；后足腿节背侧常具暗横斑；后足胫节背侧青蓝色，腹侧黄褐或淡黄。头短于前胸背板，三角形，中隆线和侧缘隆线均明显，后头部具不规则网状纹；颜面侧观略向后倾斜，颜面隆起明显。复眼长径为短径的 1.25～1.5 倍。前胸背板中隆线呈片状隆起，侧观其上缘呈弧形，前、中横沟不明显，后横沟较明显。前胸腹突的前缘隆起，近弧形。前翅短小，鳞片状；后翅甚小，刚可看见。后足腿节粗短，背侧中隆线平滑，外侧具不规则短隆线；后足胫节端部具内、外端刺。腹部背面具脊齿，第 2 腹节背板侧面具摩擦板。雌性体型较雄性大，前翅较宽圆；产卵瓣较短，上产卵瓣之上外缘平滑。

寄主：树苗、豆类、高粱、玉米、棉、南瓜。

分布：河北、黑龙江、辽宁、内蒙古、山西、山东、河南、陕西、宁夏、甘肃、江苏、安徽；俄罗斯。

24．斑腿蝗科 Catantopidae

（53）短星翅蝗 *Calliptamus abbreviatus* Ikonnikov, 1913（图版 IV：2）

识别特征：雄性体长 12.9~21.1 mm，雌性体长 23.5~32.5 mm；体褐色或黑褐色；前翅具有许多黑色小斑点；后足腿节内侧红色具 2 不完整的黑纹带，基部有不明显的黑斑点，后足胫节红色。头短于前胸背板，头顶向前凸出，低凹；颜面侧观微后倾，缺纵沟。触角丝状，超过前胸背板的后缘。前胸背板中隆线低，侧隆线明显；后横沟近位于中部，沟前区和沟后区近等长；前胸腹突圆柱状，顶圆。前翅较短，通常不长达后足腿节的端部。后足腿节粗短，长为宽的 2.9~3.3 倍，上侧中隆线具细齿；后足胫节缺外端刺，内缘 9 枚刺，外缘 8~9 枚刺。尾须狭长，上、下两齿几乎等长，下齿顶端的下小齿较尖或略圆。雌性触角不达或刚达前胸背板后缘。

寄主：棉花、大豆、绿豆、蚕豆、玉米、瓜类、马铃薯、红薯、芝麻、蔬菜。

分布：河北、东北、内蒙古、山西、山东、陕西、甘肃、江苏、安徽、浙江、江西、广东、四川、贵州；蒙古，俄罗斯，朝鲜。

（54）长翅燕蝗 *Eirenephilus longipennis* (Shiraki, 1910)（图版 IV：4）

识别特征：雄性体长 21.0~24.0 mm，雌性体长 27.2~31.5 mm，雄性前翅长 19.0~25.0 mm，雌性前翅长 24.0~28.5 mm。暗绿色，被白色毛。头顶短，中间略凹，侧缘明显。自复眼后方沿前胸背板侧隆线具黑纵纹。颜面略向后倾斜，颜面隆起明显，具明显的纵沟，两侧缘近平行。触角丝状，超过前胸背板的后缘复眼卵形。前胸背板中隆线低细，仅在沟后区可见，被 3 条横沟割断；后横沟位于前胸背板的中部，沟前区和沟后区的长度近相等。前胸背板的前缘平直；后缘宽圆形。前胸腹突，圆锥状，顶端尖。前翅和后翅长达或略超过后足胫节的中部。胫节无外端刺。

寄主：榆、榛、草木樨、野豌豆、蓝萼香茶菜、艾蒿、山楂叶悬钩子、牛蒡、白屈菜、委陵菜、狗尾草等。

分布：河北、黑龙江、吉林、内蒙古、山西、新疆。

25．网翅蝗科 Arcypteridae

（55）隆额网翅蝗 *Arcyptera coreana* (Shiraki, 1930)（图版 IV：3）

识别特征：体长 27.0~30.0 mm。褐或暗褐色。头顶和后头中间具中隆线。前胸背板具黑斑；中隆线明显，前、中、后横沟明显，后横沟切断中、侧隆线。翅长超过后足腿节末端；前翅中脉域和肘脉域具黑斑；后翅黑褐或暗黑色。后足腿节内侧具 3 个黑横斑，内侧下隆线和下侧中隆线间淡红色。后足胫节基部黑色，近基部具黄色环，余部淡红色或红色。尾须锥形。

寄主：玉米、红薯、马铃薯、禾本科植物。

检视标本：围场县：1 头，塞罕坝大唤起德胜沟，2015-VII-14，塞罕坝普查组采。

分布：河北、东北、内蒙古、山东、河南、陕西、宁夏、甘肃、江苏、江西、四川；朝鲜。

（56）网翅蝗 Arcyptera fusca fusca (Pallas, 1773)（图版 IV：5）

识别特征：雄性体长 24.0~28.0 mm，雌性体长 30.0~39.0 mm。体暗黄褐色。前胸背板侧隆线处具淡色纵纹；后翅近乎黑褐色；后足腿节内下侧红色，内侧具 3 黑色横斑，外侧具明显淡色膝前环，膝部黑色；胫节红色，基部黑色，近基部具淡色环。头顶宽短，顶钝，具粗刻点；头侧窝明显，宽平；颜面侧观后倾，隆起较宽平。复眼小，卵形。前胸背板宽平；沟前区长于沟后区。前翅超过后足腿节顶端，翅顶宽圆；肘脉域宽。后足腿节下膝侧片顶端圆形。雌性触角不达前胸背板后缘；前胸背板后横沟较直，中部略向前凸出；前翅略超过后足腿节的中部，翅顶狭圆；亚前缘脉域中部较宽，肘脉域宽，约为中脉域宽 2.0 倍。

寄主：玉米、红薯、马铃薯、禾本科植物。

分布：河北、河南、新疆；蒙古，俄罗斯。

（57）中华雏蝗 Chorthippus chinensis Tarbinsky, 1927（图版 IV：6）

识别特征：雄性体长 17.5~23.0 mm，雌性体长 21.0~27.0 mm；体暗褐色。触角褐色，复眼红褐色。前胸背板沿侧隆线具黑色纵带纹；前翅褐色，后翅黑褐色；后足腿节外、上侧具 2 黑横斑，内侧基部具黑色斜纹，下侧橙黄色，膝部黑色；后足胫节橙黄色，基部黑褐色；腹部末端橙黄色。头顶锐角形；头侧窝狭长四边形；颜面倾斜，隆起狭，在触角基部水平以下具浅纵沟。触角长达后足腿节基部。前胸背板前缘平；后缘圆角形凸出；中隆线明显，侧隆线角形凹；沟前区与沟后区近等长。中胸腹板侧叶宽大于长，侧叶间中隔近方形。前后翅等长；雄性前翅超过后足腿节顶端，前缘脉及亚前缘脉"S"形弯曲；径脉域较宽；雌性前翅刚达后足腿节顶端。后足腿节内侧下隆线具音齿；膝侧片顶圆形。鼓膜孔宽缝状。

寄主：豆类、禾本科牧草、水稻、玉米、红薯、马铃薯等。

分布：河北、陕西、甘肃、四川、贵州。

（58）东方雏蝗 Chorthippus intermedius (B-Bey-Bienko, 1926)（图版 IV：7）

识别特征：雄性体中小型，体长 15.0~18.0 mm；体黄褐色、褐色或暗黄绿色；前胸背板侧隆线处具黑纵条纹；后足腿节橙黄褐色，内侧基部具黑色斜纹；后足胫节黄色，基部黑色。头短于前胸背板，头顶前缘几呈锐角形；颜面略倾斜。触角可达后足腿节中部。前胸背板中隆线明显，侧隆线全长明显；前、中横沟不甚明显，后横沟明显，切断中、侧隆线，沟前区与沟后区等长。前翅长达或略超过腹部末端，缘前脉域具闰脉；后翅略短于前翅。后足腿节内侧下隆线处具音齿 107～131 个。尾须短锥形，粗壮。雌性体较雄性略大而粗壮；颜面近乎垂直。触角刚达前胸背板后缘；前翅较短，缘前脉域、中脉域及肘脉域均具弱闰脉。

分布：河北、东北、内蒙古、山西、河南、陕西、宁夏、甘肃、青海、四川、西藏；蒙古、俄罗斯。

(59) 青藏雏蝗 *Chorthippus qingzangensis* Yin, 1984（图版 IV：8）

识别特征：雄性体长 13.4～16.9 mm，雌性体长 19.6～24.5 mm。体黄绿色、绿色；头部背面、前胸背板、前翅有时棕褐色；前翅前缘脉域常具白条纹。头较前胸背板短，颜面倾斜。前胸背板中、侧隆线明显，侧隆线近平行；后横沟前、后区约等长。前翅长达或超过后足腿节端部，翅痣明显。后足腿、胫节黄褐色，腿节端部色较暗。尾须圆柱形。产卵瓣较长，下产卵瓣近端部具凹陷。

检视标本：围场县：9 头，塞罕坝大唤起小梨树沟，2015-VIII-20，塞罕坝普查组采；7 头，塞罕坝北曼甸高台阶，2015-VIII-14，塞罕坝普查组采；5 头，塞罕坝大唤起德胜沟，2015-VII-14，塞罕坝普查组采 3 头。

分布：河北、黑龙江、内蒙古、山西、宁夏、甘肃、青海、新疆、西藏。

(60) 宽翅曲背蝗 *Pararcyptera microptera meridionalis* (Ikonnikov, 1911)（图版 IV：9）

识别特征：雄性体长 23.0～28.0 mm，雌性体长 35.0～39.0 mm；雄性前翅长 18.0～21.0 mm，雌性前翅长 17.0～21.0 mm；体褐或黄褐色。触角丝状。前胸背板背面暗黑色；侧隆线淡黄色，在沟前区颇内弯，其间最宽处约为最狭处的 1.5～2.0 倍。前翅前缘脉域较宽，最宽处约为亚前缘脉域最宽处的 2.5～3.0 倍；雌性肘脉域较狭，肘脉域最宽处与中脉域最宽处近等宽。后足胫节顶端无端刺，沿外缘具刺 12～13 个。

寄主：小麦、玉米、高粱、谷子、棉花、薯类、花生、蔬菜、禾本科杂草。

检视标本：围场县：1 头，塞罕坝 80 号，2016-VI-30，方程采。

分布：河北、东北、内蒙古、山东、山西、西北。

26. 斑翅蝗科 Oedipodidae

(61) 沼泽蝗 *Mecostethus grossus* (Linnaeus, 1758)（图版 IV：10）

识别特征：雄性体长 20.1～26.3 mm，雌性体长 29.0～38.0 mm；体常黄褐色；复眼后及前胸背板上缘具黑纵纹。头部背面中间暗褐色，两侧具淡黄色纵条纹。前胸背板中隆线黑色，侧隆线淡黄褐色。后翅烟色。后足腿节外侧上缘和内侧暗褐色，端 1/3 处具黑色环，近顶端黄色，膝部黑色；下侧橙红色。后足胫节基部和端部黑色，近基部 1/3 处具黑色环。头短于前胸背板；头侧窝小三角形；颜面后倾，与头顶呈锐角。

前胸背板宽平，前缘平直；后缘圆弧形；中隆线较粗；侧隆线较弱，在沟前区近平行；后横沟明显，割断中隆线和侧隆线，位于前胸背板中部之前。前胸腹板在前足基部间略隆起。前翅顶端明显超过后足腿节端部；后翅主纵脉正常，不明显变粗。后足腿节上膝侧片顶圆形。雌性上产卵瓣长约为宽的 3.0 倍。

检视标本：围场县：7 头，塞罕坝阴河白水，2015–VIII–05，塞罕坝普查组采；3 头，塞罕坝北曼甸十间房，2015–VIII–12，塞罕坝普查组采；1 头，塞罕坝马蹄坑，2016–VIII–15，周建波采。

分布：河北、黑龙江、内蒙古、青海、新疆、四川；俄罗斯，欧洲。

(62) 蒙古束颈蝗 *Sphingonotus mongolicus* Saussure, 1888（图版 IV：11）

识别特征：体长 27.0 mm，翅长 25.0 mm；体匀称，褐色，有暗色横斑纹。前胸背板的沟前区较缩狭，近乎圆柱形，沟后区较宽平、明显，中隆线甚低，线状，在横沟之间消失。前胸背板侧片的前下角直角形，后下角圆形。前翅具 3 个暗色横纹，近顶端的 1 个常不明显，有时仅呈小斑点。前、中足均具暗色横斑。后足腿节的外侧有 3 个暗色横斑，基部 1 个很小，不明显，中部 1 个常不完整，后 1 个完整；腿节内侧蓝黑色，近端部 1 淡色环。

检视标本：围场县：1 头，塞罕坝千层板神龙潭，2015–VIII–15，塞罕坝普查组采。

分布：河北、东北、内蒙古、甘肃、山东。

(63) 疣蝗 *Trilophidia annulata* (Thunberg, 1815)（图版 IV：12）

识别特征：体长 11.7~16.9 mm。体暗褐色；头胸部具较密的暗色小斑点。头短，复眼间具 2 粒突。触角基部黄褐色。前胸背板前狭后宽，中隆线被中、后横沟深切断；侧隆线在前缘和沟后区明显。翅长超过后足腿节中部；前翅散布黑色斑点；后翅基部黄色，余部烟色。后足腿节上侧具 3 个黑色横纹，内侧和下侧黑色，近顶端具 2 个淡色纹；后足胫节中部之前具 2 个淡色纹。

检视标本：围场县：1 头，塞罕坝下河边，2016–VII–01，刘智采。

分布：河北、东北、内蒙古、山东、陕西、宁夏、甘肃、江苏、安徽、浙江、江西、福建、广东、广西、西南；朝鲜，日本，印度。

27. 剑角蝗科 Acrididae

(64) 条纹鸣蝗 *Mongolotettix vittatus* (Uvarov, 1914)（图版 V：1）

识别特征：雄性体长 16.5~18.5 mm，雌性体长 27.0~28.0 mm；雌性前翅长 3.0~3.5 mm，雄性前翅长 7.0~8.0 mm。体较细长。头大，略短于前胸背板。颜面向后倾斜，隆起明显，具纵沟，中眼之下较宽，向下端展开。触角剑状，基部数节宽阔，向端部渐变细。前胸背板宽平，中隆线较低。前翅雄性发达，雌性不发达，长卵形，1 较狭的黑褐色纵条纹，在背部彼此不毗连。后足腿节外侧下膝侧片顶端较尖锐。

寄主：禾本科杂草。

检视标本：围场县：3 头，塞罕坝四道河口，2016–VII–20，方程采；5 头，塞罕坝马蹄坑，2016–VIII–15，周建波、袁中伟采；2 头，塞罕坝长腿泡子，2016–VIII–08，2016–VIII–13，周建波采；2 头，塞罕坝阴河前曼甸，2015–VII–01，塞罕坝考察组采。

分布：河北、北京、黑龙江、吉林、内蒙古、陕西、甘肃；蒙古。

XIII. 革翅目 DERMAPTERA

28. 球蠼科 Forficulidae

(65) 疣异蠼 *Allodahlia scabriuscula* (Audinet-Serville, 1838)（图 15）

识别特征：雄性体长 11.0～14.0 mm，雌性体长 11.0～13.0 mm；体粗壮，污黑色，无光泽。胫节端半部和跗节具金黄色毛。头部背面隆起，冠缝明显。触角 12～13 节，第 1 节棒形，短于触角窝之间的间距；第 4 节短于第 3 节。前胸背板横宽，前缘凹，前角尖锐凸出；后缘宽圆形；沟前区隆起，表面具明显的颗粒和刻点。前翅宽广，肩部圆形，端缘平截，沿外缘具侧隆线，表面粗糙，具颗粒；后翅长于前翅。足细长，腿节具刻点，胫节端半部和跗节具毛。腹部略扁平，中部扩宽，表面具细刻点，第 3、4 节背板具腺褶。雄性第 10 腹节背板横宽，侧缘向后扩展；肛上板横宽；后缘平截，后角微凸出；尾铗基部远离，端部略内弯，内缘近基部具细齿，中部之后 1 较长锐齿。

分布：河北、河南、甘肃、湖北、湖南、台湾、广东、广西、西南；越南，印度，缅甸，不丹，斯里兰卡，印度尼西亚。

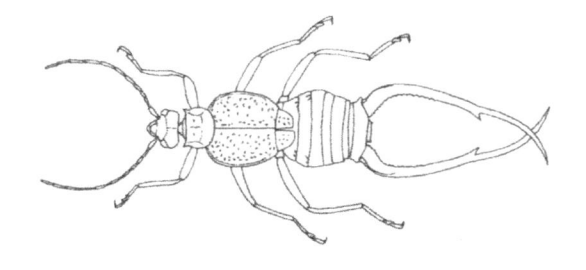

图 15 疣异蠼 *Allodahlia scabriuscula* (Audinet-Serville, 1839) 雄性整体背面观（引自王志国等，2007）

(66) 达球蠼 *Forfilula davidi* Burr, 1905（图 16）

识别特征：体长 9.0～15.5 mm；尾铗长 3.5～18.0 mm；狭长，褐红或褐色，头部深红色，鞘翅和尾铗暗褐红或浅褐色。头部较大，额部略圆隆，头缝明显；复眼小，圆突形。触角细长，基节长大，棍棒形，第 2 节短小，余节细长。前胸背板近方形，两侧具微翘的宽黄边。鞘翅长大，长为前胸背板长 2.0 倍，肩角略圆，两侧平行；后缘略内后倾斜；后翅翅柄较短，外缘直弧形，顶端略圆。腹部狭长，两侧弧形，遍布较细密刻点，第 3—4 节背面两侧各 1 瘤突；末腹背板短宽，两侧近平行，散布小刻点，接近后缘两侧各 1 较大瘤突；亚末腹板后缘圆弧形，散布刻点和皱纹。臀板长大；后缘截形或弧凹形。尾铗长短不一，基部内缘扁阔，其后圆柱形，直或略外弯。雌性尾铗两支内缘接近，基部较宽，顶端尖，内弯。

分布：河北、山西、山东、陕西、宁夏、甘肃、湖北、湖南、四川、云南、西藏。

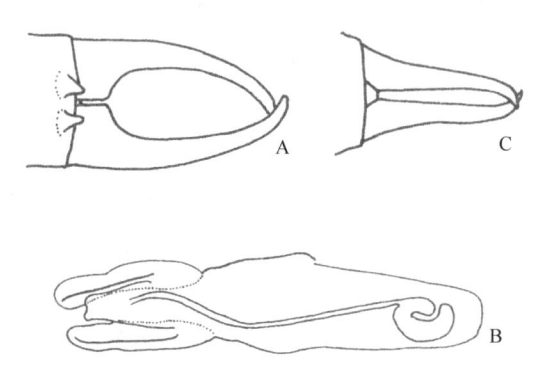

图 16　达球螋 *Forfilula davidi* Burr, 1905（引自王志国，2007）
A. 雄性腹端背面观；B. 雄性外生殖器；C. 雌性尾铗背面观

（67）齿球螋 *Forficula mikado* Burr, 1904（图版 V：2）

识别特征：雄性尾铗基部扩展齿突状，不及全长的 1/3，尾铗基部圆柱形或向内缘扩展；臀板长大于宽；后翅翅柄较短，不及前翅长度之半；第 2 跗节两侧扩展为叶状；雄性外生殖器 1 阳茎叶；前、后颈骨片于前胸腹板前愈合；末腹背板长短于宽，后部两侧各 1 隆突。

分布：河北、东北、甘肃、陕西、湖北、四川；朝鲜、日本。

（68）托球螋 *Forficula tomis scudderi* Bormans, 1880（图版 V：3）

曾用名：斯氏球螋。

识别特征：雄性体长 14.0～21.5 mm，雌性体长 15.0～19.0 mm，略扁；暗褐色；口器、触角、前胸背板边缘和足浅黄或浅红褐色。头部与前胸背板近等宽，背面扁隆，两颊平行；后缘略凹，头缝明显；复眼小而凸出。触角 12 节，基节长棍棒状，第 2 节长宽近相等。前胸背板近方形，较头部略宽；后缘圆弧形。鞘翅略长于前胸背板，两侧平行；后缘截状，散布细刻点；后翅退化，不长于前翅。腹部两侧弧形，密布细刻点，第 3—4 节背面两侧各 1 小瘤；末腹背板两侧向后略收缩；后缘中间略凹，近后缘两侧各 1 突起；亚末腹板短宽；后缘圆弧形；臀板短小，末端圆弧形；尾铗长短不一，基内缘扁阔部分较长，后部圆弧或向外弧弯，顶尖。雌性尾铗向后直伸，基部宽，向后渐细，后部略外弯，顶尖。

分布：河北、辽宁、山西、河南、陕西、宁夏、新疆、湖南；俄罗斯（远东地区），朝鲜，日本。

（69）净乔球螋 *Timomenus inermis* Borelli, 1915（图 17）

识别特征：触角第 3、4 节近等长。前胸背板前角不延伸。鞘翅无侧隆脊。后翅翅柄无黄色斑。尾铗基部圆柱形或向内缘扩展。第 2 跗节两侧扩展为叶状。雄性外生殖器 1 阳茎叶；前、后颈骨片在前胸腹板前面愈合；末腹背板长小于宽。

分布：河北、山西、陕西、湖北、福建、台湾、广东、云南。

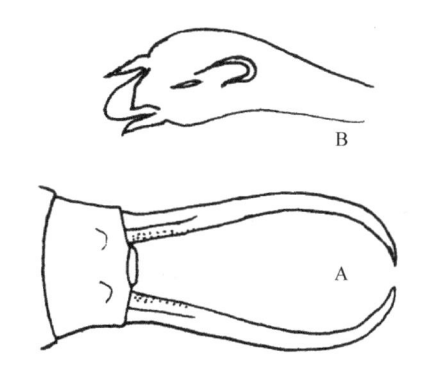

图 17 净乔球螋 *Timomenus inermis* Borelli, 1915（引自陈一心等，2004）
A. 末腹背板和尾铗（雄性）；B. 雄性外生殖器

XIV. 半翅目 HEMIPTERA

29. 蝉科 Cicadidae

（70）鸣鸣蝉 *Oncotympana maculaticollis* (Motschulsky, 1866)（图版 V：4）

曾用名：斑头蝉。

识别特征：体长 33.0～36.0 mm，翅展 110.0～130.0 mm；体粗壮，体背较扁平，黑色，胸部背面有灰绿至黄褐色斑纹，局部具白蜡粉；腹面灰绿色至黄褐色。复眼大，暗褐色；3 个单眼红色，三角形排列；喙管向后，超过后足基节。前胸背板近梯形，其上横列 5 个长形瘤状突起，后角扩张成叶状，宽于头部；中胸背板前半部中间具 1 "W"形凹纹；翅透明，翅脉黄褐色，前翅横脉上有 4 个淡褐色斑，外缘脉端部有 6 个颜色更淡的褐色斑。足内侧的颜色同腹面。腹部各节两侧有灰绿至黄褐色边，越向腹面，该边越宽，腹端部 3 节略尖。

分布：全国大部分省区；朝鲜，日本。

30. 沫蝉科 Cercopidae

(71) 褐带平冠沫蝉 *Clovia bipunctata* (Kirby, 1891)（图版 V：5）

识别特征：成虫体长 8.0~9.0 mm。淡褐色具灰色绒毛。头部头冠平坦，前缘有深褐色边，中间有 4 条茶褐色纵带，此带延伸至前胸背板，中间 2 条延伸至小盾片；颜面隆起光滑，淡黄白色，两侧有深褐色纵带，此带终止于舌侧板的端部。前胸背板具 7 条茶褐纵带，两侧纵带不甚明显，前端弧圆，后端深凹；小盾片三角形，端部尖；前翅淡黄褐色，翅基部有茶褐斑，中部 1 大三角形茶褐斑，二翅合拢时此斑呈菱形，翅端有褐色斜纹，爪片末端 1 黑斑点；胸部腹面淡黄白色，具黑色带状斑；足的侧刺和端刺黑色。腹部黄褐色具黑褐斑块。

寄主：花生、苎麻、水稻。

分布：河北、湖南、广西。

31. 叶蝉科 Cicadellidae

(72) 大青叶蝉 *Cicadella viridis* (Linnaeus, 1758)（图版 V：6）

识别特征：体长（含翅）7.2~10.1 mm；体青绿色，腹面橙黄色。头部颜面淡褐色；冠部淡黄绿色，前部两侧各 1 组淡褐色弯曲横纹，与前下方颜面（后唇基）横纹相接，在近后缘处 1 对不规则的多边形黑斑；后唇基侧缘和中间的纵条、两侧弯曲的横纹均为黄色，颊区在近唇基缝处 1 小黑斑。触角窝上方 1 块黑斑。前胸背板淡黄绿色，基半部深青绿色；小盾板淡黄绿色，中间横刻痕较短，不伸达边缘。前翅绿色具青蓝色光泽，前缘淡白，端部透明，翅脉为青黄色，具狭窄的淡黑色边缘；后翅烟黑色，半透明。足橙黄色，跗爪和后足胫节内侧具黑色细小条纹，后足胫节刺列的刺基部黑色。腹部背面蓝黑色，其两侧及末节的颜色淡，为橙黄带有烟黑色。

检视标本：围场县：1 头，塞罕坝大唤起 80 号，2015-VII-10，塞罕坝考察组采；1 头，新丰挂牌树，2015-VIII-03，李迪采。

寄主：多种农作物和果树。

分布：全国广布；世界广布。

32. 角蝉科 Membracidae

(73) 延安红脊角蝉 *Machaerotypus yananensis* Chou & Yuan, 1981（图 18）

识别特征：雌性：黑色，唯复眼、上肩角与后突起橘红色，略光泽。头宽大于高，黑色，有黄色细毛。复眼橘红色，半球状。单眼浅黄色，具光泽。头下缘倾斜，略弯曲，额唇基顶端圆而被细毛。前胸背板黑色具光泽，有粗刻点，两侧被细毛。小盾片露出部分窄狭，黑色。前翅基部革质，有黑色粗刻点，其他部分棕褐色，半透明，有皱纹；翅脉黑色，臀角处色浅。后翅灰白色，翅脉暗褐色。胸部侧面与下侧、腹部及足黑色。腹部各节背板后缘色较浅。

分布：河北、陕西。

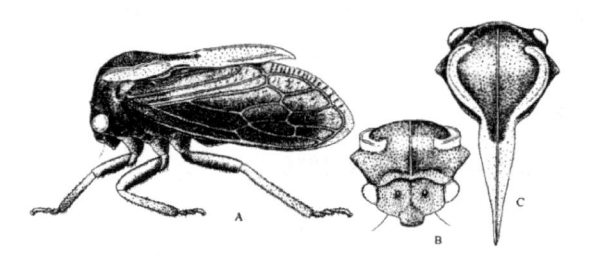

图18 延安红脊角蝉 *Machaerotypus yan-anensis* Chou & Yuan, 1981（引自袁锋等，2002）
A. 雌体侧面观；B. 头胸前面观；C. 头胸背面观

33. 象蜡蝉科 Dictyopharidae

（74）伯瑞象蜡蝉 *Dictyophara patruelis* (Stål, 1859)（图19）

识别特征：体长 8.0～11.0 mm，翅展 18.0～22.0 mm。绿色。头明显向前凸出，略呈长圆柱形，前端略狭；前胸背板和中胸背板各有5条绿色脊线和4条橙色的条纹。腹部背面有很多间断的暗色带纹及白色小点，侧区绿色。翅透明，翅脉淡黄色或浓绿色，前翅端部翅脉及翅痣多为褐色，后翅端部翅脉多深褐色。胸部腹面黄绿色，腹下侧绿色，各节中间黑色。

分布：东北、山东、陕西、江苏、浙江、湖北、江西、福建、台湾、广东、四川、云南；日本，马来西亚。

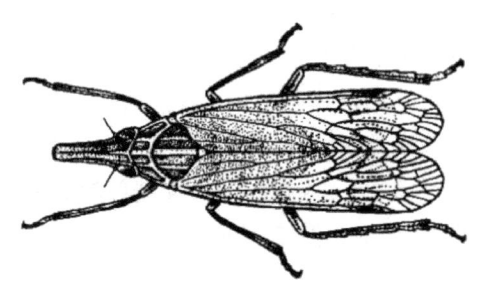

图19 伯瑞象蜡蝉 *Raivuna patruelis* (Stål, 1859)（引自周尧等，1985）

34. 黾蝽科 Gerridae

（75）细角黾蝽 *Gerris gracilicornis* (Horváth, 1879)

识别特征：体长约14.8 mm，宽约3.3 mm。粗壮，酱褐色。头黑褐色，具酱褐色斑。触角约为体长之半，第1节略弯曲，略长于头长；喙黄褐色，伸达前足基节。前胸背板表面具较浅横皱，中纵线显著，呈完整而连续的浅色条纹；前叶中纵线两侧各1较大黑色斑；中胸两侧具短而直立的毛被；前缘直，侧缘略弯曲。翅亦呈酱褐色。腹下侧黑色，隆起呈脊状，侧缘酱褐色。雌性第7腹节端角尖锐。雄性第8腹板腹面

1对椭圆形凹陷,其上具银白色毛被。雌性腹部侧接缘向后延伸而成的刺突呈钝三角形,接近第8腹节后缘,未超过腹部末端。前足腿节淡黄色,外侧颜色渐深至褐色。中后足长,中足第1跗节长为第2跗节的2.5倍。多为长翅型。

分布:河北、山东、陕西、宁夏、湖北、福建、台湾、广西、四川、贵州、云南;俄罗斯,朝鲜,日本,印度北部,不丹。

(76) 微黾蝽 *Gerris nepalensis* Distant, 1910

识别特征:体长8.2~8.9 mm,宽约2.1 mm。黑色。头宽明显大于长,头顶后缘可见1长条弯曲状黄斑,有时被分成左右2小斑;唇基向前凸出,复眼半球形;喙短粗,黑褐色,伸达前足基节。触角褐色,细长,第1节显著长于第2节。前胸背板较长,黑褐色,被短毛,中纵线隐约可见,仅在前叶中线处1黄斑,侧缘呈黄色,前缘靠近复眼后缘。翅黑褐色。腹部细长,黑褐色,两侧缘近乎平行,侧接缘黄褐色;雌性及长翅型雄性第7腹板端角向后呈尖刺状伸出,尖锐,雄性刺突略小,只是微微凸起。雄性腹部第8腹板近基部具2丛银灰色毛。足黄褐色,仅前足节除基部外呈黑褐色。同1种有长翅型和无翅型。

分布:河北、北京、天津、黑龙江、江苏、上海、浙江、广东、台湾;俄罗斯,韩国,朝鲜,日本,越南,泰国,尼泊尔,孟加拉国。

35. 划蝽科 Corixidae

(77) 纹迹烁划蝽 *Sigara lateralis* (Leach, 1817)(图20)

识别特征:体长5.1 mm,宽1.8 mm(雄性)。前胸背板的皱纹较爪片的明显,革片及膜片光滑;前胸背板具7~8条黄色横纹,宽于其间的褐色纹。爪片的黄色斑不规则,革片为断续黄色横纹斑,膜片黄色斑零乱。后胸腹突呈长三角形。后足第1跗节的端部及第2跗节黑褐色。雄性头的前缘两眼之间向前凸,头腹面平坦,下半部具稀疏毛,前足跗节具1列齿,由27~31齿组成,其端部的6~7齿尖长;腹部背面右侧摩擦器小,通常由3~4栉片组成;第7腹板亚中突呈短舌状,端缘具长毛。

分布:河北、北京、内蒙古、天津、宁夏;欧洲。

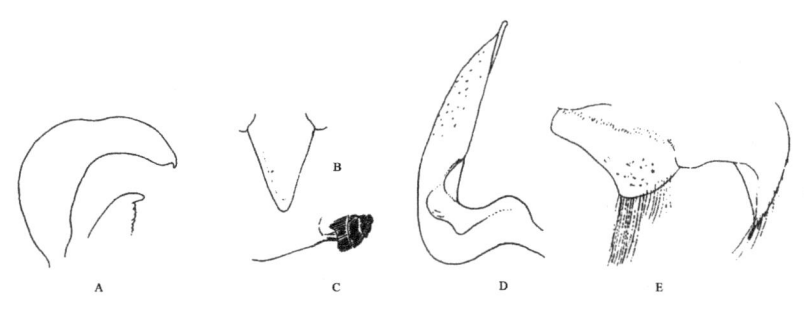

图20 纹迹烁划蝽 *Sigara lateralis* (Leach, 1817)(引自刘国卿等,2009)
A. 右阳基侧突;B. 左阳基侧突;C. 腹突;D. 摩擦器;E. 第7腹节腹面观

36. 猎蝽科 Reduviidae

(78)中黑土猎蝽 *Coranus lativentris* **Jakovlev, 1890**（图版Ⅴ：7）

识别特征：体长 10.5～12.5 mm，暗棕褐色，被灰白色平伏短毛及棕色长毛。腹下侧中间具黑色纵带纹，侧接缘端部 3/5 浅色。触角第 1 节短。喙粗壮，第 1 节达眼的中部。前胸背板长 2.5 mm，前叶与后叶几等长，前角间宽 1.5 mm，后角间宽 2.5 mm，侧角圆，后角显著；后缘中部向前凹。小盾片中间脊状，向上翘起。短翅型，翅无膜质部，翅长 1.3 mm，仅达第 2 腹背板后缘。腹部宽 4.5 mm，侧接缘向上翘。雄性体较小。腹部末端生殖节后缘中部具叉形锐刺，其锐刺侧扁，抱器顶圆，基部细，成勺状。

分布：河北、北京、天津、山西、山东、河南、陕西。

(79)独环真猎蝽 *Harpactor altaicus* **Kiritschenko, 1926**

识别特征：雌性体长约 14.4 mm，雄性体长约 13.7 mm；黑色，被浅色短毛。两单眼之间，单眼与复眼之间暗黄色；头腹面、前胸背板侧缘及后缘，前足及中足基节臼周缘、腿节基部、侧接缘背腹横斑均为红色。触角第 1 节略长于前胸背板；喙第 1 节达眼的前缘。前胸背板前叶中间具纵沟，后叶中部纵凹沟浅。翅褐色，膜片微微超过腹部末端。

分布：河北、北京、内蒙古、陕西；蒙古。

(80)双环真猎蝽 *Himacerus (Stalia) dauricus* **(Kiritshenko, 1911)**

识别特征：体长约 13.0 mm；黑色，具红色斑。头的腹面黄色；后头两单眼之间、前胸背板侧缘及后缘、前足及中足基节臼缘、前足基节两侧、各足腿节基端及中部的环、腹部侧接缘各节的基半部均为深橘红色。前胸背板前叶短于后叶，中间具深纵沟，后叶后角钝圆；后缘直。前翅褐色，光亮，超过腹部末端。生殖节中纵带黄色；后缘中部阔角状端半部向后伸，抱器黑色、棒状、顶端较膨大。

分布：河北、山西、甘肃、四川；蒙古、俄罗斯。

37. 盲蝽科 Miridae

(81)三点苜蓿盲蝽 *Adelphocoris fasciaticollis* **Reuter, 1903**（图版Ⅴ：8）

识别特征：体长 6.3～8.5 mm，宽 2.3～3.0 mm；长椭圆形，底色淡黄褐至黄褐色。头淡褐色，具光泽，额部成对平行斜纹与头顶"八"字形纹带共同组成色略深的"X"形暗斑，或因上述斑纹界线模糊而头背面呈斑驳状。触角第 1 节淡污黄褐至淡锈褐色，毛黑。前胸背板光泽强，胝区黑，呈横列大黑斑状；盘域后半具宽黑横带，有时断续成 2 横带，或 2 横带与两侧端的 2 个黑斑；胝前及胝间区闪光丝状平伏毛极少。小盾片淡黄至黄褐色，侧角区域黑褐；具浅横皱。足淡污褐色，腿节深色点斑较细碎。腹下亚侧缘区 1 断续深色纵带纹。

寄主：蒿类、葎草、地肤、甜菜、苜蓿。

分布：河北、黑龙江、辽宁、内蒙古、山西、山东、河南、陕西、江苏、安徽、湖北、江西、海南、四川。

（82）苜蓿盲蝽 *Adelphocoris lineolatus* (Goeze, 1778)（图版 V：9）

识别特征：体长 6.7～9.4 mm，宽 2.5～3.4 mm。头一色或头顶中纵沟两侧各 1 黑褐色小斑；毛同底色，或为淡黑褐色，短而较平伏。前胸背板胝色（同底色）淡或黑色，盘域偏后侧方各黑色圆斑 1 个，胝为黑色时，黑斑多大于黑色的胝。小盾片中线两侧多具 1 对黑褐色纵带，具浅横皱，毛同前胸背板。爪片内半常为淡黑褐色，其中爪片脉处常呈黑褐宽纵带状，内缘黑褐色。梳状板背面略凹，齿面凸，长约 0.3 mm，梳柄连于基部。针突中部粗，两端细。

分布：华北、东北、山东、河南、西北、浙江、湖北、江西、广西、四川、云南、西藏；古北界广布。

（83）四点苜蓿盲蝽 *Adelphocoris quadripunctatus* (Fabricius, 1794)（图版 V：10）

识别特征：体长 7.0～9.0 mm，宽 2.7～3.3 mm。狭椭圆形（雄性），较短宽（雌性）。头淡色；上颚片基部毛丛状毛粗黑，明显；头顶中纵沟后端两侧 1 对相向斜指的半直立黑色小刚毛；头部其余部分色淡而细小。领毛黑色，粗直，排成不甚整齐的 1～3 行。盘域具 1～2 对黑斑，或完全无斑。小盾片一色且淡。半鞘翅几一色；革片后半中间有时略变深，为黄褐色。缘片外缘及楔片外缘狭窄、黑色，楔片最末端黑褐色；半鞘翅毛被二型；银白色闪光丝状毛密，刚毛状毛黑色，平伏，较直而强劲，略稀；两种毛均易脱落；刻点浅细均匀，较密。膜片烟黑褐。足及体下淡色。

分布：河北、天津、黑龙江、辽宁、内蒙古、山西、陕西、甘肃、宁夏、新疆、安徽、四川；蒙古，俄罗斯，欧洲，非洲。

（84）淡须苜蓿盲蝽 *Adelphocoris reicheli* (Fieber, 1836)（图版 V：11）

识别特征：体长 7.8～9.4 mm，宽 2.5～3.4 mm；体狭长椭圆形。头光泽强，深栗褐至黑色；头背面毛被短、细、稀疏。前胸背板有强光泽，除淡黄色的领及胝前区外，全部黑色，相对平置；盘域稀刚毛状毛细、半平伏；胝前及胝上的毛似盘域毛但更稀；盘域刻点稀浅；领直立大刚毛状毛黑褐色；较短小的淡色弯曲，毛较少。小盾片略隆起，黑褐色，具弱光泽及浅横皱。爪片基 1/3 外侧黄白色，余部黑褐色。革片及缘片淡黄白色，革片后半中部 1 黑褐色纵三角形大斑；缘片外缘黑色；楔片黄白色，基缘及基内角黑褐，端角约 1/5 黑色；膜片黑褐色。腿节橙褐或淡褐，深色小斑色略深，散布少许红色细碎点斑，小毛白色细密；胫节淡黄白，末端黑褐色。体下紫褐；臭腺沟缘黄白色。

分布：河北、黑龙江、内蒙古、山东、宁夏；俄罗斯，欧洲。

（85）粗领盲蝽 *Capsodes gothicus* (Linnaeus, 1758)（图版Ⅴ：12）

识别特征：体长5.7~7.8 mm，宽2.6~2.7 mm。雄性两侧较平行，前翅相对较长，伸过腹端较多；雌性两侧较圆拱起，前翅较短，只达腹端。头黑色，光泽弱；头顶两侧眼内方1黄白色斑斜伸向内后方，毛稀，直立，黑。触角黑色，长超过头部。前胸背板淡黑褐至黑褐色，胝色常较深，部分个体1黄褐色中纵带；侧缘前端钝边状，与胝间1下凹界线，黄白色，其后变宽，成1黄白色宽边。小盾片黄白、橙黄或锈黄色，侧缘基半及中胸盾片黑褐色；毛淡色及黑色，直立，短于前胸背板的毛。体下黑，前胸侧板及前足基节大部黄白，腹下侧区1不明显黄色纵带。足及喙黑。

分布：河北、黑龙江、吉林、内蒙古、陕西、新疆；俄罗斯，哈萨克斯坦，欧洲。

（86）长毛草盲蝽 *Lygus rugulipennis* Poppius, 1911（图版Ⅵ：1）

识别特征：体长5.0~6.5 mm，宽2.5~3.1 mm；体椭圆形，相对较狭。黄褐、污褐或锈褐色，常带红褐色色泽。头部黄绿至红褐色，具各式红褐或褐色斑；额区具成对平行横棱纹或无，有时具红褐横纹；头顶宽于眼。触角黄，橙黄、红褐或深褐不等。前胸背板常带红褐色色泽，盘域常大范围具深色晕；前角有时略成1角度；胝淡色或周缘深色，可较粗或全部深色；前角可具黑斑，可与胝区黑斑相连；胝后1~2对黑斑或纵带，可伸达后缘黑带，纵带后半常色淡或红褐色。中胸盾片外缘部分全黑或部分淡色。淡色个体小盾片基部中间只具1对相互靠近的纵向三角形黑斑，常较长，伸达小盾片长之半或近末。

分布：河北、东北、内蒙古、河南、新疆、四川、西藏；俄罗斯，朝鲜，日本，全北界。

（87）西伯利亚草盲蝽 *Lygus sibiricus* Aglyamzyanov, 1990（图版Ⅵ：2）

识别特征：体长5.2~6.5 mm，宽2.5~2.8 mm；污绿或污黄色，有时具褐或锈褐色色泽。头隐约可见深色横纹；额头顶区具1对侧黑纵带纹。前胸背板色淡至较深，不等，最淡色个体在胝内缘处具1黑斑；在胝外缘处具1黑斑，或胝边缘黑；胝后1~2对黑色点状斑或伸长成条状黑带；侧缘前端、中部有黑斑或连成黑带；盘域刻点深而稀疏；毛短小；领毛亦短。小盾片具3~4条黑纵带。爪片脉两侧色深。革片后部具黑斑，中部纵脉后端区域及外端角黑斑明显；外侧具褐色点斑；缘片最外缘黑色；楔片具浅刻点及淡色密短毛，基外角及端角黑，最外缘基部1/3~1/2黑；膜片烟色，沿翅室后缘为1深色带。后足腿节端段具2深色环，胫节具膝黑斑及膝下黑斑。腹下中间有黑斑。

分布：河北、黑龙江、吉林、内蒙古、陕西、甘肃、四川；蒙古，俄罗斯，朝鲜。

（88）横断异盲蝽 *Polymerus funestus* (Reuter, 1906)（图版Ⅵ：3）

识别特征：体长4.7~6.5 mm，宽2.3~3.1 mm；体厚实；黑色、具光泽。头垂直，眼高略大于眼下部分高；眼内侧各1黄白色斑；额区沿平行横纹着生整齐的刚毛状毛列；头顶中纵沟较明显，沟的两侧臂外方具小网格状微刻区；后缘脊明显，相对较粗，被有明显的银白色平伏丝状毛。触角黑褐色。前胸背板饱满拱隆，明显前下倾；后缘极狭窄，黄白色；侧缘直；后缘中叶宽阔地微前凹；胝较平或微拱起，胝前区密被银白色平伏丝状毛。小盾片隆出，与中胸盾片之间的凹痕颇深。爪片及革片内侧 Cu 脉后部刻点皱刻；革片毛二型；爪片缝两侧、楔片端角及革片在爪片端角后的内缘 1 小段白色；膜片灰黑，脉淡色。胫节黄白，腿节、胫节两端及体下全部为黑色。

分布：河北、北京、陕西、四川、西藏。

(89) 黑始丽盲蝽 *Prolygus niger* (Poppius, 1915)（图版 VI：4）

识别特征：体小，厚实，体长约 3.9 mm，宽约 1.5 mm；除头及附肢外，漆黑，有强光泽；毛褐色，短而半平伏，较密且均匀一致。头垂直，淡褐或橙褐，无斑纹，唇基最末端黑褐色，呈横纹状；下颚片下半黑褐色；头顶后缘具脊，微向前弧弯，具中纵沟，雌性头顶狭于眼宽 1/4。触角黄色。前胸背板均匀拱隆，前倾强烈；领甚细而下沉，粗约为触角第 1 节直径之半，具光泽，两侧端被眼遮盖；革片刻点密于前胸背板，较深；爪片刻点较粗糙、较疏。膜片黑褐，脉向端渐淡。足黄色；后足腿节最端缘黑色；胫节刺黑褐色，刺基 1 小黑点斑。臭腺沟缘淡黄色。

分布：河北、台湾；菲律宾。

(90) 荨麻奥盲蝽 *Orthops mutans* (Stål, 1858)（图版 VI：5）

识别特征：体长 3.3～4.1 mm，长卵形体，背面密布粗刻点，略光亮。头垂直，极宽短，黄褐色，光亮。有时头顶两侧及沿后缘脊褐色，唇基黑褐色，有时下颚片亦为褐色，有时整个头部黑褐色，仅头顶 2 条黄褐色纵纹直伸至额的端部，上颚片黄白色。触角第 1 节黄褐色。喙伸达中足基节。前胸背板黄褐，胝前 1 褐色横斑，胝的后半部深褐。前胸背板后缘 1 褐色宽横带。前胸背板为黑色，仅中间 1 黄褐色纵斑盘域刻点粗大且深，光亮。小盾片黄白或灰白色，基部中间 1 半圆形或三角形的深褐色斑，具粗刻点及细横皱。半鞘翅污黄褐色。体腹面黑褐至黑色。雄性腹部腹板侧缘黄白至浅黄褐色，有时生殖节无浅色边缘，雌性则每节气门周围具 1 较大的黄白色斑，有时末节侧缘无浅色斑。足黄褐色，基节基部浅褐，腿节基部有时浅褐，后足亚端部 2 模糊的褐色环，有时不完整，呈若干碎斑状。胫节刺黄褐色。

分布：河北、内蒙古、宁夏、四川；蒙古，俄罗斯。

38. 姬蝽科 Nabidae

(91) 泛希姬蝽 *Himacerus apterus* (Fabricius, 1798)（图版 VI：6）

识别特征：雄性（短翅型）体长约 9.0 mm，宽约 3.0 mm；雌性多为短翅型个体，体长 9.0～10.5 mm；少数为长翅型个体，体长 11.0～11.5 mm。体暗赭色，被淡色光亮短毛，具淡黄色、暗黄色斑和晕斑。触角第 2 节及各足胫节淡色环斑。前胸背板后叶色暗，淡色斑纹隐约可见。小盾片黑绒色，仅两侧中部各 1 橘黄色小斑。前翅各部分均具浅褐色点状晕斑。前足腿节背面具暗黄色晕斑，外侧斜向排列的 9 暗色斑之间为淡黄色，前足胫节亚节端部及基部各具 1 淡黄色环斑，内侧有 2 列小刺黑褐色；后足胫节中部褐色域具 4 淡色斑。雄性（短翅型）触角第 1 节与头等长。前胸背板前叶与后叶之间两侧各 1 暗黄色圆斑。前翅达第 5 腹背板前端。雄性生殖节端部平截。

分布：河北、北京、黑龙江、辽宁、内蒙古、山西、山东、河南、陕西、宁夏、甘肃、青海、江苏、浙江、湖北、广东、海南、四川、云南、西藏；俄罗斯，朝鲜，日本，非洲。

（92）北姬蝽 *Nabis reuteri* Jakovlev, 1876（图 21）

识别特征：体长约 7.0 mm；前翅长 4.3～4.6 mm，超过腹部末端 0.6～0.3 mm。触角第 1 节显然短于头长（0.9～1.2 mm），第 2 节约与前胸背板等长；从眼的前缘至触角基顶端的距离约为头的眼后部分长度的 3 倍；头腹面、背面两眼之间、前胸背板前部中间及小盾片中部均为黑色。腹部宽 2.5 mm，侧接缘腹面具红色纵纹。

分布：河北、北京、黑龙江、吉林、山东；俄罗斯（西伯利亚）。

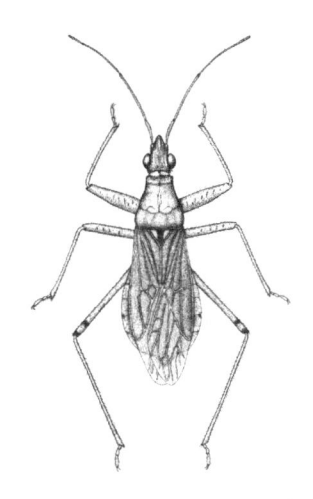

图 21 北姬蝽 *Nabis reuteri* Jakovlev, 1876（引自彩万志等，2017）

39. 大眼长蝽科 Geocoridae

（93）黑大眼长蝽 *Geocoris itonis* Horváth, 1905（图版 VI：7）

识别特征：体长 4.5～4.6 mm，宽 2.5～2.3 mm。黑，向后渐宽而翅向背面圆拱；雄性明显狭小。头黑，具光泽，光滑无刻点；头顶中线 1 细沟纵贯头部，头被白色短毛；头后缘两侧常明显离开前胸背板前角。眼明显向后向外伸出。触角前 3 节黑，第 4 节基部色深，其余黄白，毛短。前胸背板梯形，前、后缘微前拱起，侧缘中间微凹，前角凸圆；刻点黑大，不甚密，少部分侵入白色，白色区域内常见许多极小的黑点。小盾片极大，黑，端角具白斑，除此斑外遍布浅刻点。雌前翅宽大，前缘强烈外拱；

雄较窄而色淡；翅除黄白边缘外，遍布不甚密的均匀同色刻点；雌翅短，不达腹端；雄翅长，略过腹端。雌腿节黑褐，腿节末端及胫节黄褐；雄足全部黄褐。

分布：河北、北京、辽宁、内蒙古、山西、陕西、甘肃；日本。

40. 地长蝽科 Rhyparochromidae

(94) 松地长蝽 *Rhyparochromus* (*Rhyparochromus*) *pini* (Linnaeus, 1758)（图版VI：8）

识别特征：体长 7.0~7.7 mm；头黑，头顶具稀少的刻点，前半两侧被短小的平伏毛。触角全黑，较粗壮。喙伸达中足基节，第1节几乎达到或略超过前胸前缘。前胸背板前叶及侧缘的大部分黑，侧缘最外缘及后叶淡黄褐色，密被黑刻点，刻点周围有黑色晕，前叶周缘具刻点。小盾片黑。爪片中间1列刻点，与两侧缘的距离相等，淡黄褐至黄白色，中间刻点列内方至爪片内缘漆黑，端部除外。革片底色及刻点同爪片，前缘域有大约1列较整齐的黑刻点，内角处1较大的方块状黑斑，斑后为1小白斑，端缘较窄部分黑色。膜片黑，伸达腹端。体下黑，前胸侧板侧缘 3/5 处1白斑，前胸侧板及后胸侧板后缘狭细部分白色。各足基节白白，其余全黑。足全黑。

分布：河北、内蒙古、山西、新疆、四川、西藏；伊朗，俄罗斯（西伯利亚），土耳其，中亚，欧洲。

41. 缘蝽科 Coreidae

(95) 离缘蝽 *Chorosoma brevicolle* Hsiao, 1964（图版VI：9）

识别特征：体长 14.0~17.0 mm，狭长，草黄色。喙顶端、后足胫节顶端腹面及跗节腹面黑色。腹部背面基部有向后延伸的2条纵纹。喙达于中胸腹板后缘。触角微带红色，具黑色平伏短毛，第1、2、3节逐渐细缩，第4节略粗于第3节。前胸背板具刻点。前翅不达第4腹节后缘，透明；革片上的翅脉带红色。各足腿节均略长于胫节，后足最大，中足短于前足，跗节第1节长于第2、3节之和的2.0倍。

分布：河北、山西、陕西、新疆。

(96) 东方原缘蝽 *Coreus marginatus orientalis* (Kiritshenko, 1916)（图22）

识别特征：体长 13.0~14 mm，宽 6.5~7.5 mm；窄椭圆形，棕褐色，被细密小黑刻点。头小，椭圆形；喙4节，褐色，达中足基节。触角4节，生于头顶端，多为红褐色。触角基内端刺向前伸延，互相接近；第1节最粗，第2节最长，第4节为长纺锤形。前胸背板前角较锐，侧缘几平直，侧角较凸。小盾片小，正三角形。前翅几达腹部末端，膜质部深褐色，透明，有极多纵脉。足棕褐色，腿节深褐色，腿、胫节被细密黑刻点，爪黑褐色。腹部亦为棕褐色，侧接缘显著，两侧凸出，各节中间色浅。腹部气门深褐色。

分布：河北、北京、东北；朝鲜，日本，俄罗斯（西伯利亚）。

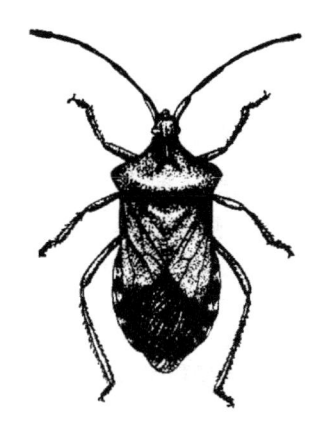

图 22 东方原缘蝽 Coreus marginatus orientalis (Kiritshenko, 1916)（引自章士美等，1985）

（97）波原缘蝽 Coreus potanini (Jakovlev, 1890)（图版 VI：10）

识别特征：体长 11.5～13.5 mm，宽 7.0～7.5 mm；黄褐至黑褐色，背腹均具细密刻点。头小，略方形，前端在两触角基内侧各 1 枚棘，2 棘相对向前伸；头顶中间具短纵沟；复眼暗棕褐色，单眼红；喙达中足基节。触角基部 3 节三棱形，以第 1 节最粗大，外弯；第 2、3 节略扁，第 4 节纺锤形。前胸背板前部向下陡斜，侧角凸出，近（或略大于）直角；前胸侧板在近前缘处 1 新月形斑痕。前翅膜片淡棕色，透明，可达腹末端。各足腿节腹面有 2 列棘刺，前足更显，呈锯齿状，腿节上有黑褐色斑，胫节上的黑斑几呈环形，在深色个体中环形更明显，胫节背面具纵沟。腹部侧接缘扩展，显著宽于前胸侧角的宽度，并向上翘起；腹板散生黑斑，深色个体尤显。气门周围淡色。

寄主：马铃薯。

分布：河北、内蒙古、山西、陕西、甘肃、湖北、四川、西藏。

42. 姬缘蝽科 Rhopalidae

（98）亚姬缘蝽 Corizus tetraspilus Horváth, 1917（图版 VI：11）

识别特征：体长 8.8～11.0 mm，宽 2.7～3.9 mm；长椭圆形；橙黄、橙红或红，密被浅色长细毛。头三角形，宽大于长；外缘黑，中间部分红色。触角基顶端外侧各 1 前指刺状突起。触角 4 节。前胸背板梯形，密被刻点。前端 2 块黑斑常界线清楚，后端常具 4 块纵长黑斑。小盾片刻点浓密，末端较尖。前翅爪片黑，内革片具不规则小黑斑，膜片超过腹部末端；前端刻点少而粗，后端刻点细密，后角尖。足通常黑褐色，腿节、胫节通常具清晰的淡色纵纹。腹部背面红色；第 5 节背板前缘及后缘中间向内弯曲，各节背板两侧具 1 圆形凹斑；腹下侧各节中间及两侧各 1 黑斑点，第 8 腹板的 3 个黑斑通常清晰。

取食对象：小麦、苜蓿、铁杆蒿、蒲公英。

分布：河北、黑龙江、内蒙古、山西、贵州、西藏；俄罗斯。

（99）点伊缘蝽 *Rhopalus latus* (Jakovlev, 1883)

识别特征：体长 7.0～10.7 mm，宽 2.8～4.0 mm。棕褐色，光亮，密被黄褐色直立长毛及细密刻点。头顶 3 条清晰的细纵沟，中纵沟向前伸达中叶后方，两侧沟弯曲。前胸背板中纵脊明显；侧角伸出且上翘。前翅革片顶角棕红，膜片棕黄透明。腹部中间 1 长椭圆形黄斑。体下方棕黄，胸侧板及腹下侧布红色或红褐色斑点。

分布：河北、黑龙江、内蒙古、湖北、四川、云南、西藏；朝鲜，日本，俄罗斯（西伯利亚），阿尔泰。

（100）褐依缘蝽 *Rhopalus sapporensis* (Matsumura, 1905)（图版 VI：12）

识别特征：体长 6.0～8.0 mm；椭圆形，黄褐至棕褐色，被棕黄色毛及黑褐色刻点。头三角形，眼后方突然狭窄；近后缘处 1 浅横沟，横沟后方具光滑横脊；喙伸达中足基节后端；小颊不达复眼后缘。触角第 1—3 节棕黄色，第 4 节基部及末端棕红色，中间黑色。前胸背板梯形，暗褐色。小盾片宽三角形，顶端上翘。前翅透明，顶角红，翅脉显著，近内角翅室四边形，膜片超过腹部末端；后胸侧板前端、后端分界清楚，后角狭窄，向外扩展，体背面可见。腹部背面黑色，第 5 节前、后缘中间凹，中间具 1 卵圆形黄斑；第 6 节近前缘两侧具 2 不规则黄斑；腹面棕黄色，密布不规则红斑点，基部中间具 1 黑色纵带。

分布：河北、北京、黑龙江、内蒙古、陕西、江苏、浙江、福建、广东、云南；俄罗斯，朝鲜，日本。

43．同蝽科 Acanthosomatidae

（101）黑背同蝽 *Acanthosoma nigrodorsum* Hsiao & Liu, 1977（图版 VII：1）

识别特征：体长约 13.8 mm，宽约 6.3 mm；长椭圆形。头三角形、黄褐色，中叶略长于侧叶，侧叶及头顶具黑色粗刻点，眼与单眼之间光滑；喙黄褐色，末端黑色，伸达中足基节之间。触角第 1 节浅棕色，第 2 节棕色，第 3、4 节棕红色，第 5 节缺失。前胸背板侧角鲜红色，末端尖锐，强烈弯向前方。小盾片暗棕绿色，具黑色稀疏刻点，顶端光滑。革片外缘及顶角黄绿色，内缘及爪片红棕色，膜片浅棕色，半透明，中胸隆脊低平。足黄褐色，胫节黄绿色，跗节浅棕色。腹部背面黑色，末端鲜红色，侧接缘黄褐色。

分布：河北、北京、山西、四川。

（102）直同蝽 *Elasmostethus interstinctus* (Linnaeus, 1758)（图版 VII：2）

识别特征：体长约 11.0 mm，宽约 5.5 mm（雄性）；长椭圆形，雌性略大。黄绿色或棕绿色，通常前胸背板后缘、小盾片前端中间、爪片、革片顶缘棕红色。头三角形，前端无刻点，头顶具稀疏的棕黑色刻点，中叶前端宽，中叶长于侧叶，眼红棕色，单眼红色；喙棕黄色，末端黑色，伸达中足基节之间。触角第 1 节粗壮，伸过头的前端，第1、2节具稀疏的细毛，第3、4节细毛浓密。前胸背板前缘光滑，近前缘处具棕黑色刻点，中间略密，靠近前角略稀疏，前角呈小齿状，侧缘明显加厚，侧角后部黑色。小盾片三角形，具粗刻点。膜片半透明，具浅棕色斑纹。腹部背面浅红色，侧接缘黄褐色，腹面黄棕色，气门黑色。

寄主：梨。

分布：河北、黑龙江、吉林、陕西、湖北、广东、云南；俄罗斯，朝鲜，日本，欧洲，北美洲。

(103) 背匙同蝽 *Elasmucha dorsalis* (Jakovlev, 1876)（图版 VII：3）

识别特征：体长约7.0 mm，宽约4.0 mm；卵圆形；黄绿色，掺有棕红色斑纹。头棕黄色，具黑刻点，中叶与侧叶约等长，前端平截。触角黄褐色，第5节末端黑。前胸背板具暗棕色稀疏刻点，中域及侧缘中间具黄色纵斑纹，侧角明显凸出，末端暗棕色。小盾片刻点较粗，分布较均匀。革片刻点较细小，膜片半透明。胸腹面具黑色密刻点，各足基节之间黑褐色。腹部背面暗棕色，侧接缘各节具黑色宽带；腹面几乎无刻点，气门黑色，各气门外侧连接1光滑的暗色短带。

分布：河北、山西、陕西、甘肃、浙江、安徽、福建、江西、广西；朝鲜，日本，俄罗斯（西伯利亚）。

(104) 齿匙同蝽 *Elasmucha fieberi* (Jakovlev, 1864)（图版 VII：4）

识别特征：体长约8.5 mm，宽约4.0 mm；椭圆形；灰绿色或棕绿色，具黑色粗糙刻点。头三角形，中叶略长于侧叶，头顶有黑色粗糙密集刻点；喙4节，伸达腹部前端。触角第1节粗壮，略超过头的前端。雄性触角黑色、雌性触角浅棕色，第4节中部及第5节端部棕黑色；前胸背板前角具明显横齿，伸向侧方，侧缘呈波曲状，侧角略微凸出，末端圆钝，刻点较密，呈深棕色。小盾片基部1轮廓不太清楚的大棕色斑，此处刻点粗大，端部略微延伸，黄白色。革片外缘刻点较密，顶角淡红棕色，膜片浅棕色，半透明，具淡棕色斑纹。腹部背面暗棕色，侧接缘各节后缘黑色。腹面有大小不一的黑色刻点，气门黑色。足浅棕色，跗节棕褐色，爪末端黑色。

分布：河北、北京、山西、四川；欧洲。

44. 土蝽科 Cydnidae

(105) 圆点阿土蝽 *Adomerus rotundus* (Hsiao, 1977)（图版 VII：5）

识别特征：体长3.4～5.0 mm，宽1.9～2.45 mm。体长椭圆形，黑褐色，密布同色刻点。头部黑褐，刻点较密，前缘呈弧形弯曲，侧叶与中叶等长，侧叶外缘中部略向里凹入；复眼黑褐色，向两侧伸出，单眼红褐色，光亮。触角5节，褐色，密被短毛；喙黄褐色，末端伸达中足基节间。前胸背板梯形，深褐色，侧缘略弯，呈淡黄色狭边，前缘呈弧形向里凹入；后缘略向后凸出；胝区刻点稀少；前角及侧角圆钝。小盾片三角形，褐色，略光亮。前翅褐色，具刻点，翅前缘向外圆凸，边缘呈白色狭边，革片中部常具白色小斜斑，有时此斑较模糊，膜片黄褐色。腹部刻点细小，略光滑，黑褐色。

分布：河北、北京、天津、山东、江苏。

45. 蝽科 Pentatomidae

（106）华麦蝽 *Aelia fieberi* Scott, 1874（图版Ⅶ：6）

识别特征：体近菱形，黄褐至污黄褐色，密布刻点。头长三角形，黄褐色；复眼小，黑褐色，单眼橘红色。触角黄色，末端3节渐红；喙伸达腹部第2节；前胸背板及小盾片具中纵线，粗细前后一致；前胸背板前缘两端向前略伸出，侧缘略呈直线，黄色；后缘近小盾片基部呈直线。小盾片淡黄褐色，中纵线两侧具较宽的黑色纵条。前翅革片外缘及径脉淡黄白色，其内侧无黑色纵纹；膜片透明，1 黑色纵纹。腹下侧淡黄色，有6条不完整的黑纵纹。

寄主：小麦、水稻及禾本科杂草。

分布：河北、北京、天津、东北、山西、山东、陕西、甘肃、江苏、浙江、江西、福建、华中、四川、云南。

（107）紫翅果蝽 *Carpocoris purpureipennis* (De Geer, 1773)（图版Ⅶ：7）

识别特征：体长 12.0～15.0 mm，宽 7.5～9.0 mm。体宽椭圆形，黄褐至棕紫色，密被黑色刻点。头部三角形；复眼棕黑，单眼橘红色。触角细长，黑色，仅第1节黄色；喙黄褐色，伸达后足基节。前胸背板密被刻点，长明显短于宽。小盾片长三角形，被黑色刻点。前翅革片黄褐色，刻点较密。膜片半透明，黄褐，基内角具1大黑斑。腹部侧接缘外露，黄黑相间。足褐色微紫，密被短毛，腿节和胫节均布黑色小斑点。第1、2 跗节黄褐色，第3 跗节黑色。体腹面黄褐至黑褐色，具刻点。

寄主：梨、马铃薯、萝卜、胡萝卜、小麦、沙枣。

分布：河北、北京、东北、内蒙古、山西、山东、西北；蒙古，俄罗斯，朝鲜，日本，印度，伊朗，土耳其。

（108）斑须蝽 *Dolycoris baccarum* (Linnaeus, 1758)（图版Ⅶ：8）

识别特征：体长 8.0～12.5 mm，宽 5.0～6.0 mm。椭圆形，体被细茸毛及黑色刻点，体色黄褐至黑褐色。触角黑，第1节全部、第2—9节的基部和末端、第5节基部淡黄色。前胸背板前侧缘常呈淡白色边，后部常呈暗红色，小盾片末端淡色，翅革片淡红褐至暗红褐色，侧接缘黄黑相间。足及腹下侧淡黄色。

寄主：多禾谷类、豆类、蔬菜、棉花、烟草、亚麻、桃、梨、柳等。

分布：河北、东北、内蒙古、山西、山东、河南、陕西、新疆、江苏、浙江、湖北、江西、福建、广东、广西、四川、云南、西藏；日本，印度北部，古北区。

（109）菜蝽 *Eurydema dominulus* (Scopoli, 1763)（图版 VII：9）

识别特征：体长 6.0~9.0 mm，宽 3.2~5.0 mm；椭圆形，橙黄或橙红色。头黑，侧缘橙黄或橙红色；复眼棕黄，单眼红。触角全黑。喙基节黄褐色，其余 3 节黑色，长达中足基节。前胸背板有 6 块黑斑。小盾片基部中间 1 大三角形黑斑，近端部两侧各 1 小黑斑。翅革片橙黄或橙红色，爪片及革片内侧黑色，中部有宽横黑带，近端角处 1 小黑斑。腹下每节两侧各 1 黑斑，中间靠前缘处也各有黑色横斑 1 块。足黄黑相间。

取食对象：十字花科蔬菜。

分布：华北、黑龙江、吉林、山东、陕西、江苏、浙江、福建、华中、江西、广西、海南、四川、贵州、云南、西藏；俄罗斯，欧洲。

（110）横纹菜蝽 *Eurydema gebleri* Kolenati, 1846（图版 VII：10）

识别特征：体长 6.0~9.0 mm，宽 3.5~5.0 mm。椭圆形，黄色或红色，具黑斑，全体密布点刻。头蓝黑色略带闪光，复眼前方 1 块红黄色斑，复眼、触角、喙均为黑色，单眼红色。前胸背板红黄色，有 4 个大黑斑；中间 1 隆起的黄色"十"形纹。小盾片上有黄色"丫"形纹，其末端两侧各 1 黑斑。前翅革质部末端 1 横长红黄斑，膜质部棕黑色，有整齐的白色缘边。各足腿节端部背面、胫节两端及跗节黑色。胸、腹下侧各有 4 条纵列黑斑，腹末节前缘处 1 横长大黑斑。

寄主：主要为害十字花科蔬菜及油料作物，如油菜、兰花子，此外，还可为害十字花科杂草。

分布：华北、东北、山东、甘肃、江苏、华中、安徽、广西、四川、云南、西藏；蒙古，俄罗斯，朝鲜，哈萨克斯坦。

（111）广二星蝽 *Eysarcoris ventralis* (Westwood, 1837)（图版 VII：11）

识别特征：体长 6.0~7.0 mm，宽 3.5~4.0 mm，体卵形，黄褐色，密被黑色刻点。头部黑色或黑褐色，有些个体有淡色纵纹；多数个体头侧缘在复眼基部上前方 1 小黄白色点斑。触角基部 3 节淡黄褐色，端部 2 节棕褐色，喙伸达腹基部。前胸背板略前倾，前部刻点略稀，前角小，黄白色，侧角圆钝，不凸出。小盾片舌状，基角处黄白色斑很小，端缘常有 3 个黑色小点斑。翅膜片透明，长于腹端，节间后角上具黑点。腹部背面污黑，腹下区域黑色。足黄褐色，被黑色碎斑。

寄主：主要为害水稻、小麦、高粱、玉米、小米、茛姜、棉花、大豆、芝麻、花生、稗、狗尾草、马兰、牛皮冻和老鹳草等。

分布：河北、北京、山西、河南、陕西、浙江、湖北、江西、福建、台湾、广东、海南、广西、贵州、云南；日本，越南，菲律宾，缅甸，印度，马来西亚，印度尼西亚。

（112）赤条蝽 *Graphosoma rubrolineatum* (Westwood, 1837)（图版 VII：12）

识别特征：体长 9.0~12.0 mm，宽 7.0~8.5 mm。体宽阔，橙红色，具刻点，黑色纵条纹头部可见 2 条，前胸背板 6 条，小盾片 4 条。头部三角形。触角棕黑色；喙黑色，伸达中足基节。前胸背板明显向前倾斜，表面粗糙，刻点明显；小盾片宽阔，舌状，几达腹部端缘，表面略皱。前翅仅露出前缘部分，呈长条状，膜片仅能见到边缘，黑褐色。腹部侧接缘外露，节与节之间具黑斑。足棕黑色，各腿节上有红黄相间的斑点。体下方橙红色，其上散生若干大的黑色斑。

寄主：栎、榆、黄菠萝、胡萝卜、白菜、萝卜、茴香、洋葱等。

分布：河北、黑龙江、辽宁、内蒙古、山西、山东、河南、陕西、甘肃、新疆、江苏、浙江、湖北、江西、四川、贵州、广东、广西；俄罗斯，朝鲜，日本。

（113）浩蝽 *Okeanus quelpartensis* Distant, 1911（图版 VIII：1）

识别特征：体长 12.0~16.5 mm，宽 7.0~9.0 mm。长椭圆形，红褐或酱褐色，具光泽。头前缘呈弧形；复眼褐色；后缘紧靠前胸背板前缘，单眼橘红色、具光泽；喙伸达后足基节。触角 5 节细长，黄褐色。前胸背板密布刻点；前胸背板及小盾片 1 隐约可见的中纵线。小盾片三角形。前翅革片密被褐色刻点。体腹面黄褐色，光滑无刻点，具明显的腹基刺，粗，不伸达前足基节。足黄褐，略带一些红色，腿节背面常一些黑色小点。雄性生殖节常为鲜红色。

分布：河北、吉林、陕西、甘肃、湖北、江西、湖南、四川、云南；俄罗斯，朝鲜，日本。

（114）宽碧蝽 *Palomena viridissirna* (Poda, 1761)（图版 VIII：2）

识别特征：体长 12.0~14.0 mm，宽 7.5~9.2 mm。体宽椭圆形，体背有密而均匀的黑刻点。触角第 1 节不伸出头末端，第 2 节显著长于第 3 节。复眼周缘淡褐黄色，中间暗褐红色；单眼暗红色。喙伸达后足基节间。前胸背板前倾，胝显见。前翅革质部前缘基部及侧接缘外缘为淡黄褐色。前翅膜片棕色，半透明，末端超出腹部。体腹面淡绿色，略光亮；后胸臭腺沟末端有黑色小斑点。腹气门黑褐色，生殖节亦常呈鲜红色。各足腿节外侧近端处 1 小黑点。

寄主：麻、玉米等。

分布：河北、黑龙江、吉林、内蒙古、山西、山东、陕西、宁夏、甘肃、青海、云南；俄罗斯（西伯利亚），欧洲。

（115）金绿真蝽 *Pentatoma metallifera* (Motshulsky, 1860)（图版 VIII：5）

识别特征：体长 17.0~22.0 mm，宽 11.0~13.0 mm。椭圆形，体背金绿色，密布同色刻点。头三角形，表面刻点清晰；复眼黑褐色，单眼橘红。触角 5 节，被半倒伏短毛；喙伸达第 2 腹板中间。前胸背板背面中纵线微隆起。前翅革质部密被刻点，膜片烟色，半透明。腹基突仅伸达后足基节间。胸部腹面黄褐色，略带一些红色，被黑色刻点。腹下侧黄褐至红褐色，被较小的黑色刻点。雄性抱器。足黄褐至黑绿色，腿节常散生许多不规则黑斑，胫节具短绒毛，跗节黑褐色具绒毛。

寄主：为害杨、柳、榆、核桃楸等多种树木。

分布：河北、北京、东北、内蒙古、山西、宁夏、甘肃、青海；蒙古，俄罗斯，朝鲜，日本。

（116）红足真蝽 *Pentatoma rufipes* (Linnaeus, 1758)（图版 VIII：4）

识别特征：体长 15.5～17.5 mm，宽 8.0～9.5 mm。体椭圆形，深紫黑色，略具金属光泽，密布黑刻点。头部表面具黑褐色刻点；复眼棕黑色，单眼红色。触角第 3 节远长于第 2 节；喙伸达第 2 或第 3 可见腹节处。前胸背板密布刻点，仅胝区刻点稀少。小盾片三角形，密被刻点。翅革质部前缘基半部具 1 黄色狭窄条纹；膜片烟色，半透明，超出腹部末端。体腹面红黄色，胸部侧面略带紫红色，被黑色刻点。足深红褐色，被半倒伏短毛，腿节及胫节具不规则黑褐色小斑，爪黑褐色。

寄主：小叶杨、柳、榆、花楸、桦、橡树、山楂、醋栗、杏、梨、海棠。

分布：河北、北京、东北、内蒙古、山西、西北、四川、西藏；俄罗斯，日本，欧洲。

（117）褐真蝽 *Pentatoma semiannulata* (Motschulsky, 1860)（图版 VIII：3）

识别特征：体长 17.0～20.0 mm，宽 10～10.5 mm。宽椭圆形，红褐至黄褐色，无金属光泽，密被棕黑色粗刻点。头近三角形。背面刻点黑色；复眼红褐色；后缘紧靠前胸背板前缘，单眼橘红色。触角细长，5 节，密被半倒伏淡色毛；喙黄褐色，末端棕黑色，伸达第 3 腹节腹板中间。前胸背板胝区较光滑。小盾片三角形，密被黑褐色刻点。前翅革质部黄褐色，膜片淡褐色，半透明，略超过腹端。体腹面淡黄或黄褐色，表面光滑无刻点，气门黑色，腹基突短钝，仅伸达后足基节。

寄主：梨树、桦树等林木。

分布：河北、东北、内蒙古、山西、陕西、宁夏、甘肃、青海、江苏、浙江、江西、华中、四川、贵州；蒙古，俄罗斯，朝鲜，日本。

（118）珠蝽 *Rubiconia intermedia* (Wolff, 1811)（图版 VIII：6）

识别特征：体长 5.5～8.5 mm，宽 4.0～5.0 mm。宽卵形，被黑色刻点，具稀疏平伏短毛。头前部显著下倾，常被极短的平伏毛；复眼褐色；后缘紧靠前胸背板前缘；喙伸达后足基节。前胸背板近梯形，密被刻点；胝区色深，具不规则斑。小盾片亚三角形，密被刻点。前翅革片密布均匀黑色刻点；膜片微超过腹端，翅脉暗褐色。体腹面散布黑色刻点，气门黄褐至黑褐色，基部中间亦无刺突。足黄褐色，各腿节前缘无斑，中、后腿节端半部黑斑较大。雄性生殖节密被褐色刻点。

寄主：主要为害水稻、麦类、豆类、泡桐、毛竹、苹果、枣、狗尾草，亦为害小槐花、大青、老鹳草、柳叶菜、水芹菜等植物。

分布：河北、东北、山西、河南、宁夏、甘肃、青海、湖北、湖南、广东、广西、四川、贵州；蒙古，俄罗斯，日本，欧洲。

(119) 圆颊珠蝽 *Rubiconia peltata* Jakovlev, 1890（图版 VIII：7）

识别特征：体长 7.0~7.8 mm，宽 4.4~4.8 mm；底色淡黄，刻点密、黑色。头侧叶长于中叶，黑色，具平伏毛。触角棕红色，第 1 节淡黄，第 4、5 节端大半黑；小颊前端钝圆。前胸背板前部色暗，刻点密，前侧缘略外拱起，边缘黄白，侧角钝圆，不伸出。小盾片端缘色淡。前翅革质部前缘黄白，膜片淡烟色，脉纹淡褐，略长过腹末。侧接缘各节黑，外缘黄褐。足及腹下侧黄色，具黑刻点。

分布：河北、东北、内蒙古、陕西、甘肃、安徽、浙江、江西、华中、四川、西藏；俄罗斯，朝鲜，日本。

46. 龟蝽科 Plataspidae

(120) 双痣圆龟蝽 *Coptosoma biguttula* Motschulsky, 1859（图版 VIII：8）

识别特征：体长 2.8~4.0 mm；体近圆形；黑色，光亮，具微细刻。头部雌雄同型，侧叶与中叶等长；背面黑色，前端略呈黑褐色。腹面基部黄色或黄褐色，端部黑褐色。触角黄色或黄褐色，末 2 节色深。喙黄褐至黑褐色，伸达第 2 可见腹节。前胸背板黑色，有些个体前缘处具 2 小黄斑；中部横缢不十分明显。小盾片黑色，基胝分界清楚，两端具黄色斑点，侧胝完全黑色或具 2 小黄斑；小盾片侧、后缘具黄边，但有些个体黄边模糊不清，雄性小盾片后缘中间凹陷。足黄至黄褐色，腿节常颜色深。腹板灰黑色，臭腺沟缘黑色。

分布：河北、黑龙江、内蒙古、甘肃；朝鲜，日本。

47. 盾蝽科 Scutelleridae

(121) 扁盾蝽 *Eurygaster testudinaria* (Geoffroy, 1785)（图版 VIII：9）

识别特征：体长 9.8~0.5 mm，宽 6.8~7.1 mm；椭圆形；体色多变，从灰黄褐色至暗褐色，密布黑色小刻点。头三角形，宽大于长；头前端明显下倾；复眼红褐色，单眼红色；喙黄褐色，端部褐色，伸达后足基节后缘。触角 5 节，第 1 节棒状；第 2、3 节较细，略弯曲；第 4、5 节略粗，密布白色半直立绒毛。前胸背板黄褐色，宽约为长的 2.8 倍，密布黑色小刻点，这些刻点常组成数条不显著的黑褐色纵带。小盾片发达，舌状，密布黑色刻点，于中间形成"Y"形黄褐色纹；小盾片近前胸背板部分侧缘各 1 平行四边形凹，色浅，具刻点。前翅未被小盾片遮盖部分黄褐色，其最宽处约为小盾片宽的 1/4。足上有暗褐色斑，胫节具黑褐色小刺。

分布：河北、黑龙江、吉林、内蒙古、山西、山东、陕西、新疆、江苏、浙江、湖北、江西、广东、四川；蒙古，俄罗斯，伊朗，塔吉克斯坦。

(122) 绒盾蝽 *Irochrotus mongolicus* Jakovlev, 1902

识别特征：体长 5.0~5.5 mm，宽约 3.0 mm；长椭圆形；全体灰黑色，略具光环，密被灰色及黑褐色长毛。复眼小,头部甚宽。触角5节,黑色。前胸背板前、后叶间以深沟分开,两叶长度近等,侧面较平展,侧边宽,侧缘中间深切;侧前角前伸,达复眼中部,前侧缘后角后伸,似围住前、后侧缘之间的区域。

寄主：麦类、假木贼。

分布：河北、内蒙古、新疆、四川；蒙古。

48. 异蝽科 Urostylididae

(123) 拟壮异蝽 *Urochela caudatus* Yang, 1939（图版 VIII：10）

识别特征：体长 7.8~11.0 mm，宽 3.0~4.5 mm；雌性椭圆形，雄性梭形。赭色，腹面土黄色或赭色，背面常具光泽。与无斑壮异蝽极相似,除雄性生殖节构造有区别外。前胸背板胝附近及小盾片基角上无2黑色小斑,雌雄性的侧接缘均被革片覆盖,其后角不凸出,致使侧接缘外缘直。

分布：河北、山西、陕西、四川。

(124) 黄壮异蝽 *Urochela flavoannulata* (Stål, 1854)（图版 VIII：11）

识别特征：体长约 8.5 mm，宽约 3.7 mm；体椭圆形；土黄色或赭色,略带暗绿色。背面具刻点,头部无刻点。前胸背板胝部、革片外域端部及内域刻点稀疏。触角、胫节及跗节上具短毛；喙端部黑色,达中足基节。触角第1、2节褐色,第3节黑色,第4、5节端半部黑色、基半部土黄色。前胸背板侧缘中部略弯,前角圆。前翅略超过腹部末端。雄性腹板侧接缘被革片所覆盖,雌性侧接缘露出于革片外；膜片赭色,半透明。足土黄色或浅褐色,胫节末端及跗节浅褐色。体腹面土黄色,胸部略带绿色。腹部各节气门黄色。

分布：河北、黑龙江、吉林、山西、陕西、四川；朝鲜,日本。

(125) 花壮异蝽 *Urochela luteovaria* Distant, 1881（图版 VIII：12）

识别特征：体长椭圆形,长 11.0~13.5 mm，宽 4.8~5.5 mm。背面黑褐色,腹面土黄或橘黄色；头无刻点,革片端部刻点细而浅,余部有粗而深的黑色刻点。触角第1节褐色,第2、3节黑色,第4、5节端半部黑色,基半部赭色。前胸背板前缘及侧缘略上翘,侧缘中部凹陷呈波状;侧角、小盾片基角、革片的基角及顶角斑纹黑色；胝部横椭圆形斑、革片中部不规则形状的斑纹均为深褐色；侧缘的端半部、革片基角后方、顶角的前方有不规则淡黄色斑。前胸侧板后缘、少数个体的后胸侧板后缘有黑刻点,腹面余部无刻点；每1腹节有5种黑色斑纹；前足基节基部无刻点。各足腿节有褐色刻点,其端部呈褐色宽带斑；各足胫节的基部、端部及各足跗节第3节均为黑色。

分布：河北、陕西、湖北、江西、福建、广西、四川、贵州、云南；日本。

(126) 无斑壮异蝽 *Urochela pollescens* (Jakovlev, 1890)（图版 IX：1）

识别特征：体长 8.5～12.8 mm，宽 3.5～5.5 mm；雌性椭圆形，雄性梭形。背面土黄色或浅褐色。前胸背板基部及革片端半部褐色并带有绿色；体背面有黑色刻点，头部及前胸背板胝部无刻点，革片内域及外域端部刻点稀疏，革片端缘几无刻点；腹面颜色土黄色，无刻点。触角第 1、2 节及第 4、5 节的基半部褐色（有时第 4、5 节基半部土黄色），第 3—5 节的端半部黑色。前胸背板胝的附近常有 2 黑色小斑点，有时不明显。小盾片基角有时也有 2 黑色小斑点。膜片土黄色，透明。足赭色，胫节端部及跗节浅褐色。

分布：河北、山西、甘肃、四川、云南。

(127) 平刺突娇异蝽 *Urostylis lateralis* Walker, 1867（图版 IX：5）

识别特征：体淡绿色，背面具稀疏黑色刻点。头中叶凸出，略长于侧叶。通常触角第 1 节的外侧具褐色纵纹，但有的个体此深色纹无或隐约可见。触角第 2 节端半部色深，为棕褐色。前胸背板侧缘近直，常具橘黄色泽；前胸腹板亚侧缘的前半部 1 黑色纵纹。前翅革片前缘亦为黄色，翅外域刻点大而稀疏，膜片无色透明。雄性生殖节的腹突长而略弯，由基部向末端渐狭窄，顶端尖锐；侧突短而粗，前端钝，具毛。雌性腹部第 7 腹节后端缘中部向后圆凸，呈扩短舌状。

取食对象：栎类。

检视标本：围场县：1 头，塞罕坝大唤起 53 号，2015-VII-17，塞罕坝考察组采。

分布：河北、吉林、陕西、湖北、四川、云南；俄罗斯，朝鲜，印度。

XV. 啮目 PSOCOPTERA

49. 虱啮科 Liposcelididae

(128) 无色虱啮 *Liposcelis decolor* (Pearman, 1936)（图 23）

识别特征：雌性浅棕黄色，雄性浅白色。头前部略暗。腹部略浅。触角棕色，复眼黑色。雌性体长 1.2～1.3 mm；雄性体长 0.8～0.8 mm。雌性头顶宽 269.0～306.0 μm；雄性头顶宽 190.0 μm。头顶具由脊分界的副室，外侧的副室为丘形且较大，里边的副室为鳞状，较小；副室内具清晰的小瘤突。小眼 7 个，下颚须端节 s 与 r 较长，近等长。触角环形脊明显。内颚叶外齿较内齿长。雌性小眼 5 个。后足腿节突刻纹。腹部第 3、4 节具不太清晰的多角形副室，内有明显的中型瘤，第 5—7 节副室渐明显。生殖突主干末端分叉；T 型板基部结构特殊。腹部紧凑型，第 1 及第 2 节的分界处较模糊。

栖息场所：室内外。

分布：河北、北京、山东、河南、湖北；世界广布。

图 23　无色虱蛄 *Liposcelis decolor* (Pearman, 1936) 内颚叶（引自李法圣，2002）

XVI. 缨翅目 THYSANOPTERA

50．管蓟马科 Phlaeothripidae

（129）稻管蓟马 *Haplothrips aculeatus* (Fabricius, 1803)（图版 IX：3）

识别特征：体长 1.5 mm 左右；黑色略光亮；头长于前胸。触角 8 节，第 3—4 节黄色；复眼后鬃、前胸鬃及翅基 3 根鬃长且尖锐。前翅无色，但基部略呈暗棕色；中部收缩，端圆；后缘有间插缨 5～8 根。第 10 节管状，长为头的 3/5；末端轮鬃由管状的 6 根鬃及长鬃间的弯曲短鬃构成。前足腿节略膨大，跗节有小齿。足暗棕色，前足胫节略呈黄色，各跗节黄色。

寄主：水稻、小麦、玉米、高粱及多种禾本科、莎草科植物。

分布：河北、东北、内蒙古、山西、河南、陕西、宁夏、甘肃、新疆、江苏、安徽、湖北、湖南、福建、台湾、广东、海南、广西、西南；蒙古，朝鲜，日本，外高加索，欧洲。

51．蓟马科 Thripidae

（130）葱韭蓟马 *Thrips alliorum* (Priesner, 1935)（图版 IX：4）

识别特征：雌性体长 1.5 mm，深褐色。触角第 3 节暗黄色，前翅略黄。腹部第 2—8 背板前缘线黑褐色。头略长于前胸，单眼间鬃长于头部其他鬃，位于三角连线外缘。复眼后鬃呈一横列排列。触角 8 节，第 3、4 节上的叉状感觉锥伸达前节基部。前胸背板后角均 1 对长鬃，且内鬃长于外鬃；后缘 3 对鬃，中鬃长于其余鬃；中胸背板布横纹。前翅前缘鬃 49 根，上脉鬃不连续，基鬃 7 根，端鬃 3 根，下脉鬃 12～14 根。腹部第 5—8 背板两侧栉齿梳模糊，第 8 背板后缘梳退化，第 3—7 背侧片通常具 3 根附属鬃，第 3—7 腹板各有 9～14 根鬃。雄性短翅。

分布：河北、辽宁、内蒙古、山东、陕西、宁夏、新疆、江苏、浙江、湖北、福建、台湾、广东、海南、广西、贵州、云南；朝鲜，日本，夏威夷。

XVII. 鞘翅目 COLEOPTERA

52. 龙虱科 Dytiscidae

（131）小雀斑龙虱 *Rhantus suturalis* (MacLeay, 1825)（图版 IX：2）

曾用名：异爪麻点龙虱。

识别特征：体长 11.0 mm，宽约 6.8 mm。长椭圆形，背部略拱起。头、前胸背板、鞘翅棕黄色，足红褐色。头后缘、内侧及眼内侧黑色；额唇缝深色。眼前缘内侧具 2 对大刻点构成的刻陷；眼内缘具粗糙刻点列；网纹刻入深，网眼形状多变，内具刻点。前胸背板中间 1 近菱形的黑斑，中部常 1 纵向的刻线将黑斑一分为二；侧缘脊宽，隆起不明显；网纹与头部近似；前缘、侧缘及后缘两侧具粗糙刻点。鞘翅具黑色小斑点；鞘翅缝深色，小黑斑在鞘翅亚端部近中缝处密集分布，形成 2 略大的黑斑；鞘翅背部、侧缘及亚侧缘具刻点列，刻点列上小斑相对密集。腹节红褐色，网眼伸长，具细刻线；第 3、4 腹节 1 簇长纤毛，中部及末腹节侧缘具大刻点列，刻点上长有短纤毛。雄性前足、中足基部 3 跗节膨大，具长椭圆形的吸盘；后爪不等长，外爪约为内爪的 1/3 长。

分布：华北、东北、山东、甘肃、青海、华东、华南、西南；蒙古，俄罗斯（远东地区、西伯利亚），韩国，朝鲜，日本，印度，尼泊尔，克什米尔，中亚，中东，巴基斯坦，沙特阿拉伯，埃及，土耳其，澳洲界，东洋界，欧洲，北非。

53. 步甲科 Carabidae

（132）巨暗步甲 *Amara gigantea* (Motschulsky, 1844)（图版 IX：6）

曾用名：巨短胸步甲。

识别特征：体长 17.0～21.0 mm，宽约 6.5 mm。黑色，略显蓝绿色，光亮无刻点。头光滑，顶中部拱起。触角 11 节，基部 3 节光亮，余节密被灰黄色短毛。前胸背板宽略大于长；后缘略宽于前缘，前角钝，侧缘弧凸，后角前直线外扩，后角近锐角；后缘近平直；盘区光亮，中纵沟细，基凹 2 条纵沟，外侧的 1 条细长。鞘翅长椭圆形；每侧有 9 行刻点行，行间后端明显隆起。足腿节粗壮，前足胫端扩大成长三角形。雄性前足跗节基部 3 节膨大。

取食对象：地表或地下活动的昆虫幼虫。

分布：河北、东北、内蒙古、山东、陕西、四川；蒙古，俄罗斯，日本。

（133）巨胸暗步甲 *Amara macronota* (Solsky, 1875)（图版 IX：7）

曾用名：大背胸暗步甲。

识别特征：体长 12.0～18.5 mm。棕黑色，具金属光泽；口须、触角、跗节棕黄色。头较前胸狭，上唇矩形；眼略凸出，眼间较宽。触角基部 3 节无毛。前胸背板横宽，前缘深凹，具浅细刻点，基部直，前、后角近直角；侧缘弧形，近后角处凹；盘区光滑，中线明显；基部两侧深凹，凹内刻点稠密。小盾片三角形。鞘翅刻点行深，行间微隆。足粗壮，雄性前跗节膨扩。

分布：华北、东北、山东、河南、陕西、甘肃、江苏、上海、浙江、江西、湖北、福建、广东、四川、贵州、云南；俄罗斯（东西伯利亚、远东地区），韩国，朝鲜，日本。

（134）齿星步甲 *Calosoma denticolle* Gebler, 1833（图版 IX：8）

识别特征：体长 22.8～24.5 mm，宽 9.0～11.7 mm。黑色，鞘翅星点绿色或金铜色。头具密刻点，口须端节略短于亚端节。触角长度超过体长之半。前胸背板横宽，侧缘圆弧状，最宽处在中部，中部及后角处各有 1 缘毛，中部后略变窄，后角端略向外凸，两侧基凹浅；盘区具细密刻点，中沟两侧及基凹处的刻点较粗，常伴有皱褶。鞘翅近长方形，肩后略膨出，翅基部在肩内有纵凹，星行间有 7～9 行间，瓦形纹不整齐，星点小，星行前、后星点之间不隆起。腹面胸部刻点细浅，前胸尚伴一些浅的波纹；腹部刻点多位于两侧，末节有横皱，端部有半圆形凹陷，中、后足胫节不弯曲，雄性前跗节不膨大。

检视标本：围场县：1 头，塞罕坝大唤起驻地，2015-VII-10，塞罕坝考察组采。

分布：河北、黑龙江、内蒙古、宁夏、新疆；蒙古，俄罗斯，乌兹别克斯坦，哈萨克斯坦，土耳其。

（135）黑广肩步甲 *Calosoma maximoviczi* A. Morawitz, 1863（图版 IX：9）

曾用名：大星步甲。

识别特征：体长 23.0～35.0 mm，宽 11.5～4.5 mm。黑色，背面带弱铜色光泽，两侧缘绿色。头部密布刻点，两侧和后部有皱褶；额沟较长。触角基部 4 节光亮，5 节后密被灰褐色微毛，第 2、3 节扁形，雌虫第 3 触角节长度明显长于第 2、3 节之和。上颚表面具皱纹。前胸背板宽大于长，侧缘全弧形，缘边完整，中部略后 1 侧缘毛；盘区密布皱状刻点，基凹浅。鞘翅宽阔，肩后有明显扩展。每翅有深纵沟 16 条，沟底有刻点，行间具规则的浅横沟，使翅面形成瓦状纹；每翅具 3 行带绿辉的小星点，狭于行间。

取食对象：鳞翅目幼虫。

分布：河北、北京、吉林、辽宁、山西、山东、河南、陕西、宁夏、甘肃、浙江、湖北、福建、台湾、四川、云南、西藏；俄罗斯，韩国，朝鲜，日本。

（136）脊步甲指名亚种 *Carabus (Aulonocarabus) canaliculatus canaliculatus* Adams, 1812（图版 IX：10）

识别特征：体长约 27.0 mm；宽约 9.5 mm；黑褐色。前胸背板近方形，两侧缘近平行，后角略向后凸出，侧缘毛2对，分别着生于后角和中部；鞘翅隆，主行间及鞘缝呈脊状，不间断，脊光亮，次行间和第3行间消失，主距间密布小刻粒。

分布：河北、东北、华北；朝鲜，俄罗斯（远东地区）。

（137）黏虫步甲 Carabus (Carabus) granulatus telluris Bates, 1883（图版 IX：11）

识别特征：体长约21.0 mm。黑色，头、前胸背板、鞘翅上具古铜色光泽。头上刻点模糊，上唇前缘深凹，唇基弧形弯曲；复眼球形，凸出。触角向后伸达前胸背板基部4节，基部4节光裸，5节以后具棕黄色细密毛。前胸背板宽大于长，中部最宽；盘区具模糊稠密刻点，侧缘变为短皱纹；前缘弧凹，侧缘弧形，基部中叶弱凸而两端后弯，两侧基凹浅；前角钝，后角钝圆而凸。鞘翅长卵形，端部略后最宽；每翅面具3条纵脊及3列纵瘤突，近翅缝1条脊模糊，近侧缘1列瘤突短而窄，整个翅面具稠密小粒突。腹面光滑。雄性前足跗节基部4节扩大且中胫节端半部外侧具金黄色稠密短毛刷。

分布：华北、东北、宁夏、甘肃、新疆；蒙古，朝鲜，日本，俄罗斯（西伯利亚），中亚。

（138）刻步甲 Carabus (Scambocarabus) kruberi Fischer von Waldheim, 1822（图版 IX：12）

识别特征：体大型，黑色。头部密布细刻点。唇基弧形弯曲，口须末节斧状。触角基部4节光亮无毛，第5节后各节密被棕黄细毛。前胸背板宽大于长；前缘浅弧凹，侧缘翘起；后缘中部直，两端弯；后角钝圆，略后凸。鞘翅卵圆形，密布大小瘤突，常连在一起。

分布：华北、黑龙江、辽宁、陕西、宁夏；蒙古，俄罗斯，朝鲜半岛。

（139）棕拉步甲 Carabus (Eucarabus) (manifestus) manifestus Kraatz, 1881（图版 X：1）

曾用名：罕丽步甲。

识别特征：体长 19.0～23.0 mm。体色变化多，暗绿色、蓝绿色或黑褐色，体背具铜色光泽。前胸背板宽大于长，中部最宽；后缘宽于前缘，侧缘弧形，缘边上翻；刻点较粗密，中线明显。鞘翅长卵形，每翅具3行条形瘤突（第1行最粗长），瘤突行间具3条细脊。

分布：华北、东北、山东、西北。

（140）刻翅大步甲 Carabus (Scambocarabus) sculptipennis Chaudoir, 1877（图版 X：2）

曾用名：纹鞘步甲。

识别特征：体长 20.0～25.0 mm；体背黑色或棕黑色，头顶有刻点及皱纹，上颚前端近钩状，基部有开叉齿。前胸背板略方形，宽大于长，密布细刻点，前缘近等于基缘，侧缘弧形，最宽处在中部，前角圆，后角钝，鞘翅卵形，密布整齐小颗粒，形成颗粒行。

分布：华北、东北、西北。

（141）绿步甲 *Carabus (Damaster) smaragdinus smaragdinus* Fischer von Waldheim, 1823（图版 X：3）

识别特征：体长 30.0～35.0 mm，宽 10.5～13.5 mm。头、前胸背板暗铜色或绿色，金属光泽强。唇基前部中间有深凹。前胸背板后角向下后方倾斜不显著，侧缘上下弯曲小，两侧基凹浅，鞘翅绿色，侧缘金绿色，每翅有 6 行不亮的黑色瘤突（第 7 行瘤突两端不完整），奇数行瘤突短小，偶数行瘤突大，椭圆形。沿鞘翅 1 行大刻点，缝角刺突尖而上翘。雄性前足跗节基部 3 节膨大。

取食对象：小型无脊椎动物。

分布：河北、北京、东北、山东、河南。

（142）文步甲 *Carabus (Piocarabus) vladsimirskyi vladsimirskyi* Dejean, 1830（图版 X：4）

曾用名：弗氏步甲指名亚种、长叶步甲。

识别特征：体长 21.0～25.0 mm。黑色，具古铜色光泽。头背面中部纵隆而两侧纵凹；上唇前缘深凹，上颚颇长；复眼外凸。触角丝状且向后超过前胸背板基部，基部 4 节光滑，第 5—11 节密生短毛。前胸背板长短于宽，近中部最宽，背中间具细纵沟；前缘凹而无棱边，基部深凹而直，侧缘弧形外凸而上翘；前、后角凸出而下沉，基部浅横凹。小盾片三角形。鞘翅肩部钝圆，侧缘刃状而向上翻；翅面各 4 列刺突，近侧缘的排列紧密，其余 3 列稀疏。各足胫节直。

分布：华北、东北；俄罗斯（远东地区），朝鲜半岛。

（143）黄斑青步甲 *Chlaenius micans* (Fabricius, 1792)（图版 X：5）

识别特征：体长 14.0～17.0 mm，宽 5.5～6.5 mm。背浓绿色，具红铜色光泽。触角、鞘翅端纹，腿节和胫节均黄褐色；上颚大部、口须、跗节和爪均红褐色；体下黑褐色，末腹节后端棕黄色。头顶密布刻点和皱纹，近眼内缘有纵皱纹，有眉毛。触角基部 3 节光亮无毛，第 4 节后密被黄褐色微毛。前胸背板宽略大于长，密布皱状刻点、横皱纹，密被金黄色细毛；侧缘弧形，缘边上翻；后缘平直，后角钝圆，其前 1 缘毛，基凹浅而宽圆，中纵沟深细。小盾片三角形，光亮。鞘翅点条沟深细，沟底具细刻点，有小盾片行，行间平，密布细刻点及横皱纹，密被金黄色细毛，端纹内缘圆，外缘向后伸长，第 9 行间有粗刻点行。

取食对象：夜蛾、螟蛾等幼虫。

分布：河北、北京、辽宁、内蒙古、山东、陕西、宁夏、青海、江苏、安徽、江西、福建、台湾、华中、广东、广西、四川、贵州、云南。

（144）淡足青步甲 *Chlaenius pallipes* (Gebler, 1823)（图版 X：6）

识别特征：体长 12.5～16.5 mm，宽 5.0～6.5 mm。头部、前胸背板绿色，具红铜色光泽；鞘翅暗绿色，无光泽；小盾片红铜色。触角、上唇、口须及足黄褐色至暗褐色；上颚及体下黑色。头部具细刻点和皱纹，额沟短浅，额中部光亮无刻点。上颚光滑，末端尖弯；口须末端钝圆；具眉毛。触角基部 3 节光亮，有少许短毛，第 4 节后密被金黄色短毛并有细刻点。前胸背板宽略大于长；侧缘弧状；后缘近平直，后角近直角；盘区密布较粗刻点，后部刻点略皱状，两侧基凹浅沟状，背中沟细浅；背板及鞘翅均密被黄褐色短毛。小盾片三角形，表面光亮。每翅 9 具细点条沟，有小盾片行；行间平坦，具密横皱，第 9 行间有毛穴。

取食对象：黏虫、地老虎幼虫及蝗虫卵等。

分布：河北、东北、内蒙古、山西、山东、宁夏、甘肃、青海、江苏、浙江、江西、福建、华中、广西、四川、贵州、云南；蒙古，俄罗斯，朝鲜，日本。

（145）异角青步甲 Chlaenius variicornis Morawitz, 1863（图版 X：7）

识别特征：体长 11.7～12.6 mm，头铜绿色。前胸背板及鞘翅黑色，有蓝色光泽。前胸背板侧缘呈波曲状。头部具稠密刻点，无绒毛。触角第 3 节略长于第 4 节，除端刚毛外，尚有几根刚毛；须节几乎呈圆筒形，下颚须无毛。前胸背板宽大于长，上有大而密的绒毛刻点；侧缘微有边垠，黑色，向后收缩。鞘翅无光泽，无斑纹、带纹，有稠密绒毛刻点；行间平坦。雄腿节近基部无齿；跗节背面有很短的稀疏的刚毛。胸部和腹部腹面有稠密的显著的绒毛刻点；前胸腹突无边垠。

分布：河北、北京、辽宁、山东、甘肃、江苏、安徽、浙江、湖北、江西、湖南、福建、广东、海南、广西、四川、贵州、云南。

（146）铜绿虎甲 Cicindela (Cicindela) coerulea nitida Lichtenstein, 1796（图版 X：8）

识别特征：体长 15.5～17.5 mm，宽 6.5～7.5 mm。头和前胸背板翠绿或蓝绿色，鞘翅紫红，身体强金属光泽。复眼大而凸出，额具细纵皱纹，头顶具横皱纹。触角第 1—4 节光亮，余节暗棕色。前胸宽略大于长，基部略狭于端部，两侧平直；盘区密布细皱纹。鞘翅每翅 3 斑；基部和端部各 1 弧形斑，基部斑或分裂为 2 逗点状斑，中部 1 近倒"V"形的斑。体下两侧和足密布粗长白毛。

取食对象：蝗螨、小型节肢动物等。

分布：河北、东北、内蒙古、山西、山东、宁夏、甘肃、新疆、江苏、安徽；俄罗斯，朝鲜。

（147）芽斑虎甲 Cicindela (Cicindela) gemmata Faldermann, 1835（图版 X：9）

识别特征：体长 18.0～22.0 mm，宽 7.0～9.0 mm。头、胸铜色，鞘翅深绿色，体下红色、绿色和紫色。头部颊区无白色毛或只有稀疏的几根白色毛；前胸背板有毛，胸部侧板密被白色毛；体下腹部无毛，或仅有细小稀疏而不明显的毛。鞘翅具淡黄色斑点，每翅基部 1 芽状小斑，中部 1 波曲形横斑，有时此斑分裂为 2 个小斑，翅端靠近侧缘 1 小圆斑，与后面 1 条弧形细纹相连。雌性腹部 6 节，雄性腹部 7 节，且雄性前足跗节扁宽多毛。

取食对象：鳞翅目幼虫。

分布：华北、黑龙江、山东、河南、宁夏、甘肃、新疆、江苏、上海、安徽、浙江、湖北、江西、福建、台湾、广东、海南、四川、云南、西藏；俄罗斯，朝鲜，日本。

(148) 日本虎甲 *Cicindela japonica* Motschulsky, 1858（图版 X：10）

识别特征：体长 15.0～19.0 mm；头、胸铜色，鞘翅深绿色，体下红色、绿色和紫色。头部颊区无白色毛或只有稀疏的几根白色毛；前胸背板有毛，胸部侧板密被白色毛；体下腹部无毛，或仅有细小稀疏而不明显的毛。鞘翅具淡黄色斑点，鞘翅肩部 "C" 形斑和端部 "C" 形斑均中断，中部 1 波浪形横斑，末端细无逗点。雌性腹部 6 节，雄性腹部 7 节，且雄性前足跗节扁宽多毛。

分布：河北；俄罗斯，韩国，日本，越南。

(149) 斜斑虎甲 *Cylindera (Cylindera) obliquefasciata obliquefasciata* (Adams, 1817)（图版 X：11）

曾用名：斜纹虎甲、斜条虎甲。

识别特征：体长 10.0～11.0 mm，宽 3.0～4.0 mm。墨绿色，上唇、上颚基半部及口须（除末节外）的大部黄白色。触角基部 4 节具铜绿色金属光泽，各足胫节与跗节棕黄色；其余部分墨绿色。上唇前缘波状，中间有向前凸出的尖齿。前胸背板两侧有稀疏的白色毛。鞘翅具有乳白色斑：每翅 1 自外侧中部斜向内侧的细斜斑，此斑内前方 1 圆形小斑。另外，基部边缘 1 小斑，端部边缘 1 弧形斑。体下除中胸两侧及前、中足基节有白色毛外，其余均无毛。

取食对象：各种小昆虫。

分布：华北、黑龙江、辽宁、山东、河南、宁夏、甘肃、青海、新疆、江苏、浙江；蒙古，中亚，巴基斯坦，伊朗。

(150) 双斑猛步甲 *Cymindis binotata* Fischer von Waldheim, 1820

识别特征：体长 7.5～8.0 mm，宽 2.5～3.0 mm。头红褐色；上唇、上颚、口须、触角及足黄褐色；前胸背板深赤褐色，侧缘淡黄色；鞘翅暗绿色具金属光泽，侧缘浅色。触角基部 3 节光亮，第 4—11 节密被毛。前胸背板略宽于头部，前角宽圆，侧缘弧凸，边较宽，基角钝，中沟明显，基凹略深。鞘翅略中凸，端缘平截，侧缘边较宽，行沟细、清，具细刻点，行间略凸。

分布：河北、北京、山西、甘肃、青海、新疆；蒙古，俄罗斯，哈萨克斯坦。

(151) 半猛步甲 *Cymindis daimio* Bates, 1873（图版 X：12）

曾用名：神猛步甲。

识别特征：体长 8.5～9.5 mm，宽 3.2～3.8 mm。头部和前胸背板蓝黑色，光泽强。触角、口须、足的胫节和跗节棕褐色；鞘翅紫红色，具光泽，缘折前半部黄褐色，后半部蓝黑色，翅上蹄形斑纹紫蓝色或青绿色；腿节亮黑色。体上密被黄褐色直立长毛。头部刻点粗密，头顶后缘部无刻点，额沟不明显；上唇前缘平直，口须末端钝圆。触角基部 3 节光亮无毛，第 4 节后密被黄褐色短毛。前胸背板略似心脏形；中胸前部缢缩似颈，鞘翅基部远离前胸背板。小盾片舌形，中部下凹，中间 1 长方形隆突。每翅 9 个点条沟，有小盾片行；鞘翅的蹄形斑纹是由 2 翅斑纹会合而成；行间微隆，密布刻点。

取食对象：鳞翅目幼虫及蛴螬。

分布：河北、北京、东北、内蒙古、山东、河南、陕西、宁夏、甘肃、湖北；蒙古，俄罗斯，朝鲜，日本，东南亚。

（152）蝼步甲 *Dolichus halensis* (Schaller, 1783)（图版 XI：1）

曾用名：红胸蝼步甲。

识别特征：体长 16.0～20.5 mm，宽 5.0～6.5 mm。黑色。触角基部 3 节、腿节和胫节黄褐色。触角大部、口须、复眼间 2 个圆形斑。前胸背板侧缘、鞘翅背面的大斑纹，以及跗节和爪均为棕红色。头部光亮无刻点，额部较平坦，额沟浅，沟中有皱褶；眉毛 2 根。上唇长方形，上颚粗宽，端部尖锐，口须末端平截。触角基部 3 节光亮无毛，第 4 节后密被灰黄色短毛。前胸背板长宽约等，近方形，中部略拱起，光亮无刻点；前横凹明显，中纵沟细，侧缘沟深，两侧基凹深而圆；前横凹前、两侧、基部及基凹处有密的刻点和皱褶。小盾片三角形，表面光亮。鞘翅狭长，末端窄缩，中部有长形斑，两翅色斑合成长舌形大斑；每翅 9 个点条沟，有小盾片行，第 3 行上 2 毛穴，第 8 行上 23～28 毛穴。前足胫节端部斜纵沟明显。

取食对象：蚜虫、蝼蛄、蛴螬、黏虫和地老虎幼虫。

分布：华北、东北、陕西、甘肃、青海、新疆、江苏、安徽、浙江、江西、福建、华中、广东、广西、四川、贵州、云南；中欧，中南半岛，古北区。

（153）雕角小步甲 *Dyschirius tristis* Stephens, 1827（图版 XI：2）

识别特征：体长 2.9～3.4 mm。墨色，具光泽。唇基后具"V"形沟。触角念珠状。前胸背板近球形，前缘宽于基部。前、中胸间缢成颈状。小盾片三角形。鞘翅长卵形。前足腿节特膨大，胫节扁，端尖齿状。

分布：河北、辽宁。

（154）大头婪步甲 *Harpalus capito* Morawitz, 1862（图版 XI：3）

识别特征：体长 17.5～20.5 mm，宽 6.5～8.0 mm。头、前胸背板及鞘翅黑色，微褐色。触角、口须、上唇周缘、唇基前缘及足黄色至黄褐色；体下暗褐色。前胸背板及鞘翅密被棕黄色毛。头略宽于前胸背板，光亮，无毛和刻点；额宽阔，额沟浅，两沟之间前宽后狭，呈倒"八"字形。上唇前缘中间深凹。触角基部 2 节光亮，第 3 节后部密被灰黄色细毛。前胸背板宽大于长，前部最宽；前缘略凹；后缘平直，侧缘前部扩出，后部变窄，前部明显宽于后部；后角近直角形，顶尖；中纵沟细，基凹宽浅；盘区密布刻点，前后缘布粗刻点，基凹底部刻点间隆起；侧缘前部具 1 毛。每翅 9 点条沟，沟底刻点细小，行间平，刻点细密。跗节背面具刻点和毛；雄性前跗节基部前 3 节均扩大，第 1—4 节下侧具粘毛。

分布：河北、东北、内蒙古、山西、山东、陕西、宁夏、甘肃、江苏、安徽、浙江、江西、福建、台湾、华中；俄罗斯，朝鲜，日本。

（155）黄鞘婪步甲 *Harpalus pallidipennis* Morawitz, 1862（图版 XI：4）

曾用名：淡鞘婪步甲、白毛婪步甲。

识别特征：体长 8.0～10.0 mm，宽 3.0～4.0 mm。头、前胸背板黑色。触角、口须、前胸背板侧缘及足黄褐色，鞘翅褐色或黑褐色，具黄色斑纹。头部光亮或具极微细刻点；上唇前缘微拱起，基部较前端略宽。触角向后，长仅达前胸背板基缘；前胸背板宽略大于长；鞘翅与前胸约等宽，前半部两侧近平行，后部渐变窄，基沟较平直，近肩角处略弯。

取食对象：黏虫及一些鳞翅目幼虫。

分布：华北、东北、山东、河南、陕西、宁夏、甘肃、江苏、湖北、江西、福建、广西、四川、西藏；蒙古，俄罗斯（西伯利亚），朝鲜，日本。

（156）绿艳扁步甲 *Metacolpodes buchannani* (Hope, 1831)（图版 XI：5）

曾用名：布氏细胫步甲。

识别特征：体长 9.5～13.5 mm。棕黄色，光亮，鞘翅有深绿色光泽。头顶略隆起，在近眼处有细皱纹；眼大。触角第 1 和第 4 节长度相等，短于第 3 节。前胸背板隆，略呈心形，前 1/3 最宽，光亮无刻点；前缘和基缘近等宽，盘区有细皱纹，微纹横向排列；后角钝。鞘翅在端部均匀变窄。

分布：河北、北京、吉林、华东、华中、广东、四川、云南；俄罗斯（西伯利亚、远东地区），韩国，朝鲜，日本，尼泊尔，巴基斯坦。

（157）铜色淡步甲 *Myas cuprescens* (Motschulsky, 1858)（图版 XI：6）

曾用名：通缘步甲。

识别特征：体长约 19.0 mm。背面光滑无刻点；黑色。头部额沟清晰平行；两复眼间光亮低平。前胸背板黑色，后角略钝，侧缘具 1～2 行刻点，盘区 1 大凹陷。鞘翅铜色，具金属光泽；点条沟细，刻点深；行间处光滑无刻点。

分布：河北；日本。

（158）三点宽颚步甲 *Parena tripunctata* (Bates, 1873)（图版 XI：7）

曾用名：小宽颚步甲。

识别特征：体长 6.5～8.0 mm。黄红褐色，头部、前胸背板及上翅暗褐色至赤褐色，头后部、前胸背板、鞘翅暗褐色。复眼凸出。前胸背板后角略向外凸出，基部两端斜为钝角。鞘翅具深刻点行，行间微隆起，小刻点稀疏分布，第 3 室上 3 点具孔；鞘翅端部波浪形。

分布：河北、北京、陕西、四川；俄罗斯，朝鲜，日本。

（159）黄毛角胸步甲 *Peronomerus auripilis* Bates, 1883（图版 XI：8）

识别特征：体长 9.0～10.5 mm，宽 3.0～3.5 mm。黑色。触角柄节及足黄褐色，体背微带银色金属光泽，尤以鞘翅显著。体密被金黄色直立长毛。头后部略膨大，光亮无毛无刻点，额前部及唇基中间隆起，额沟长而弯曲，前端达唇基，后端抵复眼内侧后缘、两复眼间光亮低平，具粗刻点。复眼大而鼓出，眉毛 2 根。上颚短宽，末端尖细，弯曲度大；口须端节斧状。触角自第 2 节后黑色，第 1—3 节毛稀，第 4 节后密被灰黄色短毛并不布微细刻点。前胸背板宽大于长，两侧缘在中部后角状凸出；后缘平直，后角直角形；盘区刻点粗，相互连接成多边形。小盾片三角形，具刻点。每翅 9 点条沟，沟底刻点粗大，具小盾片行；行间隆起，具粗横皱。

分布：河北、北京、东北、河南；俄罗斯，日本。

（160）强足通缘步甲 *Poecilus fortipes* (Chaudoir, 1850)（图版 XI：9）

曾用名：壮脊角步甲。

识别特征：体长约 11.0～15.0 mm，体色多变，黑色、蓝色、紫色、铜色或绿色，通常具强烈金属光泽。触角黑色，略带金属光泽。复眼凸出，头顶无刻点。前胸背板向基部略窄，侧边在后角之前直，后角顶较钝，微凸；前胸饰边略宽，以中部之后明显；基凹略深，外侧脊明显。鞘翅基部具毛穴；条沟略深，沟底刻点细，行间微隆；第 3 行间靠近第 3 条沟具 3 毛穴。中足腿节后缘 2 刚毛；后足跗节内侧无脊；外侧基部 2 节具脊。

分布：河北、内蒙古、宁夏、云南；蒙古，俄罗斯，朝鲜，日本。

（161）直角通缘步甲 *Poecilus gebleri* (Dejean, 1828)（图版 XI：10）

识别特征：体长 11.0～18.0 mm。背面黑色，鞘翅具铜绿光泽，侧缘边绿色，头及胸背板常有蓝色金属光泽。触角、口器、足及腹面棕褐至黑褐色。眉毛 2 根，额唇基沟细，额沟较深，唇基每侧各 1 毛。上唇前缘微凹，毛 6 根。触角先后伸达鞘翅肩胛。前胸背板近方形，侧缘略膨，中前部及后角各 1 长毛，后角略大于直角；中纵沟不及背板后缘，基部每侧 2 条纵沟，外沟与侧缘间明显隆起。鞘翅与前胸背板宽度近等，两侧略膨，在后端近 1/3 处变窄；基沟深，前弯，外端有小齿突；沟底具细刻点，行间平隆，第 3 行间 3 毛穴。

分布：河北、东北、内蒙古、宁夏、甘肃、青海、福建、四川、云南；蒙古，俄罗斯，朝鲜。

（162）突角通缘步甲 *Pterostichus acutidens* (Fairmaire, 1889)

识别特征：体长 14.0～17.0 mm；黑色；鞘翅光亮，无金属色。复眼大而凸出，头顶无刻点。前胸背板近心形，向基部强烈变窄，侧边于后角之前强烈弯曲；后角强烈向外侧凸出，形成 1 大齿突；前胸基凹深，内侧基凹沟略可见，外侧基凹沟外侧强烈隆起形成脊，基凹内具少量刻点。鞘翅基部有毛穴，肩部无齿突；第 3 行间 3～4 毛穴，其位置多变，通常靠近第 2 条沟。各足末跗节下侧具毛。

分布：河北、北京、山西。

（163）小黑通缘步甲 *Pterostichus nigrita* (Paykull, 1790)（图版 XI：11）

识别特征：体长 10.0～12.0 mm。前胸背板近圆形，基凹深，为简单的深坑；基凹内多刻点及皱纹，基凹外侧强烈隆起呈脊；前胸后角明显，端部具明显小齿突；鞘翅点条沟略深，沟底布少量刻点。雄性末腹板具 1 十分清晰的小瘤突，其基部略伸形成 1 短脊。

分布：河北等中国北部地区；俄罗斯，欧洲。

（164）黑背狭胸步甲 *Stenolophus connotatus* Bates, 1873（图版 XI：12）

识别特征：体长 6.5～7.5 mm，宽 2.5～2.8 mm。棕黄色，头部、上颚端部、前胸背板中部、鞘翅中部瓶形大斑和腹部为棕褐色。头顶光亮，额沟短浅，唇基 2 毛。触角基部 2 节光亮，自第 3 节后被毛细密。前胸背板宽略大于长，前缘微凹；后缘近平直，侧缘弧形，后部变窄，背板中部略前方最宽，盘区光亮，中纵沟细而明显，两侧基凹具粗刻点，1 侧缘毛。鞘翅纵条沟细，有小盾片沟，行间微隆，第 3 行间端部 1 毛穴。

分布：河北、黑龙江、江西、福建、四川；俄罗斯，韩国，朝鲜，日本。

54. 牙甲科 Hydrophilidae

（165）尖突巨牙甲 *Hydrophilus* (*Hydrophilus*) *acuminatus* Motschulsky, 1854（图版 XII：1）

识别特征：体长 28.0～42.0 mm。卵形，背部适度隆起。黑色，有时具金属光泽，头部刻点较疏，系统刻点呈"n"形，前胸背面后缘宽于前缘。小盾片光滑无刻点。每翅 4 条刻点列，每列两侧 1 明显细脉，尤以后部明显，末端内角 1 小刺。触角 9 节。前胸腹板强烈隆起呈帽状，后部具深沟以接纳腹刺的前端；后缘具密毛，腹刺伸达第 2 腹节中部。第 5 腹节具纵脊。胸部及腹部第 1 节具毛，第 2—5 节光滑，边缘具毛，侧部具黄色斑，有时不明显，雄性前足末跗节扩大，略呈三角形，外侧爪远大于内侧爪，强烈弯曲。

分布：河北、北京、内蒙古、宁夏、上海、浙江、江西、台湾、广东、香港、四川、云南、西藏；俄罗斯，韩国，朝鲜，日本，东洋界。

55. 葬甲科 Silphidae

(166) 达乌里干葬甲 *Aclypea daurica* (Gebler, 1832)（图版 XII：2）

识别特征：体长 10.0～14.0 mm，黑色，背面密布浓厚的棕色或灰棕色毛，偶尔局部露出黑底色。头宽略不及前胸背板最大宽度之半；上唇中间深"V"形缺刻。触角末端 3 节被土黄色微毛且略显发黄。前胸背板中间 6 疣突，以 2：4 排列，均异常光滑，形状不规则，前背中线靠前缘处有线状疤痕，由附近的疣突组成。鞘翅肋上具成列且彼此独立的黑疣突，不被毛覆盖。各足腿节下侧被黑色短毛，胫节端距和爪棕红色。

分布：华北、黑龙江、陕西、青海、湖北、四川；俄罗斯，韩国，朝鲜。

(167) 滨尸葬甲 *Necrodes littoralis* (Linnaeus, 1758)（图版 XII：3）

曾用名：亚种尸葬甲、大粗腿葬甲。

识别特征：体长 17.0～35.0 mm，黑色，偶显棕红色。触角末端 3 节橘色。上唇光裸，仅前缘被棕黄色长毛。前胸背板近圆形，表面光滑，刻点非常细腻且均匀，基部刻点略大，中间微微隆起，中部 1 明显短纵沟痕。鞘翅刻点较前胸背板大，均匀分布，翅端凸出，外侧 2 肋在端突后方折回，向内缘肋靠拢；鞘翅末端平截，雌性翅端角圆而平截。雄性前足和中足腿节末端下方不骤凹，后足腿节极度膨大，腿节下方 1 排小齿；雄性后足胫节内侧末端不扩展，腿节下方 1 排小齿。

分布：华北、东北、西北、华东、广东、广西、四川、云南、西藏；蒙古，俄罗斯，韩国，朝鲜，日本，中亚，欧洲。

(168) 黑覆葬甲 *Nicrophorus concolor* Kraatz, 1877（图版 XII：4）

识别特征：体长 22.0～34.0 mm。黑亮。触角端部 3 节红褐色至橙色。头横宽；复眼大而凸出，复眼内侧及头顶中间各 1 浅纵沟；上唇中间深凹，刻点稀疏，前缘具稠密的刷状黑长毛，两侧前角 1 束棕色长毛；唇基端部具暗褐色至橙色"U"形膜质区，盘区具稀疏小刻点。触角向后仅达前胸背板前角，端锤膨大明显。前胸背板近圆形；后缘平截，各角均弧弯；盘隆起，两侧及后缘低平；前横沟位于端部 1/3，中部较浅；刻点稀小，低平处刻点略大，刻点间隙具稀小刻点。小盾片倒三角形，顶圆，刻点糙而稠密，布稀疏浅黄色短毛，两侧及后缘无毛和刻点。鞘翅端宽于基部，光滑，2 列刻点隐约可见；缘折背脊完整；盘区刻点与前胸背板相似，刻点间隙布稠密的微刻纹和稀小刻点，以及许多无序刻痕。前足第 1—4 跗节膨胀，各足胫节上端角具刺突。

分布：华北、东北、山东、陕西、江苏、安徽、浙江、江西、福建、华中、华南、西南；蒙古，俄罗斯（远东地区），韩国，朝鲜，日本，尼泊尔，不丹。

（169）达乌里覆葬甲 *Nicrophorus dauricus* Motschulshy, 1860

识别特征：体长 13.0～22.0 mm。黑色具光泽，鞘翅 2 条橙色横带。头部长方形，横宽；复眼大，后颊膨大；复眼内侧自触角窝基部至头部后缘具纵沟，两纵沟略弧弯，基部相连；上唇中间深凹，刻点小而稀疏，前缘具稠密的棕色刷状毛，两侧前角各 1 束棕黄色长刚毛；唇基前端 1 膜质"U"形大区域，暗褐色至橙黄色。触角短，向后不达前胸背板前角，端锤膨大明显，略扁；盘区刻点稀疏；后颊布稀疏的棕色柔毛。前胸背板近倒梯形；刻点小而稀疏。小盾片大，倒三角形，顶钝圆，刻点与前胸背板低平处的刻点相似，基半部具棕色短柔毛；后缘光滑，无刻点和毛。鞘翅两侧近平行；隐约可见 3 脊；盘区刻点大而粗糙，刻点间隙具稀疏的微刻痕。

分布：河北、北京、东北、内蒙古、甘肃、青海、四川；蒙古，俄罗斯，韩国，朝鲜。

（170）红带覆葬甲 *Nicrophorus investigator* Zetterstedt, 1824（图版 XII：5）

识别特征：体长 10.5～24.0 mm。触角末端 3 节橘黄色。前胸背板光裸无毛。鞘翅斑纹通常为宽大的带状。臀板端部 1 排黄褐长毛。体下于后胸腹面密布金黄色至黄褐色最长毛；腹部各节端部 1 排不明显暗色长毛。各足腿节、后足基节和转节上具一些暗色短刚毛；后足胫节直。

分布：华北、东北、山东、宁夏；蒙古，朝鲜，日本，欧洲，北美洲。

（171）日本覆葬甲 *Nicrophorus japonicus* Harold, 1877（图版 XII：6）

曾用名：大红斑葬甲、大葬甲。

识别特征：体长 17.0～28.5 mm。触角末端 3 节橘黄色。前胸背板光裸无毛。体下胸腹面端缘 1 排金黄色长毛，其在后胸腹面两侧和各节腹板端缘较短，后胸腹板中间和各节腹板中间光裸；腹部各节背板端部 1 排金黄色毛。后足胫节弯曲。

分布：华北、东北、宁夏、江苏、上海、安徽、浙江、福建、台湾；蒙古，俄罗斯，朝鲜，日本。

（172）前星覆葬甲 *Nicrophorus maculifrons* Kraatz, 1877（图版 XII：7）

曾用名：花葬甲、额斑葬甲、前纹埋葬虫。

识别特征：体长 13.5～25.0 mm。头部黑色。触角末端 3 节橘黄色。前胸背板光裸无毛。鞘翅斑纹边缘深波状、左右不连接，基部斑纹中具 1 黑色小圆斑，端部斑纹中无此斑。腹部腹板光滑，近端缘 1 排黑色毛。后足胫节直。

分布：河北、北京、东北、陕西、甘肃、江苏、上海、福建、广西；俄罗斯（东西伯利亚、远东地区），韩国，朝鲜，日本。

（173）尼覆葬甲 *Nicrophorus nepalensis* Hope, 1831（图版 XII：8）

曾用名：橙斑埋葬虫。

识别特征：体长 20.0～22.0 mm；亮黑色。触角端锤基部黑色，端部 3 节橙色，鞘翅 2 条橘色至红褐色横斑，其上具黑斑。唇基前端 1 大"U"形膜区，暗褐色至橙黄色，头顶中间 1 橙红色菱形大斑；复眼大而凸出，其内侧具纵沟。触角向后伸达前胸背板前角，端锤显大。前胸背板横长方形，前缘和基部均平直，四角均弧弯；盘区隆起，两侧及基部宽阔降低。小盾片倒三角形，顶钝且光裸。鞘翅隐约可见 3 脊；缘折脊前端仅达到小盾片端部；盘区刻点粗大，刻点间隙具许多无序刻痕；鞘翅缘折与盘区之间和边缘具稀疏的深色直立毛，鞘翅基部 5～10 束深色长刚毛；缘折橙色。腹部第 2—3 节外露，具稠密的小刻点和深色短毛。后足第 1 跗节长于其他节。

分布：华北、辽宁、山东、陕西、宁夏、甘肃、江苏、安徽、浙江、江西、福建、台湾、华中、广东、海南、广西、重庆、四川、贵州、云南、西藏；日本，印度，尼泊尔，不丹，巴基斯坦。

（174）拟蜂纹覆葬甲 *Nicrophorus vespilloides* Herbst, 1783（图版 XII：9）

曾用名：大红斑葬甲、大葬甲。

识别特征：体长 11.0～17.0 mm。触角末端 3 节黑色。前胸背板光裸无毛。鞘翅端部通常明显更宽，使整体明显呈梯形；鞘翅基斑宽带状，端斑小而宽圆。臀板端部 1 排黄褐色长毛。后胸腹面被较密黄白色毛；腹部各节端部 1 排黄色短刚毛。中、后足腿节、后足基节和转节上也具一些不易察觉的黄色短毛，后足胫节直。

分布：河北、黑龙江、吉林、内蒙古、四川；蒙古，俄罗斯，韩国，朝鲜，日本，伊朗，以色列，哈萨克斯坦，土耳其。

（175）褐翅皱葬甲 *Oiceoptoma subrufum* (Lewis, 1888)（图版 XII：10）

识别特征：体长 11.0～17.0 mm。黑色至暗褐色。前胸背板暗红色；宽扁。头部小，宽度小于前胸背板最宽处的 1/3；复眼小，略凸出，沿后缘 1 排直立的红褐色毛，中间的较长，向两侧渐短；上唇小，前缘凹，具稀疏的柔毛。触角向后可达前胸背板中横线；盘区密布粗糙刻点及稀疏的暗红色短毛，颈部毛较长而密集。前胸背板横宽，近梯形，长略大于宽的 1/2；后缘中间向后凸出，侧缘及 4 个角均弧弯；密布粗糙刻点及暗红色指向后缘的柔毛；盘区有 3 对隆突，后端向内倾斜，呈倒"八"字形；隆突颜色较深，其上柔毛随隆突起伏指向多变。鞘翅两侧近平行，端部 1/3 弧弯；端部轻微横向褶皱；具 3 条脊；密布粗糙刻点，刻点间隙具稠密的细刻点。

分布：河北、北京、东北、内蒙古、陕西、甘肃、浙江、四川；俄罗斯，韩国，朝鲜，日本。

（176）黑缶葬甲 *Phosphuga atrata atrata* (Linnaeus, 1758)（图版 XII：11）

曾用名：黑光葬甲、小黑葬甲。

识别特征：体长 8.0～14.0 mm，黑色。上唇前缘深凹并具长毛。触角细长，向后伸达前胸背板中间，端锤窄。前胸背板横宽，半圆形；前缘直，基部向后略凸出，侧缘及四角均弧弯；盘区中间隆起，两侧及前角处降低，密布粗糙的深刻点。鞘翅盘区隆起，边缘折弯较狭深；3 条脊均达到盘区边缘，中脊较低，内脊仅达到翅基部的 5/6，外脊位于翅基 2/3；翅上密布粗糙的深大刻点，刻点间隙发亮；雌性鞘翅基部内角略凸出。腹部末端的 2~3 节外露。

分布：河北、北京、黑龙江、内蒙古、陕西、甘肃、青海、新疆、四川；中亚，欧洲。

（177）双斑冥葬甲 *Ptomascopus plagiatus* (Ménétriés, 1854)（图版 XII：12）

识别特征：体长 12.5~20.0 mm。体长梭形。前胸背板前缘和侧缘靠前处具较密灰黄色至污黄色短或略长伏毛。鞘翅基部 1 大型橘红色带，呈圆角矩形、宽达鞘翅中部，有时较小，呈窄小并倾斜的小斑。后胸腹面密布灰黄色至棕黄色较长刚毛；体下其余部位包括足通常密布同色或略暗色刚毛；有时腹部尤其端部两节被毛稀疏。中足胫节直或微弯，后足胫节直。

分布：河北、北京、辽宁、黑龙江、内蒙古、宁夏、甘肃、青海、河南、上海、江苏、福建、湖北、广西、台湾；俄罗斯（远东地区），朝鲜，韩国。

（178）隧葬甲 *Silpha perforate* Gebler, 1832

曾用名：小扁尸甲、孔葬甲。

识别特征：体长 15.0~20.0 mm。体较大、长椭圆形，黑色，常具微弱的蓝绿或蓝紫色金属光泽。头部刻点细腻，后头密布褐色短毛；上唇前缘具黄色长毛且中部弧凹。触角第 8 节略长于第 9 节。前胸背板略呈梯形，前缘浅凹；盘区平坦，与侧缘无明显界线；盘上刻点细密均匀；前胸背板和鞘翅均光裸无毛。鞘翅 3 条发达并几乎伸达翅端的翅肋；盘区刻点大，侧缘展边较小而浅；鞘翅侧缘展边中等宽，于肩部较宽；后翅退化，无飞行能力。

分布：河北、北京、东北、山西、陕西、江西；俄罗斯，韩国，朝鲜，日本。

（179）皱亡葬甲 *Thanatophilus rugosus* (Linnaeus, 1758)（图版 XIII：1）

识别特征：体长 10.0~12.0 mm，较宽，黑色，除褶皱和瘤突外均无光泽。头被黄色长毛。触角末节被浓密的灰黄色微毛。前胸背板通常被浓密灰黄色刚毛，其间遍布数量不等、形状不规则但前胸两侧对称的亮黑裸斑，刻点细密均匀。小盾片基部有稠密的灰黄色短毛，仅端部两侧各 1 裸斑。鞘翅刻点较大较深，具稠密的横褶皱或间隔分布形状不规则的瘤突，该瘤突和褶皱大多与肋相接；肩圆，无齿，翅上 3 条强肋，外侧的高略超过端突，内侧 2 条矮、弯曲并达到翅端；鞘翅末端圆（雄性）或截形（雌性）。

分布：河北、北京、黑龙江、辽宁、西北、四川、云南、西藏；中亚，欧洲。

（180）曲亡葬甲 *Thanatophilus sinuatus* (Fabricius, 1775)（图版 XIII：2）

识别特征：体长 9.0~13.0 mm，较宽阔，黑色。头有棕黄色长毛和浅小刻点。触角端部 3 节被灰黄色密毛。前胸背板通常被浓密的短或长的灰黄色毛,其间散布数量不等的圆形裸斑,由此显露出其体表的本色;裸斑具弱光泽,刻点细密。小盾片上有灰黄色短毛,仅亚端部两侧为棕黄色长毛。鞘翅无光泽,刻点较为深大;肩部 1 小齿,翅上 3 条达到翅端的粗肋,其中内侧 2 条直达端缘,外侧 1 条略高;翅端平截圆形(雄性)或波形(雌性)。

分布:河北、北京、东北、内蒙古、陕西、新疆、湖北、台湾、四川、云南;中亚,欧洲,北非。

56. 隐翅甲科 Staphylinidae

(181)大隐翅甲 *Creophilus maxillosus maxillosus* **(Linnaeus, 1758)**(图版 XIII:3)

识别特征:体长 14.0~22.0 mm。头、胸部亮黑色。触角和足黑色。头大,与前胸等宽或更宽。触角短,第 2—3 节等长,第 4—10 节横宽,第 7—10 节更宽,末节短,有凹缺。前胸背板两侧直,基部强烈收缩,前角短圆,后角宽圆;沿边缘和近角处刻点明显变稠密,其余区域散布少量细刻点;前角有厚密的黑长毛。小盾片天鹅绒丝状。鞘翅显长和宽于前胸背板,有稠密的细刻点;鞘翅中部具银灰色横纹,每翅 1 纵列 4~5 小黑点,基部具黑长毛。腹部有稠密的细刻点,夹杂黑色和银色毛;雄性第 5 腹板基部浅凹,第 6 节弧宽深凹,边缘呈斜面。足上有黄褐色细毛,前足腿节下侧基部 1 钝齿。

分布:河北、北京、黑龙江、内蒙古、陕西、宁夏、甘肃、新疆、云南;蒙古,俄罗斯,朝鲜,日本,印度,伊朗,叙利亚,欧洲。

(182)曲毛瘤隐翅甲 *Ochthephilum densipenne* **(Sharp, 1889)**

识别特征:体长 9.8~10.3 mm。细长,蓝黑色,光泽弱。触角膝状,端部数节和足浅褐色。头、前胸背板、鞘翅几同宽同长,被粗密刻点。前胸背板中间,具平滑纵带。

分布:河北、北京、吉林、辽宁;日本,韩国。

57. 阎甲科 Histeridae

(183)谢氏阎甲 *Hister sedakovii* **Marseul, 1862**(图版 XIII:4)

识别特征:体长 3.6~4.8 mm。卵圆形,黑色,具光泽。触角棒红褐色。前胸背板内侧线向后逐渐与前胸背板侧缘靠近,末端内弯;外侧线通常伸达侧缘中间,有时完整。鞘翅背线内无刻点;第 1—3 背线完整,第 4 背线前方略短,第 5 背线及傍缝线仅保留端部一小段。前臀板散布大刻点,其间杂有小刻点,中部的刻点稀;臀板刻点大部集中于基部,端区几乎光滑。

分布:河北、黑龙江、辽宁、山西、宁夏;蒙古,俄罗斯,韩国,朝鲜。

（184）条纹株阎甲 *Margarinotus striola striola* **(Sahlberg, 1819)**（图版 XIII：5）

识别特征：体长 5.2～5.9 mm。前胸背板 2 侧线，外侧线沿前胸背板前角弯曲，内侧线内侧无刻点群，内侧线前缘部分不弯曲。鞘翅第 1—4 背线完全，第 5、6 背线基半部消失，只后半部分存在。

分布：河北、黑龙江、吉林；俄罗斯，韩国，朝鲜，日本。

（185）吉氏分阎甲 *Merohister jekeli* **(Marscul, 1857)**（图版 XIII：6）

识别特征：黑色光亮，胫节红棕色，长卵形，隆凸。头部表面平坦，具稀小刻点。前胸背板两侧均匀弧弯向前收缩，前角锐角，前缘凹缺部分均匀弧弯；后缘较直；表面具革质的网状底纹，侧面端部具稠密的大刻点，沿后缘两侧 2/3 具较粗刻点带，小盾片前区通常 1 纵向刻点。鞘翅两侧弧圆，缘折密布大刻点；缘折缘线位于端半部；鞘翅缘线完整。前臀板和臀板有微弱的淡褐色革状底纹。前足胫节外缘具 3 大齿和 4～6 钝圆的刺，其中端部 1 齿最大且具 2 相互靠近的圆刺；前足腿节线短，位于端部 1/4 处。

分布：河北、北京、东北、河南、甘肃、江苏、上海、安徽、浙江、湖北、江西、福建、台湾、广东、云南；俄罗斯，韩国，朝鲜，日本，印度，菲律宾。

（186）半纹腐阎虫 *Saprinus semistriatus* **(Scriba, 1790)**（图版 XIII：7）

识别特征：体长 3.4～5.5 mm。卵圆形，光亮。触角及足黑褐色。前胸背板两侧散布粗刻点，刻点不扩散到后角；眼后窝大而深。鞘翅背线内有刻点，背线向后伸达中部略后；第 3 背线不缩短，第 4 背线基部弯向翅缝，但不与傍缝线相接；肩线与第 1 背线平行，并与肩下线相接。前足胫节具 10～13 小齿。

检视标本：围场县：1 头，塞罕坝第三乡驻地，2015-V-20，塞罕坝普查组采；1 头，塞罕坝阴河三道沟，2015-VI-27，塞罕坝普查组采。

分布：河北、东北、宁夏、新疆；蒙古，俄罗斯，伊朗，欧洲。

58. 粪金龟科 Geotrupidae

（187）戴锤角粪金龟 *Bolbotrypes davidis* **(Fairmaire, 1891)**（图版 XIII：8）

识别特征：体长 8.0～13.3 mm，宽 5.8～9.5 mm。体小型到中型，短阔，背面十分圆隆，近半球形。体色黄褐至棕褐，头、胸着色略深，鞘翅光亮。头面刻点挤密粗糙，唇基短阔，近梯形，中心略前 1 瘤状小凸，额上 1 高隆墙状横脊，横脊顶端有 3 突，中突最高，雌性横脊较阔较高。触角鳃片部第 3 节特别膨大，上、下侧各 1 沟纹。前胸背板布粗刻点，四缘有饰边，后侧圆弧形；后缘波浪形，中部前方 1 陡直斜面，其上缘中段 1 短直横脊。小盾片近三角形。鞘翅圆拱起，缝肋阔，背面 10 条刻点深沟，第 1 条沟沿小盾片直达翅基，第 2 沟仅见中段，外侧 5 条长短不一的刻点列。腹部密被绒毛。

取食对象：动物粪便。

分布：河北、北京、辽宁、山西、宁夏、甘肃；蒙古，俄罗斯，朝鲜。

（188）叉角粪金龟 *Ceratophyus polyceros* (Pallas, 1771)（图版 XIII：9）

识别特征：体长约 24.0 mm，宽约 13.0 mm。体大，椭圆形，较扁，棕色或棕黑色，有弱金属光泽，体下被浓密的黄棕色绒毛。头部光亮，有致密刻点，跟上刺突发达。触角 11 节，上颚顶端分叉。前胸背板短宽，中部 1 纵沟，密布大而深显刻点。前缘平直，略宽于后缘，前、后角圆钝；后缘略呈波状，有明显饰边。小盾片前缘中部内陷，呈鸡心状。鞘翅 13 条纵纹，纹间刻点不明显。臀板布刻点和绒毛。前足胫节外缘 6 齿，端齿顶端分叉，端距尖长。中、后足胫节各有 2 端距。

检视标本：围场县：1 头，塞罕坝第三乡翠花宫，2015–V–30，塞罕坝考察组采；1 头，塞罕坝第三乡林场，2015–VIII–27，塞罕坝考察组采；1 头，塞罕坝阴河白水，2015–VI–27，塞罕坝考察组采。

分布：河北；乌兹别克斯坦，哈萨克斯坦，欧洲。

（189）粪堆粪金龟 *Geotrupes stercorarius* (Linnaeus, 1758)（图版 XIII：10）

识别特征：体长 15.5～22.0 mm，宽 9.8～12.0 mm。长椭圆形，背面十分圆拱。背黑色，具铜绿和紫铜色闪光，体下的铜绿色闪光强于背面，胸腹下侧密被长绒毛。触角鳃片部栗色泛黄，密被短茸毛，光泽较弱。唇基长大近菱形，前缘圆弧形，密布致密刻纹，中纵略呈脊形，纵脊后端隆凸似小圆丘，额中部凹陷呈纵沟；上颚发达，弯曲似镰刀形，端部多少二叶形。触角鳃片部第 2 节明显短小。前胸背板宽大，中间有不连续的纵刻点行且光滑无刻点，四周布深大刻点，尤以两侧为多；四周具饰边，前缘饰边高阔，中段具膜质饰边，前角钝角形，后角圆弧形。小盾片短阔三角形。鞘翅刻点行深显，具行间 13。足粗壮，外缘 7 齿。

取食对象：牛、马粪。

分布：华北、东北、山东、河南、宁夏、甘肃；蒙古，日本，伊朗，塔吉克斯坦，土库曼斯坦，欧洲，北美洲。

59．皮金龟科 Trogidae

（190）祖氏皮金龟 *Trox zoufali* Balthasar, 1931（图版 XIII：11）

识别特征：体长约 5.8 mm，宽约 3.3 mm；狭长椭圆形；体黑褐，头、前胸晦暗，鞘翅略光泽。头较宽大，宽大于长，头上微弧隆、较平整，密布圆浅刻点，唇基前缘弧形，中间略显折角，表面刻纹杂乱，有少数淡黄短毛。触角鳃片部短壮。前胸背板短阔，长为宽的 3/5，密布具毛圆浅刻点，前角锐而前伸，后角钝，侧缘略钝，最阔点在中点之后，基部微后扩，侧缘基部匀列短弱片状毛，盘区甚拱起，两侧上翘呈饰边，中纵有前浅而模糊后略深显的宽浅纵沟，沟侧后部各 1 长圆浅凹。小盾片光滑，舌形。鞘翅刻点行深显，行间宽，约为刻点行宽的 3~4 倍，行间有成列毛丛，缘折上沿成发达纵脊。前足腿节扩大呈火腿形，跗节短弱，爪短小简单。

取食对象：成、幼虫均以食粪为生。

分布：河北、北京、山西、宁夏、湖北；俄罗斯，朝鲜，东洋界。

60．锹甲科 Lucanidae

（191）红腹刀锹甲 *Hemisodorcus rubrofemoratus* (Vollenhoven, 1865)（图版 XIII：12）

识别特征：体长 23.4~58.5 mm。暗黑色，不被毛，光泽弱。头硕大，近横长方形。上颚发达，微弧弯，顶端 1/3 处分叉，叉间具 1 小齿。触角 10 节，鳃片部 4 节。前胸背板宽大于长，四周有饰边，密布刻点；前缘微波形；后缘近横直，侧缘中段直，前、后段弧凹。小盾片阔三角形。鞘翅合成椭圆形，中点之后弧形变窄。足壮，前足胫节外缘锯齿形，中足胫节外缘有棘刺 1 枚，跗节 5 节，末跗节长约为前 4 节长之和，爪 1 对且简单。

取食对象：成虫取食树木溢液，幼虫取食朽木。

分布：河北、北京、辽宁、河南、甘肃、浙江、湖北、四川、重庆；朝鲜半岛，日本。

（192）达乌柱锹甲 *Prismognathus dauricus*（Motschulsky, 1860）（图版 XIV：1）

曾用名：伞形柱锹甲。

识别特征：体长约 36.0 mm（雄性），红褐至黑褐色。头宽大于长，前缘中部平缓凹陷，端部向后明显倾斜。雄性上颚较平直，下缘略宽于上缘；上缘较光滑，在基部 1 平直的小齿，近端部 1 向上弯曲的长齿；下缘锯齿状，靠近基部的齿比较粗壮；雌性上颚短于头长，内弯，端部尖而简单，无分叉，下缘中部 1 弯齿大而前伸，上缘中部 1 近于直立弯曲的长齿。唇基大，端缘中部向外凸出。前胸背板中间平缓凸出，前缘呈平缓的波曲状；后缘较平直，侧缘较直，几乎相互平行。鞘翅约与前胸背板等宽，肩角圆。小盾片近三角形。前足胫节外缘 4~6 锐齿；中足胫节 2 锐齿；后足胫节 1 小齿。

分布：河北、北京、东北、江西、湖南、广东、云南；蒙古，俄罗斯，韩国，朝鲜。

61．金龟科 Scarabaeidae

（193）黑蜉金龟 *Aphodius breviusculus*(Motschulsky, 1866)

识别特征：体长 4.0~6.0 mm，宽 2.0~2.5 mm。长椭圆形，黑色光亮，鞘翅后外侧略呈黑褐色。头部横列 3 瘤突，中间的较明显，唇基前缘弧形，中间微凹，背面密布粗糙刻点；复眼较小。触角 9 节，棒状部 3 节。前胸背板略横向，前角略尖，后角接近直角形，背面散布稀大刻点。小盾片三角形。鞘翅狭长，每翅 9 刻点行。臀板完全被鞘翅覆盖。足略短壮，前足胫节外缘3枚齿，跗节较细长，端2爪略弯。

取食对象：动物粪便，尤其在牛、马、羊的活动场所和粮库中。

分布：河北、内蒙古、四川；日本，韩国，朝鲜。

(194) 红亮蜉金龟 *Aphodius impunctatus* Waterhouse, 1875（图版 XIV：2）

识别特征：体长6.5～8.3 mm，宽2.7～3.9 mm。小型甲虫，长椭圆形，全体红褐色，漆亮。头近半圆形，唇基长大，散布浅稀刻点，中间微圆隆，额唇基缝后折成钝角。触角色较淡，鳃片部短壮。前胸背板短阔弧拱起，前后缘几平行，两侧疏布浅细刻点；后缘饰边完整。小盾片舌尖形，端尖，光滑无刻点。鞘翅狭长，每翅9细显刻点行，行间平滑。足壮，前足胫节外缘3齿，齿距接近，雄性前胫端距扁阔，末端斜截。

取食对象：成虫、幼虫均以食粪为生。

分布：河北、东北、内蒙古、山西、宁夏；蒙古，俄罗斯，日本。

(195) 方胸蜉金龟 *Aphodius quadratus* Reiche, 1847（图版 XIV：3）

曾用名：哈氏蜉金龟。

识别特征：体长9.7～10.8 mm，宽4.8～5.4 mm。背面光裸无毛。头大弧隆，唇基前缘圆弧形，头中1圆瘤突或微隆。额刻点稀。触角9节，鳃片部3节。前胸背板宽大弧拱起，布圆刻点，侧密中稀；前、侧缘饰边完整；后缘饰边宽，中断较长。小盾片三角形。每翅具9条深沟列。前足胫节外缘3枚齿，距端位，跗节细，爪1对细弯。

取食对象：粪。

分布：河北、东北；朝鲜，日本。

(196) 直蜉金龟 *Aphodius rectus* Motschulsky, 1866（图版 XIV：4）

识别特征：体长5.4～6.0 mm，宽2.7～3.0 mm。长椭圆形，背面甚弧拱起，全黑褐至黑色，或鞘翅黄褐色，黄褐色鞘翅每侧具1斜位长圆黑褐色大斑，足色较淡。头较小，唇基短阔，与刺突联合呈梯形，密布粗细不匀的刻点，前缘中段微下弯，唇基中间有短弱横脊，沿额唇基缝横列3矮弱丘突，丘突雄强雌弱。触角鳃片部颜色深褐。前胸背板较长，弧拱光亮，散布圆大刻点；后缘饰边完整但十分纤细。小盾片三角形。每翅10深显刻点行，行间平。腹面密被绒毛。前足胫节外缘3齿，雄性前胫端距呈"S"形。

检视标本：围场县：6头，塞罕坝第三乡翠花宫，2015–V–30，塞罕坝考察组采；2头，塞罕坝第三乡驻地，2015–V–26，塞罕坝考察组采。

分布：华北、东北、山东、河南、宁夏、新疆、江苏、福建、台湾、四川；蒙古，俄罗斯，朝鲜，日本，伊朗，吉尔吉斯斯坦，哈萨克斯坦。

（197）短凯蜣螂 *Caccobius brevis* Waterhouse, 1875（图版 XIV：5）

曾用名：短亮凯蜣螂。

识别特征：体长 5.0 mm，宽 3.0 mm。短阔椭圆形，背腹相当拱起，色黑而亮，各足色略淡，呈棕褐色。头短阔，椭圆形，唇基短阔，前缘微弯翘，中间微钝角形凹缺，密布横皱，额唇基缝呈弧形横脊，头顶 1 近直横脊，横脊中高侧低，两道脊间密布刻点。触角 9 节，鳃片部 3 节。前胸背板短阔，十分拱起，布均匀细密刻点，四缘有线形饰边，侧缘向下钝角形扩出；后缘向后延扩略呈钝角，前角锐而前伸，后角钝。鞘翅前阔后狭，每翅 8 沟线，行间微隆，散布刻点。鞘翅基部 3、4 行间及沿端缘常有棕红色暗斑。臀板近三角形，上框略向上呈钝角形，刻点上细密，下粗疏，上臀板无气道。足短壮，前足胫节端部平截，外缘 4 齿，距端位，中足、后足胫节端部喇叭形。

分布：华北、东北；俄罗斯，韩国，朝鲜，日本。

（198）车粪蜣螂 *Copris ochus* (Motschulsky, 1860)（图版 XIV：6）

曾用名：臭蜣螂。

识别特征：体长 21.0～27.0 mm，宽 12.6～15.2 mm。背、腹十分拱起，全黑色，背很光亮。雄性头上 1 强大向后弧弯的角突；雌性头上无角突，在额前部有似马鞍形的横脊隆起，其侧端呈瘤状或齿状。触角 9 节，鳃片部 3 节。前胸背板宽大于长，后半部密布皱状大刻点。盘区：套虫高高隆起，中段更高，呈 1 对称的前冲角突，角突下方陡直光滑，侧方有不整凹坑，凹坑侧前方 1 尖齿突；雌性简单，仅前方中段 1 微缓斜坡，坡峰呈微弧形横脊。后缘饰边宽而深显。缺小盾片。鞘翅刻点行浅，沟间几不隆起。足粗壮，前足胫节外缘具 3 齿。

取食对象：人类、畜的粪。

分布：华北、东北、山东、河南、江苏、浙江、福建、广东；蒙古，俄罗斯，韩国，朝鲜，日本。

（199）三叉粪蜣螂 *Copris tripartitus* Waterhouse, 1875

曾用名：三开蜣螂。

识别特征：体长 17.0 mm，宽 9.5 mm。椭圆形，黑而光亮。头面呈扇面形；匀布圆大刻点，前缘弯翘，中间可见钝角形凹缺，雄性在中间 1 圆锥形后弯角突，后面近基部两侧各 1 小齿突，雌性则在中间 1 短扁照壁形突起，端面微凹。触角 9 节，鳃片部 3 节。前胸背板横阔，十分拱起，除隆突端面光滑外，密布圆大刻点，雄性中点之前为隆突顶点，呈 1 横脊，中间为纵沟等分，每侧两端为小瘤突，其外侧深陷呈凹坑，坑外侧 1 强大齿突。雌性简单，近前缘 1 矮弱横脊，长度约为宽之 1/3；后缘饰边内侧之沟宽而浅。小盾片缺如。鞘翅有深显刻点行。臀板散布圆深刻点，上臀板有深显气道。前足胫节外缘 4 齿。

分布：河北、辽宁、山西、台湾、四川、云南；朝鲜，日本。

（200）双尖嗡蜣螂 *Onthophagus bivertex* Heyden, 1887（图版 XIV：7）

曾用名：双顶嗡蜣螂。

识别特征：体长约 7.0 mm，宽约 4.5 mm。体小型：椭圆形，头、前胸背板黑色，腹面色略淡，鞘翅最淡，呈棕褐至黑褐，光泽弱。头前部半圆形，唇基与额较平整，密布深皱刻点，前缘微弯翘；雄性头顶有斜上伸长、中间微向前弯凸的板突，板突侧端向后上、向内弯斜延伸成角突，雌性无板突，仅见新唇基缝略升呈横脊，头顶 1 高锐横脊。触角 9 节。前胸背板拱起，密布粗糙刻点，多数刻点具短毛，前角锐角形前伸，端钝，后角甚钝。小盾片缺如。鞘翅前洞后狭，刻点行线浅显，行间微隆，疏布呈列短毛。臀板近三角形，疏布具毛刻点，上臀板无气道，体下侧刻点多具短毛。前足胫节外缘 4 齿，距发达端位，中足后足胫节端部喇叭形。

分布：华北、山东、四川、福建；蒙古，俄罗斯，韩国，朝鲜，日本。

（201）掘嗡蜣螂 *Onthophagus fodiens* Waterhouse, 1875（图版 XIV：8）

识别特征：体长 7.0～11.0 mm，宽 4.0～6.9 mm。长椭圆形，中段两侧近平行，体色黑至棕黑，光泽暗。唇基长超过头长之半，密布横皱，雄性侧缘微弯近直，前端高翘，头上密布横皱，额唇基缝缓脊状，头顶有短隆脊。触角 9 节。前胸背板心形，雄性侧前方斜行塌凹，致背面略"凸"或呈三角形高面，其上密布圆刻点，塌凹处刻点具毛，毛根处隆突似鳞；雌性三角形高面隐约可见可辨，刻点稠密，多具毛。小盾片不可见。鞘翅 7 条刻点线深显，行间布具毛刻点。臀板近三角形，散布具毛刻点。前足胫节外缘 4 大齿，基部有数枚小齿，中、后足胫节端部喇叭形。

分布：华北、黑龙江、上海、江西、福建、四川；俄罗斯（远东地区），韩国，朝鲜，日本。

（202）驼古嗡蜣螂 *Onthophagus gibbulus* (Pallas, 1781)（图版 XIV：9）

曾用名：小驼嗡蜣螂。

识别特征：体长 9.6～10.1 mm。近长卵圆形，除鞘翅黄褐色外全部为黑色至棕褐色，散布黑褐小斑，具毛刻点。雄性头近三角形，头面散布刻点，唇基前端高翘起，额唇基缝微隆呈弧形横脊，头顶向后上斜行延长形成的条板上端急剧变窄呈指状突，突端下弯，侧观板突呈"S"形；雌虫头呈梯形，前缘近横直或略中凹，2 条近平行的横脊。触角 9 节。前胸背板横阔，雄性拱起，密布具短毛刻点，前中部有光亮倒"凸"形凹坑，雌虫拱较缓，近前缘中段有短矮横脊。鞘翅具 7 条浅阔刻点行，行间疏布成列短毛。前足胫节外缘 4 枚大齿，近基处锯齿形，距发达端位，中、后足胫节端部喇叭形。

取食对象：成虫、幼虫均以食粪为生。

分布：华北、新疆；蒙古，俄罗斯，韩国，朝鲜，日本，欧洲。

（203）黑缘嗡蜣螂 *Onthophagus marginalis nigrimargo* Goidanich, 1926（图版 XIV：10）

识别特征：体长 7.3~7.8 mm，宽 4.0~4.5 mm。短阔椭圆形，背面两色，头、前胸背、臀板黑色，鞘翅黄褐色，四缘为不整齐黑色条斑，翅面有不规则斑驳黑斑，腹面棕褐至黑色，刻点具毛，晦暗，头矮长（雌短），唇基扇面形，雄性通常前缘微凹缺并铲形上翘，充分发育的个体则前段平截并上翘，头面平，额唇基缝弧弯，头顶向后板形延伸，板端中间呈小指形突，雌性头面前部梯形，刻点密面具毛，长面显，头面有 2 道尖锐平行横脊。触角 9 节。前胸背板拱起，雄性前中有凹坑，发育较弱的个体，前部中间 1 对小疣突，雌性前中 1 半圆前伸突起，突起前端垂直光滑。鞘翅前阔后狭，表面平整，7 条刻点行线可辨。臀板短阔；前足胫节外缘 4 枚齿，距的端部发达。中、后足胫节喇叭形。

分布：河北、东北、内蒙古、宁夏、新疆、重庆、四川、云南、贵州、西藏；蒙古，印度，阿富汗，哈萨克斯坦。

（204）赛氏西蜣螂 *Sisyphus* (*Sisyphus*) *schaefferi* (Linnaeus, 1758)（图版 XIV：11）

识别特征：体长 9.0~10.0 mm，宽 4.5~6.5 mm。近椭圆形，颇隆厚，全黑色，光泽暗。头面粗糙，密布短毛及小瘤；唇基前缘中段弧凹，凹缺两端翘起呈齿突；刺突发达。触角 9 节，鳃片部 3 节。前胸背板宽大于长，圆弧拱起，四缘有框，侧缘前段变窄，后段近直，两侧近平行；后缘饰边线形；盘区密布毛刻点，中纵带光滑，前凸后凹。缺小盾片。鞘翅前宽后窄，末端收缩似楔状，每翅有 8 行刻点行，沟间散布具毛小瘤突。前足短壮，胫节外缘 3 齿；中、后足细长，以后足最长。

取食对象：粪。

分布：华北、东北、河南、陕西、四川；俄罗斯（远东地区），韩国，朝鲜，欧洲。

（205）赛婆鳃金龟 *Brahmina* (*Brahmina*) *sedakovi* (Mannerheim, 1849)（图版 XIV：12）

曾用名：介婆鳃金龟。

识别特征：体长 13.0~16.0 mm。长卵圆形，深红褐色，光亮，体被毛不均匀，唇基边缘弯翘，前缘近横直或略凹凸，布密深大短刻点，头顶后头间横脊状。触角 10 节，鳃片部短于前 6 节之和，雌性则更短小。前胸背板短阔弧拱起，散布浅大圆形长毛刻点，侧缘钝角形扩出，角短，内侧 1 不规则裸区；后缘中叶无饰边。小盾片半椭圆形，布细小毛刻点。鞘翅缝肋发达，4 条纵肋纹明显，盘区长毛刻点稀，侧后部短毛刻点密。前足胫节外缘 3 齿，内缘距与外缘中齿对生，中、后足胫节均 2 端距，后足胫节外后棱 6 棘突列排，后足第 1、2 跗节等长，爪短，深切。

检视标本：围场县：1 头，塞罕坝第三乡，2015-VII-31，塞罕坝考察组采；1 头，塞罕坝大唤起驻地，2015-VII-09，塞罕坝考察组采。

分布：河北、吉林、黑龙江、山西；蒙古，俄罗斯。

(206) 红脚平爪鳃金龟 *Ectinohoplia rufipes* (Motschulsky, 1860)（图版 XV：1）

曾用名：红足平爪鳃金龟。

识别特征：体长 7.0～9.5 mm，宽 3.7～5.0 mm，深褐至黑褐色，密被圆形或卵圆形鳞片。头部呈银黄色；前胸背板灰黄褐色；鞘翅被棕红色圆形鳞片，端部多呈淡金黄色或淡银绿色，后半部常有淡黄绿色鳞片组成 2 条"∧"形横带，前半部有淡色鳞片杂生；各足红褐色。背面色泽晦暗，腹面有珠光。头较大，唇基阔，近梯形，前角圆形；头面平整，其间短竖毛杂生。触角 10 节，鳃片部甚短小，呈卵圆形或圆形，由 3 节组成。前胸背板基部略狭于翅基，相当拱起，侧缘锯齿形；前角近直角形，后角弧形。小盾片长三角形，侧缘略呈弧形。鞘翅肩突外侧、鞘翅与臀板及腹面鳞片相似；缝角处有粗强刺毛 4～5 根。前足胫节外缘 3 枚齿；前、中足 2 爪大小较接近，末端分裂，后足 1 单爪且完整。

取食对象：苹果、李、榛及桦树的叶片。

分布：河北、东北、山东、宁夏、湖北；蒙古，俄罗斯（东西伯利亚），韩国，朝鲜，日本。

(207) 直齿爪鳃金龟 *Holotrichia koraiensis* Murayama, 1937

识别特征：体型与弧齿爪鳃金龟十分相似。触角略细长，鳃片部略短，下缘于近中点处向端部急剧斜行变窄，臀板上方无小圆坑，腹下中纵沟较狭，刻点密且几乎全部具毛，雄性末腹板横脊几乎横直，中段不向后弧弯，爪齿几乎中位垂直生。

寄主：取食植物与华北大黑鳃金龟相似。

检视标本：围场县：2 头，塞罕坝第三乡林场，2015–VIII–24，塞罕坝考察组采。

分布：河北、黑龙江、辽宁、山西、甘肃、青海。

(208) 华北大黑鳃金龟 *Holotrichia oblita* (Faldermann, 1835)（图版 XV：2）

识别特征：体长 16.2～21.8 mm，宽 8.0～11.0 mm。长椭圆形，体背腹较鼓圆丰满，体色黑褐至黑色，油亮光泽强。唇基短阔，前缘、侧缘上翘，前缘中凹显。触角 10 节，雄性鳃片部约等于其前 6 节总长。前胸背板刻点粗密，侧缘向侧弯扩，中点最宽，前段有少数具毛缺刻，后段微内弯。小盾片近半圆形。鞘翅密布刻点、微皱，纵肋可见。肩突、端突较发达。臀板下部强度向后隆凸，隆凸高度几及末腹板长之倍，末端圆尖，第 5 腹板中部后方有较深狭三角形凹坑。前足胫节外缘 3 齿，后足第 1 跗节略短于第 2 节，爪下齿中位垂直生。

分布：华北、东北、山东、河南、陕西、甘肃、宁夏、江苏、安徽、浙江、江西；蒙古，俄罗斯（东西伯利亚、远东地区），韩国，朝鲜，日本。

(209) 棕狭肋鳃金龟 *Eotrichia niponensis* (Lewis, 1895)

曾用名：棕色鳃金龟、棕色金龟甲。

识别特征：体长 17.5～24.5 mm，宽 9.5～12.5 mm。棕色，略丝绒闪光。头部较小，唇基宽短，前缘中间明显凹入，前侧缘上翘。触角10节，鳃片部3节。前胸背板宽大，侧缘外扩，中纵线光滑微凸，除后缘中叶外缘边外均具饰边，侧缘饰边不完整，呈锯齿状，并密生褐色细毛。小盾片有少数刻点。鞘翅质地很薄，肩突明显。胸部腹面密生白色长毛。前足胫节外缘仅有2齿，后足胫节细长，端部呈喇叭状，爪中位很直，1锐齿。腹部圆大，并具光泽。

取食对象：月季、刺槐、果树的树叶。

分布：河北、东北、山西、山东、河南、陕西、甘肃、宁夏、江苏、浙江、湖北、广西、四川；俄罗斯（远东地区），韩国，朝鲜。

（210）斑单爪鳃金龟 *Hoplia aureola* (Pallas, 1781)（图版 XV：3）

识别特征：体长6.5～7.5 mm，宽3.6～4.2 mm。黑至黑褐色，鞘翅浅棕褐色。体表密被不同颜色的鳞片。头较大，唇基短阔略呈梯形，前缘中段微弧凹、密被纤毛；头顶部有金黄或银绿色圆至椭圆形鳞片，与纤毛相间而生。触角9节，鳃片部3节。前胸背板弧隆，基部略狭于翅基，被圆大的金黄或银绿色鳞片，其间杂生有短粗纤毛；许多个体有4～6黑褐色鳞片形成的斑点，呈前4后2横向排列，前角伸成锐角，后角钝角形；侧缘弧凸锯齿形，齿刻中有毛。小盾片半圆形，密被黑褐色鳞片，两侧被金黄色鳞片。鞘翅各有7黑褐色鳞片斑点。常有不少个体背面的黑褐色斑点不完全、模糊或完全消失。前臀节仅部分外露。

取食对象：甘蓝、杂草、灰榆。

检视标本：围场县：2头，塞罕坝大唤起大梨树沟，2015-VII-13，塞罕坝普察组采；5头，塞罕坝阴河丰富沟，2015-VI-23，塞罕坝普察组采；4头，塞罕坝阴河白水，2015-VI-26，塞罕坝普察组采。

分布：河北、东北、内蒙古、山西、甘肃、江苏；蒙古，俄罗斯，朝鲜。

（211）围绿单爪鳃金龟 *Hoplia cincticollis* (Faldermann, 1833)（图版 XV：4）

曾用名：围绿半爪鳃金龟。

识别特征：体长11.4～15.0 mm，宽6.0～8.3 mm。黑至黑褐色，鞘翅淡红棕色。除唇基外，体表密被各式鳞片，头部鳞片淡银绿色，柳叶形卧生。前胸背板盘区鳞片金黄褐色，长条形竖生，中间鳞片色最深，无金属光泽，四周特别是四角区有楠圆形卧生银绿色鳞片；小盾片的鳞片与前胸背板盘区的相似；鞘翅密被长条形或少量针形、卵圆形黄褐短鳞片；臀板、前臀板及体下鳞片淡银绿色。头平整，被长毛。触角10节，鳃片部短小，由3节组成，前胸背板甚圆拱起，侧缘钝角形扩出，前角尖而凸，后角直角形。鞘翅纵肋不明显，生有稀疏短小刺毛。足粗壮，前足2爪大小相差甚大，小爪长仅为大爪长的1/3；后足只1爪。

取食对象：榆、杨、桑、杏、梨、桦嫩梢的嫩叶及野生白苜蓿苗。

检视标本：围场县：1头，塞罕坝大唤起80号，2015-VII-10，塞罕坝普察组采；

1头，塞罕坝千层板长腿泡子，2015-VII-23，塞罕坝普察组采。

分布：河北、东北、内蒙古、山西、山东、河南、甘肃、宁夏。

(212) 戴单爪鳃金龟 *Hoplia (Decamera) davidis* Fairmaire, 1887（图版XV：5）

识别特征：体长12.6～14.0 mm，宽7.1～7.8 mm。卵圆形，扁宽。黑褐至黑色，鞘翅淡红棕色。除唇基外，体表均密被鳞片。头部鳞片短椭圆形，淡银绿色，具光泽；前胸背板、小盾片、鞘翅的鳞片卵形或椭圆形，浅黄绿色，无光泽；鞘翅近侧缘的鳞片近方形；前臀板后方、臀板的鳞片近圆形，浅银绿色，具光泽。唇基横条形，边缘弯翘，前缘近平直。触角10节褐色，鳃片部3节。前胸背板隆起，侧缘圆弧形外扩；前角前伸，尖锐，后角钝。小盾片盾形。鞘翅纵肋几乎不见，散生黑色短刺毛或裸露小点。前、中足2爪大小差异显著，大爪端部近背面分裂。

取食对象：禾本科叶片。

检视标本：围场县：1头，塞罕坝大唤起下河边，2015-VII-11，塞罕坝普察组采；1头，塞罕坝大唤起80号，2015-VII-10，塞罕坝普察组采。

分布：河北、北京、甘肃、青海、四川。

(213) 黑绒金龟 *Maladera orientalis* (Motschulsky, 1858)（图版XV：6）

曾用名：黑绒金龟子、东方码绢金龟。

识别特征：体长6.0～9.0 mm，宽3.4～5.5 mm。近卵圆形，黑褐或棕褐色，亦有少数淡褐色个体，体表较粗。头大，唇基油亮，无丝绒般闪光，有少量刺毛，中间微隆凸，额唇基缝钝角形后折；额上刻点较为稀浅，头顶后头光滑。触角9节，少数10节，也有左右触角-9节-10节者，鳃片部3节，其在雄性长大。前胸背板短阔；后缘无饰边。小盾片长三角形，密布刻点。鞘翅9刻点行，行间微拱起，散布刻点，缘折有成列纤毛。臀板宽三角形，密布刻点。胸部腹面密被绒毛。腹部各可见腹板1排毛。前足胫节外缘2齿；后足胫节较狭，布少数刻点，胫端2端距着生于跗节两侧。

取食对象：农作物、多种果树、林木、蔬菜、杂草。

分布：华北、东北、山东、河南、西北、江苏、安徽、浙江、湖北、江西、福建、台湾、广东、海南、贵州；蒙古，俄罗斯（远东地区），韩国，朝鲜，日本。

(214) 弟兄鳃金龟 *Melolontha frater frater* Arrow, 1913（图版XV：7）

识别特征：体长22.0～26.0 mm，宽12.0～14.0 mm。棕色或褐色，密被灰白色短毛。唇基长大近方形，前缘平直，头顶有长毛。触角10节，雄性鳃片部7节，较长；雌性6节，较短小。前胸背板被灰白色针状毛，后角直角形，盘区有不连贯的浅纵沟。鞘翅4条纵肋明显，纵肋间具粗刻点。臀板有明显中纵沟，先端凸出。前足胫节外缘齿2枚（雄）或3枚（雌）；爪下近基部有小齿，后足胫节2枚，端距生于一侧。

取食对象：成虫取食阔叶树叶片；幼虫取食苗木地下根部。

检视标本：围场县：1头，塞罕坝大唤起哈里哈，2015–VI–05，塞罕坝普察组采；2头，塞罕坝阴河三道沟，2015–VI–27，塞罕坝普察组采。

分布：河北、东北、内蒙古、山西、山东、陕西、宁夏、青海、江苏、安徽、浙江、台湾、华中、四川、贵州；蒙古，朝鲜，日本。

(215) 灰胸突鳃金龟 *Melolontha incana* (Motschulsky, 1854)（图版XV：8）

曾用名：灰胸鳃金龟。

识别特征：体长24.5~30.0 mm，宽12.2~15.0 mm。深褐色或栗褐色，密被灰黄或灰白色鳞毛，头阔，绒毛向头顶中心汇集。触角10节，鳃片部7节且长而弯（雄）或6节小而直（雌）。前胸背板5条纵纹，中间及两侧纹色较深；后缘中叶弯凸。每翅3条明显纵肋。臀板三角形。中胸腹突长达前足基节中间，近端部收缩变尖。雄性前足胫节端部外缘2齿（雄）或3齿（雌）。爪发达，具齿。

取食对象：杨、柳、榆、苹果、梨等的叶片。

检视标本：围场县：4头，塞罕坝第三乡，2015–VII–31，塞罕坝普察组采。

分布：华北、东北、山东、河南、陕西、甘肃、青海、宁夏、浙江、江西、湖北、四川、贵州；俄罗斯（远东地区），朝鲜。

(216) 大云斑鳃金龟 *Polyphylla laticollis chinensis* Fairmaire, 1888（图版XV：9）

曾用名：大云鳃金龟。

识别特征：体长17.0~21.8 mm，宽8.4~11.0 mm。长椭圆形，背腹较为鼓圆，黑褐至黑色，油光泽。唇基短阔，前缘、侧缘上翘，前缘中凹显。触角10节，鳃片部约等于触角前6节的总长。前胸背板刻点粗密，侧缘向侧弯扩，中间最宽，前段有少数具毛缺刻，后段微内弯。小盾片近半圆形。鞘翅密布刻点和微皱，纵肋可见。肩突、端突较发达。臀板下部向后强隆凸，其高度几及末腹板长度之和，末端圆尖，第5腹板中部后方有三角形深窄凹。胸部下侧密被柔长黄毛。前足胫节外缘3齿；后足第1跗节略短于第2节，爪下齿中位，垂生。

分布：除新疆、西藏外的全国其他地区；朝鲜，日本。

(217) 鲜黄鳃金龟 *Pseudosymmachia tumidifrons* (Fairmaire, 1887)（图版XV：10）

曾用名：鲜黄金龟。

识别特征：体长11.5~14.5 mm，宽6.0~7.0 mm。体表光滑无毛，鲜黄褐色，头部和复眼黑褐色。前胸背板及小盾片褐色，鞘翅及腹面色较浅，为亮黄褐色。唇基新月形，前侧缘上翘；头面起伏不平，具中纵沟，沟侧明显隆凸，复眼间明显隆起。触角9节，鳃片部3节；鳃片部长度等于柄部及其以后各节之和（雄）或短于前5节长度之和（雌）。前胸背板及小盾片具少量刻点。鞘翅最宽处位于翅的后端，第1、2纵肋显见，前足胫节外缘3齿，中齿接近端齿。后足胫节中段具1完整的横刺脊，后足跗节第 2 节下方内侧具 18～22 栉状刺；爪端深裂。臀板呈三角形并布细毛。

取食对象：幼虫取食小麦等禾谷类作物及马铃薯、红薯、大豆等作物的地下部分。

分布：河北、吉林、辽宁、山西、山东、河南、甘肃、江苏、浙江、江西、湖南、四川；朝鲜。

（218）小阔胫玛绢金龟 *Serica ovatula* Fairmaire, 1891（图版 XV：11）

曾用名：阔腔绢金龟、宽胫绒金龟。

识别特征：体长 6.5～8.0 mm，宽 4.2～4.8 mm。浅棕色，具光泽；头顶深褐色。前胸背板红棕色。触角鳃片部淡黄褐色。体表较粗糙，刻点稠密、散乱。唇基光亮，前缘上翘，刻点较大。触角 10 节，鳃片部 3 节，雄性甚长。前胸背板密布刻点，具光泽，后侧缘略内弯。胸部下侧毛被甚少。腹部各腹板均具 1 排刺毛。臀板三角形，基部钝圆（雄）或较尖（雌）。前足胫节外缘 2 齿；后足腿节较宽短，后胫节十分扁宽，端部两侧有端距；跗节 5 节，爪 1 对，爪端部深裂。

取食对象：成虫取食柳、杨、榆、苹果的叶片；幼虫取食苜蓿、玉米、高粱等作物的地下须根。

分布：河北、东北、内蒙古、山西、山东、河南、宁夏、江苏、安徽、广东、海南、四川。

（219）拟凸眼绢金龟 *Serica rosinae rosinae* Pic, 1904（图版 XV：12）

识别特征：体长约 7.0 mm，宽约 4.0 mm。长卵圆形。除复眼及头部黑褐色外，余为深棕褐色，略具天鹅绒闪光。唇基近方形，边缘略上翘，前缘中部弧凹。触角 9 节，亮黄色，鳃片部 3 节，雄性长大，约为触角各节总长的 2.5 倍；雌性短小，约与触角各节总长等长。前胸背板近横方形，前方变窄，前角钝，略前伸，后角直角形；侧缘前段略内弯，余较直；后缘中叶凸出。小盾片钝三角形。鞘翅长，行 9 条，分布不甚均匀的黑褐色斑。臀板略隆起。前足胫节外缘 2 齿，内缘 1 齿，较尖。后足爪深裂，下侧端部斜截。

取食对象：麦类、苜蓿、林木、果树。

检视标本：围场县：1 头，塞罕坝千层板长腿泡子，2015-VII-23，塞罕坝普察组采；4 头，塞罕坝第三乡，2015-VII-31，塞罕坝普察组采。

分布：河北、黑龙江、辽宁、山西；俄罗斯。

（220）毛喙丽金龟 *Adoretus* (*Chaetadoretus*) *hirsutus* Ohaus, 1914

识别特征：体长 8.5～11.0 mm，宽 4.5～5.5 mm。长卵圆形，后部微扩。淡褐色，头面近棕褐色，鞘翅淡茶黄色，全体匀被长尖毛。头宽大，唇基长大，半圆形，边缘近垂直翘起；眼鼓出，上唇"喙"部较长，无纵脊。触角 10 节，鳃片部 3 节，雄性长于触角前 6 节之和的 1.3 倍，雌性较短小，略长于触角前 6 节之和。小盾片小，狭长三角形，末端尖圆，明显低于翅平面。鞘翅狭长，可见 4 条狭直纵肋。臀板拱起，被毛长而密。前足胫节外缘 3 齿,内缘距正常,跗节部短于胫节;后足胫节膨大,纺锤形。

取食对象:蔷薇科果树、葡萄、林木、豆类及杂草等植物。

分布:河北、辽宁、山西、山东、河南、陕西、甘肃、江苏、浙江、福建、台湾、广东、广西、四川、贵州;朝鲜半岛,东洋区。

(221)脊绿异丽金龟 *Anomala aulax* (Wiedemann, 1823)(图版 XVI:1)

识别特征:体长 7.2~13.1 mm,宽 7.1~8.3 mm。头部深绿色;复眼灰褐色,椭圆形。触角 5 节,黄褐色。前胸背板前缘平截,两边呈角状外凸,侧后缘呈弧状外弯,背板深绿色。两侧边缘铜绿色,前宽后窄,鞘翅青绿色,光亮。边缘 1.5 mm 宽的黄边,10 纵带。胸部腹面黄绿色,有细毛。腿节绿黄色,胫、跗节褐色。前腿节端部生 4 刺,中腿节外侧生 1 列刺,前足胫节端生 1 距,中、后足胫节端 1 对不等大棘状距,且外侧横生 3 列刺,跗节 5 节。第 1—4 节间具刺,分别为前跗节 2 根,中跗节 3~4 根,后跗节 3 根,端部生 1 对不等大的爪,大爪分叉。腹部黄绿色。

分布:河北、浙江、安徽、福建、江西、湖北、湖南、广东、广西、海南、四川、云南、西藏、香港;朝鲜,韩国。

(222)多色异丽金龟 *Anomala chamaeleon* Fairmaire, 1887(图版 XVI:2)

识别特征:体长 12.0~14.0 mm,宽 7.0~8.5 mm。卵圆形。体色变异大,有 3 个色型:(a)与侧裥丽金龟相似,但前胸背板两侧有淡褐色纵斑;(b)全体深铜绿色;(c)与(a)型体型相同但颜色迥然不同,为浅紫铜色。前胸背板后缘侧段无明显饰边,内侧仅勉强可见宽浅横沟,后角圆弧形。腹部前 3—4 腹板侧端的脊明显,有时有淡色斑点;雄性鳃片部甚宽厚长大,长为触角前 5 节总长之 1.5 倍。

检视标本:围场县:5 头,塞罕坝大唤起 53 号,2015–VII–17,塞罕坝普查组采;2 头,塞罕坝大唤起下河边,2015–VII–11,塞罕坝普查组采。

分布:华北、东北、山东、陕西、甘肃;蒙古,俄罗斯,朝鲜。

(223)铜绿异丽金龟 *Anomala corpulenta* Motschulsky, 1853(图版 XVI:3)

识别特征:体长 15.0~19.0 mm,宽 8.0~10.5 mm。背面铜绿色,具光泽,腹面黄褐色。鞘翅色较浅,唇基前缘及前胸背板两侧具淡黄色条斑。头部刻点稠密,唇基短阔梯形,前缘上翘。触角 9 节,鳃片部 3 节。前胸背板前角锐,后角钝,表面刻点浅细。小盾片近半圆形。鞘翅密布刻点,缝肋明显,纵肋不明显。前足胫节外缘 2 齿,内缘 1 距。前足和中足爪分叉,后足爪不分叉。

取食对象:成虫取食苹果、核桃、榆树叶;幼虫取食马铃薯块茎。

分布:河北、东北、内蒙古、山西、山东、陕西、宁夏、江苏、安徽、浙江、江西、华中、四川;蒙古,朝鲜。

(224) 黄褐异丽金龟 *Anomala exoleta* Faldermann, 1835（图版 XVI：4）

曾用名：黄褐金龟。

识别特征：体长 12.5~17.0 mm，宽 7.2~9.7 mm。背面黄褐色，油亮，光泽强；腹面色浅，淡黄褐色或浅黄色。唇基近长方形，密布皱纹状刻点；复眼大而鼓出。触角 9 节，雄性鳃片部长大，与唇基宽度相等或略长。前胸背板密布刻点，基部近中间有黄色细毛，前、后角钝角形。小盾片短阔。鞘翅刻点密，纵肋可见。前足 2 爪，内爪仅端部微裂；中足内爪深裂为 2 支。

取食对象：成虫取食杏树的花、叶，以及杨、榆、大豆等的叶片；幼虫为害薯类、禾谷类、豆类、蔬菜、苗木及其他作物地下部分。

分布：华北、东北、山东、河南、陕西、宁夏、甘肃、青海、江苏、安徽、湖北、福建。

(225) 侧斑异丽金龟 *Anomala luculenta* Erichson, 1847（图版 XVI：5）

识别特征：体长 13.0~16.3 mm，宽约 7.0 mm。长椭圆形，后方略阔。头、前胸背板、小盾片及臀板深铜绿色，鞘翅基底黄褐色，有明显的浅铜绿色闪光。腹部第 1—5 腹板侧上方各 1 淡黄至淡褐色三角形大斑。唇基长梯形，前缘近于直，刻点拥挤，头顶拱起，密布前大后小的刻点。触角 9 节，雄性鳃片部长大，略长于或等于触角前 5 节长度之和。前胸背板密布横扁圆形刻点，除后缘中叶外，四缘均具饰边，侧缘后段近平行，前段明显收缩；前角锐角形伸出，后角钝角形；后缘侧段饰边明显，其内侧具横深沟。小盾片近半圆形，刻点密布。鞘翅可见 4 纵肋，以第 1、2 条较明显。臀板短阔三角形，布少量绒毛。足深紧铜色；前足胫节外缘 2 齿，端齿甚长，指向前方，内缘距位于胫节中间，前足和中足的大爪端各分为 2 支。

取食对象：成虫取食板栗、核桃楸、尖柞、小灌木的叶子；幼虫取食作物地下部分。

分布：河北、天津、东北、内蒙古；蒙古，俄罗斯，韩国，朝鲜。

(226) 蒙古异丽金龟 *Anomala mongolica mongolica* Faldermann, 1835

识别特征：体长 16.8~22.0 mm，宽 9.2~11.5 mm。复眼黑色；头、前胸背板、小盾片、臀板和 3 对足的胫节均青铜色并闪光；胸部和腹部下侧、基节、转节和腿节赤铜绿色并具强烈闪光。头部刻点较为丰富，唇基横椭圆形。前胸背板梯形，中间具光滑中纵线。鞘翅肩瘤明显，纵肋不明显。前足胫节外侧 2 齿和中足胫节外侧 1 齿仅留痕迹。臀板被黄褐色细毛。腹部第 1—5 节腹板两侧各 1 黄褐色细毛斑。

分布：河北、东北、内蒙古、山东；俄罗斯。

(227) 粗绿彩丽金龟 *Mimela holosericea holosericea* (Fabricius, 1787)（图版 XVI：6）

识别特征：长 14.0~20.0 mm，宽 8.5~10.6 mm。背面深铜绿色，金属光泽强烈。体表粗糙不平，凸出部位更显光泽。头顶拱起，刻点细。触角 9 节，雄性鳃片部长大，雌性鳃片部较短。前胸背板较短，侧缘后段近于平行，前段窄；后缘饰边中断；盘区刻点粗密，中纵沟凹陷。小盾片近半圆形，散布刻点。鞘翅表面粗糙，肩突和端突均发达；纵肋发亮且凸出，纵肋 1 显直，纵肋 2 不连贯，第 3、4 肋模糊不完整。前足胫端 2 外齿。

分布：河北、北京、东北、内蒙古、山西、陕西、青海；俄罗斯，韩国，朝鲜，日本。

（228）分异发丽金龟 *Phyllopertha diversa* Waterhouse, 1875（图版 XVI：7）

识别特征：体长 9.0～10.5 mm，宽 4.5～6.0 mm。长椭圆形，体色雌雄差异极大：雄性鞘翅除四缘、肩突、端突与其余体部同为黑色外，呈半透明黄褐色；雌性背面浅橘黄色，头面于眼内侧包括眼上刺突呈大块黑斑，略似大熊猫面部。触角鳃片部淡棕褐色。前胸背板横列 4 黑斑，中大侧小，略呈弧形排列，鞘翅仅见肩突、端突，色泽略深；腹面除中胸、后胸、腹板呈黑或黑褐色外，均为淡橘黄色；腹部每腹节侧端、臀板两侧各 1 黑色斑，各足胫节末端及跗爪部均黑褐色，光泽颇强。唇基短阔梯形，侧角圆，边缘弯翘，头顶甚拱起，布挤密粗刻点；雄性头面尤其额部被柔长绒毛。触角 9 节，鳃片部雄长雌甚短。前胸背板甚短阔，弧拱起，滑亮散布细浅刻点，雄性刻点具毛，雌性刻点较粗，无毛，四缘有饰边，侧缘略呈"S"形，前角尖锐前伸，后角接近直角并微向侧敞出。小盾片短阔，近半圆形。鞘翅纵肋不显，可见 4 刻点行，行间散布刻点。臀板阔三角形（雄性）或近菱形（雌性），具毛浅皱刻。前足胫节外缘 2 齿，前足、中足之大爪端部分裂。

检视标本：围场县：2 头，塞罕坝大唤起 80 号，2015–VI–01，塞罕坝普察组采；2 头，塞罕坝大唤起下河边，2015–VI–04，塞罕坝普察组采；2 头，塞罕坝阴河白水，2015–VI–26，塞罕坝普察组采。

分布：华北、东北、山东、陕西、浙江；韩国，朝鲜，日本。

（229）庭园发丽金龟 *Phyllopertha horticola* (Linnaeus, 1758)（图版 XVI：8）

识别特征：体长 8.4～11.0 mm，宽 4.5～6.0 mm。长椭圆形，体色以墨绿为主，有强金属光泽，主要为性别差异，雄性鞘翅背面略现深红褐色，雌性鞘翅色淡，黄褐或棕色，足色棕褐，但有墨绿金属泛光，体背面密布柔长绒毛，雌性被毛略疏。唇基短阔梯形，前方微变窄，边缘弯翘，头面粗皱，刻点挤密，额唇基缝近横直。触角 9 节，鳃片部雄长雌短。前胸背板短宽，缓弧形拱起，光亮，匀布深显具毛刻点，四缘有饰边，侧缘微呈"S"形，前侧锐角形，端圆钝，略前伸，后角直角形，端钝微敞出；后缘中叶后扩近横直，侧段前缩。小盾片半椭圆形，散布具绒毛刻点。鞘翅有深显刻点行 8～9 条，雌性鞘翅侧缘于肩突之后呈纵长鼓泡。臀板大三角形，弧隆，端圆尖，密被柔长绒毛，尤以雄性者更长。前足胫节外缘端部 2 齿，前足、中足大爪端部分裂。

取食对象：成虫取食小麦、蚕豆、油菜的叶片及苹果、桃、梨、柳等的叶、花、幼叶。

分布：华北、东北、陕西、宁夏、青海、新疆、西藏；蒙古，俄罗斯（东西伯利亚、远东地区），朝鲜，吉尔吉斯斯坦，哈萨克斯坦，欧洲。

（230）中华弧丽金龟 *Popillia quadriguttata* (Fabricius, 1787)（图版 XVI：9）

识别特征：体长 7.5～12.0 mm，宽 4.5～6.5 mm。头、前胸背板、小盾片、胸腹面及足（跗节及爪除外）亮绿色；鞘翅浅褐或草黄色，周缘褐色或墨绿色。触角红褐色，复眼黑色。头大，唇基梯形，前缘上翘。触角9节。前胸背板密布刻点，侧方刻点不会合；前角锐，后角钝；基部侧段具饰边，中段向前弧弯。小盾片三角形。鞘翅短阔，具6刻点行，行间扁拱；第2刻点行刻点散乱。臀板具稠密的锯齿形横纹；基部2白色毛斑，第1—5腹板侧端具白色斑。前、中足2爪，内爪端部裂成2支。

取食对象：幼虫取食豆类、禾谷类等地下部分，成虫取食梨、苹果、杏、葡萄、桃、榆、紫穗槐、杨、牧草等。

分布：华北、东北、山东、河南、陕西、宁夏、甘肃、江苏、安徽、浙江、江西、湖北、福建、广东、广西、四川、贵州、云南、台湾；俄罗斯，韩国，朝鲜。

（231）苹毛丽金龟 *Proagopertha lucidula* (Faldermann, 1835)（图版 XVI：10）

识别特征：体长 8.9～12.2 mm，宽 5.5～7.5 mm。后方微扩，呈长卵圆形，背、腹面弧形拱。体除鞘翅外黑或黑褐色，常有紫铜或青铜色光泽，有时雌性腹部中间有形状不规则的淡褐色区。鞘翅茶色或黄褐色，半透明，常有淡橄榄绿色泛光，四周颜色明显较深。唇基长大无毛，密布挤皱刻点，点间呈横皱，前侧圆弧形；头面刻点较粗大，分布甚密，具长毛。触角9节，鳃片部3节。雄性鳃片部十分长大，较额宽长，雌性只及额宽之半。前胸背板密布具长毛刻点，前、后角皆圆钝；后缘中叶向后扩出。小盾片短阔，散布刻点。鞘翅油亮，9刻点列，列间尚有刻点散布。臀板短阔三角形，表面粗糙，雌性尤甚，密布具长毛刻点。前足胫节外缘2齿，雄性内缘无距。

取食对象：幼虫取食各种作物的须根、块根，成虫取食苹果、梨、李、葡萄、杨、柳、花生、大豆等植物的花、幼芽、嫩叶等。

分布：华北、东北、河南、陕西、甘肃、江苏、安徽；俄罗斯。

（232）长毛花金龟 *Cetonia magnifica* Ballion, 1871（图版 XVI：11）

曾用名：长毛纹潜花金龟、华美花金龟。

识别特征：体长 13.5～18.5 mm，宽 7.0～8.5 mm。体椭圆形，古铜色或深绿色，被粉末状薄层，有时被磨损，略显光泽。体下和足光亮，泛铜红色。鞘翅散布众多白色绒斑，几乎全体密布浅黄色长茸毛。唇基短宽，前缘略微翘起，中凹浅，前角圆，两侧有饰边，框外下斜呈钝角形，刻点粗密，竖立斜伏茸毛；头面中纵隆较高，两侧各 1 小坑，坑内茸毛较长。前胸背板近梯形，密被粗刻点和茸毛，有时盘区有绒斑；侧缘弧形，后角略呈钝角形；后缘中凹浅。小盾片狭长，末端钝，鞘翅近长方形，稀布刻纹和茸毛，近边缘布众多白色斑，外缘后部 2 横斑较大，近翅缝后部 1 横斑和翅端 1 横斑次之，其余斑点小而不规则。

取食对象：成虫取食玉米、高粱、苹果、梨、槐的花。

分布：华北、东北、山东、陕西、宁夏、甘肃；俄罗斯（东西伯利亚、远东地区），朝鲜。

（233）铜绿花金龟 *Cetonia viridiopaca* (Motschulsky, 1860)（图版 XVI：12）

识别特征：体长 15.0～17.0 mm，宽 8.0～9.5 mm。体型较宽大，深绿色，背面几乎无金属光泽，被绿色粉末状分泌物。前胸背板盘区有 2 对白斑，腹面光亮，泛铜红色，表面黄毛较稀。前胸背板两侧有压迹，白绒斑较明显，黄绒毛较稀。鞘翅略宽大，背面白绒斑较大且明显，纵肋较高，皱纹和黄绒毛稀疏。臀板短宽，末端圆，密布细小皱纹，黄绒毛较稀，1 明显中纵隆，近基部横排间距几等的 4 小白斑。中胸腹突宽大。后胸腹板中部除中间小沟外很光滑，两侧密布皱纹和黄绒毛，后胸后侧片前半部除近前缘被黄绒毛外密布粗糙皱纹和白色小绒斑，但无毛。腹部的中部光滑，散布稀小刻点，两侧皱纹较大，近侧缘的皱纹细密，第 1—5 节两侧中部和侧端分别具白绒斑，外侧被黄色长绒毛。

取食对象：栎树、玉米、高粱。

分布：华北、东北、宁夏；俄罗斯，韩国，朝鲜。

（234）白斑跗花金龟 *Clinterocera mandarina* (Westwood, 1874)（图版 XVII：1）

识别特征：体长 12.2～13.0 mm；宽 5.0～5.5 mm。体型小，黑色，每个鞘翅中部具 1 白线斑，身体表面具不同程度的白绒层。唇基宽大，前缘弧形，微反卷，两侧略扩展，背面密布粗糙刻点；颏甚宽大，密布弧形皱纹。触角较短，基节宽大，片状，近三角形，具粗糙皱纹。前胸背板略短宽，椭圆形；背面散布稀大环形刻纹，小盾片近正三角形，末端尖锐。鞘翅狭长，肩部最宽，两侧近平行，后外端缘圆弧形，缝角不凸出；表面密布"U"形斑；臀板短，甚凸出，基部常有白绒层，散布稀大环形刻纹。前胸后侧片的边缘、后胸后侧片、腹部两侧、足的转节等都或多或少带白绒斑或绒层。足较短，前足胫节外缘齿 2 枚，雌强雄弱，有时雄体仅前端 1 齿，跗节短小，爪较小，略弯曲。

分布：河北、北京、辽宁、山西、山东、陕西、宁夏、华中、广西、四川、云南；俄罗斯（远东地区），韩国，朝鲜，日本。

（235）小青花金龟 *Gametis jucunda* (Faldermann, 1835)（图版 XVII：2）

识别特征：体长 11.0～16.0 mm，宽 6.0～9.0 mm，长椭圆形略扁；背面暗绿或绿色至古铜般微红及黑褐色，变化大，多为绿色或暗绿色；腹面黑褐色，光亮，体表密布淡黄色毛和刻点；头较小，黑褐或黑色，唇基前缘中部深陷；前胸背板半椭圆形，前窄后宽，中部两侧盘区各 1 白绒斑，近侧缘亦常生不规则白斑，有些个体没有斑点；小盾片三角状；鞘翅狭长，侧缘肩部外凸且内弯；翅面上生有白或黄白色绒斑，一般在侧缘及翅合缝处各 3 较大的斑；肩突内侧及翅面上亦常具小斑数个；纵肋 2～3 条，不明显；臀板宽短，近半圆形，中部偏上具 4 白绒斑，横列或呈微弧形排列。

取食对象：幼虫食腐，成虫取食苹果、梨及一些树木的花心、花瓣、子房等。

分布：华北、黑龙江、山东、宁夏、甘肃、江苏、上海、浙江、湖北、福建、海南、广西、四川、云南；俄罗斯（远东地区），韩国，朝鲜，日本，印度，尼泊尔，东洋界。

（236）黄斑短突花金龟 *Glycyphana fulvistemma* Motschulsky, 1858（图版 XVII：3）

曾用名：金斑甜花金龟。

识别特征：体长 9.0～10.5 mm；宽 4.0～4.5 mm。背面无光泽，被粉末状分泌物，唇基黑色。前胸背板、小盾片、鞘翅深绿色，臀板砖红色；前胸背板前部两侧具白色绒带，中间两侧各 1 小白斑，每翅散布 5～8 白绒斑。臀板基部两侧和腹部近侧缘具不同形状的白绒斑。唇基短宽，前缘中凹较浅，前角较圆，两侧向下呈钝角形斜扩。背面密布粗糙刻点；头面中纵隆较低。前胸背板略短宽，近椭圆形，有纤细饰边；后缘无中凹；表面密布粗糙刻点。小盾片略狭长，末端钝。鞘翅略狭长，基部最宽，肩后外缘强烈内弯，两侧向后略变窄，后外端缘圆弧形，缝角不凸出；臀板微短宽，末端圆，密布同心形皱纹和浅黄色绒毛，中间凸出，基部两侧各 1 不规则白色大绒斑。足较短壮，密布粗糙刻点和浅黄色绒毛，膝部有白斑，前足胫节外缘具 3 齿，跗节较细长，爪小，略弯曲。

分布：华北、东北、陕西、华东、华中、广西、重庆、四川、贵州、云南；俄罗斯、朝鲜半岛、日本。

（237）褐翅格斑金龟 *Gnorimus subopacus* Motschulsky, 1860（图版 XVII：4）

识别特征：体长 15.0～19.0 mm，宽 7.0～10.0 mm。体型较扁，除鞘翅外略微具光泽，深绿色。鞘翅为暗褐或褐红色，微泛绿色。前胸背板 10～14 白斑，鞘翅和臀板散布众多小白斑。唇基宽大近方形，前面略宽，前缘向上翘起，中凹较宽，两侧饰边雄性较高，侧缘弧形；上面刻点粗密和黄茸毛。前胸背板较扁，长宽约相等，近梯形，密布刻纹，散布较稀黄茸毛；小盾片甚短宽，半圆形，散布粗大刻纹。鞘翅较宽大，密布粗大皱纹，每翅有 7～9 白斑；臀板短宽，刻纹颇精细，有的中间 1 短纵沟，通常具 7 白斑。

分布：河北、东北；俄罗斯，韩国，朝鲜，日本。

(238) 短毛斑金龟 *Lasiotrichius succinctus* (Pallas, 1781)（图版 XVII：5）

识别特征：体长 9.0～12.0 mm，宽 4.3～6.0 mm。体小至中型，长椭圆形，体色黑；鞘翅有淡黄褐色斑纹，全体密被绒毛，毛色淡黄、棕褐至黑褐。唇基长，前缘中凹明显，头面毛色黑褐粗密。复眼鼓凸。触角 10 节，鳃片部 3 节。前胸背板长，前方略变窄，基部显著狭于翅基，被密长毛，隐约可见毛呈灰褐、灰白、灰褐、灰白黄 4 横带分布；后缘向后斜弧形后扩。小盾片小，长三角形，端尖，被密毛。各胫节具 2 齿，距位于端部。各足第 1 跗节最短，爪成对、简单。鞘翅前阔后狭，肩突、端突发达，2 条纵肋可辨，密被柔弱绒毛。前臀大部分外露，密被淡灰白短齐绒毛，呈 1 横带，臀板三角形，密被深褐绒毛。足长大，前足胫节外缘近端部。

取食对象：玉米、高粱、向日葵。

检视标本：围场县：2 头，塞罕坝阴河三道沟，2015-VI-27，塞罕坝普察组采；2 头，塞罕坝大唤起 80 号，2015-VIII-21，塞罕坝普察组采。

分布：华北、东北、山东、河南、陕西、宁夏、江苏、浙江、湖北、福建、广东、广西、四川、云南；蒙古，俄罗斯，朝鲜，日本，欧洲。

(239) 白星花金龟 *Protaetia brevitarsis* (Lewis, 1879)（图版 XVII：6）

识别特征：体长 18.0～22.0 mm，宽 11.0～12.5 mm。体中到大型，狭长椭圆形；古铜色、铜黑色或铜绿色，光泽中等。前胸背板及鞘翅布有众多条形、波形、云状、点状白色绒斑，大致左右对称排列。唇基俯视近六角形，前缘近横直，弯翘，中段微弧凹，两侧隆棱近直，左右约平行，布挤密刻点和刻纹。触角 10 节，雄性鳃片部明显长于其前 6 节长度之和。棕黑色。前胸背板前狭后阔，前缘无饰边，侧缘略呈"S"形弯曲，侧方密布斜波形或弧形刻纹，散布甚多乳白绒斑，有时沿侧缘有带状白纵斑。小盾片长三角形。鞘翅侧缘前段内弯，表面多绒斑，较集中的可分为 6 团，团间散布小斑。臀板有绒斑 6 个。前足胫节外缘 3 枚锐齿，内缘距端位。跗节短壮，末节端部 1 对爪近锥形。

取食对象：苹果、桃、梨、玉米、高粱、鸡粪、麦秸粪、房草等。

分布：华北、东北、山东、西北、江苏、上海、安徽、浙江、江西、福建、台湾、华中、广东、广西、四川、贵州、云南、西藏；蒙古，俄罗斯（远东地区），韩国，朝鲜，日本。

62. 吉丁甲科 Buprestidae

(240) 沙柳窄吉丁 *Agrilus moerens* Saunders, 1873（图版 XVII：7）

识别特征：体铜绿色，具金属光泽，呈楔形。体长 5.9～7.2 mm，宽 1.1～1.5 mm，被白色细绒毛。头、前胸背板及鞘翅密被网状皱纹。触角 11 节，锯齿状，基节较长，其余各节等长。复眼肾形，褐色，较凸。鞘翅狭长，具铜绿色光泽。雌性腹部比雄性略宽。腹部末端 1 小突起、1 凹坑；雄性腹部末端平展，无凹陷和突起。

取食对象：幼虫钻蛀沙柳干部，成虫取食沙柳叶片。

分布：河北、北京、黑龙江、内蒙古、陕西、甘肃、宁夏、四川；俄罗斯，韩国，朝鲜，日本。

（241）白蜡窄吉丁 *Agrilus planipennis* Fairmaire, 1888（图版XVII：8）

识别特征：体长 11.5~15.0 mm。全体呈绿色。前胸背板更具铜绿色金属光泽。额区中间下凹，呈"V"形沟。前胸背板宽略大于长，前、后缘具沿，基缘略大于前缘，侧缘斜直；盘区密被多呈横皱状刻点。两鞘翅基部中间各呈钝角状前凸，两侧中部呈缢腰状凹，后部1/3处斜削窄，翅端呈弧形，沿翅缘具多枚小齿突。

取食对象：花曲柳。

分布：河北、北京、天津、东北、内蒙古、山东、四川、台湾；蒙古，俄罗斯（远东地区），韩国，日本。

（242）绒绿细纹吉丁 *Anthaxia proteus* Saunders, 1873

识别特征：体长约3.1 mm，宽约1.2 mm。细小，绒毛绿色具金属光泽。头短，密布网格状细纹，头顶正中具1条短杆状细纵脊。前胸背板横宽，前缘双曲状，中部前凸；后缘平截状。小盾片细小半圆形。鞘翅背观两侧中前部近平行。翅顶圆弧状，鞘翅表面绒状。腹面蓝黑色，具细密刻点及少数短绒毛。

分布：河北、东北、江西、福建、台湾；俄罗斯，朝鲜，日本。

（243）青铜网眼吉丁 *Anthaxia reticulata reticulata* Motschulsky, 1860（图版XVII：9）

识别特征：体长 4.0~8.0 mm。蓝黑带青铜色，略光泽。头短宽，复眼大。触角11节，锯齿状。前胸背板宽大于长，前缘微凹；后缘微凸，两侧后角前略凹，后角钝圆，侧缘弧扩，弧扩点前、后直线状变窄；盘区密布网眼状刻点，中纵脊明显光滑。小盾片舌形。鞘翅与前胸背板同宽，端1/3处变窄呈锥状，翅面密布颗粒状斑点。

分布：河北、北京、天津、东北；蒙古，俄罗斯，朝鲜。

（244）六星铜吉丁 *Chrysobothris amurensis amurensis* Pic, 1904（图版XVII：10）

识别特征：体长约13.0 mm，全紫褐色，有紫色和绿色金属光泽。额中间1纵沟；复眼椭圆形，黑褐色。触角锯齿状，紫褐色。前胸背板宽约为长的2.0倍，前角凸出，两侧缘近平行；后缘中间钝角后凸；鞘翅宽于前胸背板，密布刻点形成的褶皱，每翅3近圆形金绿色浅凹的小斑点，肩角下方各1长形浅凹陷；腹面中间部分及腿小节内侧翠绿色闪光明显。足其他部分紫褐色；前足腿节下侧具齿。

取食对象：幼虫取食梨、苹果、桃、枣、樱桃、唐槭、五角枫、杨树。

分布：河北、东北、内蒙古、山西、陕西、甘肃、新疆；俄罗斯，土耳其，欧洲。

（245）梨金缘吉丁 *Lamprodila limbata* (Gebler, 1832)（图版XVII：11）

曾用名：翡翠吉丁虫。

识别特征：体长 16.0~18.0 mm，宽约 6.0 mm。体翠绿色，具金属光泽。触角黑色。体两侧镶金色边。头部颜面有粗刻点，中间具倒"Y"形隆起。前胸背板中间宽，外缘弧形，背面 5 蓝黑色纵隆线，中间 1 条粗而明显，两侧的细。小盾片扁梯形。鞘翅上 10 余蓝黑色断续的纵纹，翅端锯齿状。雄性腹端凹入较深，胸部腹面密生黄褐色绒毛。

取食对象：梨、苹果、杏、桃、杨。

分布：河北、东北、山东、河南、西北、江苏、浙江、江西、湖北；蒙古，俄罗斯。

63. 叩甲科 Elateridae

（246）细胸锥尾叩甲 *Agriotes subvittatus subvittatus* **Motscholsky, 1860**（图版 XVII：12）

识别特征：体长约 10.0 mm。头、前胸背板、小盾片及腹面暗褐色；鞘翅、触角及足茶褐色。体被黄白毛，具金属光泽。额前缘凸，前端平截。触角弱锯齿状，末节端部变窄呈尖锥状。前胸背板宽大于长，具细弱的中纵沟；侧缘由中部向前向后弧形变窄；后角尖，略分叉，表面 1 锐脊，几与侧缘平行。小盾片盾形。鞘翅等宽于前胸背板，两侧平行，中部开始弧形变窄，端部连合；刻点行明显，沟间平。跗节、爪简单。

取食对象：小麦。

分布：河北、东北、内蒙古、山西、山东、河南、陕西、甘肃、青海、宁夏、江苏、湖北、江西、福建；俄罗斯，日本。

（247）泥红槽缝叩甲 *Agrypnus argillaceus argillaceus* **Solsky, 1871**（图版 XVIII：1）

识别特征：体长约 15.5 mm，宽约 5.0 mm；体狭长；体红褐色；全身密被茶色、红褐色的鳞片短毛。触角短，不达前胸基部；第 4 节以后各节形成锯齿状，末节椭圆形，近端部凹缩成假节。前胸背板长不大于宽；中间纵向低凹，后部更明显；侧缘后部具细齿状边。小盾片两侧基半部平行，然后急剧膨大，向后变尖，呈盾状，端部拱出。鞘翅宽于前胸，两侧平行，后 1/3 开始向后变窄，端部联合拱出；表面具明显粗刻点，排列成行，直至端部。腹面被鳞片毛和刻点，前面刻点更强烈。前、后胸侧板无跗节槽。

取食对象：华山松、核桃。

分布：河北、北京、吉林、辽宁、内蒙古、河南、甘肃、湖北、台湾、海南、广西、四川、云南、西藏；俄罗斯，韩国，朝鲜。

（248）双瘤槽缝叩甲 *Agrypnus bipapulatus* **(Candèze, 1865)**（图版 XVIII：2）

识别特征：体长约 16.5 mm；宽约 5.0 mm。黑色。触角红色，基部几节红褐色，足红褐色；全体密被褐色和灰色鳞片状扁毛，并形成一些模糊的云状斑。额中间低凹。

前胸侧缘长大于宽；侧缘光滑，呈弱弧形弯曲，向前变窄，向后近后角处波弯，前缘向后半圆形凹入；前角斜凸，拱圆形；前胸背板不太隆起，中部 2 横瘤；基部倾斜，正对小盾片前方一段凸出；后角宽大。小盾片自中部向基部收缩，向端部渐尖。鞘翅基部与前胸基部等宽，自基部向中部渐宽，两侧弧形弯曲；背面相当隆起，基角向前倾斜，后部向端部收缩。跗节下侧具稠密灰白色垫状毛。

寄主：花生、甘薯、麦类、水稻、棉花、玉米、大麻。

分布：河北、东北、内蒙古、河南、江苏、湖北、江西、福建、台湾、广西、四川、贵州、云南；日本。

（249）黑斑锥胸叩甲 *Ampedus sanguinolentus sanguinolentus* (Schrank, 1776)

识别特征：体长约 11.0 mm；宽约 3.0 mm。头、前胸背板、小盾片、身体下、触角和足均为黑色，光亮，被黑色短绒毛；鞘翅红色，但基缘黑色，沿中缝具 1 长椭圆形大黑斑，黑斑最宽处占鞘翅 10 个条纹间隙；爪栗色。额前缘拱出呈弓形，刻点强烈。触角不太长，向后不达前胸后角端部，末节中部缢缩成假节。前胸宽大于长，约等于头和前胸长度之和；背面凸，前部和两侧刻点强烈，侧缘向外略拱起，微弱弓形；后缘附近低平；后角直，向后伸，1 明显的对角脊，小盾片舌状，布有明显刻点，但前缘和后缘附近光滑。鞘翅基部和前胸等宽，两侧平行，近端 1/3 处逐渐内弯；表面有沟纹，每翅 9 条，每 1 沟纹都具 1 列均匀规则粗刻点；沟纹间隙不凸，分散有不均匀、不规则细刻点。

分布：河北、黑龙江、吉林、内蒙古；蒙古，俄罗斯，伊朗，哈萨克斯坦，土耳其，欧洲。

（250）蒙古齿胸叩甲 *Denticollis mongolicus* (Motschulsky, 1860)

识别特征：体长约 13.0 mm；宽约 4.0 mm。体狭，长方形，茶褐色；头、触角和前胸颜色更暗，足同体色。全身被稀疏的棕色短毛，腹面较密。头近四方形，前部略凹，额前缘上凸，并向前伸盖住口器；表面布细刻点，均匀，不太密，但额脊上的刻点粗大。眼球形凸出，远离前胸前缘。触角向后伸，超过前胸后角；前胸背板凸，宽略大于长；前缘直；后角和两侧低垂；后角不狭长。鞘翅长，两侧相当平行。表面有强烈刻点行纹，密布粗糙颗粒。前胸腹板短宽；腹侧缝直，前端关闭，中后部呈浅沟状；腹前叶几乎无。后基片狭，三角形，从内向外逐渐变窄。

分布：河北、吉林、内蒙古；蒙古。

（251）棘胸筒叩甲 *Ectinus sericeus sericeus* (Candèze, 1878)（图版 XVIII：3）

识别特征：体长约 10.0 mm；宽约 2.6 mm。黑色，不太光亮；鞘翅砖红色。触角、足暗褐色。全身被不太密的黄色茸毛。前胸宽略胜于长，中间略变窄，具密且显著的刻点；后角分叉，具锐脊。鞘翅与前胸等宽，具刻点条纹，条纹间隙平坦。

取食对象：小麦、玉米、高粱、栗、陆稻、甘薯、马铃薯、烟草、甜菜、向日葵、豆类、苜蓿、茄、胡萝卜、柑橘、牧草。

分布：河北、吉林、山东、河南、湖北、湖南、福建、四川；俄罗斯，日本。

（252）椭体直缝叩甲 *Hemicrepidius oblongus* (Solsky, 1871)

识别特征：体长约 12.0 mm；宽约 4.0 mm。体扁；头、前胸背板、腹面、触角黑色。前胸背板极其光亮；鞘翅、缘折、腹部侧缘茶褐色；足腿节腹面黑色，其余茶褐色。头后部平，两侧近平行，前部低斜，中间向前拱出呈角状；刻点粗密，边缘隆起，形状不规则；额脊完全，额槽宽深，中间较两侧略狭。触角向后伸过前胸后角；前胸背板中长明显大于中宽；背面球面状凸，刻点较头部明显细弱；后角短，伸向后方，表面 1 脊；后缘基沟相当明显，短，齿刻状。小盾片盾状，后部及两侧低垂，倾斜，前部及中间纵隆，基部表面 1 不规则凹窝；前缘直，两侧向后呈圆形拱出，两侧毛长密。鞘翅略宽于前胸，两侧平行，中部后开始变窄，端部完全，肩角圆拱；表面具细刻点行纹，两侧沟纹中刻点较中间粗；沟纹间隙平，刻点细弱，相当稀。

分布：河北、辽宁、吉林；俄罗斯，朝鲜。

（253）微铜珠叩甲 *Paracardiophorus sequens sequens* (Candèze, 1873)（图版 XVIII：4）

识别特征：体长约 6.0 mm；宽约 1.5 mm。完全黑色，带铜色光泽。被灰白色毛。头顶略凸，额脊完整，其前缘弧形拱起，刻点细密。前胸背板长宽近等，中域相当隆凸，具粗细 2 种刻点；两侧弧拱起，具极细的边，从基部向前不伸抵前角；后角短，靠外侧具 1 脊纹，后角两侧凹进。小盾片心形，基缘中间凹下，形成浅纵纹。鞘翅基部宽，逐渐向端变窄，其长小于宽的 2.0 倍，表面刻点行纹深，沟纹间隙平，无皱纹。爪基部略膨阔。

检视标本：**围场县**：1 头，塞罕坝大唤起 80 号，2015–VII–01，塞罕坝普察组采；1 头，塞罕坝大唤起 53 号，2015–VII–17，塞罕坝普察组采；1 头，塞罕坝第三乡莫里莫，2015–VII–28，塞罕坝普察组采。

分布：河北、山西、陕西、浙江、福建；朝鲜，日本。

（254）铜紫金叩甲 *Selatosomus aeneomicans* (Fairmaire, 1889)

识别特征：体长约 17.5 mm；宽 5.0～5.5 mm。长椭圆形；绿紫铜色，光亮，有金属闪光。前胸背板纵中线有紫铜色闪光，腹面常常铜色。触角黑褐色，足褐色至深褐色。全身分散被微白色细柔毛，额中部向前三角形低凹，密布刻点。从第 4 节开始明显锯齿状，第 3 节略长于第 4 节，大多节端部被刚毛。前胸背板球面凸，长宽略相等，密布明显刻点，两侧向外弧形拱起，侧缘向前变窄，向后深波状；纵中线平滑无刻点，有时纵中线不明显；后角长尖，分叉，上有强烈的脊纹。小盾片适当凸，端部近平截。鞘翅中后部 2/3 处向后变窄，端部完全，每翅背面具 8 细刻点线纹，在基部凹入呈沟状，沟纹间具细刻点。

检视标本：**围场县**：2 头，塞罕坝北曼甸石庙子，2015–VII–04，塞罕坝普察组采；

1头，塞罕坝北曼甸湾湾沟，2015–VII–05，塞罕坝普察组采；2头，塞罕坝阴河丰富沟，2015–VI–25，塞罕坝普察组采。

分布：河北、甘肃、江苏、湖北、四川、贵州。

（255）宽背金叩甲 *Selatosomus latus* (Fabricius, 1801)（图版 XVIII：5）

识别特征：体长约 15.0 mm；宽约 5.0 mm。褐铜色，不光亮；腹面、触角、足和背面颜色同。绒毛黄色，在前胸背板和腹面较密。额扁平，刻点明显，前部及两侧较密。前胸宽大于长，两侧圆弧形拱出；侧缘凸边，向前内弯，向后微弱波状；前缘呈宽凹形，前角短，不尖；后缘波状；中纵沟明显，从基部伸达前缘附近；背面凸，有密的刻点；后角长，分叉，1 脊。小盾片宽，两侧拱出呈弧形。鞘翅基部宽于前胸，向中部扩宽，然后变窄，左右鞘翅端部合并呈浑圆形；表面相当凸，有明显沟纹，沟纹基部凹，其中有刻点线；沟纹间隙平，有小刻点。

分布：河北、黑龙江、吉林、内蒙古、宁夏；蒙古，俄罗斯（西伯利亚、远东地区），伊朗，哈萨克斯坦，土耳其，欧洲。

（256）麻胸锦叩甲 *Selatosomus puncticollis* Motschulsky, 1866（图版 XVIII：6）

识别特征：体长 16.0～19.0 mm；宽 6.0～6.5 mm。黑色。前胸背板、鞘翅具铜色光泽。触角、足均黑色。头密布刻点，前胸背板球面样凸，刻点密，两侧更粗，更密。鞘翅自基部向后扩宽到端部 1/3 处，然后变窄，端部呈圆形凸出，表面有细沟纹，其间隙略平，散布小刻点。

分布：河北、吉林、辽宁、甘肃、湖北；俄罗斯，韩国，朝鲜，日本。

64．皮蠹科 Dermestidae

（257）红带皮蠹 *Dermestes vorax* Motschulsky, 1860（图版 XVIII：7）

识别特征：体长 7.0～9.0 mm。黑色。前胸背板覆单一黑色毛，周缘无淡色毛斑。鞘翅基部的红褐色毛形成 1 宽横带，每翅的宽横带内具 4 黑毛斑。雄性腹部第 3、4 节腹板近中间各 1 直立毛束。

取食对象：皮张、中药材、家庭储藏品。

分布：河北、东北、内蒙古、山东、甘肃、新疆、浙江、广西；俄罗斯，朝鲜，日本。

65．郭公甲科 Cleridae

（258）胸突奥郭公甲 *Omadius tricinctus* (Gorham, 1892)

识别特征：体长 7.5～11.0 mm。暗棕褐色，前头隆起、钝。触角 11 节，近棍棒状，端部 3 节略膨大。前胸筒状，前、后缘平直；侧缘弧凸，后角前凹；密覆细毛。鞘翅肩胛明显，两侧平行，翅端 1/3 处略外凸，翅端椭圆形；翅面刻点行列明显，沟间平。两翅基部 1/3 处具 1 细颈瓶状浅斑；翅端各 1 椭圆形浅斑。足腿节暗棕褐色，胫、跗节色浅。

分布：河北、台湾；不丹。

（259）连斑奥郭公 *Opilo communimacula* (Fairmaire, 1888)（图版 XVIII：8）

识别特征：体长 7.0~16.0 mm，体黄褐色并具深色斑纹。复眼大，眼面粗糙，眼刻深；上唇前缘中部微凹，下颚须和下唇须末节均斧状。触角细长，向端部渐变宽，向后长达前胸基部。前胸略宽于头部，长大于宽，基部和端部收缩，前横沟明显。前足基节窝开放。鞘翅宽于头部，盘区具刻点行。前足基节球状，内侧 1 齿突，与前胸腹突相嵌，转节卵形，与腿节不形成流线形。各足腿节背腹面均具纵脊。

分布：河北、北京、山西、宁夏；蒙古。

（260）刘氏郭公甲 *Thanasimus lewisi* (Jakobson, 1911)（图版 XVIII：9）

识别特征：体长 7.0~10.0 mm。头、前胸背板黑色，密布刻点和细毛；头中间具弱隆起。前胸背板中线呈平滑状。鞘翅肩胛明显，两侧平行，两翅端弧状会合；刻点行列明显，行间密布小刻点；鞘翅基部 1/3 呈赤色；余 2/3 呈黑色，在黑色区的端 1/3 处具窄白横带；鞘翅的赤色区多变异，有的赤色消失。

取食对象：取食木材害虫。

分布：河北、北京、吉林、山东、河南、宁夏、青海；韩国，日本。

（261）中华毛郭公 *Trichodes sinae* Chevrolat, 1874（图版 XVIII：10）

曾用名：中华食蜂郭公。

识别特征：体长 9.0~18.0 mm。头和前胸深蓝色，具金属光泽，口须及触角基部黄褐色。鞘翅红色，各翅基部 1 半圆形小黑斑；基部 1/3、端部 1/3 及末端各 1 黑横纹，基部 1/3 或端部 1/3 横纹在中缝处中断。雄性腿节不膨大，鞘翅基部 1/3 和端部 1/3 的黑斑通常在左右翅形成连续的横纹。雄性腿节不膨大，雄性胫节端部 2 距。

取食对象：幼虫取食火红拟孔蜂等幼虫；成虫取食胡萝卜、蚕豆、榆树等植物花粉。

分布：华北、吉林、辽宁、陕西、宁夏、甘肃、青海、华东、华中、广东、广西、西南；蒙古，俄罗斯，朝鲜。

66. 露尾甲科 Nitidulidae

（262）酱曲露尾甲 *Carpophilus hemipterus* (Linnaeus, 1758)（图版 XVIII：11）

曾用名：黄斑露尾甲。

识别特征：体长 2.0~4.0 mm，卵圆形，至两侧近平行，尤以雌性较为明显。亮栗褐色，每翅的肩部及端部各 1 黄斑。触角第 2 节略长于第 3 节。前胸背板宽大于长，末端 1/3 或 1/4 处最宽；两侧缘呈均匀弧形，近后角处 1 凹窝。两鞘翅合宽大于翅长。

中足基节窝后缘线与基节窝平行，仅末端 1 小段弯曲。腹末 2 节背板外露。雌虫臀板末端呈截形，可见 5 节腹板；雄性臀板末端非截形，可见 6 节腹板。

取食对象：酒曲、曲胚、酒糟、酵母、菌类及腐败物质。

分布：全国性分布；世界性分布。

(263) 四斑露尾甲 *Glischrochilus japonicus* (Motschulsky, 1857)（图版 XVIII：12）

曾用名：日书香露尾甲。

识别特征：体长 4.0～14.0 mm。漆黑色，具光泽。体长方形。头略呈三角形，前缘中间尖凸，额区中间明显凹洼，后头中纵沟可见，头密布刻点。上颚发达，顶齿分叉。触角短，棍棒状。前胸背板横方形，前缘中部略前凸；后缘平直，两侧平行，前角前伸，角端钝，后角略后延，角端锐；盘区密布刻点，有凸有凹。小盾片半圆形。鞘翅长方形，翅端呈弧缩，鞘翅基部和近端处各 1 不规整橙黄色斑。

分布：河北、山东、陕西、江苏、安徽、湖北、台湾、四川、贵州、云南；俄罗斯，韩国，朝鲜，日本，尼泊尔。

67. 瓢甲科 Coccinellidae

(264) 二星瓢虫 *Adalia bipunctata* (Linnaeus, 1758)（图版 XIX：1）

识别特征：体长 4.5～5.3 mm，宽 3.1～4.0 mm。长卵形，半圆形拱起；黑色，背面光裸；唇基白色，上唇黑褐色，复眼内侧 1 半圆形黄白斑。触角黄褐色；前胸背板黄白色，具 1 "M" 形黑斑；鞘翅橘红色至黄褐色，中间 2 横长形黑斑；前胸背板及鞘翅缘折橙黄色；腹部外缘、跗节黑褐色。头部、前胸背板及鞘翅刻点均匀细密。唇基前缘直，上唇厚，前缘直。触角粗壮，11 节。前胸背板前缘深凹，基部中叶凸出；前角尖，后角圆。小盾片三角形。鞘翅中部较宽，肩角钝圆，端尖。腹部基半部及端部的刻点稀而深；雄性第 5 腹板基部直，第 6 腹板基部中叶弧凹；雌性第 5 腹板基部中叶舌形凸出，第 6 腹板基部尖弧形凸出。足较长，跗爪端部不对裂，爪间中部有尖齿。

分布：河北、北京、东北、山西、河南、陕西、宁夏、甘肃、新疆、江苏、浙江、江西、福建、四川、云南、西藏；亚洲，非洲，北美洲。

(265) 六斑异瓢虫 *Aiolocaria hexaspilota* (Hope, 1831)（图版 XIX：2）

曾用名：奇变瓢虫。

识别特征：体长 9.7～10.2 mm，宽 8.6～8.7 mm。宽卵形，圆弧形拱起；黑色，背面光裸。触角深褐色，端部黑褐色；前胸背板两侧各 1 大黄斑；鞘翅浅红褐色，有黑色斑纹；腹部外缘黄褐色。头部刻点粗且稀；唇基圆弧形深凹，上唇前缘弧凹；复眼较大，近圆形。触角 11 节，长于额宽。前胸背板、小盾片和鞘翅刻点均匀细密，鞘翅外缘稀疏、圆形、深粗；前胸背板前缘深凹，前角尖锐；外缘端部斜直，基部弧形。

小盾片三角形。鞘翅肩角宽圆伸；肩宽达胸宽 1/3 以上。雄性第 5 腹板基部直，第 6 腹板基部直，中间浅凹；雌性第 5 腹板基部近直，第 6 腹板基部尖圆凸出。爪完整，具基齿。

取食对象：蚜虫类。

分布：河北、北京、黑龙江、吉林、内蒙古、河南、陕西、宁夏、甘肃、湖北、福建、台湾、广东、四川、贵州、云南、西藏；俄罗斯，朝鲜，日本，印度，缅甸，尼泊尔。

（266）灰眼斑瓢虫 *Anatis ocellata* (Linnaeus, 1758)（图版 XIX：3）

识别特征：体长 8.0～9.0 mm；宽 6.0～7.0 mm。长圆形，弧形拱起，体光裸。头部黑色。触角黄褐色。前胸背板黄色，中间 1 香炉形大黑斑，侧缘黑色，在中部之后具舌形黑斑。小盾片黑色。鞘翅浅褐黄色，每翅具 10 黑斑。前胸背板缘折除外缘和后侧黑色外，皆浅黄色，鞘翅缘折黄色，外缘黑色。足黑色，跗节褐色。头背较平直，刻点粗稀；复眼半圆形。触角 11 节，长约等于复眼间距离。唇基带形，上唇弧形凸出。前胸背板前缘浅凹，刻点细密。小盾片短，两侧外弯。鞘翅边缘隆起，外缘刻点显粗和稀疏。雌性第 5 腹板后缘中部宽舌形外凸，第 6 腹板后缘圆凸。腿节不露出体缘之外，爪完整，具基齿。

取食对象：蚜虫。

检视标本：围场县：1 头，塞罕坝大唤起下河边，2015–VI–04，塞罕坝普察组采；2 头，塞罕坝阴河白水，2015–VI–26，塞罕坝普察组采；3 头，塞罕坝阴河红水，2015–VIII–04，塞罕坝普察组采。

分布：河北、北京、东北；蒙古，俄罗斯，日本，欧洲。

（267）十斑裸瓢虫 *Calvia decemguttata* (Linnaeus, 1767)（图版 XIX：4）

曾用名：十星裸瓢虫。

识别特征：体长 4.8～5.8 mm，宽 3.8～4.5 mm。体宽卵形，体背拱起较高。整体浅黄色或浅棕色，具奶白色斑点。头部奶白色，头顶处具 1 对褐色圆斑。前胸背板两侧各 1 大的浅色斑，中部具 1 前小后大的浅色斑。鞘翅上共 10 较大的白色斑点，每 1 鞘翅上呈 2–2–1 排列，有时白色斑内为浅棕色的圆斑，即呈眼斑型，或白斑扩大相连。足浅棕色。体下浅棕色，体侧颜色更浅，但中、后胸腹板后侧片白色。

检视标本：围场县：1 头，塞罕坝大唤起 80 号，2015–VII–10，塞罕坝普察组采；2 头，塞罕坝大唤起下河边，2015–VII–11，塞罕坝普察组采。

分布：河北、黑龙江、吉林、四川；蒙古，俄罗斯，韩国，朝鲜，日本，欧洲。

（268）十四星裸瓢虫 *Calvia quatuordecimguttata* (Linnaeus, 1758)（图版 XIX：5）

识别特征：体长 5.1～7.1 mm，宽 4.1～5.8 mm。宽卵形，圆形拱起；头黄褐色，复眼黑色、口器、触角红褐色；前胸背板具 5 白斑；小盾片黄白色；鞘翅具 7 白斑，外缘及翅中缝具白色窄纹；腹面边缘浅黄色，中部深黄色至红褐色；足深黄色。头被疏毛，刻点稀小。触角 11 节，长约为复眼间额宽的 2.0 倍，锤状部各节接合不紧密，端节显大。前胸背板显宽，以后角前最宽，靠近外缘有长形凹；前缘近梯形凹入，中部略凸，外缘、基部缓弧形；前角钝圆，后角圆形；刻点细密。小盾片扁三角形。鞘翅基部 1/3 最宽，肩胛显凸；前缘弱凹，肩圆，顶钝。雄性第 5 腹板基部直，第 6 腹板基部中叶圆凹；雌性第 5 腹板基部弱凸，第 6 腹板基部中叶凸出。足长大；爪完整，基齿宽大。

取食对象：蚜虫。

检视标本：围场县：1 头，塞罕坝千层板神龙潭，2015–VIII–09，塞罕坝普察组采；1 头，塞罕坝阴河白水，2015–VIII–15，塞罕坝普察组采。

分布：河北、黑龙江、吉林、陕西、宁夏、甘肃、新疆、四川、西藏；俄罗斯，日本，印度，斯里兰卡，北美洲。

（269）红点唇瓢虫 *Chilocorus kuwanae* Silvestri, 1909（图版 XIX：6）

识别特征：体长 3.3～4.9 mm，宽 2.9～4.5 mm；近圆形，端部略窄，背拱；黑色。唇基前缘红棕色。前胸背板基部弓形，前、后角钝圆，但前角窄于后角；后角内侧 1 斜脊，与基部形成尖角状的窄带，其内较光滑，无明显刻点；侧缘弧形，侧缘缝线自前角外缘连至前缘且消失于前缘中部之前。鞘翅中部之前 1 长形或近圆形橙红色小横斑。腹部各节红褐色，第 1 节基部中间黑色；雄性第 5 腹板基部中间直而略凹，第 6 腹板弧凸，其基部中间较直；雌性第 5、6 腹板基部弧凸，后者几乎完全被第 5 腹板覆盖。

取食对象：杨牡蛎蚧、杏球蚧、桑白蚧。

分布：河北、北京、东北、山西、陕西、宁夏、甘肃、华东、华中、广东、香港、四川、贵州、云南；朝鲜，日本，印度，欧洲，北美洲。

（270）黑缘红瓢虫 *Chilocorus rubidus* Hope, 1831（图版 XIX：7）

识别特征：体长 5.2～7.0 mm，宽 4.5～5.7 mm。近心脏形，背面明显拱起；头、前胸背板及鞘翅周缘黑色，背面中间枣红色；小盾片多黑色，枣红色与黑色分界不明显；部分越冬个体的翅缝黑色，故每翅中间枣红色而边缘渐黑色；口器、触角及胸、腹部红褐色；足色泽较深，趋于枣红色。前胸背板两侧伸出部分刻点，较粗且有白色短毛，侧缘平直，肩角及前角钝圆。鞘翅缘折宽，但无明显的下陷以容纳中、后足腿节末端。雌性第 5 腹板基部圆弧形外凸，第 6 腹板几乎全被覆盖；雄性第 5 腹板基部弧形外凸，第 6 腹板略外露。跗爪基半部具 1 宽的近三角形基齿。

取食对象：杏球蚧、朝鲜球蚧等。

分布：华北、东北、山东、河南、陕西、甘肃、宁夏、江苏、浙江、湖南、福建、海南、四川、贵州、云南、西藏；蒙古，俄罗斯，朝鲜，日本，越南，印度，尼泊尔，印度尼西亚，澳大利亚。

（271）七星瓢虫 *Coccinella septempunctata* Linnaeus, 1758（图版 XIX：8）

识别特征：体长 5.2～7.0 mm，宽 4.0～5.6 mm；卵圆形，半球形拱起；黑色，背面光裸。头上刻点均匀细小，唇基前缘有窄黄条，上颚外侧黄色额与复眼相连的边缘上各 1 淡黄色圆斑；复眼内侧凹入处各 1 淡黄色小点，有时与上述黄斑相连。触角栗褐色。前胸背板前角各 1 四边形淡黄大斑并伸展到缘折上形成窄条，前缘中部凹，侧缘有明显隆线；前角尖，后角钝；基部较宽，刻点细密。鞘翅红色或橙黄色，具 7 黑斑，基部靠小盾片两侧各 1 三角形小白斑。雄性第 5 腹板基部浅中凹，第 6 腹板基部直，中部横凹，基上缘 1 排长毛；雌性第 5 腹板基部直，第 6 腹板基部凸。足密生细毛，胫节末端内侧 2 距；爪基部具大齿。

取食对象：枸杞蚜、枸杞木虱、槐蚜、松蚜、麦蚜、豆蚜。

检视标本：围场县：2 头，塞罕坝第三乡莫里莫，2015-VII-28，塞罕坝普察组采；2 头，塞罕坝北曼甸石庙子，2015-VII-04，塞罕坝普察组采。

分布：华北、东北、山东、西北、江苏、上海、安徽、浙江、江西、福建、台湾、华中、重庆、四川、贵州、云南、西藏；蒙古，俄罗斯（远东地区），朝鲜，日本，印度，尼泊尔，不丹，巴基斯坦，阿富汗，伊朗，塔吉克斯坦，乌兹别克斯坦，土库曼斯坦，吉尔吉斯斯坦，哈萨克斯坦，科威特，黎巴嫩，塞浦路斯，沙特阿拉伯，叙利亚，伊拉克，以色列，欧洲，非洲。

（272）中华瓢虫 *Coccinula sinensis* (Weise, 1889)（图版 XIX：9）

曾用名：中国双七瓢虫。

识别特征：体长 3.0～4.2 mm，宽 2.4～3.2 mm。卵圆形，背拱；黑色，额灰色，口器、触角褐色；前胸背板前缘黄色，中间向后弯大呈三角形黄斑，前角具 1 大黄斑；每翅具 7 橘黄色斑；腹部缘折、中胸后侧片、前侧片的大部分及第 1 腹板两侧黄色；腿节末端、胫节末端以下褐色。

取食对象：蚜虫。

分布：华北、吉林、辽宁、山东、陕西、甘肃、宁夏、四川；蒙古，俄罗斯（东西伯利亚、远东地区），韩国，朝鲜，日本。

（273）横斑瓢虫 *Coccinella transversoguttata transversoguttata* Faldermann, 1835（图版 XIX：10）

识别特征：体长 6.0～7.2 mm，宽 4.5～5.4 mm。卵圆形，扁平拱起；黑色，唇基前缘有时具黄色窄条，上颚外侧黄色，近复眼处各 1 黄白色大斑；复眼凹处各 1 黄白色小斑。触角黑褐色。前胸背板前角各 1 四边形或近三角形黄白斑；每翅具 5 黑斑；腹面有白色细毛；中、后胸后侧片及后胸前侧片端部黄白色。头部刻点较深而明显。前胸背板和鞘翅刻点略浅。鞘翅外缘略隆起，肩角之后最宽，向后细窄，内有纵槽，刻点略粗、略稀。后基线内支接近腹板基部，外支不达前缘且与前角有相当距离；雄性第 5 腹板基部浅宽凹，雌性直；雄性第 6 腹板基部全部较深凹，雌性圆形外凸。

取食对象：柳蚜、艾蒿蚜。

分布：河北、黑龙江、内蒙古、山西、河南、西北、四川、云南、西藏；俄罗斯，欧洲，北美洲。

（274）横带瓢虫 *Coccinella trifasciata* Linnaeus, 1758（图版 XIX：11）

识别特征：体长 4.8～4.9 mm；宽 3.8～4.1 mm。体椭圆形，前部明显下弯，使体呈半球形拱起。头部、复眼黑色；雄性黄色，额黑色；雌性复眼内侧有三角形黄斑，与凹的黄斑连接。触角栗褐色；口器黑色。前胸背板黑色，肩角各有三角形黄白斑，并展伸到腹面，在前胸背板缘折上形成四边形黄白斑，占前部 1/2，肩角斑与前缘以黄白色带连接。小盾片黑色。鞘翅黄色，基部小盾片两侧的黄白色横斑达到肩胛。此外，鞘翅各有 3 条均匀的、近平行的横带纹：在基部 1/6 处的 1 条，从肩胛起向内与对应的横带于鞘缝上小盾片顶点之下连接，有时在此处向上延展到小盾片两侧；中部和 3/4 处各 1 条，距外缘和鞘缝几乎相等，前者略长。腹面黑色，中、后胸后侧片，后胸前侧片末端及第 1 腹板前角浅黄色。

取食对象：柳蚜、麦蚜、艾蒿蚜等。

检视标本：围场县：1 头，塞罕坝第三乡坝梁，2015-V-29，塞罕坝普察组采；4 头，塞罕坝北曼甸湾湾沟，2015-VIII-13，塞罕坝普察组采；5 头，塞罕坝北曼甸高台阶，2015-VIII-24，塞罕坝普察组采。

分布：河北、北京、黑龙江、内蒙古、西北、四川、西藏；蒙古，俄罗斯，北美洲。

（275）十六斑黄菌瓢虫 *Halyzia sedecimguttata* (Linnaeus, 1758)（图版 XIX：12）

识别特征：体长 5.0～5.5 mm，宽 4.0～4.6 mm。椭圆形，较拱起；深褐色；头部黄白色，唇基、口器褐色；复眼黑色；前胸背板具 5 黄白斑；每翅具 8 黄白色圆斑；前胸背板缘折和鞘翅缘折黄褐色；胸、腹部腹板及足褐色。前胸背板前缘弱凹，两侧弧形，基部弧形，中间后凸，后角钝圆。

取食对象：真菌孢子。

分布：河北、黑龙江、吉林、陕西、宁夏、新疆、台湾、四川、云南；蒙古，俄罗斯，日本，欧洲。

（276）异色瓢虫 *Harmonia axyridis* (Pallas, 1773)（图版 XX：1）

识别特征：体长 5.4～8.0 mm，宽 3.8～5.2 mm；卵圆形，半球形拱起；体背面光裸，色泽及斑纹变异很大。头部具均匀浅小刻点；唇基前缘弱凹，上唇前缘直，下唇须端节斧形；复眼椭圆形，近触角基部附近三角形凹入。前胸背板前缘深凹，基部中叶凸。小盾片前直，侧缘弧弯；前角钝，后角不明显。鞘翅边缘刻点较深，粗而稀，侧缘不明显向外平展，肩角略向上掀起，端角弧形内弯；翅缝末端略凹，边缘具宽扁隆线，在鞘翅 7/8 处端末前显隆形成横脊。雄性第 5 腹板基部弧凹，第 6 腹板基部中叶半圆形凹；雌性第 5 腹板基部中叶舌形凸出，第 6 腹板中部纵隆起，基部圆凸。爪完整，基齿宽大。

取食对象：紫榆叶甲卵、粉蚧、木虱、豆蚜、棉蚜。

检视标本：围场县：5 头，塞罕坝大唤起 80 号，2015-VII-10，塞罕坝普察组采；3 头，塞罕坝第三乡莫里莫，2015-V-28，塞罕坝普察组采；3 头，塞罕坝第三乡翠花宫，2015-V-30，塞罕坝普察组采。

分布：河北、黑龙江、吉林、内蒙古、宁夏、甘肃、浙江、江西、福建、台湾、华中、广东、海南、广西、四川、贵州、云南、西藏；蒙古，俄罗斯，朝鲜，日本，美国。

（277）隐斑瓢虫 *Harmonia yedoensisi* (Takizawa, 1917)（图版 XX：2）

识别特征：体长 6.4～7.3 mm；宽 4.7～5.6 mm。体椭圆形，扁平拱起。头红褐色，复眼黑色。触角、上唇、口器红褐色。前胸背板栗褐色，两侧有大型白斑，自前角达后角。小盾片黑色。鞘翅栗褐色，具不明显的白斑。斑纹变异较大，主要是中斑与衣钩斑在其中部或前部接合；缘斑在肩胛前同衣钩斑接合；或各斑浅淡，分界不明。腹面黄褐色，后胸腹板、各足的胫节和跗节深褐色。中胸腹板后侧片黄白色。头部和前胸背板刻点比鞘翅刻点浅。鞘翅外缘隆起狭窄，内侧纵槽不明显，但有粗刻点。前胸腹板纵隆线较长，伸延至版面中间，其最前端略向外倾。后基缘分叉，内支向后与后缘平行，不融合，外支不达到腹板前缘。雄性第 5 腹板后缘伸延下折，在中间略弯折以承受第 6 腹板表面上的隆起；第 6 腹板后缘圆形外凸。

检视标本：围场县：1 头，塞罕坝北曼甸，2015–VII–03，塞罕坝普察组采；1 头，塞罕坝阴河丰富沟，2015–VI–25，塞罕坝普察组采；1 头，塞罕坝阴河红水，2015–VIII–04，塞罕坝普察组采。

取食对象：蚜虫。

分布：河北、北京、山东、河南、陕西、浙江、江西、湖南、福建、台湾、广东、香港、广西、四川、贵州、云南；朝鲜，日本，越南。

（278）马铃薯瓢虫 *Henosepilachna vigintioctomaculata* (Motschulsky, 1858)（图版 XX：3）

识别特征：体长 6.6～8.3 mm。近卵形或心形，背拱；红棕至红黄色。头中部具 2 黑斑，有时连合。前胸背板具 1 近三角形的中斑。鞘翅具 6 基斑及 8 变斑；鞘翅端角的内缘与翅缝成切线相连，不成角状凸出；后基线近圆弧形，但在前弯时略呈角状弯曲，基部伸达第 1 腹板的 6/7～7/8 处；雄性第 5 腹板基部略外凸，第 6 腹板基部有缺刻；雌性第 5 腹板基部直且中间近末端的 1/2 以后有凹，第 6 腹板中间纵裂。

取食对象：马铃薯、曼陀罗等茄科植物。

分布：河北、北京、东北、山西、山东、陕西、宁夏、甘肃、江苏、安徽、浙江、福建、台湾、华中、四川、贵州、云南、西藏；俄罗斯（远东地区、东西伯利亚），韩国，朝鲜，日本，印度，尼泊尔，巴基斯坦，东洋界。

（279）七斑长足瓢虫 *Hippodamia septemmaculata* (DeGeer, 1775)（图版 XX：4）

识别特征：体长 5.0～7.8 mm，宽 3.2～3.9 mm。体长卵形，背面轻度拱起。头部黑色，前缘白色，三角形，深入额间，复眼黑色。触角和口器黄褐色。前胸背板黑色，前缘及侧缘白色。小盾片黑色。鞘翅橙红色或黄色，小盾片后具 1 大型共同斑，似由小盾斑与后侧的斑纹相连而成，每一鞘翅各具 4 黑斑，肩斑近四方形，较大，独立，不与基缘相连，后侧方 1 小圆斑，近翅中部具 1 折角的横斑，不达侧缘或鞘缝，近翅端具 1 近三角形斑，独立。腹面黑色，但前胸背板缘折白色，鞘翅缘折橙红色，中胸及后胸后片侧白色，第 2—5 节腹板两侧棕色。附爪 1 中齿，着生在爪的 2/3 处，较小。第 1 腹板无后基线。足黑色。

分布：河北、内蒙古；蒙古，俄罗斯，韩国，朝鲜，欧洲。

（280）十三星瓢虫 *Hippodamia tredecimpunctata* (Linnaeus, 1758)（图版 XX：5）

识别特征：体长 6.0～6.2 mm，宽 3.4～3.6 mm。体长形，扁拱；黑色，背面光裸。头部前缘黄色，三角形，突入复眼之间，口器、触角黄褐色；前胸背板橙黄色，中部 1 近梯形大黑斑，自基部前伸近达前缘，近侧缘中部各 1 圆小黑斑；鞘翅橙红至黄褐色，具 13 黑斑；前胸背板和鞘翅的缘折及腹部第 1—5 腹板外缘橙黄色，中、后胸后侧片黄白色；腿节橙黄色；头部、前胸背板、小盾片刻点细密，鞘翅刻点深密，外侧粗稀。头外露，唇基前缘直。触角 11 节，长于额宽，锤部接合紧密。前胸背板圆拱起，前缘微凹，前角钝圆；外缘弧形，饰边细窄隆起，纵槽浅宽；基部中叶弧凸，小盾片前直，两侧凹使后角明显凸出。鞘翅外缘向外平展，纵槽在中部最宽最深；肩胛明显凸起，肩角钝圆，端角尖。

取食对象：棉蚜、麦长管蚜、豆长管蚜、麦二叉蚜、槐蚜。

分布：河北、北京、东北、山东、河南、西北、江苏、安徽、浙江、江西、湖北；蒙古，俄罗斯，朝鲜，日本，阿富汗，伊朗，哈萨克斯坦，亚洲，欧洲。

（281）多异瓢虫 *Hippodamia variegata* (Goeze, 1777)（图版 XX：6）

识别特征：体长 4.0～4.7 mm，宽 2.5～3.0 mm。长卵形；黑色，体背光滑；头基半部黄白色或颜面具 2～4 黑斑。触角、口器黄褐色；前胸背板黄白色，基部有黑色横带，常向前分出 4 支，有时支端部左右相互愈合形成 2 中空的方斑；鞘翅黄褐色至红褐色，具 13 黑斑并常常发生变异；腹面胸部侧片黄白色；足端部黄褐色。触角 11 节，锤节接合紧密。前胸背板显拱起，侧缘上翻，内侧具纵沟，基部具细隆边。雄性第 5 腹板基部微凹，第 6 腹板直；雌性第 5 腹板基部舌形凸，第 6 腹板尖形凸。足细长，中、后足胫节末端各具 2 距刺；爪中部具小齿。

取食对象：棉蚜、棉蚜、豆蚜、玉米蚜、槐蚜。

检视标本：围场县：3 头，塞罕坝千层板烟子窖，2015-VII-25，塞罕坝普察组采；

5头，塞罕坝大唤起小梨树沟，2015-VIII-20，塞罕坝普察组采；1头，塞罕坝北曼甸四道沟，2015-VIII-14，塞罕坝普察组采。

分布：华北、东北、山东、河南、西北、福建、四川、云南、西藏；日本，印度，阿富汗，古北区，非洲。

(282) 十二斑巧瓢虫 *Oenopia bissexnotata* (Mulsant, 1850)（图版 XX：7）

识别特征：体长 4.4～5.1 mm，宽 3.6～4.0 mm。长圆形，弧拱；黑色，光裸；头基半部、触角黄褐色，口器褐色；前胸背板前角 1 四边形大黄斑；每翅 6 黄斑；足大部分褐色；头部、前胸背板、小盾片刻点细密，鞘翅刻点略粗且深，边缘更粗深。复眼内侧纵直平行，基半部凹。前胸背板前缘和外缘细窄隆起，基部平坦。小盾片三角形，顶角狭长尖锐。鞘翅基部弱弧凹，外缘外伸，至端部等宽；肩角明显拱起，肩胛不明显。雄性第 5 腹板基部浅凹，第 6 腹板中部显凹；雌性第 5 腹板基部弱凸，第 6 腹板尖圆凸。爪不分裂，基部具齿。

取食对象：榆四麦棉蚜、苹果蚜、杨缘纹蚜。

分布：河北、东北、山东、西北、湖北、四川、贵州、云南；俄罗斯。

(283) 菱斑巧瓢虫 *Oenopia conglobata conglobata* (Linnaeus, 1758)（图版 XX：8）

曾用名：多星瓢虫、多星瓢虫。

识别特征：体长 4.4～4.9 mm，宽 3.1～3.7 mm。椭圆形，半圆形拱起；背面光裸；头黄白色。触角、口器黄褐色，复眼黑色；前胸背板暗黄色，具 7 形状、大小不同的黑斑；小盾片黑色或黄褐色，边缘黑色；鞘翅暗黄色，每翅具 8 大小不一的黑斑，鞘缝黑色；腹面黑色。腹部外缘及端部部分褐色或黄褐色，中胸后侧片黄色；头部、前胸背板刻点细密而浅，鞘翅细密而深。前胸背板前缘宽深凹，侧缘弧形，基部弧形，中部直；前角尖，后角明显。小盾片三角形。鞘翅基部较宽，外缘显隆至端角，内侧纵槽明显，端角宽圆，弱上翘。雄性第 5 腹板基部直，第 6 腹板弧凹；雌性第 5 腹板基部直，第 6 腹板尖弧形凸。爪细小，具基齿。

分布：河北、黑龙江、内蒙古、山西、山东、河南、西北、江苏、安徽、浙江、福建、四川、西藏；古北界。

(284) 梯斑巧瓢虫 *Oenopia scalaris* (Timberlake, 1943)（图版 XX：9）

识别特征：体长 4.2～4.3 mm；宽 2.5～2.6 mm。卵圆形，背面略拱起，光滑无毛。头黄色，额后缘黑色，并在中部向后延伸。前胸背板黄色，具 1 黑色大基斑，中线亦黄色。小盾片黑色。鞘翅黑色，各 3 黄色斑，均近鞘缝，前斑三角形，与鞘翅基缘相接；中斑大，卵形；后斑圆，略比中斑小。鞘翅周缘黄色，边缘呈波状，在两黄斑间凹。

取食对象：蚜虫。

分布：河北、北京、河南、宁夏、福建、台湾、广东；朝鲜，日本，越南。

(285）龟纹瓢虫 *Propylea japonica* (Thunberg, 1781)（图版 XX：10）

识别特征：体长 3.8～4.7 mm，宽 2.9～3.2 mm。长圆形，弧拱；黄色，光裸；雄性头部额上基部在前胸背板下为黑色，雌性额上有三角形黑斑或扩展至整个头部。触角、口器黄褐色；复眼黑色；前胸背板中间具大黑斑，基部与基部相连，有时扩展至整个前胸背板，仅前缘和基部黄色；小盾片黑色；翅面具斜长形肩斑及侧斑，斑纹常有变异，翅缝黑色；雌性胸部各腹板黑色，雄性前、中胸腹面中部黄褐色，中、后胸腹面后侧片白色；腹部腹板中部黑色而边缘黄褐色；足黄褐色；头部刻点细密而浅，鞘翅粗大而深。前胸背板介于二者之间。前胸背板前缘浅凹，侧缘较直；前角锐，后角钝。小盾片三角形。鞘翅外缘明显外伸，端角尖。雄性第 5 腹板基部直，第 6 腹板近于直；雌性第 5 腹板基部弱凸，第 6 腹板基部圆凸。爪不分裂，基部具齿。

分布：河北、北京、东北、内蒙古、山东、陕西、宁夏、甘肃、新疆、华东、华中、华南、四川、贵州、云南；俄罗斯，日本，印度。

（286）方斑瓢虫 *Propylea quatuordecimpunctata* (Linnaeus, 1758)（图版 XX：11）

识别特征：体长 3.5～4.5 mm。卵形，弱拱。头部白色或黄白色，头顶黑色；雌性额中部 1 黑斑，有时与黑色头顶相连。前胸背板白色或黄白色，中基部 1 大型黑斑，黑斑的两侧中间常向外凸出，有时黑斑扩大，侧缘及前缘色浅，通常雌性黑斑较大；或偶尔前胸背板黄白色，具 6 黑斑。小盾片黑色。鞘翅黄色或黄白色，翅缝黑色，翅面斑纹变异大。足黄褐色。

取食对象：棉蚜、玉米蚜、高粱蚜、菜蚜、豆蚜、木虱、叶螨。

检视标本：围场县：5 头，塞罕坝大唤起 80 号，2015–VI–01，塞罕坝普察组采；1 头，塞罕坝北曼甸十间房，2015–VIII–12，塞罕坝普察组采。

分布：河北、东北、陕西、甘肃、新疆、江苏、贵州；蒙古，俄罗斯，朝鲜，日本，欧洲。

（287）二十二星菌瓢虫 *Psyllobora vigintiduopunctata* (Linnaeus, 1758)（图版 XX：12）

识别特征：体长 3.7～4.1 mm，宽 2.9～3.2 mm。椭圆形，半圆形拱起；体色鲜明，背面光裸；头部浅橙色。触角、口器褐色；复眼黑色；前胸背板浅橙色，具 5 黑斑；小盾片黑色；鞘翅浅橙色，每翅具 11 黑斑；足褐色，有时腿节近端部有黑斑；刻点细密，头部、前胸背板很浅，鞘翅较深。前胸背板前缘浅凹，前角及侧缘明显翻卷。鞘翅外缘明显翻卷，向后渐细窄，纵槽基半部明显深宽，向后变窄浅。前胸腹面无纵隆线；中胸腹面前缘全部浅宽弧凹；后基线弧形后伸到腹板基部，向外平行，不达侧缘；雄性第 5 腹板基部近直，第 6 腹板直，中部弱凹；雌性第 5 腹板基部中叶舌形凸出，第 6 腹板尖凸。足细长，爪长，不分裂，基齿尖细。

检视标本：围场县：5 头，塞罕坝大唤起下河边，2015–VII–11，塞罕坝普察组采；1 头，塞罕坝北曼甸湾湾沟，2015–VII–05，塞罕坝普察组采；1 头，塞罕坝阴河前曼甸，2015–VII–01，塞罕坝普察组采。

分布：河北、北京、河南、新疆、上海、四川；蒙古，俄罗斯，韩国，朝鲜，中亚，欧洲。

（288）红褐粒眼瓢虫 *Sumnius brunneus* Jing, 1983（图版 XXI：1）

识别特征：体长 5.8～6.2 mm；宽 3.8～4.2 mm。长椭圆形。前胸背板背面略平坦，鞘翅背面弧形隆起。背面、腹面及足均红褐色，被金黄色细密的毛。前胸背板宽度约等于鞘翅肩胛突起间的宽度，前角宽圆，外侧缘宽弧形；前胸背板前内侧的 1/3 有明显的凹陷。鞘翅不具斑纹，但外缘具 1 黑褐色窄隆线，沿鞘翅周缘 1 浅色周边。腹板第 1 腹板的后基线呈圆弧形。

分布：河北、北京、山西、河南、四川、云南。

（289）十二斑褐菌瓢虫 *Vibidia duodecimguttata* (Poda von Neuhaus, 1761)（图版 XXI：2）

识别特征：椭圆形，半圆形拱起；背面光裸；头乳白色，无斑纹。触角黄褐色；复眼黑色；前胸背板和鞘翅褐色。前胸背板两侧各 1 乳白纵条，有时分为前角和后角 2 斑；每翅 6 个乳白色斑；前、中胸腹面及侧片乳白色，其他部分和足黄色至黄褐色；头、前胸背板刻点细浅不明显，鞘翅圆且粗深。前胸背板较扁平，前缘弱弧凹，侧缘明显翻起，纵槽宽且深。小盾片等边三角形。鞘翅侧缘外伸狭窄，外伸部分与拱起分界明显。雄性第 5 腹板基部直，第 6 腹板无纵凹；雌性第 5 腹板基部中叶舌形微凸，第 6 腹板中间纵凹浅沟状。爪细小，完整，基齿宽大。

取食对象：椿树白粉菌。

分布：河北、北京、吉林、上海、浙江、福建、河南、湖南、广东、广西、四川、贵州、云南、西藏、陕西、甘肃、青海；俄罗斯，日本，朝鲜，欧洲。

68. 蚁形甲科 Anthicidae

（290）三斑一角甲 *Notoxus trinotatus* Pic, 1894

曾用名：三点独角甲、一角甲。

识别特征：体长 4.2～5.3 mm。细长，棕黄色，头大向下，复眼黑色外凸，眼后收缢。触角丝状，11 节，末端略膨大。前胸背板略呈球形，前区有 1 角状凸起，超过头长，尖端暗色，鞘翅明显宽于前胸背板。每翅 3 黑点：肩下方近翅缝处 1 黑点，翅端外侧和鞘翅中部各 1 黑点，黑点的形状和大小变异较大，翅面密被成行的黄短毛。

分布：河北、北京、天津、黑龙江、吉林、内蒙古、山东、陕西、宁夏、甘肃、新疆；蒙古，俄罗斯，朝鲜半岛，日本，中亚。

69. 赤翅甲科 Pyrochroidae

（291）淡红伪赤翅甲 *Pseudopyrochroa rufula* (Motschulsky, 1866)

识别特征：体长 6.5～10.0 mm；前胸背板和鞘翅赤色，头前方、复眼、触角、小盾片和足均暗黑色。复眼间头部无横隆。触角11节，栉齿状（雄性）或锯齿状（雌性）。前胸背板宽大于长，钝角状，最宽处位于中部后方，侧缘直线状变窄，盘区具中纵沟（以雌性明显）。鞘翅基部显宽于前胸背板，鞘翅外缘从基部向后部弧状弯扩，至端部呈弧状变窄，翅缝弧形裂开。

分布：河北；俄罗斯，日本。

70. 芫菁科 Meloidae

(292) 大头豆芫菁 *Epicauta megalocephala* (Gebler, 1817)（图版 XXI：13）

曾用名：小黑豆芫菁、小黑芫菁。

识别特征：体长 6.0~13.0 mm，宽 1.0~3.0 mm。黑色，额中间有长圆形小红斑。头圆形，两侧平行，后角圆，基部平直，背面刻点较粗密和光亮。触角基部内侧1对圆形亮瘤；唇基与头部刻点细疏，前缘光亮；上唇刻点与唇基等同。触角向后伸达鞘翅中部（雄性）或 1/3（雌性）。前胸背板前面 1/3 处最宽，之前骤然变窄，之后近平行，基部直；盘区的中线明显，基部中间显凹，布与头部一样的刻点。鞘翅两侧平行，肩圆；盘上刻点较前胸等大，甚密。腹面光亮，肛节背板前角明显，前缘近直，基部中间具三角形缺刻，雌性直，背面刻点细疏。足细长，胫节直，2 距尖直；前足第 1 跗节侧扁，基部细，端部刀状，在雌性则为柱状。

取食对象：大豆、马铃薯、甜菜、花生、菠菜、黄芪、锦鸡儿、沙蓬、苜蓿。

分布：华北、东北、河南、西北、安徽、四川；蒙古，俄罗斯，韩国，哈萨克斯坦。

(293) 西北豆芫菁 *Epicauta sibirica* (Pallas, 1773)（图版 XXI：4）

曾用名：红头豆芫菁、西伯利亚豆芫菁、红头黑芫菁。

识别特征：体长 12.5~19.0 mm，宽 4.0~5.5 mm。黑色，头大部分红色。触角略长于头和胸的长度之和；雌性丝状，各节布稠密刺毛；雄性第 4—9 触角节栉齿状。前胸背板长宽近相等，两侧平行，前端较窄；盘区密布细刻点和细的短黑毛，中间 1 纵凹，基部之前具 1 三角形凹。鞘翅外缘及端部具灰白色窄毛带。后胸腹面两侧布稀疏的灰白色毛。前足除跗节外均被白色毛。

取食对象：玉米、花生、豆类、锦鸡儿、甜菜、马铃薯、南瓜、向日葵、苜蓿、刺槐、桐属、黄芪。

检视标本：围场县：2 头，塞罕坝阴河白水，2015–VI–26，塞罕坝普察组采；1 头，塞罕坝二道河口，2015–VI–26，塞罕坝普察组采。

分布：华北、东北、河南、西北、四川；蒙古，俄罗斯，日本，哈萨克斯坦。

(294) 凹胸豆芫菁 *Epicauta xantusi* Kaszab, 1952（图版 XXI：5）

识别特征：体长 11.0~17.0 mm，宽 2.8~3.5 mm。黑色，额中间有长梭形红斑。

头顶具深色中纵线，额上1对发亮圆瘤。前胸背板窄于头部，前端1/3最宽，在此之前骤然变窄，之后两侧平行，基部直；盘区中线明显，基部中间显凹，刻点甚为细密。鞘翅两侧平行，肩圆；盘区刻点细密。肛节前缘近直，基部中间具三角形小凹，背面刻点粗而稀疏。足细长，胫节直；前足第1跗节侧扁（雄性）或柱状（雌性）。

取食对象：藜科。

分布：华北、辽宁、陕西、宁夏、江苏、上海、湖北、江西、广西、四川。

（295）横纹沟芫菁 *Hycleus solonicus* (Pallas, 1782)

识别特征：体长15.2～21.5 mm；宽3.2～6.7 mm；无黄毛。鞘翅斑纹如下：肩部1纵斑，向后至1/4处，向前达基部沿基缘至小盾片侧面；翅面1/4近翅缝处1圆斑；中间靠后1横斑，偶2裂；端1/4处2斑，翅缘侧斑弧形，较大，翅缝侧斑小，圆形；沿端缘1黑色窄缘斑。雄性前足跗节外侧被长毛，第1跗节略短于末节。

分布：河北、黑龙江；蒙古，俄罗斯，朝鲜。

（296）绿芫菁 *Lytta caraganae* (Pallas, 1781)（图版XXI：6）

识别特征：体长10.0～25.0 mm。蓝绿色，具金属光泽。头三角形，后角圆，具粗刻点；额中间具黄色椭圆斑，后头中间至额浅凹。触角间头顶的刻点较后头的略小；上唇前缘微凹；唇基基半部褶皱，半透明。触角向后伸达鞘翅基部。前胸背板近六边形，基部1/4最宽，由此向前强烈收缩，向后渐收缩，端宽于基部；前角凸出（雄性）或圆形（雌性），后角宽圆，基部中间深凹，散布刻点。小盾片舌状。鞘翅皱纹状，具2纵脊，肩部凸出。第5腹板深凹，倒数第2节前缘弧凹，第9背板近方形，端部具黑毛。雄性前足胫节外1端距呈钩状；前足第1跗节基部细，端部斧状；雄性中足转节具1刺突，而雌性则无；后足转节具瘤突。

取食对象：花生、苜蓿、黄芪、柠条、槐属、水曲柳。

分布：华北、东北、山东、西北、江苏、上海、安徽、浙江、江西、华中；蒙古，俄罗斯，朝鲜，日本。

（297）绿边绿芫菁 *Lytta suturella* (Motschulsky, 1860)（图版XXI：7）

识别特征：体长13.0～28.0 mm，宽3.0～10.0 mm。蓝或绿色，具金属光泽。头三角形，散布刻点及短毛；额中间具橘黄色椭圆斑；后头中间具浅凹，后头两侧刻点明显多于盘区；唇基基半部透明、光滑，中基部具黄色长毛及刻点；上唇前缘近直角凹。触角向后伸达身体之半。前胸背板近倒梯形，几乎无刻点，散布黄色短毛；中间具浅纵凹，其与前角间圆凹（雄性）或不凹（雌性），在纵凹与前胸背板基部之间具1三角形凹。小盾片三角形。鞘翅具几乎扩展至整个鞘翅的黄色宽长条带。第5腹板基部深弧凹（雄性）或锐凹（雌性），倒数第2节基部浅凹，第8背板基部钝凹。前足胫节1距（雄性）或2距（雌性）；中足胫节距的端半部拱弯（雄性）或直（雌性）；后足胫节内端距基半部细，端半部掌状，外端距细，端部略钩状。

取食对象：水曲柳、柠条、蚕豆、白蜡、刺槐、忍冬属、柠条锦鸡儿。

分布：河北、辽宁、内蒙古、山西、河南、宁夏、青海、新疆、江苏、上海、广西、贵州；俄罗斯，韩国，日本，塔吉克斯坦。

（298）四星栉芫菁 *Megatrachelus politus* (Gebler, 1832)（图版 XXI：8）

识别特征：体长 2.5～4.0 mm；宽 6.5～11.5 mm。体型较扁，黑亮，被稀疏白色长毛。头黑色，略呈方形，刻点粗密，下方被白色长毛；额中间 1 光滑圆凸，其后方 1 对浅凹；复眼褐色较大；下颚须末节端部膨大，暗褐色。触角丝状，细长并被毛。前胸背板长大于宽，两侧平行；表面凹凸不平，刻点粗大且稀疏，近基部 1 宽浅横沟，近端部 1 对浅凹，端部 1 褐色带，中间 1 凹。小盾片舌形，黑色，中间 1 纵沟。鞘翅淡黄至橙黄色，肩突表面皱纹状，无毛；每翅近基部和端部各 1 小黑圆斑，翅长度盖过腹端；外侧隆边窄而明显。足细长黑色，腿节略呈棕色，前足腿节、后胸腹板及腹部腹板被白色长毛。前足胫节无端距，第 1 跗节宽扁呈刀片状；后足胫节外端距较粗，顶钝，内端距细尖。具 2 黄色爪片，内爪片上 1 列长锯齿。

分布：河北、黑龙江、内蒙古；蒙古，俄罗斯，韩国，朝鲜，日本。

（299）紫短翅芫菁 *Meloe coarctatus* Motschulsky, 1858

识别特征：体长约 16.0 mm。亮蓝黑色。头背布稠密刻点，额区两复眼间 1 对突起。上唇基部平直，侧缘弯曲，端部略凹，背面密布褐色短毛。触角 11 节，第 7 节倒心形且端部凸出。前胸背板长大于宽，盘区密布刻点，基部 1 对凹，其内光滑无刻点且与基部相连。鞘翅基部略宽于前胸背板，翅基显凹，具弱金属光泽，表面具纵向细皱纹。足的各部分下侧和两侧具黑短毛，跗爪褐色。腹板后缘凹入。

分布：河北、北京、内蒙古；日本。

（300）圆胸短翅芫菁 *Meloe corvinus* Marseul, 1877（图版 XXI：9）

曾用名：圆胸地胆。

识别特征：体长 10.0～15.5 mm。黑青色，鞘翅略橘红色。头方形，有稠密粗刻点，两颊近平行；上唇基部直，两侧缘圆弯，密布黄褐色短柔毛，端部凹；唇基基部圆弧形，侧缘弯曲，背面密布黄褐色长柔毛。触角念珠状。前胸背板窄于头，侧缘圆形（雄性）或近平行（雌性），基部凹；盘区刻点粗密，基部中间有近三角形浅凹，浅凹刻点稀疏。鞘翅表面布稠密的不规则皱纹。腹板末节略凹。

取食对象：成虫为害豆科植物、荠芥、杂草等，幼虫为害蜜蜂。

分布：河北、东北、内蒙古、河南、浙江；俄罗斯，韩国，日本。

（301）曲角短翅芫菁 *Meloe proscarabeaus proscarabaeus* Linnaeus, 1758（图版 XXI：10）

识别特征：体长 12.0～42.0 mm。黑色，无光泽。头方形，有稠密粗刻点；额区 1 细纵缝与唇基相连；上唇基部直，两侧平行，端部中间略凹，背面有稠密褐色短柔毛；唇基中基部有稠密具褐色长柔毛刻点。触角 11 节。前胸背板端部 1/6 最宽，侧缘近平行且与基部相连，基部略凹；前角钝，后角直；盘区粗糙，布稠密大刻点。鞘翅表面有稠密纵皱纹。腹板基部略凹。

分布：华北、黑龙江、辽宁、甘肃、安徽、湖北、四川、西藏；俄罗斯，韩国，朝鲜，日本，欧洲。

（302）圆点斑芫菁 *Mylabris aulica* Ménétriès, 1832

识别特征：体长 10.0~22.0 mm，宽 2.6~6.7 mm。黑色，光亮，密布刻点和黑毛；额上 2 红褐色圆斑。触角末节侧扁，卵圆形，顶圆，长宽比小于 2.0。鞘翅黄色，黑斑 2-1-2 型排列，斑纹大小变化较大，偶见后侧 2 圆斑愈合者。

分布：华北、黑龙江；俄罗斯，哈萨克斯坦。

（303）西北斑芫菁 *Mylabris sibirica* Fischer von Waldheim, 1823（图版 XXI：11）

识别特征：体长 7.5~15.5 mm，宽 1.8~4.3 mm。黑亮。唇基中基部疏布粗大浅刻点，被黑长毛；额微凹，中间有不明显纵脊，前端两侧各 1 红色小圆斑；上唇前缘直，刻点细，被毛较唇基短。触角向后伸达鞘翅肩部（雄性）或达到前胸背板基部（雌性）。前胸背板长宽近相等，基部 1/4 最宽，由此向端部和基部渐收缩；沿中线有圆凹，基部中间有椭圆形凹。鞘翅密布黑长毛，斑纹多变，有时端斑中间深凹。第 5 腹板基部弧凹（雄性）或直（雌性）；第 9 背板近倒梯形，基部弧凹，后角被毛。前足胫节下侧密被淡黄色短毛（雄性）或黑长毛（雌性）；跗爪背叶下侧无齿。

取食对象：成虫取食甜菜、马铃薯、大豆、油茶、桐属植物和菜豆等；幼虫捕食蝗卵。

分布：河北、内蒙古、山西、陕西、宁夏、甘肃、新疆；俄罗斯，吉尔吉斯斯坦，哈萨克斯坦，欧洲。

（304）丽斑芫菁 *Mylabris speciosa* (Pallas, 1781)（图版 XXI：12）

曾用名：红斑芫菁。

识别特征：体长 15.0~24.0 mm，宽 3.6~6.8 mm。黑色，具金属光泽。唇基后半部布稀疏粗浅刻点和黑毛；额微凹，中间具 1 倒心形红斑和细纵沟；上唇前缘直，中部具刻点和短毛。触角近丝状，向后伸达鞘翅肩部，末节较短，长不超过宽的 2.0 倍，雌性仅达前胸背板基部。前胸背板长宽近相等，基半部两侧近平行，中部向端部渐收缩，中部和基部中间各 1 浅凹。鞘翅黄色，密布黑短毛，基部黑斑不与中斑相连，黑缘斑弧形。腹部被黑长毛，第 5 腹板基部深（雄性）或直（雌性），至多中部有小缺刻；第 9 背板近倒梯形，基部中间具深凹，端部被毛。

取食对象：成虫取食枸杞、草木樨、胡麻、苜蓿、紫苑、马蔺的花器；幼虫捕食蝗卵。

分布：河北、天津、东北、陕西、甘肃、青海、宁夏、江西；蒙古，俄罗斯，阿富汗，乌兹别克斯坦，哈萨克斯坦。

71. 拟天牛科 Oedemeridae

（305）黑胫菊拟天牛 *Chrysanthia geniculata geniculata* Schmidt, 1846

识别特征：体长 12.0 mm。眼间距宽于触角窝间距。触角丝状，端节顶端圆，着生于复眼外面。上颚分裂。前足胫节端距 2 枚或无。爪简单。跗节的跗垫为 1–1–1 式，肛节短，端部凹，第 8 腹节的凸出物可见。中后腿节端部或胫节黄色。

分布：河北、内蒙古、陕西、甘肃、青海、湖北、四川；蒙古，俄罗斯，朝鲜，日本，哈萨克斯坦北，土耳其，亚美尼亚，格鲁吉亚，罗马尼亚，匈牙利，斯洛伐克，波兰，瑞典，瑞士，法国。

（306）光亮拟天牛 *Oedemera lucidicollis flaviventris* Fairmaire, 1891（图版 XXII：1）

曾用名：黄胸拟天牛。

识别特征：体长 4.9~7.6 mm。多数青蓝色，少数墨绿色，口器和跗节栗棕色至乌黑色。前胸背板橙色。头短，眼隆，眼为头部的最宽处，略宽于前胸背板。触角先后伸达鞘翅的 3/4，端节的后半部分骤然变窄，表面具稀疏小刻点或细皱纹，布稀疏黄软毛，略光亮或无光泽。前胸背板长宽相等或长略大于宽，心形，前面深凹，中间无纵脊，盘区几乎无刻点，光亮或无，布细皱纹，近于无毛。后足腿节适度至强烈变粗。鞘翅侧缘轻微弯曲；翅肋粗壮，表面具细皱纹，布稀疏的棕色直立毛，无光泽，端部布刻点，略光亮。

分布：河北、北京、黑龙江、山东、陕西、浙江、江西、福建、华中、四川、贵州；朝鲜。

（307）黑跗拟天牛 *Oedemera subrobusta* (Nakane, 1954)（图版 XXII：2）

识别特征：体长 5.7~9.4 mm。暗绿橄榄色至灰蓝绿色，跗节和口器乌黑色，唇基锈色。头部长宽近相等；唇基前缘平，唇基梯形，两边向前变窄，唇基沟明显；额平坦，布细皱纹和稀疏黄细毛，无光泽至略带光泽；眼为头部的最宽处。触角线状，向后超过鞘翅长度之半，第 1—2 节端部膨大，第 3—10 节圆柱形，端节一侧略窄。前胸背板心形，长宽近于相等或长略大于宽，前缘圆凸，无毛，无饰边；基部中间微凹，略呈波状；前、后角钝圆；盘区的窝发达，中纵脊发达至缺失。盘区无光泽至略带光泽。小盾片三角形，被毛。鞘翅端部变窄，侧缘不凹陷，中缝微凹；盘区布稀疏的黄细毛和细皱纹，端部刻点稠密，无光泽至略光亮。足细长，爪简单，后足腿节不变粗。

检视标本：围场县：3 头，塞罕坝阴河白水，2015-VIII-05，塞罕坝普察组采；9 头，塞罕坝阴河红水，2015-VI-28，塞罕坝普察组采。

分布：河北、内蒙古、陕西、甘肃、青海、湖北、四川；蒙古，俄罗斯，朝鲜，日本，哈萨克斯坦北，土耳其北，亚美尼亚，格鲁吉亚，罗马尼亚，匈牙利，斯洛伐克，波兰，瑞典，瑞士，法国。

72. 拟步甲科 Tenebrionidae

(308) 中华琵甲 *Blaps* (*Blaps*) *chinensis* (Faldermann, 1835)（图版 XXII：3）

识别特征：体长 18.0~20.0 mm；宽 6.5~7.0 mm。体细长，较隆起，黑色，鞘翅扁平有绸缎光泽。头部和前胸背板散布稀疏的浅小刻点，上唇窄而前缘略凹。前胸背板长和宽约相等，有背中线：盘区密布小刻点，两侧近直，前端较窄；前角钝圆，后角尖。略向后凸出。鞘翅刻点较醒目，有 8 条明显的纵纹。前胸腹板非常独特，在前足基节之间有明显的沟，腹突向后水平地伸直，端部具尖，不在基节后方弯折。足细长，胫节瘦而直，跗节下侧有短毛。雄性身体较短。

分布：华北、辽宁、山东、河南、陕西、甘肃、宁夏、湖北、江西。

(309) 油泽琵甲 *Blaps* (*Blaps*) *eleodes* Kaszab, 1962

识别特征：体长 15.0~16.0 mm，宽 6.5~7.0 mm。黑色，具油光；长卵形。头较长，上唇近方形，前缘直，被棕色长毛；唇基前缘弧凹，侧缘与颊间钝凹，刻点细疏；额唇基沟多角状拱弯；前颊于眼前突然收缩；头顶略拱起，细刻点稀疏。触角细长，超过前胸背板基部。颏尖桃形，中间隆起，具稠密细刻点。前胸背板近方形，宽略大于长；前缘直，无饰边；侧缘端 1/3 最宽，向前后浅凹收缩，近基部近平行，饰边细；基部近直，无饰边；前角圆钝，后角直角形；盘区略隆起，有稀疏细刻点。小盾片隐藏。鞘翅长卵形；基部与前胸背板基部近等宽；侧缘圆弧形，中部最宽，背观仅见基部饰边；盘区扁平，基部略隆起，具略稠密的细长刻点；无翅尾，少数尖圆形。足细长，腿节基半部具稠密的金黄色毛；后足胫节细瘦，略呈"S"形，内侧从中部以后到端部具稠密直立的金黄色毛；后足跗节长。

分布：河北。

(310) 弯齿琵甲 *Blaps* (*Blaps*) *femoralis femoralis* (Fischer von Waldheim, 1844)（图版 XXII：4）

识别特征：体长 16.0~22.0 mm。体中等长度，黑色，无光泽或有弱光泽。横椭圆形，几乎无缺刻；唇基前缘中部较直并有棕色毛，两侧弱弯，略隆起；头顶有刻点；头部刻点不明显或只在前缘明显，唇基沟浅凹。触角顶部有棕褐色毛区，末节不规则尖卵形，前面大部分为棕褐色毛区。前胸背板方形；前缘深凹、无边；侧缘基半部直，端半部收缩，具饰边；基部较直，无饰边；前角圆，后角直角形；盘被均匀圆刻点，侧缘低凹。前胸背板有纵皱纹，前胸腹突中间浅凹，其折下部分的顶端直角形弯曲并具毛。鞘翅侧缘长圆弧形，中间最宽，饰边前面 1/3 在背面可见；背面密布扁平横皱纹；背面圆拱起，从背观鞘翅端部三角形，雄性翅尖短小，在雌性几乎不明显，翅尖背面具沟。前足腿节下侧端部有发达的沟状齿；中足腿节的齿很钝。前足胫节直，端部不变粗；中、后足胫节端部喇叭状；后足胫节弯曲。雄性腹部在第 1、2 节间有锈红色刚毛刷，第 1 腹板前缘的凸出部分布横皱纹，其两侧及第 2、3 节有细纵皱纹，端部 2 节有细刻点。有些个体翅上的皱纹变为粒突，尤其在翅的后端。

分布：河北、内蒙古、山西、陕西、甘肃、宁夏；蒙古。

(311) 皱纹琵甲 *Blaps (Blaps) rugosa* Gebler, 1825（图版 XXII：5）

曾用名：扁长琵甲、皱纹琵琶甲。

识别特征：体长 15.0～22.0 mm；宽 7.5～10.0 mm。黑色，有弱光泽，长椭圆形，较宽。从头部向鞘翅的 2/3 处略扩展。上唇长方形，前缘凹入并有稠密的棕色刚毛；须简单，椭圆形；唇基前缘，两侧弱弯，侧角略凸出，额唇基缝显见，侧缘与前颊连接处有浅凹；头顶中间隆起，有稠密粗刻点；复眼横形，前颊向前变窄；背面密被粗刻点，唇基缝明显；上唇有细毛。触角第 4—6 节短，长宽近相等，第 3 节最长，第 7 节粗圆柱形，第 8—10 节横圆球形，末节不规则卵形，端部 4 节前端被黄褐色感觉毛。前胸背板方形，宽大于长 1.2 倍；前缘弧凹，两侧具饰边；侧缘前端略收缩，中后面近平行，饰边细而完整；基部近直截，无饰边；后角向后略凸出；盘的前面倾斜，后面扁平，中沟较显，刻点较密，沿侧缘均匀降低。前胸侧板有纵皱纹，尤其以基节附近最明显。鞘翅盘区圆拱，横皱纹短而明显；翅尾短。

检视标本：围场县：1 头，塞罕坝千层板长腿泡子，2015–VII–23，塞罕坝考察组采；1 头，塞罕坝阴河丰富沟，2016–VIII–10，周建波采。

分布：河北、内蒙古、吉林、辽宁、陕西、宁夏、甘肃、青海；蒙古，俄罗斯（西伯利亚）。

(312) 杂色栉甲 *Cteniopinus hypocrita* (Morseul, 1876)（图版 XXII：6）

识别特征：体长 11.0～13.0 mm；宽 3.5～4.5 mm。体窄长。前胸背板、鞘翅及足黄色，其余褐色至黑色。头较短，上唇较长，近正方形，前缘具凹，色较浅，盘区疏布具黑毛细刻点；唇端部光裸栗色，侧缘具浅色长毛，中部布具黑伏毛刻点。触角长度达到鞘翅中部；口须全深色，端节端缘浅色。前胸背板近梯形，较窄，由基部向前缓慢收缩；端缘与基缘具饰边，侧缘近基部饰边可见，盘区拱起，密布黄毛和细刻点；纵中近基部具圆凹。小盾片近舌状，基半部与边缘深色，端半部黄色，布纵皱纹与绒毛。鞘翅窄长；饰边与中缝栗色；盘区密布伏毛；行间扁拱。足基节、转节黑色，腿节、胫节黄色，跗节色略深；密被深色毛，距与爪较细长。前胸背板全黄色或近中部深色，前胸腹板深色密布长毛。

取食对象：成虫取食植物花粉。

分布：河北、东北、河南、陕西、甘肃、湖北、四川、贵州、西藏；俄罗斯，日本。

(313) 蒙古高鳖甲 *Hypsosoma mongolica* Ménétriés, 1854（图版 XXII：7）

识别特征：体长 9.0～11.0 mm；宽 4.0～5.0 mm。体尖卵形，略扁，漆黑色，略光亮。唇基前缘直截,侧缘和前颊弱弧形;前颊较眼窄;眼褶弱隆且短;后颊向后直收缩;头顶平坦。触角间具1对凹坑,圆形刻点自端部向基部渐变为长至长卵形,在眼后为卵圆形。触角向后长达前胸背板基1/4处,内缘弱锯齿状,末节扁卵形。颏顶圆弧凹。前胸背板横阔,前缘宽凹,饰边中断;侧缘圆弧形,近基部直缩;后缘弱双弯状;前角尖钝,后角尖直角形后凸;中线窄,不光滑,盘上椭圆刻点稠密。小盾片小,鞘翅近卵形;基部弱弧弯,饰边完整;侧缘3条纵脊在端部消失,缘折刻点稀疏;翅背平坦,卵形刻点与其间距近等宽,脊沟模糊,并向端部渐消失。腹部隆起,浅刻点稀疏;前足胫节外侧端部弱角状,端距粗短。

分布:华北、辽宁、河南、陕西。

(314)暗色圆鳖甲 *Scytosoma opacum* (Reitter, 1889)(图版 XXII:8)

识别特征:体长 8.5~10.0 mm;宽 3.0~4.5 mm。体长卵形,黑色,无光泽。头部横阔;唇基隆起,前缘直,与颊间压痕清楚;前颊在眼前平行,较眼窄;眼卵形,眼褶弱隆;后颊向后弱收缩。触角间横凹;刻点在唇基圆形、在余部卵形,均较其间距大,部分纵向会合。触角向后长达前胸背板基部,内侧锯齿状;第 6—10 节倒梯形,末节近菱形。颏略隆,前缘弧凹,小刻点稠密。前胸背板与翅等宽或略窄;前缘弧凹,饰边在中间变弱或断开;侧缘圆弧形,端 1/3 处最宽,近基部略直,饰边细;基部弱双弯状,雄性两侧具饰边、雌性无饰边;前角直、后角圆钝角形;盘略拱起,无中线,稠密的长卵形刻点较其间距宽,部分纵向会合。小盾片短舌状。前胸侧板纵长棘粒突稠密;中、后胸腹板的具毛小刻点稀疏均匀。鞘翅卵形;基部强烈弯曲,肩角直立;缘折粗糙;翅背鲨皮状,翅肋可见,翅缝凹陷,小颗粒稠密,向后渐消失。足细短;前足胫节下侧粗糙,仅端部膨大。

分布:华北、宁夏。

(315)黑足伪叶甲 *Lagria atripes* Mulsant & Guillebeau, 1855(图版 XXII:9)

识别特征:体长 8.0~8.9 mm。体横宽,前黑色。触角、中胸小盾片和足黑褐色,鞘翅褐色;被长且直立的黄色茸毛。头部窄于前胸背板,下颚须末节锥形,上唇、唇基前缘弧形凹,额唇基沟深,长弧形;额侧突基瘤不发达,额不平坦,布粗密刻点,头顶不隆凸;颊短,眼后发达;复眼细长,眼间距为复眼横径的 2.0 倍。触角仅伸达鞘翅肩部。触角节简单,第 3—10 节逐渐变短变粗,第 11 节略大于其前 2 节长度之和。前胸背板刻点粗密,中间纵向具深的压痕;基半部收缩,前、后角凸出不明显。鞘翅宽阔,刻点甚密,刻点间约 1 个刻点直径,翅缝隆起;肩部隆起;鞘翅饰边除肩部外可见。

分布:河北、宁夏;俄罗斯,伊朗,土库曼斯坦,土耳其,欧洲。

(316)多毛伪叶甲 *Lagria hirta* (Linnaeus, 1758)(图版 XXII:10)

曾用名:林氏伪叶甲。

识别特征：体长 7.5～9.0 mm。体细长，前体比例小，前黑色。触角、中胸小盾片和足黑褐色，鞘翅褐色，有较强的光泽，但触角鞭节光泽较弱；头、前胸背板被长且直立的深色毛，鞘翅被长且半直立的黄色茸毛。头部与前胸背板约等宽，下颚须末节锥形，上唇、唇基前缘弧形凹陷，额唇基沟深，长弧形；额侧突基瘤不发达，额不平坦，布较稀疏的粗刻点，头顶不隆凸；颊短，眼后不发达；复眼大，前缘浅凹，甚隆凸，明显高于眼间额，眼间距与复眼横径约相等。触角向后远超过鞘翅肩部。触角节简单，第 3—10 节逐渐变短变粗，第 11 节端部尖削，等于其前 3 或 4 节长度之和。前胸背板刻点稀小，有些个体前胸背板中间纵向有很浅的压痕，基部 1/3 处两侧有横压痕；基半部收缩，前、后角凸出不明显。鞘翅细长，平坦，有不明显的纵脊线，刻点小而杂乱，刻点间约为 1～3 个刻点直径；鞘翅饰边除肩部外可见。

分布：河北、天津、黑龙江、河南、陕西、宁夏、甘肃、四川；俄罗斯，中亚，西亚，摩洛哥，阿尔及利亚。

（317）黑胸伪叶甲 *Lagria nigricollis* Hope, 1843（图版 XXII：11）

识别特征：体长 6.0～8.8 mm。体细长，前黑色。触角、中胸小盾片和足黑褐色，鞘翅褐色，有较强的光泽，但触角鞭节光泽较弱；头、前胸背板被长且直立的深色毛，鞘翅被长且半直立的黄色茸毛。头窄于或等于前胸背板，下颚须末节锥形，上唇、唇基前缘浅弧凹，额唇基沟深，长弧形；额侧突基瘤微隆起，额布稀疏大小不等的刻点，头顶不隆凸；复眼较小，细长，前缘深凹，甚隆凸，明显高于眼间额，眼间距为复眼横径的 1.5 倍。触角向后约超过鞘翅肩部端部 3 节，第 3—10 节逐渐变短变粗，第 11 节略弯曲，端部弯曲，约等于其前 5 节长度之和或略短。前胸背板刻点稀小，有些个体中区两侧 1 对压痕；基半部略收缩，前、后角圆形。鞘翅细长，有不明显的纵脊线，刻点较稀疏，刻点间约为 4 个刻点直径；肩部隆起；鞘翅饰边除肩部外可见。

分布：河北、辽宁、新疆、福建、华中、重庆、四川；日本，朝鲜，俄罗斯（东西伯利亚）。

（318）红翅伪叶甲 *Lagria rufipennis* Marseul, 1876（图版 XXII：12）

识别特征：体长 6.9～8.5 mm。体极细长，雌性较宽阔，前黑色。触角、中胸小盾片和足黑褐色，鞘翅褐色，有较强的光泽，但触角鞭节光泽较弱；体被长且直立的黄色茸毛。头与前胸背板约等宽，下颚须末节锥形，上唇、唇基弧形凹，额唇基沟宽，长弧形；额侧突基瘤不甚发达，略高于唇基，额区窄小，刻点小而稀疏，头顶不隆凸；颊短，眼后不发达；复眼大，前缘浅凹，甚隆凸，明显高于眼间额，眼间距为复眼横径的 4/5。触角细长，远超过鞘翅肩部。触角节简单，第 3—10 节略依次变短变粗，末节略弯曲，等于其前 6 节长度之和。前胸背板刻点稀小；中部略后宽阔地收缩，端半部侧缘圆弧形，前、后缘抬起；后缘有边，前角圆形，后角略凸出。鞘翅细长，平坦，末端钝圆，一些不明显的纵脊线，刻点小而浅，刻点间约为 3 个刻点直径；背观鞘翅饰边在肩部和末端不可见。

取食对象：玉米、黄杨、大豆、葡萄、槐树、水稻。

分布：河北、北京、陕西、甘肃、宁夏、湖北、江西、四川；韩国，朝鲜，日本，俄罗斯（远东地区）。

(319) 锯角差伪叶甲 *Xanthalia serrifera* (Borchmann, 1930)（图版 XXIII：1）

识别特征：体长 4.0 mm。光亮，前体色较深（褐色），鞘翅与足色较浅（黄褐色）。头窄于前胸，下颚须末节斧状，上唇、唇基前缘均微凹陷，额唇基沟长弧形；额侧突基瘤略隆起，额不平坦，刻点粗密，头顶前方具压痕；复眼大，与眼间额齐平，眼间距为复眼横径的 2.0 倍。触角向后超过鞘翅肩部，第 3—10 节逐渐变短变粗，第 5—9 节腹面具光裸区域，末节最宽，近等于其前 4 节长度之和，腹面凹陷明显，内缘呈锯齿状。前胸背板倒梯形，隆凸，中区明显高于周缘，刻点细密；周缘饰边背观清楚，细弱。鞘翅刻点列清楚，两侧刻点列间有直立的长刚毛；背观鞘翅饰边细弱，完整可见；缘折向后逐渐变窄，仅基部 1/3 布稀疏刻点。末两节可见腹板黑褐色，前 3 节褐色。足腿节强壮，胫节直，后足基跗节等于其余 3 节长度之和。

分布：河北、福建、四川；韩国，朝鲜。

(320) 东方小垫甲 *Luprops orientalis* (Motschulsky, 1868)（图版 XXIII：2）

识别特征：体长 9.5 mm，宽 4.0 mm。体细长，倒卵形；栗褐色，光亮，具细绒毛。唇基隆起并被 1 条深横沟将其和额分开，触角着生处有不明显而平坦的突起；头背面散布粗刻点。下颚须末节弱斧状。触角粗长，渐向端部变宽，第 3 节比第 4 节略长，以后各节短圆锥形，末节粗并呈卵形。前胸背板扁长方形；前面圆形变宽，后侧波状收缩，后角较显；基部长而直，并有细饰边；背面略拱起，有明显刻点；小盾片半圆形并有若干刻点。鞘翅长是前胸背板长的 4.0 倍，两侧向中后部扩展，基部近平行，翅端圆形；肩瘤变圆；背面略扁，有较明显的刻小点，刻点稀疏，行纹模糊。前胸腹板的尖端粗，表皮痂状，在基部不明显，在基节之间明显。中胸腹板倾斜，无沟。鞘翅缘折窄狭，几乎达到鞘翅末端，表面有皱纹。胫节直；跗节腹面密被黄毛，后足第 1 跗节长是第 2、3 节之和。

取食对象：芦苇、草帘、粮粒；幼虫除取食小麦胚部和剥食小麦的皮层外，甚至可吃掉整粒小麦。

分布：河北、东北、内蒙古、山东、江苏、安徽、浙江、江西、湖南、华中、广西、云南、四川、贵州；朝鲜，日本。

(321) 网目土甲 *Gonocephalum reticulatum* Motschulsky, 1854（图版 XXIII：3）

识别特征：体锈褐色至黑褐色。前胸背板两侧浅棕红色。头部和前胸前角近等宽，背面有粗刻点；复眼前的颊向外斜伸，颊角很尖，颊和唇基之间微凹；唇基沟深凹，上唇宽大于长的 1.5 倍，两侧圆并各 1 棕色长毛束，唇基前缘宽凹但不太深。触角短，长达前胸背板中部，第 3 节长于第 2 节的 1.5 倍，第 4 节长与第 2 节相等。下颚须末节截形，下唇须末节纺锤形，长约等于其前 2 节之和。前胸背板宽是长的 2.0 倍，侧缘圆形且有少量锯齿，在后角之前略凹陷，最宽处超过基部宽的 1.06～1.1 倍；背面密布粗网状刻点和少量光滑粒点，其中 2 明显瘤突，大约位于前面 1/3 和外端 1/3 的交叉处；侧缘沿外侧宽而急剧变扁；后角尖直角形。鞘翅两侧平行，长大于宽的 1.6～1.7 倍；刻点行细而显著，行间发亮，整个身体背面密布黄色弯毛；前胸背板的刚毛自每点的中间伸出；鞘翅行间有 2 排不规则的毛列，刻点行上的刚毛从小圆刻点中间伸出。前足胫节外缘锯齿状，末端略凸出，前缘宽度与前跗节基部 3 节长度之和相等。

分布：华北、东北、西北；蒙古，朝鲜，俄罗斯（远东地区）。

（322）扁毛土甲 *Mesomorphus villiger* (Blanchard, 1853)（图版 XXIII：4）

曾用名：仓潜。

识别特征：体长 6.5～8.0 mm；宽 2.5～3.0 mm。黑褐色或棕色，无光泽，被稀疏、紧贴体壁的灰黄色毛。唇基前缘中间深凹，侧角钝，唇基沟不明显；前颊将复眼分隔为上下两部分，复眼外侧为颊的最宽处；眼较大；头背布稠密的脐状粗刻点，每点 1 黄长毛。触角向后不达前胸背板基部，第 8—10 节扁阔，端节梨形。前胸背板前缘浅凹，两侧具饰边；侧缘宽圆形弯曲，基部略前最宽，饰边完全；基部 2 湾，两侧具细沟；前角钝角形，后角近直角形；背板宽隆，具大小 2 种圆刻点。小盾片半六角形，布刻点。鞘翅基部与背板基部等宽，盘区具细刻点行，行间刻点小而稀疏，并着生 1 黄长毛。前足胫节向端部渐变宽，端宽等于第 1、2 跗节长度之和；跗节下侧有海绵状长毛；后足基跗节与末跗节等长。

取食对象：米、小麦、玉米、稻谷、麸皮、豆饼及各种储藏品。

分布：华北、东北、华南、西北地区东部；朝鲜半岛，日本，印度，菲律宾，阿富汗，萨摩亚群岛，澳大利亚，热带非洲。

（323）类沙土甲 *Opatrum subaratum* Faldermann, 1835（图版 XXIII：5）

识别特征：体长 6.5～9.0 mm；宽 3.0～4.5 mm。椭圆形，粗短，黑色，略锈红色，无光泽。触角、口须和足锈红色。腹部暗褐色且略光亮。腹部暗褐色略亮。唇基前缘三角形深凹，唇基和颊之间无缺刻，唇基沟微凹；复眼小，眼褶微隆，前颊向外斜直地扩展，颊角钝；头顶隆起。触角短，向后伸达前胸背板中部，第 3—7 节圆柱状，第 8 节变宽，第 10 节横宽，末节桃形，具淡色区，第 3—11 节布稀疏短毛，各节端部布数根长毛。前胸背板横阔，中后部最宽；前缘深凹，中间宽直，两侧具饰边；侧缘前部强烈圆形收缩；基部中间凸出，两侧浅凹，无饰边；前角钝圆，后角直角形；盘隆起并布均匀颗粒，两侧扁平。鞘翅基部与前胸背板等宽，行略隆起，每行间具 5～8 瘤突，行纹明显，行及行间布细粒，缘折外侧的扁平部分被其内侧的凹面划开。前足胫节端外齿窄而凸出，其前缘宽度是前足前 4 跗节的长度之和，外缘无明显锯齿；后足末跗节显长于基跗节。

取食对象：针茅草、苜蓿、柠条、碎粮、油渣、麸皮、饲料、瓜类、高粱、麻类、苹、梨、甜菜。

分布：华北、东北、西北、江苏、上海、安徽、浙江、福建；蒙古，俄罗斯，哈萨克斯坦。

（324）瘦直扁足甲 *Pedinus strigosus* (Faldermann, 1835)

识别特征：体长 7.0～9.0 mm，宽 3.8～3.9 mm，成虫体扁平，长卵形，雌体略比雄体大；黑色，具强光泽，体下密布一层白色絮状物；口须、触角端部及跗节棕红色，唇基前缘浅凹。触角端部 4 节的外侧布棕黄色毛；前胸背板横宽，近梯形和扁平，两侧基部最宽，在中部之前较强地收缩，侧缘有细边，背面布稠密长卵形刻点，中间的刻点小而稀疏，向侧区渐变粗，侧板内侧密布长条纹，外侧光滑。鞘翅 9 刻点行，沟上的刻点大而深，行间密布小刻点；前足胫节向前较强地变粗，外缘直，前端直角形，内缘弱弯，前端凸出，跗节基部 3 节腹面密布棕黄色毛，形成毛垫；中、后足胫节直。雄性前足跗节基部 3 节明显宽扁。

分布：河北、北京、天津、辽宁、内蒙古、湖北、台湾；蒙古，俄罗斯（远东地区），朝鲜，日本。

（325）短体刺甲 *Platyscelis brevis* Baudi di Selve, 1876（图版 XXIII：6）

识别特征：体长 8.0～13.0 mm，宽 4.5～7.0 mm。黑色，弱光泽。头横阔，唇基前缘直，唇基沟平坦；额弱拱起，背面有较密粗刻点。触角向后达到前胸背板基部，第 2—8 节长圆柱形，第 9—10 节近球形，末节尖卵形。前胸背板横阔，基部之前最宽，由此向基部微缩，向端部强缩；前、后缘近直；两侧具细饰边，基部至中部弱扁；前角钝角形，后角近直角形；盘区中间刻点粗且稀疏，渐向侧缘变粗密。前胸腹突尖角形。鞘翅长卵形，较拱起，基部略宽于前胸背板基部，中部最宽；侧缘饰边较粗，由背面可见中部；翅面具粗密浅刻点及模糊的纵肋，渐向侧缘和端部变为皱纹状。腹部无凹陷。前足胫节外缘棱边不尖锐，端部显粗；雄性前、中足第 1—4 跗节扩展。

检视标本：围场县：1 头，塞罕坝大唤起 80 号，N 42°09.146′，E 117°25.351′，1189 m，2015-VI-1，方程采；1 头，塞罕坝阴河白水，N 42°22.243′，E 117°26.723′，1510 m，2015-VI-26，单军生采。

分布：河北、东北、内蒙古、山西、山东；蒙古，俄罗斯。

（326）盖氏刺甲 *Platyscelis gebieni* Schuster, 1915（图版 XXIII：7）

识别特征：体长 11.0～12.5 mm；宽 6.5～7.0 mm。黑色，具弱光泽。头横阔，唇基前缘直截，唇基沟几乎无凹；额扁。触角向后几乎达到前胸背板基部，第 2—8 节短圆柱形，端部略粗；第 9—10 节近球形，末节尖卵形。前胸背板横阔；基部最宽，向前中部几乎不收缩，向前强烈收缩；前缘直；侧缘从基部到中部扁平，并有虚弱凹迹；后缘近直；前角钝角形；后角锐或尖直角形；盘区中间刻点小而密，刻点间隙比刻点本身大，渐向侧缘变粗密。鞘翅基部略宽于前胸背板基部，中部最宽，饰边较粗；前足胫节向端部突然变粗，外缘直，端圆，内侧较扁，下侧凹陷；中足胫节圆，弱弯；后足胫节基部几乎不弯曲。

分布：华北、陕西、宁夏。

（327）李氏刺甲 *Platyscelis* (*Platyscelis*) *licenti* Kaszab, 1940

识别特征：体长 10.5~11.0 mm；宽 6.0~6.6 mm。黑色，光亮。唇基前缘直，唇基沟弱凹；头部刻点很密。前胸背板横阔，基部最宽，向前弯缩；前缘直；侧缘从基部到中间扁平；后缘仅在中间弱弯；前角钝角形，后角直角形；背面横向隆起很强，盘区刻点小，侧缘几乎为长皱纹，靠近侧缘更小和密且杂乱。鞘翅短卵形，基部几乎不比前胸背板基部宽，向中部略扩展；侧缘饰边窄，由背观可见到中部之后；翅面无纵肋的痕迹，布很粗密刻点；缘折有同样粗的但不比鞘翅稀疏的刻点。腹部无压迹且几乎无毛。腿节短粗；前足胫节外侧直，端边直角形，内侧略弯直，下侧明显凹陷；后足胫节直。

检视标本：**围场县**：6头，塞罕坝阴河红水，N 42°27.104′，E 117°31.327′，1799 m，2015-VI-28，单军生、方程等采；1头，塞罕坝阴河亮兵台，N 42°26.043′，E 117°30.610′，1951 m，2016-VII-10，方程采；2头，塞罕坝大唤起小梨树沟，N 42°12.586′，E 117°27.198′，1737 m，2015-VII-15，单军生、方程等采。6头，塞罕坝洪水，2015-VI-28，单军生、方程采；2头，塞罕坝小梨树沟，2015-VII-15，单军生、方程采。

分布：河北、内蒙古。

（328）大卫邻烁甲 *Plesiophthalmus davidis* Fairmaire, 1878（图版XXIII：8）

识别特征：体长 16.0 mm。黑色，长卵形，强烈隆起。头部几乎垂直于前胸背板，并深深插入其中，唇基大多横宽；颊钝凸；眼大，靠近。下颚须端节扩大。触角丝状，细长。前胸背板梯形，基部最宽；背面昏暗无光，腹面发亮；前缘具饰边，基部无盘区隆起。小盾片三角形。鞘翅隆起，具刻点线，沿内缘具细边。腹部通常宽盾形。雄性肛节端部凹。足细长，前足腿节具齿，雄性前足胫节长而内弯曲，端部内侧大多变粗；跗节长，各节从基部向端部渐缩短；爪镰刀状，尖锐。

分布：河北、北京、河南、湖北；俄罗斯，韩国，朝鲜。

73. 暗天牛科 Vesperidae

（329）芫天牛 *Mantitheus pekinensis* Fairmaire, 1889（图版XXIII：9）

识别特征：体长 17.0~19.0 mm，宽 5.0~7.0 mm；黄褐色至黑褐色，无光泽。头略宽于前胸，复眼大。触角柄节较短，第3—10节近等长，相当于柄节长的3倍。小盾片宽舌形。雌虫外貌酷似芫菁，鞘翅短缩，仅达腹部第2节，侧缘及中缝两侧渐收窄，端缘略呈圆形，端部色暗；鞘翅刻点较粗糙，每翅显现4条纵脊，缺后翅。腹部膨大，头正中1细纵线。触角细短，不超过腹末端。雄性体较狭，鞘翅覆盖整个腹部，肩部之后显著变窄，至端部呈尖角形，肩部之后色较淡；翅面密布细刻点，端部皱纹显著，翅面纵脊不明显，可见2～3条，具后翅。

取食对象：苹果、榆、刺槐。

分布：华北、黑龙江、山东、河南、陕西、宁夏、甘肃、江苏、上海、浙江、湖南、福建、广东、广西；蒙古，朝鲜。

74．天牛科 Cerambycidae

（330）瘦眼花天牛 *Acmaeops angusticollis* (Gebler, 1833)（图版 XXIII：10）

识别特征：体长 6.5～8.0 mm。体狭长，紫红褐色，有光亮绿色平伏密毛，有时呈灰绿色，无直立毛，只有前胸背板侧缘有少量直立毛。触角褐，足暗褐色，胫节和跗节略呈灰色。头顶和后头密布刻点。雄性触角细，超过鞘翅 1/3 处，雌性达中部。前胸近前缘具深沟，雄性胸部前端略宽于基部，雌性则明显宽，中部凹陷，有光滑的纵中线，胸面刻点小而密。前翅长窄，雌性由肩部向后肩渐窄，雌性则不明显，密布刻点。后足第 1 跗节几乎等于第 2、3 节长度之和，跗节与胫节等长。胫节和跗节少量毛。

检视标本：围场县：1 头，塞罕坝千层板长腿泡子，2015–VII–23，塞罕坝普查组采。

分布：河北、吉林、内蒙古、新疆；蒙古，俄罗斯，韩国，朝鲜。

（331）锯花天牛 *Apatophysis (Apatophysis) siversi* Ganglbauer, 1887（图版 XXIII：11）

曾用名：河北锯花天牛、斯氏锯花天牛。

识别特征：体长 12.9～21.5 mm，宽 4.2～7.1 mm；其体型由最小到最大都有记述。鞘翅具光泽，通常有明显的或强烈的闪光，或带有柔和的闪光。复眼凸出，成虫触角第 3 节明显长于第 4 节，前胸两侧具强烈锥状瘤突，从非常发达到中等发达，顶部由钝到尖锐，横断凹陷位于中线侧的基底部椎间盘结节前，由浅到深。

分布：河北、北京、辽宁。

（332）阿穆尔宽花天牛 *Brachyta amurensis* (Kraatz, 1879)（图版 XXIII：12）

识别特征：体长 14.0～21.0 mm。体金属深蓝或紫罗兰色，头、胸及腹部近黑蓝色。触角黑色，自第 3 节起各节基部被淡灰色绒毛。额前缘 1 细横沟。雌、雄触角均长于体长，柄节向端部逐渐膨大，柄节及第 3 节端部有刷状毛簇，有时柄节端部仅下缘具浓密长毛，基部 6 节下缘具稀少细长缨毛。前胸背板长度近相等，两侧中部略膨大。头、胸密布具长毛粗深刻点。鞘翅密布刻点，具黑色半直立毛。

取食对象：松、刺槐、苜蓿。

分布：河北、黑龙江、内蒙古；俄罗斯，韩国，朝鲜。

(333) 黄胫宽花天牛 *Brachyta bifasciata bifasciata* (Olivier, 1792)（图版 XXIV：1）

识别特征：体长 17.0～22.0 mm。体较大，黑色。鞘翅黄褐色具黑色斑纹，近小盾片翅基缘黑，鞘翅基部 1/4 近中缝处及鞘翅侧缘中部各 1 黑色小斑点，有时侧缘基部也 1 黑色小斑点，3 黑点略呈三角形，中部之后有黑色横斑，端部有黑斑，两斑在侧缘相连。头、胸密生黑褐色短粗毛。额中间 1 纵沟，头刻点细密。触角粗短。前胸背板前后端各 1 条横沟，横沟之间 1 纵中线。

取食对象：芍药。

分布：河北、东北、内蒙古、甘肃、青海、四川、西藏；俄罗斯，韩国。

(334) 黑胫宽花天牛 *Brachyta interrogationis interrogationis* (Linnaeus, 1758)（图版 XXIV：2）

识别特征：体长 9.0～18.5 mm。黑色，鞘翅黄褐色，每个鞘翅各有 6 个黑斑。有时触角第 3—5 节基部及胫节前端红褐色。头、胸有灰黄稀绒毛。头中间 1 纵中线。触角细短，一般达鞘翅中部略后，柄节膨大。前胸背板前端略窄，侧缘中部之前具瘤突，前、后端各 1 浅横沟。小盾片长三角形。鞘翅端缘圆弧形，翅面密布刻点。

检视标本：围场县：1 头，塞罕坝阴河丰富沟，2015–VI–25，塞罕坝普查组采。

分布：河北、东北、内蒙古、新疆；俄罗斯（西伯利亚、远东地区），蒙古，韩国，朝鲜，日本，哈萨克斯坦，北欧。

(335) 异宽花天牛 *Brachyta variabilis variabilis* (Gebler, 1817)（图版 XXIV：4）

识别特征：体长 9.5～20.0 mm。体光亮。体、触角、足黑色，翅黑、红或橘黄色，刻点变化大。头顶皱纹状，被平伏毛。触角单色，雄性触角第 11 节上有小环节，第 5—10 节上有边，雄性触角不达鞘翅中部。触角第 6 节以后各节有灰白色毛，颊有深凹陷。前胸毛较多，有绒毛组成的宽带，前翅无刻点个体的翅缝为黑色，雄性鞘翅末端略尖，而雌性则不明显。雄性腹部第 5 节末端圆，雌性扁。

分布：河北、新疆；蒙古，俄罗斯，韩国，朝鲜，哈萨克斯坦。

(336) 瘤胸金花天牛 *Carilia tuberculicollis* (Blanchard, 1871)（图版 XXIV：3）

识别特征：头、触角、小盾片及足黑色。前胸背板红褐色，鞘翅黑，具青铜光泽。触角端部 6 节黑褐色。头刻点粗密，额中间 1 细纵沟，复眼外缘及颊具淡黄色绒毛。触角较细，一般伸至鞘翅中部之后。前胸背板横阔，有前、后横沟，侧缘瘤突明显。中区两侧具隆突，中间 1 短纵沟，近端部两侧各 1 瘤突，胸面有少许极细刻点。小盾片三角形，顶角圆，表面有淡色毛。鞘翅两侧近平行，端部略窄，外端角圆，缝角明显。翅面有粗密皱纹状刻点，近中缝有几行整齐刻点。腹部有少量细毛。

分布：河北、黑龙江、内蒙古、河南、陕西、甘肃、湖北、福建、四川、西藏。

(337) 凹缘金花天牛 *Paragaurotes ussuriensis* Blessig, 1873（图版 XXIV：5）

曾用名：凹缘拟金花天牛。

识别特征：体长 10.0～13.0 mm；宽 3.5～4.5 mm。黑色，鞘翅墨绿，略带红铜色。触角端部前 7 节、腿节前部及胫节大部分红褐，体被淡黄绒毛，鞘翅绒毛较稀。额中间 1 细纵线，具粗密皱纹刻点，头顶刻点较细。触角细，一般长达鞘翅中部之后。前胸背板长与宽近相等，前端略宽，侧缘中部之前具瘤突，有前、后浅横沟，中区两侧略拱隆，中间 1 细纵凹陷，胸面具粗密皱纹刻点。小盾片三角形，端角圆。鞘翅肩宽，后端较狭，端缘凹切，外端角钝，缝角较尖，翅面有粗密皱纹刻点。中胸腹板凸片伸至中足基节中部，顶圆形，与后胸腹板前缘突起接触。中后足腿节近端部内缘凹缺钝凸。

分布：河北、天津、东北；俄罗斯（西伯利亚、远东地区），韩国，朝鲜。

(338) 红胸蓝金花天牛 *Gaurotes virginea virginea* (Linnaeus, 1758)（图版 XXIV：6）

识别特征：体长 7.5～15.0 mm。体较宽且短，头黑色。前胸背板暗红色，鞘翅金蓝色。头短小，额短，复眼近卵形。触角着生在复眼内侧前方，长不达鞘翅中部。前胸背板长宽几相等；基部略宽于前缘，前基部均有细脊边缘和横陷沟，背面隆起，密布粗糙刻点，侧缘中部有短瘤突，背中间有纵沟。小盾片三角形。鞘翅宽短，肩角凸出，小盾片两侧略隆起，两侧缘平行，翅面刻点粗密，基部最粗深，中间部分刻点较整齐。

食性：杨、柳、榆、桑。

分布：河北、东北、内蒙古、山西、河南、陕西；蒙古，日本，俄罗斯，欧洲。

(339) 六斑凸胸花天牛 *Judolia sexmaculata* (Linnaeus, 1758)（图版 XXIV：7）

识别特征：体长 10.0～13.0 mm；宽 2.5～4.0 mm。体较小，黑色。鞘翅黄褐，每翅具 3 黑斑，分别位于基部、中部及末端，前者为弯曲横斑，有时分离成 2 接近小斑，鞘翅基缘黑色。触角端部数节有时黑褐。前胸背板被黄灰色绒毛，鞘翅绒毛较短，体下密生灰黄色。额中间 1 光滑的细纵线，刻点细密。触角细，雄性一般伸至鞘翅端部，雄性长达鞘翅中部之后。前胸背板长显胜于宽，前端窄，紧缩，后端宽，两侧缘中部之前微凸；后缘两侧双曲，后角凸出，钝圆；胸部密生细刻点。小盾片三角形，端角圆形，具细刻点。鞘翅前端宽，末端窄，端缘圆形，翅面刻点较前胸背板细而稀。后足第 1 跗节较长，长于第 2、3 节的总长度。

分布：河北；塔吉克斯坦，欧洲。

(340) 橡黑花天牛 *Leptura aethiops* Poda von Neuhaus, 1761（图版 XXIV：8）

曾用名：橡黑花天牛指名亚种。

识别特征：体长约 15.5 mm，宽约 4.5 mm。黑色，被细、短、灰黄毛，头部、后颊毛较直立，后胸腹板毛较厚密，腿节内侧毛较多。头部除上唇外密布细深刻点；额顶部宽陷，中沟细而明显，与唇基交界处深横陷；复眼内缘中部凹入，下叶略长于其下颊部；后颊短而明显，强烈缢缩成细颈。触角向后长达鞘翅中部偏后。前胸背板前端宽约为后端的 1/2，饰边明显；两侧圆弧状弯曲，背面圆隆；后缘之前有深横凹；后缘浅波形；后角尖凸，盘上密布深的细刻点。鞘翅两侧平行至后端略变窄，端缘平截，缘角略凸，翅表密布细刻点。小盾片三角形。腹面后胸腹板隆凸，后胸前侧片狭长；后足腿节伸达第 5 腹节中部，胫节略短于跗节，端缘中间略凹入，腹板中间浅凹陷，密布细刻点，第 5 腹节露出鞘翅外。

取食对象：桦木、柞木、槲、榛、柯。

检视标本：围场县：1 头，塞罕坝阴河红水，2015–VI–28，塞罕坝考察组采。

分布：河北、黑龙江、吉林、宁夏、青海、江西、福建、广西、云南；蒙古，俄罗斯，朝鲜，日本，欧洲。

（341）曲纹花天牛 *Leptura annularis* Fabricius, 1801（图版 XXIV：9）

识别特征：体长 15.0～17.0 mm，宽 4.0～5.0 mm；黑色，下颚须、下唇须、触角黄褐色，鞘翅黑色具金黄色相间的花斑，两翅基部 1 对缺口向下的弧形斑，内侧较长，外侧端部略上弯，中部前方 1 对横斑，内侧较宽，下侧角略向后尖伸，中部后方 1 对相背向的三角形斑，端部前方 1 对外沿呈弧形的三角斑，鞘翅基缘、中缝、外侧缘均黑色；足黄褐色；头、胸、鞘翅黄斑及腹面均密被黄色细毛，后胸及腹节腹板毛厚密。头部与前胸中部等宽，额横宽，中沟浅细，前缘横陷；唇基上斜，光滑，刻点细而稀；头顶平坦，刻点粗密，复眼肾形，内缘凹，下叶长于其下颊部，头顶除唇基、上唇外密被灰黄毛；后颊短，复眼后头部变窄。前胸背板前后端均有深横陷，中部两侧膨大，至下横陷处弯向后角，基部波形，中间向后凸出，后角尖凸。小盾片狭长三角形，密被金褐色细毛。

检视标本：围场县：1 头，塞罕坝阴河红水，2015-VIII-04，塞罕坝考察组采。

分布：河北、东北、内蒙古、山西、山东、陕西、宁夏、甘肃、浙江、江西、四川；蒙古，俄罗斯（西伯利亚、远东地区），哈萨克斯坦，欧洲。

（342）十二斑花天牛 *Leptura duodecimguttata duodecimguttata* Fanricius, 1801（图版 XXIV：10）

识别特征：体长 11.0～14.0 mm。黑色，每个鞘翅具 6 黄褐小斑纹。头、胸被灰黄色绒毛，鞘翅绒毛稀而短，体下密生绒毛。额中间 1 细纵沟，额前缘中部 1 小三角形的无刻点区域，颊较短。触角一般达鞘翅中部略后。前胸背板前端有横沟，中部拱凸，后部中间 1 短纵线。小盾片三角形，布极细密刻点。鞘翅刻点细密。

取食对象：柳属。

检视标本：围场县：1 头，塞罕坝阴河前曼甸，2015–VII–01，塞罕坝考察组采。

分布：河北、黑龙江、吉林、内蒙古、陕西、青海、浙江、福建、四川；蒙古，俄罗斯，韩国，日本。

（343）黄纹花天牛 *Leptura ochraceofasciata ochraceofasciata* (Motschulsky, 1862)（图版 XXIV：11）

识别特征：体长 16.0～20.0 mm。黑褐色到黑色，密生金黄色绒毛。鞘翅具 4 淡黄色横带；足赤褐色，基节跗节、后足腿节末端和后足胫节黑褐色或黑色。头刻点细密，头顶中间 1 纵沟。触角除柄节褐色外，其余各节黑色，雌性较短，雄性略超过鞘翅中部。前胸背板前后端各 1 横沟，中间 1 纵沟，后端角凸出，三角形。小盾片狭长，三角形。鞘翅后缘中间向后弯曲，外端角尖锐，翅面具 4 黄带，与 4 黑带相间，翅末端黑色。雄性后足胫节弯曲，末端较粗大。

检视标本：围场县：1 头，塞罕坝阴河丰富沟，2015–VIII–07，塞罕坝考察组采。

分布：河北、黑龙江、吉林、内蒙古、甘肃、新疆、浙江、福建；俄罗斯（远东地区），韩国，朝鲜，日本。

（344）红翅裸花天牛 *Nivellia sanguinosa* (Gyllenhal, 1827)（图版 XXIV：12）

识别特征：体长约 11.0 mm，宽约 3.0 mm。黑色，鞘翅暗朱红色。头部刻点稠密，被稀疏的浅黄色柔软竖毛，头部及额的正中有光滑细窄纵沟，后头呈圆筒状，无毛，下颚须及下唇须黑褐色。触角向后伸达鞘翅末端，雌性较短，远不达鞘翅末端，雄性则超过末端；第 5 节最长，长过第 3 节，第 6 节以后各节渐短。前胸前窄后宽，两侧缘中部浅弧形，靠近前端及基部略为紧缩；后缘中部向后略为凸出，呈浅弧形；胸面密布刻点，无毛，两侧略微隆起，翅面刻点细小而稀疏，被短小稀疏的黑色绒毛。鞘翅两侧向后端略变窄。后足腿节较长，约等于肩宽。腹面刻点微细，被灰黄色细绒毛。足中等大小，后足第 1 跗节约为第 2、3 跗节总长的 2.0 倍。

取食对象：枞、冷杉、松。

分布：河北、东北、内蒙古、河南、甘肃；蒙古，俄罗斯，朝鲜，日本，哈萨克斯坦。

（345）肿腿花天牛 *Oedecnema gebleri* Ganglbauer, 1889（图版 XXV：1）

识别特征：体长 11.0～17.0 mm。黑色，鞘翅黄褐色，具黑斑。头狭小，额近方形，中沟明显，头顶和后头刻点粗密；复眼内缘深凹，下叶近三角形。触角细，长过鞘翅中部，柄节肥粗，密布刻点。后颊宽短，密生灰白色直立毛，后颊后强烈缢缩。前胸背板密被灰黄细毛，前端边缘后方凹陷成细横沟，两侧缘向中部渐膨大，后角尖短，表面密布颗粒状细刻点。小盾片三角形，端缘平截；每翅 5 黑斑点，基半部 3 黑点呈三角形排列，大小有变异。后足腿节极膨大，胫节粗短、弧形弯曲、扁而宽，端部内端角延伸成 1 扁齿，第 1 跗节长于第 2、3 节之和，短于其余节之和。

检视标本：兴隆县：围场县：1 头，塞罕坝大唤起大梨树沟，2015–VI–06，塞罕坝普查组采。

分布：河北、黑龙江、吉林、内蒙古、新疆、福建；蒙古，俄罗斯，韩国，朝鲜，哈萨克斯坦。

（346）黄带厚花天牛 *Pachyta mediofasciata* Pic, 1936（图版 XXV：2）

识别特征：体长 12.0~17.0 mm，宽 4.0~6.5 mm。黑色，无光泽，唯鞘翅端部微亮。头上着生稀细灰毛，体下密被灰黄色短毛。触角较细，向后伸达鞘翅端部，雄性触角略短，第 11 节长于柄节。鞘翅斑纹有变化，各翅 3 黄色或黄褐斑纹，肩上方及小盾片附近各 1 圆斑，中带横向弯曲。前胸背板宽略胜于长，前窄后宽；后缘波纹状，侧缘明显凸出，盘区具中纵沟，皱纹状刻点粗大。鞘翅肩角明显，渐向端部变窄，端缘直截，刻点粗大，前端皱纹显著。

取食对象：华山松、油松。

分布：河北、吉林、内蒙古、陕西、青海。

（347）四斑厚花天牛 *Pachyta quadrimaculata* (Linnaeus, 1758)（图版 XXV：7）

曾用名：四斑松天牛。

识别特征：体长 15.0~20.0 mm，宽 6.0~8.0 mm。黑色，鞘翅黄褐色，每翅中部前后方各 1 近方形大黑斑。头小，前部较狭长，额、唇基、上唇均较短小，密布刻点；头顶、后头略下陷，刻点皱且粗密，头顶中沟明显；复眼内缘凹陷，上叶较宽短，下叶呈钝三角形，与其下颊部约等长，颊部刻点粗深。触角基瘤较小、分开。触角长不达鞘翅中部。前胸背板粗糙不平，密布粗皱刻，长宽略等，前、后横陷沟较宽深，背面强烈隆凸，中沟下陷，侧刺突短而尖；后缘双曲波形，中部向后凸出，后角不凸出，表面密生灰黄细毛。小盾片三角形。鞘翅宽，小盾片前缘两侧的基角和肩角均凸起，肩角内侧凹陷，侧缘向后略狭，端缘略平截，缘角不凸出，翅面基半部密布粗皱刻点，至后翅端部翅面光滑，刻点即消失。腹部宽短，末节钝圆。足细。

取食对象：华山松、红松、油松、云杉。

分布：河北、黑龙江、吉林、西北；蒙古，俄罗斯，哈萨克斯坦，欧洲。

（348）赤杨缘花天牛 *Stictoleptura dichroa* (Blanchard, 1871)（图版 XXV：4）

又名：赤杨褐天牛、黑角伞花天牛、赤杨斑花天牛。

识别特征：体长 12.0~20.0 mm。宽 4.0~6.5 mm。黑色，前胸、鞘翅及胫节赤褐色。头部有稠密刻点及黄灰色竖毛，头顶及额的正中具细窄纵沟，后头呈圆筒状，下颚须深褐色，下唇须黄褐色。触角向后伸展，雌性较短，接近鞘翅中部，雄性则超过中部；第 3 节最长，但雄性的末 1 节与第 3 节约等长；第 3 和第 4 节略呈圆筒形，第 5 节至第 10 节末端肥大，外端角凸出呈锯齿状，以雄性尤为显著，但不尖锐。前胸长度与宽度约相等，两侧缘呈浅弧形，前部最窄，中域隆起；后缘骤然凹陷，后端角钝，略为凸出；胸面密布刻点及黄色竖毛，中间 1 细窄光滑纵沟。小盾片呈正三角形，密被黄色细毛。鞘翅肩部最宽，向后逐渐狭窄；后缘斜切，外角尖锐，翅面刻点较胸面稀疏、分布均匀，被黄色竖毛。腹面刻点细小，被灰黄色细毛，具光泽。足中等大小，具灰黄色细毛。

取食对象：松、栎、赤杨。

分布：河北、黑龙江、吉林、山西、山东、河南、陕西、安徽、浙江、湖北、江西、湖南、福建、四川、贵州；俄罗斯。

(349) 斑角缘花天牛 *Stictoleptura variicornis* (Dalman, 1817)（图版 XXV：5）

识别特征：体长 14.5~21.5 mm，宽 4.5~7.0 mm，体、触角（第 4、5、6、8 节基部淡黄色）黑色。头中间 1 纵沟，自额前端延伸至后头后端。触角短，雌性约达身体中部，雄性达身体 3/4 或 4/5 处。前胸前缩后阔，前端背板刻点粗密呈皱状，前后端各 1 横沟，中间有时具光滑的中纵线。小盾片黑色，尖三角形。鞘翅基端阔，末端狭；后缘斜切，外端角不凸，翅面刻点粗大，被金黄短绒毛。

取食对象：冷杉、松。

分布：华北、东北、陕西；俄罗斯，韩国，朝鲜，日本，欧洲。

(350) 栎瘦花天牛 *Strangalia attenuata* (Linnaeus, 1758)（图版 XXV：6）

识别特征：体长 11.0~17.0 mm。瘦长，漆黑色，密被金黄色毛。触角第 7—11 节污黄色，各翅具 4 黄色宽带纹，后足腿节端部黑色，跗节黑褐色。头中间 1 三角形光滑区，具中纵沟；复眼球形，凸出。触角向后伸达鞘翅端部 1/3（雄性）或超过鞘翅中部（雌性）。前胸背板钟形，略隆起，背面刻点细密，基部中间毛较长。小盾片三角形，顶端尖，鞘翅狭长，两翅端部分开。足较粗短。

取食对象：栎、栗、柞树。

分布：华北、东北、西南；俄罗斯，朝鲜，日本，伊朗，土耳其，欧洲。

(351) 蚤瘦花天牛 *Strangalia fortunei* Pascoe, 1858（图版 XXV：3）

识别特征：体长 11.0~15.0 mm，宽 1.5~3.0 mm。棕褐或黄褐色。触角、复眼、下颚须端角、后足腿节端部、中后足胫节末端、中后足跗节、腹部及鞘翅黑色；鞘翅基部棕褐。触角柄节背面及端部 6 节、前足跗节黑褐色，柄节下侧黄褐色。头正中 1 细纵凹，额前端中间 1 三角形无刻点区域。前胸背板前端窄、后端阔，后角尖锐，覆盖于鞘翅肩上，盘区刻点细密，侧缘基部散生几粒粗刻点。鞘翅向后渐收缩，端部狭长，肩角较锐，盘上刻点细密。后足第 1 跗节约等长第 2、3 跗节之和。

分布：河北、北京、辽宁、河南、江苏、上海、安徽、浙江、湖北、江西、湖南、福建、广东、广西、四川。

(352) 竹绿虎天牛 *Chlorophorus (Chlorophorus) annularis* (Fabricius, 1787)（图版 XXV：8）

识别特征：体长 13.0~15.0mm，黄绿色，略扁。额、颈部等处密布黄色短柔毛，并向头顶、颈部变为不太稠密；复眼肾形，围绕触角基部，有时断裂成两部分。触角丝状（雌性）或锯齿状（雄性），向后长达鞘翅之半，淡褐色，除柄节外均被浓密的灰褐色短柔毛。前胸背板长宽近相等，近球形，淡褐色，被黄色短柔毛；盘区1倒叉形纹，两侧各1长圆形斑。鞘翅长于宽5.0倍，两侧平行，向端部渐弯缩；盘区前半部两侧各1长椭圆形透空纹，中间有1锚形纹，其侧缘与其前面的透空纹连接，端部各1大黑斑；翅端截形，角尖，缝角尖刺状。腿节被淡白色细短柔毛，胫节的短柔毛较少。端部窄于基部，具1无毛的环圈；盘区与鞘翅处于同一水平；侧缘圆形凸出。

取食对象：竹材。

分布：河北、吉林、辽宁、山东、河南、湖北、湖南、安徽、江西、江苏、浙江、福建、广东、香港、台湾、广西、贵州、四川、云南、西藏；韩国，日本，东洋界，美国（夏威夷），澳大利亚，密克罗尼西亚。

（353）槐绿虎天牛 *Chlorophorus* (*Humeromaculatus*) *diadema diadema* (Motschulsky, 1854)（图版XXV：9）

识别特征：体长8.0～14.0 mm。棕褐色，头部及腹面被灰黄色绒毛。触角基瘤内侧呈角状突起，头顶无毛。前胸背板略呈球状，密布刻点，前缘及基部有少量黄色绒毛，肩部前后有2黄色绒毛斑，近小盾片沿内缘为1向外斜条斑，中间略后1横条纹，末端1黄绒横条纹。

取食对象：刺槐、樱桃、桦、灌丛、柠条锦鸡儿。

分布：河北、黑龙江、吉林、内蒙古、山东、河南、陕西、江苏、安徽、浙江、湖北、江西、湖南、福建、台湾、广东、广西、四川、贵州、云南；蒙古，俄罗斯，韩国，朝鲜。

（354）日本绿虎天牛 *Chlorophorus* (*Humeromaculatus*) *japonicus* (Chevrolat, 1863)（图版XXV：10）

识别特征：体长9.0～13.5 mm；黑色，通体被灰白色毛。触角向后长达鞘翅的最后1纹的前端；基部3节的端部均具小黑斑。胸部卵形，长度大于宽度，中部两侧各1大黑斑，后角泛黄色；盘区圆形隆起。小盾片宽舌状，覆盖稠密的黄白色毛。鞘翅灰色，肩部最宽，向后斜直地收缩，端部截断状，外侧角明显；盘上3黑横纹，其中前面2横纹深度弯曲，最前面1横纹较窄、显弯，中间1横纹宽弯，最后1横纹宽圆，3横纹的内侧均达到翅缝。前足腿节上侧具黑斑，中足腿节内侧大部及后足腿节内侧基半部具纵黑斑。

取食对象：成虫取食花粉；多幼虫多见于枯萎的阔叶树倒木或伐木上，如樟木、麻栎、木藤、紫藤等。

分布：河北、湖北、广西、广东、四川、山东、山西、江苏、浙江；俄罗斯（远东地区），韩国，日本，东洋界。

（355）杨柳绿虎天牛 *Chlorophorus* (*Humeromaculatus*) *motschulskyi* (Ganglbauer, 1887)（图版 XXV：11）

识别特征：体长 8.0～13.0 mm，宽 2.5～3.5 mm。黑褐色，被灰白色绒毛，跗节色泽较淡。头部触角基瘤内侧明显角状凸出，头顶无毛，刻点深密，较粗糙；唇基较光滑，刻点细密。触角向后约达鞘翅中间，柄节与第 3—5 各节等长。前胸背板似球形，长略大于宽，密布粗糙颗粒式刻点，除灰白色绒毛外，中域有细长竖毛，中域 1 小区没有灰白绒毛而形成 1 黑斑。小盾片半圆形，密生绒毛。鞘翅上的灰白色绒毛形成条斑：基部沿小盾片及内缘向后外方弯斜成 1 狭细浅弧形条斑，肩部前后两小斑，鞘翅中部略后为 1 横条，其靠内缘一端较宽阔，末端为 1 宽阔横斑；后缘平直。后胸前侧片具浓密的白色绒毛，色泽很鲜明；后足第 1 跗节略长于其余 3 节长度之和。

取食对象：柳、杨、桦树。

分布：河北、东北、内蒙古、山西、山东、河南、陕西、甘肃、浙江；蒙古，俄罗斯（远东地区、东西伯利亚），韩国，朝鲜。

（356）缺环绿虎天牛 *Chlorophorus* (*Immaculatus*) *arciferus* (Chevrolat, 1863)（图版 XXV：12）

识别特征：体长 10.0～14.0 mm。黑色，被蓝绿色绒毛。前胸背板中间黑斑横形，鞘翅环纹前方及外侧开放，中部横斑完整，翅端斜截。鞘翅基部 1 卵圆形黑环，中间 1 黑色横沟较明显，头部具颗粒刻点。触角基瘤相互接近。触角为体长之半或略长，柄节与第 3—5 节的各节近等长。前胸背板长略大于宽，胸面球形，密布细刻点。小盾片半圆形，鞘翅两侧平行，端缘浅凹，缘角和缝角呈细齿状；翅面具极细密刻点，后足腿节伸至翅末端。

分布：河北、安徽、浙江、江西、海南、四川、云南；尼泊尔，不丹。

（357）六斑绿虎天牛 *Chlorophorus* (*Immaculatus*) *simillimus* (Kraatz, 1879)（图版 XXVI：1）

曾用名：六斑虎天牛。

识别特征：体长 9.0～17.0 mm。黑色，被灰色绒毛，无绒毛覆盖处形成黑色斑纹。触角基瘤彼此很接近，内侧角状凸出。触角向后长达鞘翅中部略后。前胸背板中区 1 叉形黑斑，两侧各 1 黑斑。每翅具 6 黑斑，翅面布稠密的细刻点。头颅淡黄褐色，口器框棕褐色区较细；唇基和上唇很小，淡白色；下唇舌很小，圆形，端部不超过下唇须第 1 节；侧单眼 1 对，很小，略凸。触角与前种相似，但第 1 节略宽大于长。前胸背板淡黄色，前端横斑色淡，后区"山"字形骨化板前端两侧 2 凹陷，较粗糙，后方具细纵线纹；前胸腔板中前腹片中间两侧 2 较平坦卵形区。腹部背步泡突光滑平坦，无瘤突，表面有浅细线痕围成的近宽卵形区，中沟两侧各 1，略隆起，横沟极不明显。

取食对象：柞木、杨。

分布：河北、黑龙江、吉林、内蒙古、山东、河南、西北、浙江、湖北、江西、湖南、福建、广西、四川、云南；蒙古，俄罗斯（远东地区、东西伯利亚），韩国，朝鲜，日本。

(358) 三带虎天牛 *Clytus* (*Clytus*) *arietoides* Reitter, 1900（图版 XXVI：2）

识别特征：体长 9.0～11.0 mm。雌性黑色。触角及足红褐色。前胸背板前缘具黄色带，鞘翅具 4 条黄色纵纹，鞘翅边缘黄色纵纹消失。前胸背板刻点不规则，呈网状。

分布：河北、东北、内蒙古、新疆；蒙古，俄罗斯，韩国，朝鲜，日本，哈萨克斯坦。

(359) 黄纹曲虎天牛 *Cyrtoclytus capra* (Germar, 1824)（图版 XXVI：3）

识别特征：体长 8.0～19.0 mm。体狭长，两侧近平行，黑褐色，具稀疏直立毛。触角柄节黑褐色，其余各节，以及节、跗节棕红色。头部具颗粒状刻点，两侧均 1 平行黄条纹，头顶后端 1 黄色绒毛狭条。前胸背板呈球形，略狭长，前后缘有黄色绒毛镶成的狭边。小盾片三角形，被黄色绒毛。鞘翅有 4 斜行黄色条纹，第 1 与第 2 条纹的外缘 1 细狭黄色纵斑。后足第 1 跗节等于其余 3 跗节之和。

取食对象：棘皮桦。

分布：河北、东北、内蒙古、四川；俄罗斯，朝鲜，日本，欧洲。

(360) 鱼藤跗虎天牛 *Perissus laetus* Lameere, 1893（图版 XXVI：4）

识别特征：体长 8.0～10.5 mm；宽 2.5～3.0 mm。黑褐色至灰黄色，头部及前胸被灰白色毛，前胸背面中间具 1 横形黑斑。小盾片黑褐色，边缘具灰白色毛。鞘翅各 4 灰白色毛带纹。体下密被灰白色绒毛。足黑色至棕红色，具稀疏的灰白色毛。头部短，密布网状刻点，额略隆起。触角较短，略向端部变粗。前胸长宽约等，两侧圆形，在中点之后处最宽，背面隆起，散布较稀疏的粗大颗粒。小盾片宽圆形，具细刻点。鞘翅基部与前胸等宽，小盾片后较隆起，侧缘在中点之后变宽，末端斜截，缘角具短齿，翅面密布细刻点。足较粗短。

取食对象：鱼藤、鸡血藤、栎、榕、梨、香须树、金合欢、猫尾树、黄檀、柿、腊肠树。

分布：河北、海南、云南；东洋界。

(361) 尖纹虎天牛 *Rhabdoclytus acutivittis acutivittis* (Kraatz, 1879)（图版 XXVI：5）

识别特征：体长 11.0～18.0 mm。体长形，黑色，被淡黄或灰黄色绒毛。触角除柄节外其余各节及足胫节、跗节黑褐色。前胸背板于无绒毛着生处形成黑色斑纹，中间 1 纵纹，两侧各 2 大斑，有时每侧愈合成 1 斑。每翅 4 淡黄或灰黄绒毛纵条纹，第 3 条弯曲呈尖锐角度，略呈"V"字形。体下浓密白色绒毛。颊较长，长于复眼下叶。触角狭长，达鞘翅端部。前胸背板密布细粒状刻点。足细长，后足第 1 跗节长于其余跗节的总长度。

取食对象：葡萄、柳属。

分布：河北、东北；俄罗斯，韩国，朝鲜。

（362）桦脊虎天牛 *Xylotrechus clarinus* Bates, 1884（图版 XXVI：6）

曾用名：桦虎天牛。

识别特征：体长 9.5~20.0 mm。一般黑褐色，鞘翅及腹节有时深棕色。触角及足棕红色，头被淡黄色或灰白色绒毛，头顶刻点深，额中纵线两侧各 1 斜脊。触角短小，伸至鞘翅肩部，第 4 节与第 5 节长度相等，比第 3 节略短，末端 4 节较短小。前胸背板略呈球面形，前缘及基部有淡黄色绒毛，表面密布刻点，两侧有明显短毛，小盾片后缘有黄色绒毛，鞘翅表面有淡黄色或乳白色绒毛形成的条斑，紧接小盾片周围略淡黄色绒毛，肩部为 1 狭小短横条，基部沿内缘 1 斜纵条，至外缘向前略弯转，形成方形斑，鞘翅末端 1 狭细横条及黄色或乳白色绒毛，雌性腹部末节极尖长，全部露于鞘翅外。

取食对象：杨、白桦、桤木。

分布：河北、东北、内蒙古、山西、甘肃、湖南。

（363）咖啡脊虎天牛 *Xylotrechus grayii grayii* White, 1855（图版 XXVI：7）

识别特征：体长 9.5~15.0 mm，宽 2.5~4.5 mm，黑色，鞘翅及足棕褐色。触角端部 6 节被白毛；前胸背板 10 黄白色毛斑 10；小盾片端部被白毛，鞘翅上具灰白色曲折的细条纹；基部的呈长"V"形，中部的呈"W"形，中部后方的呈斜横带；中后胸腹板散布细白毛斑。腹部腹板两侧各 1 白毛斑。头部额纵脊明显；头顶有粒状皱纹。触角向后长达鞘翅中部，第 3—5 节下侧有细缨毛。前胸背板近球形，背面隆起，具粗刻点并密生细黑毛。鞘翅基部较前胸背板略宽，向后渐狭，表面具细刻点，端缘平切。后足第 1 跗节长于其余节之和。

取食对象：咖啡、柚木、榆、梧桐、毛泡桐。

分布：华北、江苏、甘肃、福建、台湾、四川、贵州；日本。

（364）弧纹脊虎天牛 *Xylotrechus hircus* (Gebler, 1825)（图版 XXVI：8）

识别特征：体长 7.0~17.0 mm。黑色。前翅具黄白色毛组成的 2 对条纹，其外侧有略弯曲的白色横带。后头刻点密，其他部分有稀疏刻点和不密的褐色短毛。额刻点密，有中纵脊。触角黄褐色，较细，具直立短毛。前胸侧缘圆弧形，长宽约相等，胸面均匀隆起，有密而小的刻点和平伏及直立细毛，前、后缘有弯曲的光滑边。小盾片扁而宽，略呈半圆形，有褐色半直立毛。前翅黄白色，不长，有括号形白色毛环（与本属其他种相区别），略鼓，有短的半直立毛，向末端略狭窄。足腿节红色，其余黑褐色，雄性后足腿节顶几乎达前翅末端，雌性明显较短。

分布：河北、东北、内蒙古；蒙古，朝鲜，日本，哈萨克斯坦。

（365）巨胸脊虎天牛 *Xylotrechus rufllius rufilius* **Bates, 1884**（图版 XXVI：9）

曾用名：白蜡脊虎天牛。

识别特征：体长 10.0～12.0 mm，宽 3.0～4.0 mm。黑色。前胸背板除前缘外，全为红色。鞘翅上有淡黄色绒毛斑纹；翅基缘和近基部 1/3 处各 1 横带，沿中缝处彼此相连；近端部 1/3 处 1 横带，靠中缝端较宽，端缘有淡黄色绒毛。头顶刻点较粗，疏被白色绒毛。额侧缘脊不平行，中部略狭，上有 4 条分支纵脊。颊短于复眼下叶。触角黑褐色，长达翅肩，雄性触角略长，第 3 节与柄节等长，略长于第 4 节。前胸背板较大，长宽约相等，与鞘翅基部等宽；后缘较前缘略宽，两侧弧形，表面粗糙，具短横脊纹。小盾片半圆形，端缘被白色绒毛。鞘翅肩部宽，端部狭，外端角尖，翅面具粗密刻点。腹面被黄白色绒毛。腹部第 1—3 节后缘具浓密黄色绒毛。

取食对象：白蜡。

分布：河北、黑龙江、山东、陕西、华中、浙江、江西、福建、台湾、海南、广西、四川、云南；俄罗斯（远东地区），韩国，朝鲜，日本。

（366）四带虎天牛 *Xylotrechus polyzonus* **(Fairmaire, 1888)**（图版 XXVI：10）

识别特征：体长 11.5～13.5 mm；宽 3.0～3.5 mm。黑色，鞘翅黑褐，基部红褐；体背面被覆浓密黄色绒毛，无黄绒毛着生处，形成黑色斑纹；体下大部分着生浓密黄色绒毛。触角及足黄褐，腿节大部分黑褐。头较圆，额侧脊不平行，中部较窄，复眼之间具 1 细纵沟，额有纵脊；后头刻点较密，散生粒状刻点。触角中等细，长达鞘翅基部，第 3 节略短于柄节，同第 4 节约等长。前胸背板略窄于鞘翅。前胸背板长同宽约相等，两侧微呈弧形，中间 1 黑纵斑，同两侧各 1 小黑斑相连接，侧斑向下弯曲同基部横斑接触，形成 2 完整黄色绒毛圆斑，侧缘还各 1 黑斑；胸面有细粒状刻点。小盾片半圆形，被黄色绒毛。鞘翅两侧平行，端缘略斜切，外端角尖锐；每翅 4 条横带。翅面有细密刻点。后足腿节超过鞘翅端部。

分布：河北、北京、湖北、广东；俄罗斯，韩国，朝鲜。

（367）黑胸虎天牛 *Xylotrechus robusticollis* **(Pic, 1936)**（图版 XXVI：11）

识别特征：体长 14.0～16.0 mm，宽 4.0～6.0 mm；体粗壮，黑色。触角柄节及足黑褐，有时足棕褐。前胸背板前缘、基部两侧及小盾片基部有黄色绒毛。前胸背板后端有灰白色绒毛。每个鞘翅 2 条黄色绒毛斑纹；有时肩沿侧缘有黄色绒毛，基部 1 层灰白色绒毛。后胸腹面部分地区密生白色绒毛。腹部前 3 节有浓密黄色绒毛。额脊不明显，头刻点粗糙，雄性触角长达鞘翅基部，雌性触角则略短，第 3 节同柄节约等长，略长于第 4 节。前胸背板远胜于长，两侧圆弧，表面拱凸。刻点大深凹，形成网状脊纹。小盾片舌形。鞘翅较短，端缘斜切，外端角圆形，缝角刺状，基部有曲状细脊纹。后足腿节较长，远超过鞘翅端部。

取食对象：绣线菊属、钓樟属植物。

分布：河北、湖北、江西、四川、贵州。

(368)中华裸角天牛 *Aegosoma sinicum sinicum* White, 1853(图版 XXVI：12)

曾用名：薄翅锯天牛、中华薄翅天牛。

识别特征：体长 30.0~52.0 mm，宽 8.0~14.5 mm。体赤褐或暗褐色，有时鞘翅色泽较淡，为深棕红色。上唇着生棕黄色长毛，额中间凹下，具 1 细纵沟，后头较长，头具细密颗粒刻点；雄性触角约与体等长或略超过体长，第 1—5 节粗糙，下侧具刺状粒，柄节短粗，第 3 节最长，雌虫触角较细短，超过鞘翅中部，基部 5 节较弱，不如雄性。前胸背板呈梯形；后缘中间两边略弯曲，两侧仅基部有较清楚的边缘；表面密布颗粒刻点和灰黄短毛，有时中区被毛较稀。鞘翅宽于前胸，向后逐渐狭窄；表面微显细颗粒刻点，基部略粗糙，有 2~3 明显纵脊。后胸腹板密被绒毛；足粗扁。

取食对象：杨树、柳树、桑树、松树、法桐、梧桐、油桐、栎树。

分布：河北、北京、内蒙古、黑龙江、吉林、山东、河南、江苏、上海、浙江、湖北、江西、湖南、海南、广西、台湾；蒙古，俄罗斯，朝鲜，日本，越南，老挝，缅甸，东洋界。

(369)小灰长角天牛 *Acanthocinus griseus* (Fabricius, 1792)(图版 XXVII：1)

识别特征：体长 8.0~12.0 mm，宽 2.2~3.5 mm。体较小，长而窄，略扁平，基底黑褐至棕褐色。头中间 1 细沟，具细密刻点。触角各节基部及腿节基部棕红色，雄性触角为体长的 2.8 倍，第 3—5 节下侧也有厚密的短柔毛，柄节表面无粗刻点。前胸背板被灰褐色绒毛，前端有 4 污黄色圆形毛斑，排成横行。小盾片中部被淡色绒毛。鞘翅中部 1 宽的浅灰色横斑纹，其中杂有黑色斑点，浅灰色横纹下 1 黑色横纹，其下有浅色花斑。鞘翅上还有不少棕黄色的绒毛斑，左翅基部较多。

取食对象：红松、鱼鳞松、油松、华山松、栎。

分布：河北、东北、内蒙古、河南、陕西、宁夏、甘肃、新疆、安徽、浙江、湖北、江西、福建、广东、广西、贵州；俄罗斯，朝鲜，日本，欧洲。

(370)苜蓿多节天牛 *Agapanthia amurensis* Kraatz, 1879(图版 XXVII：2)

识别特征：体长 14.0~21.0 mm。体金属深蓝或紫罗兰色，头、胸及腹部近黑蓝色。触角黑色，自第 3 节起各节基部被淡灰色绒毛，雌、雄触角均长于体长，柄节向端部逐渐膨大，柄节及第 3 节端部有刷状毛簇，有时柄节端部仅下缘具浓密长毛，基部 6 节下缘具稀少细长缨毛。前胸背板长度近相等，两侧中部略膨大。鞘翅密布刻点，具黑色半直立毛。

取食对象：松、刺槐、苜蓿等。

分布：河北、黑龙江、吉林、内蒙古、山东、河南、陕西、宁夏、新疆、江苏、浙江、湖北、江西、湖南、福建、四川；蒙古，俄罗斯，朝鲜，日本。

（371）大麻多节天牛 *Agapanthia daurica daurica* Ganglbauer, 1884（图版 XXVII：3）

识别特征：长 11.0~20.0 mm。体长形，黑色或金属铅色。头部散生淡黄色短毛，复眼下叶有淡灰色绒毛。触角黑色，有时从第 3 节起的各节基部黄褐色。额近方形，前缘 1 横凹，头、胸部刻点粗密，每个刻点内着生 1 黑色长竖毛。前胸背板有 3 淡黄或金黄色绒毛纵纹。小盾片密布淡黄或金黄色绒毛。鞘翅散生淡黄、灰黄或淡灰色绒毛，形成不规则细绒毛花纹，基部刻点较粗糙，每个刻点内着生 1 黑色短平伏毛。

取食对象：大麻、山杨。

分布：河北、黑龙江、吉林、内蒙古、山东、河南、陕西、宁夏、新疆、江苏、浙江、湖北、江西、湖南、福建、四川；蒙古，俄罗斯（东西伯利亚、远东地区），日本，朝鲜。

（372）毛角多节天牛 *Agapanthia pilicornis pilicornis* (Fabricius, 1787)（图版 XXVII：4）

识别特征：体长 11.0~16.0 mm。体长形，藏青色或黑色。触角第 3 和第 4 节大部分及以下各节基部淡橙红色，其上着生稀疏白色细毛，柄节第 2 节及以下各节端部黑褐或黑色。背面着生直立或半直立稀疏黑色细长毛，体下被淡灰色毛及稀疏黑色细长毛。额前缘 1 细横沟，上有黑色长毛。雌、雄触角均超过体长，基部 6 节下侧有稀疏细长硬毛，端部膨大似棒状。前胸背板宽大于长，两侧中部之后略膨宽而微凸。小盾片半圆形，被淡黄色绒毛。鞘翅刻点粗密。足较短，后足腿节不超过腹部第 2 节端缘。

检视标本：围场县：1 头，塞罕坝千层板长腿泡子，2015-VII-23，塞罕坝普查组采。

分布：河北、吉林、山东、陕西、江苏、浙江、湖北、江西、四川；俄罗斯，韩国，朝鲜。

（373）中黑肖亚天牛 *Amarysius altajensis altajensis* (Laxmann, 1770)（图版 XXVII：6）

识别特征：体长 11.0~15.0 mm，宽 3.5~5.0 mm。触角向后伸展，雌性较短，接近鞘翅末端，雄性则约为体长的 1.5 倍，第 3 节最长。前胸宽度略大于长，两侧缘呈弧形，无侧刺突，前部较基部略窄，具 5 不同的隆起（前 2 后 3），被浓密的暗棕色细长竖毛。小盾片呈短宽的三角形，具黑色毛。鞘翅窄长，后部较基部宽，基部圆形，翅面扁平，有小刻点，分布并不紧密，被黑色短小坚毛，基部的毛较细而长。腹面布刻点和浅棕色绒毛，胸部的刻点较腹部的粗糙稠密。足中等大小，后足第 1 跗节长于第 2、3 跗节之和。

分布：河北、北京、黑龙江、内蒙古；蒙古，俄罗斯，朝鲜。

（374）鞍背亚天牛 *Anoplistes halodendri ephippium* (Stevens & Dalmann, 1817)（图版 XXVII：5）

识别特征：体长约 13.0 mm，宽约 4.0 mm。体窄长黑色；鞘翅基部、肩部、外缘橙红色，呈鞍形；中部在中缝区形成窄长的黑斑，延伸至鞘翅末端。头短刻点粗，覆灰白色细长竖毛。触角略等于体长。前胸背板宽略超长，有短侧刺突；胸面刻点大浅，点间网纹状。小盾片三角形覆白细毛。鞘翅窄长而扁，两侧平行，末端钝圆。

取食对象：忍冬、锦鸡儿、洋槐、山水杨。

分布：河北、东北、内蒙古；蒙古，俄罗斯，朝鲜。

（375）红缘亚天牛 *Anoplistes halodendri pirus* (Arakawa, 1932)（图版 XXVII：7）

曾用名：普红缘亚天牛、红缘天牛。

识别特征：体长 15.0~18.0 mm，宽 4.5~5.5 mm。体狭长，黑色，被灰白色细长毛。触角细长，雄性触角约为体长的 2.0 倍，第 3 节最长；雌虫触角与体长略相等，第 11 节最长。前胸后角短钝，前胸背面刻点稠密，呈网状。鞘翅狭长，两侧平行，末端圆钝，每翅基部 1 朱红色椭圆形斑，外缘 1 朱红色狭带纹。足细长，后足第 1 跗节长于第 2、3 跗节之和。

取食对象：苹果、梨、李、榆、旱柳、杨、蒙古栎、金银花、枣、葡萄、刺槐、沙枣、锦鸡、糖槭。

分布：河北、东北、内蒙古、山西、山东、河南、西北、江苏、浙江、湖北、江西、湖南、台湾、贵州；蒙古，俄罗斯（西伯利亚），朝鲜，哈萨克斯坦。

（376）星天牛 *Anoplophora chinensis* (Forster, 1771)（图版 XXVII：8）

识别特征：体长 25.0~31.0 mm，宽 8.0~12.0 mm。黑色具金属光泽，被毛。头具细密刻点，额宽大于长；复眼下叶长大于宽。触角基瘤隆凸，中间深陷；柄节粗壮，圆柱形，端部略膨大。前胸背板宽大于长，侧刺突圆锥状，端部尖，前后缘明显收缩，中区不平坦，约具 5 瘤突，每侧缘具侧刺突各 2，后部横沟之前具 1 较大的瘤突，后中部两侧具数粗大的刻点。小盾片宽舌状，中间具光裸的纵沟。鞘翅侧缘近平行，在端部略变窄，翅端圆，翅基部具光滑的粗颗粒。腹面及足具细刻点，前胸腹板凸片中等发达。足粗壮，中等长，腿节中部不膨大。

取食对象：柑橘、桑、柳、杨、槐等。

分布：河北、吉林、辽宁、山东、河南、陕西、甘肃、江苏、安徽、浙江、湖北、江西、湖南、福建、台湾、广东、海南、香港、广西、四川、贵州、云南；朝鲜，缅甸，北美洲。

（377）光肩星天牛 *Anoplophora glabripennis* (Motschulsky, 1854)（图版 XXVII：9）

识别特征：体长 20.0~35.0 mm，鞘翅肩宽 8.0~12.0 mm。黑色，具淡紫红色或淡铜绿色金属光泽。被蓝灰色绒毛。每翅约具 5 行横斑，肩角侧尚具 1 模糊的毛斑，翅面沿鞘缝及缘折散布极小的不规则毛斑，刻点内着生 1 极短的细绒毛，头部具细刻点，额近方形，中纵沟显著；复眼下叶长大于宽，略长于颊。触角约为体长的 2.0 倍，角基瘤显著隆凸，柄节粗壮，向端部变粗，柱状，略扁。前胸背板宽大于长，侧刺突圆锥形，端部尖细；中区具不规则的细皱和极细的稀刻点，中部之后中间略隆起。小盾片舌状。鞘翅长约为宽的 2.0 倍，向端部略变窄，端缘圆；表面具极细的不规则印痕及极细的刻点。中胸腹突片具小瘤突。腹板末节腹板端缘中内微凹。

取食对象：苹果、柳、李、梨、樱桃、杨、榆。

分布：河北、东北、内蒙古、山西、山东、河南、陕西、宁夏、甘肃、江苏、安徽、浙江、湖北、江西、湖南、福建、广西、四川、贵州、云南、西藏；朝鲜，日本。

（378）朝鲜梗天牛 *Arhopalus coreanus* (Sharp, 1905)（图版 XXVII：10）

识别特征：体较长，鞘翅长度约为前胸的 4 倍。黑褐色。触角及足黑褐色。前胸背板具皱纹刻点，两侧较粗糙。前胸长为鞘翅长度的 1/4，头和胸较窄。触角较长，前胸刻点密而小，小盾片窄，平坦，中间 1 细亮线。

取食对象：桦木。

分布：河北、东北；韩国，朝鲜，日本，缅甸。

（379）褐梗天牛 *Arhopalus rusticus* (Linnaeus, 1758)（图版 XXVII：11）

曾用名：褐幽天牛。

识别特征：体长 20.0~30.0 mm，宽 6.0~7.0 mm。体较扁，褐色或红褐色；雌性体色较黑，密被很短的灰黄色绒毛。头刻点密，中间 1 纵沟自额前延伸至头顶中间。雄性触角较雌性粗长，长达体长的 3/4；雌性约达体长的 1/2。前胸宽大于长，两侧圆；前胸背板刻点密，中间 1 光滑而略凹的纵纹，与后缘前方中间的 1 横凹陷相连接，在背板中间的两侧各 1 肾脏形的长凹陷，上面具有较粗大的刻点；后缘直，前缘中间略向后弯。小盾片大，末端圆钝，舌形。鞘翅薄，两侧平行；后缘圆，各翅面 2 平行的纵隆纹；翅面刻点较前胸背板稀疏，基部刻点较粗大，越近末端越细弱。体下较光滑，颜色较背面淡，常呈棕红色。雄性腹末节较短阔。雌性腹末较狭长，基端阔，末端狭。

取食对象：杨、柳、油松、华山松、赤松、欧洲白皮松、冷杉、柏、榆、桦树、椴树、侧柏、圆柏。

分布：河北、东北、内蒙古、山东、河南、陕西、宁夏、甘肃、浙江、湖北、江西、福建、四川、贵州、云南；蒙古，俄罗斯，朝鲜，日本，欧洲，非洲。

（380）桃红颈天牛 *Aromia bungii* (Falderman, 1835)（图版 XXVII：12）

识别特征：体长 28.0~37.0 mm，宽 8.0~10.0 mm。黑色亮。前胸背板棕红色，前后缘黑色，收缩下陷，密布横皱纹；前胸背面 4 光滑瘤突，具角状侧刺突。鞘翅表面光滑，基部较前胸宽，端部渐狭。雄性触角超过体长 4~5 节，雌性触角超过体长 1.0~2.0 倍。

取食对象：山桃、杏、柳、苹、李、樱桃。

分布：河北、东北、内蒙古、山西、山东、河南、陕西、甘肃、江苏、安徽、浙江、湖北、江西、湖南、福建、广东、海南、香港、广西、四川、贵州、云南；朝鲜。

(381) 杨红颈天牛 *Aromia orientalis* Plavilstshikov, 1932（图版 XXVIII：1）

识别特征：体长 24.0～28.0 mm，宽 4.5～7.0 mm。深绿色。前胸背板赤黄色，前后两缘则呈蓝色，具光泽。触角和足蓝黑色。头顶部两眼间有深凹。触角基部两侧均 1 突起，尖端锐。前盘区近后缘处有 2 瘤突，侧刺亦明显。雄性触角比身体长，雌性触角和体长相等。小盾片黑色，光滑，略向下凹。鞘翅密布刻点和皱纹，均有 2 纵隆起，在近翅端处消失。

取食对象：杨、旱柳。

分布：河北、东北、内蒙古、河南、陕西、甘肃、浙江、湖北、福建；蒙古，俄罗斯，朝鲜，日本。

(382) 松幽天牛 *Asemum striatum* (Linnaeus, 1758)（图版 XXVIII：2）

识别特征：体长 11.0～20.0 mm，宽 4.0～6.0 mm。黑褐色，密生灰白色绒毛，腹面光泽强。头上刻点密。触角之间有明显纵沟；复眼内缘微凹。触角向后伸达体长之半。前胸背板宽大于长，侧缘弧形，中部略圆形外凸。小盾片宽三角形，端角圆。鞘翅两侧平行，前缘具横皱，端缘圆形；翅面有纵脊。足短，腿节宽扁。

取食对象：油松、云杉、落叶松。

分布：河北、黑龙江、吉林、内蒙古、山西、西北、山东、浙江、湖北；蒙古，俄罗斯，朝鲜，日本，中亚，欧洲。

(383) 栗灰锦天牛 *Astynoscelis degener* (Bates, 1873)（图版 XXVIII：3）

识别特征：体长 10.0～16.0 mm，宽 3.0～6.0 mm。体较小，红褐至暗褐色，密被杂灰黄色绒毛，小盾片被灰黄色绒毛。触角第 3 节及以后各节基部部分被灰色绒毛，体下被灰黄色绒毛，头具细密刻点，额宽大于长，中间 1 细纵线，两触角间微凹，复眼下叶长于颊。触角约为体长的 2.0 倍。触角基瘤彼此相距较远，柄节端疤微弱，不明显。前胸背板具细密刻点，宽略大于长，侧刺突短钝。鞘翅肩部较宽，后端较窄，端缘圆，翅面刻点较前胸背板稀疏。体下及足有分散刻点，足短而粗壮，腿节较粗大。

分布：河北、黑龙江、吉林、内蒙古、山东、陕西、甘肃、江苏、浙江、湖北、江西、湖南、福建、台湾、广东、香港、广西、四川、贵州、云南；俄罗斯，朝鲜，日本。

(384) 云斑白条天牛 *Batocera horsfieldii* Hope, 1839（图版 XXVIII：4）

曾用名：云斑天牛。

识别特征：体长 32.0～65.0 mm；宽 9.0～20.0 mm。黑色或黑褐色，密被灰色绒毛，有时灰中部分带青或黄色。前胸背板中间 1 对肾形白色毛斑。小盾片被白毛。鞘翅白斑形状不规则，一般排成 2～3 纵行；如果 3 行，以近中缝的最短，由 2～4 小斑所排成，中行伸达翅中部以下，最外 1 行到翅端部；2 行的则近中缝 1 行，一般由 2~3 斑点所组成；白斑变异很大，有时翅中部前有许多小圆斑，有时斑点扩大，呈云片状。

取食对象：桑、柳、栗、栎、榆、枇杷、山黄麻、乌桕、女贞、泡桐。

分布：河北、北京、吉林、江苏、安徽、浙江、湖北、江西、湖南、福建、台湾、广东、广西、四川、贵州、云南；朝鲜，日本，越南，印度。

(385) 金色扁胸天牛 *Callidium aeneum aeneum* (De Geer, 1775)（图版 XXVIII：5）

识别特征：体长 8.0~11.0 mm，宽 3.0~4.0 mm。小盾片舌状，四周略凸出，与前胸背板后部相连处呈 1 小三角状。前胸背板黑褐色，刻点细密，两侧毛较长。瘤突圆滑，前横沟中部上翘。头黑褐色，前后部各 1 凹区，两侧触角基部内侧有中缝。复眼肾形，严重凹，上下叶几乎分开，唇基与上颚内侧红褐色。头前部有凹和三角区。触角红褐色，第 3 节最长，第 2 节最短，其余各节几乎等长。

分布：河北、黑龙江；蒙古，俄罗斯，日本，土耳其，欧洲。

(386) 紫缘常绿天牛 *Chloridolum lameeri* (Pic, 1900)

识别特征：体长 10.5~17.0 mm，宽 2.0~3.0 mm。体较小，狭长，头金属绿或淡蓝色，头顶紫红。前胸背板红铜色，两侧缘金属绿或蓝色。小盾片蓝黑带紫红色光泽。鞘翅绿或蓝色，两侧红铜色。触角及足紫蓝色，体下蓝绿色，被覆银灰色绒毛。额中间 1 细纵沟，密布刻点；复眼之间有纵脊纹分布。触角柄节端部膨大，表面密布刻点，背面由基部至端部 1 浅纵凹，第 3 节长于第 4 节。前胸背板长略胜于宽，两侧缘刺突较小，前缘及后缘具横皱纹；中区有弯曲脊纹分布。小盾片光滑，边缘有少许刻点。鞘翅刻点稠密，基部具皱纹。后足细长，后足腿节超过鞘翅末端。

分布：河北、山东、华中、浙江、江西、福建、台湾、云南。

(387) 曲牙土天牛 *Dorysthenes hydropicus* (Pascoe, 1857)（图版 XXVIII：6）

曾用名：曲牙锯天牛。

识别特征：体长 27.0~47.0 mm，宽 10.0~16.0 mm。栗黑色，略带光泽。头向前伸，微下弯，正中有细浅纵沟。口器向下，上颚发达呈长刀状，互相交叉，向后弯曲；下颚须与下唇须末节呈喇叭状。触角红棕色，12 节，雌性触角较细短，接近鞘翅基部；雄性触角较粗长，超过鞘翅中部。前胸背板较阔，前缘中间凹陷；后缘略呈波纹形，侧缘具 2 齿，分离较远，中齿较前齿发达，中域两侧微呈瘤状突起；前胸突片呈钩状，伸至中足基节基部。鞘翅基部宽大，向后渐尖，内角明显，外角圆形，翅面刻点较前胸稀少，刻点间密被皱纹，每翅略现 2~3 纵隆线。雌性腹部基节中间呈三角形。

取食对象：成虫取食杨树、柳树、棉花、甘蔗、花生等植株根部；幼虫取食多种苗木和杂草根部。

分布：河北、内蒙古、山东、陕西、江苏、上海、浙江、湖北、江西、湖南、台湾、海南、香港、广西、贵州。

(388) 大牙土天牛 *Dorysthenes paradoxus* (Faldermann, 1833)（图版 XXVIII：7）

曾用名：大牙锯天牛。

识别特征：体长 33.0～40.0 mm，宽 12.0～14.0 mm。外貌与曲牙土天牛很相似，主要区别是触角第 3—10 节外端角较尖锐；前胸侧缘的齿较钝，前齿较小并与中齿接近，中齿不向后弯；雌虫腹基节中间呈圆形，不为三角形。

取食对象：玉米、高粱、栎、榆、柏、杨、杏、桐、柳。

分布：河北、吉林、辽宁、内蒙古、山西、山东、河南、陕西、宁夏、甘肃、青海、江苏、安徽、湖北、台湾、四川；蒙古，俄罗斯，韩国，朝鲜。

(389) 三棱草天牛 *Eodorcadion egregium* (Reitter, 1897)（图版 XXVIII：8）

识别特征：体长 14.0～22.0 mm。体长椭圆形，黑色，头和胸部生白色绒毛。头顶 2 条平行分布的绒毛条纹；复眼深凹，小眼面细，额中间 1 纵沟。前胸背板宽略大于长。触角黑色，具黑毛，较粗壮，末端尖细，向后伸达鞘翅末端（雄性）或达到鞘翅长度的 3/4（雌性）。前胸背板宽略大于长，绒毛分布在中间纵沟的两侧，一般靠近纵沟两侧 1 对平行条纹，在平行条纹两侧前端 1 对平行浓密绒毛条纹，有时这 2 对条纹的绒毛稀少而模糊。小盾片半圆形，两侧被白色绒毛。每个鞘翅有清晰的白色绒毛条纹，其间 1 纵隆脊，共 3 条。腿节大部分或后端光亮。

取食对象：三棱草。

分布：河北、新疆；蒙古。

(390) 多脊草天牛 *Eodorcadion multicarinatum* (Breuning, 1943)（图版 XXVIII：9）

识别特征：体长 14.5～18.0 mm。体红褐色或近黑色，雄性触角长于体，雌虫触角先后伸达鞘翅端部 1/4。触角端疤明显。触角节具白色毛环。前胸侧刺突尖而狭。前胸背板中线具粗糙刻点，具光滑的瘤突，具 1 对中区绒毛纵带。鞘翅刻点粗糙，纵脊显著，覆盖稀疏的灰白色绒毛。鞘翅脊线差不多同等发达，在鞘缝与肩部的白色条带之间约有 9 条脊。有些脊在基部部分融合至消失。鞘缝附近没有脊，密被灰白色毛；肩部毛纹多少明显，弯曲的边缘也具灰白色绒毛（包括缘折），但不具显著的条带。

分布：河北、辽宁、内蒙古、山西、陕西、宁夏、甘肃、青海。

(391) 东北拟修天牛 *Eumecocera callosicollis* (Breuning, 1943)（图版 XXVIII：10）

识别特征：体长 8.0～11.0 mm，宽 2.2～2.5 mm。体闪光灰黑色，具近直立细毛。触角较短。触角柄节长方锥形至近纺锤形，节长胜于宽，第 3 节最长，以后各节长度递减，柄节约和第 8 节等长；前胸长宽约相等，具 1 小侧瘤突；小盾片近半圆形，黑色刻点细密与鞘翅平接，包围触角基瘤周长的 2/3。腹面黑色到黑褐色，有白伏毛密布，并有稀少长立毛，雌性腹节极度收缩。后足第 1 跗节约和以后各节之和相等。

分布：河北、东北、内蒙古。

（392）北亚拟修天牛 *Eumecocera impustulata* (Motschulsky, 1860)（图版 XXVIII：11）

识别特征：体长 9.0～13.0 mm。头、前胸有鳞片状灰绿色密毛。前胸 2 条黑色条纹，侧面 1 纹，并有菱形的黄绿色斑点。体略长，黑色。复眼凸，有宽凹陷。雄性复眼下叶长于上叶的 2.0 倍，雌性不显著。头顶宽，略鼓而扁，复眼间有不清晰的脊线。触角细，长于体长，第 3 节等于第 4、5 节长度之和。雄性胸长大于宽，雌性宽大于长，胸面有粗糙刻点，两侧平行，窄于前翅。前翅被鳞片状毛，肩部宽，末端明显变窄。

分布：河北、东北；蒙古，俄罗斯（远东地区、西伯利亚），韩国，朝鲜，日本。

（393）丽直脊天牛 *Eutetrapha elegans* Hayashi, 1966（图版 XXVIII：12）

曾用名：十星天牛。

识别特征：体长 12.0～15.0 mm，体色橙红色。前胸背板具 4 黑斑，中间 1 黑色短小纵斑，翅鞘左右各 10 黑色斑点，位于翅缘有 3 斑，第 3 斑与内侧的斑点相连。

分布：河北、台湾。

（394）十六星直脊天牛 *Eutetrapha sedecimpunctata sedecimpunctata* (Motschulsky, 1860)（图版 XXIX：1）

识别特征：体长 13.0～21.0 mm，宽 3.5～5.5 mm。体长形，黑色，密被灰黄色绒毛，纵灰条，灰黄到深黄。触角灰色。前胸背板中区具 4 黑色小圆斑，侧面另 1 黑色纵纹。每翅肩脊纹内各具 8 黑色小斑点，2 个 1 组，纵基部到端部排成"之"曲形，但端部 1 斑经常消失，故最常见的是每翅 7 斑，有时更少。小盾片两侧亦各 1 小黑斑，中区色彩与鞘翅同。雄性体较狭。腹部尾节不外露，额长方形。触角较体略长。雌性体较宽，尾节外露，其腹面中间具 1 直线纹；额较阔，近方形。触角一般较体略短，有时等长。前胸节圆筒形，无侧刺突，表面刻点一般相当密。鞘翅很长，两侧近平行，向后略狭，肩下具 1 脊纹，极显著；翅面刻点密，胸、翅上每点均生 1 竖毛。

取食对象：椴属、柳属。

分布：河北、东北、陕西、台湾；俄罗斯，朝鲜，日本。

（395）培甘弱脊天牛 *Menesia sulphurata* (Gebler, 1825)（图版 XXIX：2）

曾用名：愈斑培甘弱脊天牛。

识别特征：体长约 7.0 mm，宽约 1.8 mm。棕栗至黑色，足橙黄至棕红色。触角除柄节外，其余各节棕黄至深棕栗色。背密被黑褐及黄色绒毛。头顶全部或大部分被淡色绒毛。额部宽大于长。触角基瘤不明显，长度超过体长的 1/4，雌雄差别不大，各节下缘具缨毛，第 3 节与第 4 节约等长。前胸节圆筒形，表面刻点密集，中区两侧各 2 黑色斑点，常合并成 1 宽斑，由中间 1 细狭的淡色纵纹所分隔。小盾片近方形，大部分被黄色绒毛。鞘翅有黄色大斑点 4 个，从基部到端区排成直行，有时彼此向内合并，或前 2 个全部合并，翅面刻点粗密，不规则，内、外端角小而尖。

取食对象：薄壳山核桃、核桃、苹果、杨、椴树。

分布：河北、吉林、山西、山东、河南、陕西、台湾；俄罗斯（西伯利亚、远东地区），韩国，朝鲜，日本。

（396）大麻双脊天牛 *Paraglenea swinhoei* Bates, 1866（图版 XXIX：3）

识别特征：体长 14.0～18.0 mm，体密布蓝白色毛鞘翅，不具完整的带纹，末 2 斑点形成弧形，绒毛淡蓝色。前胸背板斑点纵卵圆形，前胸有 2 黑斑，鞘翅有 3 黑斑，第 3 个最大，中间有蓝白毛斑点。

分布：河北、台湾。

（397）白条利天牛 *Leiopus albivittis albivittis* Kraatz, 1879（图版 XXIX：4）

识别特征：体长 5.5～8.0 mm。体相对较小，前胸 2/3 后渐窄，前胸侧面瘤突大，其顶端尖，体、头、前翅、足黑色。头顶前端宽，略鼓，中部有纵沟。复眼小，眼面细，有宽凹陷。触角长于体长，第 1 节细，短于第 3 节，与第 4 节等长，密布刻点。触角黑褐色，各节基部具黄色光泽。触角基长，凸出。前胸鼓，有深的密刻点和密而短的褐色毛，基部有细而宽的横沟，侧缘凹。小盾片扁，三角形，有灰白色平伏毛。前翅中部有"U"形花纹，花纹基部有横的斑点，在 3/4 处有白色横带，侧缘平行，2/3 向后狭窄，翅面鼓，中部向后略凹，前半段有大的、后段有小的稀疏刻点，被灰白色毛，有独特的灰白色花纹和条纹，翅缝有细的白色毛条纹，肩部具不明显的小突起和长硬毛。雄性腹部第 5 节略凹，雌性略钝。足腿节棒状。

取食对象：幼虫为害柳树。

分布：河北、吉林；蒙古，俄罗斯，韩国。

（398）日长须短鞘天牛 *Leptepania japonica* (Hayashi, 1949)（图版 XXIX：5）

识别特征：体长 5.2～7.0 mm。体暗棕至黑棕色。触角、足色浅。触角柄节粗大，短于第 3 节。前胸背板前、后缘较直，侧缘弧凸。鞘翅短，大部分腹节外露，于基部 1/3 处具半透明的白色横带。各足腿节端半部棒状膨大。

分布：河北、湖北；韩国，日本。

（399）冷杉短鞘天牛 *Molorchus minor minor* (Linnaeus, 1758)（图版 XXIX：12）

识别特征：体长 7.5～10.5 mm，宽 2.0～2.5 mm；黑色。触角、鞘翅、足红褐色。前胸背板前基部、小盾片覆银白毛。头与前胸前端等宽。触角间具浅纵沟。触角：雄性 12 节，比身体长 1 倍；雌性 11 节，等于体长或略长。前胸长超宽，后端略狭于前端，后端前紧缩具 1 横沟，侧刺突小、钝，中域有 5 圆形隆起。小盾片近长方形，末顶圆。鞘翅短缩，达第 1 腹节中部，基端阔，末端狭，基部圆，在翅中间略靠后，1 乳白色纵纹斜伸向后方，两侧对称呈倒八字形。

取食对象：冷杉。

检视标本：围场县：1头，塞罕坝大唤起德胜沟，2015-VI-02，塞罕坝考察组采。

分布：河北、黑龙江、辽宁、陕西、甘肃、青海、新疆；俄罗斯（西伯利亚、远东地区），哈萨克斯坦，蒙古，韩国，朝鲜，土耳其，欧洲。

（400）日本象天牛 *Mesosa japonica* Bates, 1873（图版 XXIX：7）

识别特征：体长 10.0～16.0 mm。黑色。触角第 2 节以后红褐色。背面被灰白色或黑褐色绒毛，腹面被灰白色长毛，其间散布橙黄色或橙红色绒毛，复眼分为上叶和下叶。触角第 1 节锥形，末端基节窝打开，第 3 节明显长于第 1 节。前胸背板中间基部和两侧均有弱突起，两侧前缘附近有小突起。头及前胸背板密布刻点，鞘翅基部刻点粗密。

分布：河北、吉林、台湾；俄罗斯，日本。

（401）四点象天牛 *Mesosa myops* (Dalman, 1817)（图版 XXIX：11）

识别特征：体长 7.0～16.0 mm。体卵形，黑色，被灰色短绒毛，并杂有许多火红色或金黄色毛斑。触角赤褐色，第 1 节背面有金黄色毛，第 3 节起每节基部近 1/2 为灰白色，各节下侧密生灰白及深棕色缨毛。触角雄性超出身体 1/3，雌性与体等长。前胸背板中间具 4 丝绒状斑纹，前斑长形，后斑近卵圆形，每个斑两边镶有火红色或金黄色毛斑，盘区不平坦，中间后方及两侧有瘤状突起，侧面近前缘处 1 瘤突。小盾片中间火黄或金黄色，两侧较深。鞘翅沿小盾片周围毛大致淡色，基部 1/4 具颗粒。

取食对象：苹果、赤杨。

分布：河北、东北、内蒙古、甘肃、青海、新疆、安徽、浙江、河南、湖北、台湾、广东、四川、贵州；俄罗斯，韩国，朝鲜，日本，欧洲。

（402）双簇污天牛 *Moechotypa diphysis* (Pascoe, 1871)（图版 XXIX：9）

识别特征：体长 16.0～24.0 mm。体宽，黑色。前胸背板和鞘翅多瘤状突起，鞘翅基部 1/5 处各 1 丛黑色长毛，有时前方及侧方有 2 较短的黑毛丛。体被黑色、灰色、褐灰黄色及火黄色绒毛；鞘翅瘤突上一般有黑绒毛，淡色绒毛围成不规则形的格子。体下有极显著的火黄色毛斑，有时带红色，腿节基部及端部、胫节基部和中部各 1 火黄色或灰色毛环，第 1、2 跗节被灰色毛。有时腹面火黄色毛区扩大。触角自第 3 节起各节基部均有 1 淡色毛环纹。头中间有 1 纵纹。触角雄性略长，雌性较体略短。前胸背板中间 1 "人"形突起，两侧各 1 大瘤突，侧刺突末端钝圆，其前方另 1 较小瘤突。鞘翅宽阔，多瘤状突起。中足胫节无纵沟。

取食对象：栎属。

分布：河北、北京、东北、河南、陕西、安徽、浙江、江西、广西；朝鲜，日本，俄罗斯（西伯利亚）。

(403）缝刺墨天牛 Monochamus gravidas Pascoe, 1858（图版 XXIX：10）

识别特征：体长约 47.0 mm，宽约 15.0 mm。体长形，个体较大。黑色，鞘翅有灰白色绒毛组成的不规则斑点，特别在鞘翅中部明显。在肩角后下方、侧缘上方各 1 圆形的灰黄色绒毛斑。触角柄节及第 2 节黑色，其余各节红棕褐色。头部额横宽，中间略隆起，具小刻点，中间纵沟向后延伸至后头。触角基瘤及两复眼上叶之间深凹，后头密布小刻点。角细长，雌性较体长，基部前 5 节下侧有稀疏缨毛，柄节粗，上有刻点，端疤明显，闭式。复眼下叶长胜于宽，并长于颊。前胸背板宽大于长，侧刺突弯曲。前胸背板中间 1 凹陷，另有 3 个不太显著的疣状突起，略呈倒三角形；后缘有横沟。鞘翅显宽于前胸，长形，翅面隆起，顶圆形，缝角具长的锐刺，肩部具较粗的颗粒。足短，后足腿节伸达第 4 腹节后缘。

分布：河北、山东、上海、湖南、福建。

(404）云杉小墨天牛 Monochamus sutor longulus (Pic, 1898)（图版 XXIX：8）

识别特征：体长 14.0～18.0 mm。黑色，有时微带古铜色光泽，被稀疏绒毛，绒毛从淡灰到深棕色。雌性在前胸背板中部略前方 2 淡色小斑点，鞘翅上常有稀散不显著的淡色小斑点，雄性一般无。小盾片具灰白色或灰黄色毛斑。雄性触角超过体长 1 倍多，黑色，密布细颗粒，雌性超过 1/4 或更长，从第 3 节基部开始被灰色毛。头部刻点密，粗细混杂。前胸背板中间前方具皱纹，不同个体间有变异；侧刺突粗壮，末端钝。鞘翅绒毛细而短，末端钝圆。

取食对象：云杉、落叶松。

分布：河北、黑龙江、吉林、内蒙古、山东、河南、青海、新疆、浙江；俄罗斯，韩国，朝鲜，日本，哈萨克斯坦。

(405）云杉大墨天牛 Monochamus urussovi (Fischer von Waldheim, 1805)（图版 XXIX：6）

识别特征：体长 27.0～31.5 mm，鞘翅肩宽 8.0～10.0 mm。身体大部分黑色。触角及足呈红褐色至黑褐色，具古铜色至墨绿色金属光泽。头及前胸背板被极短的褐色伏毛。前胸背板侧刺突后方具黑色竖毛。小盾片全体密被黄色绒毛。鞘翅被极短的黄色绒毛，在端部较浓密，或多或少形成明显的毛斑。腹面被褐色绒毛及竖毛。而足跗节侧缘具黑色长毛。头具大小不一的浅刻点，额宽大于长，略向外凸出，中纵沟明显。复眼下叶长宽近相等，约等长于颊。触角约为体长的 2.2 倍。触角基瘤隆凸，分开，柄节粗壮，圆柱形。前胸背板宽大，侧刺突圆锥状，端部钝；中区具不规则的刻点及微皱。鞘翅长约为宽的 2.0 倍，向端部逐渐变窄，端缘圆；表面基半部具光裸的颗粒，有时愈合成横皱，端半部具浅刻点及微弱而不规则的皱纹；中区基部中间明显抬高，其后具 1 明显浅陷。腹部末节腹板端缘略呈弧形凸出。

取食对象：冷杉、云杉、落叶松。

分布：河北、东北、内蒙古、山东、河南、陕西、宁夏、新疆、江苏；蒙古，俄罗斯，韩国，朝鲜，日本。

（406）黑翅脊筒天牛 *Nupserha infantula* (Ganglbauer, 1889)（图版 XXX：1）

识别特征：体长 11.0～13.0 mm，宽 2.8～3.1 mm。虫体大部分黑色。触角黄褐色，基部 2 节暗黑褐色，有时第 3 节棕褐色或黑褐色，其余各节端部黑褐色。前胸背板、小盾片、鞘翅肩及基缘黄褐色。前胸腹板及中胸腹板（除中区外）黄褐色，中胸腹板中区及后胸腹板黑色，足黄褐色，第 1 跗节及后足胫节黑褐色；腹部黄褐，其中前 3 节中区黑色。鞘翅、后胸腹板被银灰色短绒毛。触角、前胸、体下及足被淡黄色短绒毛。复眼内缘深凹，小眼面细粒，复眼下叶远长于颊。前胸背板宽大于长，两侧微弧形，前、后缘各 1 条浅横凹；背面略拱凸，胸面有中等刻点。小盾片舌形。鞘翅两侧近平行，端缘呈凹缘，缘角呈角状，缝角小；鞘翅刻点较细。

取食对象：刺楸、菊。

分布：河北、北京、陕西、甘肃、浙江、湖北、江西、湖南、福建、广东、广西、四川、贵州、云南。

（407）中斑赫氏筒天牛 *Oberea herzi* Ganglbauer, 1887（图版 XXX：2）

识别特征：体长 9.0～13.0 mm，宽 2.0～3.0 mm。黑色，较狭长，近圆柱形，密被浅色绒毛。头横宽，略宽于前胸。复眼大而凸，内缘深凹，下叶大而圆。触角黑色，11 节，基瘤平坦，左右分开。雄性触角约与鞘翅等长，雌性略短于鞘翅。前胸背板圆筒形，长略胜于宽，点刻较密，中间隐约可见 1 小脊延至后缘，小脊两侧各 1 不甚明显的小圆突。后胸前侧片前缘宽；后缘极窄，呈三角形。小盾片小，近梯形。鞘翅狭长，肩部较前胸宽，两侧平行，端缘钝圆。点刻较粗深，近端部渐细浅，排列不整齐，大致可分为 6 行。每翅沿中缝内侧为土黄色，外侧为烟黑色，自中部以后至端部，两色均逐渐变浅。足短，黄褐色。中足基节窝外侧开式，后足腿节不超过第 2 腹节后缘；爪附齿式。

分布：河北、北京、吉林、山东、青海、江苏；俄罗斯，朝鲜。

（408）舟山筒天牛 *Oberea inclusa* Pascoe, 1858（图版 XXX：3）

识别特征：体长 13.0～16.0 mm，宽 2.0～2.5 mm。体细长，圆筒形，黄褐色。头部黑色，较短。复眼黑色，半月形，略凸出，下叶较额长。触角黑色，11 节，仅达翅鞘长的 2/3 或略超过。前胸圆筒形，长略胜于宽，黄褐色。翅鞘黑色狭长，肩部以后狭缩，两侧略平行；翅基部及小盾片周围黄褐色，鞘翅中间 1 黄褐色纵带，鞘翅端部较模糊，翅端斜切，端角钝；鞘翅基部点刻较粗大，排列整齐，向翅端渐小，排列不整齐。前胸和中胸腹面绝大部分为黄褐色。后胸腹板黄褐色，中间 1 黑色三角形大斑。腹部黄褐色，第 1、2、3 节中间为黑色，第 5 节中间 1 细而亮的隆起纵条纹。雄性的隆起纵条纹更为明显，腹末节有黑色毛。雌性腹末节露于鞘翅之外。足较短，黄褐色，胫节端部及跗节暗褐色。

分布：河北、内蒙古、河南、江苏、浙江、湖北、江西、福建、广东、广西、四川；韩国，朝鲜。

（409）黑腹筒天牛 *Oberea nigriventris nigriventris* Bates, 1873（图版 XXX：4）

识别特征：体长 15.0～16.5 mm，宽 1.5～2.2 mm。体细长。头顶凹，头部中间具纵沟，具细密刻点，后头皱纹状；雄性触角明显超过体长，雌性略超过。前胸背板筒形，具细刻点和不明显瘤突。小盾片端部窄且直。鞘翅狭长，两侧近平行，末端斜直，缝角和缘角具刺；翅面具排列整齐刻点。后胸和腹部两侧刻点密；雄性第 5 腹节具浅凹，雌性无凹，具细沟。足粗短，后足腿节不达第 1 腹节后缘。

取食对象：为害梅、沙梨、李。

分布：河北、辽宁、内蒙古、山东、甘肃、江苏、安徽、浙江、江西、福建、台湾、华中、广东、海南、广西、四川、贵州、云南；日本，越南，老挝，缅甸。

（410）瞳筒天牛 *Oberea pupillata* Gyllenhal, 1817（图版 XXX：9）

识别特征：体长 12.0～16.5 mm，宽 2.5～3.0 mm。体大部分黑色，密布刻点。头与前胸等宽，头顶中间略凹陷，头部中间具 1 纵沟。触角红褐色至黑色，短于体长。前胸宽大于长。前胸背板中区隆起；基部两侧各 1 小点，中间有时亦具小黑点。小盾片近方形。鞘翅大部分黑色，基部橙黄色，中间颜色较浅。鞘翅两侧近平行，末端斜截，缝角和缘角钝，端部刻点变稀疏。后胸腹板黄褐色，有时带黑色斑点。第 4 节黄褐色。足黄褐色，跗节颜色略深。体被金黄色绒毛。

分布：河北；欧洲。

（411）黑尾筒天牛 *Oberea reductesignata* Pic, 1916（图版 XXX：11）

识别特征：体长约 17.0 mm，宽约 3.5 mm。体狭长，光亮，两侧近平行。头部、触角、鞘翅肩角及末端、腹部末节黑色，前胸、小盾片、鞘翅、腹面及足黄褐色，鞘翅色泽较浅。全体密被金黄色薄绒毛，体背面具稀疏的黄白色直立毛。后足胫节端部黑褐色。头部短，略宽于前胸，额近方形，略隆起，散布较粗刻点。触角基瘤间较宽阔，中间浅凹；后头刻点较密；复眼大，黑色，略呈球形凸出。触角细长，与体等长。前胸背拱较高，散布稀疏刻点，近前缘及近后缘各 1 横沟，两侧中间略微凸出。小盾片近长方形。鞘翅略宽于前胸，两侧缘直，渐向后狭窄，末端斜切，缝角及缘角均具小刺，翅面刻点较粗，在翅中部各 7 列规则的刻点，后端刻点较细小。雌性腹部末节基部中间具纵沟。足粗短，后足腿节不超过第 2 腹节后缘。

分布：河北、湖北、台湾、福建；东洋界。

（412）菊小筒天牛 *Phytoecia rufiventris* Gautier des Cottes, 1870（图版 XXX：7）

曾用名：菊天牛。

识别特征：体长 6.0～11.0 mm，宽约 2.0 mm。体小，圆筒形，黑色，被灰色绒毛，但不厚密，不遮盖底色。头部刻点极密，额阔。触角被稀疏的灰色和棕色绒毛，下侧有稀疏的缨毛。触角与体约等长，雄性略长。前胸背板中区 1 很大的略呈卵圆形的三角形红斑点；前胸背板宽大于长，刻点粗密，红斑内中间前方 1 纵形或长卵形区无刻点，且拱凸。鞘翅刻点亦极密且乱，绒毛均匀，不形成斑点。

取食对象：菊科、艾蒿、三脉紫菀。

分布：河北、东北、内蒙古、山西、山东、陕西、宁夏、甘肃、江苏、安徽、浙江、江西、福建、台湾、华中、广东、海南、广西、四川、贵州；蒙古，俄罗斯，韩国，朝鲜，日本。

（413）黑点粉天牛 *Olenecamptus clarus* Pascoe, 1859（图版 XXX：8）

识别特征：体长 12.0～17.0 mm，宽 3.2～4.0 mm。底黑褐色，被白绒毛。触角、足棕黄色。头顶后缘具 3 黑色长形斑。前胸背板中间 1 黑斑，常向前后延伸成不规则的纵条纹。其两侧各 2 黑色卵形斑。小盾片被白绒毛。鞘翅黑色斑有 2 种类型：每翅具 4 黑点，肩上 1 黑点长形，翅中间 2 黑点圆形，近翅端外缘 1 黑点卵形较小，无端斑。前胸背板中间及两侧斑点常有变异。

取食对象：杨、桃、桑树。

分布：河北、东北、山西、河南、陕西、江苏、浙江、江西、湖南、台湾、四川、贵州；朝鲜，日本，俄罗斯（西伯利亚）。

（414）粉天牛 *Olenecamptus cretaceus cretaceus* Bates, 1873（图版 XXX：5）

识别特征：体长 15.0～27.0 mm，宽 3.8～5.5 mm。体棕红色到深棕色。腹面及背面中区密被白色绒毛，腹面以中间较稀，两侧基较厚；背面中区粉毛极厚，侧区无粉毛。头部复眼后缘、前胸两侧 1 宽阔直条直至鞘翅外侧，包括肩部在内直到近末端处，均被灰黄色绒毛；前胸背板中间 1 无粉纵线纹。体较粗壮。雄性触角为体长 2.3 倍，雌性触角为体长 1.8 倍。额阔，宽大于长。鞘翅刻点粗大，末端斜切，其外端角尖锐。

分布：河北、河南、江苏、浙江、湖北、江西、台湾、四川。

（415）八星粉天牛 *Olenecamptus octopustulatus* (Motschulsky, 1860)（图版 XXX：6）

识别特征：体长 8.0～15.0 mm。淡棕黄色，腹面黑色或棕褐色。腹部末节棕黄色。触角与足通常较体色淡。背面被黄色绒毛，头部沿复眼前缘、内缘和后侧，头顶等或多或少被白色粉毛。触角极细长，为体长的 2.0～3.0 倍多。前胸背板中区两侧均有白色大斑点 2 个，1 前 1 后，有时愈合。小盾片被黄毛。每翅上具 4 大白斑，排成直行，第 1 个靠基缘，位于肩与小盾片之间，第 4 个位于翅端。

取食对象：栎、柳、杨、栗、桑、檫、柞、枫杨。

分布：河北、东北、内蒙古、陕西、宁夏、甘肃、江苏、上海、安徽、浙江、江西、福建、台湾、华中、广东、海南、广西、四川、贵州；蒙古，俄罗斯（东西伯利亚、远东地区），韩国，朝鲜，日本。

（416）赤天牛 *Oupyrrhidium cinnabarium* (Blessig, 1872)（图版 XXX：12）

识别特征：体长 10.0~16.0 mm，宽 3.0~5.0 mm。体较小，略扁平，黑色。前胸背板、小盾片及鞘翅红色，被红色短绒毛。前胸背板两侧黑色，头顶红色。上唇、唇基黄褐色。触角着生黑褐绒毛。头较短，额中间 1 细纵沟，前额具横凹，颊短于复眼下叶，头具细密刻点，雄性触角细长，超过鞘翅端部，雌性触角粗且壮，伸至鞘翅中部之后，柄节膨大。前胸背板宽略胜于长，前端较后端宽，后端紧缩，两侧缘微呈圆弧状，无侧刺突，后侧微具瘤突；胸面较平坦，密布细刻点，两侧刻点略粗。小盾片似舌状。鞘翅较短，后端略窄，端缘圆形，翅面有细密刻点，每翅具 3 条长短不一的纵脊线，近中缝 1 条较短。腿节基部呈细柄状，端部突然膨大呈棒状，雄性后足胫节微弯曲。腹部末节短阔，端缘平直，雌虫腹部末节较狭长，端缘微弧形。

分布：河北、吉林、辽宁、河南；俄罗斯，韩国。

（417）黄褐棍腿天牛 *Phymatodes testaceus* (Linnaeus, 1758)（图版 XXX：10）

识别特征：体长 6.0~16.0 mm。红褐色，前、中、后胸及雄性腹板颜色较暗，后足第 1 节长于余下两节之和。后腿第 1 节比后两节的总和还要长。头部、中、后胸部、腹部黑色，前胸背红褐色，上翅膀浓蓝色。触角和腿节前端暗色。

分布：河北、吉林、辽宁；日本，韩国，东西伯利亚。

（418）松梢芒天牛 *Pogonocherus fasciculatus fasciculatus* (DeGeer, 1775)（图版 XXXI：1）

识别特征：体长 5.0~8.0 mm。体窄而短，黑色，肩部宽，有小而密的刻点和灰白色平伏毛及黑色直立毛，足、触角有白色环纹。头宽短，颊略长，有平伏和直立毛。复眼小，眼面细。触角粗，褐色，雌性触角短于体长，雄性略长。触角基略凸，有半直立黑色长毛，第 1 节具密的刻点和平伏毛及黑色硬毛。前胸后段红褐色，侧面有大而尖的突起，前后段有宽的横带，胸面鼓，有密而小的刻点和黑褐色及灰白色平伏毛，并有黑色或浅褐色直立毛，中部有瘤状突起。小盾片侧缘平行，向顶端狭窄，顶圆，中部有白色纵带。鞘翅中部宽，顶端明显狭窄，黑褐色，两侧各具 3 黑色卵圆形斑点，翅面布褐或白色平伏毛，具 3 纵脊。足具平伏密毛和稀疏直立毛，腿节基部、胫节顶端及跗节具红黄色毛，腿节棒状。

分布：河北、东北；蒙古，俄罗斯，哈萨克斯坦，土耳其。

（419）黄带多带天牛 *Polyzonus fasciatus* (Fabricius, 1781)（图版 XXXI：2）

曾用名：黄带蓝天牛、黄多带蓝天牛。

识别特征：体长 11.0~19.3 mm，宽 2.0~4.3 mm。体细长，蓝绿色至蓝黑色，具光泽。头、前胸具粗糙刻点和皱纹，侧刺突端部尖锐。鞘翅蓝绿色至蓝黑色，基部常具光泽，中间 2 条淡黄色横带；翅面被白色短毛，表面有刻点，翅端圆形。腹面被银灰色短毛，雄性腹面可见6节，第5节后缘凹陷，雌性腹部腹面可见5节，末节后缘拱凸呈圆形。触角及足细长，约与体等长，第3节长于第1、2节之和。

取食对象：栎、棉、杨、松树、枣树、柏、竹、木荷、黄荆、柳、刺槐、橘、桉、菊、蔷薇、玫瑰。

分布：河北、吉林、内蒙古、山西、山东、陕西、宁夏、甘肃、青海、华中、江苏、安徽、浙江、江西、福建、广东、香港、广西、贵州；俄罗斯（西伯利亚），朝鲜，蒙古。

（420）帽斑紫天牛 *Purpuricenus lituratus* Ganglbauer, 1887（图版XXXI：3）

识别特征：体长约20.0 mm，宽约7.0 mm。黑色。前胸背板及鞘翅朱红色。鞘翅具2对黑色斑，前1对略呈圆形；后1对较大，在中缝处相连接，呈礼帽状，帽形黑色斑上密被黑色绒毛；翅两侧平行；后缘圆形，翅基部刻点皱褶状；雌性触角与体等长，雄性触角为体长的2.0倍，以末节最长。前胸背板宽短，两侧缘中部有侧刺突，基部略狭缩，胸面密布粗糙刻点，呈皱褶状，被有灰白色细长竖毛，胸部背板有5个黑斑，有斑处略隆起。腹面被稀疏灰白色软毛。

分布：河北、吉林、辽宁、陕西、甘肃、江苏、江西、贵州、云南；俄罗斯，朝鲜，日本。

（421）柳角胸天牛 *Rhopaloscelis unifasciatus* Blessig, 1873（图版XXXI：4）

识别特征：体长约8.0 mm，宽约2.5 mm。暗棕色，散布刻点，密被薄而短的灰白色细绒毛，散布稀疏的黑色长直毛。头部短，略宽于前胸前端，额横宽，较拱起，密布微小刻点，中纵沟向后延伸至后头，上部侧缘凹。触角略呈红棕色，约为体长的1.5倍，基瘤高凸，彼此远离，中间浅凹。前胸两侧瘤间宽略大于长，近前端及近后端收缩，中间侧瘤突呈角状，盘区散布稀少细刻点，两侧瘤间横向隆起。小盾片长方形，末端平截，中间具纵沟。鞘翅基脊突棕黑色，翅中部具宽大的棕黑色横带纹，外端宽，但不达外缘，翅端部棕褐色。鞘翅两侧缘近平行，近端部向后略窄，末端斜截，缝角钝圆，缘角略凸出，翅基中间各1瘤状脊突。足短，腿节端半部球棒状膨大，后足腿节伸达腹部末端，后足第1跗节约与第2、3节等长。

取食对象：柳、杨。

分布：河北、吉林、陕西、浙江、福建、广东、香港；蒙古，俄罗斯，韩国，朝鲜，日本，哈萨克斯坦。

（422）蓝丽天牛 *Rosalia coelestis* Semenov, 1911（图版XXXI：5）

识别特征：体长18.0～29.0 mm，宽4.0～8.0 mm。体被淡蓝色绒毛，具黑斑纹。触角柄节及雄性端部数节，雌性末节和足黑色，腿节中后有环状淡蓝色绒毛；后足胫节中部及跗节被覆淡蓝色绒毛。头中间1细纵凹线；头具细密刻点；颊、上颚刻点粗糙，雄性上颚具背齿；柄节刻点稠密。触角第3至6节端部丛生浓密黑色簇毛，以下各节端部黑色；雄性触角端部五节超出翅之外，雌性端部 3 节超出鞘翅之外。前胸背板中区 1 近方形的大黑斑，与前缘接触，两侧各 1 小黑点及 1 小瘤突，有时两侧的小黑点与中间大黑斑连接。鞘翅肩无黑斑，每个鞘翅具 3 黑色不规则横斑纹，鞘翅基部散生细粒状黑色刻点。后足胫节端部正常，不扁阔；后足第 1 跗节较长，约等于第 2、3 跗节的总长。

分布：河北、黑龙江、吉林、河南、陕西；俄罗斯（远东地区），韩国，朝鲜，日本。

（423）断条楔天牛 *Saperda interrupta* Gebler, 1825（图版 XXXI：6）

识别特征：体长 8.5～5.5 mm。体宽 2.8～3.2 mm。基色黑，被灰绿或灰色绒毛，并有黑色绒毛斑点，头顶中区 1 个，额全部或部分呈黑色，但有时 2 直条各向内扩展，合并成 1 块大黑斑；或 2 直条中间变窄，甚至中断，分离成四斑。鞘翅肩下具 1 条相当阔的黑纵条纹，直达翅后部，但不与末端连接，此条纹在中部后，间断 2 次，分成 3 斑，第 1 个很长，第 3 个最小。绒毛之外，有褐、白色的竖毛，一般在背面的褐色，在腹面及足部的白色；在头部的较长而密。触角黑色，隐约可见具灰白色稀毛，下侧具缨毛，端部数节消失。头部刻点粗而深，眼下叶甚大，比颊长 1 倍。触角基瘤不显著，两角间较宽阔，雄性角长约与体相等，雌性略短，背板平坦无显著瘤突。鞘翅两侧平行，刻点较头、胸部的粗大，末端圆形。前足基节圆锥形，凸出。后胸腹板前侧片前阔后狭，呈长三角形。腹部末节较长，比第 4 节长 1 倍。

分布：河北、吉林、河南、宁夏、福建；俄罗斯，韩国，朝鲜。

（424）白桦梯楔天牛 *Saperda scalaris hieroglyphica* (Pallas, 1773)（图版 XXXI：7）

识别特征：体长 11.0～19.0 mm。黑色，头、胸被淡灰色或蓝灰色绒毛，头顶中间 2 三角形黑斑；前胸背板中区 2 大型似长方形黑斑，两侧各 2 圆形黑色小斑。触角第 3 节起各节被淡灰绒毛，其端部黑色。雄性触角略长于身体，雌虫触角与体等长或略短。鞘翅两侧近平行，端缘圆，被灰色绒毛组成花纹，每翅沿中缝 1 绒毛，5 不规则短横斑各自连接在中缝纵条上。侧缘有几个小绒毛斑点，肩下脊后侧各 1 短而较细绒毛纵纹，沿端缘被稀疏绒毛，体下及足被淡灰或蓝灰色绒毛。

取食对象：白桦。

分布：河北、东北、山东、新疆；蒙古，朝鲜，俄罗斯（西伯利亚、远东地区），哈萨克斯坦。

（425）双条杉天牛 *Semanotus bifasciatus* (Motschulsky, 1875)（图版 XXXI：8）

识别特征：体长 10.0～22.0 mm，宽 3.5～7.0 mm。体型宽扁，头部黑色具细刻点。触角黑褐色，较短；雌虫触角长度达体长之半，雄性超过体长的 3/4。前胸黑色，两侧圆弧形，具有较长的淡黄色绒毛；背板中部 5 光滑疣突，呈梅花形排列；中后胸腹面被黄色绒毛。鞘翅棕黄色，上 2 黑色宽横带，位于翅中部和末端，翅中部的宽横带在中缝处断开，翅面具许多刻点，末端圆形。腹部被棕色绒毛。腹部末端微露于鞘翅外。

取食对象：桧、松、柏、杉、扁柏。

分布：华北、山东、河南、陕西、甘肃、青海、江苏、上海、安徽、浙江、湖北、江西、福建、台湾、广东、广西、四川、贵州、云南；蒙古，俄罗斯，韩国，朝鲜，日本。

（426）拟腊天牛 *Stenygrinum quadrinotatum* Bates, 1873（图版XXXI：12）

曾用名：四星拟蜡天牛。

识别特征：体长12.0～14.0 mm，宽3.0～3.5 mm，体型狭小，赤褐色，鞘翅中部前后各1淡黄褐色小斑，周围黑褐色。触角被灰色细绒毛。前胸背板及鞘翅表面具稀疏细竖毛，足胫节两侧具细长毛，身体下被稀疏细毛。头短，复眼粗粒，下叶凸出，接近上腭基部；雄性触角约与体等长，雌性的达鞘翅后端1/4；柄节略弯，略长于第3节，第3节略长于第4节，与第5节等长。前胸背板圆柱形，长胜于宽，两侧略膨大。鞘翅中部及端部略狭；末端狭圆，表面密布细刻点。足腿节基部呈细柄状，端部膨大，光滑。

取食对象：栎属与栗属。

分布：河北、东北、内蒙古、山东、河南、陕西、甘肃、江苏、安徽、浙江、湖北、江西、湖南、福建、台湾、广东、广西、四川、贵州、云南；俄罗斯，韩国，朝鲜，日本。

（427）麻竖毛天牛 *Thyestilla gebleri* (Faldermann, 1835)（图版XXXI：10）

曾用名：麻天牛。

识别特征：体长9.0～18.0 mm，全黑绿色。头部及身体下有灰白色绒毛，头胸背面及鞘翅的正中与两侧3黄白色纵纹相贯穿。触角各节圆筒形，灰白色细毛与黑色相间。雄性触角略长于体，雌性则略短于体。腹部末节中间凹入。

取食对象：杨、栎、棉、大麻、蓟等。

分布：河北、东北、内蒙古、山西、陕西、宁夏、青海、江苏、安徽、浙江、江西、福建、台湾、华中、广东、广西、四川、贵州；朝鲜，日本，俄罗斯（西伯利亚）。

（428）家茸天牛 *Trichoferus campestris* (Faldermann, 1835)（图版XXXI：11）

识别特征：体长13.0～18.0 mm，宽3.0～6.0 mm。黑褐色，被棕黄色绒毛和稀疏长竖毛。雄性触角长达鞘翅端部，雌虫略短于雄性。前胸背板长宽近相等，前端宽于后端，两侧圆弧形，无侧刺突；盘区刻点粗密，其间又生细小刻点。小盾片棕黄色。鞘翅两侧近平行，后端略狭，肩角弧形，内端角垂直，盘上分布中等刻点。后足第1跗节较长，约等于第2+3跗节长度之和。

取食对象：刺槐、油松、枣、丁香、杨树、柳树、黄芪、苹果、柚、桦木、云杉。

分布：河北、东北、内蒙古、山西、山东、河南、西北、江苏、安徽、浙江、湖北、江西、湖南、四川、贵州、云南、西藏；蒙古，俄罗斯，朝鲜，日本，印度。

（429）樟泥色天牛 *Uraecha angusta* (Pascoe, 1857)（图版XXXI：9）

识别特征：体长16.0～21.0 mm，鞘翅肩宽4.5～5.0 mm。黑色。触角自第3节起以后各节深棕色，被棕红或浅灰棕色绒毛，触角细长，超过体长2.0倍，柄节端疤较弱，闭式，第2节与第4节近等长，显著长于柄节。前胸背板略横宽，两侧缘中间刺突短钝，中区具细颗粒。小盾片近半圆形。每翅中部1黑褐色斜斑，内端不达中缝，外端向前斜伸至翅缘，基部及端部散布淡褐色不规则小斑，基部刻点较粗密，中部之后刻点变稀细。前足基节窝后方关闭，中足基节窝对中胸后侧片开放。

取食对象：樟树、楠、油桐、柳。

分布：河北、陕西、江苏、浙江、江西、福建、台湾、华中、广东、广西、四川、贵州、西藏。

75．叶甲科 Chrysomelidae

（430）十四斑负泥虫 *Crioceris quatuordecimpunctata* (Scopoli, 1763)（图版XXXII：1）

识别特征：体长5.5～7.5 mm，宽2.5～3.2 mm；棕黄至红褐色，具黑斑。头顶微隆，中间有细纵沟，两侧有刻点及稀毛；唇基三角形，基半部纵隆。触角粗短，念珠状。前胸背板方形，前缘向前拱起，两侧圆弧或略膨，基部微窄、微拱；基部横凹浅，中间有短纵凹；刻点均匀、浅细。小盾片舌形。鞘翅基部内侧略隆，刻点行整齐，行间较平坦，基部刻点较大。

取食对象：禾草类。

分布：河北、北京、黑龙江、吉林、内蒙古、山东、江苏、浙江、福建、台湾、广西、云南；俄罗斯，日本，哈萨克斯坦。

（431）鸭跖草负泥虫 *Lema diversa* Baly, 1873

识别特征：体长4.8～6.0 mm，宽2.0～3.0 mm；体长形。腹面、头的大部分、触角和足黑色；头顶、颈部和体背黄褐或红褐色，有时腹节两侧、端部或大部分黄褐或红褐色。头前半部具刻点，每个刻点着生1银白色毛，上唇横形；额唇基长三角形；头顶和颈部光亮，前者微凸，具极细刻点。触角约为体长之半。前胸背板近方形，两侧中部收缩较深，表面微拱凸，光亮，前端中间有浅凹，中间常有2行细刻点，2前角有少量细刻点；侧凹后横沟清楚，沟中间1小凹窝。小盾片舌形，有时顶端较宽。鞘翅两侧较平直，基后凹不深，翅基半部刻点粗大，较稀，向翅端渐细，端部行间隆起。雄性第1腹节中间有细隆线，有时隆线基部不清楚，末端明显。

取食对象：鸭跖草、黄精及菊属植物。

分布：河北、北京、黑龙江、吉林、山东、华中、安徽、浙江、江西、福建、广东、广西、四川、贵州；朝鲜，日本。

（432）红胸负泥虫 *Lema* (*Petauristes*) *fortunei* Baly, 1859

识别特征：体长 6.0~8.2 mm，宽 3.0~4.0 mm；体长形，具金属光泽。头、前胸、小盾片血红色。触角（除基部 1 或 2 节外）、足胫节、跗节黑色，有时红褐色，腿节一般红褐色，有时后足或 3 对足均为黑色；鞘翅蓝色或蓝紫色，腹面黄褐至红褐色，有时后胸腹板染有黑色。头在眼后强烈收缩，额唇基呈长三角形，额瘤很小，光亮，无刻点和毛，头顶平，中间具短纵沟，有时消失；头颈部长。触角丝状，略粗。前胸背板长宽近相等，两侧中部收缩，基缘中部向后拱凸；盘区隆，光亮，横沟不清楚，沟中间 1 明显的凹窝；前角和横沟前有稀疏刻点，中间有 2~3 行不十分规则的刻点。小盾片横宽，表面被稀疏短毛。鞘翅基部隆起，其后微凹，基刻点粗大，向后逐渐细小、稠密，无小盾片刻点行。腹面毛较短而稀。

取食对象：薯蓣属植物。

分布：河北、北京、山东、陕西、新疆、江苏、浙江、安徽、湖北、福建、台湾、广东、广西、四川；日本，朝鲜。

（433）蓝翅负泥虫 *Lema* (*Petauristes*) *honorata* Baly, 1873（图版 XXXII：6）

识别特征：体长 4.6~6.2 mm，宽 2.2~3.0 mm；体具金属光泽。头、前胸血红至红褐色。触角（基部第 1 节红褐色，有时端部数节褐色）黑色；鞘翅蓝色或蓝紫色；小盾片、体下和足蓝黑色。头在眼后强烈收缩，上唇横形，额唇基呈长三角形，表面毛稀短；头顶中间具短浅纵沟，有时不显，光亮几乎无刻点，毛极稀少。前胸背板近圆柱形，长微大于宽，两侧中部收缩，基部之前横沟较浅，沟前隆凸，前角有少量细刻点，中间具二行不明显的细刻点。小盾片很小，方形。鞘翅基部明显隆凸，之后有浅凹，肩瘤显凸，无小盾片刻点行，基半部刻点深、大而稀，向后渐浅、细，端部刻点行间之间微隆起。

取食对象：薯蓣属植物。

分布：河北、北京、山东、浙江、江西、福建、台湾、广西、云南；朝鲜，日本，越南北部。

（434）隆胸负泥虫 *Lilioceris merdigera* (Linnaeus, 1758)（图版 XXXII：3）

识别特征：体长 5.5~7.0 mm；体背面褐黄色至褐红色。触角黑色，足深褐色，但是各节连接处及跗节背面黑色，小盾片基部有时黑色；前胸腹板、中胸全部、后胸腹板侧缘及侧板黑色。背无毛。头部具稀疏的白色毛。后胸腹板外侧光亮，内侧毛极稀疏，后胸前侧片光亮，但周缘有毛。头与头颈间的横凹明显；额瘤不发达，表面光滑；头顶隆起呈桃状，中纵沟深，贯穿前后，侧缘有少量刻点；头颈部刻点粗密，基部更密。触角长度超过鞘翅肩胛。前胸背板近方形，长宽接近，两侧缘中部凹，基缘微凸，表面隆起，前部中间 1 粗纵沟，有时该沟向后伸过中部，基部 1 处浅凹，靠近基缘 1~2 细横纹，两侧伸达侧凹；背板刻点极少，粗细不一，纵沟中 1 行粗刻点。小盾片舌形，端部略狭，基半部微凹，两侧有刻点及毛。鞘翅较宽阔，基部隆起，其后有凹痕；有刻点 10 行，基部、端部及近翅外缘的刻点略大；有小盾片行，其内侧 1 行细刻点直伸至翅后部。

分布：华北、东北、山东、湖北、浙江、福建、台湾、广西；蒙古，俄罗斯，朝鲜，日本，尼泊尔，欧洲。

（435）红颈负泥虫 *Lilioceris sieversi* (Heyden, 1887)

识别特征：体长 6.5~8.5 mm，宽 3.5~4.5 mm；头、前胸背板及小盾片棕红至褐红色；鞘翅蓝紫色，具金属光泽。触角、足及体下紫黑色。触角基部几节及足常带褐色。头顶中间 1 浅纵沟，沟两侧隆起。触角细，长度几乎达体长之半。前胸背板长大于宽，刻点分散，近前、后缘较少，前部中间常 1 短纵行刻点。鞘翅基半部的刻点较端半部的大；行间平坦。

取食对象：小麦、穿龙薯蓣。

分布：河北、北京、黑龙江、吉林、浙江、福建；俄罗斯（远东地区），朝鲜。

（436）小麦负泥虫 *Oulema erichsonii* Suffrian, 1841

识别特征：体长 4.5~5.0 mm，宽 1.7~2.4 mm；背腹面深蓝色，具金属光泽，上唇、触角（第 1—3 节除外）及足接近黑色。头、触角及足具黄色毛，胸部腹面毛短，刻点粗大，稀密不匀，后胸腹板刻点较侧板的大。头具刻点，额唇基刻点粗密，头顶刻点有粗有细，后头刻点极细，额瘤面光平。触角短粗。前胸背板长略大于宽，前缘较平直；后缘微拱出，两侧于中部之后变窄，前角微凸出；基横凹不深，中间常 1 短纵沟，凹前明显隆起，刻点稀疏，中纵线有 2~3 行排列极不规则的刻点，在基凹前消失，其余刻点位于前缘、前角及基凹中，基凹的刻点较密，两侧凹面上有较密的粗横纹，纹间有刻点。小盾片近梯形，基部略宽，端缘有时微凹。鞘翅刻点行整齐，基部 1/4 微隆起，刻点亦较大；行间平坦，一般行间中尚有细刻点行，小盾片行的内侧，1 行小刻点。

分布：河北、黑龙江、内蒙古、新疆；蒙古，俄罗斯，日本，欧洲。

（437）密点负泥虫 *Oulema viridula* Gressitt, 1942（图版 XXXII：4）

识别特征：体长 13.5~14.8 mm，宽 1.7~2.3 mm；深蓝色，带金属光泽。后头中间有时具棕红斑。头、触角、足及体下皆被黄白色细毛，后胸前侧片毛密而均匀，后胸腹板毛稀疏。头具刻点，额唇基刻点粗大，上唇无光泽，刻点细，前部常有细横皱，头顶粗、细刻点相间，后头除中部外，刻点较细小，头顶后方中间 1 小纵凹。触角端半部较粗。前胸背板长大于宽，前缘较平直；后缘拱出，两侧在中部之后变窄，表面微隆，基部有浅横凹，其前中间 1 短纵沟，刻点较密，前缘和前角的刻点大而稀，两侧及基部刻点细密，侧凹中的刻点粗大，中间尚 1 至 2 行不整齐的粗刻点，于中部之后消失。小盾片倒梯形，长略超过宽，端缘凹入，基部两侧有刻点及细毛，刻点行不整齐，其内侧尚有 3~6 细刻点。鞘翅基部刻点显较后部为大，刻点行整齐，第 1 行位于纵沟中，行间平坦。仅后端微隆，第 2、8 行间的端部更隆。

分布：河北、黑龙江、陕西、新疆、湖北、江西、福建；朝鲜。

（438）圆顶梳龟甲 *Aspidimorpha difformis* (Motschulsky, 1860)（图版 XXXII：5）

识别特征：体长 6.5~8.6 mm，宽 5.0~7.2 mm。椭圆形，前后端几近等圆，背面较不拱凸，饰边宽阔透明，外缘反翘。体色乳白至棕黄色，鞘翅盘区有时呈绛色。淡色个体，盘侧、肩瘤处、驼顶和中后部的横条纹及刻点内带呈深色；深色个体，近中缝 1 带略染淡色，盘侧中桥常浅色。饰边透明，乳白色或淡黄色，基部和中后部均 1 深色条斑。腹面全部淡色，多少有些透明。触角、足淡棕黄色。触角末节为熏烟色。

取食对象：藜属、打碗花属。

分布：河北、东北、福建、台湾、贵州；俄罗斯，朝鲜，日本。

（439）枸杞龟甲 *Cassida deltoides* Weise, 1889（图版 XXXII：2）

曾用名：枸杞血斑龟甲。

识别特征：体长 4.3~5.5 mm，宽 4.0~4.6 mm；卵形或卵圆形；活体草绿至翠绿色，鞘翅具血红色三角形大斑，标本棕黄或棕栗色，斑变为污红或污栗色。唇基方形，刻点明显，侧沟粗深。触角长达肩角，末 6 节粗厚。前胸背板中部略前最宽，侧角宽圆，刻点密而不粗。鞘翅肩角钝圆，向前伸达前胸背板中部；驼顶平拱起，前端形成明显倾斜三角区；刻点粗大，行列整齐，基凹浅。

分布：河北、内蒙古、陕西、宁夏、甘肃、新疆、江苏、浙江、江西、湖南；蒙古。

（440）蒿龟甲 *Cassida fuscorufa* Motschulsky, 1866（图版 XXXII：7）

识别特征：体长 5.0~6.2 mm，宽 3.6~4.8 mm；体椭圆形略呈卵形，不拱凸，饰边不阔，平坦。背面深棕红色，个别淡棕黄色。鞘翅具模糊不规则较深色斑纹。足黑色。触角棕栗带赤色，基节大部分与末端 5 节黑或黑褐色。背具细皮纹。前胸背板、小盾片皮纹更紧密。触角长度一般不达肩角。前胸背板：雄性较阔，相等或略阔于鞘翅基部；雌虫较狭，等于或略狭于鞘翅基部。鞘翅肩角很圆；翅面粗糙，有时隆脊显著；刻点粗密，有时很整齐排成 10 行，有时比较混乱。

取食对象：蒿属植物、野菊花。

分布：河北、黑龙江、辽宁、山西、山东、河南、陕西、甘肃、江苏、浙江、湖北、江西、台湾、海南、广西、四川；朝鲜，日本，俄罗斯（西伯利亚）。

（441）甜菜龟甲 *Cassida nebulosa* Linnaeus, 1758（图版 XXXII：8）

识别特征：体长 6.0~7.8 mm，宽 4.0~5.5 mm。长椭圆形或长卵形；半透明或不透明，无网纹，体色变异较大，鞘翅布小黑斑。唇基平坦多刻点，侧沟清晰，中区钟形。触角长达鞘翅肩角，末 5 节粗壮。前胸背板基侧角甚宽圆，表面布粗密刻点，盘区中间具 2 微隆凸。鞘翅盘区基缘直，饰边窄，表面粗皱，刻点密，饰边基缘向前拱起，外缘中段明显宽厚，肩角略前伸；两侧平行，驼顶平拱起，顶端平塌横脊状；基凹微显，刻点粗密且深，行列整齐，第 2 行间高隆。

取食对象：甜菜、旋覆花属、蓟属、三色苋、藜属、滨藜属。

分布：华北、东北、山东、陕西、宁夏、甘肃、江苏、上海、湖北、四川、贵州、云南；蒙古，俄罗斯，韩国，朝鲜，日本，塔吉克斯坦，乌兹别克斯坦，哈萨克斯坦，土耳其，欧洲。

（442）淡胸藜龟甲 *Cassida* (*Cassida*) *pallidicollis* Boheman, 1856（图版 XXXII：9）

识别特征：体长 5.2～6.8 mm。卵圆形。背色幽暗，具细皮纹。前胸背板及小盾片黄褐色；鞘翅底色淡黄褐色、黑褐色至黑色。腹面黑褐至黑色；额唇基、触角及足黄褐色。触角有时末端 5 节略深，腿节基部常现黑色。侧沟较粗而不深。触角长达到肩角。前胸背板椭圆形，前后缘较不弓出，长不到宽度之半，侧角极其阔圆；表面刻点粗密，中纵纹光亮平滑，有时不显著，盘侧一般多皱纹，鞘翅基部显宽于前胸背板，盘基较平直，肩角略前伸，驼顶微微隆起，顶端呈横隆脊，与第 2 行间连接；刻点较整齐，一般第 8、9 行的刻点通常显较粗大深刻；每翅 2 显纵脊，尤其第 2 行间的十分显著，于驼顶区呈弧形内弯，其左右具若干短横分支；另 1 条处于后部，自第 6 行间向后内斜至第 3 行间，但远不及前者粗，显高凸。

取食对象：藜属。

分布：河北、辽宁；蒙古，俄罗斯，韩国，朝鲜。

（443）甘薯腊龟甲 *Laccoptera* (*Laccopteroidea*) *nepalensis* (Boheman, 1855)（图版 XXXII：10）

曾用名：甘薯褐龟甲、甘薯大龟甲。

识别特征：体长 7.5～10.5 mm，宽 6.4～8.6 mm，棕至棕红色。前胸背板盘区两侧 2 小黑斑。鞘翅花斑变异很大。后胸腹板大部黑色，末节淡色。触角细长，端部 5 节较粗。前胸背板密布粗皱纹，以盘区后半部的显著，前面中间及两侧布弱皱纹，甚至相当光亮，而饰边前缘，特别是中段两侧通常无皱纹。鞘翅驼顶明显凸出，但不高耸，其前、后坡不隆凸，故略呈"十"字形；盘区刻点粗密，行间以第 2、4 脊特别高凸，此外，还有许多不规则的横皱纹，以第 5 至第 8 行中部刻点最密；饰边具粗刻点，部分为穴状。

分布：全国广布；印度，尼泊尔。

（444）四斑尾龟甲 *Thlaspida lewisi* (Baly, 1874)（图版 XXXII：11）

识别特征：体长 6.5～8.0 mm；宽 6.2～7.5 mm。近圆形，额唇基较长，梯形，侧沟明显；中区光亮，基部和端部凸，前半部具微细刻点数个。触角第 1—5 节黄或棕黄，第 6—11 节棕栗至酱栗色；长度超出肩角约 2 节。前胸背板纺锤形，带倒三角形，前缘较后缘平直，侧角圆形、阔，处于中线前；盘区具细刻点，有稀有密，但一般较密，很清晰，基部两侧与饰边分界处有明显凹印。鞘翅肩角钝圆，伸达前胸背板中线；驼顶显著拱凸，顶端横脊伸至第 2 行间；盘区不太粗糙，脊线不显著，短横脊亦少；肩瘤略凸；刻点粗深，行列尚整齐；饰边宽阔平坦，淡棕黄，透明，每翅饰边具 2 棕红或棕酱色大斑；盘区棕黄至棕赭色；鞘翅刻点色略深，有时有花斑。腹部腹面黑色，有时仅中间黑色，两侧和尾缘有宽阔的棕黄或黄色区域；足黄或棕黄。

取食对象：白蜡树属、女贞属。

分布：河北、黑龙江、辽宁、福建；朝鲜，日本。

（445）黑龟铁甲 *Cassidispa mirabilis* Gestro, 1899（图版 XXXII：12）

曾用名：双锥龟铁甲。

识别特征：体长 4.5～5.0 mm，宽 3.5～4.0 mm。黑色，光亮。唇基凸出，被细毛；头顶 2 眼间皱褶极细，中线清晰，后方正中具棕红斑。触角 9 节，约超过体长之半，末 3 节被淡黄色密毛。前胸背板梯形，盘区横褶精细均匀，基部横凹明显；两侧饰边平坦，边缘 11～15 齿，较粗短，不甚尖锐，表面具狭长斑。小盾片近舌状。鞘翅高隆，背面刻点细小，刻点行不整齐，有小盾片行，3 脊线极不明显，背刺锥状；饰边中部明显凹，边缘有 34～42 锯齿，表面具半透明斑。足较细长，胫节被淡黄色短毛；跗节远较胫节短，第 1 跗节短小；爪 2 裂，端部尖细。

分布：河北、北京、山西、四川。

（446）锯齿叉趾铁甲 *Dactylispa angulosa* (Solsky, 1872)（图版 XXXIII：1）

识别特征：体长 3.3～5.2 mm，宽 1.8～3.1 mm；体长方形，体背棕黄至棕红，具黑斑，具光泽。头具刻点及皱纹。触角粗短，约为体长之半。前胸背板宽；盘区密布刻点，具淡黄色短毛，中间 1 光滑纵纹，接近前、后缘各 1 条横沟，前缘者较浅，盘区中部略隆起；胸刺粗短，前缘每侧有 2 刺，前刺近端部 1 很小的侧齿，有时后刺亦有；侧缘每边有 3 刺，约等长，着生于扁阔的基部上。小盾片三角形，末端圆钝。鞘翅侧缘敞出，两侧平行，端部微阔，具 10 行圆刻点，翅背具短钝瘤突；翅基缘及小盾片侧共有 6～7 很小的刺，翅端有几枚小附刺。侧缘刺扁平，锯齿状，短而密，各刺大小约相等；端缘刺小，刺长短于其基阔。

取食对象：栎、柑橘、竹、夏枯草、铁线莲、白桦、红桦、梨、杏、榭树。

分布：河北、北京、天津、黑龙江、辽宁、山西、河南、陕西、甘肃、江苏、上海、浙江、安徽、福建、广西、四川、贵州、云南；朝鲜，日本，俄罗斯（西伯利亚、远东地区）。

（447）瘤翅尖爪铁甲 *Hispellinus moerens* (Baly, 1874)（图版 XXXIII：2）

识别特征：体长 3.5～5.0 mm，宽 1.4～2.0 mm；黑色，略带金属光泽。触角结实，长达鞘翅肩部，基部数节毛被缺如，端部数节粗大，被金黄色密毛；第1节具1背刺，第8—10节宽大于长。前胸横宽，前角具管状小突，后角钝齿状，四角均附1长毛；盘区皱纹粗糙，淡色毛稀疏；前缘两旁各1对叉状刺；两侧各3根刺，前2刺基部合并，第3刺分立；前胸刺均近横平，刺端钝。鞘翅刻点深刻，每翅中部刻点9行；翅面背刺呈瘤状，中缝基部约1/4具1粗刺，18～26缘刺均钝，仅略长于背面瘤刺。足粗壮，前足腿节下侧1齿，中、后腿节下侧1或数枚短钝小齿；爪单一，端尖。

取食对象：牛鞭草。

分布：河北、黑龙江、辽宁、山东、江苏、江西、台湾；俄罗斯，日本。

（448）黑条波萤 *Brachyphora nigrovittata* Jacoby, 1890（图版 XXXIII：3）

识别特征：体长3.3～4.8 mm，宽2.0～2.5 mm；身体较狭。头部橙黄或橙红色。上唇横宽，前缘中间凹缺颇深；额唇基隆突高，呈脊状；额瘤横形，头顶具极细刻点。触角烟色，约为体长的2/3。前胸背板宽大于长，侧缘中部略膨阔，基缘较直；盘区较平坦，刻点细小。小盾片三角形，顶部圆，具细刻点。鞘翅黑色或黑褐色，每翅中间具1淡色纵带。此带在端部之前向翅缝弯转，仅翅缝和外缘黑色。鞘翅刻点细密，翅面具较稀短毛；肩部之后1明显的纵脊不达翅端，但往往完全消失。足腿节较粗壮，后足胫端具1小刺。前足基节窝开放，爪附齿式。

取食对象：四季豆、野豆、葛。

分布：河北、山西、陕西、江苏、浙江、湖北、江西、湖南、福建、广东、广西、四川、贵州、西藏。

（449）豆长刺萤叶甲 *Atrachya menetriesii* (Faldermann, 1835)（图版 XXXIII：4）

曾用名：薄荷异色叶甲。

识别特征：体长5.0～5.6 mm，宽2.7～3.5 mm；头顶刻点极细，额瘤前内角向前凸。前胸背板侧缘较直，向前略膨阔；表面明显隆凸，刻点由北方种向南方种渐密，雄性更明显。小盾片三角形，光滑无刻点。鞘翅刻点细密，雄性小盾片之后中缝处有凹。雄性腹部末节三叶状。后足胫节端部具较长刺，第1跗节长于其余3节之和，爪附齿式。

取食对象：柳属、水杉、甜菜、大豆、瓜类等。

分布：河北、黑龙江、吉林、内蒙古、山西、宁夏、甘肃、青海、江苏、浙江、湖北、江西、湖南、福建、广东、广西、四川、贵州、云南；俄罗斯，朝鲜，日本。

（450）胡枝子克萤叶甲 *Cneorane elegans* Baly, 1874（图版 XXXIII：5）

识别特征：体长5.7～8.4 mm，宽3.0～4.5 mm。上唇宽略大于长；额瘤大，隆突较高，近方形，前内角略向前伸；头顶光滑，近无刻点。触角略短于体长，雄性中部之后渐粗且端部第2—3节腹面扁平或凹。前胸背板两侧弧圆，基缘较直；表面略凸，无横沟，刻点极细。小盾片舌形，光滑无刻点。鞘翅刻点很密。雄性腹部末节顶端中间具向上翻转横片。后足胫节端部无刺，爪附齿式。

取食对象：胡枝子。

分布：河北、北京、东北、山西、陕西、宁夏、甘肃、江苏、安徽、浙江、湖北、江西、湖南、福建、台湾、广东、广西、四川；蒙古，俄罗斯（西伯利亚），韩国，朝鲜。

（451）桑窝额萤叶甲 *Fleutiauxia armata* (Baly, 1874)（图版 XXXIII：6）

识别特征：体长 5.5～6.0 mm，宽 2.5～2.8 mm；黑色；头的后半部及鞘翅蓝色，头前半部常为黄褐或者褐色；足有时杂有棕色。触角背面褐色，腹面棕色或淡褐色。雄性额区为 1 较大凹窝，窝的上部中间具 1 显著突起，其顶端盘状，表面中部具毛；雌性额区正常。触角之间隆突。头顶微隆，光亮无刻点。触角约与体等长。前胸背板宽大于长，两侧在中部之前略膨阔；盘区微凸。两侧明显 1 圆凹。刻点细小，凹区内刻点不明显。小盾片三角形，无刻点。鞘翅两侧近平行，基部表面略隆，刻点密集。雄性腹部末节三叶状，中叶近方形。前足基节窝开放。爪附齿式。

取食对象：桑、枣树、胡桃、杨树等。

分布：河北、东北、河南、甘肃、浙江、湖南；俄罗斯（东西伯利亚、远东地区），韩国，朝鲜，日本。

（452）戴利多脊萤叶甲 *Galeruca dahlii vicina* Solsky, 1872（图版 XXXIII：7）

识别特征：体长 8.5 mm；头部、触角、腹面及足呈黑色；前胸背板、小盾片及鞘翅呈黄褐色。头顶、角后瘤及额区布满刻点，头顶刻点显得更粗大。触角长不及鞘翅中部。前胸背板宽，侧缘基部窄，中部之后膨阔，侧院内具侧沟，盘区布满粗刻点，中部 1 侧凹，两侧各 1 侧凹，近中部较深；前后角皆钝圆形。小盾片半圆形，布较细刻点。鞘翅基部略宽于前胸背板，肩角不很凸出；沿中缝及侧缘各一道脊，盘区各 2 道纵脊，直达端部不远停止；在中缝与盘区 2 个脊之间的 2 个区内，每个区基本具 4 行刻点，其外的刻点不甚规则。腹面布黄灰色毛。腹部末端缺刻状。前足基节窝关闭，爪双齿式，胫节外侧具脊。

取食对象：车前草科。

分布：河北、黑龙江、吉林、内蒙古、山西、湖南；俄罗斯，韩国，朝鲜，日本。

（453）二纹柱萤叶甲 *Gallerucida bifasciata* Motschulsky, 1860（图版 XXXIII：8）

识别特征：体长 7.0～8.5 mm；宽 4.0～5.5 mm。黑褐至黑色。头顶微凸，具较密细刻点和皱纹。触角有时红褐色；雄性触角较长，伸达鞘翅中部之后；雌性触角较短，伸至鞘翅中部。前胸背板宽，两侧缘略圆，前缘明显凹注，基缘略凸，前角向前伸；表面微隆，中部两侧有浅凹，以粗刻点为主，间有少量细刻点。小盾片舌形，具细刻点。鞘翅表面有 2 种刻点。粗刻点较稀，成纵行，之间有较密细刻点。鞘翅黄色、黄褐或橘红色，基部 2 斑点，中部之前具不规则的横带，未达翅缝和外缘，有时伸达翅缝，侧缘另具 1 小斑；中部之后 1 横排有 3 长形斑；末端具 1 近圆形斑，额唇基呈三角形隆凸。额瘤显著，较大近方形，其后缘中间凹陷。中足之间后胸腹突较小。足较粗壮，爪附齿式。

取食对象：荞麦、桃、酸模、蓼、大黄等。

检视标本：**围场县**：6 头，塞罕坝翠花宫，2016–VIII–30，塞罕坝考察组采；4 头，塞罕坝大唤起 80 号，2015–VI–01，塞罕坝考察组采；1 头，塞罕坝坝梁，2016–VIII–31，塞罕坝考察组采；15 头，木兰围场八英庄砬沿沟，2015–VI–15，塞罕坝考察组采；6 头，木兰围场新丰苗圃，2015–VI–08，塞罕坝考察组采；2 头，木兰围场新丰挂牌树，2015–VII–14，塞罕坝考察组采；10 头，木兰围场种苗场查字小泉沟，2015–VI–18，塞罕坝考察组采。

分布：河北、东北、陕西、甘肃、江苏、江西、华中、福建、台湾、广东、广西、四川、云南。

（454）四斑长跗萤叶甲 *Monolepta quadriguttata* (Motschulsky, 1860)（图版 XXXIII：9）

识别特征：体长 2.7～3.2 mm，宽 1.2～1.5 mm；头部褐色，上唇黑色。触角黑褐色；前胸背板黄褐色；小盾片、鞘翅及缘折、体下及足的胫节端部和跗节黑色，有的体下黄色；每个鞘翅基部和端部各 1 黄斑，基部黄斑四周被黑色包围，端部黄斑达翅缘及中缝，头部及额瘤具横纹；头顶具刻点。触角长超过鞘翅中部。前胸背板宽约为长的 2.0 倍，盘区较隆，刻点稀疏。小盾片三角形，光亮无刻点。鞘翅刻点明显粗于前胸背板，分大、小 2 种，大刻点不规则排列，小刻点位于其间；缘折基部宽，然后突然变窄，到中部消失。腹面刻点较粗密。

取食对象：大豆、麻、十字花科蔬菜。

检视标本：**围场县**：1 头，塞罕坝母子沟，2016–VII–26，刘广智采；2 头，塞罕坝翠花宫，2016–VIII–04，东亚新采；2 头，塞罕坝大唤起 80 号，2015–VIII–21，塞罕坝考察组采。

分布：河北、黑龙江；蒙古，韩国，朝鲜，俄罗斯，日本。

（455）阔胫萤叶甲 *Pallasiola absinthii* (Pallas, 1773)（图版 XXXIII：10）

曾用名：薄翅萤叶甲。

识别特征：体长 6.5～7.5 mm，宽 3.2～4.0 mm；体长形；黄褐色，具黑斑，全身被毛。头顶中间具纵沟，刻点粗密具毛；额瘤三角形，具刻点及毛。触角较粗短。前胸背板前缘隆凸，侧缘具细饰边，中部微膨阔；盘区中间具较宽浅纵沟，两侧有较大凹，刻点稀少，其余部分稠密。小盾片端部钝圆。鞘翅肩角瘤状突，每翅 3 纵脊，翅面刻点粗密。足粗壮，胫节端半部明显粗大。

取食对象：榆属、艾蒿属、薄荷。

分布：河北、吉林、辽宁、内蒙古、陕西、宁夏、甘肃、新疆、四川、云南、西藏；蒙古，俄罗斯，中亚。

(456) 双带窄缘萤叶甲 *Phyllobrotica signata* (Mannerheim, 1825)（图版 XXXIII：11）

识别特征：体长 7.0～9.5 mm，宽 3～3.5mm。头顶较隆，具黑斑，无刻点；额瘤明显。触角第 1–5 节黄褐色，第 6–11 节黑褐色，长达鞘翅中部。前胸背板有时具黑斑，宽略大于长，前后角钝圆；盘区较平，具稀疏刻点。小盾片方形，或端部略圆，中部 1 纵凹，上面布网纹。每个鞘翅上 1 褐色纵带，两侧平行，肩角隆凸，翅面具刻点，刻点间为网纹。后胸腹面及腹部黑褐或黑色。足发达，布满网纹及短毛，爪跗齿式。

取食对象：艾蒿属。

分布：河北、东北、内蒙古、山西、山东、甘肃、宁夏；蒙古，俄罗斯（西伯利亚），朝鲜。

(457) 榆绿毛萤叶甲 *Pyrrhalta aenescens* (Fairmaire, 1878)（图版 XXXIII：12）

曾用名：榆蓝叶甲。

识别特征：体长 7.5～9.0 mm；长形，橘黄至黄褐色，头顶和前胸背板分别具 1 和 3 黑斑。触角黑色，鞘翅绿色。额唇基隆凸，角后瘤明显，光亮无刻点；头顶刻点稠密。触角向后伸达鞘翅肩胛之后。前胸背板宽大于长，两侧缘中部膨阔，前、后缘中间微凹；盘区中间具宽浅纵沟，两侧各 1 近圆形深凹，刻点细密。小盾片较大，近方形。鞘翅两侧近平行，翅面具不规则的纵隆线，刻点极密。

分布：河北、吉林、内蒙古、山西、山东、河南、陕西、甘肃、江苏、台湾。

(458) 蓟跳甲 *Altica cirsicola* Ohno, 1960（图版 XXXIV：1）

识别特征：长卵形。金绿色，光亮。触角、足和腹面较暗；上唇黑色，上颚端部棕红。头顶无刻点。额瘤近似圆形，显凸。触角间隆脊呈戟状，上部粗宽，下部细狭。触角向后伸至鞘翅中部。前胸背板基前横沟中部直，沟前盘区相当拱凸，表面具皮纹状细网纹，刻点细密。小盾片具粒状细纹，鞘翅刻点较前胸背板的粗密、深显，表面具粒状细纹。

取食对象：蓟属。

分布：河北、东北、内蒙古、山西、山东、甘肃、青海、华中、福建、四川、贵州；日本，越南。

(459) 棕色瓢跳甲 *Argopistes hoenei* Maulik, 1934

识别特征：体长约 2.2 mm，宽约 1.7 mm；体圆形。棕黄至棕红色。触角端部 4 节、后足腿节棕黑。头小，缩入胸腔；头顶狭，密布刻点；额瘤半圆形，两瘤间脊短纵沟分开。触角之间狭，略隆起；唇基三角形，两侧隆起呈脊状，中间具 1 纵脊，该脊上粗下细伸达上唇。触角第 1 节棒状较长，第 2 节粗，第 3 节细，短于第 6 节或第 4 节，余节约与第 4 节等长。前胸背板十分隆凸。两侧从基向端变窄；后缘拱弧；盘区密布刻点。小盾片三角形，极小、鞘翅肩瘤略凸。盘区刻点较胸部的略粗，排成纵行，行间内杂有较细刻点，外侧肩后刻点较粗，排列混乱。

取食对象：女贞。

分布：河北、广西。

（460）黄斑直缘跳甲 *Ophrida xanthospilota* (Baly, 1881)（图版 XXXIV：2）

曾用名：黄栌胫跳甲、黄点直缘跳甲、黄栌直缘跳甲。

识别特征：体长 6.7～7.0 mm，宽 3.8～4.5 mm；宽卵形，棕黄至棕红色。头部位于前胸背板前缘的凹弧中，向前下方伸。眼长卵形，头顶较宽，略隆，被刻点，中间常 1 短纵沟；额唇基部微隆，刻点较密，粗细不等；在触角间 2 平行的沟，表面光亮，额瘤近方形，表面光平或被刻点。触角细长，棕黄，端部 2 节黑色，几达鞘翅中部。前胸背板宽，前缘弧凹较深；后缘拱弧，四周侧缘前端膨出有饰边；前角突伸，后角钝角，端部有小齿，4 角有毛穴；侧缘及基缘两侧各 1 短纵沟；盘区中区略隆，被细刻点，两侧凹窝排成三角形。小盾片舌形，基部略宽，表面光亮。鞘翅较前胸基部为宽，肩胛中度隆起；刻点深，排列成行，行间平坦，有小细黄斑点。足棕至棕红色。

取食对象：黄栌。

分布：河北、山东、湖北、四川。

（461）紫榆叶甲 *Ambrostoma quadriimpressum quadriimpressum* (Motschuslky, 1845)（图版 XXXIV：3）

曾用名：榆紫叶甲。

识别特征：体长 8.5～11.0 mm，宽 5.2～6.5 mm；体长椭形。背面金绿色间紫铜色，在鞘翅基部横凹之后有 5 不规则的紫铜色纵条纹；腹面铜绿色；足紫罗兰色。头部刻点深显，中等大小。触角细长，端部 6 节略宽扁，第 3 节细长，约为第 2 节长的 1.5 倍，第 4 节短于第 3 节而长于第 5 节，后者约与第 6、7、8 节等长，末 3 节较长。前胸背板宽约为中长的 2.0 倍，侧缘直，从基向前略变宽；盘区具粗细 2 种刻点，很密。小盾片半圆形，无刻点。鞘翅肩后横向凹陷，横凹后强烈隆凸，刻点较前胸背板盘区的粗，略呈双行样列，行间上具细刻点、很密，使行列显得混乱。

取食对象：白榆、黄榆、春榆、常绿榆。

分布：河北、东北、内蒙古、贵州；俄罗斯。

（462）盾厚缘叶甲 *Aoria scutellaris* (Pic, 1923)（图版 XXXIV：4）

识别特征：体长 6.4～7.5 mm，宽 2.6～3.6 mm；长圆形，背面隆起甚高；暗棕色到栗褐色，密被灰白色半竖毛。头刻点大而深，在头顶处稠密呈皱纹状，唇基具较稀疏的大刻点，前缘凹切。触角细长，丝状，达体长之半。前胸宽略大于长，两侧弧圆，无侧边，背板前缘平直；后缘较厚，呈饰边状且弧形弓弯，中部略向后凸；盘区刻点密，大而深刻。小盾片三角形，刻点和毛被密。鞘翅基部显宽于前胸，肩胛圆隆，基部不明显隆起；盘区刻点密，不如前胸的深刻，在肩胛和基部的下侧密集呈墨皱纹状，行间分布细刻点。足粗壮，后足胫节较前足和中足胫节长很多。

分布：河北、吉林、内蒙古、江苏、浙江、湖北、江西、福建、广东、四川、海南；越南北部。

（463）蒿金叶甲 *Chrysolina aurichalcea* (Mannerheim, 1825)（图版 XXXIV：5）

曾用名：铜紫蓟叶甲。

识别特征：体长 6.2～9.5 mm，宽 4.2～5.5 mm；背面通常青铜色或蓝色，有时紫蓝色；腹面蓝色或蓝紫色。触角第 1、2 节端部和腹面棕黄色。头顶刻点较稀。额唇基较密。触角细长，约为体长之半。前胸背板横宽，表面刻点很深密，粗刻点间有极细刻点；侧缘基部近直形，中部之前趋圆，向前渐狭，前角向前凸出，前缘向内弯进，中部直；后缘中部向后拱出；盘区两侧隆起，隆内纵行凹陷，基部较深，前端较浅。小盾片三角形，有 2～3 刻点。鞘翅刻点较前胸背板的更粗、更深，排列一般不规则，有时略呈纵行趋势，粗刻点间有细刻点。

检视标本：围场县：2 头，塞罕坝千层板长腿泡，2016–VIII–03，塞罕坝考察组采。

分布：河北、北京、东北、山东、陕西、甘肃、新疆、华中、安徽、浙江、福建、台湾、广西、四川、贵州、云南；俄罗斯，朝鲜，日本，越南，缅甸。

（464）薄荷金叶甲 *Chrysolina exanthematica exanthematica* (Wiedemann, 1821)（图版 XXXIV：6）

曾用名：薄荷叶甲。

识别特征：体长 6.5～11.0 mm，宽 4.2～6.2 mm；背面黑色或蓝黑色，具青铜色光泽，腹面紫蓝色。头、胸刻点相当粗密。触角细长，末 5 节略粗。前胸背板近侧缘明显纵隆，内侧深纵凹，前缘深凹，前角近圆形凸。鞘翅刻点约与前胸背板等粗且更密，每翅有 5 行无刻点的光亮圆盘状突起。雄性前足第 1 跗节略膨阔，雌性各足第 1 跗节腹面光秃。

取食对象：艾蒿属、薄荷。

分布：河北、东北、宁夏、青海、江苏、安徽、浙江、江西、福建、华中、广东、广西、四川、贵州、云南；俄罗斯（西伯利亚），朝鲜，日本，印度。

（465）沟胸金叶甲指名亚种 *Chrysolina sulcicollis sulcicollis* (Fairmaire, 1887)（图版 XXXIV：7）

曾用名：凹胸金叶甲指名亚种。

识别特征：体长 10.0 mm，宽 6.0 mm；长卵形；黑色，有时具铜色或蓝紫色光泽。头顶具稀疏细刻点，向唇基渐密。触角较细弱，超过鞘翅肩部。前胸背板两侧中部之前变窄，前缘中部近直，前角尖凸；盘区刻点显较头顶粗密，近侧缘纵隆较高，隆上有刻点，内侧粗大，基部 1/2 深凹。小盾片三角形，刻点稀疏。鞘翅刻点约与前胸背板等粗，有时每翅 2 纵隆线。缺后翅。雌性各足第 1 跗节腹面沿中线光秃。

检视标本：围场县：1 头，塞罕坝阴河前曼甸，2015–VII–01，张恩生采。

分布：河北、东北、内蒙古、山西、宁夏、湖北；朝鲜。

（466）弧斑叶甲 *Chrysomela lapponica* Linnaeus, 1758（图版 XXXIV：8）

识别特征：体长 5.5～7.7 mm，宽 2.5～3.4 mm；头、前胸背板、腹面及小盾片黑色；鞘翅黄褐色，翅面有左右对称的 3 大黑斑，鞘翅中缝黑色，缘折或有或无黑色斑。头顶较平，盘区具有较密的中粗刻点；复眼远离，复眼长卵形。触角在复眼的内侧，向后一般到前胸背板基部。前胸背板基部宽、端部窄；盘区细刻点较密；侧缘微微隆起，上具比盘区粗密的刻点，侧缘逐渐向前弧弯变窄，前角凸出。小盾片三角形，上具粗刻点。鞘翅基部与前胸背板基部约等宽，肩角圆滑，翅面具不规则的粗密刻点。足腿节粗大，胫节长不超过腿节。腹面后胸腹板呈方形，凸于中足基节间，光滑具轻微小刻点；腹部可见 5 节，表面基本光滑，第 1 节宽大，中部呈方形，前凸于后足基节间。

分布：华北、东北；蒙古，俄罗斯，日本，吉尔吉斯斯坦。

（467）杨叶甲 *Chrysomela populi* Linnaeus, 1758（图版 XXXIV：9）

识别特征：体长 8.0～12.5 mm，宽 5.4～7.0 mm；长椭圆形；具铜绿色光泽。头部刻点细密，中间略凹。触角向后略过前胸背板基部，末 5 节较粗。前胸背板侧缘微弧，前缘较深弧凹，前角凸出；盘区近侧缘较隆起，内侧纵行凹且刻点较粗，中部刻点稀且细。小盾片光滑，中部略凹。鞘翅刻点粗密，靠外侧边缘隆起具 1 行刻点。爪节基部腹面圆形，无齿片状突起。

检视标本：围场县：5 头，塞罕坝大唤起 80 号，2015–VI–01，塞罕坝考察组采；1 头，塞罕坝翠花宫，2016–VI–16，塞罕坝考察组采。

取食对象：杨树。

分布：华北、东北、山东、西北、华中、江苏、安徽、浙江、江西、福建、广西、四川、贵州、云南、西藏；俄罗斯（西伯利亚），朝鲜，日本，印度，欧洲，非洲。

（468）柳十八斑叶甲 *Chrysomela salicivoroax* (Fairmaire, 1888)（图版 XXXIV：10）

识别特征：体长 6.3～8.0 mm，宽 3.0～4.5 mm；体长卵形。头部、前胸背板中部、小盾片和腹面深青铜色；前胸背板两侧、腹部两侧棕黄至棕红色；鞘翅棕黄或草黄色，每翅具 9 个黑蓝色斑，中缝 1 狭条黑蓝色；足色棕黄，腿节端半部黑蓝色或沥青色。触角端部 5 节黑色，基部棕黄。头顶中间具 1 纵沟痕，唇基凹陷，刻点粗密。触角仅伸达前胸背板基部。前胸背板盘区中部较平，沿中线具 1 纵沟痕。刻点细密，以基部较粗；两侧略隆起，其内侧凹陷。鞘翅黑斑颇有变化，有时黑斑较小，有时黑斑完全消失；盘区刻点密、混乱。各足胫节外侧面沿中线凹，呈沟槽状。

检视标本：围场县：2 头，塞罕坝第三乡北岔，2015–V–26，塞罕坝考察组采；2 头，塞罕坝大唤起德胜沟，2015–VI–02，塞罕坝考察组采；1 头，塞罕坝大唤起大梨树，2015–VI–06，塞罕坝考察组采。

取食对象：杨属、柳属。

分布：河北、北京、东北、山东、陕西、宁夏、甘肃、安徽、浙江、湖北、江西、湖南、四川、贵州、云南；朝鲜。

（469）黑盾锯角叶甲亚洲亚种 *Clytra atrphaxidis asiatica* Chûjô, 1941

识别特征：体长 6.4~9.5 mm；体近柱形。头小，黑色，三角形。上颚短小；上唇红褐色，前缘中间浅凹，具长刚毛。额区略凹，布粗刻点及粗皱纹；复眼内侧被稀疏短毛；头顶高隆，光滑无刻点。触角黄褐色，基部 4 节颜色略浅；较长，伸达前胸背板基部。前胸背板黄褐色，横宽，基半部具近扇形黑斑，黑斑前缘具缺刻；前角下弯，钝角状，侧缘弧圆，后角宽圆状；后缘中部膨出，膨出部分直，侧边窄；盘区隆凸，光亮，基部尤其是两侧具清晰刻点，其余区域光滑。小盾片黑色。鞘翅棕黄色，基半部具黑色斜带，端部 2/5 处亦具 1 黑横带，黑带外缘未达鞘翅缘折。前胸腹面黄褐色，中后胸腹面和腹部黑色；足大部分黑色，胫、跗节橘红色至红褐色，爪节黑色。

分布：河北、北京、吉林、辽宁、山西、山东、陕西、甘肃、青海、江苏、上海、江西；俄罗斯，朝鲜。

（470）光背锯角叶甲 *Clytra laeviuscula* Ratzeburg, 1837（图版 XXXIV：11）

曾用名：杨四斑叶甲。

识别特征：体长 10.0~11.5 mm；长方形；头顶和体腹面密被银白色毛。头上刻点粗密，两复眼之间明显低凹，中间有深坑，从此向触角基窝延伸"∧"形沟痕，向后延伸至头顶为 1 清晰纵沟。触角第 4 节起锯齿状。前胸背板隆凸，侧缘饰边窄；除前缘两侧、基部和后角有小刻点外，其余光滑无刻点。小盾片长三角形，光滑无刻点。鞘翅刻点细弱，肩胛处 1 略圆形或方形黑斑，中部略后 1 宽黑横斑。

取食对象：刺槐、麻栎、柳属、榆属、桦属、杨属、山毛榉、卫矛、鼠李。

分布：华北、黑龙江、吉林、山东、陕西、江西；俄罗斯，朝鲜，日本，欧洲。

（471）东方切头叶甲 *Coptocephala orientalis* Baly, 1873（图版 XXXIV：12）

识别特征：体长 4.5~5.0 mm。头部宽短，额极宽；头顶高隆，光滑无刻点；唇基中后部高隆，基部与头顶之间浅横凹；上唇宽；颊和上颚强大，顶端尖锐，侧缘具短毛。触角第 1、4 节背面具蓝黑色斑。前胸背板宽，侧缘弧形，表面光滑无刻点。小盾片三角形，端部中线略呈纵脊，表面光滑。鞘翅刻点较粗密，有 2 蓝黑色横带。

取食对象：蒿属。

分布：河北、辽宁、山东、甘肃、江西、云南；朝鲜

（472）东方油菜叶甲 *Entomoscelis orientalis* Motschulsky, 1860（图版 XXXV：1）

曾用名：萹蓄叶甲。

识别特征：体长 5.0～6.0 mm，宽 3.0～3.5 mm；体长卵圆。棕黄至棕红色，头顶中间 1 纵带、前胸背板中部、小盾片、每翅中间大部、腹面中后胸腹板和足蓝黑色，略带绿色光泽。触角黑色，基部多少带红色。头顶拱凸，刻点很深、很密。触角向后超过鞘翅基部。前胸背板宽，基缘略向后拱弧，侧缘趋直；表面刻点相当粗深，中部黑斑内略疏，两侧较密。小盾片舌形，几乎无刻点。鞘翅刻点相当粗深、很密、混合，刻点间光滑无皱。

检视标本：围场县：3 头，塞罕坝第三乡驻地，2015-V-26，塞罕坝考察组采。

分布：华北、黑龙江、辽宁、山东、宁夏、江苏、浙江、湖北、广西；俄罗斯，朝鲜，欧洲。

（473）核桃扁叶甲 *Gastrolina depressa* Baly, 1859（图版 XXXV：2）

识别特征：体长 5.0～7.0 mm；体型长方，背面扁平。前胸背板淡棕黄，头鞘翅蓝黑。触角，足全部黑色。腹部暗棕，外侧缘和端缘棕黄，头小，中间凹陷，刻点粗密。触角短，端部粗，节长约与端宽相等。前胸背板宽约为中长的 2.5 倍，侧缘基部直，中部之前略弧弯，盘区两侧高峰点粗密，中部明显细弱。鞘翅每侧具 3 纵肋，各足跗节于爪节基部腹面呈齿状凸出。

分布：河北、北京、东北、陕西、甘肃、江苏、安徽、浙江、福建、华中、广东、广西、四川、贵州。

（474）蓼蓝齿胫叶甲 *Gastrophysa atrocyanea* Motschulsky, 1860（图版 XXXV：7）

曾用名：山柳齿胫叶甲、羊蹄齿胫叶甲。

识别特征：体长 5.5 mm；宽 3.0 mm。长椭形。深蓝色，略带紫色光泽；腹面蓝黑。腹部末节端缘棕黄。头部刻点相当粗密、深刻，唇基呈皱状。触角向后超过鞘翅肩胛。前胸背板横阔。侧缘在中部之前拱弧，盘区刻点粗深，中部略疏。小盾片舌形，基部具刻点。鞘翅基部较前胸略宽，表面刻点更粗密。各足胫节端部外侧呈角状膨出。

取食对象：辣蓼、羊蹄根、萹蓄、山柳、酸模。

检视标本：围场县：1 头，塞罕坝阴河白水，2015-VI-26，塞罕坝考察组采；1 头，塞罕坝大唤起 80 号，2015-VI-01，塞罕坝考察组采。

分布：河北、北京、东北、陕西、甘肃、青海、江苏、上海、安徽、浙江、江西、湖南、福建、四川、云南；俄罗斯，韩国，朝鲜，日本，越南。

（475）黑盾角胫叶甲 *Gonioctena fulva* (Motschulsky, 1860)（图版 XXXV：4）

识别特征：体长 5.0～6.0 mm，宽 3.0 mm；体长方形，体侧接近平行，背面拱凸。棕黄至棕红色，很光亮；前胸背板基缘 1 狭条、触角端部 7 节和足为黑色。头小，缩入胸腔很深。唇基和复眼内侧刻点粗密，头顶中间显稀。触角向后伸达前胸背板基部。前胸背板黑色，表面拱凸，侧缘直，前角处变窄。前角钝圆，后角直；盘区中部刻点极细、稀，沿前缘略粗密、深显，两侧 1/3 区域刻点也粗密。粗刻点间有细刻点。小盾片半圆形，黑色光亮。鞘翅基缘黑色，刻点行列规则整齐，行间上平，无细刻点。

取食对象：胡枝子。

分布：河北、黑龙江、吉林、山西、江苏、浙江、湖北、江西、湖南、福建、广东、四川；俄罗斯，越南。

（476）中华钳叶甲 *Labidostomis chinensis* Lefèvre, 1887（图版 XXXV：5）

识别特征：体长 6.0~9.0 mm，宽约 3.0 mm；蓝绿色，有金属光泽，鞘翅土黄或棕黄色。头长方形，斜向前伸，雌性头向下，上颚不前伸；唇基前缘略方形或波形凹，雌性直；唇基后部在触角基部之间略隆；两复眼之间较浅横凹，凹内刻点粗密；后缘具细皱状隆起；头顶光亮，刻点小而稀疏。触角约达前胸背板后缘。前胸背板横宽，具小而较稀疏均匀刻点。小盾片长三角形，末端钝圆，有小刻点和毛。鞘翅刻点粗密，近小盾片和中缝处较疏。雄性前足粗大，胫节细长而内弯，第 1 跗节较宽而长。

取食对象：胡枝子属，青杨。

分布：河北、东北、内蒙古、山西、山东、陕西、甘肃、宁夏；朝鲜，俄罗斯（西伯利亚）。

（477）二点钳叶甲 *Labidostomis urticarum urticarum* Frivaldszky, 1892（图版 XXXV：6）

识别特征：体长 7.3~11.0 mm；体长方形。体蓝绿色至靛蓝色，有金属光泽。头大，长方形。上颚强大，钳形前伸，前缘中间凹；上唇前缘、额唇基、额区中间凹陷，内刻点粗密，着生刚毛；头顶高凸，布稀疏小刻点，着生直立或前伸的柔毛。触角短，伸达前胸背板基部。前胸背板横宽，前缘前角下弯，后角上翘较高；盘区略隆，刻点疏密不一，中线两侧具密集毛刻点，刻点间距等于或略大于刻点直径，毛倒伏；两侧刻点细疏。小盾片长三角形，末端钝圆，端部具 1 深凹坑，凹坑前缘极度隆起，形成加厚的隆脊，几乎光滑无刻点。鞘翅黄褐色，肩部各 1 黑色圆斑。两侧平行，弱光泽，光裸无毛；布浅粗刻点，刻点间距不一，中缝处刻点较密，两侧刻点稀疏，刻点间网纹不清晰。

取食对象：多花胡枝子、青杨、榆树。

分布：华北、黑龙江、辽宁、山东、陕西、甘肃、青海；蒙古，俄罗斯，朝鲜。

（478）黄臀短柱叶甲 *Pachybrachis ochropygus* (Solsky, 1872)（图版 XXXV：3）

识别特征：体长约 3.5 mm，宽约 1.8 mm；圆柱形；背面淡黄色，具斑纹和纵带，腹面黑色。头部密布白色细毛，刻点粗密；头顶中间具纵沟，纵沟有时向下二分叉。触角细长。前胸背板横宽，表面密布刻点，近后缘有明显横凹。小盾片倒梯形，光亮，顶端直。鞘翅刻点较头、胸部粗密，端半部略纵行排列。雄性腹末节中间略低凹，雌性具圆凹。前足腿节较中、后足明显粗壮，雄性前、中足第 1 跗节梨形宽大。

取食对象：柳树。

分布：河北、北京、东北、山西、甘肃、新疆、安徽、四川；蒙古，朝鲜。

(479) 花背短柱叶甲 *Pachybrachis scriptidorsum* Marseul, 1875（图版 XXXV：8）

识别特征：体长约 3.0 mm，宽约 1.5 mm；圆柱形；腹面黑色，背面淡黄色。头顶中间的黑色纵带前端分叉，直达触角窝；额唇基前缘黑色，有时完全淡色；两复眼之间刻点稀疏，复眼上方黄色区域几无刻点。本种与黄臀短柱叶甲体型、斑纹近似，但鞘翅刻点较稀疏，行列清楚，不超过 11 行，行间明显隆起，后足第 1 跗节较长；而后种鞘翅刻点显然粗密、混乱，刻点行间低平，后足第 1 跗节较短。

取食对象：达呼里胡枝子、蒿属。

分布：华北、东北、山东、陕西；蒙古，俄罗斯，朝鲜，哈萨克斯坦，土耳其，叙利亚。

(480) 梨斑叶甲 *Paropsides soriculata* Swartz, 1808（图版 XXXV：9）

曾用名：十六点斑叶甲、酸梨叶甲。

识别特征：体长约 9.0 mm，宽约 6.0 mm。近圆形，背面相当拱；体棕黄色且变异很大，具黑色、棕红色或黄色斑。头小，刻点细密。触角细短，向后伸至前胸背板基部，末 5 节略扁宽。前胸背板侧缘弧形，向前渐变窄；盘区刻点密，两侧较粗，两侧中部各 1 圆凹。小盾片无刻点。鞘翅刻点略呈纵行，近外侧明显粗深。

取食对象：杜梨、梨。

分布：河北、吉林、辽宁、内蒙古、山西、江苏、安徽、浙江、江西、福建、华中、广东、广西、四川、贵州、云南；俄罗斯，朝鲜，日本，越南，印度，缅甸。

(481) 黑额粗足叶甲 *Physosmaragdina nigrifrons* (Hope, 1843)（图版 XXXV：10）

曾用名：黑额光叶甲。

识别特征：体长 4.5～7.0 mm。体长形至长卵形。头漆黑，上唇端部红褐色。触角除基部 4 节黄褐色外，余节黑色或暗褐色。上颚不发达；额宽，前缘矩形深凹。额唇基略隆起，具稀疏深刻点，额区在两复眼之间横向凹下，复眼内沿具稀疏短竖毛，头顶明显高凸，前缘具斜皱。触角细短，达不到前胸背板的后缘。前胸背板红褐或黄褐色，光亮，有时中部 2 清楚的暗褐色斑或模糊的斑痕；隆凸，光滑无刻点，后角明显凸出而平展，与鞘翅基部十分密接。小盾片宽三角形，黄褐或红褐色，平滑无刻点。鞘翅黄褐或红褐色，刻点稀疏，不规则排列；具 2 条黑色宽横带。雄性腹面大部分红褐色，有时腹末端暗褐色；足除基节、转节黄褐色外，其余为黑色。

取食对象：算盘子、白茅属、蒿属、栗属、柳、榛属、南紫薇。

分布：河北、辽宁、山西、山东、江苏、安徽、浙江、江西、福建、台湾、华中、广东、广西、四川、贵州、云南；韩国，朝鲜。

（482）杨柳光叶甲 *Smaragdina aurita hammarstraemi* (Jacobson, 1901)（图版 XXXV：11）

识别特征：体长 3.6~5.0 mm。体色蓝黑色；头部毛细短，上唇前端微凹，口器褐色；颏宽短，前缘宽"U"形凹入。额唇基被较长刚毛，前缘中间微凹；两复眼之间额区低凹，刻点较粗密，略呈皱状；头顶不隆凸，刻点细小稀疏。触角细，基部 4 节黄褐色，其余烟褐色，伸达前胸背板后缘。前胸背板横宽，两侧黄褐色、光亮，中部黑色，表面隆凸，刻点细。小盾片三角形，端部高凸，光滑无刻点。鞘翅中后部略宽，肩胛明显，具细刻点；盘区刻点粗密、混乱。腹面蓝黑色，前胸侧片黄褐色。足较细，中足第 1 跗节较细长。

取食对象：杨、柳、桦、头花蓼、野茉莉。

分布：河北、黑龙江、吉林、山西、山东、甘肃、宁夏；俄罗斯，朝鲜，日本。

（483）赭斑光叶甲 *Smaragdina boreosinica* Gressitt & Kimoto, 1961

识别特征：体长 3.7~5.5 mm。浅褐色至黑色。头部毛稀疏，布稀疏粗刻点。上唇前缘近平。颏宽短，前缘倒梯形凹入。额前缘中间宽"V"形浅凹；两复眼之间额区形成凹坑，刻点粗，略呈皱状；头顶不隆凸，刻点较稀疏。触角先后伸达前胸背板基部。前胸背板横宽黄褐色、光亮，中部具前窄后宽的黑褐色纵带；侧缘圆弧形，基部波状，中间向后膨凸，盘区均匀隆凸，中间刻点细疏，基部中间和端部中间刻点较稠密。小盾片黑色，末端钝，光滑无刻点。鞘翅盘区大部分黄褐色，侧缘形成黑褐色纵纹，肩胛略隆；盘区前半部分布稀疏刻点，无规则排列，后半部更为稀疏，甚至消失。足较细，前足略长于中后足，腿节和胫节外缘具黑条纹。

分布：河北、北京、山西、甘肃。

（484）酸枣光叶甲 *Smaragdina mandzhura* (Jacobson, 1925)

识别特征：体长 2.8~4.0 mm。体狭长圆筒形，金绿色或深蓝色，具金属光泽。上颚顶端暗红色，上唇前端或全部黄褐色。头部刻点粗密，光裸无毛。上颚不发达；上唇前端微凹；颏前缘"U"形凹入。两复眼之间低凹，被粗密刻点；头顶隆凸，刻点较小而疏。触角短，达不到前胸背板后缘。前胸背板宽；盘区隆凸，侧缘弧形，前角钝角状，后角宽圆，基部中间略向后凸出。整个表面刻点粗密，在大刻点间密布微细刻点，尤以两侧更为明显。小盾片三角形，末端圆形，表面高凸，基部和边缘具刻点。鞘翅中后部略宽；肩胛显凸，光亮无刻点。表面隆凸，刻点粗密，靠近中缝和端部略呈纵行排列。足细弱。

取食对象：酸枣、榆树、芒属。

分布：河北、北京、东北、内蒙古、山西、山东、江苏、浙江；蒙古，朝鲜，日本，俄罗斯（西伯利亚）。

(485)梨光叶甲 *Smaragdina semiaurantiaca* (Fairmaire, 1888)（图版 XXXV：12）

识别特征：体长 4.2~5.4 mm，宽 2.5 mm。长方形；蓝黑色，有金属光泽。头小，刻点粗密，刻点间隆起形成斜皱纹；两复眼间微凹；头顶高隆，中间具浅纵沟。触角先后伸达前胸背板后缘。前胸背板隆凸，光滑无刻点，后角圆，侧缘弧形。小盾片长三角形，顶端尖锐，端部高隆，光滑无刻点。鞘翅刻点粗密。雌性末腹节中间具小圆凹。雄性足较粗壮，第 1 跗节较宽阔。

取食对象：梨属、苹果、云杉、核桃、杨属、柳属、刺槐、山杏。

分布：河北、北京、黑龙江、吉林、山东、河南、陕西、宁夏、江苏、浙江、湖北；俄罗斯，韩国，朝鲜，日本。

(486)肩斑隐头叶甲 *Cryptocephalus bipunctatus cautus* Weise, 1893（图版 XXXVI：5）

曾用名：黑肩隐头叶甲。

识别特征：体长 4.3~6.1 mm；黑色。头部刻点深密，有时具细皱纹，被灰色细短伏毛，在触角的基部常 1 隆起的光瘤。触角基部 4 节黄褐色，雄性触角粗长，与身体近等长；雌性触角约达体长的 2/3。前胸背板高隆，黑亮，刻点十分细小而不明显。小盾片舌形，末端圆钝，表面光亮。鞘翅棕黄色或棕红色，长略大于宽，基部与前胸约等宽，周缘和肩胛后方均隆起，其上小纵斑均为黑色；盘区刻点较大而清楚，排列成规则的 11 行，在肩胛下方的 2 行刻点，基半部有时排列较不规则。雄性臀板后缘略平切；雌性臀板后缘较弧圆。雄性腹末节腹板中部 1 光滑无毛的浅凹洼。足黑色。

取食对象：柞树。

分布：河北、东北、内蒙古、山东、陕西、江苏；俄罗斯，朝鲜，欧洲。

(487)胡枝子隐头叶甲 *Cryptocephalus coerulans* Marseul, 1875

识别特征：体长 3.6~5.0 mm；背深蓝色，具金属光泽。头顶中部光滑，刻点极细小，中间 1 纵沟，在复眼的内侧和上方刻点较大而密，额基刻点粗大。雄性触角较粗长，伸达体末端；雌性触角略短，约达体长的 2/3。前胸背板横宽，侧缘黄色；盘区刻点小，略呈长形，适当密。小盾片舌形，末端平切或圆钝，表面疏布细刻点。鞘翅肩胛在小盾片的后面明显隆起，盘区刻点在基半部较大，端半部细小，在肩胛下侧和盘区中部有横皱纹，刻点常排列成略规则的双行，行间隆起，在肩胛下侧的 1 条行间隆起较明显。足大部分黑色，转节和腿节基部棕黄色，前足颜色通常较淡，它的腿节基半部或大部分及胫节腹面均为棕黄色。

取食对象：胡枝子、榛子。

分布：河北、东北、山西；蒙古，俄罗斯，朝鲜，日本。

(488)艾蒿隐头叶甲 *Cryptocephalus koltzei koltzei* Weise, 1887（图版 XXXVI：2）

识别特征：体长 3.2~5.0 mm，宽 1.8~2.7 mm；黑色。头部被灰白色短毛，刻点细密而清晰；头顶中间有纵沟纹；雄性触角超过体长之半，雌性仅达体长之半。前胸背板侧边细窄；后缘中部后凸；盘区刻点细密略长形，有很细淡色短毛，两侧具纵皱纹。小盾片光亮，三角形，末端直，具稀疏微细刻点。鞘翅肩胛和小盾片后方明显隆起，刻点小而清晰，排成略规则纵行，行间有细刻点，刻点毛细短、稀疏且不明显。体下密被细刻点和灰白色短毛；前胸腹板方形，宽略大于长，具粗密刻点和短毛；中胸腹板宽短；后缘直，具粗刻点和毛。

取食对象：艾蒿属、杨属。

分布：河北、东北、内蒙古、山西、山东、河南、陕西、甘肃、江苏、浙江、湖北、福建；俄罗斯（东西伯利亚、远东地区），朝鲜。

（489）斑额隐头叶甲指名亚种 *Cryptocephalus kulibini kulibini* Gebler, 1832（图版 XXXVI：3）

识别特征：体长 3.5～5.0 mm，宽 1.8～2.7 mm；背面金属绿色，个别蓝紫色，腹面黑绿色。头部刻点小而清晰，适当密；额刻点较大；雄性触角较粗长，超过体长 2/3，雌性约达体长之半。前胸背板横宽，表面光亮，刻点细小；侧缘弧形，饰边较宽。小盾片舌形，端部较隆，光亮，具稀疏小刻点。鞘翅肩胛明显隆起，小盾片后面隆起，侧缘饰边窄；盘区刻点粗大，端部较小，近侧缘和中缝几行有时呈较不规则双行排列；肩胛下侧和盘区中部常有横褶皱。体下密布细刻点和淡色短毛；前胸腹板方形，具较粗密刻点和毛；中胸腹板宽短，刻点密；后缘中部凹；臀板基部刻点小而密，端部较大且较疏；雄性腹末节中间浅纵凹。

取食对象：胡枝子。

分布：河北、北京、东北、山西；朝鲜，日本。

（490）榆隐头叶甲 *Cryptocephalus lemniscatus* Suffrian, 1854（图版 XXXVI：4）

识别特征：体长 3.5～5.2 mm。淡棕红色；头部淡黄色，被短的灰色竖毛；具小而深的刻点，较密，额唇基上刻点较大较疏；头顶中间 1 墨绿色长三角形斑。触角丝状，约为体长之半。触角基部 5 节棕黄到棕红色，端节黑褐色。前胸背板横宽，淡黄色，被短的灰色竖毛，每侧具墨绿色斑。小盾片端缘平切，黑色光亮，略呈长形，有时端部具 1 红黄色斑；鞘翅淡黄或土黄色，两侧近平行，每翅 1 宽墨绿色纹，沿中缝处 1 窄黑色纵纹。肩胛隆起，在肩胛内侧 1 明显的纵凹洼，基部在小盾片的两侧和后面均隆起；盘区其余部分的刻点小而疏，排列成略规则的纵行，行间内布小刻点。

取食对象：榆树。

分布：华北、黑龙江、辽宁、山东、陕西。

（491）黑缝隐头叶甲黑纹亚种 *Cryptocephalus limbellus semenovi* Weise, 1889

识别特征：体长 2.7～4.5 mm；黑色。头部被稀疏短毛和细密刻点，额区 1 波浪形淡黄色纵纹；唇基刻点粗疏，上方 2 触角之间 1 黄斑。触角基部前 5 节棕黄色到棕红色，其余黑色；或大部分棕黄色，仅末端 1、2 节黑色。前胸背板横宽，大部分黑色，被密而深的长形刻点，前缘和两侧具黄色宽边，自前缘中间到盘区中部或接近中部 1 无刻点的黄色光纵纹，此纹的后方两侧各 1 黄色大圆斑，两侧具纵皱纹。小盾片长方形，端缘平切，表面光亮，刻点微细，不明显。鞘翅淡黄色，被稀疏短毛，盘区中间具 1 宽黑纵纹。鞘翅自基缘中间直到小盾片后方明显隆起，肩胛略隆起；盘区刻点大小不一，黑色纵纹上的刻点粗密，常形成横皱纹，其余部分的刻点小而深，排列成不规则的纵行，行间上有细刻点，每个刻点上着生 1 淡色半竖毛。足棕黄色或棕红色，腿节端部乳白色。

分布：华北、黑龙江、吉林、陕西、甘肃、青海；俄罗斯（东西伯利亚），朝鲜，日本。

（492）槭隐头叶甲 *Cryptocephalus mannerheimi* Gebler, 1825（图版 XXXVI：6）

识别特征：体长约 7.9 mm，宽约 4.4 mm；黑色，光亮，具黄斑。头顶刻点小而深；额刻点较大较密，常汇集成皱纹状；复眼内缘深凹。触角基部有光亮小瘤，雄性触角长达体长 3/4，雌性约达体长之半。前胸背板横宽，自基部向前渐收缩，侧缘略敞出；后缘中部略后凸；盘区刻点长形，不密。小盾片长方形；后缘直或略圆钝，具稀疏刻点。鞘翅基部肩胛内侧略凹，肩胛、小盾片两侧和后端隆起；侧缘中部之后较直，中部之前略弧弯；盘区刻点较前胸背板大，肩胛下方常有横皱纹。前胸腹板方形；雄性腹末节中部方形或圆形凹，凹的基缘中间有指状小突起，突起末端常纵分为二；雄性臀板基部中间有不明显短纵凹纹，端缘无凹；雌性臀板中部隆起，中间有长形凹，端部较低平，端缘中间有深凹。

取食对象：茶条槭、榆树。

分布：河北、东北、山西、甘肃；蒙古，俄罗斯，朝鲜，日本。

（493）黄缘隐头叶甲 *Cryptocephalus ochroloma* Gebler, 1830（图版 XXXVI：7）

识别特征：体长 6.4～7.6 mm，宽 3.5～5.0 mm；蓝黑或蓝紫色，光亮，无毛。头顶刻点细密；额刻点粗密；雄性触角超过体长之半，雌性近体长之半。前胸背板横宽，两侧向前收缩，中部高凸，侧缘饰边明显；盘区刻点长而深密，刻点间有细纵纹。小盾片长方形，末端直，表面光亮或具几个细刻点。鞘翅盘区刻点大而密，内侧半部常不规则双行排列。

取食对象：榆、柳属。

分布：河北、东北、内蒙古、山西、甘肃；蒙古，俄罗斯，朝鲜。

（494）酸枣隐头叶甲 *Cryptocephalus peliopterus peliopterus* Solsky, 1872（图版 XXXVI：8）

识别特征：体长 6.5～8.0 mm，宽 3.5～4.5 mm；头、体下和足黑色，被灰白色短毛；前胸背板和鞘翅淡黄到棕黄色，具黑斑，鞘翅端部具淡色细毛。头部刻点细密。触角基部 1 小光瘤；雄性触角约达体长 3/4，雌性约达鞘翅肩部。前胸背板横宽，侧缘略敞出；后缘中部后凸；盘区刻点细小。小盾片长方形。鞘翅长方形，缘折在鞘翅基部 1/3 处弧圆形外凸，肩胛略隆，基缘和小盾片两侧明显隆起；肩胛内侧刻点略呈不规则纵行。前胸腹板略长方形，前足基节间较狭，前缘略弧弯；后缘略直并在前足基节后面向两侧尖角状扩展；雄性腹末节中部有方形大凹，凹的前缘中间向后伸出高隆突起，突起中间的纵沟将突起几乎分为 2 片；臀板密被细刻点，端部较大且较疏；雄性臀板前端中间有短纵沟，雌性臀板端部 1/3 低平而光亮，基部 2/3 隆起，基部中间距基缘约 1/4 处有向后展宽的纵沟。腿节略侧扁。

取食对象：酸枣、枣、圆叶鼠李。

分布：华北、东北、山东、陕西、宁夏；俄罗斯，朝鲜，日本。

（495）斑腿隐头叶甲 *Cryptocephalus pustulipes* Ménétriés, 1836（图版 XXXVI：9）

识别特征：体长 5.0~5.6 mm。黑色。头部凹凸不平，被稀疏短刚毛，布粗密、大小不一的刻点，颊上各 1 黄斑。触角基部 4 节黄褐色，余节黑褐色。前胸背板横宽，前部及两侧均为黄色，且前部横纹狭，基部中线两侧各 1 大的卵圆形黄斑。侧缘弱弧形，饰边窄；盘区微隆，布密集长圆形刻点，黄斑刻点略显稀疏。小盾片舌形，末端平切，表面布稀疏细刻点。鞘翅棕色，基部 1/4 处及鞘翅中部之后具成排的黑斑。肩胛明显隆起，刻点圆形，粗大稀疏，鞘翅末端刻点细疏。体下黑色，足大部分黑色，腿节末端具 1 黄色斑，胫节黄褐色，跗节黑褐色。

寄主：栎属、柳属。

分布：河北、东北、山西、甘肃、江苏、浙江、江西、四川；俄罗斯，朝鲜，日本。

（496）绿蓝隐头叶甲无斑亚种 *Cryptocephalus regalis cyanescens* Weise, 1887（图版 XXXVI：1）

识别特征：体长 4.7~6.0 mm，宽 2.8~3.7 mm；头部刻点细密，唇基刻点大而稀。触角丝状，黑褐色。前胸背板横宽，两侧弧圆，饰边狭窄；后缘中部后凸；背面光亮，具铜绿色光泽，盘区刻点细密。小盾片绿色，基部宽而端部窄，末端直，表面具刻点。鞘翅无斑，沿基缘和中缝有黑纵纹；盘区具明显横皱纹，刻点紧密而排列杂乱。

取食对象：杂草。

分布：华北、东北、山东、河南、甘肃、青海、湖北；俄罗斯（东西伯利亚）。

（497）绿蓝隐头叶甲指名亚种 *Cryptocephalus regalis regalis* Gebler, 1830（图版 XXXVI：10）

识别特征：体长 4.4~5.2 mm，宽 2.2~2.8 mm；外形与绿蓝隐头叶甲十分近似，除体型较窄外，唇基有时 1 黄斑，颊 1 黄斑；鞘翅刻点较浅弱，横皱纹较弱；后胸腹面中部较光亮，刻点和毛很稀疏，常具细横皱纹。

分布：河北、东北、内蒙古、山西、陕西、甘肃、青海、江苏、安徽、湖北；蒙古，朝鲜，俄罗斯，日本。

(498）双条隐头叶甲 *Cryptocephalus sinensis* Weise, 1889

识别特征： 体长 4.7～5.4 mm；圆筒形；头棕黄色，头顶黑色，沿中间纵沟有 1 黑色长方形斑，上颚黑褐色。触角淡棕色，第 2—4 节黑褐色，余节黑色；头上刻点较粗，分布不均匀。触角细长，雄性触角达体末端，雌性触角短于雄性。前胸背板横宽，棕黄色，前基部及侧缘端半部黑色，中部的两侧各有 1 大椭圆形黑斑；侧缘近直，具狭边；盘区光亮无刻点，基缘后角处显深且大于其余锯齿的小缺刻。小盾片舌形，黑色，末顶圆钝，光滑无刻点。鞘翅棕黄色，基部与前胸基部等宽，刻点深圆，排列成规则的 11 纵行，行间宽平且光亮。边缘及中缝黑色，盘区具 2 条宽黑纵纹。腹面及足淡棕色，后胸前侧片略染褐色，跗节黑褐色。

分布： 河北、四川、云南。

(499）齿腹隐头叶甲 *Cryptocephalus stchukini* Faldermann, 1835（图版 XXXVI：11）

识别特征： 体长 5.0～6.2 mm，宽 2.8～3.2 mm；黑亮，被灰色毛。前胸背板和鞘翅淡棕红色，具黑斑。头部刻点密而深；头顶中间常有细短沟纹；雄性触角约达体长 2/3，雌性约达体长之半。前胸背板侧缘弧形，饰边狭窄，盘区刻点较密而清晰；雌性刻点较雄性密且粗，略长形。小盾片长形，端部直，表面有稀疏小刻点。鞘翅肩胛与小盾片后方隆起，盘区刻点粗密，排列规则，有时肩胛内侧基半部有几行刻点略成纵行。臀板刻点基半部细密，端半部大而疏；雄性腹末节中部有长圆形浅纵凹，凹的基缘中部有齿状小突起。

取食对象： 杨树。

分布： 河北、北京、东北、山西、宁夏、甘肃、青海、新疆；蒙古，俄罗斯。

(500）褐足角胸肖叶甲 *Basilepta fulvipes* (Motschulsky, 1860)（图版 XXXVI：12）

曾用名： 褐足角胸叶甲。

识别特征： 体长 3.0～5.5 mm，宽 2.0～3.2 mm；体小型；卵形或近方形。体色变异较大：一般体背铜绿色，或头和前胸棕红鞘翅绿色，或身体为一色的棕红或棕黄。头部刻点密而深刻，头顶后方具纵皱纹，唇基前缘凹切深。触角丝状，雌性的达体长之半，雄性的达体长的 2/3。前胸背板宽短，宽近或超过长的 2.0 倍，略呈六角形，前缘较平直；后缘弧形，两侧在基部之前中部之后凸出成较锐或较钝的尖角；盘区密布深刻点，前缘横沟明显或不明显。小盾片盾形，表面光亮或具微细刻点。鞘翅基部隆起，后面 1 横凹，肩后 1 斜伸的短隆脊；盘区刻点一般排列成规则的纵行，基半部刻点大而深，端半部刻点细浅；行间上无刻点或具细刻点。腿节腹面无明显的齿。

取食对象： 李、梨、苹果、艾蒿；在北方成虫还为害大豆、谷子、玉米、高粱、大麻、甘草、蓟。

分布： 华北、东北、山东、陕西、宁夏、江苏、浙江、湖北、江西、湖南、福建、台湾、广西、四川、贵州、云南；朝鲜，日本。

（501）中华萝藦肖叶甲 *Chrysochus chinensis* Baly, 1859（图版 XXXVII：1）

曾用名：大蓝绿叶甲、萝藦叶甲、中华萝藦叶甲。

识别特征：体粗壮，长卵形；金属蓝或蓝绿、蓝紫色。触角黑色。头部在唇基处的刻点较其余部分细密，毛被亦较密；头中间1细纵纹，有时此纹不明显；在触角的基部各1略隆起光滑的瘤。触角较长或较短，达到或超过鞘翅肩部。前胸背板长大于宽，基端两处较狭；盘区中部高隆，两侧低下，球面形，前角凸出；侧边明显，中部之前呈弧圆形，中部之后较直；盘区刻点或稀疏或较密或细小或粗大。小盾片心形或三角形，蓝黑色，有时中部1红斑，表面光滑或具微细刻点。鞘翅基部略宽于前胸，肩部和基部均隆起，二者之间1纵凹沟，基部之后1或深或浅的横凹；盘区刻点大小不一，一般在横凹处和肩部的下侧刻点较大，排列成略规则的纵行或不规则排列。前胸前侧片前缘凸出，刻点和毛被密；前胸后侧片光亮，具稀疏的几个大刻点。前胸腹板宽阔，长方形，在前足基节之后向两侧展宽；中胸腹板宽，方形，雌性的后缘中部略向后凸出，雄性的后缘中部1向后指的小尖刺。雄性前、中足第1跗节较雌性的宽阔。爪双裂。

取食对象：萝藦、甘薯、蕹菜、芋头、桑、松、杨、柳、榆、槐、罗布麻、青冈、茄子、烟草、雀瓢、夹竹桃、曼陀罗。

分布：河北、东北、内蒙古、山西、山东、陕西、宁夏、甘肃、青海、江苏、浙江、江西、福建、华中、广西、四川、贵州、云南、西藏；俄罗斯，朝鲜，日本。

（502）甘薯肖叶甲 *Colasposoma dauricum* Mannerheim, 1849（图版 XXXVII：2）

曾用名：麦茎叶甲、旋花叶甲、麦颈叶甲。

识别特征：体长 5.0~7.0 mm，宽 3.0~4.0 mm；体色以铜色和蓝色为主，上唇暗红或黑红色。触角基部第2—6节黄褐色，有时向端部略带蓝色。触角较细长，端部5节略粗，呈圆筒形而不扁阔，各节长度约为其宽度的 2.0 倍。额唇基后部中间瘤突低平，这里呈现横向凹陷，头顶明显隆凸，中间通常可见纵沟痕。小盾片刻点一般较细而稀。鞘翅刻点较细小，刻点间较光平，杂有微细刻点，有时具皮革状细皱纹。雌性鞘翅外侧肩胛后方横皱较低平，而且仅限肩下极短部分；雄性几乎光滑无皱。

取食对象：甘薯、蕹菜、小麦。

检视标本：围场县：2头，塞罕坝三道河口果园，2015–VI–26，龙双红采；5头，塞罕坝长腿泡子，2016–VIII–03，塞罕坝考察组采。

分布：河北、黑龙江、吉林、内蒙古、山西、山东、西北、华中、江苏、安徽、浙江、江西、福建、广东、海南、广西、四川、贵州、云南；蒙古，俄罗斯（西伯利亚），朝鲜，日本，印度，缅甸。

（503）银纹毛肖叶甲 *Trichochrysea japana* (Motschulsky, 1858)（图版 XXXVII：3）

曾用名：银纹毛叶甲。

识别特征： 体长 5.7～8.0 mm，宽 2.5～3.9 mm；体长椭圆形；体色铜色或铜紫色。前胸背板基缘及鞘翅中缝常呈绿色。触角基节棕红色，端节黑褐；跗节黑褐色。背密被黑色粗硬竖毛和银白色平伏毛或半竖立细软毛，后者密布于头、前胸背板和小盾片上，鞘翅上银白毛稀疏，但翅端银白毛较密；此外，在翅的中部之后各 1 由银白毛密集而成的斜横斑纹。体下被竖立或半竖立银白毛。头部刻点粗密，呈皱纹状，头顶皱纹更深，额中间 1 不甚明显的光纵纹；唇基前缘凹切宽浅。触角细长，丝状。前胸宽略大于长，侧边完整、明显；背板盘区刻点粗密，皱纹深；近前角处各 2 小瘤突，有时瘤突不明显。小盾片刻点细密。鞘翅刻点大而深，排列成不规则纵行。

取食对象： 杂草。

分布： 河北、北京、浙江、湖北、江西、湖南、福建、台湾、广东、海南、广西、四川、贵州、云南；日本，韩国。

（504）锯胸叶甲 *Syneta adamsi* Baly, 1877（图版 XXXVII：4）

识别特征： 体长 5.2～7.5 mm；体棕黄色或褐色，有的个体颜色较深。头部密被粗刻点；复眼小，圆形。触角细长，不及鞘翅中部。前胸背板两侧各 3～4 小齿，中部的较大，盘区具 2 横凹，分别位于基、端部。小盾片三角形，表面具毛及刻点。鞘翅两侧接近平行，端部略膨阔，翅面有不完全的 4 脊线；缘折上具 1 行刻点。雄性腹部末节中间微凸，雌性腹部末节中间具凹洼。

取食对象： 落叶松、桦木。

检视标本： 围场县：2 头，塞罕坝第三乡坝梁，2016-VI-29，刘广智、方程采；2 头，塞罕坝阴河亮兵台，2016-VI-02，周建波、袁中伟采；6 头，塞罕坝北曼甸四道沟，2016-VI-04，刘广智、方程采。

分布： 河北、东北、内蒙古、山西；俄罗斯，日本。

76. 卷象科 Attelabidae

（505）圆斑卷象 *Agomadaranus semiannulatus* Jekel, 1860（图版 XXXVII：5）

识别特征： 体长 6.8～8.7 mm；体红色至黄褐色，散布圆形黑斑。头短，圆形，基部缩，额上 1 六角形黑斑，头顶两侧各 1 小黑斑，眼小，隆凸，喙短，宽略大于长，端部散布细刻点并略扩展。触角位于喙基部的瘤突两侧，瘤突上有中沟。前胸横阔，基部最宽，前端缩得很窄；后缘有窄的隆线，近基部有横沟，中沟明显，背面两侧具黑斑，背面皱纹不规则。小盾片宽，端部缩窄，1 大黑斑。鞘翅肩后两侧平行，端部略放宽；小盾片之后 1 小圆斑，第 3 行间中间之后 2 圆斑，第 5 行间中间之前 1 大 1 小圆斑。胸部腹面黑色，腹板两侧有斑点，臀板黑色或有 2 小黑斑，中后足腿节近端部各 1 黑斑。

取食对象： 枫杨、白栎、青冈、马尾松。

分布： 河北、山西、江苏、上海、浙江、福建、华中、广东、四川、贵州。

(506)榛卷象 *Apoderus coryli* (Linnaeus, 1758)（图版 XXXVII：6）

识别特征：体长 8.6～6.8 mm，宽 3.0～4.4 mm；头、胸、腹、触角和足黑色，鞘翅红褐色，但颜色有变异，前胸和足常呈红褐色或部分红褐色。头长卵形，长宽之比约为 8：5，基部缢缩，细中沟明显，喙短，长宽约相等，端部略放宽，背面密布细刻点，上颚短，钳状。触角着生于喙背面中间或略靠后。触角着生处隆起成瘤突，从喙基部向额两侧至眼背缘有细沟。触角柄节短于索节 1、2 之和，索节 2—4 较长，7 粗短。眼隆凸。小盾片短宽，略呈半圆形。鞘翅肩明显，两侧平行，端部放宽，刻点行明显。雄性胫节较细长，外端角有向内指的钩，雌性胫节较短宽，内、外端角均有钩，内角有齿，爪合生。腹面和臀板刻点粗密。

取食对象：榛子、柞、胡颓子、榆树。

检视标本：围场县：1 头，塞罕坝大唤起小梨树沟，2016–VII–15，塞罕坝普查组采；2 头，塞罕坝阴河丰富沟，2016–VI–25，塞罕坝普查组采。

分布：河北、东北、山西、陕西、江苏、四川；蒙古，俄罗斯，朝鲜，日本，欧洲。

(507)小卷象 *Compsapoderus geminus* (Sharp, 1889)（图版 XXXVII：7）

识别特征：体长 4.5～5.5 mm；头部、触角、足黑色；鞘翅棕褐色，也有全黑色的。后头中间具宽纵凹。触角末端 3 节呈棒状，端节顶尖。头与前胸呈颈状。前胸背板后缘最宽，具后横沟；盘区中间具较宽纵沟，沟两侧具竖半圆形塌凹。小盾片宽三角形，顶端圆钝。鞘翅显宽于前胸背板，肩角圆弧，角下微凹后略外凸，端缘弧弯，缝角钝圆；翅面刻点清晰，行间宽平。

取食对象：柳树叶。

分布：河北、湖北、湖南、四川、贵州、云南；俄罗斯，韩国，朝鲜，日本。

(508)梨卷叶象 *Byctiscus betulae* (Linnaeus, 1758)（图版 XXXVII：8）

曾用名：梨金象。

识别特征：体长 6.4～7.3 mm。有 2 型，全体青蓝色，微光亮；或豆绿色，具金属光泽。全体被稀疏而极短的绒毛。头长方形、两复眼间额部深凹。复眼很大，微凸，略呈圆形。喙粗短，较头部长，但短于前胸。触角着生处前方微弯曲。触角黑色，11 节，棍棒状，先端 3 节密生黄棕色绒毛。前胸背板长不大于宽，侧缘呈球面状隆起，前缘较后缘为窄，前、后缘皆具横的皱褶；中间具 1 细的纵沟，整个胸部被细刻点。鞘翅长方形，侧缘肩的后方微微凹入；尾板末端圆形，密被刻点。雄性喙较粗而弯。前胸背板宽大呈球状隆起。两侧各 1 尖锐的伸向前方的刺突。雌性喙较细而直。前胸背板较雄性为窄小，微隆起，两侧无刺突。

取食对象：梨、苹果、小叶杨、山杨、桦树。

分布：河北、东北、内蒙古、河南、新疆、浙江、江西；俄罗斯，日本，土耳其，叙利亚，欧洲。

(509) 苹果卷叶象 *Byctiscus princeps* (Solsky, 1872)（图版 XXXVII: 9）

曾用名：苹果金象、红斑金象。

识别特征：体长约 7.2 mm；绿色，发金光。鞘翅背面有 4 个红色发金光的斑点；头长等于或略大于头基部宽，端部缩窄，密布刻点；额窄，略凹。眼小，较隆。喙粗壮，背面略隆，密布刻点和皱刻点，侧面有伏毛。触角柄节短，3、4 节约等长，7 节短宽，棒节紧密。前胸背板均匀密布细刻点，前、后缘密布横皱纹，中沟明显，前缘窄于后缘；后缘中间向后略凸起，呈二凹状。盾片略宽，倒梯形。鞘翅两侧平行，端部放宽，背面密布刻点；行纹刻点难以辨认，顶区伏毛短稀，侧面和端部毛较密且长；臀板外露，略呈圆形，密布刻点和被覆伏毛；第 1 腹板有腹叶，后足基节和后胸侧片分隔。足较细，腿节棒状，胫节内端角 1 小尖齿，爪分离，齿爪平行。

取食对象：苹果等蔷薇科植物。

分布：河北、黑龙江、吉林；朝鲜，日本。

(510) 山杨卷象 *Byctiscus rugosus* (Gebler, 1829)（图版 XXXVII: 10）

曾用名：粗胸金象。

识别特征：体长 6.0~7.0 mm；椭圆形，体绿色，略带紫色金属光泽，喙、腿节、胫节均呈紫金色。喙伸向头的前下方微弯曲。额部略下凹，具粗皱褶。触角暗黑色，着生于喙的中部两侧，11 节，具疏生毛。前胸背板具细而密的刻点，前部收缩较窄，中、后部向外侧凸出，尤以中部为甚，中间 1 浅纵沟。鞘翅具粗刻点，但排列不甚整齐，肩区略隆起，后部向下圆缩。足具细刻点，着生灰白色和灰褐色茸毛。

取食对象：梨、苹果、小叶杨、山杨、桦树。

分布：华北、黑龙江、吉林、宁夏、新疆、浙江、湖北、福建、四川、甘肃；蒙古，俄罗斯，韩国，朝鲜，日本，缅甸，哈萨克斯坦。

(511) 橡实剪枝象 *Cyllorhynchites ursulus rostralis* (Voss, 1930)（图版 XXXVII: 11）

识别特征：体长 6.5~8.0 mm；黑褐色或黑色，具光泽。头明显横宽，背面及侧面均隆起，在眼后扩大，头有横皱纹。触角袖长，11 节，端部 3 节略膨大。头管较长，与翅鞘长度相等。头管基部宽度与额相等，向前渐变细，先端变宽。头管背面有明显的中间脊，在侧缘有沟。前胸长不大于宽，由背面及侧观均呈球面状隆起，上有小而密的刻点。小盾片不大，末端圆形。翅鞘长，由肩部向后渐收缩，在小盾片后方微凹入。翅鞘行上具点条沟。行间呈颗粒状凸出，行间不宽于点刻沟。身体全部密被倒伏的灰黄色毛，在其间疏生黑色直立的长毛，以前胸及翅鞘尤为明显。臀板不大，末端尖，被小点刻，具光泽。腿节粗大，其末端尤为明显。

取食对象：辽东栎、蒙古栎、柞。

分布：河北、辽宁、河南、江苏、湖南、福建、广东、四川、云南；东洋界。

(512) 梨虎象 *Rhynchites heros* Roelofs, 1874（图版 XXXVII：12）

曾用名：梨虎。

识别特征：体长 10.0~12.0 mm，宽 3.5~3.9 mm；暗紫色，略带绿或蓝色金属光泽，全身覆灰白茸毛。雄性喙前端向下略弯。触角着生于喙端部 1/3 处；雌性喙较直。触角着生于喙中部。头部复眼后密布细小横皱纹。前胸背板略呈球形，背板中部有 3 条明显凹纹，呈倒"小"字形排列。小盾片倒梯形。鞘翅肩胛隆起明显，刻点粗大呈 8 纵列，肩部外侧尚 1 短列。鞘翅基部两侧平行，向后渐窄。前足最长，中足略短于后足，腿节棒状，胫节细长，足端 2 爪分离，有爪齿。

取食对象：梨、苹果。

分布：华北、东北、山东、陕西、宁夏、甘肃、江苏、浙江、福建、湖北、江西、湖南、四川、贵州、云南；蒙古，俄罗斯，韩国，朝鲜，日本。

77. 象甲科 Curculionidae

(513) 平行大粒象 *Adosomus parallelocollis* Heller, 1923（图版 XXXVIII：1）

识别特征：体长约 16.0 mm，宽约 7.0 mm；喙粗较弯，中隆线钝圆。触角棒，卵形。前胸宽大于长，基缘截断形。两侧直到前端 1/4 处平行，而后突然收窄，形成横缢；盘区中纵线细，近前端消失，中间往往扩成菱形，沿隆线密被白毛，形成中纹；两侧各有密白纹 2 条。鞘翅略宽于前胸，中间最宽，后端略窄；表面散布光滑颗粒，颗粒间覆白鳞毛，其中较长而宽的毛在肩行之间形成 1 斜带；在后半端再形成不规则斑点。

分布：河北、北京、东北、内蒙古、山东、安徽。

(514) 黄斑船象 *Anthinobaris dispilota dispilota* (Solsky, 1870)（图版 XXXVIII：2）

识别特征：体长 5.0~7.0 mm。黑色。前胸背板两侧前后、小盾片、鞘翅基部及中部常具明显的白色或黄色毛斑。触角第 2 节长于第 3 节，后逐渐变短粗，第 8 节宽大于长。触角棒短粗。

分布：河北、北京、黑龙江、辽宁、山西、陕西、河南、湖南、四川；朝鲜半岛，俄罗斯。

(515) 黑斜纹象 *Bothynoderes declivis* (Olivier, 1870)（图版 XXXVIII：3）

识别特征：体长 7.5~11.5 mm；体梭形；体壁黑色，被白色至淡褐色披针形鳞片。喙粗壮，略扁，较前胸背板短，中隆线前端分成两叉。前胸背板和鞘翅两侧各 1 互相衔接的黑条纹和白条纹，条纹在鞘翅中间前后被白色鳞片组成的斜带所间断。前胸背板宽略大于长，基部略等于前端，前缘后缢缩，基部中间凸出，两侧呈截断形；背面散布稀刻点，黑色条纹具少量大刻点。鞘翅两侧平行，中间以后略缩窄，顶端分别缩成小尖突，行间扁平，行纹刻点不明显。

取食对象：刺蓬、骆驼蓬、蜀葵、甜菜。

检视标本：围场县：3头，塞罕坝第三乡翠花宫，2015-V-30，塞罕坝考察组采。

分布：河北、北京、内蒙古、辽宁、吉林、黑龙江、甘肃、青海、新疆；蒙古，俄罗斯，韩国，日本，土库曼斯坦，哈萨克斯坦，欧洲。

（516）玄象 *Callirhopalus sedakowii* Hochhuth, 1851（图版 XXXVIII：4）

识别特征：体长3.5～4.5 mm；体卵球形，体壁黑色。触角、足黄褐色，被覆石灰色圆形鳞片。触角和足散布较长的毛，头和前胸的毛很稀。喙粗短，端部扩大，两侧隆，中间呈沟状。触角位于侧面，颇弯，柄节直，向端部渐宽；索节3—7节宽大于长，棒卵形。前胸宽大于长，两侧略圆，有3条褐色纹。鞘翅近球形，行间1行很短的倒伏毛，鞘翅行间4之间1褐色斑，其后缘为弧形，长达鞘翅中间，褐斑后外侧形成1淡斑，2斑之间形成1条灰色"U"形条纹。足粗，腿节棒状，胫节直，胫窝关闭，跗节宽，爪合生。

取食对象：茵陈蒿、马铃薯、甜菜。

检视标本：围场县：1头，塞罕坝阴河亮兵台，2016-VI-02，方程、刘广智采；1头，塞罕坝阴河白水，2015-VI-26，塞罕坝普查组采；1头，塞罕坝阴河三道沟，2015-VI-27，塞罕坝普查组采。

分布：河北、内蒙古、山西、陕西、宁夏、甘肃、青海；蒙古，俄罗斯。

（517）短毛草象 *Chloebius immeritus* (Schoenherr, 1826)（图版 XXXVIII：5）

识别特征：体长3.0～3.9 mm，宽1.2～1.6 mm；体长椭圆形，体壁黑色，被覆绿色有金属光泽的鳞片，有的掺杂淡黄褐色鳞片。触角和足红褐色。喙背面扁平，两侧平行，中沟窄而深。触角细长，柄节长达前胸，索节1长于2节，3—7节倒圆锥形，棒略等于索节末4节之和。前胸宽略大于长，两侧略圆，中间最宽，前、后缘约等宽，均为截断形。小盾片钝三角形。鞘翅肩圆，前胸和鞘翅行间的毛较短，倒伏，从背面不容易看见。

取食对象：苜蓿、甘草、甜菜、苦参、红花、花棒、沙枣。

检视标本：围场县：1头，塞罕坝千层板羊场，2016-VII-13，周建波采；2头，塞罕坝三道河口果园，2016-VI-01，袁中伟采。

分布：河北、东北、内蒙古、山西、陕西、宁夏、甘肃、青海、四川；俄罗斯，朝鲜，蒙古。

（518）隆脊绿象 *Chlorophanus lineolus* Motschulsky, 1854（图版 XXXVIII：6）

识别特征：体长11.4～13.0 mm，宽4.1～4.8 mm；黑色，被覆淡绿色至深蓝绿色鳞片，具光泽，前胸两侧和鞘翅两侧为黄绿色鳞片。喙粗短直，上面平，中隆线明显凸出，上至额，两边隆线较钝，至跟上方。触角沟位于喙两侧，直向眼。触角鬃状，索节粗细均匀，皆长大于宽，索节1短于索节2，棒节密实，环纹明显。复眼狭小，明显凸出。前胸背板满布弯曲皱纹，基部最宽，后聚二凹深而宽，中沟往往被皱纹切断，前半部尤甚。小盾片尖，三角形。鞘翅末端锐尖，奇数行间色淡，宽且隆起，第 1 行间特别是端半更为显著，呈隆脊。雄性前胸腹板前缘中部凸出，向下，两侧成角，形成前胸腹板领。雌性腹末节腹板端部隆起，各足腿节端半部及胫节的前外侧金红色。

取食对象：榆、柳、苹果等。

检视标本：**围场县**：1 头，塞罕坝长腿泡子，2016–VIII–08，袁中伟采；1 头，塞罕坝第三乡翠花宫，2016–VIII–30，周建波采；1 头，塞罕坝长腿泡子，2016–VIII–08，袁中伟采；1 头，塞罕坝第三乡翠花宫，2016–VIII–30，袁中伟采。

分布：河北、黑龙江、辽宁、山东、陕西、甘肃、华中、江苏、安徽、江西、福建、台湾、广东、广西、四川、贵州、云南。

（519）西伯利亚绿象 *Chlorophanus sibiricus* Gyllenhal, 1834（图版 XXXVIII：7）

识别特征：体长 9.5～10.8 mm；体梭形；黑色，密被淡绿色鳞片。喙短，长略大于宽，两侧平行，中隆线明显，延长到头顶。触角沟指向眼，柄节长仅达眼的前缘，索节 1 短于 2，3—7 节长大于宽。前胸宽大于长，基部最宽，后角尖，两侧从基部至中间近平行，背面扁平，散布横皱纹。鞘翅行间刻点深，中间以后逐渐不明显，端部形成锐突。雄性前胸腹板前缘凸出成领状，锐突也较长。雌性中足胫节端齿特别长，锐突较短。

取食对象：为害杨树、柳树。

检视标本：**围场县**：7 头，塞罕坝千层板长腿泡子，2015-VII-23，塞罕坝普查组采；1 头，塞罕坝千层板羊场，2016-VII-13，刘广智、周建波采。

分布：河北、东北、内蒙古、山西、陕西、宁夏、甘肃、青海、四川；蒙古，俄罗斯，朝鲜。

（520）欧洲方喙象 *Cleonis pigra* (Scopoli, 1763)（图版 XXXVIII：8）

识别特征：体长 11.2～17.0 mm，宽 4.0～5.0 mm；体长椭圆形，体壁黑色，密被灰白色毛状鳞片。喙方形，短粗，长为宽的 2.0 倍，背面有隆线 4 条，沟 3 条，两侧各有沟 1 条。触角沟前端从背面可以看到，后端斜向眼下，其上缘与跟的下缘相接。触角膝状，柄节端部粗；复眼较扁，横长。头顶鳞毛黄褐色。胸基部宽，向端部渐窄，基部宽略大于长，中部 1 龙骨状突，突的中部宽，中沟基部凹下；背面 1 "凸" 字形深色斑。小盾片尖三角形，色淡。鞘翅灰色，基部略宽于胸，肩微凸，自肩后斜向中后方 1 暗色条纹，中部另 1 与此平行的斜纹，二纹粗细不匀，翅瘤处 1 暗色斑，鞘翅基半部与胸散布粒状突起。腹部腹面毛较长，散有无毛的"雀斑"。后足第 1 跗节甚长。

取食对象：蓟属植物。

分布：河北、东北、山西、陕西、甘肃、新疆；蒙古，俄罗斯，欧洲。

（521）柞栎象 *Curculio dentipes* (Roelofs, 1875)（图版 XXXVIII：9）

曾用名：橡实象鼻甲、柞实象、三纹象。

识别特征：体长 5.5～10.0 mm；体卵形至长卵形，黑色，鞘翅锈赤色，喙、触角、足红色，被覆灰白色鳞片，鞘翅还被覆褐色鳞片，这种鳞片集成不规则的斑点或带，腹面和足被较细的单一灰鳞片。前胸背板具 3 条不明显的纵纹。喙很细，在中间以前较弯，光滑，基部密布刻点。触角细长。前胸背板宽大于长，两侧圆，基部浅二凹形，密布刻点。小盾片舌状。鞘翅行纹沟状，有细鳞片 1 行，行间具皱纹。腿节各 1 明显的齿。臀板仅略露出。腹部基节隆，末节中间凹；后缘钝圆。

检视标本：围场县：1 头，塞罕坝第三乡，2015–VII–31，塞罕坝考察组采；1 头，塞罕坝下河边，2016–VIII–05，周建波采。

分布：华北、东北、山东、河南、陕西、江苏、安徽、浙江、湖北、福建、广西；日本。

（522）榛象 *Curculio dieckmanni* (Faust, 1887)（图版 XXXVIII：10）

曾用名：榛实象。

识别特征：体长 7.6～8.0 mm；体卵形，黑色，被覆褐色细毛和较长而粗的黄褐色毛状鳞片，鞘翅的鳞片组成波状纹。鞘翅缝后半端散布近直立的毛。头部密布刻点，喙长为前胸的 2～3 倍，端部很弯，基部放粗，有隆线，隆线间有成行的主刻点。触角着生于喙的中间以前；额中间有小窝。前胸宽大于长。密布刻点。小盾片舌状。鞘翅具钝圆的肩，向后逐渐缩窄，行纹明显，有很细的毛 1 行。后足较长，腿节各 1 齿。臀板中间有深窝。

分布：河北、东北、陕西、青海；俄罗斯，韩国，朝鲜，日本。

（523）麻栎象 *Curculio robustus* (Roelofs, 1874)（图版 XXXVIII：11）

识别特征：体长 6.0～9.5 mm，宽 3.0～5.0 mm；体卵形，黑褐色，被覆黄色宽鳞片，腹面的鳞片更宽。前胸背板有不明显的纵纹 3 条。鞘翅中间有带 1 条，被覆较密而宽的鳞片。头和前胸背板密布刻点。喙短粗，基部扩粗。触角着生点之后散布刻点，具中隆线。触角着生点之前光滑。前胸背板宽大于长，前缘略凹；后缘略呈弧形。小盾片舌状，密被较细的鳞片，鞘翅具宽而深的行纹，行纹各 1 行较宽的鳞片，行间扁平，臀板露出，腿节粗，各 1 相当尖的齿。腹板末节后缘钝圆。

分布：河北、北京、山西、浙江；俄罗斯，韩国，朝鲜，日本。

（524）短带长毛象 *Enaptorrhinus convexiusculus* Heller, 1930（图版 XXXVIII：12）

识别特征：体长 8.0～10.5 mm，宽 2.2～3.9mm。体型较粗，雄性鳞片近玫瑰色，雌性白色。喙长于其端部之宽，雄性无中隆线。雌性有不明显的中隆线。触角索节 1

长于 2，棒较短而粗。前胸长略大于宽，中部前最宽，有细的中沟，中沟和两侧背负白色鳞片，前胸全部散布颗粒，颗粒有脐状点，脐状点有很细而长的横指的毛。雄性背部略扁，行间 1—3 在翅坡之前有 1 密被鳞片的弓形带，鞘翅两侧和端部密被白色鳞片，行间稀布成行颗粒；雌性行间比雄性宽得多，仅鞘翅行间 1 有分散而不明显的颗粒。翅坡长毛黄至黑褐色，足稀被鳞片。雄性后足胫节的长毛黄色。腹部密被鳞片，并散布小颗粒，颗粒有长而细的毛。

取食对象：松、悬钩子、荆条、枫杨。

分布：河北、北京、辽宁、山东、安徽。

（525）臭椿沟眶象 *Eucryptorrhynchus brandti* (Harold, 1881)（图版 XXXIX：1）

识别特征：体长约 11.5 mm，宽约 4.6 mm；个体较小；额部窄的多，中间无凹窝；前胸背板、鞘翅的肩及鞘翅端部 1/4（除翅瘤以后的部分）密被雪白色鳞片，鳞片叶状；鞘翅的肩略凸出。

取食对象：臭椿。

分布：河北、北京、辽宁、山西、河南、陕西、宁夏、甘肃、江苏、上海、四川；朝鲜，俄罗斯。

（526）沟眶象 *Eucryptorrhynchus scrobiculatus* (Motschulsky, 1854)（图版 XXXIX：2）

识别特征：体长 15.0～20.0 mm；长卵形，隆凸，体壁黑色。触角暗褐色，鞘翅被覆乳白、黑色和赭色细长鳞片。头部散布大而深的刻点；喙长于前胸。触角柄节未达到眼。触角沟基部以后的部分具中隆线，其后侧端具短沟，短沟和触角之间具长沟；额略窄于喙的基部，散布较小的刻点，中间具深而大的窝；眶沟深，散布白色鳞片。前胸背板宽大于长，中间以前逐渐略缩窄，前缘后缢缩，基部浅二凹形。鞘翅长大于宽，肩部最宽，向后逐渐紧缩，肩斜，很凸出。翅肩部被白色鳞片，基部中间被赭色鳞片。前胸两侧和腹板、中后胸腹板主要被白色鳞片。腹部鳞片赭色并掺杂白和黑色鳞片。足被白和黑色鳞片，腿节棒状，有齿 1 枚。

取食对象：臭椿。

分布：河北、北京、天津、辽宁、河南、陕西、宁夏、甘肃、江苏、湖北、四川。

（527）北京三纹象 *Lagenolobus sieversi* Faust, 1887（图版 XXXIX：3）

识别特征：体长 4.5～5.0 mm，宽 1.8～2.1 mm；体卵形，高度隆，体壁黑色。发光，小盾片，前胸两侧和中线基部被鳞片，后胸外侧和腹部前几节的外侧、腹部的大部分和足散布灰色发黄的毛。喙散布小而皱的刻点，背面有隆线 3 条，眼前两侧刻着纵皱纹，口上片三角形。触角索节较长，不宽于柄节；额宽于触角间的宽，略布纵皱纹，明显低洼；眼短卵形。前胸宽约大于长的 1/3。后角尖，略凸出。两侧略圆，眼叶略圆，基部二凹形，背面刻点相当大而略明显，两侧有略明显的颗粒。小盾片小，略呈方形。鞘翅卵形，基部有边，不宽于前胸后缘，有相当尖锐的外角，两侧圆，中间或中间以后最宽，顶圆，很凸出，后端陡鞘，基部行纹刻点大于前胸背面，但较深，向后变小。腿节粗，有齿。

取食对象：蓼。

分布：河北、北京、山西。

（528）白毛树皮象 *Hylobius albosparsus* Boheman, 1845（图版 XXXIX：4）

识别特征：体长 11.0～15.0 mm；身体长椭圆形，高凸，两侧略平行，被淡黄色针状鳞片，散布皱刻点，发光，红褐至黑褐色，鞘翅鳞片集成小片，胫节、跗节略红。喙长而粗，略弯。触角着生点之间有小窝，背面有隆线三条，两侧有深沟；额中间有窝。前胸背板宽略大于长，散布深坑，中间两侧各 1 大窝，中隆线和两侧的斜月形斑隆起，发光，后角直，中间略扩张，前端较缩窄，后端略缩窄。小盾片三角形，发光。鞘翅宽于前胸，两侧平行，向后缩窄，端部钝圆，行纹明显，刻点长形，行间散布皱刻点。腿节棒状，无齿。雄性腹部基部洼，末一腹板有椭圆形洼；雌虫腹部基部隆，末一腹板无洼。

取食对象：落叶松。

分布：河北、黑龙江、吉林；俄罗斯，日本

（529）松树皮象 *Hylobius haroldi* Faust, 1882（图版 XXXIX：5）

识别特征：体长 6.3～11.7 mm；体长椭圆形，略隆，体壁褐至黑褐色，发光。前胸背板两侧中间以后各 2 斑，小盾片前 1 斑，鞘翅中间前后各 1 横带，其间常具"X"形条纹，端部具 2～3 斑点，眼上各 1 小斑。喙常具细中隆线，两侧隆线略明显且有深沟，散布皱刻点。触角柄节长达眼，倒圆锥形，末节接近棒，卵形，额中间具小窝。前胸宽等于长，两侧凸圆；后缘浅 2 凹形，前缘略缩窄，后角近三角形，眼叶、中隆线明显，在小盾片前洼前消失，刻点皱。小盾片近三角形，端部钝圆，散布刻点和毛。鞘翅行纹显著，刻点长方形，行间扁平，散布颗粒和毛。腿节具齿，胫节的内缘被毛。体下刻点粗，发光，毛稀，腹板两侧毛稠密，前足、中足基节间毛略密。

取食对象：落叶松、红松、油松、云杉、云南松。

分布：河北、北京、东北、山西、陕西、四川、云南；俄罗斯，朝鲜，日本。

（530）大菊花象 *Larinus griseopilosus* Roelofs, 1873（图版 XXXIX：6）

曾用名：灰毛菊花象、三角菊花象。

识别特征：体长 9.0～10.0 mm；黑色，长卵形，前胸两侧散布灰毛。腹部和足也散布灰毛。触角暗褐色，胫节端部散布黄褐色毛，爪暗褐色。喙圆筒形，直，略长于前胸两侧之长，刻点细密，其间散布较大刻点，背面基部前半端 1 略明显的中隆线。触角位于喙的中间之前，柄节达到眼，末节圆锥形。前胸宽大于长，两侧圆，前端很窄，前缘明显窄于后缘，顶区中间 1 浅中沟，背面散布大刻点，其间散布小刻点。鞘翅向端部缩窄。鞘翅宽于前胸，刻点行纹明显，行纹向后逐渐缩窄，行间扁而宽，散

布横皱纹和小刻点。腹面密布刻点。前足胫节端部略向外扩张，中、后足胫节直，各1向外弯的刺。

取食对象：菊科植物。

分布：河北、北京、辽宁、内蒙古、山西、陕西、甘肃；俄罗斯，日本，朝鲜，印度，阿富汗。

（531）漏芦菊花象 *Larinus scabrirostris* (Faldermann, 1835)（图版 XXXIX：7）

识别特征：体长约 7.5 mm。身黑，椭圆形，有时涂硫磺色粉末。触角暗红褐色。喙圆筒形，密布皱刻点，不发光，几乎不弯，长略短于前胸，粗略等于腿节，无或有很细的中隆线。触角索节 1 短于 2。前胸背板宽大于长，两侧直到中间以前略缩窄，其后突然扩圆，前缘以后绕缩；有明显的眼叶，背面相当隆，无中隆线，表面散布很大而深的略密的刻点，刻点间散布小刻点，被很稀而短的几乎不明显的灰毛，两侧散布略密而长的灰毛。鞘翅长方形，宽于前胸背板，两侧平行，端部分别缩得钝圆，基部以后有深而长的洼；行纹明显，基部的行纹深而宽，近端部行纹刻点不明显，散布很短而稀的并且聚集成斑点的灰毛。前足胫节端部向外放宽，外缘中间向里弯。

取食对象：菊属植物。

分布：河北、东北、内蒙古、山西、陕西、宁夏；蒙古，俄罗斯（远东地区、东西伯利亚），韩国，朝鲜。

（532）波纹斜纹象 *Lepyrus japonicus* Roelofs, 1873（图版 XXXIX：8）

曾用名：杨黄星象。

识别特征：体长 9.0～13.0 mm；黑褐色，密被土褐色细鳞片，其间散布白色鳞片。前胸背板两侧具延续到肩的窄而淡的斜纹。鞘翅中间具被白色鳞片的波状带。喙密被鳞片，中隆线很细，两侧具微弱的隆线。触角沟达到眼的下侧。触角柄节直，向端部放宽，索节 1 短于 2，其他节宽大于长，棒卵形；眼扁。前胸背板宽略大于长，向前缩窄，背面散布皱刻点，中隆线限于前端。鞘翅具明显向前凸出的肩，两侧平行，或向后略放宽，中间以肩缩窄，背面略隆。小盾片周围洼。肩以后具不明显的横洼，行纹明显，行间扁，翅瘤明显。腹板 1—4 两侧各 1 密被土色鳞片的斑点。足短而粗，腿节具小而尖的齿，前足胫节内缘几乎直，具明显的突起、短刺和直立的毛。

分布：华北、东北、山东、陕西、江苏、安徽、浙江、福建；俄罗斯（西伯利亚），朝鲜，日本。

（533）云斑斜纹象 *Lepyrus nebulosus* Motschulsky, 1860（图版 XXXIX：9）

识别特征：体长 10.0～12.0 mm；身体背面黑褐色，密被交错排列的细小鳞片，形成模糊的云斑。鞘翅无明显的点状斑，至多 1 模糊的斑点。前胸背板两侧具 1 密被鳞片的淡纹。喙散布皱刻点，略宽；索节 1 明显短于 2。前胸背板两侧略圆，前端明显窄于后端，散布皱刻点，具细而发光的中隆线。鞘翅具发达的肩，两侧平行，端部缩尖，翅瘤阔。腹部腹面两侧皱，中间散布零星刻点，略发光，散布相当密的毛。足发达，腿节显著呈棒状，前足胫节内缘二波形，内缘具突起，端部具暗的刺。

分布：河北、东北、山东、陕西、四川；俄罗斯。

(534) 尖翅筒喙象 *Lixus acutipennis* (Roelofs, 1873)（图版 XXXIX：10）

识别特征：体长 13.0～19.0 mm；身体细长，黑色。触角柄节、索节和爪褐色。被灰毛。喙圆筒形，中间有浅中沟。触角短而粗；额中间有小窝。前胸中部和两侧光滑，基部最宽，向前逐渐缩窄；后缘二凹形，小盾片前略洼，有短沟，无眼叶，表面散布均一刻点，两侧各有灰色毛带。小盾片不明显。鞘翅不宽于前胸，细长，两侧平行，端部分别缩成短尖，行纹明显，刻点细长，小盾片周围的 1 个三角形斑点、鞘翅缝中间的 2 条斜带（后端的 1 条较短）和近顶端的 1 条短带均黑色。腹面和足被白毛。

取食对象：旋覆花、艾蒿、马尾松、楸树。

分布：河北、北京、东北、山西、陕西、甘肃、江苏、上海、浙江、湖北、湖南；朝鲜，日本。

(535) 黑龙江筒喙象 *Lixus amurensis* Faust, 1887（图版 XXXIX：11）

识别特征：体长 9.0～12.0 mm。细长，近平行，覆盖细毛，鞘翅背面散布不明显灰色毛斑。腹部两侧散布灰色或略黄毛斑。触角和跗节锈赤色。喙弯，散布距离不等的显著皱刻点，通常有隆线，一直到端部，被倒伏细毛，雄性的喙长为前胸的 2/3，雌性喙长为前胸的 4/5，几乎不粗于前足腿节；额洼，1 长圆形窝，眼扁卵圆形。触角位中间之前。前胸圆锥形，两侧略拱圆，前缘后未缩，两侧被略明显毛纹，背面散布密大刻点，刻点间散布小刻点。鞘翅的肩不宽于前胸。基部 1 明显圆洼，行间 3 基部几乎不隆，肩略隆；两侧平行或略圆，行上明显，刻点密，行间扁平，端部凸出成短而钝的尖，略开裂。腹部散布不明显的斑点，足很细。

分布：河北、东北、山西、西北；俄罗斯（远东地区、东西伯利亚），朝鲜，日本。

(536) 圆筒筒喙象 *Lixus fukienesis* Voss, 1958（图版 XXXIX：12）

识别特征：体长 7.0～13.5 mm。鞘翅前端的行纹极为明显，但向端部逐渐变得很细，行间 2、3 基部不凸出，但较宽，而且散布较粗的刻点。索节淡红至黑色，索节 3、4 等长。触角无论雌雄都着生于喙中部以前；眼叶通常不存在，眼后的纤毛却经常存在。

取食对象：大豆、山楂、杨、茶等。

分布：河北、北京、东北、山西、陕西、浙江、江西、湖南、福建、广西、四川。

(537) 长尖筒喙象 *Lixus moiwanus* Kôno, 1928（图版 XL：1）

识别特征：体长 15.0~16.0 mm，宽约 3.3 mm；体细长，黑色。触角红色，被灰毛和黄色粉末。头部密布小刻点，喙长于前胸背板，从触角基部至喙基部的刻点和毛密，在触角基部之前较稀。触角着生在喙中间之前；额中间 1 纵纹。前胸背板略呈圆锥形，向前缩窄，基部中间明显洼。眼叶发达；刻点大，相当密，刻点之间密布小刻点，背面有四条细毛纵纹。鞘翅窄，中间以后最宽，端部向后放长成尖锐的尖；行纹细，基部较深，行间宽而扁，散布细小的毛和刻点，最后的 2~4 行间被略较密的毛，但分界线并不清楚。腹面密被毛，部分散布不明显的光滑刻点。末一腹板中间有时 1 纵纹，足很细。

分布：河北、黑龙江、江苏；韩国，朝鲜，日本。

(538) 钝圆筒喙象 *Lixus subtilis* Boheman, 1835（图版 XL：2）

曾用名：甜菜筒喙象。

识别特征：体长 9.0~12.0 mm；体细长，近平行。被很细的毛，鞘翅背面散布不明显的灰色毛斑。腹部两侧散布灰色或略黄的毛斑。触角和跗节锈赤色。喙弯，散布距离不等的显著皱刻点，通常有隆线，一直到端部，被倒伏细毛，雄性的喙长为前胸的 2/3，雌性喙长为前胸的 4/5，几乎不粗于前足腿节。触角位中间之前，不很粗，索节 1 略长而粗于索节 2，索节 2 略长于粗，其他节粗大于长，额洼，1 长圆形窝，眼不很大，卵圆形，扁。前胸圆锥形，两侧略拱圆，前缘后未缢缩，两侧被略明显的毛纹，背面散布大而略密的刻点，刻点间散布小刻点。鞘翅的肩不宽于前胸。基部 1 明显的圆洼，行间 3 基部几乎不隆，肩略隆；两侧平行或略圆，行纹明显，刻点密，行间扁平，端部凸出成短而钝的尖，略开裂。腹部散布不明显的斑点。足很细。

取食对象：灰条、甜菜。

分布：河北、宁夏；蒙古，俄罗斯，韩国，朝鲜，日本，阿富汗，伊朗，乌兹别克斯坦，土库曼斯坦，哈萨克斯坦，土耳其，叙利亚，欧洲。

(539) 金绿树叶象 *Phyllobius virideaeris virideaeris* (Laichartingm, 1781)（图版 XL：3）

识别特征：体长 3.5~6.0 mm；长椭圆形，体壁黑色，密被卵形略具金属光泽的绿色鳞片。喙长略大于宽，两侧近平行，背面略凹。触角沟开放。触角短，柄节弯，长达到前胸前缘，棒节卵形。前胸宽大于长，前后端宽约相等，前后缘近截断形，背面沿中线略凸出。鞘翅两侧平行或后端略放宽，肩明显，行纹细，行间扁平。鞘翅行间鳞片间散布短而细的淡褐色倒伏毛。腿节略呈棒形，无齿。雄性腹板末节扁平，雌性腹板末节凹。

取食对象：李子树、杨树。

分布：河北、黑龙江、吉林、内蒙古、山西、陕西、甘肃、新疆、湖北、四川；蒙古，俄罗斯，中亚，欧洲。

（540）银光球胸象 *Piazomias fausti* Frivaldszky, 1892（图版 XL：4）

识别特征：体长 7.0～8.3 mm。体椭圆形，雄虫较雌虫瘦，黑色，被发强光的白或银灰色毛状和圆形 2 种鳞片。头部散布刻点；喙长大于宽，散布皱纹，中沟深，长达额顶，两侧平行。有尖锐隆线。触角棒长卵形，末端尖；眼略凸，眼的下方被闪光的银灰色圆形鳞片。前胸宽大于长，两侧扩成圆形，基部前的沟纹不明显，基部有细边，背面略隆。中区密布刻点和毛状鳞片，两侧密布圆形鳞片，形成明显的条纹。鞘翅基部宽于前胸基部，向中部逐渐扩大，然后向端部结成锐突，背面颇隆，刻点行细，行间扁，有横皱纹，背面被覆窄的白色或灰色毛状鳞片并显布发强光的银灰色圆形鳞片小团，从而构成斑点；行间 7—11 的圆形银灰色发强光的鳞片构成明显的条纹。腹部密被银灰色鳞片，腿节被白色鳞片状毛，前足腿节很短，胫节内侧有齿一排，端部弯。

分布：河北、北京、华中、江苏、安徽、浙江、江西。

（541）金绿球胸象 *Piazomias virescens* Boheman, 1840

识别特征：体长 4.3～6.5 mm；宽 1.7～2.9 mm；全身密被均一绿色金属光泽或金黄色鳞片和鳞片状毛，有时鳞片呈鲜艳铜绿色、发蓝、完全无光泽。触角和足褐色至暗褐色。头光滑，喙向前端缩窄。背面两侧有明显的隆线。触角沟的上缘延长至眼，和喙的隆线构成三角形窝，窝相当深，从上面看得见。触角柄节长达眼中部。前胸宽大于长，两侧凸圆，中间最宽；后缘宽大于前缘，有刀刃状隆线；后缘前缢缩为浅沟，中沟缩短或消失，表面光滑，往往有 3 条暗的条纹。鞘翅卵形或宽卵形，宽几乎等于前胸基部，以致前胸和鞘翅连成一体，前缘隆线明显，两侧凸圆，表面光滑，行间 8～11，形成边纹；刻点行宽，行间扁，毛明显。胫节内缘 1 排长的齿。足与腹部发强光。

取食对象：大豆、锦鸡儿、甘草、大麻、荆条。

分布：华北、黑龙江、吉林、山东；俄罗斯。

（542）小遮眼象 *Pseudocneorhinus minimus* Roelofs, 1879（图版 XL：5）

识别特征：体长 3.5～4.0 mm；体型小，卵形，被土色鳞片。鞘翅端部 1 暗褐色带，行间 7 中间 1 发金光的白斑。触角和足黄褐色，发红。头、前胸背板被倒伏或直立的短毛。喙端部洼，口上片的隆线高而尖，隆线后的区域窄而散布少数鳞片。触角柄节长几乎达到眼的后缘。前胸宽大于长，两侧略圆，基部中间略凸出，直到中间以前向前降低，眼叶小。鞘翅卵形，隆凸，基部略洼，顶端钝，中间最宽，行纹深，行间宽，各 1 行向后略倾斜而略密的刺状直立毛。

取食对象：木荷、枫香、白栎、苦槠、板栗。

分布：河北、北京、吉林、陕西、江苏、江西、四川；蒙古，俄罗斯（远东地区），朝鲜半岛。

(543) 胖遮眼象 *Pseudocneorhinus sellatus* Marshall, 1934（图版 XL：6）

识别特征：体长 5.5～7.2 mm，宽 3.1～4.2 mm；体壁黑色。喙较粗短，基部窄，背面中部凹洼，中间不甚明显的中隆线。喙和头部密被褐色鳞片，间有半倒伏状的片状毛。口上片的隆线明显，上方鳞片稀。触角沟背面可见。触角膝状，柄节长，端部粗，休止时能遮盖复眼。前胸宽大于长，从基部至 3/4 处两侧近平行，向前缩细，眼叶发达，背面中间和侧鳞片暗褐色，鳞片间稀有片状毛。鞘翅卵形，强度隆起，肥胖样，鳞片稠密，行纹较宽，行间略隆，各行间 1 列向的片状毛，肩部有暗色斑，行间 1—5 具 1 自中前方斜向肩后的黑褐色条纹，其后为 1 淡色宽带，再后有白、褐、黑色鳞片组成的花斑。各足鳞片密集，爪合生。

检视标本：围场县：1 头，塞罕坝第三乡驻地场，2015-V-27，塞罕坝普查组采；4 头，塞罕坝大唤起小梨树沟，2015-VI-03，塞罕坝普查组采。

分布：河北、山西、河南、陕西、宁夏、甘肃。

(544) 红脂大小蠹 *Dendroctonus valens* Le Conte, 1857（图版 XL：7）

曾用名：强大小蠹。

识别特征：体长 5.3～9.2 mm；红褐色，头部额面具不规则小隆起，额区具稀疏黄色毛，头盖缝明显，口上缘片中部凹陷，口上突明显隆起，口上突两侧臂圆鼓凸出，在口上缘片中部凹陷处着生黄色刷状毛。头顶无颗粒状突起，具稀疏刻点。前胸背板前缘中间略呈弧形凹陷，并密生细短毛，近前缘处缢缩明显。前胸背板及侧区密布浅刻点，并具黄色毛。鞘翅基缘有明显的锯齿突起 12 个左右，鞘翅上具 8 略内陷而明显的刻点行，刻点行由圆形或卵圆形刻点组成，鞘翅斜面第 1 行间基本不凸出，第 2 行间不变窄也不凹陷。各行间表面均具光泽；行间上的刻点较多，在其纵中部刻点凸出呈颗粒状，有时前后排成纵列，有时散乱不呈行列。

分布：河北、山西、河南、陕西。

(545) 六齿小蠹 *Ips acuminatus* (Gyllenhal, 1827)（图版 XL：8）

识别特征：体长 3.8～4.1 mm；圆柱形，赤褐色至黑褐色，具光泽。眼肾形，前缘中部有浅弧形凹刻。额面平隆光亮，遍生粗刻点，分布不匀；没有中隆线，在两眼之间额部中心常有 2～3 较大颗粒，排成横列；额毛黄色，细长竖立。前胸背板长略大于宽，或等于宽，瘤区和刻点区前后各占背板长度之半。瘤区密布圆钝颗瘤，茸毛较多，细长舒展，分布于背板前半部和两侧；刻点区平坦无毛，底面平滑光亮，没有背中线，刻点圆大深陷，中部较疏，两侧较密。鞘翅刻点行凹陷，沟中刻点圆大稠密，成行排列；行间宽阔，无刻点，仅翅侧缘行间有刻点，排列散乱。翅盘盘区宽阔凹陷，底面平滑光亮，散布刻点，不成行列，翅缝轻微凸出，将盘区划分成对称的两半；翅盘两侧边缘上部各有 3 齿，翅盘下半部光平，成为 1 道弧形边缘。

取食对象：红松、华山松、高山松、油松、樟子松、思茅松。

分布：河北、东北、内蒙古、山西、山东、河南、陕西、甘肃、青海、新疆、湖南、福建、台湾、四川；俄罗斯，韩国，日本，哈萨克斯坦，土耳其，塞浦路斯。

(546) 十二齿小蠹 *Ips sexdentatus* (Boemer, 1766)（图版 XL：9）

识别特征：体长 5.8~7.5 mm；圆柱形，褐色至黑褐色，有强光泽。眼肾形，眼前缘中部有弧形缺刻。触角锤状，锤状部的外面节间向顶端强烈弓凸，几呈角形。额面平隆，具竖弱金黄毛，刻点凸出；额面 1 横向"一"字形隆堤，在两眼之间的额面中心，堤基宽厚，堤顶狭窄光亮；口上片之间有中隆线与横堤连成"丁"字形。前胸背板长大于宽。瘤区颗瘤低平微弱，茸毛细弱，向后方倾伏，前长后短，稀疏散布；刻点区底面平滑光亮，刻点稀疏散布；刻点区无毛。鞘翅刻点行微陷，沟中刻点圆大深陷，前后等距排列，大小始终不变；行间宽阔平坦，无点无毛，一片光亮；鞘翅的茸毛短少细弱，散布在翅盘前缘、鞘翅尾端和鞘翅侧缘上，翅缝两侧光秃无毛。翅盘开始于翅长后部的 1/3 处，盘底深陷光亮，翅缝微弱凸起，底面上散布着刻点。

取食对象：云杉、红松、华山松、高山松、油松、云南松、思茅松。

分布：河北、东北、内蒙古、山西、河南、陕西、甘肃、湖北、台湾、四川、云南；蒙古，俄罗斯，韩国，朝鲜，日本，哈萨克斯坦，土耳其。

(547) 落叶松八齿小蠹 *Ips subelongatus* (Motschulsky, 1860)（图版 XL：10）

识别特征：体长 4.4~6.0 mm；黑褐色，具光泽。眼肾形，前缘中部有缺刻，缺刻上部圆阔，下部狭长。额面平而微隆，刻点凸出成粒，圆小稠密，遍及额面的上下和两侧；额心没有大颗瘤；额毛金黄色，细弱稠密，在额面下短上长，齐向额顶弯曲。前胸背板长大于宽，瘤区的颗瘤圆小稠密，从前缘直达背顶；瘤区中的茸毛细长挺立；刻点区的刻点圆小浅弱，背板两侧较密，中部疏少；没有无点的背中线；刻点区光秃无毛。鞘翅刻点行轻微凹陷，沟中刻点圆大清晰，紧密相接；行间宽阔，靠近翅缝行间刻点细小稀少，零落不成行列；靠近翅侧和翅尾的行间刻点深大，散乱分布；鞘翅茸毛细长稠密。翅盘盘区较圆小，翅缝突起，纵贯其中，翅盘底面光亮；刻点浅大稠密，点心生细弱茸毛，尤以盘区两侧更多；翅盘边缘上各有 4 齿。

取食对象：落叶松、黄花松。

分布：河北、东北、内蒙古、山西、山东、河南、陕西、新疆、台湾；蒙古，俄罗斯，韩国，朝鲜，日本。

(548) 松瘤小蠹 *Orthotomicus erosus* (Wollaston, 1857)（图版 XL：11）

识别特征：体长 2.5~3.4 mm；圆柱形，粗壮，赤褐色，有强光泽。眼长椭圆形，前缘凹刻浅弱呈弧形。额部平隆，底面光亮，额面刻点疏散，大小不匀，下部的刻点突起成粒，上部的刻点凹陷为点，额面纵中部点少平滑，中部隆起，常并列 2 较大颗粒；额面茸毛细疏。前胸背板长大于宽；瘤区颗瘤圆钝、细小、均匀；刻点区刻点圆大粗糙，中线区无刻点，以外两侧刻点逐渐稠密；背板毛刚劲挺拔，较疏散，毛梢齐向背顶弯曲，背板侧缘上的毛细弱。鞘翅刻点行不凹陷，由圆大的刻点组成，等距排列；行间宽阔平坦，靠近翅缝的沟间部无刻点，靠近翅盘前缘、鞘翅尾端和翅侧边缘的行间，刻点稠密，散乱不成行列，尤以翅侧边缘的刻点稠密混乱。鞘翅的茸毛疏少竖立，分布在翅缝后部、翅盘前缘和鞘翅侧缘上。雄性盘缘两侧各 4 齿，盘缘外侧具钝瘤。雌性翅盘各齿均较细小，翅盘两侧各 3 齿。

取食对象： 马尾松、油松、云南松、思茅松。

分布： 河北、辽宁、山西、山东、陕西、华中、江苏、安徽、浙江、江西、福建、广东、广西、四川、贵州、云南；阿富汗，伊朗，乌兹别克斯坦，塞浦路斯，以色列，欧洲。

（549）纵坑切梢小蠹 *Tomicus piniperda* (Linnaeus, 1758)（图版 XL：12）

识别特征： 体长 3.4~5.0 mm；头、前胸背板黑色；鞘翅红褐至黑褐色，具光泽。鞘翅基缘翘起且有缺刻，近小盾片处缺刻中断。鞘翅沟内刻点圆大，点心无毛；沟间宽阔，中部以后的沟间布小刻点，点中心生短毛；斜面第 2 行间凹陷，其表面平坦，只有小点无颗粒和竖毛。前足胫节外顶端，无明显端距。

取食对象： 各种松树。

分布： 河北、东北、内蒙古、山西、山东、华中、陕西、甘肃、江苏、安徽、浙江、福建、江西、广西、四川、贵州、云南、青海；蒙古，俄罗斯，韩国，朝鲜，日本，哈萨克斯坦，土耳其，欧洲。

（550）大和锉小蠹 *Scolytoplatypus mikado* Blandford, 1893（图版 XLI：1）

识别特征： 体长约 3.0 mm；黑褐色，无光泽。触角锤状部长三角形，顶端尖锐，不分节，密覆微毛。额面强烈凹陷，底面呈细粒状，有如皮革的细腻表面；颅中缝黑色，自颅顶向下延伸，止于额心，额缝有 2 点压迹；额面全无刻点；无额缘毛，有额面毛，颜色灰黄，细弱下垂，额上部的毛略长，由上向下渐次缩短。前胸背板长略小于宽。背板光泽晦暗，背板底面有粒状密纹，在底面刻点粗密；有平滑的背中线，断续延伸；背板侧面下方有深陷的凹坑。鞘翅表面晦暗无光；刻点行深陷；行间底面有粒状密纹，具皱裙状的突起，自前向后纵向延伸，近斜面处奇数行间的突起加高，在斜面起点突起变成强大的脊刺，给斜面构成由脊刺排成的弧线形上缘；斜面行间的底面仍有粒状密纹，行间当中有皱纹状的折曲，继续延至翅端。

取食对象： 猴高铁、润楠、山桃、山茶。

分布： 河北、陕西、福建、台湾、海南、广西、四川；韩国，朝鲜，日本，东洋界。

（551）落叶松小蠹 *Scolytus morawitzi* Semenov, 1902

识别特征： 体长 2.6~4.0 mm；头黑色。前胸背板黑褐色，鞘翅褐色，具光泽。两性额部相同，额面较宽阔平隆，遍布粗大的颗粒，散布均匀，没有中隆线；额毛甚多，短小匍匐，故不明显。前胸背板长小于宽。背板的刻点深大稠密，粗麻遍布；背板上疏生几许长毛，在亚前缘和前缘两侧，其余板面光秃。鞘翅背面侧缘在延伸的同时逐渐收缩狭窄，尾端圆钝。小盾片刻点粗，具少许微毛。刻点行不凹陷，沟中的刻点正圆形；行间狭窄，刻点形状与沟中相似，有细窄的线沟将沟间刻点串连起来，还有些短小的刻纹，不规则地零星散布，整个翅面布满了沟、点、线；鞘翅的茸毛短齐挺立。

取食对象：落叶松。

分布：河北、黑龙江、辽宁；蒙古，俄罗斯，朝鲜。

（552）茸毛材小蠹 *Xyleborus armipennis* Schedl, 1953

识别特征：体长约 2.6 mm；圆柱形，黄褐色或褐色，体表前部少毛，后部鞘翅斜面上茸毛甚多。眼肾形，前缘的角形缺刻甚深，达到眼宽之半。触角锤状部基节的长度约占锤状部长度之半。额部平隆，底面有粒状密纹，刻点圆小微弱，分布疏散；额毛细疏，无中隆线。前胸背板长略大于宽；无凸出背顶。瘤区和刻点区各占背板长度之半；瘤区的颗瘤形如鳞片，圆小均匀，仅背顶细小稠密。刻点区平坦光滑，底面有粒状印纹，匀弱细腻，在粒纹的底面上散布着刻点，圆小有如钟刺，稠密而不明显；刻点区中没有凸出或光滑的背中线；背板上的茸毛细弱不长，分布在瘤区，刻点区无毛。鞘翅背观两侧缘向后径直延伸，尾端圆钝。小盾片形似三角，又似半圆，表面平滑。鞘翅前背方的圆刻细弱，均布。鞘翅斜面散布凸出成粒的刻点，第 1 与第 3 行间各 4 较大颗瘤，排成纵列。鞘翅端部 1/3 具金黄色茸毛。

取食对象：栲属、柯、栎。

分布：河北、福建、云南。

XVIII. 广翅目 MEGALOPTERA

78. 泥蛉科 Sialidae

（553）古北泥蛉 *Sialis sibirica* McLachlan, 1872

识别特征：体长，雄 8.0～10.0 mm，雌 9.0～12.0 mm；前翅长，雄 11.0～12.0 mm，雌 13.0～15.0 mm；后翅长，雄 10.0～11.0 mm，雌 12.0～13.0 mm。头部黑色，头顶中间具若干隆起的黄褐色纵斑或点斑。触角及复眼深褐色。胸部黑色。翅浅灰褐色；脉深褐色。足深褐色。腹部黑色；腹端第 9 腹板短、拱形，腹视两侧略缢缩；第 10 背板窄，端半部向后凸伸，末端略膨大；第 10 腹板呈极小的爪状，分为左右 2 片。

分布：河北、黑龙江、吉林、内蒙古、青海；蒙古，俄罗斯，日本，欧洲。

XIX. 鳞翅目 Lepidoptera

79. 长角蛾科 Adelidae

(554)小黄长角蛾 *Nemophora staudingerella* (Christoph, 1881)（图版 XLI：2）

识别特征：翅展 17.0~20.0 mm；雄性触角是翅长的 3 倍多，雌性约为 1.5 倍；翅近中部具 1 黄色横带，内外侧具银灰色边，翅端半部具大片紫色鳞片。

分布：河北、北京、黑龙江、吉林、辽宁、青海、湖北、贵州；俄罗斯，日本。

80. 斑蛾科 Zygaenidae

(555)灰翅叶斑蛾 *Illiberis hyalina* (Staudinger, 1887)（图版 XLI：3）

识别特征：翅展 26.0~27.0 mm。体及翅灰褐色，微黄，侧面看略带淡紫闪光。雄性触角栉齿状，末 10 节锯齿状；雌性触角锯齿状，末端简单。

分布：河北、北京、四川；日本。

81. 带蛾科 Eupterotidae

(556)云斑带蛾 *Apha yunnanensis* Mell, 1937（图版 XLI：4）

识别特征：前翅中室端部具明显黑点，顶角至后缘具 1 黄色横带，其内侧并列 1 紫红色横带；前后翅均有多处黄褐色斑点。细长多足。

分布：河北、云南。

82. 钩蛾科 Drepanidae

(557)赤杨镰钩蛾 *Drepana curvatula* (Borkhausen, 1790)（图版 XLI：5）

识别特征：翅展 14.0~19.0 mm，体长 8.0~10.0 mm；头黄褐色，间有紫灰色鳞毛。触角棕黄色，双栉形，下唇须短，黄褐色，端部黑色；体色焦枯至暗黄褐色，前翅顶角弯曲呈镰刀状，顶角下方紧贴外缘 1 棕黑色弧形线直达后缘；前后翅各具 5 波浪状斜纹，其中从内向外数第 4 条最清晰，从顶角倾斜到后缘 2/3 处，与后相应的 1 条线衔接；前翅横脉具 2 黑点，中室上方具 1 小黑点；后翅中室上方各具 1 黑点。前后翅反面橙黄色，中室黑点显见。

取食对象：赤杨、青杨、棘皮桦。

检视标本：围场县：1 头，塞罕坝大唤起驻地，2015-VII-09，塞罕坝考察组采。

分布：河北、黑龙江、吉林、宁夏；朝鲜，日本，欧洲。

83. 草蛾科 Ethmiidae

(558) 青海草蛾 *Ethrnia nigripedella* (Erschoff, 1877)（图版 XLI：6）

识别特征：翅展 24.0~27.0 mm；头、触角及下唇须均为黑色。喙黄褐色，基部被黑色鳞片。胸部黑褐色，背面具 4 黑色圆点。翅基片，前、后翅及缘毛均为深黑褐色。前翅翅面上具 5 大黑点；从中室中部到中室末端具 3 个，末端的最大；中室基半部后缘具 2 个，与中室中部的呈三角形排列；从近翅端沿前缘，经顶角、外缘到臀角前具 1 列小黑点。足黑色。腹部橘黄色，背面基部黑褐色。

分布：河北、北京、黑龙江、吉林、内蒙古、山西、陕西、宁夏、甘肃、青海、新疆、海南、西藏；蒙古，俄罗斯，日本，土耳其。

84. 列蛾科 Autostichidae

(559) 和列蛾 *Autosticha modicella* (Christoph, 1882)

识别特征：翅展 11.0~14.0 mm；头部浅褐色。下唇须腹面和外侧灰褐色，第 3 节散生黑色鳞片，背面及内侧灰白色，略带黄色。触角深褐色。胸部和翅基片褐色。前翅浅褐色，散生黑色鳞片；中室中部、端部及翅褶中部各 1 小黑点；翅端尖；缘毛浅褐色。后翅和缘毛深灰色。足灰色，前、中足胫节具白环。

分布：河北、天津、黑龙江、辽宁、内蒙古、山西、河南、浙江、台湾、四川；俄罗斯，韩国，日本。

85. 麦蛾科 Gelechiidae

(560) 甜枣条麦蛾 *Anarsia bipinnata* (Meyrick, 1932)（图版 XLI：7）

识别特征：翅展 15.5~20.5 mm。头灰褐色，额两侧黑色。下唇须第 1、2 节外侧深褐色，内侧灰白色；雌性第 3 节灰白色，基 1/3 处和中部黑色。胸部及翅基片灰褐色。前翅前、后缘近平行，前缘中部略凹，顶角钝；灰褐色，散布黑色竖鳞；前缘具外斜的模糊短横线，基部黑色；中部具 1 近半圆形黑斑，中室中部具 1 斜黑斑；缘毛灰褐色。后翅灰褐色，缘毛灰色。前、中足黑褐色，跗节具白环；后足胫节褐色，跗节具白环。腹部褐色，末端灰白色。

分布：河北、黑龙江、内蒙古、山西、河南、陕西、宁夏、甘肃、青海、安徽、湖北、四川、贵州；俄罗斯，韩国，日本。

(561) 山楂棕麦蛾 *Dichomeris derasella* (Denis & Schiffermüller, 1775)（图版 XLI：8）

识别特征：翅展 20.0~22.0 mm。头灰黄色。触角腹面灰白色，背面柄节褐色，鞭节具灰黄色环纹。下唇须第 1、2 节外侧褐至赭褐色，内侧、末端灰白色，第 3 节灰白色，腹面有黑纵线。前翅自基部至近端部渐宽，顶角尖，外缘直斜，淡赭黄色；前缘基部赭褐色；中室近基部、中部和末端及翅褶中部和末端各 1 褐色斑点；前缘

3/4 处 1 不清晰的褐色横带外弯达臀角前；缘毛浅黄色。后翅浅褐色，缘毛灰白色。腹部灰褐色。前、中足褐色；后足灰白略带黄色。

寄主：山楂、桃、黑刺李、欧洲苹果、樱桃、欧洲木莓、悬钩子。

分布：河北、北京、天津、辽宁、山东、河南、陕西、宁夏、甘肃、青海、安徽、浙江、湖南、福建、贵州；俄罗斯，韩国，土耳其，欧洲。

(562) 桃棕麦蛾 *Dichomeris heriguronis* (Matsumura, 1931)

识别特征：翅展 12.0～19.5 mm。头灰褐色。触角鞭节橘黄色，背面具褐色环纹。下唇须第 1、2 节外侧深赭褐色，内侧黄白色；第 3 节深褐色，末端灰白色。胸部褐色，两侧黄色；翅基片基半部褐色，端半部浅黄色。前翅赭黄色，前缘近平直，顶角尖，外缘近顶角处略凹入；前缘基 5/6 褐色；基部赭褐色；中室 1/3、3/5 处及末端各 1 小黑点，翅褶 3/5 处 1 长黑点；端带前端窄，内侧直；前缘端部和外缘黄色；缘毛赭黄色，基部处深褐色。后翅及缘毛灰褐色。腹部灰褐色。足褐色，后足胫节黄白色。

分布：河北、黑龙江、辽宁、河南、陕西、浙江、湖北、江西、福建、台湾、广东、四川、贵州、云南；韩国，日本，印度，北美洲。

(563) 艾棕麦蛾 *Dichomeris rasilella* (Herrich-Schäffer, 1854)（图版 XLI：9）

识别特征：翅展 11.0～16.5 mm。头灰白到褐色。触角背面褐灰相间，腹面灰褐色。下唇须第 1、2 节外侧赭褐色至褐色，内侧灰白色至灰褐色，第 3 节深褐色。前翅前缘端半部深褐色，4/5 处 1 白色外斜短线，中部或其外侧略凹，顶角尖，外缘近顶角处略凹入；中室中部及末端、翅褶 2/3 处及末端有深褐色斑纹；外缘褐色；缘毛灰褐至深褐色，臀角处灰白色。后翅缘毛灰白色。腹部背面灰白色至褐色，腹面灰褐至深褐色。前、中足深褐色，跗节有灰白色环纹。

寄主：艾、狭叶野艾、西北蒿、矢车菊等。

分布：河北、天津、黑龙江、辽宁、山东、河南、陕西、宁夏、甘肃、青海、安徽、浙江、湖北、江西、湖南、福建、台湾、香港、广西、四川、贵州、云南；俄罗斯，韩国，日本，欧洲。

(564) 白桦棕麦蛾 *Dichomeris ustalella* (Fabricius, 1794)（图版 XLI：10）

识别特征：翅展 21.0～25.0 mm。头褐色，额灰褐色。触角背面褐色、腹面灰白色。下唇须第 1、2 节赭褐色，内侧黄白色，末端灰白色；第 3 节灰白色，腹面褐色。胸部赭褐色，两侧黄色；翅基片赭褐色，略金属光泽，末端浅黄色。前翅棕色，狭长，前缘中部略凹，顶角尖，外缘斜直；缘毛黄色，顶角处杂褐色。后翅深褐色，前缘基半部白色，缘毛灰黄色。前、中足深褐色；后足腿、胫节淡黄色，跗节褐色，各节外侧末端白色。

分布：河北、浙江、江西、河南、广西、四川、甘肃；俄罗斯，韩国，日本，欧洲。

（565）甘薯阳麦蛾 *Helcystogramma triannulella* (Herrich-Schäffer, 1854)

识别特征：翅展 13.0～17.5 mm。头棕至深棕色，额灰黄色。触角鞭节背面黑褐色，腹面淡赭色。下唇须第 2 节褐色；第 3 节黑褐色，背面及末端黄色。胸部和翅基片深褐色。前翅灰褐至深褐色；前缘端 1/4 处 1 棕黄色小斑，中室中、端部各 1 棕黄色环形斑；翅褶中部具黑褐色长椭圆形斑；前缘端 1/4 及外缘具黑褐色斑；缘毛灰褐至深灰褐色。后翅及缘毛灰色。腹部背面灰褐至黑褐色，腹面灰黄色。前、中足外侧灰褐至黑褐色，跗节各节末端灰黄色，内侧浅黄色；后足浅黄色。

分布：河北、天津、辽宁、山东、河南、陕西、甘肃、新疆、江苏、安徽、湖北、江西、湖南、台湾、香港、广西、四川、贵州；俄罗斯，韩国，日本，印度，哈萨克斯坦，欧洲。

86. 木蠹蛾科 Cossidae

（566）榆木蠹蛾 *Holcocerus vicarius* (Walker, 1865)（图版 XLI：11）

识别特征：体长 23.0～40.0 mm，翅展 46.0～86.0 mm；体灰褐色。触角丝状，不达前翅前缘的 1/2；头顶毛丛、领片和翅基片暗褐灰色，中胸白色，基部具 1 黑色横带。前翅暗褐色，翅端具许多黑色网纹，中室及其上方为煤黑色，中室端（横脉）上具 1 明显白斑。

取食对象：蛀食多种阔叶树（如榆、柳、杨、丁香、刺槐等）树干。

分布：河北、北京、天津、东北、内蒙古、山西、山东、河南、陕西、宁夏、甘肃、江苏、上海、安徽、四川；俄罗斯，朝鲜，日本，越南。

87. 卷蛾科 Tortricidae

（567）忍冬双斜卷蛾 *Clepsis rurinana* (Linnaeus, 1758)（图版 XLI：12）

识别特征：翅展 14.5～22.5 mm。头顶黄褐色，额黄白色。触角背面白色，腹面黄褐色。下唇须长不及复眼直径的 1.5 倍，基节淡黄褐色，第 2 节外侧黄褐色，内侧黄白色；第 3 节小，隐藏于第 2 节末端，黄白色。胸部黄褐色，翅基片浅黄色。前翅前缘基部 1/3 隆起，其后较平直；顶角近直角；外缘斜直。底色黄白色，基斑、中带和端纹深褐色；基斑指状；中带前缘窄，基部宽；亚端纹端部呈倒三角形，基部细。后翅灰白色，端部略带黄白色；缘毛土黄色。腹部背面暗灰色，腹面黄白色。足黄白色，各足跗节外侧黑褐色。

取食对象：日本落叶松、新疆沙参、黄芪、荨麻、白屈菜、旋花、大戟、酸模、乌头、百合、峨参、紫菀、蔷薇、械、栎。

分布：河北、北京、天津、山西、黑龙江、吉林、辽宁、山东、河南、陕西、宁夏、甘肃、青海、安徽、浙江、湖北、湖南、四川、贵州；俄罗斯，朝鲜，日本，中亚，欧洲。

(568）青云卷蛾 Cnephasia stephensiana (Doubleday, 1849)（图版 XLI：13）

识别特征：翅展 14.5~20.5 mm；额和头顶鳞片粗糙，灰褐色，夹杂灰白色鳞片。下唇须长不及复眼直径的 1.5 倍，外侧灰褐色，内侧灰色，第 2 节端部略膨大；第 3 节小。触角灰褐色。翅基片发达，灰褐色；胸部鳞片灰褐色，夹杂灰白色鳞片，端部有竖鳞。足暗灰，被黑色鳞片。前翅前缘较平直，顶角较钝，外缘斜直，臀角宽。前翅底色灰色，斑纹灰褐色；基斑大，中部向外伸出；中带完整而宽，连接翅前、后缘的中部，中间部分缢缩；亚端纹从翅前缘 2/3 处伸达臀角，前半部宽，后半部窄；斑纹中散布黑色鳞片；缘毛暗灰色。后翅宽，灰色到暗灰色；缘毛灰白色。腹部背面暗灰色，腹面灰色。

取食对象：茼蒿、蒲公英、旋覆花、山柳菊、蓟、一年蓬、藏岩蒿、宽叶山蒿、蜂斗菜、千里光、苦苣菜、款冬、矢车菊、车前、钝叶酸模、酸模、紫花苜蓿、菜豆、白三叶、野豌豆、苹果、悬钩子、草莓、越橘、烟草、藜、短毛独活、柿。

分布：河北、山西、陕西、甘肃、青海、四川；俄罗斯，朝鲜，日本，中亚，中欧。

(569）细圆卷蛾 Neocalyptis liratana (Christoph, 1881)（图版 XLI：14）

鉴别特征：翅展 14.5~20.5 mm。额鳞片短，黄白色；头顶被粗糙的黄白色鳞片；下唇须细，约与复眼直径等长，第 2 节外侧被黑褐色鳞片。触角黄褐色。胸部黄褐色。翅基片黄褐色杂暗灰色；前翅前缘 1/3 隆起，其后平直；顶角较尖；外缘斜直；臀角宽阔；雄性前缘褶伸达前缘中部之前，基部黑色；前翅底色土黄色，斑纹黑色；基斑消失，中带前缘 1/3 清晰，其后模糊；亚端纹较大；翅端部角散布灰褐色短纹；缘毛黄白色。后翅灰暗，顶角色更暗，缘毛属底色。足黄白色，前足和中足跗节外侧被黑褐色鳞片。

分布：河北、天津、黑龙江、浙江、安徽、福建、江西、河南、湖南、四川、云南、陕西、甘肃、青海、台湾；俄罗斯，韩国，日本。

(570）松褐卷蛾 Pandemis cinnamomeana (Treitschke, 1830)（图版 XLI：15）

识别特征：翅展 17.5~22.5 mm；额及头顶前方被白色鳞片，头顶后方被灰褐色粗糙鳞片。触角浅褐色。翅基片与胸部均为暗褐色或灰褐色。足灰白色，前足和中足胫节被灰褐色鳞片。前翅宽阔，前缘 1/3 隆起，其后平直；顶角近直角；外缘略斜直。前翅底色灰褐色，斑纹暗褐色，翅端部有横或斜的短纹；基斑大；中带后半部略宽于前部；亚端纹小；顶角和外缘毛端部锈褐色，其余灰褐色。后翅暗灰色，顶角略带黄白色，缘毛同底色。腹部背面暗褐色，腹面白色。

取食对象：苹果、梨、柳、春榆、落叶松、冷杉、槭、栎、桦木、越橘。

分布：河北、天津、黑龙江、河南、陕西、浙江、湖北、江西、湖南、重庆、四川、云南；俄罗斯，韩国，日本，欧洲。

(571) 苹褐卷蛾 *Pandemis heparana* (Denis & Schiffermüller, 1775)（图版 XLII：1）

识别特征：雄性翅展 16.5～21.5 mm，雌性翅展 24.5～26.5 mm；额被灰白色长鳞片；头顶被灰褐色粗糙鳞片。下唇须细长，约为复眼直径的 2.5 倍；外侧灰色且夹杂灰褐色鳞片，内侧白色；第 2 节端部鳞片松散。触角基部白色，其余灰白色。胸部灰褐色，夹杂少量暗褐色鳞片。足黄白色，前足和中足跗节被灰褐色鳞片。前翅宽阔，前缘中部之前均匀隆起，其后平直；顶角近直角；外缘略斜直。前翅底色灰褐色；中带后半部宽于前部，有时中带常断裂；顶角缘毛暗褐色，其余黄褐色。后翅暗灰色，顶角略带黄白色。腹部背面暗褐色，腹面灰白色。

分布：河北、天津、黑龙江、陕西、青海；俄罗斯，朝鲜，日本，欧洲。

(572) 齿褐卷蛾 *Pandemis phaedroma* Razowski, 1978

识别特征：翅展 20.5～23.5 mm；额和头顶浅褐色或黄白色。下唇须细长，约为复眼直径的 2.5 倍，黄白色，被褐色鳞片。触角浅褐色。翅基片和胸部灰褐色。足黄白色，前足和中足被黄褐色鳞片。前翅宽阔；顶角钝圆；端部略斜直。前翅底色浅灰褐色，斑纹暗褐色，翅端部 1/3 具横或斜的短纹；基斑大。后翅暗灰色，顶角略带黄色，缘毛浅灰色。腹部背面暗褐色，腹面黄白色。雌性顶角更凸出，前翅底色较雄性浅。

分布：河北、陕西、甘肃。

(573) 环铅卷蛾 *Ptycholoma lecheana* (Linnaeus, 1758)（图版 XLII：2）

识别特征：翅展 19.0～23.5 mm；额被黄色和黄褐色短鳞片；头顶被红褐色粗糙鳞片。下唇须约与复眼直径近等长，外侧土黄色，被少许黄褐色鳞片。触角细，灰褐色。翅基片发达，与胸部均为黑色。足灰色，前足和中足跗节端部被黄白色鳞片。前翅宽阔，端部扩展。雄性前缘褶宽而长，伸达翅前缘中部，黑色。前翅底色红黄色，斑纹黑色：基斑大；中带出自翅前缘 1/3，端半部窄，后半部较宽；外缘线出自翅前缘中部，伸达臀角前方，另 1 纵纹从外缘线伸出；缘毛黑色。后翅前缘灰白色，其余黑色，缘毛黄白色。腹部背面暗褐色，腹面灰褐色。

取食对象：苹果、日本樱花、草莓、蔷薇、山楂、稠李、花楸、欧洲甜樱桃、菜豆、捧叶憾、春榆、柳、杨、落叶松、水青冈、白蜡树、栎、椴树、毛榛、桦木。

分布：河北、黑龙江、吉林、辽宁、河南、陕西、宁夏、湖南；俄罗斯，韩国，日本，欧洲。

(574) 点基斜纹小卷蛾 *Apotomis capreana* (Hübner, 1817)（图版 XLII：3）

识别特征：翅展 15.0～18.6 mm；头顶粗糙，浅茶色至浅黄褐色。触角棕褐色至褐色。胸部、领片及翅基片浅褐色，杂有褐色及白色或浅黄褐色；胸部腹面白色。前翅前缘微弓或弓形，具 9 对白色钩状纹；外缘毛浅褐色，有褐色基线，臀角处缘毛白色或灰白色；翅腹面灰褐色，前缘钩状纹淡黄色，外缘翅脉之间有淡黄色小点；后缘与后翅交叠处白色。后翅浅褐色、褐色或棕褐色，前缘白色 1 缘毛浅灰色，有灰色基线；翅腹面浅茶色、浅灰色或浅茶褐色。前足、中足淡褐色，跗节褐色，每亚节末端被浅黄色环状纹；中足胫节表面浅黄色；后足白色，胫节基部具 1 深褐色或黑色长毛刷，跗节同前足。腹部背面浅褐色，腹面乳白色至淡黄色。

分布：河北、内蒙古、陕西、宁夏、甘肃；俄罗斯，欧洲，北美洲。

（575）华微小卷蛾 *Dichrorampha sinensis* Kuznetzov, 1971

识别特征：翅展 15.0 mm。触角黄褐色，短于前翅一半。下唇须上举，第 1 节浅黄白色；第 2 节内侧黄色，外侧基半部黑褐色、端半部黑色，中间黄色；第 3 节灰黑色，前伸，末端尖。前翅灰褐色，缘褶长约为前翅 1/3；前缘钩状纹黄灰色，自端 2 对钩状纹间发出的铅色暗纹伸向外缘，自第 3 对钩状纹间发出的铅色暗纹伸达翅外域，自第 5 对钩状纹间发出的铅色暗纹达中室；外缘具 4~5 黑点；背斑浅灰色，斜达翅中部；缘毛亮白色。后翅暗棕色，缘毛浅灰色，基线色暗。

分布：河北、山西、陕西、上海。

（576）屯花小卷蛾 *Eucosma tundrana* (Kennel, 1900)（图版 XLII：4）

识别特征：翅展 16.0~20.5 mm。头部白色。触角柄节白色，鞭节浅褐色。下唇须灰褐色，夹杂白色，第 3 节隐藏在第 2 节的长鳞片中。胸部及翅基片白色。前翅灰白色；前缘基半部无明显钩状纹，端半部具 4 对白色钩状纹，向下会合，端部 2 对伸达外缘，其余 2 对伸达肛上纹；前缘中部具 1 褐带伸达臀角；基部 1/3 处具 1 褐带斜向顶角，止于中室；臂上纹近圆形，内有 2 褐带；缘毛褐色或灰色。后翅及缘毛灰色。前足褐色，中足灰褐色，后足灰白色。

取食对象：菊。

检视标本：围场县：1 头，塞罕坝林场驻地，2015-VIII-03，塞罕坝考察组采。

分布：河北、黑龙江、内蒙古、山西、陕西、宁夏、甘肃、新疆、广西；俄罗斯，哈萨克斯坦，欧洲。

（577）斑刺小卷蛾 *Pelochrista arabescana* (Eversmann, 1844)（图版 XLII：5）

识别特征：翅展 17.5~23.0 mm。头顶鳞片灰白色夹杂褐色。触角浅褐色。下唇须灰褐色，末节小，下垂。前翅狭长；前缘端半部具 4 对钩状纹，向下两两会合；基部斜向前缘 1 短带与基部的横"3"字形斑纹的第 1 个突起相会合；缘毛灰色。后翅及缘毛浅灰色。

取食对象：艾属。

分布：河北、吉林、内蒙古、山西、宁夏、甘肃、青海；蒙古，伊朗，哈萨克斯坦，欧洲。

（578）光轮小卷蛾 *Rudisociaria expeditana* (Snellen, 1883)（图版 XLII：6）

识别特征：翅展 15.0～20.0 mm。头顶深褐色，杂有黄褐色鳞片。触角深褐色，达前翅 1/2。下唇须前伸，略上举；腹面基半部白色，端半部深褐色；第 2 节膨大，末端极宽；第 3 节略长，前伸。胸部深褐色，杂有白色鳞片。前翅窄，长三角形，外缘斜；翅面白色，散布赭色鳞片；前缘有 8 对白色钩状纹，基部 7 对分别抵达基部，第 8 对抵达外缘；基斑、中带及端纹均褐色；缘毛白色，基线褐色。后翅宽，浅灰色；缘毛白色，基线灰色。足深褐色，后足胫节近白色，基部伸出 1 小毛刷。

检视标本：围场县：1 头，塞罕坝大唤起驻地，2015-VI-03，塞罕坝考察组采；1 头，塞罕坝机械林场总场，2015-VII-29，塞罕坝考察组采。

分布：河北、内蒙古、宁夏、甘肃、青海、新疆；俄罗斯，朝鲜。

（579）松线小卷蛾 *Zeiraphera grisecana* (Hübner, 1799)

识别特征：翅展 12.0～22.0 mm；前翅深灰白色，基部具黑褐色斑，约占前翅的 1/3，斑纹中间外凸；基斑和中带之间银灰色，上下宽、中间窄；中带由 4 黑斑组成，从前缘中部延伸至臀角；顶角银灰色，近顶角和外缘处各大小不等的 3 黑斑。后翅灰褐色，缘毛黄褐色。静止时全体呈钟状，2 前翅和中带之间合成 1 银灰色三角形。

分布：河北、黑龙江。

88. 螟蛾科 Pyralidae

（580）二点织蛾 *Aphomia zelleri* (Joannis, 1932)（图版 XLII：7）

识别特征：雄性翅展 18.0～19.0 mm，雌性翅展 29.0～31.0 mm；头、胸部灰白至灰褐；前翅灰白色，前缘红灰褐色，中室中部及中室端各 1 圆形暗褐斑。

分布：河北、北京、天津、吉林、内蒙古、河南、陕西、青海、宁夏、新疆、湖北、广东、四川；朝鲜，日本，欧洲。

（581）渣石斑螟 *Laodamia faecella* (Zeller, 1839)（图版 XLII：8）

识别特征：翅展 21.0～26.5 mm。头顶黑褐色。触角黑褐色，柄节长为宽的 2.0 倍。下唇须雄性第 2 节约为第 1 节长的 6 倍，第 3 节极其短小；雌性第 2 节细，为第 3 节长的 4 倍。下颚须雄性黄色，藏于下唇须第 2 节的凹槽内，与其等长；雌性灰褐色，短小，约与下唇须第 3 节等长。前翅底色灰黑色；内横线前缘外侧和基部内侧各 1 黑褐色斑；外横线内、外侧均镶黑褐色细边；中室端斑黑褐色；外缘线深褐色；缘毛浅灰色。后翅弱透明，灰褐色，外缘及翅脉色深；缘毛浅灰色。

检视标本：围场县：3 头，塞罕坝林场驻地，2015-VIII-03，塞罕坝考察组采。

分布：河北、黑龙江、吉林、甘肃、青海、新疆；欧洲。

（582）红云翅斑螟 *Oncocera semirubella* (Scopoli, 1763)（图版 XLII：9）

识别特征：翅展 19.0～28.5 mm。头顶被淡黄色隆起鳞毛。触角淡黄褐色，柄节长为宽的 2.0 倍，雄性缺刻内鳞片簇上面灰褐色，下侧黄白色。下唇须弯曲上举，明显超过头顶，约是头长的 2.0 倍，内侧淡黄色，外侧褐色。雄性下颚须淡黄色，刷状，藏在下唇须第 2 节的凹槽内；雌性较短，灰白色，端部鳞片扩展。前翅前缘白色，基部黄色，中部桃红色，有的中部被黄色和棕褐色纵带所替代；内、外横线均消失；缘毛红色。后翅茶褐色，缘毛黄白色。

取食对象：紫花苜蓿。

检视标本：围场县：1 头，塞罕坝林场驻地，2015-VIII-03，塞罕坝考察组采；1 头，塞罕坝第三乡林场，2015-VIII-27，塞罕坝考察组采。

分布：河北、天津、黑龙江、吉林、江苏、浙江、安徽、江西、山东、河南、湖南、广东、四川、贵州、云南、陕西、甘肃、青海、宁夏、台湾；俄罗斯，日本，印度，英国，欧洲。

(583) 银翅亮斑螟 *Selagia argyrella* (Denis & Schiffermüller, 1775)（图版 XLII：10）

识别特征：翅展 25.5～31.0 mm。头顶黄白色。触角背面黄白色，腹面褐色，柄节长为宽的 2 倍，鞭节基部缺刻内有齿状突起被黄褐色鳞片簇覆盖。下唇须淡黄色，第 1 节弯曲上举，第 2 节前倾，第 3 节前伸，第 2 节为第 3 节长的 3 倍。下颚须淡黄色，柱形，约与下唇须第 3 节等长。胸、领片及翅基片淡黄色，被金属光泽。前翅长为宽的 3 倍，顶角钝；翅面无任何线条及斑纹，有金属光泽，淡黄色中杂少量褐色；缘毛黄白色。后翅不透明，黄灰色；缘毛黄白色。前、后翅反面均茶褐色。

检视标本：围场县：3 头，塞罕坝林场驻地，2015-VIII-03，塞罕坝考察组采；1 头，塞罕坝机械林场总场，2015-VIII-18，塞罕坝考察组采。

分布：河北、天津、内蒙古、山东、河南、陕西、宁夏、青海、新疆；亚洲，欧洲。

(584) 小脊斑螟 *Salebria ellenella* Roesler, 1975（图版 XLII：11）

识别特征：翅展 17.0～22.0 mm。头顶被灰褐色鳞毛。触角淡褐色，雄性缺刻内被黑色椭圆形鳞片簇。下唇须明显过头顶；雄性第 2 节是第 3 节的 8 倍，雌性为 4 倍。下颚须雄性黄褐色，冠毛状，藏于下唇须的凹槽内，外部不可见；雌性短小，灰褐色，端部鳞片扩展。胸部灰褐色。前翅底色灰褐色；内横线灰白色，较直；翅基部中部具 1 模糊的灰白色圆斑；外横线波状；中室端斑黑色，相接，呈月牙形；缘毛深褐色。后翅灰褐色，半透明；缘毛灰色。腹部黑褐色至灰褐色，各节端部镶黄白边。

分布：河北、北京、天津、山东、河南、陕西、宁夏、甘肃、新疆、江苏、安徽、浙江、湖北、江西、福建、广东、台湾、广西、四川、贵州；朝鲜。

(585) 金黄螟 *Pyralis regalis* Schiffermüller & Denis, 1775（图版 XLII：12）

识别特征：翅展 15.0～24.0 mm。额和头顶金黄色；喙黄褐色。触角黄褐色至紫褐色。领片红黄色，胸部紫褐色，翅基片红褐色。前翅基域和外域紫褐色，前缘中部

1排黑白相间的短线；内横线和外横线黄白色，黑色镶边，内横线前端2/3和外横线前端1/3呈白色宽带，两宽带之间金黄色，前者近直，向外倾，后者近翅基部向内1宽齿状弯曲；缘毛基部1/3红褐色，端部2/3灰白色。后翅基域和中域紫褐色，外域略带浅紫罗兰色；内横线和外横线白色，黑色镶边，齿状弯曲；基部缘毛灰色，其余缘毛同前翅。腹部紫褐色，第3和第4节深褐色。

取食对象：茶叶。

分布：河北、北京、天津、黑龙江、吉林、辽宁、山西、山东、河南、陕西、甘肃、湖北、江西、湖南、福建、台湾、广东、海南、四川、贵州、云南；俄罗斯，朝鲜，日本，印度，欧洲。

89. 草螟科 Crambidae

(586) 银光草螟 *Crambus perlellus* (Scopoli, 1763)（图版 XLII：13）

识别特征：翅展21.0~28.0 mm；额和头顶银白色。下唇须外侧黄褐色，内侧银白色，长约为复眼直径的4倍。下颚须基部黄褐色，端部银白色。领片、胸部和翅基片白色，领片两侧淡黄色。前翅银白色，具光泽，无斑纹；缘毛银白色。后翅灰白色至深灰色；缘毛同前翅。足黄褐色。腹部灰褐色。

取食对象：银针草。

分布：河北、黑龙江、吉林、内蒙古、山西、河南、宁夏、甘肃、青海、新疆、江西、四川、云南、西藏；日本，欧洲，非洲。

(587) 纯白草螟 *Pseudocatharylla simplex* (Zeller, 1877)

识别特征：翅展16.0~28.0 mm；额和头顶白色。下唇须背面和内侧白色，外侧和腹面淡黄色；长约为复眼直径的3倍。下颚须淡黄色，末端白色。触角背面黄白色；腹面淡褐色，密被淡黄色纤毛。领片、胸部和翅基片白色至黄白色。前翅白色，前缘淡黄色，无斑纹；缘毛白色。后翅和缘毛白色。前足深褐色；中足和后足内侧黄白色，中足外侧黄褐色，后足外侧淡黄色。腹部灰白色。

分布：河北、北京、天津、辽宁、黑龙江、江苏、浙江、福建、山东、河南、湖北、湖南、广西、四川、贵州、西藏、陕西、甘肃、台湾、香港；俄罗斯，日本。

(588) 网锥额野螟 *Loxostege sticticalis* (Linnaeus, 1761)（图版 XLII：14）

识别特征：翅展24.0~26.5 mm。前翅棕褐色掺杂污白色鳞片；中室圆斑扁圆形黑褐色，中室端脉斑肾形黑褐色，二者之间是平行四边形的淡黄色斑；后中线黑褐色，略呈锯齿状，出自前缘4/5处，在CuA_1脉后内折至CuA_2脉中部，达基部2/3处；亚外缘线淡黄色，被翅脉断开；外缘线和缘毛黑褐色。后翅褐色；后中线黑褐色，外缘伴随着淡黄色线；亚外缘线黄色；外缘线黑褐色；缘毛从基部开始依次是黑褐色带、浅黄色线、浅褐色宽带和污白色带。腹部背面褐色，第3—7节基部是淡黄色线；腹面污白色。

取食对象：甜菜、藜、紫苜蓿、大豆、豌豆、蓖麻、向日葵、菊芋、茼蒿、马铃薯、紫苏、葱、洋葱、胡萝卜、亚麻、玉米、高粱。

分布：河北、天津、山西、内蒙古、吉林、江苏、河南、四川、西藏、陕西、甘肃、青海、宁夏、新疆；俄罗斯，朝鲜，日本，印度，欧洲，北美洲。

（589）尖锥额野螟 *Sitochroa verticalis* (Linnaeus, 1758)（图版 XLII：15）

曾用名：尖双突野螟。

识别特征：翅展 21.5~28.0 mm；前翅背面黄色，腹面浅黄色，斑纹黑褐色；中室后缘和 CuA_2 脉基部变宽；后中线宽，出自前缘 3/4 处，与外缘平行，达后缘 2/3 处；亚外缘线宽，在顶角处加大为斑块，略弯；缘毛基半部黄色，有褐色斑点，端半部浅褐色。后翅背面颜色较前翅略浅，腹面颜色同前翅，斑纹黑褐色；后中线出自前缘 2/3 处，与外缘略平行，在 M_1 与 M_2 脉之间及 1A 脉上形成凹的角；亚外缘线在顶角处膨大为斑块，其余部分由断续的斑点组成；缘毛基半部与前翅相同，端半部乳白色。

分布：河北、北京、天津、黑龙江、辽宁、内蒙古、山西、山东、陕西、宁夏、甘肃、青海、新疆、江苏、福建、四川、云南、西藏；俄罗斯，韩国，日本，印度，欧洲。

（590）褐钝额野螟 *Anania fuscalis* (Denis & Schiffermüller, 1775)（图版 XLIII：1）

识别特征：翅展 21.5~23.5 mm；前翅褐色；前中线深褐色，出自前缘 1/4 处，在 2A 脉上形成外凸钝角，直达后缘 1/3 处；中室圆斑和中室端斑黑褐色，二者之间为浅褐色方斑；后中线锯齿状，外缘伴随浅褐色线，出自前缘 3/4 处，在 R_5 脉上向外折后略呈弧形，达后缘 2/3 处；外缘线黑褐色；缘毛色，基部依次为浅黄色线和黑褐色线。后翅褐色；后中线深褐色，外缘伴随浅褐色线，从前缘 2/3 处发出，与外缘略平行，在 CuA_2 脉上形成略凹锐角，然后逐渐消失；外缘线深褐色；缘毛灰白色，基部依次为黄色线和褐色线。

分布：河北、河南、甘肃、青海、上海、浙江；日本，欧洲。

（591）夏枯草线须野螟 *Anania hortulata* (Linnaeus, 1758)（图版 XLIII：2）

识别特征：翅展 32.0~37.0 mm；额褐色或黑褐色，两侧有淡黄条。头顶鳞毛黄色。下唇须下部黄色，上部黑褐色。下颚须和触角黑褐色。喙基部鳞片黑褐色，有时掺杂浅褐色鳞片。颈片黄色，基部鳞片黑色。翅基片黄色，基部有黑斑。前中胸背面黑色；后缘黄色；后胸背面黄色。胸部腹面淡黄色。足黑褐色，前足胫节外侧，中后足腿节外侧和中后足胫节、跗节，淡黄或黄色，后足中距外距短小。腹部黑褐色，背面两侧掺杂淡黄色鳞片，各节后缘淡黄色，腹末黄色，翅乳白色。前翅前缘带褐色；翅基部中室后褐色，正中黄色；前中线是断续的褐色宽带，在 2A 脉上形成 1 外凸的直角，达后缘 1/3；中室圆斑褐色；中室端脉斑褐色，椭圆形；后中线也是断续的褐色宽带，从前缘带 2/3 处发出，呈弓形至 Cu_2 脉然后略向内倾斜达后缘 2/3，在 M_2、M_3、Cu_1 和 Cu_2 脉之间断开；外缘带褐色宽带，或被白色翅脉断开；缘毛褐色，顶端色浅，后翅中室圆斑褐色；后中线是褐色断续宽带，从前缘 2/3 发出，在 Rs 与 M1 脉之间及 M_3、Cu_1 和 Cu_2 脉之间断开；外缘带是断续的褐色宽带，被白色翅脉分开，缘毛白色，基部有褐色线。

分布：河北、北京、吉林、山西、陕西、甘肃、青海、江苏、广东、云南；日本，欧洲，北美洲。

（592）茴香薄翅野螟 *Evergestis extimalis* (Scopoli, 1763)（图版 XLIII：3）

识别特征：翅展约 28.0 mm。头黄褐色。下唇须黄褐色，第 2 及第 3 节末端掺杂褐色。下颚须白色。胸部及腹部背面浅黄色，腹面有白色鳞片。前翅浅黄色，前中线浅褐色，形成向外凸出的钝角；中室端脉斑为浅褐色肾形环斑；后中线不明显；沿翅外缘有暗褐色大斑块；缘毛深褐色。后翅淡黄褐色，外缘浅褐色；缘毛浅黄色。

取食对象：十字花科：油菜、萝卜、白菜、芥菜；伞形科：茴香；藜科：甜菜。

分布：河北、北京、黑龙江、内蒙古、山东、陕西、江苏、四川、云南；俄罗斯，朝鲜，日本，欧洲，北美洲。

（593）乌苏里褶缘野螟 *Paratalanta ussurialis* (Bremer, 1864)（图版 XLIII：4）

识别特征：雄性：翅展 32.0～35.0 mm。额黄褐色，两侧的白条从中部开始变细向内倾斜并在正前方相遇，头顶乳白色。下唇须下部白色，上部棕黄色。下颚须明显，棕黄色。喙基部鳞片白色。触角黄色，柄节略带褐色。胸部背面淡黄，两侧棕黄色，腹面乳白色。足乳白色，前足基节内侧、腿节内侧、胫节和中足胫节外侧基部褐色。前后翅淡黄色，前缘带褐色；前中线褐色，从前缘带 1/5 处发出，在 2A 脉处略向内倾斜达后缘 1/3 处；中室基半部褐色，中室端脉斑褐色，梯形；后中线褐色，从前缘带 2/3 处发出，与外缘近平行至 Cu_2 脉，在 Cu_2 脉上形成 1 凹的锐角，然后锯齿状至后缘 2/3；外缘带褐色，在顶角处宽，然后渐狭窄。后翅后中线在 M_1 至 Cu_2 脉之间形成半圆形，然后直达 2A 脉，外缘带褐色，从前至后逐渐狭窄。前后翅缘毛淡褐色。雌性：翅展 30.5～31.5 mm；前翅较雄性宽短。中室基半部淡黄色，中室圆斑位于基部 2/3；中室端脉斑较雄性长。其他特征同雄性。

分布：河北、北京、黑龙江、河南、陕西、宁夏、湖北、福建、台湾、四川、贵州、云南；俄罗斯，朝鲜，日本，伊朗。

（594）黄纹野螟 *Pyrausta aurata* (Scopoli, 1763)（图版 XLIII：5）

识别特征：翅展 16.0～21.0 mm；额黄色，有时掺杂黑色鳞片；头顶黄色。下唇须腹面乳白色，背面黄色，有时端部掺杂褐色鳞片。下颚须黄色。喙基部鳞片浅黄色，有时掺杂褐色鳞片。胸部背面被黑色和黄色鳞片，腹面浅黄色，有时掺杂黑色鳞片。前翅黑褐色，经常被红色鳞片，翅基至前中线黄色；中室末端 1 黄色方斑；中室外侧紧挨后中线 1 黄色椭圆形大斑，在 CuA_2 脉前后各 1 形状不规则的黄色斑点；缘毛黑色，末端色浅。后翅黑色；缘毛黑色，端部 1/3 污白色。腹部均匀散布黑色和黄色鳞片，各节后缘黄色。

分布：河北、黑龙江、河南、陕西、新疆、江苏、湖北、湖南、福建、四川；蒙古，朝鲜，日本，阿富汗，伊朗，土耳其，叙利亚，欧洲，非洲。

（595）酸模野螟 *Pyrausta memnialis* Walker, 1859（图版 XLIII：6）

识别特征：爪形突结构简单，不分裂，舌状，端部尖圆；抱器的鳞状刚毛浓密，与抱器强刺等长，强刺不明显；抱器基部略膨大，具刺区生有长短不一的大小刺 3~9 根，靠近抱器处刺较短，向无刺区方向逐渐增长，具刺区与无刺区长度相等。

分布：河北、黑龙江；日本。

90．刺蛾科 Cochlidiidae

（596）黄刺蛾 *Monema flavescens* Walker, 1855（图版 XLIII：7）

识别特征：翅展 29.0~36.0 mm；头和胸背黄色；腹背黄褐色；前翅内半部黄色，外半部黄褐色，2 条暗褐色斜线，在翅尖前会合，呈倒"V"字形，内面 1 条伸到中室下角，成两部分颜色的分界线，外面 1 条略外曲，伸达臀角前方，但不达于后缘，横脉纹为 1 暗褐色点，中室中间下方 1 脉上有时 1 模糊暗点；后翅黄或赭褐色。

取食对象：苹果、梨、桃、杏、李、樱桃、山楂、榲桲、柿、枣、栗、枇杷、石榴、柑橘、核桃、杧果、醋栗、杨梅等果树，以及杨、柳、榆、枫、榛、梧桐、油桐、桤木、乌桕、楝、桑、茶等。

分布：全国广布（除甘肃、宁夏、青海、新疆、西藏和贵州外）。

（597）中国绿刺蛾 *Parasa sinica* Moore, 1877（图版 XLIII：8）

识别特征：翅展 21.0~28.0 mm。头顶和胸背绿色；腹背灰褐色，末端灰黄色。前翅绿色，基斑和外缘暗灰褐色，前者在中室下缘呈角形外曲，后者与外缘平行内弯，其内缘在 2 脉上呈齿形曲。后翅灰褐色，臀角略带灰黄色。

取食对象：苹果、梨、杏、桃、李、梅、柑橘、柿、樱桃、枇杷、核桃、栗、乌桕、油桐、梧桐、喜树、枫、杨、柳、黄檀、刀豆、算盘子、紫藤栀子、刺槐、榆、茶。

分布：河北、黑龙江、吉林、辽宁、山东、江苏、浙江、湖北、江西、台湾、贵州、云南；俄罗斯，朝鲜，日本。

91．尺蛾科 Geometridae

（598）醋栗尺蛾 *Abraxas grossulariata* Linnaeus, 1785（图版 XLIII：9）

识别特征：前翅长 20.0~23.0 mm。头和触角黑褐色。前胸背有橙黄色横条，肩板上 1 黑点，胸部橙黄色。翅底色白色，前翅基部有黑色斑，基线为黑斑连成的宽带，内侧为橙黄色线；中室端黑斑大，连至前缘，常有黑斑连成不完整的中线；外线和亚端线由黑斑组成，其间为橙黄色线；外缘及缘毛上连有黑点列；后翅基部有黑点，中室端有黑斑，基部中部亦1黑斑，外线外有不完整的橙黄色细线。腹部橙黄色，背面1纵列黑斑，侧面、亚侧面各1列黑斑，但比腹背的黑斑小。

分布：河北、北京、黑龙江、吉林、辽宁、内蒙古、山西、陕西；俄罗斯，朝鲜，日本，欧洲。

（599）桦霜尺蛾 *Alcis repandata* (Linnaeus, 1758)（图版 XLIII：10）

识别特征：前翅长 22.0～23.0 mm。体翅灰褐色，密布小黑点，斑纹多变，外线黑色，在近中部及基部具2向外凸的钝齿，外线和中线间色浅，亚端线白色，锯齿形（后翅更明显）。触角雌性蛾线状，雄性蛾双栉形。腹部第1节背面常灰白色。

分布：河北、北京、吉林、山西、山东、青海、湖北、江西、重庆、四川；俄罗斯，欧洲。

（600）李尺蛾 *Angerona prunaria* (Linnaeus, 1758)（图版 XLIII：11）

识别特征：翅展 35.0～50.0 mm；体翅颜色变化大，橙黄色翅面布满横向的黑褐色细纹；或翅面灰黄褐色，横向的黑褐色纹不明显，但前后翅中室端的褐色横纹明显。

分布：河北、北京、黑龙江、内蒙古；俄罗斯，朝鲜，日本，欧洲。

（601）桦尺蛾 *Biston betularia* (Linnaeus, 1758)（图版 XLIII：12）

识别特征：翅展 38.0～54.0 mm；体翅颜色变化较多，常见灰褐色，布满黑色小点。前翅具2明显黑色横线，内线近"M"形，外线前端近1/3处明显角形外凸；内横线内侧和外侧具不明显的横线；后翅具2横线，其中外线在中部角形外凸。

寄主：桦、椴、杨、梧桐、榆、槐、苹果、柳、山毛榉、艾、落叶松等。

检视标本：围场县：3头，塞罕坝大唤起驻地，2015-VI-03，塞罕坝考察组采；5头，塞罕坝机械林场总场，2015-VII-04，塞罕坝考察组采。

分布：河北、北京、内蒙古、陕西、甘肃、青海、四川、云南、西藏；俄罗斯，朝鲜，日本，印度，欧洲，北美洲。

（602）粉蝶尺蛾 *Bupalus vestalis* Staudinger, 1897（图版 XLIII：13）

识别特征：翅展 34.0～36.0 mm；翅粉白色，翅前缘和外缘具暗褐色带，中室外端1暗褐纹，翅后纹及脉上具暗褐色鳞片；翅反面颜色更深，后翅具明显的2横带。雄性触角双栉状，雌性丝状，通常雌性颜色较浅。

取食对象：幼虫取食云杉。

检视标本：围场县：1头，塞罕坝机械林场总场，2015-VII-04，塞罕坝考察组采；1头，塞罕坝大唤起德胜沟，2015-VI-02，塞罕坝考察组采。

分布：河北、北京、黑龙江、吉林、内蒙古、山西、陕西、甘肃；俄罗斯，日本。

(603）紫线尺蛾 *Calothysanis comptaria* (Walker, 1861)（图版 XLIII：14)

识别特征：浅褐色；前、后翅中部各 1 斜纹伸出，暗紫色，连同腹部背面的暗紫色，形成 1 三角形的两边，后翅外缘中部显著凸出，前、后翅外缘均有紫色线。

检视标本：围场县：1 头，塞罕坝机械林场总场，2015-VII-26，塞罕坝考察组采。

分布：河北、北京；朝鲜，日本。

(604）双斜线尺蛾 *Megaspilates mundataria* (Stoll, 1782)（图版 XLIII：15)

识别特征：翅展 28.0～36.0 mm。触角双栉形，雄性栉枝较雌性长。触角干白色，栉枝褐色。背及翅白色，具丝质光泽。前翅前缘和外缘褐色，并具 2 褐色斜条，缘毛白色。后翅近外缘具 1 褐色直线，外缘褐色。

分布：河北、北京、黑龙江、辽宁、陕西、江苏、湖北、江西；蒙古，俄罗斯，朝鲜，日本，吉尔吉斯斯坦，欧洲。

(605）甘肃虚幽尺蛾 *Ctenognophos ventraria kansubia* (Wehrli, 1953)（图版 XLIV：1)

识别特征：前翅长雄性 21.0～25.0 mm，雌性 22.0～28.0 mm；额褐色至灰褐色，鳞片粗糙。下唇须褐色至灰色；头顶褐色至黄褐色。肩片灰白色至灰色；胸部背面灰色至灰白色。前翅中等波状，后翅深度波状，前翅顶角钝尖，后翅顶角、角钝圆；翅面暗黄色至灰色。前翅基部深灰褐色；内线模糊；中点深褐色，长点状；中线为暗黄色宽带；外线黑色，小波浪状；亚缘线为暗黄色宽带；中线与亚缘线之间为黄褐色；缘线黄褐色至黑色；缘毛暗黄色或灰黄色。后翅中线以内翅色较浅；中点为暗黄色宽带；外线黑色，近似弧形；亚缘线、缘线、缘毛同前翅。翅反面灰黄色，前翅中点灰褐色，长点状；外线呈弧形，由翅脉上深褐色小点组成；缘线深褐色；后翅中点深褐色，点状，较前翅小；外线、缘线同前翅。腹部背面灰褐色至黄褐色；雄后足胫节具毛束，具对距。

分布：河北、北京、内蒙古、山西、河南、湖北、四川、陕西、甘肃、青海。

(606）华秋枝尺蛾 *Ennomos autumnaria sinica* Yang, 1978（图版 XLIV：2)

识别特征：体长 9.0～12.0 mm，翅展 48.0～53.0 mm；体淡黄色，头胸被黄毛。翅外缘锯齿状，翅带橙黄色，后翅色较浅，翅上有程度不同的小褐斑。前翅内、外横线浅褐色，在前缘形成褐纹，中室端淡褐斑明显。后翅中室端有大圆斑，中间被横脉分割，其内侧有淡褐色的宽横带。

分布：河北、北京、辽宁、内蒙古；俄罗斯，朝鲜，日本，欧洲。

(607）流纹州尺蛾 *Epirrhoe tristata* Linnaeus, 1758（图版 XLIV：3)

识别特征：前翅长 11.0～12.0 mm；非常近似东方茜草洲尺蛾。前后翅白色区域明显扩展，黑褐色中带常不完整，其两侧的白色带较宽；中带中部的白色波状细线通常完整清晰，中点周围有白圈；亚缘线完整，中部常扩展成 1 个小白斑。

分布：河北、黑龙江、内蒙古；蒙古，俄罗斯，欧洲。

(608)桦褐叶尺蛾 *Eulithis achatinellaria* (Oberthür, 1880)（图版 XLIV：4）

识别特征：前翅长 16.0～18.0 mm。体翅枯黄色，后翅颜色较浅，形似枯叶尺蛾，但较小。前翅 5 条黄褐色横线，基线弧形，内线双波形，中线在 M_3 脉处向外折角，外线弧形；亚端线波形，上部 1 段色深，外有白边；中室端有浅灰褐色短纹；顶角 1 斜伸的白色细线与亚端线相接，在外缘端部形成三角形黄褐色斑；翅脉上显黄褐色。后翅色浅。

取食对象：幼虫为害桦、柳、杨、枸杞、踯躅、黄栌。

检视标本：围场县：1 头，塞罕坝第三乡林场，2015-VIII-27，塞罕坝考察组采。

分布：河北、黑龙江、内蒙古；俄罗斯，欧洲，北美洲。

(609)焦点滨尺蛾 *Exangerona prattiaria* (Leech, 1891)（图版 XLIV：5）

识别特征：雄性翅展 34.0～41.0 mm，雌性翅展 32.0～50.0 mm；体翅颜色斑纹有变，多黄色，散布褐色鳞片。前翅具 3 褐色横带，外缘具 1 大片褐色区，其中具 1 白点，雌性的褐色区常较大，白点明显（雌性触角线状，雄性触角双栉状）。

检视标本：围场县：3 头，塞罕坝第三乡北岔，2015-VIII-01，塞罕坝考察组采；1 头，塞罕坝林场驻地，2015-VII-25，塞罕坝考察组采；1 头，塞罕坝千层板烟子窖，2015-VIII-03，塞罕坝考察组采。

分布：河北、北京、山西、陕西、甘肃、湖北、四川、云南；朝鲜，日本。

(610)利剑铅尺蛾 *Gagitodes sagittata* (Fabricius, 1787)（图版 XLIV：6）

识别特征：前翅长 13.0～15.0 mm。额圆，深褐色，头顶灰黄褐色，胸腹部背面黄褐色。前翅黄褐色，在接近前缘和各斑纹处颜色变浅；翅基部 1 褐斑，外缘不整齐；中域 1 褐色带，其内外缘均为波状；外侧凸出 1 齿，齿长略大于褐带宽度；翅端部几乎无斑纹，有时可见亚缘线在前缘和翅中部各留下 1 模糊白斑；缘毛黄白色，在翅脉端 1 小黑点。后翅白色，略带灰黄色，翅端部色略深。翅反面颜色较浅，前翅隐见正面中带，端部色较深；前后翅均有黑灰色中点。

分布：河北、黑龙江、辽宁、内蒙古、山东；俄罗斯，朝鲜，日本。

(611)曲白带青尺蛾 *Geometra glaucaria* Ménétriès, 1859（图版 XLIV：7）

识别特征：前翅长 24.0～28.0 mm。头顶白色。雄性触角双栉形，雌性触角线形。翅面蓝绿色；前翅较短，顶角尖，前缘白色，有绿色窄斑；后翅顶角圆，外线上端向外弯曲。翅反面大部分白色，前翅前缘至中室下缘附近绿色，翅端部绿色较深，并向下扩展至臀角，隐见正面斑纹，白色外线内侧有暗绿色阴影；后翅基本白色，外线为蓝绿色，亚缘线蓝绿色、呈带状。胸腹部背面淡绿白色，胸部腹面白色。雄性第 3 腹节腹板中部具 1 对刚毛斑，第 8 腹节特化；背板为发达丘状突；腹板中间骨化。雄性后足胫节膨大，有毛束，具端突，2 对距。

取食对象：栎属。

分布：河北、北京、东北、内蒙古、山西、河南、陕西、甘肃、湖北、四川、云南；俄罗斯，朝鲜，日本。

(612) 蝶青尺蛾 *Geometra papilionaria* (Linnaeus, 1758)（图版 XLIV：8）

识别特征：前翅长 22.0～27.0 mm；翅绿色。额、头顶绿色，雄性触角双栉形。前翅前缘端半部略微拱形；外缘浅波曲，中部凸出；内线白色，波曲，外侧有暗绿色阴影；点深绿色，弯月形；外线白色锯齿形，不完整，但其内侧的暗绿色阴影完整清晰；亚缘线清晰，为脉间白斑。后翅顶角圆；外缘圆锯齿形，齿较前翅大；外线白色，浅锯齿形；亚缘线白色，为脉间白斑，清晰；中点同前翅。前后翅缘毛基半部绿色，端半部白色。胸部背面绿色。腹部背面污白色。雄性第 3 腹节腹板具 1 对刚毛斑；腹板中间弱骨化，极浅凹陷。雄性后足胫节膨大，有毛束，2 对距。

取食对象：桤木、毛赤杨、岳桦、垂枝桦、白皮桦、柔毛桦、欧榛、日本水青冈、欧洲花楸。

分布：河北、北京、东北、内蒙古、山西；俄罗斯，朝鲜，日本，欧洲。

(613) 云青尺蛾 *Geometra symaria* Oberthür, 1916（图版 XLIV：9）

识别特征：前翅长 26.0～30.0 mm，翅面绿色。雄性触角双栉形，尖端线形；雌性触角线形。前翅内线波状，外侧为深绿色阴影；白色外线向外弥散，锯齿形，几乎和外缘平行，在臀褶处略凹，其内侧为深绿色阴影，内外线之间绿色带比内线以内、外线以外的绿色深，且上宽下窄，短条状。后翅外线、中点、亚缘线等和前翅相似。翅反面斑纹和正面相似，不见内线；外线不呈锯齿形，而呈带状，比正面宽；中点比正面大。雄性第 3 腹节腹板具 1 对刚毛斑；雄性第 8 腹节几乎膜质，背板端部钝圆；腹板中部具小凹陷。雄性后足胫节略膨大。

检视标本：围场县：2 头，塞罕坝机械林场总场，2015-VII-20，塞罕坝普查组采。

分布：河北、河南、陕西、甘肃、湖北、四川、云南。

(614) 波翅青尺蛾 *Thalera fimbrialis* (Scopoli, 1763)（图版 XLIV：10）

识别特征：前翅长 16.0～17.0 mm。雄性触角双栉形，雌性触角短双栉形，头项灰绿色。前翅外缘圆，不为锯齿形；内线近弧形，在中室内和臀褶处各 1 折角；外线几乎与外缘平行，在 M 脉间锯齿形，在臀褶处内弯。后翅外线近弧形，外缘锯齿形，在 M_1–M_3 脉间凹陷较深。前后翅中点暗绿色，有时不清晰；缘毛黄白色，脉端红褐色。翅面灰绿色，前翅内线和前后翅外线白色清晰。胸腹部背面灰绿色。腹部背面无立毛簇。后足胫节仅 1 对端距。

分布：河北、北京、东北、内蒙古、山西；蒙古，俄罗斯。

(615) 小红姬尺蛾 *Idaea muricata* (Hufnagel, 1767)（图版 XLIV：11）

识别特征：前翅长 9.0 mm；体背桃红色，头额部、触角及足黄白色；翅桃红色，外缘及缘毛黄色，前翅基部及后翅中部各 1 黄色大斑，前翅中部具 2 黄斑；近外缘具暗褐色横线，有时不明显。

分布：河北、北京、辽宁、山东、湖南；俄罗斯，朝鲜，日本。

(616) 女贞尺蛾 Naxa seriaria (Motschulsky, 1866)（图版 XLIV：12）

识别特征：翅展 34.0～46.0 mm；体翅白色，具丝质光泽。前翅前缘近基部约 1/3 黑色，前后翅具黑点：内线 3 个，中室端 1 个，亚缘线 8 个，缘线 7 个。

取食对象：幼虫取食女贞、丁香、白蜡、水曲柳等多种植物。

检视标本：围场县：4 头，塞罕坝机械林场总场，2015-VII-20，塞罕坝普查组采。

分布：河北、北京、东北、山西、陕西、宁夏、甘肃、浙江、湖北、江西、湖南、福建、广西、四川；俄罗斯，朝鲜，日本。

(617) 雪尾尺蛾 Ourapteryx nivea Bulter, 1884（图版 XLIV：13）

识别特征：前翅长 25.0～37.0 mm；头颜面橙褐色，体翅白色；后缘外翅近中部凸出，呈尾状，内侧具 2 斑点，大斑橙红色具黑圈，小斑黑色；雄蛾大斑的红点小。前翅长 23.0 mm。额和下唇须灰黄褐色；头顶、体背和翅白色。前翅顶角凸，外缘直；后翅尾角弱小。翅面碎纹灰色，细弱；前翅内、外线和后翅中部斜线浅灰黄色，细；前翅中点十分纤细，缘毛黄白色；后翅尾角内侧无阴影带，M_3 上方 1 小红点，周围有黑圈，M_3 下侧 1 黑点；缘毛浅黄至黄色。

检视标本：围场县：1 头，塞罕坝机械林场总场，2015-VII-20，塞罕坝普查组采。

分布：河北、北京、内蒙古、陕西、安徽、浙江、四川；日本。

(618) 驼尺蛾 Pelurga comitata (Linnaeus, 1758)（图版 XLIV：14）

识别特征：前翅长 13.0～18.0 mm。头和胸腹部背面黄褐色，胸部背面颜色较浅，第 1 腹节黄白色，其余各腹节背面带有金黄色。前翅浅黄褐色至黄褐色，斑纹褐色至深灰褐色；亚基线弧形，中线深灰褐色带状，在中室前缘处呈钩状弯曲，然后内倾至基部；中点小，黑色；中带中部颜色较浅，邻近中线和外线处褐至深褐色，浅色亚缘线不完整；缘线深褐色，缘毛灰黄色与灰褐色相间。后翅颜色同前翅，翅基至外线颜色略暗，缘线和缘毛同前翅。翅反面黄至灰黄色，前后翅中点黑色清晰。

分布：河北、北京、东北、内蒙古、甘肃、青海、新疆、四川；蒙古，俄罗斯，朝鲜，日本，欧洲。

(619) 中国汝尺蛾 Rheumaptera chinensis Leach, 1897（图版 XLIV：15）

识别特征：前翅长 18.0～19.0 mm；前后翅白色区域大部分消失，翅面除外线处 1 条鲜明的白色带和前翅前缘及亚缘线处零星白点外均黑色；白色带宽 1.5～2.0 mm，有时略带乳黄色，在前翅锯齿形，在后翅内缘直，外缘中部凸出，白色带内无黑点；前后翅缘毛黑白相间。翅反面基半部黑色减弱，有不规则白斑或浅色线，翅基部灰色。

分布：河北、青海、四川。

（620）褐脉粉尺蛾 *Siona lineata* (Scopoli, 1763)（图版 XLV：1）

识别特征：前翅长 20.0～22.0 mm。触角线状，下唇须前伸，黑褐色。头顶、前胸和胸腹部的腹面黄白色，中后胸和腹部的背面均白色。翅白色，翅脉为明显的灰褐色；前翅中室端有褐纹，外线淡灰褐色；前翅中室端有褐纹，外线淡灰褐色，缘毛白色。翅反面黄白色，褐色的翅脉、中室褐纹和外线更明显，外缘为明显的褐色。

分布：河北、内蒙古；俄罗斯，欧洲。

（621）黄四斑尺蛾 *Stamnodes danilovi* Erschoff, 1877（图版 XLV：2）

识别特征：前翅长 15.0～17.0 mm。头黑褐色，额边缘白色；第 1、2 节腹面被白色长毛；胸腹部背面黄色，腹面灰黄色。前翅较本属其他种宽阔，外缘倾斜较少；翅面鲜黄色，斑纹黑褐色；缘斑被 1 弯曲黄线分裂成亚缘带和缘带，亚线带在 M_3 以下与缘带接触，至 Cu_2 附近消失，缘带延伸到基部臀角内侧。后翅黄色，散布许多形状不规则的黑斑，前缘处的黑斑常扩大并互相联合，缘斑由 1 系列三角形黑斑组成。

分布：河北、甘肃、青海、四川、西藏。

（622）清二线绿尺蛾 *Thetidia atyche* (Prout, 1935)（图版 XLV：3）

曾用名：二线绿尺蛾。

识别特征：触角双栉形，额不凸出，淡绿色，鳞片粗糙；下头顶绿色。胸腹部背面淡绿色，无立毛簇；后足胫节未见毛束，2 对距；雄性第 3 腹节腹板 1 对微弱刚毛斑；雌性第 8 腹节腹板略骨化；前翅长 12.0～14.0 mm；翅面淡绿色带黄绿色调，前翅顶角钝，后翅顶角圆且略凸出，2 翅外缘光滑；前翅前缘白色；外线细弱白色；无中点；无缘线；缘毛基半部绿色，端半部白色。

分布：河北、北京、陕西、四川、西藏。

92. 波纹蛾科 Thyatiridae

（623）阔华波纹蛾指名亚种 *Habrosyne conscripta conscripta* Warren, 1912

识别特征：翅展 39.0～45.0 mm；前翅较窄长，呈浓的深棕色；亚基线和内线均为 1 条十分清晰的白色细线，2 线在中室中脉处相会合呈"A"字形；外线白色，强烈"Z"字形折曲；横脉斑大而宽，具白色边；环纹具白边；亚缘线白色，比内线略粗，从翅顶到臀角略呈弓形内弯；缘线由 1 列新月形纹组成。后翅深棕色，缘毛色浅。

分布：河北、陕西、四川、云南、西藏；尼泊尔。

（624）宽太波纹蛾 *Tethea ampliata* (Butler, 1878)

识别特征：翅展 40.0～45.0 mm。触角、头部和前胸赭石黄色，前胸后缘 1 暗褐色纹；胸部其余部分浅灰棕色；腹部灰棕色。前翅底色为白灰棕色，内区浅灰白色；中区呈浅灰色；环纹甚小，灰白色具深棕色边，呈圆形；环纹与内带的外侧线靠近。横脉斑椭圆形，灰白色具深棕色边，横脉斑与外带的内边线靠近；外线双线，在朝向横脉斑处形成 1 大齿；亚缘线灰白色，其外侧在翅脉上 1 列深棕色箭头状斑。在翅顶端 1 灰白色斑；缘线深棕色；缘毛白灰棕色有深棕色点。后翅浅暗棕色，缘毛白色。

取食对象：栎属。

分布：河北、东北、内蒙古、山西、山东、陕西、甘肃、浙江、湖北、江西、湖南、台湾、四川、云南；俄罗斯，朝鲜，日本。

（625）环橡波纹蛾 *Toelgyfaloca circumdata* (Houlbert, 1921)（图版 XLV：4）

识别特征：翅展 43.0～47.0 mm。头部灰白色至灰色。前翅宽大，灰色至青灰色；亚基线双线，外侧线黑色，内侧线灰色，外侧线黑色粗线；外横线烟灰色双线，前缘线烟灰色双线，饰毛灰色与黑色相间；环纹多不显；肾纹为外斜的肾形，仅在有些个体内侧和后端呈 1 黑条斑和点斑；横线至基部烟黑色，散布灰棕色；外缘线和亚缘线区深烟灰色。后翅灰色；翅脉可见；横线隐约可见；缘暗带烟黑色宽带状；饰毛灰白色与烟黑色相间。胸部灰色，散布浑黄色，领片和背部中间纵向具有黑色条带；腹部灰棕色。

检视标本：围场县：1 头，塞罕坝大唤起驻地，2015-VI-03，塞罕坝考察组采。

分布：河北、北京、山西、河南、陕西、甘肃、湖北、四川、云南。

93. 舟蛾科 Notodontidae

（626）黑带二尾舟蛾 *Cerura felina* Butler, 1877（图版 XLV：5）

识别特征：体长 25.0～27.0 mm，翅展 68.0～72.0 mm。与杨二尾舟蛾很近似，不同的是：头和翅基片灰黄白色，颈板和胸部背面烟灰带灰黄白色。腹部背面黑色，每节中间 1 大的灰白色三角形斑，斑内有 2 黑纹，前、后连成 2 黑线；末端两节灰白色上只 1 黑纹。前翅灰白色，翅脉暗褐色；内线双股，波浪形，在中室下缘和 A 脉间较内曲，内衬 1 雾状宽带；外线脉间锯齿形变曲较深锐；亚端线几乎每 1 脉间的点都向内延长。后翅灰白微带紫色，翅脉黑褐色，基部和基部带灰黄色，横脉纹黑色，端线由 1 列脉间黑点组成。

分布：河北、北京、辽宁、甘肃；朝鲜，日本。

（627）杨二尾舟蛾 *Cerura menciana* Moore, 1877（图版 XLV：6）

识别特征：体长雄性 22.0～26.0 mm，雌性 22.0～29.0 mm；翅展雄性 54.0～63.0 mm，雌性 59.0～76.0 mm。下唇须黑色。触角干灰白色，分支黑褐色。前翅灰白微带紫褐色，翅脉黑褐色，所有斑纹黑色；基部有 3 黑点鼎立；亚基线由 1 列黑点组成，在中室上、下方呈角形曲；内线 3 股，最外 1 股在中室下缘以前断裂成 4 黑点，下段与其余两股平行，蛇形，内面两股在中室上缘前呈弧形，开口于前缘，在中室内呈环形；中线从前缘中间开始，沿横脉内侧呈深齿形曲，到中室下角，以后呈深锯齿形，与外线平行达到基部中间；横脉纹月牙形；外线双股，在脉间呈深锯齿形曲；端线由脉间黑点组成，其中 R_4–M_3 脉间的黑点向内延长，呈两头粗中间细的纹。后翅灰白微带紫色，翅脉黑褐色，基部和基部带灰黄色，横脉纹黑色，端线由 1 列脉间黑点组成。胸背有 2 列黑点。腹部背面黑色、第 1—6 节中间 1 灰白色纵带；两侧各 1 黑点；末端两节灰白色，两侧黑色，中间有 4 条黑纵线。

分布：全国广布（除新疆、贵州和广西外）；朝鲜，日本，越南。

（628）燕尾舟蛾 *Furcula furcula* (Clerck, 1759)（图版 XLV：7）

识别特征：体长 14.0～16.0 mm，翅展 33.0～41.0 mm。头和颈板灰色；翅基片灰色。前翅灰色，内、外横带间较暗，雾状烟灰色；基部有 2 黑点；亚基线由 4～5 黑点组成，拱形排列；内横带黑色，中间收缩，两侧饰赭黄色点，带内缘在亚中褶处呈深角形内曲，带外侧 1 不清晰的黑线，通常只在前缘和基部和 Cu_2 脉基部 3 点可见；外线黑色，从前缘近翅顶伸至 M_3 脉呈斑形，随后由脉间月牙形线组成，内衬灰白边，有些标本在外线内侧有 2 不清晰黑线；横脉纹为 1 黑点；端线由 1 列脉间黑点组成。后翅灰白色，外带模糊松散，近臀角较暗；横脉纹黑色；端线同前翅。胸部背面有 4 黑带，带间赭黄色。腹部背面黑色，每节基部衬灰白色横线。跗节具白环。

分布：河北、黑龙江、吉林、内蒙古、陕西、甘肃、新疆、江苏、湖北、浙江、四川、云南；俄罗斯，朝鲜，日本。

（629）短扇舟蛾 *Clostera curtuloides* (Erschoff, 1870)（图版 XLV：8）

识别特征：体长雄性 12.0～15.0 mm，雌性 15.0～16.0 mm；翅展雄性 27.0～36.0 mm，雌性 32.0～38.0 mm。身体灰红褐色，头顶到胸中部暗棕红色，臀毛簇末端棕黑色。下唇须灰红褐色。触角从灰白到赭灰色，分支灰色。前翅灰红褐色；顶角斑暗红褐色，在 M_1–Cu_1 脉间钝齿形曲较前种略长；亚基线、内线和外线灰白色具暗边；亚基线和内线较直，略向外斜，彼此接近平行；外线从前缘到 M 脉一段齿形曲，白色鲜明；从 Cu_2 脉基部到外线间 1 斜三角形影状暗斑；亚端线由 1 列脉间黑褐色点组成，前半段穿过顶角斑中间，后半段在 Cu_1 脉呈直角形曲，以后垂直于臀角；缘毛灰白色。后翅灰红褐色。

检视标本：围场县：2 头，塞罕坝林场驻地，2015-VII-20，塞罕坝考察组采；2 头，塞罕坝大唤起驻地，2015-VI-01，塞罕坝考察组采。

分布：河北、北京、吉林、黑龙江、山西、陕西、甘肃、青海、云南；俄罗斯，朝鲜，日本，北美洲。

（630）杨扇舟蛾 *Clostera anachoreta* (Denis & Schiffermüller, 1775)（图版 XLV：9）

识别特征：体长雄性 11.0～17.0 mm，雌性 14.0～22.0 mm；翅展雄性 26.0～37.0 mm，雌性 34.0～43.0 mm。身体褐灰色，头顶至胸背中间黑棕色，臀毛簇末端暗褐色，下唇须灰褐色。触角干灰白到灰褐色，分支赭褐色。前翅褐灰色到褐色，顶角斑暗褐色，扇形，向内伸至中室横脉，向后伸至 Cu_1 脉；3 横线灰白色具暗边；亚基线在中室下缘断裂，错位外斜；内线外侧有雾状暗褐色，近基部处外斜；外线前半段穿过顶角斑，呈斜伸的双齿形曲，外衬锈红色斑，后半段垂直伸于基部；中室下内外线之间有 1 灰白色斜线；亚端线由 1 列脉间黑点组成，其中以 Cu_1–Cu_2 脉间的 1 点大而显著；端线细，黑色。后翅褐灰色。

分布：全国广布（除广东、广西、海南和贵州外）；朝鲜，日本，越南，印度，印度尼西亚，欧洲。

（631）漫扇舟蛾 *Clostera pigra* (Hufnagel, 1766)（图版 XLV：10）

识别特征：翅展雄性 25.0～29.0 mm。身体灰褐到暗灰褐色；头顶到胸背中间黑棕色；下唇须赭褐色，背缘黑褐色。前翅紫灰褐色，尤以中间和外缘较显著；顶角斑暗褐色，扇形；亚基线和内线靠近，在内缘有点相连；外线在前缘呈白色楔形，随后在 M_1 脉略外曲，以后几乎直伸到臀角内侧；从内外线间的中室下缘中间到外缘 1 逐渐变淡的暗斑，似与扇形斑连为一体；前缘在外线与亚端线间 1 红褐色楔形斑。后翅暗褐色到灰黑色。

分布：河北、东北、甘肃；俄罗斯，朝鲜，欧洲，北美洲。

（632）榆白边舟蛾 *Nerice davidi* (Oberthür, 1881)（图版 XLV：11）

识别特征：体长 14.5～20.0 mm；翅展雄性 32.5～42.0 mm，雌性 37.0～45.0 mm。头和胸部背面暗褐色，翅基片灰白色。腹部灰褐色。前翅前半部暗灰褐带棕色，其后方边缘黑色，沿中室下缘纵伸在 Cu_2 脉中间呈 1 大齿形曲；后半部灰褐蒙 1 层灰白色，尤与前半部分界处白色显著区分；前缘外半部 1 灰白色纺锤形影状斑；内、外线黑色，内线只有后半段较可见，并在中室中间下方膨大成 1 近圆形的斑点；外线锯齿形，只有前、后段可见，前段横过前缘灰白斑中间，后段紧接分界线齿形曲的尖端内侧；外线内侧隐约可见 1 模糊暗褐色横带；前缘近翅顶处有 2～3 黑色小斜点；端线细，暗褐。后翅灰褐色，具 1 模糊的暗色外带。

分布：河北、北京、黑龙江、吉林、内蒙古、山西、山东、陕西、甘肃、江苏、江西；俄罗斯，朝鲜，日本。

（633）黄斑舟蛾 *Notodonta dembowskii* Oberthür, 1879（图版 XLV：12）

识别特征：体长 15.0～18.0 mm；翅展 43.0～48.0 mm。头和胸部背面暗灰褐色。腹部背面灰褐色。前翅暗灰褐色；内、外线之间的基部和外线外的前缘处各 1 浅黄色斑；内线以内的基部下半部暗红褐色，其内具黑色亚中褶纹；内线暗红褐色，波浪形，内衬灰白边；外线双股平行，外曲，内面 1 条模糊不清，外面 1 条较可见；亚端线较粗，暗红褐色，在前缘向内扩散至浅黄色斑，呈钝锥形；端线细暗褐色；横脉纹为 1 黑色长点，具白边；脉端缘毛暗褐色，其余褐色。后翅褐灰色，臀缘和外缘略暗；臀角暗红褐色；具灰白色外带；横脉纹暗褐色；端线细，暗褐色；缘毛灰白色。

检视标本：围场县：3 头，塞罕坝机械林场总场，2015-VII-20，塞罕坝考察组采；

1头，塞罕坝第三乡，2015-VII-31，塞罕坝考察组采。

分布：河北、黑龙江、吉林、内蒙古、山西；俄罗斯，朝鲜，日本。

（634）烟灰舟蛾 *Notodonta torva* (Hübner, 1803)（图版XLV：13）

识别特征：体长16.0～18.0 mm，翅展40.0～47.0 mm。头和胸部背面灰褐色，翅基片边缘黑色。腹部背面灰褐色。前翅暗灰褐色，所有斑纹暗灰褐色；内、外线不清晰，内线在中室下呈齿形曲，随后略向内弯伸达基部的齿形毛簇处，内衬灰白边；横脉纹清晰，衬灰白色边；外线锯齿形，在 M_1 脉上呈钝角形曲，Cu_2 脉以后垂直于基部，外衬灰白边；亚端线模糊，较粗；端线细。后翅浅灰褐色，臀角和横脉纹较暗；外线模糊，灰白色。前、后翅反面褐灰色，均具灰褐色外线，前后彼此衔接，外衬灰白边；后翅横脉纹暗灰褐色，与外线不连接。

分布：河北、北京、黑龙江、吉林、内蒙古、山西、陕西、湖北；俄罗斯，日本，欧洲。

（635）仿齿舟蛾 *Odontosiana tephroxantha* (Püngeler, 1900)（图版XLV：14）

识别特征：体长约20.0 mm，翅展约48.0 mm。头、颈板和翅基片暗灰褐色。前翅灰褐色，基部较暗近黑色，亚端区色较浅；从基部下方到基部齿形毛簇1斜的浅黄色斑，斑前具白边，似呈裂纹；内线很不清晰，在基部齿形毛簇之前隐约可见1点痕迹；外线黑色锯齿形，不清晰，在前缘和 Cu_2 脉以下两段较可见，外衬灰色边；在前缘外线外侧有3黑色斜斑向上伸至近顶角；端线模糊，由脉间暗灰色线组成；缘毛浅灰褐色，脉端色较暗。后翅灰白色，顶角和外缘带灰褐色，脉和端线浅褐色，臀角1短黑纹；脉端缘毛灰褐色，其余白色。中胸带赭红色，后胸暗灰褐色具黑色横线。腹部背面赭黄色，从基部到末端逐渐变浅，末端灰褐色；腹面赭灰色。

分布：河北、山西、甘肃、青海。

（636）细羽齿舟蛾 *Ptilodon capucina* (Linnaeus, 1758)（图版XLV：15）

识别特征：体长雄性13.0～15.5 mm，雌性14.0～17.0 mm；翅展雄性35.0～40.0 mm，雌性34.0～41.0 mm。头、颈板和翅基片黄褐色，中、后胸背面黄白色。腹部淡黄褐色。前翅黄褐色到茶褐色，基部齿形毛簇周围灰黑色；基线、内线和外线黑色；基线不清晰双齿形曲；内线锯齿形，其中以中室内和A脉上的锯齿较向外和较向内深曲；外线双股，不清晰的锯齿形，靠内面1条较可见，其中以 M_3、M_1 和 R_5 脉上的齿形曲较向外凸出，靠外面1条模糊影状，外侧衬黄白色边，其中以基部的锯齿较显著；从翅顶到外线的前缘上有3黄白色小点。后翅淡黄褐色，臀角灰黑色斑上有2短的黄白色横线，外线为1很模糊的黄白色带。

取食对象：紫椴、白桦、绣线菊。

分布：河北、北京、东北、陕西；朝鲜，日本，欧洲。

（637）杨剑舟蛾 *Pheosia rimosa* Packard, 1864（图版 XLVI：1）

识别特征：体长 18.0～23.0 mm，翅展 43.0～57.0 mm。头暗褐色；颈板和胸背灰色，两者基部和翅基片边缘暗褐色。腹部灰褐色，背面近基部黄褐色。前翅灰白色，由于暗色斑纹都集中在边缘，故在翅中间形成 1 从基部到翅顶的灰白色宽带；A 脉下从基部到齿形毛簇呈 1 灰黄褐色斑，其上方 1 黑色影状纵带从基部伸至外缘，接着呈灰褐色向上扩散到近翅顶，黑色纵带和黄褐斑之间 1 白线从基部伸至 A 脉 2/5 处间断并呈齿形曲；在外缘亚中褶的前方 1 白色楔形纹；前缘外侧 3/4 灰黑色中间有 2 距离较宽的影状斑；M_1–R_4 脉间有 2 黑色斜纹；Cu_2、Cu_1、M_3 脉端部白色；缘毛灰褐色，末端灰白色。后翅灰白带褐色，前缘浅灰褐色；臀角灰黑色，内 1 灰白色横线；端线暗褐色；缘毛灰白色。

检视标本：围场县：6 头，塞罕坝机械林场总场，2015-VII-20，塞罕坝考察组采；1 头，塞罕坝下河边，2015-VII-04，周建波采。

分布：河北、北京、黑龙江、吉林、内蒙古、山西、陕西、甘肃、新疆、台湾；俄罗斯，朝鲜，日本。

（638）灰羽舟蛾 *Pterostoma griseum* (Bremer, 1861)（图版 XLVI：2）

识别特征：翅展 52.0～68.0 mm；下唇须和触角灰褐色。触角干灰白色。头和胸部褐黄色，颈板边缘较暗。腹部背面灰黄褐色，末端和臀毛簇浅黄白色；腹面浅灰黄色，中间 2 条暗褐色纵线。前翅灰褐色，翅顶较灰白色；后缘 1 锈红褐色斑，但内栉形毛簇之前浅黄色，内栉形毛簇末端黑色；所有横线和斑纹与槐羽舟蛾相似，缘毛暗红褐色，末端灰白色。后翅灰褐色，基部和后缘浅灰黄色，外线为 1 模糊灰色带；端线由脉间黑色细线组成；脉端和缘毛浅灰黄色。

分布：河北、北京、黑龙江、吉林、内蒙古、陕西、甘肃、四川、云南；俄罗斯，朝鲜，日本。

（639）窦舟蛾 *Zaranga pannosa* Moore, 1884（图版 XLVI：3）

识别特征：体长 22.0～30.0 mm；翅展雄性 58.0～62.0 mm，雌性 74.0 mm。身体背面暗褐色，后胸毛端黄色，跗节有黄白色环。前翅暗褐掺有少量黄白色，基部具 1 黄白点；翅端靠翅顶处和基部中部各 1 大椭圆形粉褐色斑，2 斑在 Cu_1、Cu_2 脉近基部彼此接近；内、外线暗褐色具灰白边，锯齿形，内线在中室弯曲，外线近顶角外曲，横脉纹黑褐色，外缘脉端具黄白点，缘毛黑褐色。后翅雄性灰白色近透明，翅脉和基部暗褐色，雌性暗褐色，中间较灰白，两性臀角均具 2 黄白色短纹。

分布：河北、山西、陕西、甘肃、湖北、四川、云南、西藏；韩国，越南，印度。

94. 毒蛾科 Lymantridae

（640）丽毒蛾 *Calliteara pudibunda* (Linnaeus, 1758)（图版 XLVI：4）

识别特征：翅展雄性 35.0～45.0 mm，雌性 45.0～60.0 mm。触角干灰白色，栉齿黄棕色；下唇须白灰色，外侧褐黑色；复眼周围黑色；头、胸和腹部褐色；体下白黄色；足黄白色。前翅灰白色，带黑色和褐色鳞片；外线双线黑色，外 1 线色浅，大波浪形；亚端线黑褐色，不完整；端线为 1 列黑褐色点；缘毛灰白色，有黑褐色斑。后翅白色带黑褐色鳞片和毛，横脉纹和外线黑褐色；缘毛灰白色。前翅反面浅黑褐色，外缘和后缘浅褐色；横脉纹浅褐色，带褐色边。后翅反面浅褐色，横脉纹和外线黑褐色。

取食对象：桦、鹅耳枥、山毛榉、栎、栗、橡、榛、椴、杨、柳、悬钩子、蔷薇、李、山楂、苹果、梨、樱桃、沙针和多种草本植物。

分布：河北、东北、山西、山东、河南、陕西、台湾；俄罗斯，朝鲜，日本，欧洲。

（641）杨雪毒蛾 *Leucoma condida* (Staudinger, 1892)（图版 XLVI：5）

识别特征：翅展雄性 32.0～38.0 mm，雌性 45.0～60.0 mm。触角干白色带黑棕色纹，栉齿黑褐色；下唇须黑色；足白色有黑环；体白色。前、后翅白色，具光泽，鳞片宽且排列紧密，不透明。本种成虫外形与雪毒蛾十分相似，但在外生殖器、幼虫和蛹的形态及生物学特性上有显著差别。雄性钩状突基部宽，中部窄，末端略宽并弯曲；抱器瓣极硬化，腹侧突不明显，中间突三角形，背侧突长，向腹面弯曲，抱器瓣边缘具许多齿突；囊形突小，近半圆形，阳茎端膜具许多小刺。

取食对象：杨、柳。

分布：河北、黑龙江、吉林、辽宁、山西、山东、河南、陕西、甘肃、青海、江苏、安徽、浙江、湖北、江西、湖南、福建、四川、云南；俄罗斯，朝鲜，日本。

95. 灯蛾科 Arctiidae

（642）黑纹北灯蛾 *Amurrhyparia leopardinula* (Strand, 1919)（图版 XLVI：6）

曾用名：黑纹黄灯蛾。

识别特征：翅展 38.0～44.0 mm。雄性头、胸褐黄色，下唇须与触角黑褐色或褐色。前翅黄色，1 黑色亚基短带位于 1 脉上方，有时缺乏，中室中部及 2 脉基部下方 1 较长的黑带，中室上角 1 黑点，下角有 2 黑点，5 脉中部的上、下方各 1 黑色短带；后翅底色黄，染淡红色，横脉纹黑色，缘毛黄色。雌性前翅暗红褐色，斑纹比雄性细小；后翅深红色；前翅反面中部红色，横脉纹黑色。足暗褐色、有黑条纹，雌性前足基节及腿节上方红色。腹部黄色，背面及侧面具 1 列黑点。

取食对象：小麦。

分布：河北、黑龙江、辽宁、内蒙古、山西、陕西、宁夏、甘肃、青海、西藏；俄罗斯，叙利亚。

（643）豹灯蛾 *Arctia caja* (Linnaeus, 1758)（图版 XLVI：7）

识别特征：翅展 58.0～86.0 mm；头、胸红褐色，下唇须红褐色，下方红色。触角基节红色，触角干上方白色，颈板前缘具白边；后缘具红边，翅基片外侧具白色窄条，足腿节上方红色，距白色。腹部背面红色或橙黄色，除基部与端部外背面具黑色短带，腹面黑褐色；前翅红褐色或黑褐色，白色花纹或粗或细，或多或少，变异极大，亚基线白带在中脉处折角，与基部不规则白纹相连，外线白带在中室下角外方折角，然后斜向后缘，前缘在内线与中线处各1发达或不发达的三角形白斑，亚端带白色；后翅橙红色或橙黄色。

寄主：甘蓝、桑、蚕豆、菊、醋栗、接骨木、大麻等。

分布：河北、东北、内蒙古、山西、陕西、宁夏、新疆；朝鲜，日本，印度，欧洲。

（644）排点灯蛾 *Diacrisia sannio* (Linnaeus, 1758)（图版 XLVI：8）

识别特征：翅展 37.0～43.0 mm；雄性黄色，头暗褐色。触角干上方粉红色，下胸与足暗褐色被灰毛，足具粉红色条纹。腹部浅黄色，大都染暗褐色；前翅前缘暗褐色边，向翅顶粉红色；后缘1粉红色窄带，外缘有些暗褐色，横脉纹为粉红及暗褐斑，缘毛粉红色；后翅淡黄色，基部通常染暗褐色，横脉纹具1大暗褐斑，亚端带为1排弧形暗褐色斑点，缘毛粉红色，前翅反面基半部染暗褐色，外带及横脉纹暗褐色。雌性橙褐黄色，下唇须、额、触角粉红色。腹部背面、侧面各1列黑点，背面的黑点有时成为黑短带，翅脉红色，前翅横脉纹为或多或少发达的暗褐斑；后翅基半部染黑色，横脉纹为黑色大斑，亚端带为1列黑斑，前翅反面黑色中带从前缘外斜至后缘，亚中褶基半部具黑纵纹，横脉纹为1新月形黑斑，亚端带数个黑点几相连；后翅反面黑色中带在前缘向内曲，横脉纹具黑点，黑色亚端点或多或少从前缘下方至臀角，或仅臀角上方具3～4个。

取食对象：欧石南属、山柳菊属、山萝卜属。

检视标本：围场县：2头，塞罕坝林场驻地，2015-VI-27，塞罕坝考察组采。

分布：河北、东北、内蒙古、山西、宁夏、甘肃、新疆、四川；俄罗斯，朝鲜，日本，欧洲。

（645）黄臀灯蛾 *Epatolmis caesarea* (Goeze, 1781)（图版 XLVI：9）

曾用名：黄臀黑污灯蛾、黑灯蛾。

识别特征：翅展 36.0～40.0 mm。头、胸及腹部第1节黑褐色。腹部其余各节背面橙黄色，背面、侧面各1列黑点，下胸及腹部腹面黑褐色。翅黑褐色，翅脉色深，后翅臀角有橙黄色斑，翅面鳞片稀薄；幼虫黑色，刚毛暗褐色，背线橙红色。

取食对象：柳、蒲公英、车前、珍珠菜。

分布：河北、东北、内蒙古、山西、山东、河南、陕西、江苏、江西、湖南、四川、云南；俄罗斯，日本，土耳其，欧洲。

（646）淡黄污灯蛾 *Lemyra jankowskii* (Oberthür, 1880)（图版 XLVI：10）

曾用名： 污白灯蛾。

识别特征： 翅展 35.0～48.0 mm。淡橙黄色。触角下唇须上方及额的两边黑色。前翅淡橙黄色，中室上角具 1 暗褐点，M_2 脉至 A_2 脉 1 斜列暗褐色点带。后翅白色，略染黄色，中室端点暗褐；亚端点暗褐色，或多或少存在。腹部背面红色，基节、端节及腹面白色，背面、侧面具黑点列。

检视标本： 围场县：1 头，塞罕坝第三乡，2015-VII-31，塞罕坝考察组采；1 头，塞罕坝机械林场总场，2015-VII-20，塞罕坝考察组采；

分布： 河北、黑龙江、辽宁、山西、陕西、江苏、浙江。

（647）斑灯蛾 *Pericallia matronula* (Linnaeus, 1758)（图版 XLVI：11）

识别特征： 翅展雄性 62.0～80.0 mm，雌性 76.0～92.0 mm。头部黑褐色，下唇须第 3 节黑色，其余各节下方红色、上方黑色。触角黑色，基节红色，额上部、复眼上方及颈板的边缘有红纹，颈板及翅基片黑褐色，外侧具黄带，胸部红色，中间具黑褐色宽纵带，下胸黑色，足黑褐色，基节外缘、腿节上方、后足胫节的条带及跗节的斑点红色。腹部红色，背面及侧面 1 列黑斑点，腹面 1 列黑褐斑带。前翅暗褐色，中室基部内及下方 1 块黄斑，前缘区的内线黄斑有时与基斑相接；后翅橙黄色，中线处具不规则黑色波状斑纹，有时减缩为点，横脉纹黑色新月形，亚端带黑色。

取食对象： 柳、车前、蒲公英、忍冬。

检视标本： 围场县：4 头，塞罕坝机械林场总场，2015-VII-20，塞罕坝考察组采；2 头，塞罕坝机械林场总场，2015-VII-04，塞罕坝考察组采。

分布： 河北、东北、内蒙古、山西、宁夏；俄罗斯，日本，欧洲。

（648）亚麻篱灯蛾 *Phragmatobia fuliginosa* (Linnaeus, 1758)（图版 XLVI：12）

曾用名： 亚麻灯蛾。

识别特征： 翅展 30.0～40.0 mm。头、胸暗红褐色，下唇须基部红色。触角干白色，足黑色，被红褐色毛，腿节上方红色。腹部背面红色，腹面褐色，背面及侧面各 1 列黑点。前翅红褐色，中室端部有 2 黑点；后翅红色，散布暗褐色，中室端部有 2 黑点，亚端带黑色，有时断裂成点斑；前翅反面前缘下方有窄红带。

取食对象： 亚麻、酸模属、蒲公英、勿忘草属。

分布： 河北、东北、内蒙古、山西、陕西、宁夏、甘肃、青海、新疆、四川；日本，西亚，欧洲等。

（649）污灯蛾 *Spilarctia lutea* (Hüfnagel, 1766)（图版 XLVI：13）

曾用名： 污白灯蛾。

识别特征： 翅展 31.0～40.0 mm。雄性黄白色至黄色，下唇须上方黑色，下方红色。触角及额两侧黑色，足有黑带，腿节上方橘黄色。腹部背面除基部及端部外橘黄色，腹面浅黄色，背面、侧面及亚侧面一系列黑点。前翅内线黑点位于前缘上，1脉上方通常1黑点，中室上角1黑点，其上方1黑点或短纹位于前缘脉上，翅顶至6脉有时1斜列黑点，向下在1脉上、下方各1明显的黑点，5脉及3脉处有时1列亚端点；后翅色略淡，横脉纹具黑点，5脉及臀角上方有时具黑色亚端点，雌性为黄白色。

分布：河北、东北、内蒙古、陕西、新疆；俄罗斯，朝鲜，日本，欧洲。

（650）星白雪灯蛾 *Spilosoma menthastri* (Esper, 1786)（图版 XLVI：14）

识别特征：翅展 33.0～46.0 mm。下唇须、触角暗褐色。前翅或多或少散布黑点，黑点数目几乎每个标本都不一致；后翅中室端点黑色，亚端点黑色或多或少。腹部背面红色（胸足腿节上方红色）或黄色（胸足腿节上方黄色）。腹部背面、侧面和亚侧面具黑点列。胸足具黑带。

检视标本：围场县：2头，塞罕坝第三乡驻地，2015-V-28，塞罕坝考察组采；1头，塞罕坝大唤起驻地，2015-VI-03，塞罕坝考察组采。

分布：河北、黑龙江、吉林、辽宁、内蒙古、陕西、江苏、安徽、浙江、湖北、江西、福建、四川、贵州、云南；朝鲜，日本，欧洲。

（651）白雪灯蛾 *Chionarctia nivea* (Ménétriès, 1859)（图版 XLVI：15）

曾用名：白灯蛾。

识别特征：翅展雄性 55.0～70.0 mm，雌性 70.0～80.0 mm。白色，下唇须基部红色、第3节黑色。触角栉齿黑色，前足基节红色具黑斑，各足腿节上方红色，前足腿节具黑纹。腹部白色，侧面除基节及端节外有红斑，背面与侧面各1列黑点；翅白色，翅脉色略深，后翅横脉纹黑褐色。

取食对象：高粱、大豆、小麦、黍、车前、蒲公英。

分布：河北、东北、内蒙古、山东、河南、陕西、浙江、湖北、江西、湖南、福建、广西、四川、贵州、云南；朝鲜，日本。

（652）后褐土苔蛾 *Eilema flavocilata* (Lederer, 1853)（图版 XLVII：1）

识别特征：翅展 24.0～31.0 mm；头、胸橙黄色。触角除基部外黑色；腹部橙黄色，背面基半部灰色。前翅橙黄色，基部 1/3 具黑边，反面前缘外半及外缘橙黄色，其余暗褐色，后翅暗褐色；后缘区略黄，缘毛橙黄色，反面同正面。有些个体翅色变暗。

分布：河北、北京、黑龙江、陕西、甘肃、青海。

（653）日土苔蛾 *Eilema japonica* (Leech, 1889)（图版 XLVII：2）

识别特征：翅展 18.0～24.0 mm。与微土苔蛾相似，但本亚种前翅8与9融合是主要区别特征，前翅前缘带向端区渐窄，后翅暗灰色，缘毛黄色。

分布：河北、浙江、福建；日本。

(654) 四点苔蛾 *Lithosia quadra* (Linnaeus, 1758)（图版 XLVII：3）

识别特征：翅展雄性 32.0~48.0 mm，雌性 42.0~56.0 mm。雄性下唇须、额及触角黑色，头顶、胸及下胸橙色，足大部分深金属绿色。腹部橙色、基部灰色、端部及腹面黑色。前翅灰色，基部橙色，前缘区具闪光蓝黑带，端区黑色；后翅橙黄色，前缘区暗褐色。雌性橙黄色，下唇须顶端及触角黑色，前翅前缘近中部及 2 脉中部各 1 金属蓝绿色点。

分布：河北、东北、山东、陕西、湖南、广西、四川、云南；俄罗斯，日本，欧洲。

(655) 美苔蛾 *Miltochrista miniata* (Forster, 1771)（图版 XLVII：4）

识别特征：翅展 24.0~32.0 mm。头、胸黄色，下唇须顶端、胸足胫节端部及跗节暗褐色，雄性腹部背面端部及腹面染黑色。前翅黄色，雄性前翅中间向上拱起，1 黑色亚基点，前缘基部具黑边，前缘内半下方具红带，至外半成为前缘带，外缘区具红带，黑色内线在中室内及中室下方折角至基部退化或常整个消失，横脉纹 1 黑点，黑色外线强齿状，从前缘向内斜至 1 脉，亚端线 1 列黑点；后翅淡黄色，外缘区染红色。

分布：河北、东北、内蒙古、山西；俄罗斯，朝鲜，日本，欧洲。

(656) 黄痣苔蛾 *Stigmatophora flava* (Bremer & Grey, 1852)（图版 XLVII：5）

识别特征：翅展 26.0~34.0 mm。黄色，头、颈板、翅基片色较深，下唇须顶端及前足散布紫褐色。前翅前缘区深黄色，前缘基部黑边，1 黑色亚基点，3 黑色内线点、斜置，外线 6~7 黑点在 4 脉下方略内曲，翅顶下方 1~2 亚端点，4 脉处有时 1 或数黑点，反面中间或多或少散布暗褐色。

取食对象：玉米、桑、高粱、牛毛毡。

分布：河北、东北、山西、山东、河南、陕西、甘肃、新疆、江苏、浙江、湖北、江西、湖南、福建、台湾、广东、四川、贵州、云南；朝鲜，日本。

(657) 明痣苔蛾 *Stigmatophora micans* (Bremer & Grey, 1852)（图版 XLVII：6）

识别特征：翅展 32.0~42.0 mm。体白色，头、颈板、腹部散布橙黄色，前、中足胫节与跗节具黑带。前翅前缘及端区橙黄色，前缘基部有黑边，1 黑色亚基点，内线斜置 3 黑点；外线 1 列黑点，在前缘下方向外曲，在 6 与 4 脉处折角，然后缩回；亚端线 1 列黑点在 4 与 5 脉靠近外缘处；后翅散布黄色，端区橙黄色，翅顶下方 2 黑色亚端点，有时在 2 脉下方有 2 黑点；前翅反面中间散布黑色。

分布：河北、东北、内蒙古、山西、山东、河南、陕西、甘肃、江苏、湖北、四川；朝鲜。

(658) 玫痣苔蛾 *Stigmatophora rhodophila* (Walker, 1864)（图版 XXLVII：7）

识别特征：翅展 22.0~28.0 mm；黄色染红色，前翅基部在前缘和中脉上具黑点，基部内线前方 5 个暗褐色短带，内线在前缘下方折角，然后倾斜不达后缘，中线在中室及亚中褶略向外一处折角，在 1 脉向内折角，然后向外曲至后缘，其外在中室末端有一些暗褐色，外线 1 列暗褐带位于脉间，在前缘下方外曲及在 4 脉下方内曲，前缘及端区强烈染红色。

取食对象：牛毛毡。

分布：河北、黑龙江、吉林、山西、山东、河南、陕西、浙江、湖北、江西、湖南、福建、广西、四川、云南；朝鲜，日本。

96．鹿蛾科 Amatidae

（659）黑鹿蛾 *Amata ganssuensis* **(Grum-Grshimailo, 1891)**（图版 XLVII：8）

识别特征：翅展 26.0～36.0 mm；黑色，带有蓝绿或紫色光泽。触角尖端亦黑色，下胸具 2 黄色侧斑。腹部第 1 节及第 5 节具橙黄色带；翅黑色，带蓝紫或红色光泽，前翅具 6 白斑，后翅具 2 白斑，翅斑大小变异较大。

取食对象：胃菊。

分布：河北、黑龙江、内蒙古、山西、山东、陕西、甘肃、青海。

97．夜蛾科 Noctuidae

（660）桃剑纹夜蛾 *Acronicta incretata* **Hampson, 1909**（图版 XLVII：9）

识别特征：翅展 42.0 mm。头顶灰棕色；胸部灰色，颈板、翅基片有黑纹。前翅灰色，基剑纹黑色，枝形，内、外线均双线，环纹、肾纹灰色，两纹间 1 黑线，外线在 5 脉及亚中褶有黑纹穿越，亚端线白色；后翅白色。雄性抱器瓣的腹端凸出。

取食对象：桃、梨、樱桃、梅、苹果、杏、李、柳。

分布：河北、内蒙古、宁夏、福建、四川；朝鲜，日本。

（661）剑纹夜蛾 *Acronicta leporina* **(Linnaeus, 1758)**（图版 XLVII：10）

识别特征：翅展 39.0 mm。头、胸及前翅白色，有褐点。前翅基剑纹黑色细尖，后半不显，外线褐色锯齿形；后翅白色，端区带有褐色，尺脉现褐色。雄性抱钩粗而长，微弯，斜伸出瓣背缘，阳茎有钉形角状器丛。

取食对象：杨属。

分布：河北、黑龙江、新疆、青海；俄罗斯，日本，欧洲。

（662）赛剑纹夜蛾 *Acronycta psi* **Linnaeus, 1758**（图版 XLVII：11）

识别特征：翅展 37.0 mm；头、胸和前翅灰色掺杂白色。前翅具黑褐细点；剑纹黑色，基剑纹中部具向后短枝，端剑纹穿过外线；内线双线黑色，环纹与肾纹间具黑纹相连，两纹前具暗褐斜纹，外线黑色衬白。后翅白色。腹部灰色。雄蛾抱钩分 2 支，近平行，阳茎具 1 列短齿形角状器。

分布：河北、黑龙江、山西、新疆、浙江、湖南；欧洲。

（663）袜纹夜蛾 *Autographa excelsa* (Kretschmar, 1862)（图版 XLVII：12）

识别特征：体长 21.0 mm 左右；翅展 43.0 mm 左右。头顶及颈板红褐色杂少许暗灰色，胸部背面暗褐色带黑灰色。腹部淡黄带褐色，毛簇红褐色。前翅灰褐色，内外线间在中室后浓棕色，带金光，基线、内线棕色，环纹银边，后方 1 袜形银斑，肾纹银边不完整，外线双线棕色，亚端线棕色；后翅黄色，外线及翅脉棕色。

分布：河北、黑龙江、吉林、内蒙古、山西、陕西、甘肃、新疆、湖北、四川、云南；俄罗斯，日本。

（664）满丫纹夜蛾 *Autographa mandarina* (Freyer, 1845)（图版 XLVII：13）

曾用名：满纹夜蛾。

识别特征：体长 16.0～18.0 mm；翅展 40.0～42.0 mm。头部及胸部红棕色杂紫灰色及褐色。腹部淡红褐色，毛簇红棕色。前翅棕色杂紫灰色，基线、内线银色，在中室后两侧棕色，环纹棕色银边，后方 1 弯"丫"形银纹，肾纹棕色银边，外线双线棕色波浪形，线间银色，亚端线棕色，不规则锯齿形，端线棕色，内方 1 棕色斑块；后翅淡黄带棕，尺脉色暗棕。

取食对象：胡萝卜。

分布：河北、黑龙江；俄罗斯，日本。

（665）脉散纹夜蛾 *Callopistria venata* Leech, 1900

识别特征：翅展 31.0～36.0 mm。头、胸黑色杂白及浅褐色；前翅褐色，大部带黑色，基部 1 白纹，基线、内线白色，内侧在 1 脉前 1 白弧纹，后半外侧 1 紫色线，环纹及肾纹白色，前者后端尖，肾纹后端外凸成钩形，外线双线黑色，线间白色，亚端线为 1 列白纹，内侧有一些黑斑，翅外缘 1 列白长点；后翅深褐色，外线微白。腹部灰色。

分布：河北、浙江、湖北、福建；印度。

（666）翠色狼夜蛾 *Actebia praecox* (Linnaeus, 1758)（图版 XLVII：14）

识别特征：翅展 43.0 mm。头、胸棕色杂白色，颈板有 3 白线。前翅灰绿色，有白及棕色点，前缘区微黑，基线与内线黑棕色，内线双线间白色，剑纹梭形，环纹、肾纹大，后者前后部各 1 齿形暗点，中线与外线粗，外线中段外侧带绿白色，亚端线白色，内侧 1 红棕带；后翅褪色；腹部赭褐色。雄蛾抱器瓣端较钝。

取食对象：桃、梨、柳、蒿属。

分布：河北、黑龙江、辽宁；蒙古，日本，欧洲。

（667）荒夜蛾 *Agroperina lateritia* (Hüfnagel, 1766)（图版 XLVII：15）

识别特征：体长约 20.0 mm；翅展约 50.0 mm。头部及胸部褐色杂紫灰色，额两侧有黑斑，下唇须外侧黑褐色，足跗节黑褐色有白斑；腹部灰黄褐色。前翅褐色杂紫灰色，基线灰色，两侧微黑，内线黑色锯齿形，前端内侧 1 白点，环纹斜，有模糊的白圈，肾纹黑褐色，其外缘明显白色，外线黑色，锯齿形，齿尖在翅脉上为黑点及白点，前端外侧衬以白色，亚端线微白，前缘脉在外线至亚端线段有 3 白点，缘毛黑色；后翅褐色。本种还有体色较红褐的变型。

分布：河北、黑龙江、青海、新疆；俄罗斯，日本，欧洲，北美洲。

（668）角线寡夜蛾 *Aletia conigera* (Denis & Schiffermüller, 1775)（图版 XLVIII：1）

曾用名：角线黏虫。

识别特征：体长 11.0～13.0 mm；翅展 31.0～33.0 mm。头部及胸部黄色杂红褐色。腹部褐色。前翅黄色带红褐色，翅脉微黑，内线红棕色，直线外斜至亚中褶，折向内斜，环纹隐约可见黄色，肾纹白色，中部 1 黄斑，后端内凹，外侧微黑，亚端线黑棕色，在前缘脉后折角内斜，端线红棕色；后翅赭黄色，端区带有褐色；幼虫赭色或淡褐色，背线、亚背线淡黄或浅灰色，黑边，气门线微黑。

分布：河北、黑龙江、内蒙古。

（669）研夜蛾 *Aletia vitellina* (Hübner, 1808)（图版 XLVIII：2）

识别特征：翅展 40.0 mm。头、胸、腹黄色带褐色；前翅黄色，内线褐色，内侧在 1 脉前后各 1 红褐斜纹，环纹为 1 褐点，肾纹窄小，浅褐色，后端 1 黑点，外线浅褐色锯齿形，亚端线浅褐色波浪形；后翅白色半透明，翅脉及端区带褐色。雄性抱钩较直，阳茎有针形角状器。

分布：河北、新疆；印度，欧洲，非洲北部。

（670）亚央夜蛾 *Amphipoea asiatica* (Burrows, 1911)（图版 XLVIII：3）

识别特征：翅展 28.0 mm。头部浅黄褐色，胸部红褐色。前翅黄褐微带红棕色，基线、内线不明显，黑棕色波浪形外斜，环纹及常纹大，中线、外线黑褐色，后者双线波浪形，亚端线黑褐色不清晰，锯齿形；后翅污褐黄色。雄性抱器瓣与冠分界明显，冠窄长，有冠刺，抱钩细长而弯，阳茎有成列致密针形角状器。

分布：河北、山西、黑龙江、四川、云南、陕西、新疆；日本。

（671）麦央夜蛾 *Amphipoea fucosa* (Freyer, 1830)（图版 XLVIII：4）

识别特征：翅展 30.0～36.0 mm。头、胸及前翅黄褐色。前翅各横线褐色，内线、外线均双线，前者波浪形，后者锯齿形，剑纹小，红褐色，环纹及肾纹黄色带锈红色，亚端线细弱；后翅浅褐黄色。腹部灰黄色。雄性抱钩粗壮，折曲，阳茎 1 齿形角状器。

取食对象：小麦、大麦、玉米。

分布：河北、黑龙江、内蒙古、山西、河南、青海、新疆、湖北、湖南、云南；日本。

（672）紫黑扁身夜蛾 *Amphipyra livida* (Denis & Shiffermüller, 1775)（图 XLVIII：5）

识别特征：翅展约 45.0 mm；体长约 21.0 mm；头部、胸部及前翅紫黑色，头顶有黄褐色，足有白点；腹部暗褐色，两侧及后端紫棕色；后翅粉黄色微带褐色，端区带有暗红色，顶角带棕黑色，外缘毛于 2 脉之前紫黑色；幼虫青色，背线灰青色，亚背线黄色，侧面具 1 黄色带。

取食对象：蒲公英及其他矮小植物。

分布：河北、黑龙江、新疆、江苏、湖北、江西、贵州；俄罗斯，朝鲜，日本，印度，欧洲。

（673）蔷薇扁身夜蛾 *Amphipyra perflua* (Fabricius, 1787)（图版 XLVIII：6）

识别特征：体长约 30.0 mm；翅展 48.0～60.0 mm。头部及胸部黑棕色杂淡褐色，足黑棕色。前翅外线与亚端线间淡褐色，基线淡褐色，只前端可见，内线淡褐色，波浪形外斜，环纹偏斜，淡褐边，外线淡褐色，锯齿形，外侧 1 列黑棕色尖齿状纹和 1 细褐线，亚端线淡褐色略呈锯齿形，端线由 1 列棕褐半月纹组成，内侧灰白色；后翅褐色；幼虫灰青色，背线白色，第 3—6 节中断，第 9 节背部有隆起，有黄色斜纹。

取食对象：柳、杨、山毛榉、栎及乌荆子等若干种蔷薇科植物。

分布：河北、黑龙江、新疆；俄罗斯，欧洲。

（674）绿组夜蛾 *Anaplectoides prasina* Schiffermüller, 1775（图 XLVIII：7）

识别特征：翅展约 47.0 mm。头部白色带黄绿色；胸部灰色杂白及黑色。前翅灰白带紫褐色，前缘区、中褶及亚中褶带黄绿色，基线、内线、外线均双线黑色，中线黑色，亚端线浅褐色，剑纹、环纹及肾纹均有黑边；后翅褐色。腹部灰褐色。雄性抱钩细而折曲，阳茎短小，无角状器。

取食对象：萹蓄、桦属、酸模属、悬钩子属。

分布：河北、黑龙江、新疆；日本，欧洲。

（675）毁秀夜蛾 *Apamea funerea* Heinemann, 1859（图版 XLVIII：8）

识别特征：翅展约 43.0 mm。头、颈板灰杂暗褐色；胸、腹部黄灰色；前翅浅褐色，基线、内线及外线均黑色，内线、外线锯齿形，剑纹暗褐色，环纹赭色，肾纹内半褐色、外半白色，中线黑色，亚端线浅黄褐色，中段内侧有黑纹；后翅浅褐色，端区暗褐色。雄性有多列冠刺。

分布：河北、黑龙江、湖北、江西、四川；俄罗斯，日本，印度，欧洲。

（676）委夜蛾 *Athetis furvula* (Hubner, 1808)（图版 XLVIII：9）

识别特征：翅展 28.0～30.0 mm。头、胸灰色杂褐色；前翅灰褐色，外区、端区褪色，基线、内线、中线及外线黑色，内线波浪形，环纹为 1 黑点，肾纹内缘白色，中线粗，外线锯齿形，齿尖为点状，亚端线白色，两侧褐色，翅外缘 1 列黑点，内侧

1 白线；后翅浅褐灰色。腹部红褐色。雄性抱钩端部分叉，阳茎有短齿形角状器丛。

分布：河北、黑龙江、辽宁、内蒙古、新疆；朝鲜，日本，欧洲。

(677) 后委夜蛾 Athetis gluteosa (Treitschke, 1835)（图版 XLVIII: 10）

识别特征：翅展 25.0～36.0 mm。头、胸及前翅浅褐灰色，前翅基线、内线褪色，后者波浪形，环纹为 1 黑褐点，肾纹小，褐色，中线暗褐色，后半波浪形，外线黑褐色锯齿形，齿尖为点状，亚端线灰白色，内侧暗褐色，翅外缘 1 列黑褐纹；后翅与腹部白色微带褐色。

取食对象：低矮草本植物。

分布：河北、黑龙江、青海、四川、西藏；蒙古，朝鲜，日本，欧洲。

(678) 朽木夜蛾 Axylia putris (Linnaeus, 1761)（图版 XLVIII: 11）

识别特征：翅展约 28.0 mm。头部浅褐杂白色，胸部及前翅赭黄色。前翅前缘区、中槽及内线内方均带褐色，中室前带有黑色，基线、内线及外线均双线黑色，后者锯齿形，亚端线部分呈褐色并有黑纵纹，剑纹黑边，环纹、肾纹微黄、黑边；后翅黄白微带褐色，翅脉黑褐色。腹部暗褐色。雄性抱器瓣窄，冠分明，抱钩端部弯而尖。

分布：河北、黑龙江、山西、新疆、湖南；朝鲜，日本，印度，欧洲。

(679) 阴卜夜蛾 Bomolocha stygiana (Butler, 1878)（图版 XLVIII: 12）

识别特征：翅展约 35.0 mm。头部棕褐色，下唇须向前平伸，第 2 节下缘饰密鳞，第 3 节端部灰色；胸部背面棕褐色，足黄灰色杂黑褐色，前足腔节外侧褐黑色。前翅外线内方为 1 黑棕色带紫色大斑块，内线浅褐色，自前缘脉外斜至中室前缘折角内斜，至亚中褶再折角外斜，外线白色，自前缘脉微曲外斜至 5 脉折角内弯，至亚中褶后内斜，环纹不显或隐约可见，亚端线灰白色，波浪形，极不明显，内侧有几个模糊黑色斑纹，顶角 1 内斜黑纹，端线黑色；后翅灰褐色，横脉纹小，暗褐色。

分布：河北、浙江、江西、西藏；朝鲜，日本。

(680) 白肾裳夜蛾 Catocala agitatrix Graeser, 1889（图版 XLVIII: 13）

识别特征：翅展 52.0～56.0 mm。头、胸褐灰色，额有黑斑，颈板灰黄色。前翅褐色带青灰色，基线黑色达亚中褶，内线黑色波浪形外斜，中线模糊褐色，肾纹白色，中有暗环，后方 1 黑边的褐灰斑，并以 1 线与外线相连，外线黑色锯齿形，亚端线灰白色锯齿形，两侧暗褐色，端线为 1 列衬白的黑点；后翅黄色，中带黑色折曲向翅基部，翅基部黑纵纹，端带黑色，后方 1 黑圆斑。腹部黄褐色，基部略灰。

检视标本：围场县：1 头，塞罕坝机械林场总场，2015-VII-20，塞罕坝考察组采。

分布：河北、黑龙江、河南；俄罗斯，日本。

(681) 苹刺裳夜蛾 Catocala bella Butler, 1877（图版 XLVIII: 14）

识别特征：翅展约 56.0 mm。头及颈板赭褐色，胸部灰棕色；前翅蓝灰带黑褐色，基线、内线黑色波浪形,肾纹褐色,边缘灰及暗褐色,外线黑色锯齿形,在 2 脉处内凹并膨大达 2 脉基部,亚端线蓝灰色,两侧黑褐色,锯齿形,端线为 1 列黑白相衬的点;后翅黄色,基部及基部区黑褐色,中带黑色,其中部外弓,端区 1 黑宽带,顶角浅黄色;腹部暗褐色。

取食对象:苹果。

检视标本:**围场县**:1 头,塞罕坝第三乡,2015-VIII-02,塞罕坝考察组采;1 头,塞罕坝林场驻地,2015-VIII-03,塞罕坝考察组采。

分布:河北、黑龙江;日本。

(682) 光裳夜蛾 *Catocala fulminea* (Scopoli, 1763)(图版 XLVIII:15)

识别特征:翅展 51.0~54.0 mm。头、胸紫灰色,头顶与颈板大部黑棕色;前翅紫灰带棕色,内线内方色暗,基线、内线及外线黑色,内线前半外侧 1 外斜灰带,肾纹灰色,外侧有几个黑齿纹,前方 1 黑棕斜条,外线在 2 脉处内凹至肾纹后,回旋成勺形,外侧 1 褐线,亚端线灰色,后半锯齿形,近顶角 1 黑棕纹,其中的翅脉黑色;后翅黄色,中带与端带黑色,后者后部窄缩。腹部褐灰色。雄性抱器瓣背缘增厚并延伸成突,右瓣的抱钩折曲,阳茎细长。

分布:河北、北京、黑龙江、吉林、浙江;俄罗斯,朝鲜,日本,欧洲。

(683) 裳夜蛾 *Catocala nupta* (Linnaeus, 1767)(图版 XLIX:1)

识别特征:体长 27.0~30.0 mm;翅展 70.0~74.0 mm。头部及胸部黑灰色,颈板中部 1 黑横线。腹部褐灰色。前翅黑灰色带褐色,基线黑色达中室基部,内线黑色双线、波浪形外斜,肾纹黑边,中有黑纹,外线黑色,锯齿形,在 2 脉内凹至肾纹后,亚端线灰白色,外侧黑褐色,锯齿形,端线为 1 列黑长点;后翅红色,中带黑色弯曲,达亚中褶,端带黑色,内缘波曲,顶角 1 白斑,缘毛白色;幼虫灰色或灰褐色,第 5 腹节 1 黄色横纹,第 8 腹节背面隆起,有 2 黑边黄纹。

取食对象:杨、柳。

检视标本:**围场县**:1 头,塞罕坝机械林场总场,2015-VII-26,塞罕坝考察组采。

分布:河北、黑龙江、新疆;朝鲜,日本,欧洲。

(684) 红腹裳夜蛾 *Catocala pacta* (Linnaeus, 1758)(图版 XLIX:2)

识别特征:翅展 43.0~48.0 mm。头与颈板灰白杂少许褐色,后者有黑褐横线,头顶有"V"形黑纹;胸部赤褐杂少许白色,后胸黑褐色。前翅赭灰色,基线、内线黑色,肾纹中间 1 黑纹,黑边,后方 1 灰斑,以 1 暗线与外线相连,外线黑色锯齿形,亚端线褐色锯齿形,端线为 1 列黑点;后翅绯红,中带黑色外弯至亚中褶,端带黑色,前宽后窄,缘毛白色。腹部背面绯红,基部、端部及腹面白色。

取食对象:柳。

分布:河北、黑龙江、新疆;蒙古,欧洲。

（685）鹿裳夜蛾 *Catocala proxeneta* Alpheraky, 1895（图版 XLIX：3）

识别特征： 翅展约 37.0 mm。头、胸灰白杂黑棕色。前翅褐灰色密布细黑点，基线、内线及外线黑色，内线波浪形外斜，肾纹中有红褐纹，前方 1 暗褐纹，后方 1 灰黄斑，外线中段 2 齿形，后半锯齿形，亚端线灰色，后半锯齿形；后翅黄色，中带与端带黑色，亚中褶 1 黑纵条伸达中带。腹部黄褐色。雄性抱器瓣端钝圆，腹缘中部凹，阳茎长，无角状器。

分布： 河北、黑龙江；蒙古。

（686）鸽光裳夜蛾 *Ephesia columbina* Leech, 1900（图版 XLIX：4）

识别特征： 翅展约 49.0 mm。头与颈板黑棕杂少许灰色；胸背暗灰微带棕色。前翅铅灰微带浅褐色，基线与外线黑色，内线灰色波浪形，外侧 1 粗黑条，肾纹黑色，后方 1 灰斑，中线黑棕色带状，肾纹外侧有几个黑齿纹，外线锯齿形，亚端线灰色，内侧黑褐色，外侧有 2 黑褐影；后翅黄色，中带与端带黑色，亚中褶有黑褐纹。腹部暗黄褐色。雄性抱器瓣背侧增厚并向端延伸成 1 突，瓣腹缘中凹，阳茎细长。

分布： 河北、河南、宁夏、浙江、湖北、四川。

（687）溶金斑夜蛾 *Chrysaspidia conjuncta* Chou & Lu, 1978（图版 XLIX：5）

识别特征： 体长约 14.0 mm，翅展约 30.0 mm。头部红褐色；胸部褐色黄带；腹部褐色。前翅褐色，大部带金色并布有褐色细点，基线暗褐色，只达中室，内线暗褐色外斜至中室，折角内斜，翅中部 1 三角形金斑，其外端微伸长，近达外线，外线、亚端线暗褐色，顶角 1 暗褐内斜纹，端线暗褐色；后翅淡褐色，臀角处略暗。

分布： 河北、黑龙江；朝鲜，日本。

（688）客来夜蛾 *Chrysorithrum amata* (Bremer & Grey, 1835)（图版 XLIX：6）

识别特征： 翅展 64.0～67.0 mm。头部与胸部深褐色，颈板端部灰黄色。前翅灰褐色，密布棕色细点，基线白色，自前缘脉外斜至中室后折角内斜至 1 脉，内线白色，自前缘脉微曲外斜至中室后折角内斜，基线与内线之间深褐色，成 1 宽带，但不达翅基部，环纹只现 1 黑色圆点，肾纹不显，中线细，外弯，前端外侧暗色，外线黄色，在 3 脉处回升至中室顶角再后行，亚端线灰白色，4 脉后明显内弯，与外线之间暗褐色，在 6 脉前具 1 斗状斑；后翅暗褐色，中部 1 橙黄曲带，顶角 1 黄斑，臀角 1 黄纹。腹部灰褐色。

取食对象： 胡枝子。

分布： 河北、内蒙古、辽宁、黑龙江、浙江、福建、山东、河南、云南、陕西；朝鲜，日本。

（689）筱客来夜蛾 *Chrysorithrum flavomaculata* (Bremer, 1861)（图版 XLIX：7）

识别特征： 翅展 50.0～53.0 mm。头、胸及前翅暗褐色。前翅基部、中区及端区带有灰色，基线灰色，外弯，自前缘脉至中室基部，翅基部区近基部1黑斑，内线灰色，自前缘脉后微波曲外斜，至中室后外凸，1脉处内凸，后端折向内前方近达1脉再内斜，基线与内线之间深棕色，环纹小，近圆形，黑色灰边，中线黑色，微曲外斜，外线灰色，在3脉处回升至中室顶再后行，亚端线灰色衬黑褐色，与外线之间棕黑色，前段似斗形，翅外缘1列黑点；后翅暗褐色，中部1橙黄大斑。腹部暗褐色带灰色。

取食对象：豆科。

检视标本：围场县：3头，塞罕坝阴河三道沟，2015-VI-27，塞罕坝考察组采；2头，塞罕坝机械林场总场，2015-VII-20，塞罕坝考察组采。

分布：河北、内蒙古、黑龙江、浙江、云南、陕西；日本。

(690) 土孔夜蛾 *Corgatha argillacea* Butler, 1879（图版 XLIX：8）

识别特征：翅展19.0 mm；头、胸、腹及前翅赤褐色。头顶1白纹，前翅基线、内线及外线暗褐色，基线外侧与内线内侧各1白纹，外线后半波浪形，前端外侧1白斑，其外方1列白点，近顶角1白纹，亚端区有细黑点，翅外缘1列黑点；后翅赤褐色，外线暗褐色，亚端区有细黑点，翅外缘1列黑点；雄性抱器瓣端部分叉，另1较短的抱器腹端突。

分布：河北、河南；朝鲜，日本。

(691) 一色兜夜蛾 *Cosmia unicolor* (Staudinger, 1892)（图版 XLIX：9）

识别特征：翅展21.0~34.0 mm。头部褐色杂灰赭色；胸部褐色杂赭黄色。前翅灰褐色，有赭黄细点，基线、内线、中线及外线褐色，内线直，中线、外线中部折角，环纹为1褐点，肾纹不清晰，内缘、外缘凹，亚端线灰色，中段外弯，翅外缘1列黑点；后翅褐色，端区色暗。腹部褐灰色。雄性抱器瓣端部窄缩成棒状，抱钩位于瓣背端，粗长而弯，阳茎粗长，1对棘形角状器。

分布：河北、黑龙江、内蒙古、陕西；俄罗斯。

(692) 白黑首夜蛾 *Craniophora albonigra* Herz, 1904（图版 XLIX：10）

识别特征：翅展32.0 mm。头、胸灰白杂暗褐色，额有黑横条，颈板有黑线，端部黑色为主，翅基片外缘黑色。前翅紫灰色带褐色，布有细黑点，基部黑点致密，基线、内线、外线均双线，亚中褶基部1黑纵纹，环纹白色黑边，中线暗褐色，内侧衬白色较宽，内线外侧暗褐色扩展至肾纹，肾纹近矩形，黄褐色，亚端线微白，外侧有齿形黑纹，在亚中褶处有黑纵纹；雄性后翅白色，端区带褐色，雌性后翅褐色。腹部灰褐色。

分布：河北、黑龙江、山西、湖北、四川；朝鲜。

(693) 女贞首夜蛾 *Craniophora ligustri* (Denis & Schiffermüller, 1775)（图版 XLIX：11）

识别特征：翅展38.0 mm。头部白色，额有黑纹；胸部黑褐色，颈板白色，有黑弧纹，翅基片有白斑。前翅暗褐，部分带灰白色，基线、内线及外线均双线黑色，中线粗，黑色，亚端线白色，环纹边线黑色具棱，肾纹大，黑边，亚端区有自窗纹；后翅白色微褐。腹部灰褐色。雄性抱器瓣宽肥，端部窄，阳茎无角状棘。

取食对象：女贞属、梣属、桤木属。

分布：河北、黑龙江；俄罗斯，日本，欧洲。

(694) 嗜蒿冬夜蛾 *Cucullia artemisiae* (Hufnagel, 1766)（图版 XLIX：12）

识别特征：翅展约 43.0 mm。头、胸暗褐杂灰色。前翅灰褐色，部分灰色，翅脉纹黑色，亚中褶 1 黑纵纹，翅基部 1 小白斑，基线、内线、中线及外线均黑色，内线、外线锯齿形，剑纹外端 1 白斑，环纹、肾纹灰色，后者后端略内凹，亚端线不清晰，锯齿形，顶角 1 灰斜纹；后翅黄白，翅脉与端区褐色。腹部褐灰色微黄。雄性抱器瓣窄长，阳茎粗，1 长棘形角状器。

取食对象：蒿属。

分布：河北、黑龙江、新疆；欧洲。

(695) 黑纹冬夜蛾 *Cucullia asteris* (Denis & Schiffermüller, 1775)（图版 XLIX：13）

识别特征：翅展约 50.0 mm。头部暗褐杂紫灰色；胸部及前翅紫灰带褐色。前翅亚中褶 1 黑线，内线双线黑色，环纹、肾纹中凹，外线仅后段可见双线，线间白色，内方 1 黑纹内伸，亚端区 4 脉前及端区 2 脉后各 1 黑纹；后翅黄白色，翅脉与端区黑褐色。雄性抱器瓣基部宽，向端渐窄。

取食对象：一枝黄花、紫菀、翠菊等属。

分布：河北、黑龙江、四川、新疆；蒙古，日本，欧洲。

(696) 蒿冬夜蛾 *Cucullia fraudatrix* Eversmann, 1837（图版 XLIX：14）

识别特征：翅展约 36.0 mm。头、胸及前翅灰褐色。前翅前缘区基部灰白色，亚中褶基部 1 黑纵纹，内线黑色，内侧衬白，外侧亦带白色，环纹、肾纹灰色，后者后端外凸，外线暗灰色波浪形，亚端线灰色，前端内侧微黑，4 脉前及 2 脉后各 1 黑纵纹穿过；后翅黄白，外半带灰褐色。腹部褐黄带灰色。

取食对象：莴苣。

分布：河北、吉林、辽宁、浙江；日本，欧洲。

(697) 富冬夜蛾 *Cucullia fuchsiana* Eversmann, 1837（图版 XLIX：15）

识别特征：翅展约 35.0 mm。头、胸及前翅白色杂褐色。前翅亚中褶基部 1 白纵纹，其中 1 黑纵纹穿过，基线仅前端现 1 黑点，内线褐色锯齿形，剑纹大，外方 1 白斑，环纹、肾纹白色黑边，外线褐色，亚端线白色，内侧有几个黑褐纹，外侧前半与后端有黑褐纹，顶角 1 白斜纹；后翅黄白，翅脉与端区褐色。腹部黄褐色。雄性抱器瓣端部向背弯。

取食对象：扫帚艾。

分布：河北、黑龙江、内蒙古、新疆、青海；蒙古，俄罗斯。

（698）碧银冬夜蛾 *Cucullia lampra* Püngeler, 1908

识别特征：翅展约 36.0 mm。头部褐色；胸部白色，颈板基部与端部及翅基片缘褐色。前翅银白色，前缘和基部各 1 灰绿纵纹，各横线为灰绿宽条，内线、外线在中脉 1 灰绿纵纹相连；后翅白色，端区褐灰色。腹部白色，基部几节赭黄色。

取食对象：蒿属。

分布：河北、黑龙江、内蒙古、新疆、西藏；日本，欧洲。

（699）贯冬夜蛾 *Cucullia perforata* Bremer, 1861

识别特征：翅展约 35.0 mm。头、胸白色杂深棕色。前翅浅紫灰色，基线黑色仅前段可见，亚中褶基部 1 黑纵线，内线、外线均双线黑色，后者双线间杂白色，环纹、肾纹褐色，前者围以白环，后者内侧后半白色，中线黑色，亚端区在 6 脉前有几个黑纹，2 脉端部后方 1 黑纵条；后翅黄白色，端区微褐。腹部褐灰色。

分布：河北、黑龙江、山东、福建；俄罗斯，朝鲜，日本。

（700）银装冬夜蛾 *Cucullia splendida* (Stoll, 1782)（图版 L：1）

识别特征：翅展 31.0~39.0 mm。头、胸白色杂暗灰色。前翅银蓝色，基部外半部土黄色，缘毛白色；后翅白色，端区带暗褐灰色。

分布：河北、内蒙古、甘肃、青海、新疆；蒙古，俄罗斯。

（701）焦毛冬夜蛾 *Mniotype adusta* (Esper, 1790)（图版 L：2）

识别特征：体长约 15.0 mm；翅展约 42.0 mm。头部及胸部暗褐色，颈板中部 1 黑横线；腹部暗褐色。前翅暗褐色杂灰色，密布黑色细点，基线双线褐色达中褶，其后 1 黑色波曲纵纹，内线双线黑色波浪形外弯，线间灰色，后端内侧 1 黑纵纹，剑纹棕色黑边，其后以 1 总线连接内线、外线，环纹及肾纹均暗褐色黑边，有灰白圈，肾纹外缘锯齿形，中线黑色锯齿形，外线黑色锯齿形，在各脉上有白点，外线外侧衬白色，亚端线灰白色，在 3、4 脉上呈外齿突，内侧各脉间有齿形黑纹，端区翅脉黑色，端线为 1 列黑点；后翅白色，向外渐带褐色，翅脉褐色，幼虫绿色带淡紫色。

取食对象：猪殃殃属、牛至属、蓍属。

分布：河北、黑龙江、青海、新疆、西藏；土耳其，欧洲等。

（702）干纹冬夜蛾 *Staurophora celsia* (Linnaeus, 1758)（图版 L：3）

识别特征：翅展约 40.0 mm；头部粉绿色，下唇须第 1、2 节褐色；胸部粉绿色。颈板端部及翅基片边缘褐色，后胸毛簇褐色；前翅粉绿色，中部 1 树干形褐色带，在中室明显向两侧凸出成锯齿形，在 1 脉后渐宽。翅基部 1 棕褐色斑，顶角、中线端部及臀角各 1 褐色三角形斑，翅外缘及缘毛棕色；后翅棕褐色，缘毛端部白色；腹部黄褐色。

分布：河北、黑龙江、内蒙古、山东、新疆；欧洲。

(703) 柳美冬夜蛾 *Xanthia icteritia* **(Hufnagel, 1766)**（图版 L：4）

识别特征：翅展约 36.0 mm。头、胸、腹及前翅浅黄色，后胸赤褐色。前翅基线、内线及外线均双线褐色波浪形，环纹及肾纹浅黄色褐边，肾纹后半有黑褐环，中线模糊暗褐色，亚端线暗褐色，间断为点列；后翅黄白色。雄性抱钩与内突均长棘形伸出瓣腹缘。

分布：河北、黑龙江、山西、陕西、新疆；日本，欧洲。

(704) 黄紫美冬夜蛾 *Xanthia togata* **(Esper, 1788)**（图版 L：5）

识别特征：体长约 12.0 mm；翅展约 33.0 mm。头部及颈板紫棕色；胸部黄色；腹部褐黄色。前翅黄色，基线紫棕色达 1 脉，外侧有三角形紫棕斑，其后端尖，后方在 1 脉前 1 小紫棕斑，内线紫棕色，间断，环纹黄色，边缘紫棕色，不完整，肾纹黄色，中有 2 紫棕点，中线紫棕色波浪形外弯，外线双线紫棕色锯齿形，中线与外线间带紫棕色，亚端线紫棕色，中段外弯，前后端内侧带紫棕色，外侧 1 列紫棕色小斑，端线为 1 列紫棕色点，缘毛紫棕色；后翅淡紫色，外线暗褐色；幼虫暗红赭色有褐斑点。

取食对象：黄华柳。

分布：河北、黑龙江、新疆；日本，欧洲，北美洲。

(705) 八纹夜蛾 *Diachrysia leonina* **(Oberthur, 1884)**（图版 L：6）

识别特征：翅展约 48.0 mm；头部棕黄色，外侧黄褐色，额及头顶棕黄色。触角基节暗黄褐色，端部黄褐色。胸部黄褐色。腹部灰白色。前翅灰褐色，基线黑褐色，两侧银灰色；前中区近前缘具 1 棕黑斑；内横线黑褐色，前 1/3 细，后 2/3 粗，色深，略呈弧形，翅内横线呈倒八字形；环纹不明显，肾纹黑褐色；外横线黑褐色，波浪形，于 R_5 和 M_1 间强外凸；亚缘线灰褐色，弱波状；缘线黄白色，内侧黑褐色；顶角尖锐，翅中部强外凸。后翅黄褐带黑，中后部具 1 褐纹。

分布：河北、吉林、陕西。

(706) 紫金翅夜蛾 *Diachrysia chryson* **(Esper, 1789)**（图版 L：7）

识别特征：体长约 21.0 mm，翅展约 42.0 mm；头部黄褐色；翅基片紫棕色，胸背中间有黄褐色毛；腹部淡黄色，前 3 节有黑褐色毛簇；前翅灰紫色，中区及外区在中室以后黑紫色带金色，基线黑色内斜，前端 1 弧，肾纹黑色，外方 1 斜方形大金斑，外线波浪形，在金斑中褐色，其后紫金色，金斑内前方前缘脉上 1 黑点，亚端线灰紫色锯齿形；后翅淡黄褐色，外半紫褐色，外线褐色；幼虫绿色，体侧 1 列白色斜纹。

取食对象：泽兰属、无花果。

分布：河北、黑龙江、浙江；朝鲜，日本，欧洲。

（707）青金翅夜蛾 *Diachrysia stenochrysis* **(Warren, 1913)**（图版 L：8）

识别特征：翅展 35.0～38.0 mm；头部棕黄色。下唇须中等长度，超过头顶，第 3 节细小。触角褐色。胸部黄褐色。前翅基线不明显，内横线褐色波状，内侧褐色；环纹褐色，边缘深褐色，肾纹褐色，边缘线深褐色；外横线前 1/2 及后 1/5 褐色，中后段金黄色；中室及中室上方、内横线与外横线间褐色；内横线与中横线间、1A+2A 以下有褐色斑纹；其余部分金黄色，具强烈金属光泽；亚缘线赭黄色，波形，在 R_5 和 M_3 处内折；亚缘线与缘线间淡黄色，缘线红褐色。后翅灰褐色。腹部灰褐色，末端褐色。

分布：河北、北京、吉林；俄罗斯，朝鲜，日本。

（708）韦氏金弧夜蛾翅夜蛾 *Diachrysia witti* **Ronkay & Behounek, 2008**

识别特征：翅展 39.0～43.0 mm；头部黄褐色；下唇须褐色，额部及头顶黄褐色。触角黄褐色，胸部黄褐色。前翅翅底深灰色，基线褐色，内横线黑褐色，基线和内横线之间灰色；环纹模糊，肾纹褐色，无楔形纹；中横线褐色；外横线浅褐色，波形；亚缘线灰褐色；顶角尖锐。后翅灰褐色，缘线黄褐色。腹部灰褐色，末端黑色。

分布：河北、北京、陕西；俄罗斯，朝鲜，日本。

（709）北方美金翅夜蛾 *Syngrapha ain* **(Hochenwarth, 1785)**（图版 L：9）

识别特征：翅展约 35.0 mm，体长约 14.0 mm；头部灰褐色。触角黄褐色；复眼灰褐色；下唇须黄褐色，第 3 节颜色较深。胸部深灰色，领片缘毛黄褐色，肩板毛簇灰褐色，背毛簇黑褐色；前胸翅基有棕黄色长毛，后胸两侧有淡黄色长毛，前翅黑色伴有蓝紫色光泽；基线黄褐色，内侧有黑点；内横线黄褐色，双线，波状；外侧带有褐色晕；中横线消失；肾纹褐色带有银色和深褐色纹，翅中部颜色最深；中室下 1 "Y" 形银白色斑纹，其上方中室内 1 卵形褐色斑纹，边缘发白；外横线褐色，双线，波状，内侧色深，外侧色浅发白；亚缘线褐色，由内向外颜色逐渐变深，强烈波状；亚缘线与缘线间灰褐色，发白；缘线边缘有白色和褐色晕纹，缘线黄褐色，双线，缘毛褐色。后翅基部和中部黄色，外缘和后缘黑褐色，缘毛黑褐色。足黄褐色，跗节有白环。腹部灰色，第 1 节背毛簇黑褐色，第 3 节背毛簇褐色。

分布：河北、黑龙江、吉林；俄罗斯，韩国，日本。

（710）灰歹夜蛾 *Diarsia canescens* **(Butler, 1878)**（图版 L：10）

识别特征：翅展 38.0～40.0 mm；头、胸红褐色；前翅黄褐色，翅脉纹黑色，基线、内线及外线均双线黑色，中线粗，剑纹仅端部现 1 黑点，环纹、肾纹黄灰色，亚端线浅黄色锯齿形，端区色暗；后翅与腹部灰褐色。

取食对象：紫云英、多种蔬菜、茶。

分布：河北、黑龙江、内蒙古、河南、湖北、江西、青海、新疆、四川；朝鲜，日本，印度，缅甸，欧洲。

（711）玫斑钻夜蛾 *Earias roseifera* Butler, 1881（图版 L：11）

识别特征：翅展 18.0～24.0 mm。头部黄绿色。触角暗褐色，有白环纹，下唇须褐色，布有白色细点；胸部背面黄绿色，下胸与足白色杂褐色。前翅黄绿色，中室端部区域红色，界线不清，大小亦有变化，翅外缘及缘毛褐色；后翅白色，微带褐色。腹部白色。

取食对象：杜鹃花。

分布：河北、黑龙江、浙江、湖北、湖南、四川；日本，越南，印度。

（712）清夜蛾 *Enargia paleacea* (Esper, 1788)（图版 L：12）

识别特征：翅展 40.0～46.0 mm。头、胸及前翅浅褐黄色，有零星红色细点。基线棕色，自前缘脉至亚中褶；内线棕色，自前缘脉外斜至亚中褶折角内斜；环纹较大，圆形，有细棕色边线；中线较粗，棕色，自前缘脉外斜至中室下角折角内斜，较模糊；肾纹浅褐黄色，后半 1 黑点，边缘黑褐色；外线棕色；亚端线不明显，中段外曲弧形，翅外缘 1 列黑棕点；后翅浅黄色。腹部黄白色。

取食对象：桦、槲。

分布：河北、黑龙江、新疆；蒙古，欧洲。

（713）麟角希夜蛾 *Eucarta virgo* (Treitschke, 1835)（图版 L：13）

识别特征：翅展约 27.0 mm。头、胸黄褐色。翅紫灰褐色，内线白色外斜，后端与外线相遇于基部，内侧衬棕色；环纹白色，斜圆形，前方 1 白纹；肾纹白色，外半略带浅红色，中室除环纹、肾纹外黑棕色；外线白色，两侧衬黑棕色，曲度与翅外缘相似，外线与肾纹间 1 模糊黑棕线；亚端线白色，端区浓褐色；后翅褐白色。雄性抱器瓣宽，左右异形，抱钩棘形，阳茎细。

分布：河北、黑龙江、内蒙古、湖北；朝鲜，日本，欧洲。

（714）齿恭夜蛾 *Euclidia dentata* Staudinger, 1871

识别特征：翅展 31.0～40.0 mm。头部与胸部赭褐色，下胸与足褐黄色。前翅棕褐色，外线外方灰黄褐色，内线为 1 深棕色外斜条，前端尖，向后渐宽，约呈三角形，其外缘后角止于 1 脉；中线棕色，自前缘脉至中室基部折角波浪形外斜；肾纹椭圆形，深棕色，外围浅褐色，外侧 1 黑棕色三角形斑；外线双线深棕色，线间黄色，自前缘脉外弯，至 6 脉后内斜 3 脉后外凸，外线后半与内线之间深棕色，外线前段外方 1 深棕色砧形板，端线深棕色，波浪形，端区色较暗，缘毛红褐色；后翅内半暗棕色，外半暗黄色，1 黑棕色亚端带，其中段较粗，端区带有暗棕色，缘毛红褐色。腹部黄色，背面暗棕色。

分布：河北、黑龙江、内蒙古；日本。

（715）东风夜蛾 *Eurois occulta* (Linnaeus, 1758)（图版 L：14）

识别特征：翅展 53.0～57.0 mm。头、胸灰色杂褐色。前翅灰白色带褐并密布细黑点，基部1小黑斑，亚中褶基部1黑纵纹，基线、内线及外线均双线黑色，剑纹、环纹及肾纹白色黑边，肾纹中有黑环，外线锯齿形，双线间白色，亚端线白色，内侧1列黑楔形纹，端线为1列黑点；后翅褐色，缘毛白色。腹部褐灰色。雄性抱器瓣背缘近端部强凹，抱钩指状微弯。

取食对象：报春、蒲公英等属。

分布：河北、黑龙江。

（716）清文夜蛾 *Eustrotia candidula* **(Denis & Schiffermüller, 1775)**

识别特征：翅展约20.0 mm。头、胸白色杂少许褐色。前翅白色，基线、内线及外线均双线黑色，基线外侧1大黑褐斑，内线后端内侧有黑褐纹，环纹为2黑点，肾纹灰色白边，周围有小黑斑，内侧1褐斜条伸至前缘脉，外侧及前方亦褐色，外线锯齿形，外侧6脉处1黑斑，亚端区1浅褐带，前宽后窄，波曲，前缘有白斑点，端线为1列黑点；后翅浅褐色，外线褐色。

分布：河北、黑龙江、新疆；蒙古，朝鲜，日本，土耳其，欧洲。

（717）白边切夜蛾 *Euxoa oberthuri* **(Leech, 1900)**（图版L：15）

识别特征：翅展约40.0 mm。头、胸及前翅褐色，前翅中区和端区色暗，前缘区浅褐灰色，基线、内线双线黑色，线间黄白，剑纹三角形，环纹、肾纹灰色，两纹间黑色，外线黑色，亚端线浅褐色，前端及中段内侧有锯齿形黑纹；后翅浅褐色，端区色暗。腹部黑褐色。雄性抱钩发达，阳茎粗，无角状器。

取食对象：粟、高粱、玉米、大豆、甜菜。

分布：河北、黑龙江、吉林、内蒙古、四川、云南、西藏；朝鲜，日本。

（718）梳跗盗夜蛾 *Hadena aberrans* **(Eversmann, 1856)**（图版LI：1）

识别特征：翅展约30.0 mm。头部褐色，颈板及胸背白色微带褐色。前翅乳白色，内线内侧及外线外侧带有褐色，基线黑色只达亚中褶，内线双线黑色波浪形，剑纹黑边，环纹斜圆形，白色黑边，中间大部褐色，后端开放，肾纹白色，中有黑曲纹，黑边，内缘黑色较向内扩展，后端外侧1黑斑达外线，外线双线黑色锯齿形，亚端线白色，微波浪形，内侧第3—5脉间有2齿形黑点；后翅与腹部浅褐色。

分布：河北、黑龙江、山东、陕西；日本。

（719）网夜蛾 *Heliophobus reticulata* **(Goeze, 1781)**（图版LI：2）

识别特征：翅展约40.0 mm。头、胸褐色杂灰、黑色。前翅暗褐色，翅脉纹白色，各横线白色，基线两侧黑色，环纹斜，中间黑色，外围白圈，肾纹中间有黑扁圈，白边；剑纹大，黑边，外线两侧衬黑，波浪形，亚端线内侧1列黑齿纹；后翅浅褐，端区色暗。腹部褐色。

取食对象：麦瓶草、酸模、报春等。

分布：河北、内蒙古、青海、新疆、湖南、西藏；蒙古，欧洲。

（720）苜蓿夜蛾 *Heliothis viriplaca* (Hufnagel, 1766)（图版 LI：3）

识别特征：体长 14.0~16.0 mm；翅展 25.0~38.0 mm。头部及胸部淡灰褐色微带霉绿色；腹部淡灰褐色，各节背面有微褐横条。前翅淡黑褐色微带霉绿色，内线细弱，褐色，环纹由中间 1 棕色的及外围 3 棕点形成，肾纹大，较棕黑，中间 1 新月形纹及 1 圆点，外围几个黑点，中线在肾纹外微外凸，然后内斜，暗褐色带状，外线与亚端线间为 1 暗色带，内侧不明显，前端较黑，外侧锯齿形，在各脉间为黑点，端线为 1 列黑点，缘毛基部微黑；后翅淡褐黄色，横脉较大，黑色，端区 1 宽黑带，其内缘在第 2、3 脉间及亚中褶处各成 1 内齿突，外缘在第 2—4 脉间 1 淡黄色曲纹；幼虫头部青色或黄色或粉红色，有褐色点，身体青色到褐色带粉红，背线暗，亚背线白色暗边，气门线不分成细条，气门中间黄色，边缘色较深。

取食对象：棉、苜蓿、柳穿鱼、矢车菊、芒柄花。

分布：河北、黑龙江、新疆、江苏、云南；日本，印度，缅甸，叙利亚，欧洲。

（721）蛮夜蛾 *Helotropha leucostigma* (Hübner, 1808)（图版 LI：4）

识别特征：体长 19.0~21.0 mm；翅展 41.0~48.0 mm。头部及胸部红褐色，跗节有淡褐白斑；腹部黄褐或灰褐色；毛簇端部黑褐色或灰白色。前翅红褐色至暗紫褐色，基线双线褐色，波浪形，内线双线褐色，波浪形外斜；剑纹褐边，环纹有微黄圈及褐色边，斜椭圆形；肾纹黑褐色，中间明显淡黄色，边缘淡黄色，细弱；中线褐色，粗，锯齿形，外线双线褐色，锯齿形，齿尖在各脉上为褐点或白点，亚端线淡褐黄色，外侧明显深褐色，端线为 1 新月形黑点，缘毛基部亮赭色；后翅淡褐色；幼虫暗灰褐色，背线、亚背线淡而细，斑点微黑，头暗褐色，前胸盾黑色，臀板边缘隆起。

取食对象：玉米、黄菖蒲等。

分布：河北、黑龙江、新疆、浙江；朝鲜，日本，欧洲。

（722）黑肾蜡丽夜蛾 *Kerala decipiens* (Butler, 1879)（图版 LI：5）

识别特征：翅展 36.0~40.0 mm。头、胸灰色带浅褐色。前翅灰白带霉绿色，前半带紫褐色，各翅脉及前缘区有浅褐点列，内线褐色带状，后半分为二支，肾纹黑色新月形，外线黑色微弱，亚端线黑色锯齿形，缘毛紫红杂白色；后翅污白，端区前半带褐色。腹部浅褐灰色。

检视标本：围场县：3 头，塞罕坝第三乡林场，2015-VIII-27，塞罕坝考察组采。

分布：河北、黑龙江、内蒙古、河南、湖南、四川；俄罗斯，日本。

（723）瘠粘夜蛾 *Leucania pallidior* (Draudt, 1950)（图版 LI：6）

识别特征：翅展 28.0~30.0 mm。头部及胸部黄白色杂黑灰色。前翅淡褐色，翅脉白色，衬以暗灰色，各翅脉间有暗灰纵纹，内线仅前缘脉及亚中褶处各 1 黑点，中室下角 1 黑点，外线仅前缘脉及 2 脉中部各 1 黑点，顶角 1 内斜纹，其外后为 1 倒三角形暗灰区；后翅污褐色。腹部暗褐色。

分布：河北、湖南、云南。

（724）黏虫 *Leucania separata* (Walker, 1865)（图版 LI：7）

识别特征：翅展 36.0~40.0 mm。头、胸灰褐色。前翅灰黄褐色、黄色或橙色，内线只现几个黑点，环纹、肾纹褐黄色，后者后端 1 白点，其两侧各 1 黑点，外线为 1 列黑点，亚端线自顶角内斜至第 5 脉，翅外缘 1 列黑点；后翅暗褐色。腹部暗褐色。雄性抱器瓣腹侧强凸，冠发达，有较长柄，阳茎有针形角状器丛。

取食对象：稻、麦、高粱、玉米。

分布：全国广布（除新疆外）；印度尼西亚，澳大利亚，古北界东部。

（725）绒粘夜蛾 *Leucania velutina* Eversmann, 1846（图版 LI：8）

曾用名：寡黏虫。

识别特征：体长约 20.0 mm；翅展约 46.0 mm。头部及胸部灰褐色；腹部淡褐色。前翅淡灰褐色，翅脉白色，除前缘区外，各脉间带有黑褐色，亚端线以外带黑色，亚中褶基部 1 黑纵纹，其中间 1 淡褐线，后方在第 1 脉后另具 1 黑纹，横脉纹周围黑色，外线为 1 列黑色锯齿形斑，前后端不显，亚端线外侧 1 列锯齿形黑斑，端线黑色；后翅褐色。

分布：河北、黑龙江、内蒙古、新疆；蒙古，俄罗斯。

（726）平影夜蛾 *Lygephila lubrica* (Freyer, 1842)（图版 LI：9）

识别特征：翅展约 43.0 mm。头部黑色，下唇须灰色，第 2 节下缘饰浓密长毛，第 3 节短，端部尖；胸部背面灰色，颈板黑色，足跗节外侧黑褐色，各节间有灰色斑。前翅灰色，密布黑褐色细纹，外线外方带褐色，内线粗，有间断，后段细，黑色，略外斜；肾纹褐色，边缘有一些黑点；中线模糊，褐色，自前缘脉外斜至中室前缘，在中室不显，中室后微内弯；外线不明显，褐色，自前缘脉外弯，3 脉后内弯；亚端线灰色，自前缘脉内斜，第 2—5 脉间外弯，前段内侧色暗，翅外缘 1 列黑点；后翅黄褐色，端区黑褐色似带状。腹部灰色杂有少许黑色。

分布：河北、内蒙古、山西、陕西、新疆；蒙古。

（727）土夜蛾 *Macrochthonia fervens* Butler, 1881（图版 LI：10）

识别特征：翅展 31.0~40.0 mm。头部与胸部红褐色，下胸微白，足褐色，跗节各节间有白环。前翅红褐色微带紫色并布有暗褐细点，基线褐色内斜，自前缘脉至 1 脉，内线褐色，自前缘脉内斜至中室基部折向外再内斜，中线褐色，自前缘脉微曲内斜至中室基部，外线褐色，自前缘脉外斜至 8 脉折角内斜，后半与内线平行，亚端线褐色，波浪形，有间断，在中褶处内凹，在亚中褶处外凸近达翅外缘，翅外缘 1 列黑点，外缘近顶角处凹；后翅黄白色。腹部白色，背面带褐色。

分布：河北、黑龙江、江苏、浙江、湖北、江西；日本。

（728）白肾灰夜蛾 *Melanchra persicariae* (Linnaeus, 1761)（图版 LI：11）

识别特征：体长 16.0~17.0 mm；翅展 39.0~40.0 mm。头部及胸部黑色，跗节有白斑；腹部褐色。前翅黑色带褐色，基线、内线均双线黑色，波浪形，环纹黑边，肾纹明显白色，中间 1 褐曲纹，中线黑色，外线双线黑色锯齿形，亚端线灰白色，内侧 1 列黑色锯齿形纹，端线为 1 列黑点；后翅白色，翅脉及端区黑褐色，亚端线淡黄色，仅后半明显；幼虫绿色至褐色，背线白色，有两列斜暗斑横行，气门线白色。

取食对象：低矮草本植物，但秋季也为害柳、桦、楸等木本植物。

分布：河北、黑龙江、四川；俄罗斯，日本，欧洲。

（729）蒙灰夜蛾 *Polia bombycina* (Hufnagel, 1766)（图版 LI：20）

识别特征：翅展约 50.0 mm。头、胸及前翅褐色带灰色。前翅中室微带红褐色，基线、内线及外线均双线黑色，基线、内线波浪形，外线锯齿形，线间灰色，剑纹小，环纹、肾纹大，后者后端较内凹，中线暗褐色波浪形，亚端线灰色，在第 3、4 脉处成外齿突，线内侧有黑纹；后翅黄褐色。腹部灰褐色。

取食对象：苦苣菜、蓼、蓍等属植物。

分布：河北、黑龙江、内蒙古、山东、青海、新疆；蒙古，朝鲜，日本，欧洲。

（730）灰夜蛾 *Polia nebulosa* (Hufnagel, 1766)（图版 LI：13）

识别特征：翅展约 50.0 mm。头、胸、前翅灰白色杂褐色。前翅布有细黑点，基线、内线及外线均双线黑色，基线、内线波浪形，外线锯齿形，剑纹黑灰色，环纹、肾纹黄白色，亚端线黄白色，锯齿形，内侧衬黑色；后翅浅褐色。腹部灰黄色。雌雄左右抱器腹异形，一为长方形，另一为锯齿形，冠分明，抱钩斜行。

取食对象：桦、柳、榆属。

分布：河北、黑龙江、山西、甘肃、青海、新疆；蒙古，朝鲜，日本，欧洲。

（731）锯灰夜蛾 *Polia serratilinea* Ochsenheimer, 1816（图版 LI：14）

识别特征：翅展约 42.0 mm。头部灰色杂褐色；胸部褐色。前翅灰色带赭褐色，基线双线黑褐色波浪形，内线、中线及外线黑褐色，内线、中线波浪形，外线锯齿形，齿尖为灰点，剑纹褐色，环纹、肾纹大，后者内侧 1 白点，外侧 2 白点，亚端线浅灰色锯齿形，内侧 1 列黑齿纹；后翅白色带褐色，翅脉及端区褐色；腹部灰褐色。

取食对象：春福寿草。

分布：河北、新疆；欧洲。

（732）色孔雀夜蛾 *Nacna prasinaria* (Walker, 1865)（图版 LI：15）

识别特征：翅展约 32.0 mm。头、胸、前翅肉色，额白色。前翅基部有 2 红褐纹，后端黑色，内线、中线间带黑色，形成 1 斜宽带，中部间断，环纹褐色，肾纹白色，亚端线白色，前端有三角形黑纹，线内侧有黑点，外侧 1 黑斑；后翅白色。

腹部褐色。

分布：河北、四川、云南。

（733）银钩夜蛾 *Panchrysia dives* (Eversmann, 1844)（图版 LII：1）

曾用名：黄裳银钩夜蛾。

识别特征：翅展 28.0~34.0 mm，体长约 15.0 mm；头部黄褐色；下唇须黄褐色，第 3 节较长。触角黄褐色，基节白色。胸部黄褐色，领片黄褐色，肩板及背毛簇黄褐色带棕色，胸部两侧具黄色长毛簇。前翅黑褐色，基线双线，银色；内横线银色；环纹银色，金属闪光；肾纹银色，内部填充黑色；楔形纹由 2 分离较远的椭圆形银斑组成；外横线褐色，波状；亚缘线银白色，后半段 2A+3A 上方及臀角近基部有银色斑纹，有金属闪光。后翅基部黑色，中部橙黄色，外缘 1 黑褐色宽带。足黄褐色。腹部黄褐色，末端黄色。

分布：河北、山西、宁夏、青海；蒙古，俄罗斯，欧洲，北美洲。

（734）印铜夜蛾 *Polychrysia moneta* (Fabricius, 1787)（图版 LII：2）

识别特征：体长约 17.0 mm；翅展约 36.0 mm。头部白色，额有褐鳞，下唇须第 3 节大部黑色；胸部黄白色，颈板、翅基片及毛簇端部均有淡褐色边缘；腹部灰白色。前翅灰褐色带银白色，基线与内线均双线褐色，环纹大，与后方 1 白斑相连成 1 椭圆形银白大斑，中线深褐色，在中室后直线内斜，肾纹小，外线双线褐色，亚端线前段深褐色，其后弱，端线深褐色；后翅淡灰褐色，翅脉褐色。

分布：河北、黑龙江、内蒙古；蒙古，俄罗斯，欧洲。

（735）宽胫夜蛾 *Protoschinia scutosa* (Denis & Schiffermüller, 1775)（图版 LII：3）

识别特征：翅展 31.0~35.0 mm。头、胸灰棕色。前翅灰白色，基线、内线及亚端线黑色，剑纹大，环纹、肾纹褐色，后者中间 1 浅褐纹，外线与亚端线间具 1 曲带，黑褐色；后翅黄白色，端带黑褐色，横脉纹明显。腹部灰褐色。

取食对象：艾属、藜属。

分布：河北、内蒙古、山东；朝鲜，日本，印度，欧洲，美洲。

（736）波莽夜蛾 *Raphia peusteria* Püngeler, 1907

识别特征：翅展 34.0~36.0 mm。头、胸及前翅灰白杂黑色。前翅内、外线黑色，后者双线，中室外半黄白，亚端线灰色；后翅白色，亚中褶端部有黑斑，其中 1 白纹。腹部褐黑杂灰色。雄性抱钩横向，阳茎短粗。

分布：河北、青海；俄罗斯。

（737）陌夜蛾 *Trachea atriplicis* (Linnaeus, 1758)（图版 LII：4）

识别特征：翅展约 50.0 mm。头、胸黑褐色。前翅棕褐带铜绿色，基线、内线、中线及外线黑色，中线、外线后端相遇，环纹黑色有绿环，后方 1 戟形白纹，肾纹绿色带黑灰，有绿环，后方 1 黑三角形斑，亚端线绿色，与外线间另 1 黑褐线；后翅白色，外半暗褐色，2 脉端 1 白纹。腹部暗灰色。雄性抱钩折曲，阳茎小。

分布：河北、黑龙江、江西、湖南、福建；日本。

(738) 劳鲁夜蛾 *Xestia baja* (Denis & Schiffermüller, 1775)（图版 LII：5）

识别特征：翅展约 35.0 mm。头部浅褐灰色；胸部褐色。前翅黄褐带紫灰色，基线、内线及外线均双线黑色，后者锯齿形，外 1 线在翅脉上为双黑点，环纹、肾纹大，亚端线浅灰或浅黄色；后翅赭黄色。雄性抱器腹端突后另 1 小突，抱钩短，阳茎 1 粗壮角状器。

取食对象：柳、山楂、桦、报春等属及多种草本植物。

分布：河北、内蒙古、山西、新疆；欧洲。

(739) 八字地老虎 *Xestia c-nigrum* (Linnaeus, 1758)（图版 LII：6）

识别特征：翅展 29.0～36.0 mm。头、胸褐色。前翅灰褐带紫色，前缘区中段浅褐色，基线、内线及外线均双线黑色，环纹宽"V"字形，亚端线浅黄色，内侧微黑，前端有 2 黑齿形斜条；后翅黄白微带褐色。腹部褐色带紫。雄性抱钩端部折曲，阳茎腹端 1 齿突。

取食对象：禾谷类、柳、葡萄。

分布：全国广布；朝鲜，日本，印度，锡兰，欧洲，北美洲。

(740) 东方兀鲁夜蛾 *Xestia ditrapezium orientalis* (Strand, 1916)（图版 LII：7）

识别特征：翅展约 41.0 mm；头、胸及前翅浅紫棕色。前翅基部和端部微带黑色，基线、内线和外线均双线黑色，剑纹不明显，环纹、肾纹浅褐黄色，环纹斜窄，亚端线浅褐色呈波浪形；后翅浅赭黄色。腹部褐色。雄蛾抱钩微弯，端尖，阳茎腹侧近端部具 1 齿突。

分布：河北、黑龙江、吉林、内蒙古、新疆、四川；日本。

(741) 褐纹鲁夜蛾 *Xestia fuscostigma* (Bremer, 1861)

识别特征：翅展约 35.0 mm。头、胸及前翅紫褐色，翅脉纹微黑，基线、内线及外线均双线黑棕色，中线仅前端现 1 黑棕纹，亚端线浅褐色，内侧前缘脉上有 2 黑齿纹，中段有几个黑棕点，环纹、肾纹紫灰褐色，中室大部黑棕色，并向后扩展；后翅及腹部浅褐黄色，前者端区色暗。雄性抱钩短小，阳茎细小。

分布：河北、黑龙江、河南、陕西、湖南；俄罗斯，日本。

98. 天蛾科 Sphingidae

(742) 榆绿天蛾 *Callambulyx tatarinovi* (Bremer & Grey, 1853)（图版版 LII：8）

识别特征：翅长 35.0～40.0 mm。翅面绿色，胸部背面黑绿色。前翅前缘顶角 1

较大的多角形深绿色斑，中线、外线间连成 1 深绿色斑，外线成 2 条弯曲的波状纹；翅的反面近基部淡红色；后翅红色，基部白色，外缘淡绿，后角上有深色横条；翅反面黄绿色。腹部背面粉绿色，各节基部有棕黄色横纹 1 条。

取食对象：榆、刺榆、柳。

检视标本：围场县：3 头，塞罕坝大唤起驻地，2015-VI-03，塞罕坝普查组采；1 头，塞罕坝林场驻地，2015-VI-27，塞罕坝普查组采。

分布：河北、东北、山西、山东、河南、宁夏；俄罗斯，朝鲜，日本。

（743）深色白眉天蛾 *Hyles gallii* (Rottemburg, 1775)（图版 LII：9）

识别特征：翅长 35.0～43.0 mm；体翅墨绿色，头及肩板两侧有白色绒毛。触角棕黑色，端部灰白色；胸部背面褐绿色。腹部背面两侧有黑白色斑。腹部腹面墨绿色。节间白色；前翅前缘墨绿色，翅基有白色鳞毛，自顶角至后缘近基部有污黄色斜带，亚外缘线至外缘呈灰褐色带；后翅基部黑色，中部有污黄色横带，横带外侧黑色，外缘线黄褐色，缘毛黄色，后角内有白斑，斑的内侧有暗红色斑；前翅、后翅反面灰褐色，前翅中室及后翅中部横线及后角呈黑色，翅中部有污黄色近长三角形大斑。

取食对象：猫儿眼。

检视标本：围场县：3 头，塞罕坝机械林场总场，2015-VII-11，塞罕坝普查组采；1 头，塞罕坝第三乡，2015-VIII-02，塞罕坝普查组采。

分布：河北、北京、黑龙江、内蒙古；朝鲜，日本，印度，大西洋。

（744）松黑天蛾 *Hyloicus caligineus sinicus* Rothschild & Jordan, 1903（图版 LII：10）

识别特征：翅长 30.0～37.0 mm。体翅灰褐色，颈板及肩板呈棕褐色线；腹部背线及两侧有棕褐色纵带。前翅内横线及外横线不明显，中室附近有倾斜的棕黑色条纹 5 条，顶角下方 1 向后倾斜的黑纹；后翅棕褐色，缘毛灰白色。前翅反面灰褐色，近前缘部位色略浅；中室前缘及其前方有不甚明显的灰黑色纵纹；后翅灰黄色，脉纹处色偏深。

取食对象：松树。

检视标本：围场县：4 头，塞罕坝机械林场总场，2015-VII-20，塞罕坝普查组采；1 头，塞罕坝林场驻地，2015-VI-03，塞罕坝普查组采。

分布：河北、北京、黑龙江、上海；俄罗斯，日本。

（745）黄脉天蛾 *Laothoe amurensis* (Staudinger, 1892)（图版 LII：11）

识别特征：翅长 40.0～45.0 mm。体翅灰褐色。翅上斑纹不明显，内线、中线、外线棕黑色波状，外缘自顶角到中部有棕黑色斑，翅脉被黄褐色鳞毛，较明显；后翅颜色与前翅相同，横脉黄褐色明显。

取食对象：马氏杨、小叶杨、山杨、桦树、椴树、梣树。

检视标本：围场县：1 头，塞罕坝机械林场总场，2015-VII-04，塞罕坝普查组采。

分布：河北、北京、天津、东北、内蒙古、山西、新疆；俄罗斯，日本。

(746) 小豆长喙天蛾 *Macroglossum stellatarum* (Linnaeus, 1758)（图版 LII：12）

识别特征：翅长 22.0～25.0 mm。体翅暗灰褐色，下唇须及胸部腹面白色。腹部暗灰色，两侧有白色及黑色斑，尾毛棕色扩散为刷状。前翅内线及中线弯曲棕黑色，外线不甚明显，中室上 1 黑色小点，缘毛棕黄色；后翅橙黄色，基部及外缘有暗褐色带，翅的反面前大半暗褐色，后小半橙色。

取食对象：茜草科、小豆、蓬子菜、土三七等。

检视标本：围场县：1 头，塞罕坝机械林场总场，2015-VIII-18，塞罕坝普查组采；1 头，塞罕坝大唤起德胜沟，2015-VI-02，塞罕坝普查组采；1 头，塞罕坝第三乡林场，2015-VIII-20，塞罕坝普查组采。

分布：河北、山西、吉林、辽宁、内蒙古、山东、河南、甘肃、青海、新疆、江苏、湖北、湖南、广东、海南、四川；朝鲜，日本，越南，印度，欧洲，非洲。

(747) 梨六点天蛾 *Marumba gaschkewitschi complacens* (Walker, 1865)（图版 LII：13）

识别特征：翅长 45.0～50.0 mm。体翅棕黄色。触角棕黄色；胸部及腹部背线黑色，腹面暗红色。前翅棕黄色，各横线深棕色，弯曲度大，顶角下方有棕黑色区域，后角有黑色斑，中室端有黑点 1 个，自亚前缘至基部呈棕黑色纵带；后翅紫红色，外缘略黄，后角有黑斑 2 个，缘毛白色；前翅、后翅反面暗红至杏黄色；前翅前缘灰粉色，各横线明显。

取食对象：梨、桃、苹果、枣、葡萄、杏、李、樱桃、枇杷。

检视标本：围场县：1 头，塞罕坝大唤起驻地，2015-VI-01，塞罕坝普查组采。

分布：河北、江苏、浙江、湖北、湖南、海南、四川。

(748) 枣桃六点天蛾 *Marumba gaschkewitschi* (Bremer & Grey, 1853)（图版版 LII：14）

识别特征：翅长 40.0～55.0 mm。体翅黄褐至灰紫褐色。触角淡灰黄色；胸部背板棕黄色，背线棕色。前翅各线之间色略深，近外缘部分黑褐色，边缘波状，基部部分色略深。近后角处有黑色斑，其前方 1 黑点；后翅枯黄至粉红色，翅脉褐色，近后角部位有黑斑 2 个。前翅反面基部至中室呈粉红色，外线与亚端线黄褐；后翅反面灰褐，各线棕褐色，后角色较深。

取食对象：桃、枣、樱桃、苹果、梨、杏、李、葡萄、枇杷及海棠等。

检视标本：围场县：2 头，塞罕坝林场驻地，2015-VI-27，塞罕坝普查组采。

分布：河北、山西、山东、河南。

(749) 白环红天蛾 *Pergesa askoldensis* (Oberthür, 1879)（图版版 LII：15）

识别特征：翅长约 25.0 mm。体赤褐色，从头至肩板四周有灰白色毛，颈的基部毛白色；腹部两侧橙黄色，各节间有白色环纹。前翅狭长，橙红色，内横线不明显，中线较宽呈棕绿色，外线呈较细的波状纹，顶角1向外倾斜的棕绿色斑，外缘锯齿形，各脉端部棕绿色；后翅基部及外缘棕褐色，中间有较宽的橙黄色纵带，后角向外凸出。

取食对象：山梅花、紫丁香、秦皮、梣皮、葡萄、鼠李。

检视标本：围场县：1头，塞罕坝机械林场总场，2015-VII-04，塞罕坝普查组采。

分布：河北、黑龙江；俄罗斯，朝鲜，日本。

（750）紫光盾天蛾 *Phyllosphingia dissimilis* Bremer, 1861（图版 LIII：1）

识别特征：翅长 55.0~60.0 mm。外部斑纹与盾天蛾相同，只是全身有紫红色光泽，越是浅色部位越明显；前翅及后翅外缘齿较深；后翅反面有白色中线，明显。

取食对象：核桃、山核桃。

分布：河北、北京、黑龙江、山东、华南、贵州；日本，印度。

（751）杨目天蛾 *Smerithus caecus* Ménétriés, 1857（图版 LIII：2）

识别特征：翅长 30.0~35.0 mm。胸部背板棕褐色；腹部两侧有白色纹。翅红褐色，前翅内线、中线及外线棕褐色，中室上有灰白色细长斑，下有棕褐色斑1块，后角有橙黄色斑1块，顶角有棕黑色三角形斑，后翅暗红色，后角有棕黑色"目"形斑，斑的中间有2灰粉色弧形纹。后足胫节无端距。

取食对象：白杨、赤杨、柳。

检视标本：围场县：3头，塞罕坝机械林场总场，2015-VII-04，塞罕坝普查组采；1头，塞罕坝林场驻地，2015-VI-27，塞罕坝普查组采。

分布：河北、黑龙江、吉林；俄罗斯，日本。

（752）红节天蛾 *Sphinx ligustri* (Linnaeus, 1758)（图版 LIII：3）

识别特征：翅长 40.0~45.0 mm。头灰褐色，颈板及肩板外侧灰粉色；胸部背面棕黑色，后胸背有成丛的黑基白梢鳞毛；腹部背线成较细的黑纵条，各节两侧前半部粉红色，后半有较狭的黑色环，腹面白褐色。前翅基部色淡，内线及中线不明显，外线呈棕黑波状纹，中室有较细的纵横交叉黑纹；后翅烟黑色，基部粉褐色，中间有较宽的浅粉色宽带；前翅、后翅反面黄褐色，中间1黑色斜带，斜带下方粉褐色。

取食对象：水蜡树、丁香、梣皮、山梅、橘子。

分布：河北、北京、天津、东北、内蒙古、山西；朝鲜，日本，欧洲，非洲。

（753）雀纹天蛾 *Theretra japonica* (Boisduval, 1869)（图版 LIII：4）

识别特征：翅长 34.0~37.0 mm。体绿褐色；头部及胸部两侧有白色鳞毛，背部中间有白色绒毛，背线两侧有橙黄色纵条。触角背面灰色，腹面棕黄色；腹部背线棕褐色，两侧有数条不甚明显的暗褐色条纹，各节间有褐色横纹，两侧橙黄色，腹面粉褐色。前翅黄褐色，基部中部白色，顶角达基部方向有6暗褐色斜条纹，上面1条最明显，第3条与第4条之间色较淡，中室端1小黑点；后翅黑褐色，后角附近有橙灰色三角斑，外缘灰褐色。

取食对象：葡萄、野葡萄（蘡薁）、常春藤、白粉藤、爬山虎、虎耳草、绣球花。

分布：全国广布；俄罗斯，朝鲜，日本。

99. 大蚕蛾科 Saturniidae

(754) 丁目大蚕蛾 *Aglia tau* (Linnaeus, 1758)（图版 LIII：5）

识别特征：翅长 32.0～36.0 mm，体长 20.0～25.0 mm。头污黄色，雄触角双栉形，黄褐色，雌齿栉形，色略深；胸部浓棕褐色。腹部色浅，背线及各节间色略深；体、翅茶褐色。前翅内线及中线略深于体色，内线内侧有灰白色条纹；中室端有桃形黑色眼斑，斑内中间有白色半透明"丁"形纹，顶角内侧有灰褐色斑；后翅基部色略深，外线暗褐色呈弓形，外侧灰白色，近顶角处有灰白色斑，中室端的眼形纹大于前翅，丁字形纹也更明显；前、后翅的反面呈霉纸色，前翅顶角1大白斑；后翅中室的眼形斑上的黑圈不见；翅的中部毛1棕褐色区，外线白色，顶角有白斑。

取食对象：桦、栎、山毛榉、桤木、椴、榛。

分布：河北、东北、陕西；俄罗斯，朝鲜，日本。

100. 箩纹蛾科 Brahmaeidae

(755) 黄褐箩纹蛾 *Brahmaea certhia* Fabricius, 1793（图版 LIII：6）

识别特征：翅展 110.1～110.6 mm。前翅中带由 10 长卵形横纹组成，中带内侧为 7 波浪纹，褐色间棕色，翅基菱形，棕底褐边，中带外侧为 6 箩筐编织纹，浅褐间棕色，翅顶淡褐色有 4 灰白间断的线点，外缘浅褐，1 列半球形灰褐斑；后翅中线白色，中线内侧棕色，外侧有 8 箩筐纹，外缘褐间黑色。头部及胸部棕色褐边。腹部背面棕色。

分布：河北、北京、天津、黑龙江、内蒙古、山西、河南、浙江、湖北、江西、湖南。

101. 枯叶蛾科 Lasiocampidae

(756) 杉小枯叶蛾 *Cosmotriche lobulina* (Denis & Schiffermüller, 1775)（图版 LIII：7）

曾用名：杉小毛虫。

识别特征：体长雄性 12.0～16.0 mm，雌性 16.0～22.0 mm；翅展雄性 32.0～36.0 mm，雌性 34.0～50.0 mm。体色由灰褐到焦褐色。前翅中室端斑点呈银白色新月状，内横线较斜直，内侧衬灰白色线纹，外横线呈波曲状，前端呈弧形弓出，外侧衬以灰白色线纹，中线、外线间形成黑褐色宽带。亚外缘斑列仅上、下两端较明显，后翅中间呈淡色斑纹。翅基片呈灰白色长毛，后翅中间具淡色斑纹。大兴安岭部分个体呈黑褐色。触角黄褐色。腹部、后翅色泽略淡，前翅横带内侧至翅基及外侧至亚外缘斑列四周散布白霜样鳞片，横带颜色均匀。

取食对象：兴安落叶松、怒江红杉、川滇冷杉、臭冷杉、红皮云杉。

分布：河北、东北；蒙古，俄罗斯，朝鲜，日本，欧洲。

（757）落叶松毛虫 *Dendrolimus superans* (Butler, 1877)（图版 LIII：8）

识别特征：体长雄性 25.0～35.0 mm，雌性 28.0～38.0 mm；翅展雄性 57.0～72.0 mm，雌性 69.0～85.0 mm。体色由灰白到灰褐。前翅外缘较直，中横线与外横线间距离较外横线与亚外缘线间距离为阔。

取食对象：红松、兴安落叶松、黄花松、臭冷杉、红皮云杉、长白鱼鳞松、獐子松等。

检视标本：围场县：1头，塞罕坝第三乡，2015-VIII-02，塞罕坝考察组采。

分布：河北、北京、东北、内蒙古、山东、新疆；俄罗斯，朝鲜，日本。

（758）杨褐枯叶蛾 *Gastropacha populifolia* (Esper, 1784)（图版 LIII：9）

识别特征：翅展雄性 38.0～61.0 mm，雌性 54.0～96.0 mm。体翅黄褐色。前翅窄长，内缘短，外缘呈弧形波状，前翅呈5条黑色断续的波状纹，中室端呈黑褐色斑；后翅有3明显的黑色斑纹，前缘橙黄色，基部浅黄色；前、后翅散布有少数黑色鳞毛。体色及前翅斑纹变化较大，呈深黄褐色、黄色等，有时翅面斑纹模糊或消失。

取食对象：杨、旱柳、苹果、梨、桃、樱桃、李、杏、栎、柏、核桃。

检视标本：围场县：1头，塞罕坝机械林场总场，2015-VII-20，塞罕坝考察组采。

分布：河北、北京、黑龙江、辽宁、内蒙古、山西、山东、河南、陕西、甘肃、青海、江苏、安徽、浙江、湖北、江西、湖南、广西、四川、云南；俄罗斯，朝鲜，日本，欧洲。

（759）北李褐枯叶蛾 *Gastropacha quercifolia cerridifolia* (C. & R. Felder, 1862)（图版 LIII：10）

识别特征：翅展雄性 40.0～68.0 mm，雌性 50.0～92.0 mm。体翅有黄褐色到褐色。触角双栉状，灰黑色；下唇须前伸，蓝黑色。前翅相对宽圆，中部有3波状横线，外线色淡，内线呈弧状黑褐色，中室端黑褐色斑点明显，前缘脉蓝黑色，外缘齿状呈弧形，较长，基部较短，缘毛蓝褐色；后翅有2蓝褐色斑纹，前缘区橙黄色；前翅、后翅背面各1蓝褐色横纹，静止时后翅肩角和前缘部分凸出，形似枯叶状。

取食对象：杨、柳、核桃、梨、桃、苹果、沙果、李、梅等。

分布：河北、北京、东北、内蒙古、山西、山东、河南、宁夏、甘肃、青海、新疆、安徽、湖北、云南；俄罗斯，朝鲜，日本。

（760）黄褐幕枯叶蛾 *Malacosoma neustria testacea* (Motschulsky, 1861)（图版 LIII：11）

识别特征：翅展雄性 24.0～32.0 mm，雌性 29.0～39.0 mm。前翅中间有2深褐色横线纹，两线间颜色较深，形成褐色宽带，宽带内外侧均衬以淡色斑纹；后翅中间呈不明显的褐色横线；前翅、后翅缘毛色泽在褐色和灰白色之间。雌性体翅呈褐色。腹部色较深；前翅中间的褐色宽带内外侧呈淡黄褐色横线纹；后翅淡褐色，斑纹不明显。

取食对象：山楂、苹果、梨、杏、李、桃、海棠、樱桃、沙果、杨、柳、梅、榆、栎类、落叶松、黄菠萝、核桃。

检视标本：围场县：1头，塞罕坝第三乡，2015-VIII-02，塞罕坝考察组采。

分布：河北、北京、东北、内蒙古、山西、山东、河南、陕西、甘肃、青海、江苏、安徽、浙江、湖北、江西、湖南、台湾、四川；俄罗斯，朝鲜，日本。

（761）苹枯叶蛾 *Odonestis pruni* (Linnaeus, 1758)（图版 LIII：12）

识别特征：翅展雄性 37.0～51.0 mm，雌性 40.0～65.0 mm。全体赤褐色或橙褐色。触角黑褐色，分支红褐色。前翅内、外横线黑褐色，呈弧形，亚外缘斑列隐现，较细，呈波状纹，外缘毛深褐色，不太明显，中室端 1 明显的近圆形银白色斑点，外缘锯齿状；后翅色泽较浅，有 2 不太明显的深色横纹，外缘锯齿状。

取食对象：苹果、梨、李、梅、樱桃等。

检视标本：围场县：1头，塞罕坝第三乡，2015-VIII-02，塞罕坝考察组采。

分布：河北、北京、黑龙江、辽宁、内蒙古、山西、山东、河南、陕西、甘肃、安徽、浙江、湖北、江西、湖南、福建、广西、四川、云南；朝鲜，日本，欧洲。

（762）松栎枯叶蛾 *Paralebeda plagifera* (Walker, 1855)（图版 LIII：13）

曾用名：栎毛虫、松栎毛虫、杜鹃毛虫。

识别特征：翅展雄性 62.0 mm 左右，雌性 95.0 mm 左右。全体褐色。腹部末端呈酱紫色。触角黄褐色，胸部被灰褐色长毛，下唇须向前伸，酱紫色。前翅中部有棕褐色斜带，其前缘直，没有凸出或游离的部分，其后端略窄、色浅，斜带边缘有灰白色银边，亚外缘斑列赤褐色，呈波状，上部呈 3 黑色斑纹，翅中间由斜带外缘至缘边呈紫褐色，臀角斑小或消失；后翅色浅，中间呈 2 黑色斑纹；翅反面内半部深褐色，呈圆弧状，外半部颜色浅；雄性翅面斑纹与雌性相同。

分布：河北、浙江、福建、广东、广西、西藏；越南，泰国，印度，尼泊尔。

（763）月光枯叶蛾 *Somadasys lunata* Lajonquiere, 1973（图版 LIII：14）

曾用名：月斑枯叶蛾。

识别特征：翅展雄性 36.0～41.0 mm。体翅淡黄褐色。触角黄褐色。前翅中间有深色宽带，中室端呈银白色月亮形大斑并发出金属光泽，其外端伸达外线，外侧有淡色宽带；后翅内半部呈深色斑纹。

检视标本：围场县：1头，塞罕坝大唤起驻地，2015-VI-01，塞罕坝考察组采。

分布：河北、河南、陕西。

102. 遮颜蛾科 Blastobasidae

（764）林弯遮颜蛾 *Hypatopa silvestrella* Kuznetzov, 1984

识别特征：翅展 8.0～16.5 mm。头黄色，额黄褐色。触角柄节背面黑褐色，腹面浅黄色；鞭节背面黑褐和黄褐相间，腹面黄色。下唇须外侧黑褐色，混有灰白色，内侧黄色，第 3 节约为第 2 节的 3/5。胸部和翅基片灰褐至黑褐色。前翅灰至灰褐色，1/3 处具灰白色宽横带；中室末端具黑褐色小圆斑；缘毛灰至灰白色，混有灰白色。后翅及缘毛深灰。腹部背面灰色，腹面黄白色，末端黄色。前、中足外侧黑褐色，内侧黄白色；后足腿节灰白色，胫节末端黄色。

分布：河北、河南；俄罗斯，韩国，日本。

103. 弄蝶科 Hesperiidae

（765）银弄蝶 *Carterocephalus palaemon* (Pallas, 1771)（图版 LIII：15）

识别特征：前翅长 10.0～14.0 mm。前翅正面黑褐色，斑纹橙黄色，外缘有点状斑列，其内侧有近似方形的 7 斑组成的斑列，反面外缘小黄斑点明显；后翅正面黑褐色，斑纹浅黄色，亚外缘区 1 斑列，由 5 斑组成，前面 1 斑大，后方 4 斑小，渐变模糊，中域有 3 斑，反面具多个卵圆形斑，大小不一；前、后翅反面外缘的脉纹黑色。

取食对象：雀麦、洋狗尾草、短柄草、拂子芒。

分布：河北、黑龙江、新疆；俄罗斯，朝鲜，日本，欧洲。

（766）黄翅银弄蝶 *Carterocephalus silvicda* (Meigen, 1829)（图版 LIV：1）

识别特征：前翅长 12.0～15.0 mm，正面黄色，斑纹黑色。中室中间 1 楔形斑，端部 1 圆斑；沿外缘 1 列斑，前翅反面 Cu_2 室斑大而清晰。后翅正面暗褐色，中室近基部 1 长条形黄斑，中域和近外缘有由彼此分离的黄斑组成的斑带。反面斑纹同正面。前翅缘毛黑褐色，后翅缘毛灰白色。

分布：河北、黑龙江、新疆；俄罗斯，朝鲜，日本，欧洲等。

（767）深山珠弄蝶 *Erynnis montanus* (Bremer, 1861)（图版 LIV：2）

识别特征：前翅长 16.0～20.5 mm，正面暗褐色，散布灰白色鳞；雌性中域 1 黄白色宽带。前翅反面中室端脉处有模糊的淡黄色鳞，亚缘区至翅外缘有 3 列浅黄色小斑。后翅正面暗褐色，中室端脉处为浅黄色短线。后翅反面黑褐色，斑纹同正面。前、后翅缘毛暗褐色。雌性边缘不整齐，其外侧与翅外缘之间有 3 列带状排列的黄白色小斑；反面黄白色，翅基部暗褐色，斑纹排布同正面，但非常模糊。后翅黑褐色，斑纹浅黄白色，大而明显。

检视标本：围场县：1 头，塞罕坝第三乡翠花宫，2015-V-30，塞罕坝普查组采。

分布：河北、山西、山东、河南、陕西、宁夏、甘肃、四川；朝鲜，欧洲。

(768) 链弄蝶 *Heteropterus morpheus* (Pallas, 1771)（图版 LIV：3）

识别特征：前翅长 14.0～17.0 mm，正面黑色或黑褐色；外缘区 M_1 室端和 M_3 室中间有时 1 淡黄色斑。前翅反面黑色或黑褐色，沿前缘 1 从前缘室基部至 R_2 脉基半部的淡黄色条带；亚顶区 R_3–R_5 室各 1 淡黄色条纹；外缘区前半部淡黄色，有沿翅脉向翅基部呈小锯齿状的纹。后翅正面黑色或黑褐色，无斑。后翅反面卵形白斑具黑边，排成 3 列，内列 2 斑，中列 3 斑，外列 7 斑，斑间空隙淡黄色或灰白色，外列的 7 斑彼此相连呈链状。

检视标本：围场县：2 头，塞罕围场塞罕坝大唤起，2017-VII-18，潘昭采；1 头，塞罕围场塞罕坝天桥梁，2017-VII-18，潘昭采。

分布：河北、黑龙江、山西、河南、陕西；俄罗斯，朝鲜，土耳其，欧洲。

(769) 星点弄蝶 *Muschampia teessellum* (Hübner, 1803)（图版 LIV：4）

识别特征：前翅长 14.0～22.0 mm，正面黑褐色，基部灰色，斑白色；中室端脉灰白色，细线状；中室斑两侧凹；M_3 室斑近方形，Cu_1 室斑近方形，亚缘区小斑列波状。前翅反面散布灰绿色鳞，前缘区灰白色，亚缘斑列各斑比正面大；其余同正面。后翅正面黑褐色，近基部有蓝灰色毛，斑白色。后翅反面灰绿色，基部区灰白色，斑纹排列同正面，但更大更清晰。前翅、后翅缘毛黑白相间。雌性后翅反面基区灰白色。

分布：河北、黑龙江、吉林、辽宁、山西、陕西、新疆；蒙古，俄罗斯。

(770) 花弄蝶 *Pyrgus maculatus* (Bremer & Grey, 1853)（图版 LIV：5）

识别特征：前翅长 14.0～16.0 mm，正面黑褐色，斑白色；M_1 室斑位于 R_5 室斑和翅外缘之间，向内侧倾斜；中室斑平行四边形，中室端脉白色线状；Cu_1 室近基部和 Cu_2 室中部各 1 小斑，位于中室斑内侧。前翅反面顶角区有时有栗色鳞，斑纹同正面。后翅正面黑褐色，中域和亚缘区有时有白斑列。后翅反面棕褐色，基区白色，中域从翅前缘至 2A 脉为 1 白色带，亚缘区有时具 1 窄带，$Sc+R_1$ 室基半部有时具 1 小白斑。前、后翅缘毛黑白相间。

分布：河北、黑龙江、山西、山东、河南、陕西、浙江、湖北、江西、福建、广东、四川、云南；蒙古，朝鲜，日本。

104. 凤蝶科 Papilionidae

(771) 小红珠绢蝶 *Parnassius nomion* Fischer von Waldheim, 1823（图版 LIV：6）

识别特征：翅展 53.0～62.0 mm。翅白色或污白色。前翅中室中部及端部各 1 大黑斑；前缘 2 白心黑边的红斑，横列；近基部中部 1 圆形具黑边的红斑。后翅前缘及翅中部各 1 白心黑边的红斑；翅基及内缘具不规则的宽黑带。翅的亚外缘有弯曲而断续的黑褐色带。脉纹末端黑褐色。翅反面除基部 4 个及臀角 2 个黑边红斑外，其余与正面相同。

取食对象：延胡索等植物。

检视标本：围场县：1头，塞罕围场塞罕坝图尔根，2017-VII-19，潘昭采；1头，塞罕坝北曼甸湾湾沟，2017-VIII-13，塞罕坝普查组采。

分布：河北、北京、黑龙江、吉林、甘肃、青海、新疆、四川；俄罗斯，朝鲜，哈萨克斯坦，阿拉斯加。

105. 粉蝶科 Pieridae

(772) 绢粉蝶 *Aporia crataegi* (Linnaeus, 1758)（图版 LIV：7）

识别特征：体长22.0～25.0 mm，翅展50.0～80.0 mm。黑色，头胸及足被淡黄白色至灰白色鳞毛。触角棒状，端部淡黄色。雄蝶翅白色，翅脉黑色，前翅外缘除臀脉外各脉末端均有烟黑色的三角形斑纹。后翅的翅脉黑色明显，鳞粉分布较前翅略厚，呈灰白色。触角末端淡黄色部分较长，且虫体较肥大；翅面颜色偏赭黄色，前翅大多呈半透明状，至少中室内如此。翅反面翅脉更清晰，后翅多散布有黑色鳞片，基部无黄色斑。

取食对象：苹果、梨、杏、沙果、桃、山荆子、山楂、花楸、樱桃、春榆、鼠李、山杨、毛榛子、卵叶桦、山柳等。

检视标本：围场县：1头，塞罕围场塞罕坝阴河林，2017-VII-18，潘昭采；2头，塞罕围场塞罕坝天桥梁，2017-VII-18，潘昭采；1头，塞罕围场塞罕坝图尔根，2017-VII-19，潘昭采。

分布：河北、北京、黑龙江、辽宁、山西、河南、陕西、甘肃、青海、新疆、安徽、浙江、湖北、四川、西藏；俄罗斯，朝鲜，日本，欧洲，非洲。

(773) 小檗绢粉蝶 *Aporia hippia* (Bremer, 1861)（图版 LIV：8）

识别特征：触角末端黄褐色。外形与绢粉蝶相似，但前翅正面的中室端斑及外缘的三角形黑斑列更宽大明显；后翅的中室更长更窄，后翅反面基部前缘有橘黄色斑，底色黄色较浓，翅脉两侧的黑边更明显。雌蝶多少带黄色，前翅透明程度较弱。

取食对象：黄芦木、日本小檗。

检视标本：围场县：3头，塞罕围场塞罕坝大唤起，2017-VII-18，潘昭采；7头，塞罕坝阴河林，2017-VII-18，潘昭采。

分布：河北、黑龙江、山西、河南、陕西、甘肃、青海、台湾、云南、西藏；俄罗斯，朝鲜，日本等。

(774) 灰翅绢粉蝶 *Aporia potanini* Alpheraky, 1892（图版 LIV：9）

曾用名：酪色绢粉蝶、灰姑娘绢粉蝶。

识别特征：前翅长雄性34.0～38.0 mm，雌性39.0～40.0 mm；前翅正面白底，翅脉黑色，翅面具密集灰蓝色小鳞片，于臀区通常没有；中室内有3迷糊细线纹，从中室基部一直延伸到中室端线，R_{2+3} 至 Cu_2 各室中间具 1 模糊的细线纹，延伸达各室外缘，除 Cu_2 室内细线纹从基部延伸，其余各室细线纹均不从基部延伸。前翅反面的底色和翅脉同前翅正面；后缘从基部至中部具 1 灰黑长条形斑，其余特征同前翅正面，细线纹较显著。后翅正面：底色和翅脉颜色同前翅正面，中室宽大，室内具 2 显著细线纹，从中室基部延伸至中室端线，S_c+R_1 至 2A 各室中部具 1 细线纹，延伸至各室外缘，除 Cu_2 室内细线纹从基部延伸，其余各室细线纹不从基部延伸。后翅反面浅黄绿色底，基角具 1 黄斑，其余特征同后翅正面。

分布：河北、河南、甘肃。

（775）斑缘豆粉蝶 *Colias erate* (Esper, 1805)（图版 LIV：10）

识别特征：翅展 45.0～55.0 mm。雄蝶翅黄色，前翅外缘有宽阔的黑色横带，其中不镶嵌 1 列黄色斑纹；中室端 1 枚黑色的小圆斑。后翅外缘的黑色纹多相连成列，中室端的圆斑点在正面为橙黄色，反面则呈银白色，外围褐色框。雌蝶有二型：一型翅面为淡黄绿色或淡白色（斑纹与雄蝶相同），容易与雄蝶区别；另一型翅面为黄色，与雄蝶完全相同。翅反面颜色较淡，亚端 1 列暗色斑。

取食对象：蓝雀花、列当、紫云英、苜蓿、百脉根等。

分布：河北、黑龙江、辽宁、山西、河南、陕西、新疆、江苏、浙江、湖北、福建、云南、西藏；日本，欧洲等。

（776）西梵豆粉蝶 *Colias sieversi* Grum-Grshimailo, 1887（图版 LIV：11）

识别特征：翅展约 50.0 mm。触角土红色。雄性翅面土黄色，前翅前缘和基部布黑褐色鳞片，顶角黑色，外缘具 1 列黑斑；亚端带明显，不达后缘；中室端斑近圆形。后翅无斑纹，外端翅脉颜色较深，中室以下的后缘区具灰色细鳞毛。反面前翅淡黄色，中室具显著端斑，具白瞳；亚端带为 1 列小斑。后翅暗绿黄色，中室端斑银白色具桃红色饰边；亚端隐约可见 1 列小斑。雌性黄白色，前翅中室端斑有时具白瞳，亚端带仅 M_3 脉以下明显；后翅斑纹，翅脉略显著。反面前翅顶角黄色，其余部分污白色；后翅暗黄绿色，斑纹同雄性。

分布：河北、新疆；塔吉克斯坦，乌兹别克斯坦，土库曼斯坦，吉尔吉斯斯坦，哈萨克斯坦。

（777）尖钩粉蝶 *Gonepteryx mahaguru* (Gistel, 1857)（图版 LIV：12）

识别特征：翅展 50.0～65.0 mm。下唇须和触角赤褐色。头胸部背面黑色，密被灰黄色的长毛。腹部背面淡黑色，两侧及腹面黄白色。雄蝶前翅正面淡黄色，前缘和外缘有红褐色脉端点，中室端脉上有暗橙红色小圆斑 1 枚。后翅外缘也有脉端点，在 Cu_1 脉端凸出呈齿状，中室端脉的橙色斑较大而明显。雌蝶翅色为淡绿色或黄白色，前翅顶角的钩状突比雄蝶更显著，前后翅中室端的橙色圆斑较小而不明显。翅反面黄白色，中室端斑暗褐色；后翅有 2～3 条脉较粗。

分布：河北、东北、华北、陕西、浙江、台湾、西藏；朝鲜，日本等。

（778）突角小粉蝶 *Leptidea amurensis* (Ménétriès, 1859)（图版 LIV：13）

识别特征：翅展 38.0～48.0 mm，翅白色，前翅狭长，外缘近直线倾斜，顶角明显凸出。雄性顶角黑斑大且明显，雌性顶角黑斑不明显或缺失。反面白色，前翅有黄色顶角斑，后翅有灰色阴影。

取食对象：羽扇豆属、山野豌豆。

检视标本：围场县：2 头，塞罕坝阴河林，2017-VII-18，潘昭采；2 头，塞罕坝坡来南，2017-VIII-23，潘昭采。

分布：河北、黑龙江、辽宁、山西、山东、河南、陕西、宁夏、甘肃、新疆；朝鲜，日本，中亚细亚。

（779）黑纹粉蝶 *Pieris melete* Ménétriès, 1857（图版 LIV：14）

识别特征：翅展 50.0～65.0 mm。雄蝶翅白色，脉纹黑色。前翅前缘及顶角黑色，外缘 M 脉各支的末端有黑斑点；亚外缘 1 明显的大黑斑，Cu_2 室 1 相同大小的黑斑，但通常较模糊。后翅前缘外方 1 黑色牛角状斑。前翅反面的顶角淡黄色，Cu_2 室的黑斑更明显，其余同正面。后翅反面具黄色鳞粉，基角处 1 橙色斑点，脉纹褐色明显。雌蝶翅基部淡黑褐色，黑色斑及基部末端的条纹扩大，脉纹明显比雄蝶粗，后翅外缘有黑色斑列或横带，其余同雄蝶。本种有春、夏两型；春型较小，翅形略细长，黑色部分较深；夏型较大，体色较春型淡而明显。

取食对象：十字花科植物。

分布：河北、黑龙江、辽宁、河南、陕西、湖北、江西、福建、广西；俄罗斯，朝鲜，日本。

（780）暗脉粉蝶 *Pieris napi* (Linnaeus, 1758)（图版 LIV：15）

识别特征：翅展 40.0～50.0 mm；雄性前翅乳白色；前缘黑褐色；顶角黑斑窄而被脉纹分割；M_3 室的黑斑不发达或消失；Cu_2 室无斑。后翅前缘外方具 1 三角形黑斑。前翅反面的顶角浅黄色，Cu_2 室具显著黑斑，其余同正面。后翅反面浅黄色，基角具 1 橙色斑点，脉纹暗褐色。雌性翅基部浅黑褐色，黑色斑及后缘末端的条纹扩大，正面具显著的脉纹，其余同雄性。

分布：全国广布；亚洲，欧洲，北美洲，非洲等。

（781）菜粉蝶 *Pieris rapae* (Linnaeus, 1758)（图版 LV：1）

识别特征：体长 15.0～19.0 mm，翅展 35.0～55.0 mm。雄蝶粉白色，腹面密被长毛。触角背面黑褐色，腹面浓橙色。胸背部底色深黑色，布满灰白色长绒毛。胸足底色黄褐色，密被白鳞。前翅长三角形；翅面白色，近基部散布黑色鳞片；顶角区 1 枚三角形的大黑斑；外缘白色。后翅略呈卵圆形，白色。前翅反面大部白色，顶角区密被淡黄色鳞；前缘近基部黄绿色，其间杂有灰黑色鳞，肩角边缘深黄色。后翅反面布满淡黄色鳞。腹部底色深黑色，密被白鳞。雌蝶体型较雄蝶略大，翅正面淡灰黄白色，翅反面黄鳞色更深浓，极易与雄蝶区别。

取食对象：芸薹苔属、水犀草属、甘蓝等十字花科、白花菜科、金莲花科植物。

检视标本：围场县：1 头，塞罕坝坡来南，2017-VIII-23，潘昭采；1 头，塞罕围场塞罕坝天桥梁，2017-VII-18，潘昭采。

分布：全国广布；整个北温带，印度，北美洲，南美洲。

（782）云粉蝶 *Pontia edusa* (Fabricius, 1777)（图版 LV：2）

识别特征：体长 12.0～22.0 mm，翅展 33.0～53.0 mm。前翅白色正面 1 大的黑色中室端斑，顶角有黑带，反面中室基半部覆黄绿色鳞粉。后翅正面前缘中部 1 黑斑，从 M_1 到 Cu_2 的端部被黑色鳞粉。后翅反面黄绿色，中域 1 白带，中室内 1 圆形的白斑。雌蝶前翅正面基部和前缘的基部到中室端斑处都密布黑褐色鳞粉，Cu_2 中域 1 黑褐色斑，M_3 的外缘斑为深褐色。本种的春型和秋型差别较大，春型个体小，后翅反面为深褐色，秋型的个体较大，后翅反面黄绿色。

检视标本：围场县：7 头，塞罕坝天桥梁，2017-VII-18，潘昭采；2 头，塞罕坝大唤起，2017-VII-22，潘昭采；3 头，塞罕坝图尔根，2017-VII-19，潘昭采。

分布：河北、黑龙江、辽宁、山西、山东、河南、陕西、宁夏、甘肃、青海、新疆、浙江、江西、广东、广西、西藏；俄罗斯，中亚，西亚，非洲等。

106. 蛱蝶科 Nymphalidae

（783）阿芬眼蝶 *Aphantopus hyperanthus* (Linnaeus, 1758)（图版 LV：3）

识别特征：翅长 21.0～26.0 mm。似大斑阿芬眼蝶，但翅面亚缘斑小，前翅 1～3 枚，后翅 2 枚。翅反面褐灰色，基部色深。前翅亚缘眼斑小，2～3 枚。后翅亚缘眼斑 5 枚，前 2 枚 Rs 室内的极小，M_1 室的较大，后 3 枚中间 1 枚较大，后侧 1 枚较小，M_2 室内眼斑极小或缺失；亚缘区无横带。

分布：河北、北京、黑龙江、河南、陕西、宁夏、甘肃、青海、四川、西藏。

（784）大艳眼蝶 *Callerebia suroia* Tytler, 1914（图版 LV：4）

识别特征：翅长 32.0～34.0 mm。前翅深棕褐色，外缘区古铜色。前翅亚顶区具 1 长圆形黑色眼斑，瞳点紫灰色，斑外围有水滴状橙黄色大斑；斑后下方具 1 极小的黑色眼斑，瞳点灰白色。后翅亚缘 Cu_1 室内具 1 黑色圆形小眼斑，眶橙红色，清晰，瞳点灰白色。翅反面浅褐色。前翅近顶角处被灰白色鳞片；橙色斑外具黑褐色 "U" 形纹，外缘模糊。后翅密被灰白色鳞片及棕褐色细纹；锈褐色外横线粗；内横线直，强弯；亚缘近臀角处 Cu_1、Cu_2 室内各 1 黑色圆形眼斑，眶黄色，瞳点灰白色。

分布：河北、甘肃、浙江、湖北、四川、贵州、云南。

（785）牧女珍眼蝶 *Coenonympha amaryllis* (Stoll, 1782)（图版 LV：5）

识别特征：翅长 15.0～18.0 mm。翅面淡黄色、黄色或明黄色。反面亚缘斑列可由正面透出。翅反面黄灰色，外缘线浅灰褐色，其内侧具1银灰色线。前翅淡灰褐色；具3~5亚缘斑，M_2室的极小，R_5室的多缺失，瞳点白色，眶黄白色；斑列内侧棕褐色线模糊。后翅银灰色线内侧具1暗黄色线，略波曲；具6亚缘斑，M_3室的大，Cu_2室的最小，白瞳，双眶，内眶黄白色，外眶暗黄色；斑列内侧具白色狭带，完整或断裂，模糊或清晰，带内缘棕褐色、波曲，M_3脉前侧向内角状凸出。

检视标本：围场县：1头，塞罕坝图尔根，2017-VII-19，潘昭采。

分布：河北、北京、天津、黑龙江、吉林、辽宁、内蒙古、山东、河南、陕西、宁夏、甘肃、新疆、浙江、福建；朝鲜，土耳其。

（786）隐藏珍眼蝶 Coenonympha arcania (Linnaeus, 1761)（图版 LV：6）

识别特征：小型眼蝶，前翅背面除亚外缘褐色外，其余区域为黄褐色，且腹面眼斑内侧淡黄色横带模糊，不完整，后翅白色横带在顶端眼斑外侧和下端，向后延伸至2A脉，有不规则齿状。

检视标本：围场县：1头，塞罕坝大唤起大梨树沟，2015-VIII-18，塞罕坝考察组采。

分布：河北、黑龙江；欧洲。

（787）英雄珍眼蝶 Coenonympha hero (Linnaeus, 1761)（图版 LV：7）

识别特征：翅长13.0~15.0 mm。翅面褐色。前翅亚顶区具1枚极小的黑色眼斑，银灰色瞳点极小，眶暗黄色。后翅亚缘斑3~4枚，中间2枚大，前后2枚小，无瞳，眶暗黄色。翅反面外缘带暗黄色，带内侧具1银灰色线。前翅亚顶区斑较正面清晰，瞳点银灰色，眶模糊；亚缘区内侧具1灰白色横带。后翅反面基半部黑褐色，密被灰绿色细毛，亚缘斑6枚，M_1、Cu_1室内的大，M_1室的最小，瞳点白色，眶暗黄色；斑列内侧具1较宽的"人"字形灰白色横带，带内、外缘微呈锯齿状。

分布：河北、黑龙江；朝鲜，日本，欧洲。

（788）西冷珍蛱蝶 Clossiana selenis (Eversmann, 1837)（图版 LV：8）

识别特征：本种与佛珍蛱蝶的区别是：翅的黑斑发达，后翅只臀区基部黑色，中室内的斑纹显见；后翅反面无"V"形黑斑，2条白色横带，内侧1条由10个以上白斑组成，外面1条上宽下狭，翅端部有紫红色斑。

检视标本：围场县：1头，塞罕坝坡来南，2017-VII-17，潘昭采；2头，塞罕坝阴河林，2017-VIII-23，潘昭采；2头，塞罕坝天桥梁，2017-VIII-23，潘昭采。

分布：河北、黑龙江、山西、新疆、四川；俄罗斯，朝鲜，欧洲，北美洲。

（789）红眼蝶 Erebia alcmena Grum-Grshimailo, 1891（图版 LV：9）

识别特征：翅黑色。前翅亚外缘1上大下小的橙色斑，斑内有2眼斑，前端眼斑内2瞳点，后端眼斑内只1瞳点。后翅亚外缘也1弧形橙色斑，内有4黑色眼斑。前翅反面橙黄色横带和眼斑明显，后翅横带灰褐色或灰橙红色，眼斑模糊。

检视标本：围场县：1 头，塞罕坝千层板烟子窖，2015-VII-25，塞罕坝考察组采。

分布：河北、河南、陕西、宁夏、甘肃、浙江、四川、西藏。

（790）大毛眼蝶 *Lasiommata majuscula* (Leech, 1892)（图版 LV：10）

识别特征：中型眼蝶，和小毛眼蝶近似，主要区别为：前翅眼状斑的黄眶很宽；前翅反面底色橙红。

检视标本：围场县：1 头，塞罕坝大唤起 80 号，2015-VI-01，塞罕坝普查组采。

分布：河北、四川、西藏。

（791）斗毛眼蝶 *Lasrommata deidamia* (Eversmann, 1851)（图版 LV：11）

识别特征：翅长 25.0～26.0 mm。翅面棕褐色。前翅亚顶区具 1 枚黑褐色圆形眼斑，瞳点白色，眶黄白色；眼斑后侧具 1 条斜列的黄白色带；雄蝶中室后侧具 1 黑灰色性标，内斜、模糊。后翅外缘圆滑；亚缘具 2～4 枚黑褐色圆形眼斑，眶浅棕色，瞳点灰白色。翅反面浅咖啡色。

分布：河北、北京、黑龙江、吉林、辽宁、山西、山东、河南、陕西、宁夏、甘肃、青海、湖北、福建、四川；朝鲜，日本。

（792）黄环链眼蝶 *Lopinga achine* (Scopdi, 1763)（图版 LV：12）

识别特征：翅长 24.0～26.0 mm。翅面底色棕褐色；外缘线 2 条。前翅亚缘圆斑 5 枚、黑褐色，眶黄黄色。后翅亚缘斑 2～5 枚，双眶，内眶浅黄褐色，外眶浅褐色。翅反面浅褐色，散布有浅黄褐色鳞片。前翅亚缘圆形眼斑 5 枚，白色瞳点小，眶宽、浅黄色；亚缘 R_3、R_4 室各 1 枚浅黄色小斑，亚缘带宽；外横线前端向外强弯；中室中部具 1 浅栗色横斑，斑两侧具深色线纹。后翅外缘区灰白色；亚缘具 7 枚清晰的黑褐色圆形眼斑；外横带中部强弯，M_1 至 Cu_1 脉间部分 "M" 状；内中区具 1 列灰白色链状小斑。

分布：河北、黑龙江、吉林、辽宁、河南、陕西、宁夏、甘肃、湖北；朝鲜，日本。

（793）华北白眼蝶 *Melanargia epimede* (Staudinger, 1887)（图版 LV：13）

识别特征：翅长 29.0～31.0 mm。似白眼蝶，但前翅前缘区褐色；并于 M_3 脉处垂直折向基部，Cu_1 脉前侧部分中横带宽，后侧窄。后翅反面中室端上方具 1 不规则黑斑；亚缘带内缘直，带外侧 M_1 室内具 1 枚乳白色斑块，M_2 脉后侧部分外移，与 M_1 室内白斑齐平。前翅反面亚顶区斜带完整，小眼斑清晰；中横带与正面对应。后翅反面亚缘眼斑 6 枚，M_2 室内具 1 枚极小的黑褐色斑；斑列外侧具模糊的黑褐色直带；中室中部前侧具 1 枚黑褐色斑。

检视标本：围场县：6 头，塞罕坝大唤起，2017-VII-18，潘昭采；1 头，塞罕坝坡来南，2017-VIII-23，潘昭采。

分布：河北、北京、黑龙江、吉林、辽宁、内蒙古、山西、山东、陕西、宁夏、甘肃；蒙古，朝鲜，俄罗斯。

（794）白眼蝶 *Melanargia halimede* (Ménétriès, 1859)（图版 LV：14）

识别特征：翅长 27.0～29.0 mm。翅面白色或乳黄色，翅脉及斑纹深褐色或褐色。前翅前缘区基部褐色；Sc 脉基部被乳黄色鳞毛；亚顶区具斜带；中室端斑近方形；Cu_2 室后半部及 2A 室内褐色。前翅反面外缘线 2 条，亚缘线波曲；亚顶区 M_1 室内眼斑模糊，前后具弥散状褐色小斑；中室端斑呈爪状。后翅外缘线 2 条，亚缘线折线状；亚缘带内缘直，眼斑内散布褐黄色鳞片，瞳点灰白色，眶褐黄色；中室 1 前侧近端部具 1 方形斑，被褐黄色鳞片；Cu_2 室内具 1 游离伪脉。

检视标本：围场县：1 头，塞罕坝阴河林，2017-VII-18，潘昭采；1 头，塞罕坝坡来南，2017-VII-17，潘昭采。

分布：河北、黑龙江、吉林、辽宁、山西、山东、河南、陕西、宁夏、甘肃、青海、湖北；朝鲜，蒙古，俄罗斯（西伯利亚）。

（795）黑纱白眼蝶 *Melanargia lugens* (Honrather, 1888)（图版 LV：15）

识别特征：翅长 26.0～28.0 mm。似白眼蝶，但翅面黑色区域面积大。前翅 Cu_2 室大部分、2A 室全部为黑褐色。后翅亚缘带与外缘带融合为宽的黑褐色区域，中室及其前侧部分布褐色鳞片。翅反面斑纹似甘藏白眼蝶，但前翅亚顶区斜带较完整；中横带 Cu_1 室内部分较细，清晰，Cu_2 室后半部至基部深褐色。

分布：河北、陕西、浙江。

（796）蛇眼蝶 *Minois dryas* (Scopoli, 1763)（图版 LVI：1）

识别特征：雄蝶翅长 29.0～38.0 mm；雌蝶体型较雄蝶大。翅面黑褐色、棕褐色或褐色，外缘区颜色较暗。前翅外缘波曲不明显；亚缘区 M_1、Cu_1 室内各 1 黑色圆形眼斑，瞳点紫灰色，眶颜色浅。后翅外缘波曲明显；仅 Cu_1 室内具 1 亚缘眼斑，小，瞳点紫灰色，有时消失。翅反面棕色或古铜色。前翅眼斑具模糊浅棕黄色眶。后翅外缘线 2 条，内侧 1 条较粗；外横线棕褐色；线外侧具灰白色带；内横线短，不达中室基部。雌蝶较雄蝶颜色浅，眼斑大；前翅反面顶区灰白色；两眼斑间具 2 枚小白点；后翅内横线内侧具灰白色宽带。

分布：河北、黑龙江、山西、山东、河南、陕西、新疆、浙江、江西、福建；朝鲜，日本，俄罗斯（西伯利亚），欧洲等。

（797）蟾眼蝶 *Triphysa phyrne* (Pallas, 1771)（图版 LVI：2）

识别特征：翅长 18.0～19.0 mm。前翅前缘褐色，外缘带乳白色；前翅亚缘具 5 长圆形深褐色斑，无眶无瞳；雄蝶翅基部具灰褐色长细毛。后翅亚缘具深褐色圆形斑

5 枚，眼斑模糊，无眶，瞳点模糊。翅反面脉纹灰白色；翅基部褐色，被灰绿褐色细毛；前翅亚缘具 5 黑褐色长圆形眼斑，黄白色眶窄，瞳点银灰色。后翅基半部浅褐黄色，2A 脉近外缘处具 1 灰白色短纵纹；亚缘具 5 枚黑褐色眼斑，眶极窄，瞳银白色；中室中部具 1 褐色长形纵斑；外横线中部向外侧强凸。

分布：河北、西藏、陕西、新疆；俄罗斯。

（798）荨麻蛱蝶 *Aglais urticae* (Linnaeus, 1758)（图版 LVI：3）

识别特征：翅橘红色。前翅前缘黄色，具 3 黑斑，基部中部 1 大黑斑，中域 2 较小黑斑，后翅基半部灰色。两翅亚缘黑色带中有淡蓝色三角形斑列。反面前翅黑赭色，3 黑色前缘斑与正面一样，顶角和端缘带黑色；后翅褐色，基半部黑色。外缘具模糊的蓝色新月纹。

检视标本：围场县：1 头，塞罕坝天桥梁，2017-VII-18，潘昭采；1 头，塞罕坝阴河林，2017-VII-18，潘昭采；2 头，塞罕坝天桥梁，2017-VIII-24，潘昭采。

分布：河北、黑龙江、山西、陕西、甘肃、青海、新疆、广东、广西、四川、云南、西藏；朝鲜，日本，中亚，欧洲。

（799）柳紫闪蛱蝶 *Apatura ilia* (Denis & Schiffermuller, 1775)（图版 LVI：4）

识别特征：中型蛱蝶。成虫多色型，翅背面底色有黑色、褐色、黄色，前翅分布不规则白斑，后翅翅中部分布 1 白色斑带。雌蝶体型大于雄蝶，雄蝶前后翅背面均有浓烈的蓝色或紫色闪光，雌蝶无，性别较易区分。

分布：河北、黑龙江、吉林、辽宁、山西、山东、河南、陕西、甘肃、青海、新疆、江苏、浙江、福建、四川、云南；朝鲜，欧洲。

（800）紫闪蛱蝶 *Apatura iris* (Linnaeus, 1758)（图版 LVI：5）

识别特征：翅黑褐色，雄蝶有紫色闪光。前翅顶角、中室外和下方分别具 2、5 和 3 白斑，中室内 4 黑点；此点在反面很清楚，反面 Cu_1 室 1 黑色蓝瞳眼斑，围有棕色眶。后翅中间 1 白色横带，在中室端部尖出，Cu_1 室 1 与前翅相似的小眼斑。反面白色带上端很宽，下端尖削成 1 楔形带，中室端部显著尖出。

检视标本：围场县：1 头，塞罕坝阴河林，2017-VII-18，潘昭采。

分布：河北、吉林、河南、陕西、宁夏、甘肃、四川；朝鲜，日本，欧洲。

（801）布网蜘蛱蝶 *Araschnia burejana* (Bremer, 1861)（图版 LVI：6）

识别特征：小型蛱蝶。和蜘蛱蝶非常近似，但体型明显更大。湿季型个体橙斑更不发达，黑色面积明显更大。干季型雄性前翅白带向内倾斜不明显。翅面黑色斑纹和黄色横带交错，呈网纹状；反面淡黄色细纹呈蜘蛛网状，中间穿插白色或黄色横带。前翅中室闭式，后翅开式。

检视标本：围场县：1 头，塞罕坝第三乡翠花宫，2015-V-30，塞罕坝普查组采。

分布：河北、黑龙江、吉林、陕西、浙江、湖北、四川、西藏；朝鲜，日本。

（802）绿豹蛱蝶 *Argynnis paphia* (Linnaeus, 1758)（图版 LVI：7）

识别特征：翅展 58.0～72.0 mm，体长 21.0～24.0 mm；雌雄异型：雄蝶翅橙黄色，雌蝶暗灰色至灰橙色，黑斑较雄蝶发达。雄蝶前翅有 4 条粗长的黑褐色性标，分布在 M_3、Cu_1、Cu_2、2A 脉上，中室内有 4 条短纹，翅端部有 3 列黑色圆斑，后翅基部灰色，1 不规则波状中横线及 3 列圆斑。反面前翅顶端部灰绿色，有波状中横线及 3 列圆斑，黑斑比正面大，后翅灰绿色，有金属光泽，无黑斑，亚缘有白色线及眼状纹，中部至基部有 3 条白色斜带。

检视标本：围场县：5 头，塞罕坝阴河林，2017-VII-18，潘昭采；1 头，塞罕坝天桥梁，2017-VII-18，潘昭采；2 头，塞罕坝大唤起，2017-VIII-24，潘昭采。

分布：河北、黑龙江、吉林、辽宁、山西、河南、陕西、甘肃、宁夏、新疆、浙江、湖北、江西、福建、广东、台湾、广西、云南、四川、西藏；朝鲜，日本，欧洲，非洲。

（803）红老豹蛱蝶 *Argynnis ruslana* Motschulsky, 1866

识别特征：外形和老豹蛱蝶相似，但较大，前翅顶角凸出，雌蝶翅暗褐色，在顶角上 1 小白斑。雄蝶翅橙黄色，斑续黑色，性标存于前翅最后 3 条脉纹上，极为明显；后翅中域黑斑连续，未间断。前翅反面顶角暗褐色，后翅反面绿褐色，外缘带紫色，中部有 3 条银灰白色横带，亚缘有绿褐色斑纹。

分布：河北、华东、陕西、湖北；朝鲜，日本。

（804）伊诺小豹蛱蝶 *Brenthis ino* (Rottemburg, 1775)（图版 LVI：8）

识别特征：翅橙黄褐色，翅脉黄褐色，斑纹黑色。前翅外缘脉端具菱形斑，亚外缘具近菱形横斑列，其内方 1 行圆形横斑列，中部各斑由细线相连，呈曲折条纹，中室端及中室内有 4 条波状纹；后翅基半部具网状纹，端半部斑纹较前翅发达。前翅反面似正面，但色淡，后翅近基部 1 由不规则的黄白斑构成的横带，中域具 5 白点，外围淡褐色环，亚外缘为灰白色宽带，其内边呈锯齿状。

检视标本：围场县：1 头，塞罕坝千层板羊场，2015-VII-22，塞罕坝普查组采。

分布：河北、黑龙江、新疆、浙江；俄罗斯，朝鲜，日本，哈萨克斯坦，土耳其，欧洲。

（805）青豹蛱蝶 *Damora sagana* Doulleday, 1847（图版 LVI：9）

识别特征：雌雄异型。雄蝶翅橙黄色，前翅 Cu_1、Cu_2、2A 脉上各 1 黑色性标，前缘中室外侧有 1 近三角形橙色无斑区；后翅中间"<"形黑纹外侧，也 1 较宽的橙色无斑区。雌蝶翅青黑色，中室内外各 1 长方形大白斑，后翅沿外缘 1 列三角形白斑，中部 1 白宽带。雄蝶前翅反面淡黄色，斑纹与老豹蛱蝶很相似，但后翅亚外缘 2 列暗褐色斑均为圆形，中间 2 条细线在中室下脉处合为 1 条。雌蝶前翅反面顶角绿褐色，斑纹与正面近同；后翅缘褐色，亚外缘 1 列三角形白斑，内侧 5 小白点，围有暗褐色

环，中部1在中段以后内弯的白色宽横带，其内侧1条白色细线下端在中室后脉处与宽带相连。

分布：河北、黑龙江、吉林、河南、陕西、浙江、福建、广西；蒙古，俄罗斯，朝鲜，日本。

（806）银斑豹蛱蝶 *Speyeria aglaja* (Linnaeus, 1758)（图版 LVI：10）

识别特征：翅黄褐色，外缘线2条，常合并成1条黑色宽带。雄蝶前翅有3条极细的性标。反面前翅顶角暗绿色，外侧有4～5个近圆形的小银色斑；雌蝶在内侧有3个很小的银色纹，后翅暗绿色，银色斑特别悦目，共3列：沿外缘7个，弧形排列；中列7个，曲折排列，中间1个很小；内列3个，基部2个，中室基部1小圆斑。

检视标本：围场县：4头，塞罕坝天桥梁，2017-VII-18，潘昭采；3头，塞罕坝图尔根，2017-VII-19，潘昭采；1头，塞罕坝坡来南，2017-VII-17，潘昭采。

分布：河北、黑龙江、吉林、辽宁、山西、山东、河南、陕西、宁夏、甘肃、青海、新疆、四川、云南、西藏；朝鲜，日本，俄罗斯（西伯利亚），中亚，欧洲，非洲等。

（807）灿福蛱蝶 *Fabriciana adippe* (Denis & Schiffermuller, 1775)（图版 LVI：11）

识别特征：翅展 65.0～70.0 mm；中型蛱蝶；翅面橙黄色，有黑色斑纹；雄蝶前翅中室有4条弯曲的条纹，亚缘区1列黑色圆斑，共6个；后翅中室2黑色斑纹，亚缘区有黑色圆斑5个；雌蝶翅面色淡，前翅顶角处有银斑。

检视标本：围场县：4头，塞罕坝图尔根，2017-VII-19，潘昭采；2头，塞罕坝大唤起，2017-VII-18，潘昭采；1头，塞罕坝天桥梁，2017-VII-18，潘昭采。

分布：河北、黑龙江、山东、河南、陕西、江苏、湖北、四川、云南、西藏；俄罗斯（西伯利亚），朝鲜，日本，中亚，西亚。

（808）孔雀蛱蝶 *Inachis io* (Linnaeus, 1758)（图版 LVI：12）

识别特征：中型蛱蝶。翅背面呈鲜艳的朱红色，前翅1孔雀尾彩色眼纹，眼斑中心红色，其外侧包黑色半环。后翅色暗，前缘饰有孔雀尾眼斑，中心黑色并有蓝色碎斑。背面和腹面的斑纹不同，前翅、后翅暗褐色，密布黑褐色波状横纹，似烟熏枯叶，中室饰白色小点。

检视标本：围场县：1头，塞罕坝第三乡翠花宫，2015-VII-23，闫艳采。

分布：河北、黑龙江、辽宁、山西、陕西、宁夏、甘肃、青海、新疆、云南；朝鲜，日本，欧洲。

（809）重眉线蛱蝶 *Limenitis amphyssa* Menetries, 1859（图版 LVI：13）

识别特征：中型蛱蝶。与横眉线蛱蝶及细线蛱蝶相近，但前翅背面中室除1个白色横斑外，在内侧还具1白斑。

分布：河北、黑龙江、辽宁、河南、陕西、湖北、四川；朝鲜。

（810）戟眉线蛱蝶 *Limenitis homeyeri* Tancré, 1881（图版 LVI：14）

识别特征：中型蛱蝶。和扬眉线蛱蝶非常近似，但前翅中列的白斑特别小，后翅中横带外缘整齐；两性前后翅的亚缘线均明显。

检视标本：围场县：5头，塞罕坝阴河林，2017-VII-18，潘昭采；1头，塞罕坝天桥梁，2017-VII-18，潘昭采。

分布：河北、黑龙江、云南；朝鲜。

（811）横眉线蛱蝶 *Limenitis moltrechti* Kardakov, 1928（图版 LVI：15）

识别特征：中型蛱蝶。近似于细线蛱蝶，前翅中室1白色横斑，但前后翅外缘线及亚外缘线可见。腹面后翅亚外缘线白色，前后翅基部斑纹简单。

分布：河北、黑龙江、山西、河南、陕西、宁夏、湖北；朝鲜。

（812）折线蛱蝶 *Limenitis sydyi* Lederer, 1853（图版 LVII：1）

识别特征：前翅顶角2白斑；雄蝶布满淡紫色鳞片；雌蝶前翅中室从基部发出1白色细纵纹，中室端1"一"字形纹，比雄蝶明显清晰，中室外侧1列白色斑纹组成斜带，其下侧2白斑；后翅中域1白色宽带，雌蝶亚缘1间断的白线纹。翅腹面前翅红褐色，中室下侧黑褐色，中室内2白斑；近基部5黑点及4短黑线，翅中部1白带纹，亚缘红褐色区2列黑色圆点。前翅、后翅外缘1青蓝色带纹，带纹中间1褐色纹。

检视标本：围场县：2头，塞罕坝阴河林，2017-VII-18，潘昭采；1头，塞罕坝天桥梁，2017-VII-18，潘昭采。

分布：河北、黑龙江、吉林、辽宁、山西、河南、陕西、甘肃、新疆、浙江、湖北、江西、四川、云南；蒙古，朝鲜，俄罗斯（西伯利亚）。

（813）帝网蛱蝶 *Melitaea diamina* (Lang, 1789)（图版 LVII：2）

识别特征：翅黄褐色。外缘有黑色宽带，亚缘带、中外带与中带均略平行，波状曲折，与黑色脉将翅面分割成排列整齐的小方块，前翅中室下域的略长；中室3黑斑与其下方2黑斑相连。后翅近基部有长短不等的3条黑带。反面前翅色淡，后翅青白色，具2条不规则褐色横带。前翅、后翅外缘2条等距的褐色细线。

分布：河北、黑龙江、山西、河南、陕西、宁夏、甘肃、云南；俄罗斯，朝鲜，日本，欧洲南部和中部。

（814）斑网蛱蝶 *Melitaea didymoides* Eversmann, 1847（图版 LVII：3）

识别特征：翅橙黄色，外缘有黑色宽带，亚缘1列点状黑斑（少数雌性为2列），雌蝶显著，雄蝶甚小或消失，中横带"S"形，中断；中室端有环状纹，中室内有"8"字形纹。前翅反面颜色略淡于正面；后翅土黄色，中部和基部各1条褐黄色带，带的两侧有多列黑褐色新月形纹和圆黑点。

检视标本：围场县：1头，塞罕坝大唤起80号，2015-VII-10，塞罕坝普查组采。

分布：河北、黑龙江；俄罗斯，朝鲜。

（815）网纹蜜蛱蝶 *Mellicta dictynna* (Esper, 1784）

识别特征：和黄蜜蛱蝶非常近似，但翅脉与横线黑色，较宽，组成网状，使翅面的黄褐色呈不连续的斑点，后起基部有 5 白斑，其中，前缘斑特别小。

检视标本：围场县：1 头，塞罕坝千层板长腿泡子，2015-VII-23，塞罕坝普查组采。

分布：河北、黑龙江；朝鲜，欧洲。

（816）白斑迷蛱蝶 *Mimathyma schrenckii* (Ménétriès, 1859)（图版 LVII：4）

识别特征：前翅正面顶角 2 小白斑，中域 1 外斜白带，白带基部 2A 和 Cu_2 室 2 橙红色斑，基部中间 2 小白斑。后翅正面亚外缘前端 2~3 白斑，中域 1 近卵形大白斑，白斑边缘有蓝色闪光。前翅反面顶角银白色，外缘带棕褐色，白带内外侧蓝黑色。后翅反面银白色，外缘 1 棕褐色带，在前缘外侧 1/3 处 1 斜至臀角的褐色带，斜带内侧 1 极大白斑。

分布：河北、黑龙江、吉林、山西、陕西、河南、甘肃、浙江、湖北、福建、四川、云南；俄罗斯，朝鲜。

（817）黄环蛱蝶 *Neptis themis* Leech, 1890（图版 LVII：5）

识别特征：前翅长约 32.0 mm；翅正面黑色，斑纹黄色或白色。前翅具曲棍球杆状的斑纹，后翅中带与外带颜色相异，外带细、模糊。后翅外缘无棕色缘斑，后翅反面有亚缘线的痕迹。亚基条完整，中带内侧无亚基点。

检视标本：围场县：1 头，塞罕坝北曼甸四道沟，2015-VI-15，塞罕坝普查组采。

分布：河北、北京、天津、黑龙江、吉林、辽宁、河南、陕西、甘肃、宁夏、浙江、湖北、福建、四川、云南；朝鲜。

（818）黄缘蛱蝶 *Nymphalis antiopa* (Linnaeus, 1758)（图版 LVII：6）

识别特征：中型蛱蝶。前翅顶角凸出，饰有黄色斜斑，外缘齿状。前翅、后翅背面外缘有灰黄色宽边，亚外缘饰有蓝色的斑列。腹面和背面的斑纹不同，前翅、后翅除外缘有黄白色宽边外，其余黑褐色，饰有极密的黑褐色波状细纹，中室有白色小点。

分布：河北、北京、黑龙江、陕西、新疆；朝鲜，日本，欧洲。

（819）白矩朱蛱蝶 *Nymphalis vau-album* (Denis &Schiffermüller, 1775)（图版 LVII：7）

识别特征：中型蛱蝶。翅背面橙红色，外缘锯齿状。斑纹与朱蛱蝶近似，主要区别为后翅黑斑两侧有白斑，外缘黑带间无蓝色斑点。前翅背面顶角饰有白色短斑，外缘有暗褐色带，中室外有黑斑，内有黑色横斑，中部和基部饰有 4 黑斑。后翅背面有较大黑斑，外围白色斑点，翅基部颜色较暗。腹面和背面的斑纹不同，大都灰褐色或黄褐色。

检视标本：围场县：3头，塞罕坝阴河林，2017-Ⅶ-18，潘昭采。

分布：河北、吉林、山西、新疆、云南；朝鲜，日本，亚洲，欧洲。

（820）朱蛱蝶 *Nymphalis xanthomelas* (Esper, 1781)（图版 LVII：8）

识别特征：中型蛱蝶。外缘锯齿状。前翅、后翅背面橙红色，顶角有黄白色短斑，外缘有暗褐色宽带，宽带间杂有黄褐色与青蓝色斑纹。中室外和端部2较大黑斑，内2相连的黑色圆斑，中部和基部饰有4黑斑。后翅背面有较大黑斑，翅基色较暗。翅腹面和背面的斑纹不同，前翅、后翅密布波状细纹。

分布：河北、黑龙江、辽宁、山西、河南、陕西、宁夏、甘肃、青海、新疆、台湾；朝鲜，日本，欧洲。

（821）白钩蛱蝶 *Polygonia c-album* (Linnaeus, 1758)（图版 LVII：9）

识别特征：中型蛱蝶。背面翅面橙褐色，前翅中室中部2个黑斑，中室端1毛方形黑斑，中室外侧有黑斑数个，后翅基半部、亚外缘有黑斑和斑带，前后翅外缘有齿状突；腹面枯叶颜色，随季节而变化，后翅中室端有白色钩状斑。

检视标本：围场县：3头，塞罕坝坡来南，2017-Ⅷ-23，潘昭采。

分布：全国广布；朝鲜，日本，印度（锡金邦），尼泊尔，不丹，欧洲等。

（822）小红蛱蝶 *Vanessa cardui* (Linnaeus, 1758)（图版 LVII：10）

识别特征：中型蛱蝶。本种与大红蛱蝶近似，主要区别是后翅背面大部橘红色，体型略小。前翅、后翅背面以橘红色为主，前翅顶角饰有白斑，中部有不规则红色横带，内有3黑斑相连。后翅背面橘红色，外缘及亚外缘有黑色斑列。翅腹面和背面的斑纹有区别，前翅除顶角黄褐色外，其余斑纹与翅面相似。后翅有黄褐色的复杂云状斑纹。

分布：全国广布；除南美洲外世界广布。

107. 灰蝶科 Lycaenidae

（823）阿点灰蝶东北亚种 *Agrodiaetus amandus amurensis* Staudinger, 1892

识别特征：中型灰蝶。雌雄异色，雄蝶翅背淡蓝色，外缘黑色，翅腹面灰色，前翅具黑色中室端斑，亚外缘具5～7黑色斑点，后翅腹面基部具1列不连续橙色斑纹，亚外缘近中室部位具1列黑点，具黑色端斑。雌蝶翅背面棕色，腹面颜色深于雄蝶，斑纹分布与雄蝶近似。

分布：河北、内蒙古、陕西；俄罗斯。

（824）琉璃灰蝶 *Celastrina argiolus* (Linnaeus, 1758)（图版 LVII：11）

识别特征：翅展 27.0～33.0 mm。翅蓝灰色，缘毛白色，雄外缘黑褐色狭，雌前缘和外缘连成宽的黑褐色带。翅反面灰白色。沿外缘有3列褐色斑点：外面1列圆形，中间1列新月形，内侧1列在前翅只3~4个，在后翅上排列不规则，中室端纹不明显。

取食对象：幼虫取食蚕豆、葛、大巢菜、紫藤、苦参、山绿豆、胡枝子等豆科植物的花、花蕾和嫩芽，也为害苹果、李、山茱萸、冬青、鼠李等。

检视标本：围场县：1头，塞罕坝大唤起，2017-VIII-24，潘昭采。

分布：河北、黑龙江、辽宁、山西、山东、河南、陕西、甘肃、浙江、江西、湖南、福建、四川、云南。

（825）蓝灰蝶 *Everes argiades* (Pallas, 1771)（图版 LVII：12）

识别特征：雌雄异形。雄翅蓝紫色，外缘黑色，缘毛白色；前翅中室端部有微小暗色纹；后翅沿外缘1列黑色小点，除 M_2 与 Cu_1 室的2个明显外，其余愈合成带状；尾状突很细，黑色，末端白色。雌夏型翅黑褐色，前翅无斑纹，后翅近臀角有 2~4 橙黄色斑及黑色圆点。雌雄翅的反面灰白色，前翅中室端部有暗纹，外缘附近有小黑点3列，最里的一列特别清楚，后翅除3列黑点外，还有3~4橙黄色小斑，第3列黑点很不整齐，中室内和前缘也1黑点。

取食对象：苜蓿、紫云英、豌豆、荷兰翅摇、苦参、百脉根、车轴菜、羽扇豆、大巢菜、草决明等。

分布：河北、北京、天津、黑龙江、内蒙古、山东、河南、陕西、宁夏、甘肃、浙江、江西、海南、福建、台湾、四川、贵州、云南、西藏；朝鲜，日本，印度，欧洲，北美洲。

（826）红珠灰蝶 *Lycaeides argyrognomon* (Bergasträsser, 1779)（图版 LVII：13）

识别特征：前翅外缘弧形，雄蝶翅正面深蓝紫色，有窄的外缘黑带；雌蝶翅黑褐色，后翅外缘黑带与内侧黑点愈合，其内有深红色新月斑；翅反面淡褐色，后翅臀区4黑斑上有金蓝色鳞片，前翅后中横斑列中，在 Cu_1 室的黑斑短椭圆形。

检视标本：围场县：1头，塞罕坝阴河林，2017-VIII-24，潘昭采；6头，塞罕坝坡来南，2017-VIII-23，潘昭采。

分布：河北、东北、山西、山东、河南、陕西、甘肃、青海、新疆、四川；朝鲜，日本。

（827）红灰蝶 *Lycaena phlaeas* (Linnaeus, 1761)（图版 LVII：14）

识别特征：前翅朱红色，外缘有宽的黑褐色带，中室中间和端部各1黑褐色点，亚缘有 7~8 黑褐色点排列成波状；后翅黑褐色，外缘有4黑斑，其内侧有宽的朱红色带，再向内有时分布有一些青蓝色的鳞片。前翅反面色较淡，斑纹和正面大致相同；后翅反面灰褐色，翅面有很多小黑点，亚缘的黑点排列成波状行列，外缘色略淡，有朱红色的波状带。雌的色较深。夏型雌雄色泽都暗。

取食对象：羊蹄、酸模、何首乌等蓼科植物。

分布：河北、北京、黑龙江、河南、浙江、福建、西藏；朝鲜，日本，欧洲，非洲。

（828）斑貉灰蝶 *Lycaena virgaureae* (Linnaeus, 1758)（图版 LVII：15）

识别特征：雄蝶翅正面朱红色，前翅前缘、顶端和外缘黑色；后翅外缘带同内侧黑点相连，臀域灰黑色。翅反面前翅赭黄色，中室端有黑斑，中室内 2 黑点，后中域黑点 1 列，在 M_3 脉后错位，亚缘点列模糊；后翅赭黄色，后中域斑点间断，黑点外侧有白色的边。雌蝶翅面橙红色，前翅显出亚缘及后中域有黑点列，中室有 3 黑点；后翅明显出现亚缘黑斑列，其内侧上、中和下部各 2 黑点，中室的黑点与翅基及臀域的黑色区相连。翅反面前翅橙黄色，斑列同正面，后翅亚缘淡橙色，其余大部为绿赭黄色，斑列模糊。

分布：河北、黑龙江、吉林、新疆；朝鲜，日本，俄罗斯（西伯利亚）。

（829）胡麻霾灰蝶 *Maculinea teleia* (Bergstrasser, 1779)（图版 LVIII：1）

识别特征：翅色和斑纹多变化。翅正面青蓝色，黑色缘带较窄，前翅中室端斑小，室内无斑，后中斑小，长椭圆形，后翅上为小黑点；翅反面边缘黄褐色，中域白色，基部紫褐色，亚外缘 2 列斑，外侧斑色浅，斑模糊，内侧斑黑色呈三角形，后中斑列的斑小；后翅中室内雄蝶有斑，雌蝶无斑。

分布：河北、黑龙江、吉林、内蒙古、河南；朝鲜，日本，欧洲。

（830）古灰蝶 *Palaeochrysophanus hippothoe* (Linnaeus, 1761)（图版 LVIII：2）

识别特征：雄蝶翅正面朱红色，前翅前缘和外缘后翅周缘有黑带，外缘黑点与其愈合，中室端黑点前翅 1 个，后翅 2 个。前翅反面橙褐色，前缘和外缘带灰褐色，内有模糊的黑列。后翅中室黑点外前 3 后 4 错位排列，中室端 2 黑点，中部和基部各 1。后翅银灰色，亚缘有 3 列黑点，外侧 2 行间有浅黄色带，基部散生 7～8 黑点，全部黑点外均有白边。雌蝶翅面除后翅亚缘 1 橙黄色横带外，均为棕褐色，翅反面斑列隐约可见可透视。翅反面灰黄色，缘毛白色，前翅下半部色深；后翅外亚缘有橙色横带，其余同雄蝶。

分布：北京、河北、黑龙江、内蒙古；俄罗斯。

（831）茄纹红珠灰蝶 *Plebejus cleobis* (Bremer, 1861)（图版 LVIII：3）

识别特征：本种与红珠灰蝶极近似，雄蝶翅正面青灰色，前翅外缘黑色向翅内渗散；雌蝶翅正面黑褐色，翅反面灰褐色，前翅 Cu_1 室黑斑长椭圆形，呈茄形，接近中室端斑。后翅亚外缘在 4 个黑斑上有蓝色闪光鳞片。

分布：河北、陕西、甘肃；朝鲜，日本。

（832）多眼灰蝶 *Polyo mmatus eros* (Ochsenhermer, 1808)（图版 LVIII：4）

识别特征：雄性翅紫蓝色，前后翅有黑色缘带及外缘圆点列；雌性暗褐色，除缘点外有橙红色斑，前后翅各 6 个。反面灰白色，前翅有 2 列黑斑沿外缘弧形平行排列，中间夹有橙红色带，亚缘列新月形，外横列斑 7 个弓形弯曲，其中 Cu_2 室斑上、中室端长形斑对应，此斑在多数个体下与 2A 室长形斑排成 1 直线，中室内 1 斑。该斑下方另 1 小黑斑，后翅黑斑排列与前翅相似，另在基部 1 列 4 个，前后翅黑斑皆围白色环。

分布：河北、黑龙江、吉林、山东、河南、陕西、宁夏、甘肃、青海、四川、西藏；俄罗斯，朝鲜，日本，欧洲西部。

（833）玄灰蝶 *Tongeia fischeri* (Eversmann, 1843)（图版 LVIII：5）

识别特征：翅展 22.0～25.0 mm。翅黑褐色，前翅中室端部有黑纹，后翅沿外缘有小黑点，内侧有红色新月纹，尾状突短。翅反面暗灰色，斑点黑色，围有白边，沿外缘 3 列，前翅外侧 1 列不明显，其余 2 列色浓（内列最后 2 个不在一直线上），中室端部 1 个，后翅沿外缘近臀角 4 室有橙色斑，只中间 2 个清楚，翅基部有 4 黑斑，中室端部 1 个不明显。

分布：全国广布；俄罗斯，朝鲜，日本。

XX. 脉翅目 NEUROPTERA

108. 草蛉科 Chrysopidae

（834）丽草蛉 *Chrysopa formosa* Brauer, 1851（图版 LVIII：9）

识别特征：体长 8.0～11.0 mm，前翅长 13.0～15.0 mm，后翅长 11.0～13.0 mm。绿色。头部具 9 黑褐色斑；颚唇须黑褐色。触角第 1 节绿色，第 2 节黑褐色，鞭节褐色。前胸背板两侧有褐斑和黑色刚毛，基部 1 横沟，不达侧缘，横沟两端有"V"形黑斑；中、后胸背板盾片后缘两侧近翅基处 1 褐斑。胫节端、跗节及爪褐色，爪基部弯曲。前翅前缘横脉列 19 条，黑褐色，翅痣浅绿色，内无脉；径横脉 11 条，近 R_1 端褐色；Rs 分支 12 条；内中室三角形，r-m 位于其上；阶脉绿色。后翅前缘横脉列 15 条，黑褐色；径横脉 10 条，近 R_1 端褐色；阶脉绿色。腹部背面具灰色毛，腹面多为黑色刚毛。

取食对象：蚜虫、叶螨。

分布：河北、北京、东北、内蒙古、山西、山东、河南、西北、江苏、安徽、浙江、湖北、江西、湖南、福建、广东、西南；蒙古，俄罗斯，朝鲜，日本，欧洲。

（835）牯岭草蛉 *Chrysopa kulingensis* Navas, 1936

识别特征：体长 10.0～12.0 mm，前翅长 14.0～15.0 mm，后翅长 12.0～13.0 mm。

头部鲜黄色。头顶到触角间 1 黑色"Y"形大斑，其下端与额和唇基的三角形大斑相接。上唇 2 大黑斑相连，两颊也有黑斑相连接。下颚须和下唇须均呈黑褐色。触角与前翅约等长，第 1 节黄色，极宽扁，内外两侧各 1 纵向黑纹，内侧的黑纹略大；第 2 节褐色，其余各节为淡褐色。前胸端部两侧有褐斑，下侧黑边。前胸至后胸背中间有黄色中带，两侧暗绿色。翅狭长透明，端部尖。翅痣狭长，绿色，无横脉。翅脉全部绿色，脉上有黑色短毛。腹部绿色，干标本常呈褐色。足绿色，跗节淡褐色。

分布：河北（保定、承德、张家口）、江西、湖南。

(836) 大草蛉 *Chrysopa pallens* (Rambur, 1838)（图版 LVIII：7）

识别特征：体长 11.0～14.0 mm；前翅长 15.0～18.0 mm，后翅长 12.0～17.0 mm。头部黄色，一般有 7 斑，也多有 5 斑等；颚唇须黄褐色。触角基部 2 节黄色，鞭节浅褐色。胸背中间具黄色纵带，两侧绿色。前胸背板基部 1 不达侧缘的横沟。前翅前缘横脉列在痣前为 30 条，黑色；翅痣淡黄色，内有绿色脉；径横脉 16 条，第 1—4 条部分黑色，其余绿色；Rs 分支 18 条，近 Psm 端褐色；Psm–Psc 9 条，翅基的 2 条暗黑色，余为绿色；内中室三角形，r–m 位于其上；阶脉中间黑、两端绿色。后翅前缘横脉列 24 条，黑褐色；径横脉 7 条，第 1—4 条近 R_1 端黑色，第 5—7 条黑褐色；Rs 分支 15 条，部分脉近 Rs 端黑褐色；阶脉中间黑、两端绿色。腹部黄绿色，具灰色长毛。足黄绿色，胫端及跗节黄褐色，爪褐色，基部弯曲。

取食对象：多种蚜虫、叶螨、叶蝉、鳞翅目昆虫卵及低龄幼虫。

分布：河北、北京、东北、内蒙古、山西、山东、河南、云南、陕西、甘肃、宁夏、新疆、江苏、安徽、浙江、湖北、江西、湖南、福建、台湾、广东、海南、广西、四川、贵州；俄罗斯，朝鲜，日本，欧洲。

109. 褐蛉科 Hemerobiidae

(837) 全北褐蛉 *Hemerobius humulinus* Linnaeus, 1761（图版 LVIII：12）

识别特征：体长 5.0～7.0 mm，前翅长 6.0～8.0 mm，后翅长 5.0～7.0 mm；头部黄色；复眼前后两侧深褐色；下颚须和下唇须黄褐色，其末节深褐色。触角黄色。从头顶至后胸背中间呈黄色宽带，前胸两侧红褐色，中后胸两侧褐色。前翅半透明，黄褐色，密布灰褐色断续的波状横纹，脉上有多个黑点；Rs 分 3 支，分支处有黑点；阶脉两组均黑褐色；M.cu 横脉处 1 大黑点，Cu 分叉处 1 小黑点。后翅无色透明，仅前缘和臀角内侧色较深，翅脉淡褐色。足黄褐色，跗节端部褐色。腹部前 3 节背央 1 黄色纵带与胸部黄色宽带相连，余部褐色。

分布：河北（雾灵山、涿州）、辽宁、山西、陕西、江苏、湖北、江西、四川；俄罗斯，日本，欧洲，北美洲。

(838) 双刺褐蛉 *Hemerobius bispinus* Banks, 1940

识别特征：体长 5.5～6.5 mm，前翅长 5.6～8.1 mm，宽 2.6～3.1 mm；后翅长 5.2～

7.0 mm，宽 2.2~2.8 mm；头呈黄褐色，复眼后方沿两颊至上颚具褐带，下唇须及下颚须褐色。触角超过 60 节，黄褐色。复眼灰褐色，具金属光泽。胸浅褐色，沿胸部背板两侧缘具褐色纵带。足黄褐色，无明显斑点。前翅椭圆形。翅面浅黄褐色，透明，无明显斑点；翅脉、纵脉黄褐色透明，间距浅褐色间隔，尤其 Rs 在 R 脉上的起点处，1M.cu 横脉在 Cu 脉的连接处及 CuA 脉的分叉点处呈褐色变深，横脉黄褐色。前缘域基部明显宽于端部，前缘横脉列近翅缘处多 2 分叉，肩迴脉上 2~3 支前缘横脉；Rs 分 3 支，R3 再分叉为 3~4 支，1M.cu 位于翅基，远离 R1 脉；M 分 2 支，再各自分叉为 2~3 支；CuA 分 4~5 支，CuP 简单；阶脉两组，内组 6~7 段，外组 8 段。后翅椭圆形。翅面浅黄色透明，无明显斑点；翅脉浅黄褐色。Rs 分 4 支，r-rs 分 2 支，基部与端部各 1 支；M 分 2 支，再各自分叉为 2~3 支；CuA 分 3~4 支，CuP 简单；阶脉两组，内组 2 段，外组 7~8 段。腹浅黄褐色，背板褐色明显深于其他，多毛。

分布：河北、北京、内蒙古、山西、河南、陕西、宁夏、甘肃、新疆、湖北、广西、四川、西藏。

110. 蚁蛉科 Myrmeleontidae

（839）条斑次蚁蛉 *Dendroleon lineatus* (Fabricius, 1798)

识别特征：体长 30.0~38.0 mm。头黄色，头顶有 2 横列黑斑，额上 3 小黑斑在触角下部排成横带。触角各节端部有黑斑。前胸背板黄色，侧缘黑色，背面 2 条黑纵带；中后胸黑色；中胸背面有黄斑；后缘黄色。翅透明，翅痣黄色；Sc 与 R 上有许多黑褐色点。足的基节、转节和腿节上半部黄色，余部黄色有黑斑，胫节中间外侧有黑纹。

分布：河北、山西、内蒙古、辽宁、吉林、山东；俄罗斯，朝鲜，土耳其，欧洲。

（840）朝鲜东蚁蛉 *Euroleon coreaus* (Okamoto, 1924)

识别特征：体长 24.0~32.0 mm，前翅长 25.0~34.0 mm，后翅长 23.0~32.0 mm。头部黄色，头顶有 6 黑斑，中间 2 黑斑似被中沟分开，后头几黑斑；额大部黑色，唇基中间 1 大黑斑；下颚须短小，黑色；下唇须很长，末端膨大，黑色。触角黑色。胸部黑褐色。前胸背板两侧及中间各 1 黄纵条，前端 1 对小黄点，中后胸近黑褐色，中胸后缘有黄边。翅透明，翅痣黄，翅脉大部黑色，部分黄色，脉上有细毛；前翅 10 余大小不等褐斑，后翅褐斑少。足基节黑色，转节黄色，腿节、胫节黄褐色具黑斑；胫节端距黄色细而直，伸达第 1 跗节末端；跗节第 1 节黄色，其余黑色。腹部黑色，第 4 节以后各节后缘有窄黄边。

分布：河北、内蒙古、北京、山西、河南、陕西、宁夏、甘肃、新疆、四川；朝鲜。

111. 蝶角蛉科 Ascalaphidae

（841）黄花蝶角蛉 *Ascalaphus sibiricus* (Evermann, 1850)

识别特征：体长 17.0～25.0 mm，前翅长 18.0～28.0 mm。头顶和额中间灰黄色，额两侧橙黄色。触角黑色，较前翅略短，节间淡色环。胸部黑色；前、中胸有黄斑。翅长三角形，基 1/3 不透明；前翅基 1/3 黄色，翅脉褐色；翅痣褐色，三角形，内有褐色横脉；M 与 Cu 脉间 1 褐色纵条，翅脉黄色。后翅基 1/3 褐色，中部黄色被 2 条褐线分为 3 块；翅端和后缘为浅褐色；痣褐色。

分布：河北、东北、内蒙古、山西、山东、陕西。

（842）日原完眼蝶角蛉 *Protidricerus japonicus* (MacLachlan, 1891)（图版 LVIII：10）

识别特征：体长 30.0～34.0 mm。腹部 19.0～20.0 mm，前翅 39.0～42.0 mm，后翅 33.0～38.0 mm；头顶黑色，被黑色长毛。额黑褐色，被黑色、白色长毛。浅黄色，唇基、上唇黄色。基具黄色毛，上端部深红色。下颚须、下唇须基部黄褐色，端部深色；复眼完整，无横沟，黑褐色。触角膨大部梨状，密被黑色短毛。前胸背板灰黑色，被黑色和白色长毛；胸腹面黑色，具灰色长毛；前翅狭长。外缘与后缘呈浅弧线。足腿节、胫节色褐色，被黑色长刚毛；跗节黑色，具粗的黑色短斑；距和爪基部黑色，端部红褐色，距达第 2 跗节中部。腹部背板灰黑色，密被黑色短毛。第 1 腹节背板灰褐色，两侧具褐色和灰色长毛，腹基部腹板黄色，具白色长毛，其余节灰白色，有黑色基缘与红褐色端缘，密被黑色短毛。

分布：河北、北京、天津、河南、甘肃、湖北、四川、云南；日本。

XXI. 蛇蛉目 RHAPHIDIODEA

112. 蛇蛉科 Raphidiidae

（843）戈壁黄痣蛇蛉 *Xanthostigma gobicola* Aspock & Aspock, 1990

识别特征：体长约 10.0 mm。头近三角形，漆黑色，上唇和唇基黄褐色；单眼 3 个。触角基部 2 节黄褐色，余节颜色较深，向端部渐变为黑色。前胸与头部近等长，黑褐色，基部颜色略浅。翅透明，长超过腹部末端，翅痣褐色，中间有横脉；翅脉网状，个体间变化大。足黄褐色。腹部黑褐色，两侧各 1 淡黄色纵条纹；产卵器与腹部近等长。

分布：河北、北京、内蒙古、山西、陕西、宁夏；蒙古。

（844）薄叶脉线蛉 *Neuronema laminatum* Tjeder, 1937

识别特征：体长 8.0～9.5 mm；前翅长 10.0～12.0 mm，后翅长 9.0～10.5 mm。翅

黄褐色，头胸部具褐斑。触角黄褐色，具褐色环。前翅黄褐色；后缘中间三角斑白色透明，斑上方的中阶脉组褐色，其中部以上向内侧折曲成角，内阶脉组下侧连接的肘臀阶脉组为淡色的细线，其基部内曲，Rs 分 4~6 支，末支再分出 4~6 支。后翅大部淡褐色，外缘及内外两阶脉组之间为透明的带，Rs 分 7~13 支。雄性臀板瓢形；后缘密生小齿，下角凹入再伸出 1 长臂，臂端部有几个小齿。

分布：河北、东北、内蒙古、山西、甘肃、新疆、江苏、安徽；俄罗斯。

XXII. 双翅目 DIPTERA

113. 虻科 Tabanidae

(845) 骚扰黄虻 *Atylotus miser* (Szilady, 1915)（图版 LVIII：13）

识别特征：体长 11.0~14.0 mm；鸽灰色；眼棕色至棕黑色，1 红棕窄带；额高约为宽的 4.5 倍，两侧平行；基胛黑色，远离亚胛；中胛心形，与基胛分离；亚胛、颜和颊灰黄色；下颚须第 2 节浅黄色，着生黑白毛。触角土黄色，鞭节基部有钝角形背突。胸部背板灰色，盾片无纵纹。腹部背板鸽灰色，第 1—2 或第 1—3 节两侧具黄斑；雄虻腹部背板第 1—3 节两侧具大黄斑。足灰黄色，腿节全黄色，基部 1/3~1/4 灰黑色；前足胫节端部 2/3 和跗节黑色；中、后跗节黑色。

分布：河北、北京、山西、山东、河南、陕西、宁夏、甘肃、青海、新疆、江苏、上海、安徽、浙江、湖北、江西、湖南、福建、广东、贵州；蒙古，俄罗斯，朝鲜，日本。

(846) 膨条瘤虻 *Hybomitra expollicata* (Louis Pandellé, 1883)（图版 LVIII：6）

识别特征：体长 14.0~17.0 mm，棕黑色；复眼密覆棕色短毛，具 3 带，额灰色，覆黄毛，基胛与中胛黑色，头顶具棕色长毛；亚胛灰白色；颜与颊灰白色，着生白色长毛，口毛白色；下颚须灰白色或浅棕色。触角黑色，柄节和梗节着生黑毛，鞭节环节基部红棕色。胸部背板黑色，着生白毛和黑毛，背侧片棕色或黑色，侧板灰色，覆白色长毛和少量黑毛。足黑色，前足胫节基部 1/2 和中足、后足胫节棕色。翅透明，翅脉黄色，横脉处无棕色斑，R_4 脉无附脉。平衡棒黄色，球部两侧棕色。腹部背板黑色，第 1—3 或第 1—4 背板两侧具红黄色斑，第 4—7 背板黑色，中间具宽的黑色纵条，腹板具黑色纵条。雄性触角黑色，鞭节的基环节较雌性的窄，下颚须浅黄灰色。

分布：河北、东北、内蒙古、陕西、宁夏、甘肃、青海、新疆、湖北、四川、西藏；蒙古，俄罗斯，土耳其，哈萨克斯坦，欧洲。

(847) 翅痣瘤虻 *Hybomitra stigmoptera* (Olsufjev, 1937)（图版 LVIII：8）

识别特征：体长 16.5~17.5 mm；黑色；复眼绿色，密覆棕色短毛，具 3 紫色带；

额灰色，主要覆黑毛，基胛黑色，方形，中胛矛形或线形，黑色；颜灰色，着生浅黄色长毛；喙棕黑色，毛棕色。触角柄节和梗节黑色，覆黑毛和浅黄色毛，鞭节基环节棕红色，端环节暗棕色至黑色。胸部背板灰黑色，覆黄毛，无纵条，背侧片黑色；侧板灰黑色，覆浅黄色长毛。足黑色，前足胫节基部 1/2 和中足、后足胫节黄棕色，胫节其余部分和跗节黑色，覆黑毛。翅透明，翅脉棕色，横脉处具暗斑，R_4 脉具附脉。平衡棒暗棕色，仅顶端黄色。腹部黑色，背板密覆黄色和灰色短毛，各背板后缘具不清晰的灰色窄带；腹板同背板。

分布：河北、东北、内蒙古、山西；蒙古，俄罗斯，朝鲜，日本。

（848）佛光虻指名亚种 *Tabanus budda budda* Portschinsky, 1887

识别特征：体长 20.0~23.0 mm；金黄色；额黄色，生金黄毛，高约为基宽的 3.0 倍；下颚须金黄，第 1 节覆黄长毛，第 2 节粗，长为宽的 3.6 倍，覆红黄毛；喙棕黑色，着生棕黄毛；基胛栗子形，黄棕色，中胛无或很短，黑色，亚胛金黄色；颜与颊金黄色，着生金黄毛，口毛金黄色。触角柄节和梗节棕黄色，着生金黄毛夹杂黑毛；鞭节基环节红黄色。胸部背板黑色，覆棕黑毛，具 2 灰黄纵条。小盾片色同盾片，背侧片黄棕色，侧板黑色，密覆金黄毛。翅透明，翅脉黄色，R4 脉无附脉，R5 室开放；平衡棒黄棕色。腹部背板黑色，着生黑毛，基部具宽的黄毛带；腹板黑色，色斑同背板。足棕黄色，着生棕毛，腿节色较暗。

分布：河北、北京、东北、内蒙古、山西、河南、陕西、宁夏、甘肃。

（849）亚多沙虻 *Tabanus subsabuletorum* Olsufjev, 1941（图版 LVIII：11）

识别特征：体长 11.5~13.5 mm；灰色。复眼具 4 窄紫带；喙棕黑色，着生棕毛和黑毛；额灰色，高为基宽的 3.0~3.5 倍；颜与颊灰白色，着生白毛。触角柄节和梗节深灰色，着生灰色毛；鞭节基环节基部黄棕色，端部棕黑色。胸部背板灰黑色，覆白粉，着生灰毛夹杂黑毛，具 5 灰白色纵条。小盾片色同盾片，背侧片浅棕色。翅透明，R_4 脉无附脉或具短附脉，R_5 室开放；平衡棒黄白色。腹部灰黑色，各节具浅色基部，背板中间具浅色三角，着生黑或灰白毛；腹板无斑，覆灰白毛。足基节灰色，腿节棕色；前足胫节端部 1/3 和中足、后足胫节极端部、中足腿节极基部和极端部棕黑色，胫节黄色，均覆灰白毛，夹杂黑毛；前足跗节黑色覆黑毛。

分布：河北、新疆；中亚。

114. 蜂虻科 Bombyliidae

（850）黄领蜂虻 *Bombomyia vitellinus* (Yang, Yao & Cui, 2012)（图版 LVIII：14）

识别特征：体长 9.0~11.0 mm；翅长 9.0~11.0 mm。头部黑色；额被白色粉和浓密直立黑毛；颜被浓密直立白毛。触角黑色；边缘被黑色毛；柄节长；梗节圆；鞭节长端部尖。胸部黑色，背面前半部被浓密黄毛，后半部被浓密黑毛。翅几乎透明，基部淡褐色；翅脉 r–m 靠近盘室中部；翅室 R_5 关闭；平衡棒基部黑色，端部淡黄色。腹部黑色，毛多黑色；腹部被浓密黑色长毛；腹板黑色，被浓密黑色毛。足黑色；腿节、胫节和跗节被黑色毛和鳞片。

分布：河北、北京、黑龙江、内蒙古、山东、河南、云南。

(851) 北京斑翅蜂虻 *Hemipenthes beijingensis* Yao, Yang & Evenhuis, 2008（图版 LVIII: 15）

识别特征：体长 6.0~15.0 mm，翅长 6.0~15.0 mm；头部黑色，毛黑或黄。触角褐色；鞭节洋葱状，淡褐色。胸部黑色，被褐色粉，毛以黄色为主。小盾片被稀疏黄或黑长毛。翅半透明，R1 室透明部分呈新月形；平衡棒基部黑色，端部苍白色。腹部黑色，被褐色粉，毛为淡黄色和黑色；背板侧面被浓密黄长毛，第 1、4 和 7 节侧面被浓密黑长毛，背面大部分被黑毛，第 4 节中前部 1 光裸区域，第 9—10 节背板被淡黄毛；腹板被黄毛和黑毛。足黑色，胫节黄色，毛以黑色为主；腿节和胫节被黄鳞片。

分布：河北、北京、内蒙古、山西、山东、陕西、湖北、西藏。

(852) 暗斑翅蜂虻 *Hemipenthes maura* (Linnaeus, 1758)

识别特征：体长约 9.0 mm，翅长约 9.0 mm；头部黑色，被灰色粉。头部毛多黑色，边缘处被褐色毛。触角黑色；柄节长圆柱形；鞭节洋葱状。胸部毛多黄色；肩胛和中胸背板被黄色及黑色长毛，侧背片被一簇淡黄色毛。小盾片被稀疏黑色长毛。足褐色，跗节黑色。足的毛以黑色为主。翅半黑色，半透明。翅室 r_1 中透明部分近半圆形。平衡棒基部褐色，端部苍白色。腹部黑色，被褐色粉，毛为淡黄色和黑色，第 1、4 节背板侧面被淡黄色毛，第 5 节中后部 1 小的区域光裸，第 8 节背板被淡黄色毛。腹板被黄色和黑色绒毛。

分布：河北、北京、内蒙古、新疆；蒙古，俄罗斯，阿富汗，伊朗，塔吉克斯坦，土耳其，土库曼斯坦，亚美尼亚，斯洛伐克，乌兹别克斯坦，哈萨克斯坦，欧洲。

115. 长足虻科 Dilichopodidae

(853) 内蒙寡长足虻 *Hercostomus neimengensis* Yang, 1997

识别特征：体长约 2.8 mm（雄），3.3 mm（雌）；翅长约 2.6 mm（雄），2.9 mm（雌）。头部金绿色，有灰白粉；眼后鬃黄色；喙暗黄色，有淡黄色毛；须黄色，有淡黄色毛。触角黄色；第 3 节端部浅黑色，近卵圆形，长为宽的 1.1 倍。触角芒黑色，有明显细毛，基节长为端节的 0.25 倍。胸部金绿色，下侧片部分黄色；毛和鬃黑色；6 根强背中鬃，中鬃 5~6 根，短毛状。小盾片有几根缘毛。翅白色透明，脉褐色：R_{4+5} 与 M 会聚，CuAx 值 0.45。腋瓣黄色，有黑毛。足黄色；基节黄色；跗节自基跗节末端往外褐色至暗褐色；足毛和鬃黑色；基节仅有淡黄色毛；中后足基节各 1 鬃，中后足腿节各 1 端前鬃。前足胫节 1 前背鬃和 2 后背鬃；中足胫节有 3 前背鬃和 2 后背鬃；后足胫节有 2 前背鬃和 3 后背鬃；后足第 1 跗基部 1 短腹鬃。雄性腹部金绿色，有灰白粉；第 1—2 背板除第 2 背板后缘外黄色；毛淡黄色；雄性外生殖器：第 9 背板端有些尖，侧叶长；尾须带状，有一些缘齿；下生殖板短，侧臂细而弯，阳茎端略弯。雌性腹部第 3 背板侧面黄色；腹部毛黑色。

分布：河北、内蒙古、甘肃。

116. 蚜蝇科 Syrphidae

（854）侧宽长角蚜蝇 *Chrysotoxum fasciolatum* (Geer, 1776)

识别特征：体长约 16.0 mm；体粗大。头顶和额黑色，被黑色毛，额上部覆黄色粉被，雌性额中部具 1 对大的三角形黄斑；颜黄色，具黑色中条和侧条斑，该条斑从触角基部下侧至口缘；颊红黄色；后头密覆黄粉被。复眼覆淡褐色短毛。触角黑色，第 3 节明显长于基部两节之和；芒黄褐色，明显长于第 3 节触角节。中胸背板黑色，具 1 对不达背板后部的灰色粉被纵条，两侧具黄色纵条，该纵条从肩胛至翅后胛，在盾沟后明显中断；侧板黑色，中侧片具 1 块黄斑；小盾片黑褐色，基部黄色窄；中胸背板被明显黑色毛，混有淡色毛；小盾片被黑色长毛。腹部宽卵形，侧缘后角凸出；腹部背板黑色；第 2 节中部具黄色弓形横带，带两端宽，中部窄，并在背板中部中断；后缘黄色横带窄；第 3 节黄色横带与前节相似，但较前节宽，中部不明显中断，黄色后缘横带中部宽，两端窄；第 4 节黄带与第 3 节相近，但带更宽，中间黑色部分呈倒"Y"字形；第 5 节大部黄色，基部两侧黑色，中部具倒"Y"字形黑斑；背板被黑短毛和淡长毛，后部毛全黑色。足黄色，基节、转节、腿节基部黑色至黑褐色。翅前缘明显变褐色。

分布：河北、内蒙古（阿拉善盟阿拉善左旗）、四川（甘孜）；俄罗斯，日本，欧洲，北美洲。

（855）短毛长角蚜蝇 *Chrysotoxum lanulosum* Violovitsh, 1973（图版 LIX：1）

识别特征：体长 12.0～13.0 mm；雄性头顶三角区暗棕色，前部被暗色毛，后部金黄色毛较长；额黑色，光亮，沿眼缘密覆淡色粉被，被黑色及金黄色毛；颜柠檬黄色，约为头宽之半或更宽，正中黑色纵条宽，两侧下部具褐棕色或黑色宽斑，被淡黄色毛。触角黑色，第 3 节短于基部两节之和。中胸背板黑色，被褐色半卧短毛；小盾片柠檬黄色，中部具淡黄色短毛，两侧毛长；侧板黑色，具淡色毛，中侧片后部上方、腹侧片上部及侧背片后部均具黄斑。腹部黑色，第 2—4 节背板各 1 对不规则的三角形柠檬黄斑，黄斑不达背板前、后、侧缘，第 3 节黄斑最宽处约占背板长度之半，第 5 背板黄斑小。足基、转节黑色，其余黄色。翅透明，前缘基部 2/3 略暗。雌性头顶和额黑色，额覆灰色粉被侧斑。小盾片毛较短，有时混有黑毛；侧板黄斑大小变异很大。足有时红棕色，腿节基部略染棕褐色。

分布：河北、内蒙古、甘肃、西藏；俄罗斯，西亚。

(856) 西伯利亚长角蚜蝇 *Chrysotoxum sibiricum* Loew, 1856（图版 LIX：2）

识别特征：体长 12.0～16.0 mm；雄性头顶黑色，被黑色毛；额黑色或黑褐色，毛黄褐色；颜亮黑色，两侧具宽的亮黄色或淡黄色纵条，颜在触角下平直；颊黄褐色；后头很窄，上部毛黄褐色，中、下部覆黄白色粉被及同色短毛。复眼两眼连线长，被极稀短毛。触角黑色或黑褐色，第 1、3 节等长，第 2 节略短；芒短，略长于触角第 3 节，黄褐色。中胸背板黑色，光亮，前部具 1 对淡色粉被纵条，其末端达背板中部，背板两侧具 2 对黄色短纵条，分别位于肩胛之后及翅后胛之前，肩胛和翅后胛亦黄色；侧板黑色，中侧片具黄色斑；小盾片全黑色；背板被褐色短毛，混有黑色毛，侧板及小盾片被较长的黄色毛。腹部亮黑色，第 2—4 节各 1 弓形横带，两端不达背板侧缘，中部宽中断；第 2 节横带很宽，第 3、4 节横带较窄；第 5 节横带外端宽，内端窄，略呈三角形；腹部背板被毛很短，暗色，仅基部被淡色较长毛；腹板黑色，具 2 对黄斑；腹部侧缘后角不凸出。足基节、转节黑色，其余橘红色，胫节橘黄色。翅中部具大的褐色或黑褐色斑。雌性额中部具 1 对三角形淡黄色粉被斑。背板被毛不明显。

分布：河北、北京、东北、内蒙古（锡林浩特、武川）、山西、甘肃、青海、新疆、西藏；蒙古，俄罗斯（远东地区、西伯利亚），朝鲜。

(857) 双线毛蚜蝇 *Dasysyrphus bilineatus* (Matsumura, 1917)（图版 LIX：6）

识别特征：体长 14.0～15.0 mm；翅长 13.0～14.0 mm。头顶及额黑色，覆金黄色粉，黑亮，头顶及额被黑毛，后头部密覆黄白粉及毛；颜面橘黄色，被黄毛；颊部黄色，被黄毛及粉。触角黑色。中胸背板黑色，具 2 对灰白色粉被宽条纹，侧缘黄白色粉，背板被黄毛，小盾片黄色。侧板黑色，覆灰白色粉，被黄色长毛，中胸部下侧前侧片后部上、下毛斑后端宽阔地联合，后胸腹板裸。足黄色，被黄毛。翅透明，翅痣黑褐色。腹部宽卵形，侧缘具弱边，黑色。腹部腹面浅色，各腹板中间具三角状的暗色斑，被黄色长毛。

分布：河北、吉林、陕西、台湾；俄罗斯，朝鲜，日本。

(858) 浅环边蚜蝇 *Didea alneti* (Fallén, 1817)（图版 LIX：4）

识别特征：体长 11.0～16.0 mm，翅长 8.0～12.0 mm；头顶长三角形，黑色，被黑毛；后头部黑色，被棕黄毛，覆白粉；额黄色，被金黄粉和黑长毛；颜面黄色，覆金黄色粉，被黄毛；颊部黄色。触角黄褐色。中胸背板亮黑色，被黄褐毛，两侧略暗褐色；中胸侧板黑色，中胸上前侧片后隆起部及下前侧片背侧密被白粉，成白斑，具灰白密长毛，下前侧片后部上、下毛斑分离；后胸腹板具黑密长毛。小盾片黄褐色。翅透明，痣黑褐色。第 2 背板前部具 1 对斜黄绿色斑。足黑色和褐黄色，各足腿节、后足胫节被黑毛，其余毛黄色。

分布：河北、陕西、江西、四川；蒙古，俄罗斯，朝鲜，日本，欧洲，北美。

（859）黑带蚜蝇 *Episyrphus balteatus* (De Geer, 1776)（图版 LIX：5）

识别特征：体长 6.0~10.0 mm，翅长 5.0~9.0 mm；头顶三角灰黑色，具棕黄毛。额部灰黑色，覆黄粉，黄色；额前端触角基部之上有小黑斑；橘黄色，被黄粉及黄色细长毛；颊部在复眼下角处灰黑，被黄毛。触角橘红色。胸部黑绿色，闪光。胸部背板中间有灰色狭长中条，其两侧灰条纹较宽，背板两侧自肩胛向后被黄粉宽条纹，背板被黄毛。小盾片暗黄色，略透明，大部分被黑长毛。胸部侧板大部分被黄粉，下前侧片上、下毛斑全长宽阔地分开，后胸腹板具浅色长毛。足细而长，橘黄色，基节、转节暗黑色。翅近透明，翅面密被微毛，亚前缘室及翅痣棕黄色。平衡棒橘黄色。腹部长卵形，背面大部分黄色。腹部腹面第 2—4 腹板中部有小黑斑或完全黄色。

分布：河北、东北、陕西、甘肃、江苏、浙江、湖北、江西、湖南、福建、广东、广西、四川、云南、西藏；蒙古，俄罗斯，日本，阿富汗，东洋界，欧洲，澳洲。

（860）三色密毛蚜蝇 *Eriozona tricolorata* Huo, Ren & Zheng, 2007（图版 LIX：6）

识别特征：体长 11.0~15.0 mm，翅长 10.0~14.0 mm；头顶三角黑色，被灰粉及黑色长毛；额部黑褐色，被黑色长毛；颜面柠檬黄色，被黄毛；颊部黑色，被灰粉和黑色长毛。触角黑色。胸部背板黑色，中间具 1 对灰粉条。背板密具黑色长毛，前缘侧角处被暗褐色毛。小盾片暗褐色，被黑色长毛。中胸侧板黑色，被黑毛；上前侧片后隆起部被灰粉，下前侧片上、下毛斑后端宽阔地联合。足主要黑色，被黑毛，腿节端部近 2/3、胫节及跗节柠檬黄色。翅基部及中部具黑褐色斑，翅面具微毛。平衡棒黑褐色。腹部卵形，基部及端部狭，中部较宽，明显具边，第 1—3 背板及第 4 背板基部黑色，被黑色长毛，第 2 背板基半部被灰白色长毛。腹部腹面黑色，被黑毛，基部具灰白色长毛。

分布：河北、陕西。

（861）灰带管蚜蝇 *Eristalinus cerealis* Fabricius, 1805（图版 LIX：7）

识别特征：体长 12.0~13.0 mm，翅长 9.0~11.0 mm；头顶三角黑色，被黑毛、黄褐色毛；后头部密被白色粉及黄毛。额黑色，覆金黄色粉，被黑和棕褐色毛；颜面黑色，密被金黄色粉及黄白色毛；颊部黑色，被灰白色粉及黄白色长毛。触角黑色。中胸背板黑色，具淡色薄粉被，前部正中具灰白色粉被纵条纹，肩胛灰色，密被棕黄色长毛。小盾片黄色，被棕黄色长毛。中胸侧板黑色，被淡色粉被及棕黄色长毛；后胸腹板被毛。足主要黑色，被黄毛。翅近透明，痣棕褐色。腹部锥形，基部宽，端部狭圆。腹部背板密被橘黄色毛，第 2、3 背板后部有黑毛。

分布：河北、黑龙江、辽宁、内蒙古、山东、陕西、甘肃、青海、新疆、江苏、安徽、浙江、湖北、江西、湖南、福建、广东、四川、云南、西藏；俄罗斯，朝鲜，日本，东洋界。

(862) 短腹管蚜蝇 *Eristalis arbustorum* (Linnaeus, 1758)(图版 LIX: 8)

识别特征：体长 9.0～13.0 mm；雄性头顶黑色，覆薄灰色粉被和黑毛，后部具少许黄毛；额与颜密覆黄色至棕黄色粉被，额毛深黄色，颜毛淡黄长。触角基部两侧下部及口缘黑色；复眼被棕色毛。触角黑色，第 3 节黑至棕色；芒基部棕红色，基部具羽状长毛。中胸背板暗黑色，纵条明显或不明显，密被棕黄色较长毛。小盾片红棕色至黄棕色，毛同色。足黑色，前、中足胫节基部 2/3、后足胫节基半部、各足腿节端部、中足基跗节棕黄色至棕红色，具淡黄足毛。翅基部及前缘略带黄色；腋瓣与平衡棒黄色。腹部较短，棕黄色，第 1 背板覆灰白色粉被；第 2 背板大部黄色，正中具"工"形黑斑；第 3 背板黑斑基部较狭，向后渐变宽；第 4 背板亮黑色；后缘黄色；尾节亮黑色；背板密被长毛。雌性的腹部仅第 2 背板正中具黑斑，第 3—5 背板黑色，第 2—5 背板后缘黄白色至黄色。

分布：河北、东北、内蒙古、山西、山东、河南、西北、浙江、湖北、福建、四川、云南、西藏；俄罗斯，印度，伊朗，叙利亚，阿富汗，欧洲，北美，北非。

(863) 长尾管蚜蝇 *Eristalis tenax* (Linnaeus, 1758)(图版 LIX: 9)

识别特征：体长 12.0～15.0 mm，翅长 10.0～13.0 mm；头顶黑色，被黑毛；后头部被淡黄色毛；额黑色，被灰白色粉，前端黑亮；额主要被黑毛，近复眼处被浅黄色毛；颜面侧面淡黄色，被黄粉及同色毛，正中具黑色宽纵条；颊部黑色，被淡黄色长毛。触角暗褐色到黑色。触角芒黄褐色。中胸背板黑色，被淡棕色毛。小盾片黄或棕黄色。后胸腹板被毛。足主要黑色，被浅黄色毛。翅透明，R_{4+5} 脉环状深凹，翅中部具棕褐色到黑褐色斑，部分个体不明显。腹部锥形，基部宽于胸，端部狭圆；腹部背板被棕黄色毛。本种体色及腹部色斑变异较大。

分布：全国广布；世界广布。

(864) 凹带优蚜蝇 *Eupeodes nitens* (Zettersted, 1843)(图版 LIX: 10)

识别特征：体长 10.0～11.0 mm；头顶亮黑色，被黑毛；额和颜黄色，被黑毛。触角棕褐色至黑褐色。中胸背板蓝黑色，被黄毛；小盾片黄色，边缘被黄毛。足大部黄色，前、中足腿节基部约 1/3、后足腿节基部 3/5 黑色，前、中足跗节中部 3 节及后足跗节端 4 节褐色。腹部黑色，第 2 节背板 1 对近三角形黄斑；第 3、4 节背板具黄色横纹，前缘近平直；后缘中间深凹；第 4、5 背板后缘具黄狭边。

分布：河北、北京、内蒙古、东北、西北、江苏、浙江、福建、江西、广西、四川、云南；俄罗斯，蒙古，朝鲜，日本，西亚，欧洲。

(865) 方斑墨蚜蝇 *Melanostoma mellinum* (Linnaeus, 1758)

识别特征：体长 6.8～8.0 mm；翅长 6.0～7.0 mm；头顶及额黑亮，被黑毛；颜面两侧平行，略狭于头宽 1/2；面黑色，被白色细毛，覆白粉。触角棕色，第 3 节腹面橘黄。触角芒几乎裸。胸部黑亮，中胸背板及小盾片被黄短毛。翅略灰色，长于腹部。

足棕黄，基、转节黑；前足第 2—4 跗节黑色，后足腿节中部有宽黑环，第 2—5 跗节黑色。腹部黑色，两侧平行，第 2 节背板长略大于宽，1 对半圆形大黄斑；第 3、4 节背板近方形，各 1 对紧接前缘的矩形黄斑。雌性触角黑色；足除基节外通常黄色。

分布：河北、陕西、甘肃、浙江、湖北、福建、四川、云南、西藏；蒙古，日本，伊朗，阿富汗，欧洲，非洲，新北界。

（866）东方墨蚜蝇 *Melanostoma orientale* Wiedemann, 1824（图版 LIX：11）

识别特征：体长 6.8～8.0 mm，翅长 6.0～7.0 mm；头顶和额亮黑色，具金绿色光泽和黑色或褐色毛；颜面黑色，具金绿色光泽，覆灰色粉被，中突小，光亮；口缘中等凸出。触角淡黑色，第 3 节下侧黄褐色，芒具微毛。中胸背板和小盾片亮黑色，覆黄至褐灰色毛。雄性足橘黄色，雌性足全黄色，后足胫节 1 不明显的淡褐色中带，跗节上侧色深。翅透明。腹部黑色，略光亮，两侧平行。第 2—4 节背板各 1 对橘黄色斑，第 2 节斑内侧圆，第 3、4 节斑大，方形至长方形，内侧直。

分布：河北、湖北、四川、西藏、陕西；俄罗斯，日本，东洋界。

（867）斜斑鼓额蚜蝇 *Scaeva pyrastri* (Linnaeus, 1758)（图版 LIX：12）

识别特征：体长 11.0～14.0 mm，翅长 9.0～11.0 mm；头顶黑色，被黑毛；后头部暗色，密被灰黄色粉被及毛；额暗棕色，近透明，被黑色长毛，颊部黑色，被棕黄色毛。触角暗黑褐色。中胸背板黑绿色，光亮，两侧暗黄色，被黄粉，被浅色毛。小盾片暗褐色，被棕黄色毛。胸部侧板黑绿色，光亮，被浅棕色长毛。各足基节、转节黑色，前、中足腿节基半部黑色，端部黄色；胫节棕黄色；跗节暗褐色。后足腿节黑色，端部棕黄色，胫节棕黄色，跗节黑褐色。翅透明，仅端部被稀疏的微毛，痣棕黄色，R_{4+5} 宽而浅地凹入 R_5 室。腹部宽卵形，明显具边，黑亮。

分布：河北、黑龙江、辽宁、内蒙古、山东、陕西、甘肃、青海、新疆、江苏、江西、四川、云南、西藏；蒙古，俄罗斯，日本，阿富汗，欧洲，非洲，北美洲。

（868）月斑鼓额蚜蝇 *Scaeva selenitica* (Meigen, 1822)（图版 LX：1）

识别特征：体长 11.0～14.0 mm，翅长 9.0～12.0 mm；头顶黑色，被黑毛；后头部暗色，密被灰黄色粉被及毛；额明显鼓出，暗棕色，近透明，被黑色长毛。触角基部上方具裸斑；颜面棕黄色，颊部黄褐色，被毛黄白色。触角暗黑褐色。中胸背板黑绿色，光亮，两侧暗黄色，被黄粉。小盾片暗褐色，被黑色长毛，盾下缨长而密。胸部侧板黑绿色，光亮，被浅棕色长毛，下前侧片上、下毛斑狭窄地分开，后端相连，后胸腹板裸。各足基节、转节黑色，前、中足腿节基 1/3～1/2 黑色；胫节棕黄色，跗节暗褐色。后足腿节黑色，端部棕黄色，胫节棕黄色，跗节黑褐色，基跗节深褐色。翅透明，近乎裸，仅端部被稀疏微毛，痣棕黄色，R_{4+5} 宽而浅地凹入 R_5 室。腹部宽卵形，明显具边，黑亮。

分布：河北、黑龙江、吉林、陕西、甘肃、江苏、浙江、江西、湖南、广西、四川、云南；蒙古，俄罗斯，越南，印度，阿富汗，欧洲。

(869) 黄盾蜂蚜蝇 *Volucella pellucens tabanoides* Motschulsky, 1859（图版 LX：2）

识别特征：体长 14.0~20.0 mm，翅长 12.0~18.0 mm；头部明显宽于胸；头顶三角小，黄褐色，单眼三角黑色，被黑毛；额小，橘黄色，被黑色短毛，后部近复眼处被橘黄色短毛；颜面橘黄色，光亮，被橘黄色毛，颊部黑色。触角小，橘黄色，第 2 节外侧端缘被黑毛。中胸背板近方形，黑亮，具蓝色光泽，肩胛黄褐色，背板密被黑色直立毛，肩胛被黄褐色毛，侧缘及后缘具粗大黑色长鬃。小盾片暗黄色，被黑毛。侧板黑色，被黑毛。足黑色，被黑毛，膝部略呈棕黄色。翅基半部连同翅脉橘黄色，端半部透明，翅脉黑褐色，中部具大型黑褐色云斑，翅端半部前缘具较大型褐色云斑。腹部宽于胸，宽卵形，背面平，黑色，具蓝色光泽，被黑色短毛。腹部腹面黑亮，被黑毛。

分布：河北、东北、内蒙古、山西、陕西、青海、新疆、湖北、四川、云南；蒙古，俄罗斯，朝鲜，日本。

117. 寄蝇科 Tachinidae

(870) 嗅奥索寄蝇 *Alsomyia olfaciens* (Pandellé, 1896)

识别特征：体长约 6.0 mm；黑色，被灰白色粉。触角、翅肩鳞、前缘基鳞、小盾片基部黑色；下颚须、口上片、小盾片端部黄色。中胸盾片具 4 黑纵条。腹部背面具黑纵线，第 3、4 背板后缘具黑色横带，下腋瓣黄白色。腹部两侧无黄色斑。雌性复眼具稀疏的淡色短毛，单眼鬃发达，着生于前单眼略后方两侧，外侧额鬃 2 根，内侧额鬃 2 根，外顶鬃发达与眼后鬃明显相区别，无前顶鬃。触角第 3 节长为第 2 节的 2.0 倍。胸部覆黑色毛，中鬃 3+3，背中鬃 3+4，翅内鬃 1+3，腹侧片鬃 2+1，翅侧片鬃发达，肩胛 3 根基鬃排成近 1 直线，肩后鬃 2 根。前足爪退化，胫节 2 根后鬃；中胫节 2 根背端鬃及 1 排长短不一的前背鬃；腹部毛倒伏状排列，基腹部凹陷达后缘，第 1+2 背板具 1 对中缘鬃，无侧心鬃，具侧缘鬃；第 4 背板无中心鬃，1 排缘鬃，腹面两侧无密毛斑；第 5 背板具不规则的中心鬃，腹面两侧无密毛区。

分布：河北、山西、宁夏、江苏；欧洲。

(871) 黑须卷蛾寄蝇 *Blondelia nigripes* (Fallén, 1810)

识别特征：体长 6.0~10.0 mm；黑色，被灰白色粉；额宽为复眼宽的 1/2（雄性）或 2/3（雌性），间额前宽后窄；侧额被黑毛。触角黑色，第 3 节基部红黄色，其长度为第 2 节的 2.0 倍（雄性）或 1.6 倍（雌性）。触角芒黑色。颊被黑毛。触角第 3 节末端至口缘的距离大于触角第 2 节的长度；后头上方在眼后鬃后方具 1 行黑毛，其余部分被淡黄色。胸部黑色，被灰白色粉，前面 4 黑纵条，中间 2 个在盾沟后愈合，前胸侧板两侧被毛，肩鬃 4 根，3 根基鬃排成 1 直线，中鬃 3+3，背中鬃 3+3，翅内鬃

1+3，腹侧片鬃 2+1。小盾片黑色，具 1 对心鬃和 4 对缘鬃，小盾端鬃细毛状。翅淡黄褐色透明，翅肩鳞、前缘基鳞黑色，前缘刺明显；下腋瓣白色，具淡黄色边缘。足黑色，前足胫节后鬃 2 根；中胫节 2~3 根前背鬃；后胫节 1 行前背鬃。腹部黑色，基部腹面被黑毛，第 2 背板基部凹陷至后缘，背面 1 黑纵条，第 3—5 背板基半部覆闪变性灰白色粉被，端半部黑色；第 3、4 背板各 1 对中心鬃，两侧具不明显的红黄色斑，第 5 背板 2 行心鬃，而雌性第 3、4 腹板两侧缘 2/3 具脊突。

分布：河北、北京、东北、内蒙古、山西、宁夏、青海、新疆、四川、云南、西藏；蒙古，俄罗斯（外加高索、西伯利亚、萨哈林岛），日本，中亚，欧洲北。

（872）鬃胫狭颊寄蝇 *Carcelia tibialis* (Robineau-Desvoidy, 1863)

识别特征：体长 7.0~8.0 mm。额较窄，侧额毛最多 3 行；雌性侧额、中胸背板两侧和中侧片全部覆灰白色粉被。中胸前盾片具 5 黑纵条。小盾片端部暗黄。腹部第 3、4 背板具中心鬃或至少具粗大的鬃状毛，雄性腹部第 4、5 背板无密毛区。中足胫节具 1 前鬃和 1 腹；后足胫节前背鬃列中部 1 较粗大，常具 3 根背端鬃。

分布：河北、北京、吉林、辽宁、山西、山东、宁夏、上海、浙江、湖南、福建、广东、广西、四川、贵州、云南；俄罗斯，日本，欧洲。

（873）长肛短须寄蝇 *Linnaemya perinealis* Pandellé, 1895

识别特征：体长 10.0~14.0 mm；上后头无强的黑毛，只有个别的具黑毛，后梗节前缘直；小盾侧鬃 2 根；腹部侧面和腹面红黄色，第 3、4 背板各 2 对中心鬃，前后顺序排列；雄肛尾叶约与第 5 背板等长，平直，三角形，侧尾叶狭长，顶端具 1 小齿。额与复眼等宽；额长较其直径大 4~5 倍；侧颜裸，与后梗节宽度相等；颊被长鬃及稀疏黑毛，后头鬃缺如，在复眼内角附近 1 簇黑毛。前胸基腹片两侧常被细毛；翅灰色透明，R_{4+5} 脉基部具 5~11 小鬃，小鬃分布占基部脉段长度的 1/4；赘脉较其前面的中脉段略长；腿节黑色，前足爪较第 5 分跗节略长。腹部黑褐色，第 1+2 至 5 背板两侧具发达的红黄色花斑，第 3—4 背板各 2 对中心鬃，1~2 根侧心鬃；肛尾叶较长，平直，三角形，由基部向端部逐渐变窄，末端略加厚；侧尾叶狭长，末段具 1 小齿。

分布：河北、北京、天津、黑龙江、吉林、辽宁、内蒙古、山西、青海、新疆、重庆、四川、贵州、云南、西藏；蒙古，俄罗斯，日本，哈萨克斯坦，欧洲。

（874）园尼里寄蝇 *Nilea hortulana* (Meigen, 1824)

识别特征：体长约 8.0 mm。颜堤鬃占颜堤的 1/5~2/5；下颚须黄色。腹侧片鬃 3，小盾片黑色，仅端部红黄色。雄性第 4、5 背板腹面完全黑，有或无密毛斑。雄：复眼被淡黄色疏短毛；额宽为复眼宽的 3/5，间额棕黑色，两侧缘平行，宽于侧额；侧额黑色，覆灰白色粉被，额鬃向头部背中线交叉排列，前方 3 根额鬃下降至侧颜达梗节末端水平，侧额毛伴随额鬃下降至侧颜达同一水平，内侧额鬃每侧 1，单眼鬃发达，向前方伸展，外顶鬃毛状，与眼后鬃无区别；后头黑色、扁平，在眼后鬃后方具1行黑色小鬃，侧颜黑色，覆灰白色粉被，窄于后梗节。触角黑色，后梗节为梗节长的2.5倍，颜堤鬃仅占颜堤下方1/3，口上片不凸出，下颚须淡黄色。胸部黑色，覆灰白色粉被，背面具4黑纵条，中鬃3+3，背中鬃3+4，翅内鬃1+3，第3翅上鬃大于翅前鬃，腹侧片鬃3根，肩鬃4根，3根基鬃排成1直线，小盾片基半部黑色，端半部淡黄色，小盾端鬃交叉向后上方伸展，小盾侧鬃每侧1根，心鬃1对，两亚端鬃之间的距离等于亚端鬃至同侧基鬃的距离；翅淡色透明，翅肩鳞和前缘基鳞黑色，前缘刺短小，前缘脉第2段下方裸，r_{4+5}室开放，R_{4+5}脉具1小鬃，中脉心角至翅后缘的距离等于心角至中肘横脉的距离；足细长、黑色，前足爪发达；中足胫节具前背鬃2根；后足胫节具前背鬃梳1行，其中1粗大。腹部卵圆形，黑色，覆灰白色粉被，背面中间具黑纵条，第1+2合背板中间凹陷伸达后缘，具1对中缘鬃；第3背板具中缘鬃1对；第4背板具缘鬃1排，中心鬃1对；第5背板具缘鬃和心鬃各1行，第4背板两侧腹面具密毛区。

寄主：鳞翅目灯蛾科、夜蛾科。

分布：河北、北京、辽宁、内蒙古、山西、陕西、宁夏、海南；俄罗斯，日本，外高加索，欧洲。

（875）凶野长须寄蝇 *Peleteria ferina* (Zetterstedt, 1844)

识别特征：体长9.5~14.0 mm；额宽略窄或等于复眼宽，间额红黄色，侧缘被硬黑毛，侧额黑色，被黑毛，覆灰黄粉被。触角基部2节黄，后梗节黑色。触角芒黑褐色。胸部黑色，被黑毛，覆灰色粉被，具4黑纵条。沿翅基部两侧缘、翅后胛和小盾片中部黑褐色；小盾片黑或棕黑色；翅灰色、基部略黄。腹部黄，被黑毛，沿背腹中线均具黑纵条。雄后梗节宽于侧颜；中鬃4+4，小盾片黑或棕黑色；第5腹板后端1/4~1/3纵裂为左右分离的2侧叶，侧叶内凸、窄而长，以直角向背面弯曲，密被细刺；生殖节黑或棕黑色，第2生殖节背每侧各1~3细长鬃。雌第7腹板为1狭窄的横骨片，其长度为第6腹板长的1/2；后缘直；足腿节黑或褐色，胫节褐或棕褐色，跗节黑色。

分布：河北、北京、黑龙江、吉林、山西；蒙古，俄罗斯，哈萨克斯坦，外高加索，欧洲。

（876）褐粉菲寄蝇 *Phebellia fulvipollinis* Chao & Chen, 2007

识别特征：体长约10.8 mm。体表粉被黄褐色，均匀而浓厚。单眼鬃位于前单眼两侧；头部上方在眼后鬃后方具黑刚毛列；后梗节约为梗节长的2.8倍；下颚须全部黑色。胸部具4狭窄的黑纵条，中间2条的宽度约为其间隔的1/5，外侧的2条在中部间断，分为前后两部分，前部形状似三角形。腹部背面覆均匀的褐灰色或深灰色粉被。雄性复眼被密毛，头部上方在眼后鬃后方具黑刚毛列；下颚须棒状。

分布：河北、北京、东北、内蒙古、山西、宁夏、西藏。

(877) 毛基节菲寄蝇 *Phebellia setocoxa* Chao & Chen, 2007

鉴别特征：体长约 9.8 mm。头部上方在眼后鬃下方具黑刚毛列；下颚须淡黄色。腹部第 3、4 背板具暗黄色或红黄色斑，无中心鬃，具粗而翘起的毛；第 5 背板具发达中心鬃。后足基节后背面具 1~2 根毛。雄性复眼被密毛，单眼鬃位于前、后单眼之间，下颚须全部淡黄色，棒状；胸部背面具 5 较明显的黑纵条，中间 1 条较宽；腹部背中间具 1 黑纵条。

分布：河北、辽宁；蒙古，俄罗斯，欧洲。

(878) 黄跗寄蝇 *Tachina fera* (Linnaeus, 1761)

识别特征：体长 10.0~15.0 mm；雄性：头部黄色，侧额、头顶及后头灰黑色，颊略呈灰色；头部覆黄白色粉被，侧额被黑毛；侧颜被黑毛，有时混有若干黄毛，颊被黄毛，有时杂有若干黑毛；后头被黄白色毛；间额红褐色。触角基部两节黄色，第 3 节黑色，基部呈红黄色，下颚须黄色，两侧由肩胛至翅后胛和小盾片黄褐色，覆灰黄色粉被，背面具 4 个相当宽的纵条，整个胸部被黑毛。腹部黄色，被黑毛，沿背中线具黑纵条，黑纵条两侧缘大致平行，占第 3、4 背板宽的 1/4，末端形成尖齿，终止于第 5 背板前方 1/3 至后方 1/3 处，在很少情况下，黑纵条末端向两边扩展，使整个第 5 背板后半部呈黑色，沿第 3、4 背板基缘覆稀薄的灰白色粉被，后者在第 5 背板约占基部 2/3；腹部腹面黄色；第 5 背板大部分黑色，均覆极稀薄的白色粉被，翅略呈灰色，从基部至前缘 2/3 的部分黄色，具黄褐色翅脉；翅肩鳞黑褐色，前缘基鳞黄色，下腋瓣白色，具黄色边缘，平衡棒黄色。足腿节端部 1/3 腹面、胫节和跗节黄色，爪黄色具黑色尖端，爪垫褐黄或淡黄色。额宽为复眼宽的 3/4，间额后端略窄，与侧额大致等宽，内顶鬃几乎与复眼纵轴等长，外顶鬃、单眼鬃和前顶鬃均为内顶鬃长的 1/2，无外侧额鬃，有 3~4 根额鬃沿复眼斜线下降至侧颜，单眼后鬃细，每侧各 1~3 根后顶鬃，眼后鬃直，下方转为细长黑毛，下降至复眼下缘的水平。触角第 2 节长，背面具 2 根鬃，第 3 节长略大于宽，其长度为第 2 节的 2/3~3/4，其宽度略小于侧颜的宽度。触角芒裸，基部 2/3 变粗，第 1 节短，第 2 节的长度为其宽度的 3~4 倍；下颚须细，与触角等长，颏与复眼纵轴长相等，唇瓣小。胸部中鬃 3+3，背中鬃 4+4，翅内鬃 1+3，腹侧片鬃 2+1，翅侧片鬃 2 根；小盾片具 4 对缘鬃和 6 根缘前鬃。腹部第 2 背板具 2 根中缘鬃，第 3 背板具 2~4 根中缘鬃，第 4 背板具 14~16 根缘鬃；第 5 背板后方 2/5 具 2 行不规则排列的心鬃和 1 行缘鬃，腹面后半部密被不规则的鬃，第 2—4 腹板一般具 6~8 根直立排列的鬃；翅 R_{4+5} 脉基部背面和腹面各 3~6 根小鬃，前缘脉第 2 段腹面裸，为第 3 段的 2/3~9/10，第 4 段外缘全长具刺，与第 6 段等长；中脉心角为直角或锐角，具褶痕，心角至翅后缘的直线距离为心角至中肘横脉距离的 1.5 倍，端横脉凹陷，其长度为由心角至中肘横脉距离的 2.5 倍；R_5 室开放，肘脉末段的长度略小于中肘横脉；前足爪长大于或等于第 4、5 分跗节长度之和。雌性：额与复眼等宽，每侧各 2 根外侧额鬃。间额两侧缘平行。触角较细，第 3 节的长度略小于其宽度，为第 2 节长度的 3/5～2/3，基半部红黄色，其宽度为侧颜宽度的 1/2～3/5，颊宽相当于复眼纵轴，额长为复眼纵轴的 1.4 倍。胸部翅内鬃偶尔出现 1+2 的情况，足常为黄色，前足跗节变宽，第 3 节长宽相等，前足爪及爪垫短于第 5 分跗节，各腹板具 6～8 根鬃。

寄主：国外文献记载有锐剑纹夜蛾、玛瑙夜蛾、茸毒蛾大棉铃虫、杉苔蛾、舞毒蛾、僧尼舞毒蛾、小眼松夜蛾、松夜蛾。

分布：河北、北京、天津、吉林、内蒙古、山西、新疆、西藏；蒙古，俄罗斯，日本，巴勒斯坦，中亚，中东，欧洲，北非。

（879）巨爪寄蝇 *Tachina macropuchia* Chao, 1982

识别特征：体长 14.0～17.0 mm；雄性中颜板、口上片、侧颜、下侧颜内黄色，颊灰黄色，覆淡黄色粉被，侧额黑色，覆金黄色粉被，间额朱红色，后头黑色，覆灰色粉被。触角第 1、2 节红黄色，第 3 节黑色。触角芒黑褐色，下颚须黄色。胸部黑色，覆灰色粉被，两侧缘及小盾片红黄色；背面具 5 条不明显黑纵纹，其在第 5 节为长三角形，少数在第 3—5 节消失。翅暗灰色，基部及前缘 2/5 杏黄色，翅肩鳞黑红色，前缘基鳞红黄色，下腋瓣白色，平衡棒肉黄色。腿节黑色，末端红色；胫节红黄色；前足跗节第 2 节红黄色，第 2—5 节黑色，中足跗节第 1—2 节红黄色，第 4—5 节黑色。肛尾叶长三角形，呈 "S" 形弯曲。雌性触角第 3 节长为第 2 节之半；前足跗节变宽，第 4、5 跗节等长。

分布：河北、黑龙江、吉林、内蒙古、山西（浑源恒山、绵山、管涔山）、西藏；朝鲜。

（880）窄角寄蝇 *Tachina marklini* Zetterstedt, 1838

识别特征：体长 10.8～13.7 mm；雄：额窄，约为复眼宽的 1/3，无外侧额鬃；下颚须、柄节、梗节和前缘基鳞黄色，后梗节黑色，短于梗节，显著宽于侧颜；小盾片被细毛，背中间混杂有数根细弱的鬃，这些鬃显著小于小盾端鬃，小盾侧鬃 1～2 根；心角至中肘横脉的距离大于中肘横脉长度的 1/2；腹部第 3、4 背板有时具中心鬃。

雄：头覆淡黄色粉被；柄节和梗节黄褐色，后梗节及触角芒黑色，下颚须黄色；额宽在最窄处为头宽的 0.16～0.21 倍；侧颜中部为后梗节的 6/5～7/5；颊高为眼高的 0.39～0.5 倍；侧额和侧颜被黑色短毛；额两侧无外侧额鬃。后梗节是梗节长的 0.71～0.91 倍；下颚须与触角等长或略大于触角长度。胸部黑色，被黑色短毛；中鬃 2(1)+2，背中鬃 4(3)+3，翅内鬃 1+3，腹侧片被数根鬃状长毛；小盾片黄褐色，被较长细毛，在背中间混杂有数根细弱的鬃，显著小于小盾端鬃，小盾片具 4 对缘鬃。腋瓣黄白色。翅透明，淡褐色，翅肩鳞黑色，前缘基鳞黑褐色；心角至中肘横脉的距离大于中肘横脉长度的 1/2。足黑色，前足爪及爪垫长等于第 4+5 分跗节的长度。腹部红黄色，沿背中线具 1 黑纵条；整个腹部无粉被，被黑色短毛；第 1+2 合背板中间凹陷达后缘，具 2～8 根中缘鬃；第 3 背板具 4 根中缘鬃；第 4 背板具 1 行缘鬃，有时具 1 对中心鬃；第 3—4 背板无侧心鬃；第 5 背板散布不规则的数根心鬃和缘鬃；第 2—4 腹板的鬃细长，毛状。肛尾叶背面观倒梨形，侧尾叶镰刀状，向中间弯曲。雌：额宽在最窄处约为头宽的 0.33 倍；侧颜中部显著宽于后梗节。爪及爪垫长等于或略小于第 5 分跗节的长度。腹部黑纵条在第 5 背板扩大到腹面，有时整个第 5 背板的背腹面均为黑色。

分布：河北、黑龙江；蒙古，俄罗斯，斯堪的纳维亚半岛，欧洲。

（881）怒寄蝇 *Tachina nupta* (Rondani, 1859)

识别特征：体长 9.0～15.0 mm；颜淡黄色，间额红黄色，侧额及后头黑色。触角第 1、2 节红黄色，第 3 节黑色，基部红色。触角芒黑褐色；雄性头部两侧至少各 2 外侧额鬃。胸部黑色，两侧及小盾片红黄色，覆稀薄灰色粉，背面 4 黑色狭纵纹。前翅灰色透明，沿基部 2/3 黄色，腋瓣黄白色。前足和中足跗节黑褐色。腹部红黄色，沿背中线 1 黑纵条，由基部向端部变窄，止于第 5 背板中间。胸腹部被毛粗壮。

分布：河北、北京、东北、内蒙古、西北、湖北、四川、西藏；蒙古，俄罗斯，日本，中亚，欧洲。

（882）黄粉彩寄蝇 *Zenillia dolosa* (Meigen, 1824)

识别特征：额长约为颜高的 2/3，侧颜窄，中部宽度为后梗节宽的 1/2，其长度约为梗节长的 6 倍，侧尾叶镰刀形，阳茎椭圆形，端半部具密刺，肛尾叶短，末端向背面显著翘起。

雄：复眼被稀疏淡黄色毛，额宽为复眼宽的 1/4，间额棕黑色，两侧缘平行、窄于侧，侧额黑色覆灰白色粉被，额鬃向头背中线交叉排列，有 3 根下降至侧颜，最前 1 达触角芒着生处水平，侧额毛伴随额鬃下降至侧颜达同一水平，内侧额鬃每侧 2 根，单眼鬃发达，向前方伸展，外顶鬃毛状与眼后鬃无明显区别；后头黑色，略拱起，覆灰白色粉被，在眼后鬃后方具 1 单行黑色小鬃；侧颜裸。触角全黑色，后梗节长为梗节长的 4.5 倍。触角芒基部 1/2 变粗，侧颜窄于后梗节，颜堤鬃占颜堤全长的 1/2，下颚须淡黄色。胸部黑色，覆浓厚的金黄色粉被，背面具 5 个黑纵条，肩鬃 3 根、排列成 1 直线，中鬃 3+3，背中鬃 3+4，翅内鬃 1+3，第 3 翅上鬃小于翅前鬃，腹侧片鬃 3；小盾片黄褐色，基部黑色，覆浓厚的金黄色粉被、半圆形，小盾端鬃交叉向后方伸展，小盾侧鬃每侧 1，小盾心鬃 1 对，两小盾亚端鬃之间的距离大于亚端鬃至同侧基鬃的距离；翅淡色透明，翅肩鳞和前缘基鳞黑色，I4+5 室开放，R4+5 脉基部具 2 根小鬃，端横脉直，中脉心角弧形，心角至中肘横脉的距离大于心角至翅缘的距离；足黑色，中足胫节具 1 前背鬃，后足胫节具 1 行稀疏的前背鬃梳，其中 1 粗大。腹部长卵形、黑色，覆浓厚的金黄色粉被，第 1+2 合背板具 1 对中缘鬃，第 3 背板具中缘鬃和中心鬃各 1 对，第 5 背板具缘鬃和心鬃各 1 行。

寄主：鳞翅目灯蛾科、蚕蛾科、斑蝶科、枯叶蛾科、毒蛾科、夜蛾科、蛱蝶科、粉蝶科、螟蛾科、眼蝶科、卷蛾科。记载有稠李巢蛾、苹果巢蛾、卫矛巢蛾、豆卷叶野螟、栎异舟蛾。我国有棕尾毒蛾、山槐小卷蛾、松白小卷蛾、茶尺蠖、榆织蛾（内蒙古昭乌达盟赤峰）、榆织蛾。

分布：河北、黑龙江、吉林、辽宁、内蒙古、山西、河南、陕西、宁夏、湖北、贵州、云南；俄罗斯，日本，外高加索，欧洲。

XXIII. 膜翅目 HYMENOPTERA

118. 三节叶蜂科 Argidae

(883) 榆三节叶蜂 *Arge captive* **(Smith, 1874)**（图版 LX：3）

识别特征：体长 8.0~10.5 mm；体具金属光泽。头、腹、足蓝黑色。唇基上区不具中脊。触角约等于头及胸之和。胸部橘红色，有时中胸小盾片端部、中胸侧板下部、中胸腹板蓝黑色。翅烟褐色，翅脉、翅痣褐色。腹部具蓝紫色光泽。

取食对象：榆。

分布：河北、北京、吉林、辽宁、山东、河南；日本。

119. 叶蜂科 Tethredinidae

(884) 日本菜叶蜂 *Athalia japonica* **(Klug, 1815)**（图版 LX：4）

识别特征：体长 5.2~7.4 mm。体橙黄色，被淡黄色绒毛。头黑色。唇基、上唇褐色。触角黑色，10 节。后胸黑褐色。腹部黄色，仅背板 1 为黑色。肛下板基部中间为深的凹缘。翅烟黑色，翅脉、翅痣黑褐色。足基节、转节、中足和后足腿节除去端部、跗节 1—3 节基部均为黄褐色，腿节端部、胫节、跗节（除 1—3 节基部外）为黑色。

取食对象：青菜、白菜、芜青、萝卜。

分布：河北、山西、甘肃、青海、江苏、四川、云南。

(885) 风桦锤角叶蜂 *Cimbex femorata* **(Linnaeus, 1758)**（图版 LX：5）

识别特征：体长 16.0~26.0 mm。雌蜂体黄褐色。头和胸具密小刻点和黑白相间的绒毛。复眼、触角与单眼后区间具方形黑斑。眼后头明显变宽，唇基凸起、前缘凹圆，上方凹陷与颊分开。单眼后区近方形、前方略窄。中胸前盾片、中胸盾片具大黑斑，中胸腹板、腹部背板前缘和基部黑色。腹部第 2 节背板以下各节基部具窄黑边。小盾片中间凹陷。翅透明，前、后翅端缘具黑褐色宽边，前翅 M_1 室上端黑褐色，翅痣黑褐色，Sc 脉中段黑褐色。爪的前端内侧具较明显小齿。

雄蜂与雌蜂区别：身黑色，密被黑绒毛和细刻点。触角第 3 节端部 1/2 和 4 以下各节、腹部第 2 节背板两侧后角、第 3—6 节、足胫节端部、跗节红褐色。

取食对象：风桦、白桦、疣皮桦。

分布：河北、黑龙江、内蒙古；俄罗斯，朝鲜，日本，欧洲。

（886）西伯毛锤角叶蜂 *Trichiosoma sibiricum* Gussakovskij, 1947（图版 LX：6）

识别特征：体长约 18.0 mm。身黑色、具光泽。头部具稀黑长毛，额和颊具灰白色毛；单眼后区略凸，中沟和侧沟浅而明显；唇基前缘平、具宽弓形凹陷；上唇前端尖圆形。触角棒锤部第 1 节与其余各节明显分开。胸部刻点较密，中胸前小盾片光滑，中胸侧板、小盾片具较密的灰长毛。翅淡黄色、透明，前翅 C 脉、Sc 脉、A 脉黄褐色，翅痣和其余翅脉褐色，前、后翅前缘淡褐色。腹部背板具细刻纹、无光泽；第 1—2 节背板具白色稀长毛，其余背板仅具稀疏短毛；第 2—4 节后缘两侧具窄斑；第 5—7 节两侧斑略宽。腹板、足胫节和跗节黄褐色。

分布：河北、吉林；俄罗斯。

（887）波氏细锤角叶蜂 *Leptocimbex potanini* (Semenov, 1896)（图版 LX：7）

识别特征：体长 13.0~18.0 mm。身黑色，具细密刻点和皱纹。头、胸被白色绒毛，具青铜或绿色金属反光。雌性上唇周围具隆起的边饰、无明显中脊，唇基前缘具宽浅凹陷；雄性上唇比雌性大、具明显中脊和边饰，唇基前缘凹陷较雌性深。颊端部、上唇、唇基上区、上颚（除端部和齿红褐色外）黄白色或黄褐色。触角、前胸背板基部黄褐色。雌性小盾片（除前端黑色外）黄褐色；雄性小盾片黑色。腹部背板 1（除黑色前缘外）黄白色，中间具纵脊、两侧具边饰，雄性黑带比雌性窄。背板第 2—7 节基部、锯鞘、腹板均黄褐色。翅淡黄色、透明，翅基片、翅脉黄褐色，前翅前缘具红褐色宽带斑。足的胫、跗节黄褐色。雄性足的基节、腿节内侧黄褐色，中、后足端部具 1 齿。

分布：河北、辽宁、陕西、甘肃、四川、云南；俄罗斯，缅甸，日本。

（888）小麦叶蜂 *Dolerus tritici* Chu, 1949（图版 LX：8）

识别特征：体长 8.0~9.8 mm。黑色，具光泽。身体具淡色绒毛，头部毛略长。触角黑色，赤褐色部分为：前胸背板、中胸前盾片、翅基片。腹部和足均为黑色。头、胸部密布粗的刻点。腹部具细密皱纹。翅透明，翅痣、翅脉黑色。

取食对象：小麦。

分布：河北；朝鲜，日本。

120. 树蜂科 Siricidae

（889）泰加大树蜂 *Urocerus gigas taiganus* (Linnaeus, 1758)

识别特征：体长 19.0~37.0 mm。黑色。触角深黄色或黄褐色，端部色较深。头部眼后黄斑为单眼后区所分开，足胫节和跗节黄褐色。腹部背板 1 基部、背板 2、背板 7、背板 8 和角突橘黄色，产卵管锯鞘褐色。本种雌性腹部末节两侧大多数个体具黄色圆斑，但也有全部为黑色者。头部和胸部的毛一般长。刻点和翅的情况与西藏大树烽极为近似。雄性颜色与雌性近似，但触角柄节黑色，其余各节红褐色；腹部背板第 3—6 节红褐色；后足胫节和基跗节大部黑色，不明显膨胀。其他特征一如雌性。

取食对象：松、云杉、落叶松。

分布：河北、黑龙江、山西、甘肃、青海、新疆；俄罗斯，欧洲。

121. 姬蜂科 Ichneumonidae

（890）环跗钝杂姬蜂 *Amblyjoppa annulitarsis* (Matsumura, 1912)（图版 LX：9）

识别特征：雌性体长 18.0～21.0 mm；黑色；全体密布细刻点和灰黄色短毛。触角洼光滑而深；在中间之后环节渐细。上颊下方、触角中间背方、前胸背板前缘中间、背上缘及中胸盾片 2 小纵纹。小盾片隆起，无侧脊。小盾片、后小盾片、中胸侧板、后胸侧板下方、并胸腹节后侧方 1 斑。并胸腹节刻点粗密被长毛，中区三角形，端区和第 3 侧区具不规则粗皱。腹部第 1 背板末端黄色，后柄部中间隆起，隆区内刻点略密；第 2 背板腹陷大而深；后缘两侧黄色；腹末钝；产卵器不伸出腹端。翅半透明，烟黄色，略蓝光，外缘色略暗。翅基片、翅基下脊 1 大斑。足黑色；基节末端、第 1 转节、胫节大部及第 1、2 跗节、中足腿节中间小斑，后足腿节中段、后足第 3 跗节中间黄色。

分布：河北、浙江、江西、福建、台湾、广西、贵州、云南。

（891）棘钝姬蜂 *Amblyteles armatorius* (Foerster, 1771)（图版 LX：10）

识别特征：雌蜂体长 13.0～16.0 mm；前翅长 11.0～13.0 mm；颜面宽约为长的 2.0 倍，刻点粗密，中间略隆起，在颜面上端中间具 1 小瘤；唇基与颜面分开，端部薄，端缘几乎平截；颚眼距略短于上颚基部宽度；上颚基部凹深，下端齿小，生在上齿下缘；额具粗刻点。触角洼平滑；单复眼间距等于侧单眼间距，为侧单眼长径的 1.5 倍；头顶具粗刻点，在单眼后倾斜，在复眼后略收窄；后头脊在上额上方与口后脊相接；上颊宽于复眼最宽处。触角鞭节 48 节，中段略粗。前胸背板密布网状刻点，略呈斜皱；中胸盾片密布刻点，小盾片平坦，光滑，无侧脊；后小盾片具纵行皱纹；中胸侧板和后胸侧板网状刻点粗且发展成横皱。并胸腹节满布网皱；中区为近方形的六边形，宽略大于长的或长略大于宽的均有；分脊在中区中间略前方相接，侧突强。前翅小翅室五角形，第 2 回脉位于其中间附近。腹部纺锤形，刻点较细而密；第 1 背板后柄部具细刻条，中间略隆起，两侧多有纵脊；第 2 背板窗疤之间距离刚大于窗疤宽度；产卵管短，刚显出，不伸过腹端。黑色；脸眶（宽窄不等）、额眶、颈部上方、小盾片（除最端部）、翅基片、腹部第 2、3 背板前缘和第 4、5、6 背板后缘（宽窄有变化）均黄色。口器（除上颚端部）、触角全部或除端部黄褐色。前足基节、转节（除端部黄）黑色，腿节赤黄色，胫节和跗节黄褐色；中后足基节、第 1 转节基部、腿节除基部（中足的连端部）、后胫节端部漆黑色，其余赤黄色至黄褐色。翅带淡烟色，翅痣暗黄褐色，其余翅脉多为黑褐色。

雄蜂与雌蜂相似，但腹部较狭长，第 4、5、6 背板后缘黄条有时不显。

分布：河北、吉林、陕西、甘肃；俄罗斯，日本，伊朗，英国，瑞典，阿尔及利亚等。

（892）野蚕黑瘤姬蜂 *Coccygomimus luctuosa* (Smith, 1874)（图版 LX：11）

识别特征：体长 11.8～17.5 mm；前翅长 11～14.3 mm。黑色，被淡茶色毛。额凹陷。触角窝光亮，内具刻条，有中纵沟。触角 36 节，第 1 鞭节长为宽的 6.6 倍，末节钝圆，长为前一节的 2.0 倍。前胸背板前沟缘脊前后方具波浪形细刻条；中胸侧板后方光滑区伸至下方 2/3 处；后胸侧板具细而平行刻条；并胸腹节满布皱纹。腹部第 1 节背板长为端宽的 1.25 倍，各节背板折缘窄。前足节 4 跗节缺刻深，腿节外侧及端部、胫节和跗节棕色；中足腿节端部、胫节和跗节棕黑色；后足胫节内侧多淡茶色毛，腿节长为宽的 3.8 倍。翅带烟色，翅脉及翅痣黑色，翅痣基部黄褐色。产卵管鞘长为后足胫节的 1.1 倍。

雄蜂与雌蜂区别：触角鞭节第 6—11 节有角下瘤；翅基片黄褐色；雌蜂前足棕色部分为赤黄色，中足棕黑色部分为暗赤色。

分布：北京、河北、辽宁、山东、河南、陕西、甘肃、江苏、上海、浙江、湖北、江西、湖南、福建、广西、四川、贵州、云南；俄罗斯，朝鲜，日本。

（893）东方圆胸姬蜂 *Colpotrochia (Scallama) orientalis* (Uchida), 1930（图版 LX：12）

识别特征：雌蜂体长 17.0 mm，前翅长 13.8 mm；颜面具皱状刻点；颚眼距为上颚基部宽度的 0.5 倍；额突中沟较浅，侧叶不特别高，背观至端部略狭，水平的边较厚；头顶近光滑，在单复眼后陡斜；单眼区略隆起，侧单眼间距为侧单眼直径或单复眼间距的 1.2 倍；侧观上颊长与复眼宽相等。触角长为前翅的 1.0 倍，至端部渐尖。前胸背板除上缘具带长毛的细刻点和下角有钝脊外，甚为光滑；中胸盾片具带长毛的细刻点，近光滑；小盾片梯形，前缘比后缘略宽，与长相等，侧脊钝，伸至中间；中胸侧板除镜面区和后胸侧板下方光滑外，其余均具带毛细刻点。并胸腹节中间基部 2/3 有浅沟，从而显出中纵脊痕迹；侧纵脊两端模糊；外侧脊与气门接触，在气门下方略弯曲。小翅室具长柄，柄长为第 1 肘间横脉的 0.45 倍，第 2 回脉位于其中间；小脉在基脉外方，其间距为小脉长度的 0.4 倍；后小脉在下方 2/5 处曲折，上段强烈内斜。后足腿节长为宽的 3.0 倍。腹部背板具带毛细刻点，至后端毛更密且为淡褐色；第 1 节背板刻点较稀，长为端宽的 1.55 倍；第 2 节背板折缘狭，宽度为第 2 节背板后缘的 0.2 倍；第 4 节背板折缘的褶几乎为背板全长，气门至褶的距离为气门直径的 4 倍。

头胸部黑色。触角柄节和梗节黑褐色，鞭节赤褐色，至基部色略暗；翅基片黑褐色，周缘黄褐色；腹部第 1 节背板端部、第 2—3 节背板、第 1—3 节腹板红色。前足基节、转节、腿节下方黑褐色，其余红色；中后足基节、转节、腿节和后足胫节两端黑褐色；中足腿节端部、后足胫节（除两端）红色；中后足跗节淡褐色，后足的色更深。翅带烟黄色；翅痣及翅脉黄褐色。

分布：河北、江西；朝鲜，日本。

（894）地蚕大凹姬蜂黄盾亚种 *Ctenichneumon panzeri suzukii* (Matsumura, 1912)（图版 LXI：1）

识别特征：本亚种与指名亚种 *C. panzeri panzeri* 极相似，主要区别在于体色。本亚种雌蜂黑色。触角中段（有时全黑）、小盾片黄白色；腹部第 2、3 节背板赤黄红色；前足胫节和各足跗节暗赤褐色。雄蜂体亦黑色；颜面两侧、触角柄节下方、颈部、前胸背板上缘至肩角及下角、翅基片、翅基下脊、小盾片、后小盾片及腹部第 1—5 背板基部均黄色。触角柄节黑色，其余暗赤褐色；足黑色，各基节的 1 纹、腿节末端（前足腿节下侧扩至基部）、胫节（除后足胫节端部）、跗节（除各小节端部、后足基跗节基部和端跗节暗褐）黄色，距暗褐色。

取食对象：小地老虎、八字地老虎、黄地老虎、庭园地老虎等。

分布：河北、河南、浙江、广东、广西、四川、云南；朝鲜，日本。

（895）济源兜姬蜂 *Dolichomitus jiyuanensis* Lin, 2005

识别特征：雌性体长 15.0~17.5 mm，前翅长 11.0~13.0 mm；产卵器鞘长约 19.0 mm。头顶表面光滑、刻点细密。颜面刻点稠密。上颊光滑，刻点细。颊中间具革质细粒。上颚中部具纵皱纹。触角约 10.0 mm。前胸背板有前沟缘脊。中胸盾片刻点细匀，具短毛；有盾纵沟。中胸侧板刻点细。小盾片刻点稀细。后胸侧板刻点上密下稀；下缘脊完整。翅略带褐色透明。腹部第 1—5 节背板刻点密；第 2—5 节基部光滑无刻点的横带约为自身背板长的 0.15 倍；第 3—5 节具突瘤。产卵器鞘具黑毛。产卵器端部下弯，腹瓣端部的背叶具 3 条内斜的脊。

雄蜂与雌蜂区别：黑色。唇基端部深红色；上颚中部带不清晰的暗红色；下颚须黄褐色；下唇须深褐色。翅基片黄褐色；翅痣褐色；翅脉深褐色。足红褐色；后足胫节及跗节褐黑色。

分布：河北、河南。

（896）夜蛾瘦姬蜂 *Ophion luteus* (Linnaeus, 1758)

识别特征：体长 15.0~20.0 mm；黄褐色。复眼、单眼及上颚齿黑褐色；颜面带黄色；中胸盾纵沟部位顶外侧有黄色细纵条；翅痣黄褐色，翅脉深褐色至黄褐色。体光滑，被细而稀的刻点；后头脊完全；复眼内缘近触角窝处凹陷；单眼大而隆起；颊短；中胸背板有自翅基片伸向小盾片的隆脊；并胸腹节基横脊明显，端横脊中段消失，基区部位略凹陷。前翅无小翅室，第 2 回脉在肘间脉基方，相距甚远，第 2 回脉上半部及肘脉内段有 1 处中断，中盘肘脉上的一段脉桩明显，第 2 盘室近梯形，翅痣下方的中盘肘室有 1 小块无毛区。腹部侧扁。

寄主：已记载的寄主有 56 种，主要为鳞翅目害虫（特别是夜蛾科害虫），也有黄尾突瓣叶蜂。

分布：全国广布。

（897）银翅欧姬蜂端宽亚种 *Opheltes glaucopterus apicalis* (Matsumura, 1912)（图版 LXI：2）

识别特征：体长 21.0~23.0 mm，前翅长 18.0~20.0 mm；体火红色；腹部第 5 及以后各节，足、基节基部，均黑色。触角至端部黑褐色；腹部第 1 节背板基部黄色；翅透明，带烟黄色，在外缘色略暗，翅痣及翅脉赤黄色。

分布：河北、黑龙江、辽宁、内蒙古；朝鲜，日本，库页岛。

（898）黏虫棘领姬蜂 *Therion circumflexum* (Linnaeus, 1758)

识别特征：体长 17.0~26.0 mm，前翅长 10.0~16.0 mm；颜面满布网状刻点。颊隆起，颚眼距约为上颚基部宽度的 0.6 倍。上颚短，上齿长于下齿。单眼区隆起，侧单眼间有纵沟，单复眼间距和侧单眼间距均约为侧单眼长径的 1.8 倍。触角 62~63 节，第 1 鞭节长为第 2 节的 2.2 倍。前胸背板背缘光滑，刻点稀粗，下前角有尖齿突起；小盾片锥形隆起，具中等刻点和长毛；后小盾片有侧脊具细皱；后胸侧板隆起，前方为网状刻点，后方为粗网皱；并胸腹节布网皱，有长毛。腹部侧扁，第 1 节背板长为第 2 节的 0.83 倍。气门卵圆形。产卵管鞘长为后足基跗节长的 0.55 倍。前翅无小翅室，肘间横脉约与肘脉第 2 段等长；径脉第 2 段基部弯曲；亚盘脉位于外小脉下方约 1/2 处；后小脉在上方 2/5 处曲折。

取食对象：赤松毛虫、落叶松毛虫、欧洲松毛虫、西伯利亚松毛虫、白纹松毛虫、三叶枯叶蛾、白点黏虫、黏虫、剑纹夜蛾、首剑纹夜蛾、黑三棱锹额夜蛾、分歹夜蛾、颤杨谷舟蛾、白肾灰夜蛾、模夜蛾、小眼夜蛾、女贞红节天蛾、松红节天蛾等。

分布：河北、北京、东北、内蒙古、甘肃、宁夏、新疆、浙江、江西、台湾；蒙古，俄罗斯，朝鲜，日本，欧洲，北美洲。

122. 茧蜂科 Braconidae

（899）黑褐长尾茧蜂 *Glyptomorpha (Glyptomorpha) pectoralis* (Brulle, 1832)（图版 LXI：3）

识别特征：雌性体长 7.0~13.5 mm，前翅长 6.0~10.0 mm，产卵鞘长 23.0~30.0mm。体色：主要为红黄色。触角黑色；复眼褐色，头顶单眼三角区黑色；中胸盾片侧叶各 1 黑斑；翅痣、前翅和后翅深烟灰色。触角 50~64 节；柄节背侧长于腹侧；唇基隆脊具密长毛；颜面具刻点和密毛；颚眼缝明显深；额斜坡状，光亮，短绒毛；头顶具均匀短粗毛。胸长为高的 1.6~1.8 倍。前胸背板具浓密短毛；中胸侧板光亮无毛；中胸盾片中叶隆起明显；盾纵沟浅，但明显，具稀短毛；小盾片前沟窄、深，具平行短刻条；小盾片光亮；后胸背板中间区域隆起，前端形成短脊；并胸腹节具微弱刻纹和中纵向刻条沟，被短毛，两侧较密。

分布：河北、北京、辽宁、内蒙古、山东、河南、新疆；阿富汗，阿尔及利亚，奥地利，阿塞拜疆，克罗地亚，捷克共和国，埃及，法国，格鲁吉亚，希腊，奥地利，印度，伊朗，以色列，意大利，哈萨克斯坦，利比亚，马来西亚，摩尔多瓦，蒙古，摩洛哥，莫桑比克，巴基斯坦，波兰，俄罗斯，斯洛伐克，南非，西班牙，塔吉克斯坦，突尼斯，土耳其，土库曼斯坦，乌克兰，英国，乌兹别克斯坦，南斯拉夫。

123. 胡蜂科 Vespidae

(900) 中长黄胡蜂 *Dolichovespula media* (Retzius, 1783)（图版 LXI：4）

识别特征：雄蜂体长 21.0 mm。头部较胸窄，棕色。触角窝间棕色斑周围黑色；唇基橙色，中间 1 小棕斑，密布浅刻点；上颚橙色、端部黑色。触角黑色，支角突和梗节棕色。胸部刻点浅，胸部棕黑至黑褐色；前胸背板肩角有橙色窄带。中胸背板 1 凹形棕色纹。并胸腹节两侧近下部 1 橙斑。中胸侧板前缘中部和基部下部 1 棕色斑。后胸侧板下侧片近中部 1 圆棕斑。翅基片深棕色。翅棕色。腹部黑色，第 1 节背板端部为 1 橙横带，第 2—5 节端部 1 较宽的横橙带，带两侧 1 点状斑。雌性第 6 节橙色。雄腹部 7 节。

分布：河北、北京、东北；蒙古，朝鲜，日本，哈萨克斯坦，欧洲。

(901) 石长黄胡蜂 *Dolichovespula saxonica* (Fabricius, 1793)（图版 LXI：5）

识别特征：雌性体长约 13.0 mm；头窄于胸。复眼内缘下部黄色；后缘在颊上、下方各 1 黄斑；上唇端部中间黑色、两侧黄色；上颚基部黄色。触角窝 1 蝶形黄斑。触角梗、鞭节背面黑色，腹面锈色。胸部黑色；前胸背板两肩角圆形；后缘黄色；中胸背板有纵隆线；小盾片矩形，前缘两侧各 1 黄斑。翅基片中间棕色，前、后黄色。翅浅褐色。各足基、转和腿节基半部黑色，腿节端半部及余节棕黄色。腹部第 1 腹板黑色，余节背、腹板沿端部边缘 1 黄色带状边。

分布：河北、东北、山西、陕西、宁夏、甘肃、青海、新疆、四川；蒙古，朝鲜，日本，哈萨克斯坦，土耳其，欧洲。

(902) 奥地利黄胡蜂 *Vespula austriaca* (Panzer, 1799)（图版 LXI：6）

识别特征：体长约 15.0 mm。头窄于胸。颅顶黑色。颊黑色，沿复眼基部为黄色。两触角窝间 1 扇形黄斑。复眼内缘下侧有黄边，单眼棕色。唇基黄色。触角黑色。胸部黑色被黑毛。前胸背板沿中胸背板两侧黄色。中胸背板纵隆线两侧各 1 浅沟痕。小盾片两侧各 1 黄斑，中间 1 纵沟。并胸腹节两侧及背部圆弧形。腹部黑色，第 1 节背板前缘两侧各 1 棕黄斑，端缘黄色，两侧缘棕色。第 2 节背板端缘黄色，两侧各 1 棕斑；腹板端缘黄色，余棕色。第 3—6 节背板、腹板端缘黄色。第 7 节背板黄色，有黑毛。雌蜂腹部 6 节。各足基、转节和腿节基部大部黑色，各足腿节端部棕色、黄色，胫节外黄内棕，跗节前 4 节背面黄色，腹面及第 5 跗节棕色，爪棕色，爪垫深褐色。

分布：河北、辽宁、新疆、上海；蒙古，朝鲜，日本，印度，巴基斯坦，吉尔吉斯斯坦，哈萨克斯坦，土耳其，格鲁吉亚，欧洲。

（903）细黄胡蜂 *Vespula flaviceps* (Smith, 1870)（图版 LXI：7）

识别特征：体长 10.0～12.0 mm。头顶黑色，上颊黄色。触角窝间有倒梯形黄色斑，复眼内缘下部及凹陷处黄色；唇基和上颚黄色；上颚端部近黑色。触角柄节前缘黄色。胸部黑色；前胸背板基部、小盾片前缘和后小盾片前缘两侧黄色；并胸腹节有黄斑。足黑色，跗节浅棕色。前足腿节腹面、胫节黄色；胫节外侧中部 1 黑斑。中足基节前缘斑、腿节端 2/3 和胫节黄色；胫节基部中部 1 黑斑。后足基节外侧 1 黄斑。腹部第 1 背板黑色，背面前缘两侧 1 黄色窄横斑，端缘黄色。第 2、5 节黑色，端缘黄色。第 6 节黄色，基部中间略黑。

分布：河北、北京、山西、内蒙古、辽宁、吉林、黑龙江、江苏、浙江、江西、福建、河南、湖北、四川、贵州、云南、西藏、陕西、台湾；朝鲜，日本，巴基斯坦，印度，尼泊尔，缅甸，泰国，俄罗斯。

（904）普通黄胡蜂 *Vespula vulgaris* (Linnaeus, 1758)（图版 LXI：8）

识别特征：雌蜂体长 13.0～16.0 mm。头窄于胸。头黑色，被黑毛。两触角窝上 1 倒梯形黄斑。上颊 1 黄斑。唇基黄色。上颚黄色。胸部黑色。前胸背板、小盾片侧前缘、后小盾片前缘两侧 1 黄斑。中胸侧板 1 黄斑，有黄毛。足黑色，胫节 1 黑斑，跗节棕色；前足胫节端部 1/3 前侧棕色，后侧黄色；中足胫节黄色；后足胫节前缘黄色，基部棕色。胸部黑色；第 1 背板前截面端缘 1 黄横带，被棕毛；第 2—5 节端缘 1 黄横斑，被棕毛，腹板端部有黄色、黄毛。第 6 节端缘黄色，被黄毛；腹板有黄纵斑，被黄毛。雄蜂腹部 7 节。

分布：河北、北京、黑龙江、辽宁、内蒙古、陕西、宁夏、甘肃、新疆、四川、云南；蒙古，朝鲜，日本，印度，巴基斯坦，伊朗，吉尔吉斯斯坦，哈萨克斯坦，土耳其，阿塞拜疆，格鲁吉亚，叙利亚，以色列，欧洲。

（905）角马蜂 *Polistes chinensis antennalis* Perez, 1905（图版 LXI：9）

识别特征：体长 12.0～15.0 mm。额及头顶黑色。上颊黑色有黄斑。触角窝上方 1 黄横带，复眼内缘 1 黄斑。唇基黄色，端部中间凸出，1 黑斑。上颚黄色具黑缘。前胸背板黑色，前缘和基部黄色。中胸背板黑色。后小盾片黄色。足基、转节、腿节黑色，腿节端部及胫节、跗节棕色。胸部背板黑色。第 1 背板端缘 1 黄横带；腹板黑色。第 2 节两侧 1 黄斑。第 3—5 节端缘黄色。

雄蜂与雌蜂区别：额下半黄色。唇基扁平，周边隆起。复眼基部黄色。中胸侧板前缘、胸部腹面黄色。前足基、转节黄色，足腿节背面黑色。腹部7节。

分布：河北、吉林、内蒙古、山西、山东、甘肃、新疆、江苏、浙江、安徽、福建、湖南、贵州；土耳其，欧洲，北非。

（906）斯马蜂 *Polistes snelleni* Saussure, 1862（图版 LXI：10）

识别特征：体长约 13.0 mm。头窄于胸。头黑色，颊端部棕色。复眼基部上侧有窄黄斑。唇基黄色，基部及两侧边缘黑色。上颚棕色。触角支角突、柄节、梗节及鞭节第 1 节棕色，其余鞭节背面黑色，腹面棕色。前胸背板棕色，两下角黑色。中胸盾片黑色。小盾棕色。后小盾片黑色，两侧有黄窄斑。中、后胸侧板黑色。并胸腹节黑色，两侧有黄斑。足基、转节黑色，端部棕色；腿节腹面黑色，背面棕色。腹部第 1 背板基部黑色端缘黄，中间及两侧棕色；第 2 节黑色，端缘棕色，两侧 1 黄斑；第 3—4 节黑色，端部近黄色；第 5—6 节基部黑色，端部棕色，两侧有橙色斑。雄蜂与雌蜂区别：触角鞭节棕色。额下半部、唇基、上颚黄色。胸部腹面、足基节、转节前缘、中胸侧板前缘黄色。

分布：河北、山东、甘肃、江苏、浙江、福建、江西、湖南、四川、贵州、云南；日本。

124. 蚁科 Formicidae

（907）广布弓背蚁 *Camponotus herculeanus* (Linnaeus, 1758)

识别特征：多型现象显著，大型工蚁体长 10.2~12.6 mm，中小型工蚁体长 7.0~11.2 mm；头和腹部端部黑色，中间体色多变，至少结节红色。额区小，三角形或菱形；唇基近矩形，常具纵脊；上颚强壮。触角 12 节，柄节基部远离唇基。中胸背板马鞍状；并腹胸不凸出，一般呈连续弓形。

分布：河北、内蒙古、山西、甘肃、宁夏、青海、新疆、四川；日本。

（908）日本弓背蚁 *Camponotus japonicus* Mayr, 1866

识别特征：大型工蚁体长 12.0 mm，中小型工蚁体长 10.0 mm，蚁后体长 17.0 mm 左右；头大，近三角形，上颚粗壮；前、中胸背板较平；并胸腹节急剧侧扁；头、并腹胸及结节具细密网状刻纹，有一定光泽；后腹部刻点更细密。黑色。

分布：河北、北京、东北、内蒙古、山西、山东、河南、陕西、宁夏、甘肃、新疆、江苏、上海、浙江、湖北、江西、湖南、福建、台湾、广东、海南、香港、广西、四川、贵州、云南；蒙古，俄罗斯，朝鲜，韩国，日本，越南，印度，缅甸，斯里兰卡，菲律宾。

（909）丝光蚁 *Formica fusca* Linnaeus, 1758

识别特征：工蚁体长 4.0~7.0 mm。暗褐红色。头部两复眼下方之颊、触角柄节、胸部及足色较其他部位浅,略淡栗褐色。体表被丝状闪光茸毛。腹部自第一腹节后缘起有稀疏的直立短毛,毛短于毛间距。复眼大而凸,位于头侧中线的偏上方处;单眼小。触角长,柄节长的 1/3 超过头顶;额隆脊短、锐;额三角形;唇基中间凸,中纵脊明显;后缘平,前缘凸圆;上颚咀嚼缘具 8 枚齿;前中胸背板缝处收缢;腹柄结厚鳞片状,前凸后平,上缘圆弧形,仅中间略凸。

分布:河北、陕西。

(910) 日本黑褐蚁 *Formica japonica* Motschulsky, 1866

曾用名:日本山蚁。

识别特征:头长大于宽,后部宽于前部,两侧缘近平直,后头缘微凸。上颚咀嚼缘具 8 齿。唇基具中脊,前缘圆。额区三角形。额脊短,向后分支。触角柄节超过后头缘。前胸背板凸;前中胸背板缝明显;中胸缢缩;并胸腹节低,基面与斜面约等长;基面与斜面连接处圆凸。结节鳞片状,背缘圆。后腹部球形。上颚具细纵刻纹;头及体具密集网状刻纹,暗。立毛稀少,短而钝,仅存在于头前部和后腹部。茸毛被密集,尤其在后腹部更密集。黑褐色。上颚、触角和足红褐色。

分布:河北、北京、东北、山西、山东、西北、上海、浙江、安徽、江西、福建、台湾、华中、广东、广西、重庆、四川、贵州、云南;蒙古,俄罗斯,朝鲜,韩国,日本,印度,缅甸。

(911) 黄毛蚁 *Lasius flavus* (Fabricius, 1782)

识别特征:头长略大于宽,前部略窄于后部,后头缘几平直。上颚咀嚼缘具 7~9 齿,第 4—5 齿常愈合。唇基中部凸,脊状,其前缘宽圆凸。额区三角形,明显。额脊短,相距宽,近平行。触角粗壮,柄节超过后头缘。复眼位于头中线偏后。单眼 3 个。前胸背板略凸;中胸背板前后缘低,中部凸,使前、中胸形成双凸状;中并胸腹节缝深凹;并胸腹节基面短平;斜面斜截,2.0 倍以上长于基面。结节薄,鳞片状,背缘平或中部略凹。后腹部宽卵形,背面凸,悬覆于结节之上;其前面具凹陷。上颚具细纵刻纹;头及体具密集网状刻纹,略光亮。立毛黄色,丰富。细茸毛密集。体黄色,头顶颜色较深,后腹部黄褐色,上颚红褐色。

分布:河北、北京、东北、内蒙古、山西、河南、陕西、甘肃、宁夏、新疆、浙江、湖北、江西、广东、海南、广西、贵州、云南;俄罗斯,朝鲜,日本,欧洲,非洲,北美洲。

(912) 亮毛蚁 *Lasius fuliginosus* (Latreille, 1798)

识别特征:头(含上颚)近三角形,两侧缘凸,后头缘中部略凹。上颚短,强壮,咀嚼缘具 6 齿。唇基长大于宽,具不明显的中脊。触角柄节略超过后头缘。并腹胸粗短,背面较凸,中胸背板略后斜,背面观钝圆;并胸腹节背板缝深凹;并胸腹节背面观后部宽于前部,侧面观基面向后抬高;斜面平。结节楔形,背缘中间略凹。后腹部短，略小于头部。头及体光亮。立毛稀疏，仅在后腹部较丰富。茸毛稀少。黑色略带深栗红色。触角和足红褐色。

分布：河北、北京、天津、东北、山西、山东、河南、陕西、宁夏、甘肃、浙江、湖南、湖北、福建、广东、海南、香港、广西、重庆、四川、贵州、云南；俄罗斯，朝鲜半岛，日本，印度，北欧，北美，非洲。

(913) 铺道蚁 *Tetramorium caespitum* (Linnaeus, 1758)

识别特征：头矩形，后头缘平直或略凹。唇基前缘直。额脊短，不伸达复眼中部。触角 12 节，柄节接近后头角。触角沟宽浅。并胸腹节刺短。后侧叶短小，近三角形。第 1 结节前后缘呈缓坡形，上部略窄，背面平；第 2 结节背面圆，较低。上颚具细纵刻纹；头部密集纵长刻纹；并腹胸背面刻纹网状，侧面具密集刻点，刻点在胸背板侧面呈点条纹。两结节具密集刻点，背面中间及后腹部光亮。立毛中等丰富。触角柄节和后足胫节背面具短的亚直立毛和亚倾斜毛。体褐色至黑褐色。

分布：全国广布；朝鲜，韩国，日本，欧洲，北美洲。

125. 泥蜂科 Sphecidae

(914) 细沙泥蜂 *Ammophila pubescens* Curtis, 1836

识别特征：体长 13.0～20.0 mm。黑色。上颚中部、翅基片端缘、跗节及爪均暗红色。腹部第 1—2 节和第 3 节基部红色；前额和唇基及整个胸部密被白色微毛，长毛白色。上颚具 2 尖齿；唇基中叶较宽，端缘略凹，表面具粗刻点；额微凹，无触角窝上突。触角第 3 节长于第 4 节的 2.0 倍多。前胸背板长度与宽度相等，具强的横皱；中胸盾片具强横皱，侧板的皱纹间具小刻点。并胸腹节背区具强横皱，侧区和端区具斜皱，皱纹间具小刻点。腹部革状，末节边缘具毛。雄性上颚全部红色。足除基部外红色；腹部第 1—4 节及第 5 节基部红色；并胸腹节背区具网状皱。

分布：河北、山西、内蒙古、黑龙江、青海、新疆；俄罗斯。

(915) 沙泥蜂 *Ammophila sabulosa* (Linnaeus, 1758)（图版 LXI：11）

识别特征：体长 15.0～19.0 mm。黑色。腹部第 2—3 节红色，翅淡褐色；腹部黑色部分具蓝色光泽。上颚长，端缘具 1 宽齿和 1 尖齿；唇基宽大，微隆起，宽为长的 2.0 倍，背面具大刻点，端缘直，中部微凹，有两侧角突，额深凹，刻点稠密。触角窝上突发达。触角第 3 节为第 4 节长的 2.0 倍。前胸背板和中胸盾片的横皱较弱，皱间具小刻点，中胸侧板和并胸腹节具网状皱和大刻点。并胸腹节背区具羽状斜皱，端区端部两侧具白色毡毛斑（有些个体不太明显）。腹部革状，无明显刻点。体毛稀，黑色。雄性唇基和额密被白色微毛。唇基长，长宽几乎相等，端缘具明显的中凹。

分布：中国北部地区广布；蒙古，俄罗斯，朝鲜，日本。

(916)斑盾方头泥蜂 *Crabro cribrarius* (Linnaeus, 1758)（图版 LXI：12）

识别特征： 体长 11.0～17.0 mm。黑色有黄斑。前胸背板、小盾片中间的小斑、腹部第 1—5 节背板的长形斑或横带，均为黄色；足的胫节和跗节红色；翅淡褐色，透明。唇基、触角第 1 节、足和腹部被银白色长毛；额中间凹陷；单眼下侧具细密的纵皱，额凹明显。触角第 3 节略长于第 4 节。前胸背板具中凹；中胸盾片前半部具密的刻点，侧板光滑，具分散的小刻点，并胸腹节无明显的三角区，具中沟。腹部被微毛；臀板三角形，具淡褐色刚毛。雄性前胸盾片、小盾片、足均为黑色（前足胫节有时具黄斑）。腹部第 6 节背板具黄带；翅褐色。触角第 3—10 节变宽，第 3—7 节腹面具密毛。前胸背板具纵皱；中胸盾片具网状皱纹；胫节具盾片，盾面具分散的淡色斑点；跗节宽扁形。

分布： 河北、新疆；全北界。

(917)耙掌泥蜂红腹亚种 *Palmodes occitanicus perplexus* (Smith, 1856)（图版 LXII：1）

识别特征： 体长 19.0～28.0 mm。黑色。上颚暗红色。腹部第 1—3 节红色，体上有黑色长毛，唇基和前额密被白色微毛，翅褐色，端部深褐色。上颚宽，具 2 齿。前额凹，具 1 中沟。触角第 1 节具鬃，第 3 节长约为第 4 节的 1.5 倍；头顶具分散的刻点。前胸背板和中胸盾片具分散的刻点，中胸侧板具横皱，横皱间具大型刻点；小盾片中间微凹，端部具细密的纵皱；后胸背板具横皱。并胸腹节背区具细密的横皱和白色微毛，中间具 1 条不太明显的脊，侧区具粗的斜皱；端区具横皱和 1 中凹。腹部光滑具分散的大刻点。雄性上颚具 1 尖齿；唇基中叶较窄，两侧角圆；中胸盾片具横皱，皱间有大型刻点；侧板具网状皱；并胸腹节的皱纹粗；腹部仅第 1 节基部红色，各节端缘褐色。密被微毛。

分布： 中国广布；世界广布。

(918)齿爪长足泥蜂齿爪亚种 *Podalonia affinis affinis* (Kirby, 1798)

识别特征： 体长 12.0～21.0 mm。黑色。腹部第 2—3 节红色；翅褐色透明。唇基及额被银白色毡毛，头部及中胸盾片长毛黑色，胸部侧板和并胸腹节长毛白色。上颚宽大具 1 齿；唇基宽约为长的 2.0 倍，端缘直，表面中间微隆起，具稀的大刻点；头顶刻点细小而稀。中胸盾片具小刻点，侧板具密的粗皱，皱纹间具刻点；小盾片及并胸腹节背区具细密的横皱，侧区具粗壮的斜皱。腹部革状，无长毛和大刻点。跗爪内缘基部具 1 齿。雄性上颚小，唇基长宽几乎相等，端缘微凹。触角第 3 节约为第 4 节长的 1.5 倍；中胸侧板具粗大而密的刻点；腹部第 2 节背板常具黑斑；第 3 节端缘黑色。

分布： 河北、山西、黑龙江、四川、云南、陕西、甘肃；古北界。

126. 蜜蜂科 Apidae

(919) 盗条蜂 Anthophora (Melea) plagiata Illiger, 1806（图版 LXII：2）

识别特征：体长 10.0~16.0 mm；颜面被灰白或灰黄毛；颅顶两侧被黑毛；眼侧、触角窝间及中胸背板被灰白毛杂有少量黑毛。头、胸及腹部第 1 节背板被灰黄毛（或黄褐或黑毛）；腹部第 2—5 节背板毛或灰黄或黄褐或狐红色；腹板灰白或灰黄或具黑长毛；末节背板被黑褐或黑毛。翅基片、翅脉及翅痣褐色。足多被灰黄或灰白毛，内侧毛黑褐色；胫节距及第 2—5 跗节褐色；后足基跗节端部毛黄褐或黑褐色。雄性与雌性区别在于唇基、上唇（除基部 2 圆褐斑）、上颚部分、额唇基 1 横斑、眼侧各 1 斜斑纹黄色。胸部及腹部第 1 节背板被灰黄或黄褐或红褐毛。腹部第 2—6 节背板被灰黄或黄褐或狐红毛。第 7 节背板端缘半圆形凹陷。后足基跗节内侧端 2/3 处具 1 齿状突起。

分布：河北、北京、吉林、内蒙古、甘肃、青海、新疆、江苏、浙江、四川、云南、西藏；中亚、欧洲。

(920) 东方蜜蜂中华亚种 Apis (Sigmatapis) cerana cerana Fabricius, 1865（图版 LXII：3）

曾用名：中华蜜蜂、中蜂、东方蜜蜂。

识别特征：体长 10.0~19.0 mm；前翅长 7.5~12.0 mm，工蜂喙长 4.5~5.6 mm；黑色或棕黑色或棕红色，被浅黄或黑及深黄色混杂毛。头部三角形，前端窄小；单眼周围及颅顶被灰黄毛；唇基中间具三角形黄斑；上唇长方形，具黄斑；上颚顶端 1 黄斑。触角柄节黄色。小盾片黄或棕或黑色。后翅中脉分叉。腹部第 3—4 节背板红黄色，第 5—6 节色略暗；各节背板端缘具黑色环带。足红黄色，后足胫节呈三角形，有弯曲的长毛（花粉篮），胫节端缘具栉齿，后足基跗节基部端缘具夹钳，内表面具毛刷。雄蜂复眼大，在头顶处靠近；足无采粉结构。

分布：除新疆外，全国广布。

(921) 小峰熊蜂 Bombus (Bombus) hypocrita Pérez, 1905

识别特征：蜂王：由受精卵发育而成、生殖器官发育完全的雌性蜂。体被短而致密的绒毛，边缘混有稀疏的黑色长毛，头顶被少量浅棕色或棕色长毛；前胸背板、小盾片、侧胸，和腹部第 1、3、4 节背板及虫体腹面被黑色毛，胸径灰白色至黑色。腹部第 2 节背板被黄色毛。腹部第 5、6 被稀疏的浅褐色长毛；足除基节、转节和腿节下缘被一些棕色或褐色长毛外，均被黑色毛。触角 12 节。腹部 6 节。后足具花粉筐；腹端较尖，有螫针，螫针上无倒刺。

工蜂：由受精卵发育而成的生殖器官发育不完全的雌性蜂。其形态特征与蜂王一样。

雄蜂：由未受精卵发育而成的生殖器官发育完全的雄性蜂。体色性别分化明显，体被长而稀疏的绒毛，头顶被少量浅棕色或灰色长毛；头部，中胸背板、小盾片和腹部第 3、4 节背板被黑色毛，胸径及腹部第 1 节背板被浅黄色毛。腹部第 2 节背板被黄色毛。腹部末端被浅褐色毛。在深秋季节，熊蜂的体色通常会变得越来越浅。触角13 节。腹部 7 节。后足无花粉筐；腹端较钝，没有螯针。

分布：河北（丰宁、怀来、宽城、隆化、平泉、围场、涿鹿、灵寿、蔚县、兴隆）、北京、黑龙江、吉林、辽宁、山西、陕西、新疆、四川、西藏；俄罗斯，日本。

（922）红光熊蜂 Bombus (Bombus) ignitus Smith，1869（图版 LXII：4）

识别特征：雄性约 15.0 mm，雌性 14.0～16.0 mm；雌体毛短且致密。头顶、颜面、胸部、腹部第 1—3 节背板和足被黑色毛。腹部第 4—6 节背板被橘红色毛；唇基横宽，表面具致密且很明显的刻点；颚眼距宽于长；后足花粉篮。

分布：河北（承德、宽城、灵寿、平泉、青龙、兴隆、昌黎、迁西）、北京、黑龙江、辽宁、山西、山东、陕西、甘肃、江苏、安徽、浙江、湖北、江西、广东、四川、贵州、云南；朝鲜，日本。

（923）乌苏里熊蜂 Bombus (Megabombus) ussurensis Radoszkowski, 1877

识别特征：蜂王体长 20.0～21.0 mm，工蜂体长 17.0～18.0mm，雄蜂体长 18.0～19.0 mm。

雌：中足基跗节后向角顶端形成 1 窄尖刺，区别于相似种短头熊蜂，颚眼距长大约是上颚宽的 1.3 倍，除单眼窝外，头顶都分布点刻，区别于相似种痔熊蜂。触角第 4 节长短于宽，相当于第 3 节之半。该种区别于相似种如二色熊蜂、仿熊蜂的特征是胸部毛色为黄色。腹部第 1—2 节为淡黄色，第 3—5 节常黄黑间隔；区别于长足熊蜂和多异熊蜂的特征是，翅无色透明。

雄：与雌蜂体色相似，复眼大小也与雌蜂相似。触角伸长到翅基后。

分布：河北（丰宁、灵寿、隆化、平泉、围场、蔚县）、北京、东北、山西、山东、陕西、甘肃、四川；俄罗斯，朝鲜，日本，法国。

（924）北京长须蜂 Eucera pekingensis Yasumatsu, 1946（图版 LXII：5）

识别特征：体长 12.0～16.0 mm；黑色。腹部第 2—6 节密被金黄色短毛。唇基密被大刻点；中胸背板刻点密且大；腹部第 1 节背板前 2/3 处刻点粗密；第 2—5 节背板基缘刻点细密；第 1—5 节背板端缘光滑；上唇、唇基及眼侧被褐色毛。触角窝、颊及并胸腹节两侧被白毛；颅顶后缘、中胸背板、侧板及腹部第 1 节背板被灰黄色毛；第 2 节背板及第 3—6 节背板密被金黄色短毛；第 2—5 节背板端缘被排列整齐的黄褐色毛；除中足及后足跗节被黑毛外，其他节均被黄褐色毛；后足胫节内侧毛黑色；后足毛刷金黄色。

分布：河北、北京、东北、内蒙古、山西、山东、青海、江苏。

(925) 彩艳斑蜂 *Nomada versicolor* Smith, 1844（图版 LXII：6）

识别特征：体长：雌性 10.0～11.0 mm；雄性 10.0～11.0 mm。

雌性中型，头及胸黑色具红黄色斑。腹部红褐色具黄斑纹。头宽于长；额及唇基略突起；额脊明显；小盾片呈二疣状突起；腹部卵圆形。头及胸部刻点密而深；腹部刻点细密。唇基、额上四方形的斑、颜侧、沿复眼四周、上唇、上颚及触角均红黄色；上颚顶端、唇基后侧缘触角柄节后侧均具黑斑；前胸背板及其肩突、中胸背板的 4 纵斑、小盾片、后盾片、节间垂直部分的 2 侧斑、翅基片下方的 1 圆斑、中胸侧板前侧及腹面的 1 大斑均为红黄色；足红褐色，各基节、转节及腿节外侧具黑斑；翅褐色透明，端缘较深；翅基片、翅脉及翅痣均褐色；腹部第 1 节基部具 1 黄色宽带，中部 1 横红纹；后缘深红褐色，第 2 节基部具 1 黄色宽带，中间 1 褐色三角形小斑，后半部褐色，第 3 节基部具黄色宽带，后半部褐色，第 4—5 节黄色，仅后缘褐色窄带，第 6 节被银白色短毛。体被少量白绒毛，头及胸上的略长。腹部背板上的极短；第 5 节背板两侧被稀的黑色硬毛。

雄性似雌性，区别为雄性：（1）头部各斑黄色，中胸背板仅靠两侧具 2 红褐色窄的纵纹，中胸侧板的斑小；（2）腹部第 7 节背板略延长；后缘中间略凹入；（3）体被较密而长的白毛。

分布：河北、陕西、江苏、浙江。

127. 切叶蜂科 Megachilidae

(926) 尖板尖腹蜂 *Coelioxys (Schizocoelioxys) inermis* (Kirby, 1852)

识别特征：体长 8.0～12.0 mm；黑色，被白毛，唇基被浅黄毛，上颚 3 齿，中部直角状弯曲。中胸四周刻点大而密。腹部第 1 节背板两侧具白毛斑；第 2—3 节背板横沟中断，第 2—5 节端缘具白毛带；第 6 节端部 1/3 具纵脊；腹板长于背板 1.5 倍。第 2—4 节腹板具白毛带。翅浅烟色透明，翅基片黑褐色；翅痣及脉、距褐色。跗节黑褐色，前足基节具小乳突。雄蜂与雌蜂的区别：颜面被白毛，颊窝椭圆形光滑。第 2 背板两侧具小窝，第 5 节端缘两侧具小齿。第 6 节有 6 齿。第 4 腹板端缘直无凹。前足基节齿突长。

寄主：双斑切叶蜂。

分布：河北、北京、黑龙江、山东；俄罗斯（西伯利亚），欧洲。

(927) 铲尾尖腹蜂 *Coelioxys (Boreocoelioxys) spativentris* Friese, 1935

识别特征：体长 11.0～14.0 mm；黑色；颜面被浅黄毛；头部刻点粗大而密；颊最宽处为复眼宽的 1/2；上颚 3 齿。胸部被白毛，刻点粗大而密；腹部第 1 节背板刻点大而密；第 2—3 节背板横沟完整，刻点稀；第 4—6 节刻点小而密；第 6 节背板窄长，有中间纵脊，腹板较背板宽，顶端铲形，两侧缘被细毛。翅暗褐色，基半部色浅。前足基节具角状突起；具腋齿；跗节内表面被黄褐色毛。

雄蜂与雌性区别：前足基节突起长；腹部端部具 6 齿；第 2 背板两侧具小窝；第 4 腹板端缘直。

分布：河北（兴隆）、北京、江苏、安徽（宁国）、福建（福州）、广西（桂林）、四川（成都）；欧洲。

（928）大颚尖腹蜂 *Coelioxys* (*Schizocoelioxys*) *mandibularis* Nylander, 1848

识别特征：体长 11.0～12.0 mm；黑色，翅浅褐色透明，基半部色浅。头宽于长；上颚 3 齿，中部呈直角状弯曲；颅顶端缘具宽凹浅；头及胸部刻点粗而密；前足基节具小突起；小盾片端缘中间隆起明显；腋齿略弯；腹部第 1 节刻点较大。第 2—4 节背板横沟中断，背板刻点自第 2 至第 4 节渐小且稀，各背板两侧均具无刻点的光滑小区；第 5 节较第 4 节刻点更小而稀；第 6 节刻点细密，背板端部窄而钝，端半部表面具纵脊；第 6 腹板长，端部窄于背板，亚端部两侧各 1 小齿，顶端尖。翅浅褐色；距黑色。上颚、唇基端缘、胫节及跗节内表面密被浅黄毛；颜面、唇基、胸部及并胸腹节密被白毛；腹部第 1—4 节背板端缘具宽的中断的白毛带；第 1 腹板密被鳞状白毛；第 3—4 节腹板端缘具细白毛带。

分布：河北（蔚县、小五台山、兴隆）、河南、四川、西藏；北非（摩洛哥、突尼斯），欧洲至北纬 63 度，俄罗斯（西伯利亚），土耳其。

（929）小拟孔蜂 *Hoplitis* (*Alcidemea*) *pavli* Dufour & Perris, 1840

识别特征：体长 6.0～7.0 mm；黑色；上颚 3 齿；唇基密被刻点；头及胸部刻点密；腹部光滑，刻点较浅而稀。黑色。触角鞭节黑褐色；翅浅烟色，透明；翅基片、翅痣及翅脉均黑褐色；距黑褐色。体毛少，白色。颅顶及触角窝周围被稀白毛；小盾片及并胸腹节被稀白毛；腹部第 1—4 节背板端缘具中断的白毛带；腹毛刷浅黄色。

分布：河北（涿鹿杨家坪、兴隆）、北京、内蒙古、陕西、新疆、云南。

（930）小足切叶蜂皮氏亚种 *Megachile* (*Xanthosaurus*) *lagopoda pieli* Cockerell, 1931

识别特征：体长 13.0～16.0 mm；黑色，胸部被黄毛。腹部第 1—5 节背板端缘具白毛带。上颚端宽大，具 4 个不明显的钝齿，外缘凸；唇基刻点密，中间具纵的光滑纹；颅顶及颊刻点细密；后基跗节宽扁，基部明显宽于端部。唇基、颜面、颊、颅顶均密被浅黄色长毛；中胸及腹部第 1 节背板密被黄毛，中部较深；第 1—5 节背板端缘具白毛带；第 2 节背板被稀的黄色短毛；第 3—5 节背板被黑色短毛；腹毛刷浅黄色，顶端 2 节黑色。触角鞭节、翅基片黑褐色；翅浅褐色透明；翅痣及翅脉深褐色。

采访植物：豆科、胡枝子。

分布：河北（小五台山、昌黎、兴隆）、北京、黑龙江、内蒙古、山西、山东、甘肃、新疆、江苏、上海、江西。

128. 沙蜂科 Sphecidae

（931）角斑沙蜂绣亚种 *Bembix niponica picticollis* Morawitz, 1889（图版 LXII：7）

识别特征：体长 18.0～22.0 mm；黑色有黄斑。额唇基区、额斑、单眼下侧的三角形斑、复眼后面的颊、上唇、唇基、上颚（除尖端）、触角第 1 节背面及末端 3 节腹面、前胸背板端缘及侧板、中胸盾片 2 条纵带及侧缘、翅基片前部的小斑、小盾片和后胸背板的端缘、并胸腹节端区和侧区的斑、腹部第 1—5 背板的波状横带及末节背板、第 1—4 节腹板两侧、腿节腹面及端部、胫节大部和跗节，均为黄色。上唇长约为中部宽的 2.0 倍多。触角第 3 节长为第 4 节的 2.5 倍。前足跗节变宽。臀板三角形。

雄性与雌性区别：触角第 2—13 节黑色，第 1 节粗，背面具透明斑，第 9—13 节变宽，栉状，腹面凹；中胸盾片无斑；腹部第 2 腹板具纵隆脊，尖部圆；第 6 腹板具低而小的纵脊；第 7 腹板中间具宽的隆脊。

捕猎双翅目幼虫。

分布：河北、东北、内蒙古、山西、江苏、浙江；蒙古。

129. 地蜂科 Andrenidae

（932）红足地蜂 *Andrena haemorrhoa japonibia* Hirashima, 1957（图版 LXII：8）

识别特征：体长 7.0～9.0 mm。黑色。头宽。颅顶刻点粗且稀。颜面被细密刻点。唇基端缘较平直，刻点密而匀。颜面、颊及唇基端缘被浅黄色短毛。并胸腹节中间小区被纵向皱褶，端缘被浅黄毛。腹部第 1 节背板端部被浅黄毛；第 2—4 背板节基半部隆起，被细密刻点；第 1—4 节背板端缘刻点细而稀。翅浅褐透明。足各跗节、中足腿节端部、后足腿节全部红黄色，被金黄毛。臀伞金黄色。

雄性与雌性区别为：触角长达后胸；颜面及胸部被长而密的灰白色毛。

取食对象：白菜等十字花科植物。

分布：河北、辽宁、江苏、浙江、湖北；古北界。

130. 准蜂科 Melittidae

（933）金黄毛足蜂 *Dasypoda cockerelli* Yasumatsu, 1935（图版 LXII：9）

识别特征：雄体长 11.0～14.0 mm；黑色，体被白色或灰黄色长毛。似日本毛足蜂，区别为：触角第 2 鞭节明显长于节 3。腹部第 1—5 节背板被稀疏的浅黄或白色长毛，第 5—6 节（有时第 4 节）杂有少量黑色短毛，第 7 节背极被白毛，生殖刺突被羽状长毛。雌体长 12.0～13.0 mm；似日本毛足蜂，区别为：单眼周围无黑毛。中胸背板全部被黄毛，不杂黑毛。腹部仅第 1 节背板被黄毛，第 2—6 节均被黑毛。后足胫节毛刷金黄色。

采访植物：荞麦。

分布：河北、黑龙江、内蒙古、甘肃、新疆。

131. 长颈树蜂科 Xiphydriidae

（934）波氏长颈树蜂 *Xiphydria popovi* Semenov-TianShanskij & Gussakovskij, 1935（图版 LXII：10）

识别特征：体长 8.0～21.0 mm。黑色。上颚暗褐色至褐色。触角柄节和梗节红褐色至褐色，颚跟距、眼上区和头顶两侧具黄白色斑点。前胸背板两侧基部和翅基片黄白色。腹部第 2—8 背板（有时第 2 节和第 7 节完全黑色）两侧具黄白色斑点。足亮红褐色，基部黑色，跗节末端或多或少暗褐色。翅透明，略染淡褐色，前翅 $M+Cu_1$ 处具 1 褐带；翅脉和翅痣褐色至暗褐色。头顶前缘刻点稠密，基部光滑，仅具稀疏的刻点。颚眼距和眼上区前缘具细刻纹，眼上区基部光滑。唇基和额区遍布细密的刻点；上颚基部具稀疏粗大的刻点，其余部分几无刻点，具光泽。胸部背板和侧板刻点粗密。腹部背板第 1、2 节刻点细密。

取食对象：桦树。

分布：河北、吉林；俄罗斯。

附录

河北省塞罕坝机械林场未描述昆虫名录（24种）

I. 半翅目 HEMIPTERA

（935）东北山蝉 *Leptopsalta admirabilis* (Kato, 1927) —— 蝉科 Cicadidae

  分布：河北、辽宁、陕西、甘肃、宁夏；朝鲜。

（936）莫里奥齿爪盲蝽 *Deraeocoris morio* (Boheman, 1852) —— 盲蝽科 Miridae

  分布：河北。

II. 鞘翅目 COLEOPTERA

（937）皮步甲 *Corsyra fusula* (Fischer von Waldheim, 1820) —— 步甲科 Carabidae

  分布：华北、满洲里；蒙古，俄罗斯（西伯利亚）

（938）肩脊草天牛 *Eodorcadion humerale humerale* (Gebler, 1823) —— 天牛科 Cerambycidae

  分布：河北、内蒙古、黑龙江；蒙古，俄罗斯（东西伯利亚）。

（939）草金叶甲 *Chrysolina graminis auraria* (Motschulsky, 1860) —— 叶甲科 Chrysomelidae

  分布：河北、华北、东北；俄罗斯（远东地区）

（940）黑盾锯角叶甲指名亚 *Clytra atraphaxidis atraphaxidis* (Pallas, 1773) — 叶甲科 Chrysomelidae

分布：河北、内蒙古、山东、新疆；欧洲。

（941）花斑切叶象 *Hoplodrina octogenaria* (Snellen van Vollenhoven, 1865) — 卷象科 Attelabidae

分布：河北、江苏、福建、江西、湖南、海南、四川、贵州、云南；日本。

III. 鳞翅目 LEPIDOPTERA

（942）利剑纹夜蛾 *Acronicta consanguis* (Guenée, 1852) — 夜蛾科 Noctuidae

分布：中国大部分地区。

（943）筱夜蛾 *Hoplodrina octogenaria* (Geoze, 1781) — 夜蛾科 Noctuidae

分布：河北、吉林。

IV. 双翅目 DIPTERA

（944）颓唐小异长足虻 *Chrysotus degener* Frey, 1917 — 长足虻科 Dilichopodidae

分布：河北、北京、辽宁、黑龙江、江苏、浙江、安徽、河南、广西、重庆、云南、陕西、台湾；缅甸，斯里兰卡，巴基斯坦，印度，俄罗斯。

（945）山西小异长足虻 *Chrysotus shanxiensis* Liu, Wang & Yang, 2015 — 长足虻科 Dilichopodidae

分布：河北、山西、广西。

（946）北方优蚜蝇 *Eupeodes borealis* (Dusek & Láska, 1973) — 蚜蝇科 Syrphidae

分布：河北。

（947）小黄粪蝇 *Scathophaga stercoraria* (Linnaeus, 1758) — 粪蝇科 Scathophagidae

分布：全国分布；亚洲，欧洲，非洲，北美洲。

V. 膜翅目 HYMENOPTERA

（948）黑胫残青叶蜂 *Athalia proxima* (Klug, 1815) —— 叶蜂科 Tethredinidae

　　分布：河北、山西、辽宁、吉林、黑龙江、陕西、甘肃、江苏、上海、安徽、浙江、福建、华中、江西、海南、香港、广西、西南；日本，印度，马来西亚，爪哇，缅甸。

（949）多环黑黄叶蜂 *Tenthredo finschi* Kirby, 1882 —— 叶蜂科 Tethredinidae

　　分布：河北、浙江、吉林、湖北、四川、云南；朝鲜，日本，俄罗斯，缅甸。

（950）线缺沟姬蜂 *Lissonota lineolaris* (Gmelin, 1790) —— 姬蜂科 Ichneumonidae

　　分布：河北、辽宁、吉林、黑龙江、河南、宁夏、甘肃；日本，拉脱维亚，俄罗斯，欧洲。

（951）黑角拟皱姬蜂 *Pseudorhyssa nigricornis* (Ratzeburg, 1852) —— 姬蜂科 Ichneumonidae

　　分布：河北、辽宁、吉林；日本，俄罗斯，奥地利，英国，法国，德国，匈牙利，波兰，罗马尼亚，瑞士，瑞典，美国。

（952）强力蛛蜂 *Batozonellus lacerticida* (Pallas, 1771) —— 蛛蜂科 Pompilidae

　　分布：河北。

（953）北京凹头蚁 *Formica beijingensis* Wu, 1990 —— 蚁科 Formicidae

　　分布：河北、北京、黑龙江、宁夏、甘肃、青海。

（954）中华红林蚁 *Formica sinensis* Wheeler, 1913 —— 蚁科 Formicidae

　　分布：河北、北京、山西、河南、陕西、宁夏、甘肃、青海、重庆、四川、云南。

（955）玉米毛蚁 *Lasius alienus* (Foerster, 1850) —— 蚁科 Formicidae

　　分布：河北、北京、东北、内蒙古、山西、河南、陕西、宁夏、甘肃、新疆、浙江、湖北、湖南、四川、云南；日本，朝鲜半岛，俄罗斯，印度，欧洲，非洲，北美。

（956）角结红蚁 *Myrmica angulinodis* Ruzsky, 1905 —— 蚁科 Formicidae

　　分布：河北、内蒙古；日本，朝鲜，俄罗斯。

(957)尹泰青蜂 *Hedychridium cupreum* (Dahlbom, 1845) —— 青蜂科 Chrysididae

分布:河北。

(958)欧洲熊蜂 *Bombus terrestris* (Linnaeus, 1758) —— 蜜蜂科 Apidae

分布:中国大部分地区;韩国,日本,澳大利亚,新西兰,以色列,智利,阿根廷,墨西哥,苏丹,西班牙,意大利,乌拉圭、南非、摩路哥、突尼斯。

参考文献

白晓拴, 彩万志, 能乃扎布. 内蒙古贺兰山地区昆虫[M]. 呼和浩特: 内蒙古人民出版社, 2013.

卜文俊, 郑乐怡. 中国动物志 昆虫纲 第二十四卷 半翅目: 毛唇花蝽科 细角花蝽科 花蝽科[M]. 北京: 科学出版社, 2001.

毕华明等. 塞罕坝地区落叶松线小卷蛾、松线小卷蛾的识别与发生规律[J]. 河北林果研究, 2006(3): 316-317, 322.

毕华明, 王昆. 塞罕坝大型国有林场林业有害生物调查与分析[J]. 安徽农业科学, 2012, (31): 15234-15235, 15238.

陈家骅, 杨建全. 中国动物志 昆虫纲 第四十六卷 膜翅目: 茧蜂科（四）: 窄径茧蜂亚科[M]. 北京: 科学出版社, 2006.

陈智卿, 刘广智, 刘海燕. 塞罕坝腮扁叶蜂的测报与防治方法[J]. 河北林业科技, 4: 86 - 87.

蔡荣权. 中国经济昆虫志 第十六册 鳞翅目 舟蛾科[M]. 北京: 科学出版社, 1979.

陈守坚. 我国步甲常见属的检索[J]. 昆虫天敌, 1984, 6(3): 165 - 180.

陈世骧, 谢蕴贞, 邓国藩. 中国经济昆虫志 第一册 鞘翅目: 天牛科[M]. 北京: 科学出版社, 1959.

陈学新, 何俊华, 马云. 中国动物志 昆虫纲 第三十七卷 膜翅目: 茧蜂科（二）[M]. 北京: 科学出版社, 2004.

程亚青. 崆峒山昆虫区系特征及多样性研究[J]. 甘肃农业大学, 2004.

陈一心. 中国经济昆虫志 第三十二册 鳞翅目: 夜蛾科（四）[M]. 北京: 科学出版社, 1985.

陈一心. 中国动物志 昆虫纲 第十六卷 鳞翅目: 夜蛾科[M]. 北京: 科学出版社, 1999.

陈一心, 马文珍. 中国动物志 昆虫纲 第三十五卷 革翅目[M]. 北京: 科学出版社, 2004.

丁冬荪, 曾志杰, 陈春发等. 江西九连山自然保护区昆虫区系分析[J]. 华东昆虫学报, 2002, 11(2): 10 - 18.

方承莱. 中国动物志. 昆虫纲 第十九卷 鳞翅目: 灯蛾科[M]. 北京: 科学出版社, 2000.

范滋德, 邓耀华. 中国动物志 昆虫纲 第四十九卷 双翅目: 蝇科（一）[M]. 北京: 科学出版社, 2008.

房丽君. 秦岭昆虫志. 9. 鳞翅目: 蝶类[M]. 西安: 世界图书出版公司, 2018

葛洋, 郭苗, 万霞. 长江中下游菜子湖湿地不同生境昆虫群落多样性[J]. 生态学杂志, 2014, 33(8): 2084 - 2090.

华北农业大学. 华北灯下蛾类图志（上）[M]. 北京: 北京农业大学出版社, 1978.

黄春梅, 成新跃. 中国动物志 昆虫纲 第五十卷 双翅目: 食蚜蝇科[M]. 北京: 科学出版社, 2012.

韩辉林. 东北林业大学馆藏鳞翅目昆虫图鉴(I波纹蛾科)[M]. 哈尔滨: 黑龙江科学技术出版社, 2015.

韩辉林, 姚小华. 江西官山国家级自然保护区习见夜蛾科图鉴[M]. 哈尔滨: 黑龙江科学技术出版社, 2018

韩红香, 薛大勇等. 中国动物志 昆虫纲 第五十四卷 鳞翅目: 尺蛾科: 尺蛾亚科[M]. 北京: 科学出版社, 2011.

黄建华. 湖南省蚁科昆虫（膜翅目）的区系和分类研究[J]. 西南大学, 2005.

黄建华. 广西猫儿山天牛科昆虫多样性、丰富度及其影响研究[J]. 广西师范大学, 2002.

贺达汉, 田畴, 任国栋等. 荒漠草原昆虫的群落结构及其演替规律初探[J]. 中国草地, 1988, 6: 24 - 28.

何俊华等. 中国动物志 昆虫纲 第十八卷 膜翅目: 茧蜂科（一）[M]. 北京: 科学出版社, 2000.

何俊华等. 浙江蜂类志[M]. 北京: 科学出版社, 2004.

何俊华, 陈学新, 马云. 中国经济昆虫志 第五十一册 膜翅目: 姬蜂科[M]. 北京: 科学出版社, 1996.

何振, 杨卫, 童新旺等. 南岳衡山国家级自然保护区昆虫资源调查分析[J]. 湖南林业科技学报, 2011, 38(I) : 1 - 5.

霍科科, 任国栋, 郑哲民. 秦巴山区蚜蝇区系分类（昆虫纲: 双翅目）[M]. 北京: 中国农业科学技术出版社, 2007.

江世宏, 王书永. 中国经济叩甲志[M]. 北京: 中国农业出版社, 1999.

蒋书楠, 陈力. 中国动物志 昆虫纲 第二十一卷 鞘翅目: 天牛科: 花天牛亚科[M]. 北京: 科学出版社, 2001.

蒋书楠, 蒲富基, 华立中. 中国经济昆虫志 第三十五册 鞘翅目: 天牛科（三）[M]. 北京: 科学出版社, 1985.

姜洋. 壶瓶山昆虫物种多样性研究[J]. 中南林业科技大学, 2004.

康乐, 刘春香, 刘宪伟. 中国动物志 昆虫纲 第五十七卷 直翅目: 螽斯科露螽亚科[M]. 北京: 科学出版社, 2013.

罗志文, 吕冬云, 薛春梅等. 佳木斯南郊不同生境蝶类多样性调查[J]. 昆虫知识, 2005, 42(5): 566 - 569.

刘春明, 左悦, 任炳忠. 莫莫格国家自然保护区昆虫多样性研究[J]. 东北师大学报, 2011, 43(3): 112 - 116.

刘崇乐. 中国经济昆虫志 第五册 鞘翅目: 瓢虫科[M]. 北京: 科学出版社, 1963.

李法圣. 中国虫齿目志（上、下册）[M]. 北京: 科学出版社, 2002.

李鸿昌, 夏凯龄. 中国动物志 昆虫纲 第四十三卷 直翅目: 蝗总科: 斑腿蝗科[M]. 北京: 科学出版社, 2006.

李后魂, 王淑霞等. 河北动物志 鳞翅目: 小蛾类[M]. 北京: 中国农业科学技术出版社, 2009.

李后魂等. 秦岭小蛾类[M]. 北京: 科学出版社, 2012.

李盼威. 温带暖温带交接带生物多样性研究——木兰围场国家森林公园科学考察集[M]. 北京: 科学出版社, 2005.

李铁生. 中国农区胡蜂[M]. 北京: 农业出版社, 1982.

李铁生. 中国经济昆虫志 第三十册 膜翅目: 胡蜂总科[M]. 北京: 科学出版社, 1985.

刘广瑞, 章有为, 王瑞. 中国北方常见金龟子彩色图鉴[M]. 北京: 中国林业出版社, 1997.

刘国卿, 卜文俊. 河北动物志 半翅目: 异翅亚目[M]. 北京: 中国农业科学技术出版社, 2009.

刘国卿, 郑乐怡. 中国动物志 昆虫纲 第六十二卷 半翅目: 盲蝽科（二）: 合垫盲蝽亚科[M]. 北京: 科学出版社, 2014

刘杉杉, 董赛红, 任国栋. 河北拟步甲多样性组成与区系分析[J]. 四川动物, 2015(6): 903 - 909.

林美英. 国家动物博物馆馆藏天牛模式标本图册[M]. 郑州: 河南科学技术出版社, 2015.

刘万岗. 中国绢金龟族系统学研究（鞘翅目：金龟科：鳃金龟亚科）[J]. 北京: 中国科学院动物研究所, 2014.

刘文萍, 邓合黎. 木里蝶类多样性的研究[J]. 生态学报, 1997, 17(3): 266 - 271.

刘友樵, 白九维. 中国经济昆虫志 第十一册 鳞翅目：卷蛾科（一）[M]. 北京: 科学出版社, 1977.

刘友樵, 李广武. 中国动物志 昆虫纲 第二十七卷 鳞翅目：卷蛾科[M]. 北京: 科学出版社, 2002.

刘友樵, 武春生. 中国动物志 昆虫纲 第四十七卷 鳞翅目：枯叶蛾科[M]. 北京: 科学出版社, 2006.

李竹, 杨定, 李枢强. 北京地区常见昆虫和其他无脊椎动物[M]. 北京: 北京科学技术出版社, 2011.

李树恒. 重庆市大巴山自然保护区蝶类垂直分布及多样性的初步研究[J]. 昆虫知识, 2003(01): 63 - 67.

李志勤, 东北地区卷叶象科分类研究[J]. 东北林业大学, 2008.

马克平. 生物群落多样性的测度方法: I: α 多样性的测度方法（上）[J]. 生物多样性, 1994. 2(3): 162 – 168.

马克平, 刘玉明. 生物群落多样性的测度方法 1: a 多样性的测度方法（下）[J]. 生物多样性, 1994. 2（4）, 231 - 239.

孟磊. 中国刺甲族系统分类研究[J]. 河北大学. 2005.

孟涛. 大青沟自然保护区直翅目昆虫群落结构及其生态适应性的研究[J]. 长春: 东北师范大学, 2004.

孟庆华, 陈汉彬. 中国库蚊鉴别手册[M]. 贵阳: 贵州人民出版社, 1980.

马文珍. 中国经济昆虫志: 第四十六册, 鞘翅目：花金龟科, 斑金龟科, 弯腿金龟科[M]. 北京: 科学出版社, 1995.

马忠余, 薛万琦, 冯炎. 中国动物志 昆虫纲 第二十六卷 双翅目：蝇科（二）：棘蝇亚科（一）[M]. 北京: 科学出版社, 2002.

庞雄飞, 毛金龙. 中国经济昆虫志 第十四册 鞘翅目：瓢虫科（二）[M]. 北京: 科学出版社, 1979.

潘昭, 任国栋, 李亚林等. 河北省芫菁种类记述（鞘翅目：芫菁科）[J]. 四川动物, 2011, 30(5): 728 - 730.

彭龙慧, 杨明旭, 桂爱礼. 江西马头山自然保护区昆虫区系分析[J]. 江西农业大学学报: 自然科学版, 2004, 26(4): 507 - 511.

蒲富基. 中国经济昆虫志 第十九册 鞘翅目：天牛科（二）[M]. 北京: 科学出版社, 1980.

任国栋. 小五台山昆虫[M]. 河北大学出版社, 2013.

任国栋, 白兴龙, 白玲. 宁夏甲虫志[M]. 北京: 电子工业出版社, 2019.

任顺祥, 王兴民等. 中国瓢虫原色图鉴[M]. 北京: 科学出版社, 2009.

任树芝. 中国动物志 昆虫纲 第十三卷 半翅目：姬蝽科[M]. 北京: 科学出版社, 1998.

盛茂领, 孙淑萍. 辽宁姬蜂志[M]. 北京: 科学出版社, 2014.

史宏亮. 中国通缘步甲族系统分类研究（鞘翅目：步甲科）[J]. 北京: 中国科学院动物研究所, 2013.

隋敬之, 孙洪国. 中国习见蜻蜓[M]. 北京: 农业出版社, 1986.

谭娟杰, 虞佩玉等. 中国经济昆虫志 第十八册 鞘翅目：叶甲总科(一)[M]. 北京: 科学出版社, 1980.

谭娟杰, 王书永, 周红章. 中国动物志 昆虫纲 第四十卷 鞘翅目：肖叶甲科：肖叶甲亚科[M]. 北京: 科学出版社, 2005.

谭江丽, [荷] C. van Achterberg, 陈学新. 致命的胡蜂[M]. 北京: 科学出版社, 2015.

苏兰. 杭州湾南岸湿地昆虫群落结构及其与生境的关系[J]. 浙江农林大学, 2012.

万方浩, 陈长铭. 综防区和化防区稻田害虫天敌群落组成及多样性的研究[J]. 生态学报，1986, 6 (2): 159 - 164.

万霞. 中国锹甲科系统分类学研究（鞘翅目：金龟总科）[J]. 北京：中国科学院动物研究所, 2007.

吴燕如. 中国经济昆虫志 第九册 膜翅目：蜜蜂总科[M]. 北京：科学出版社, 1965.

吴燕如. 中国动物志 昆虫纲 第二十卷 膜翅目：准蜂科, 蜜蜂科[M]. 北京：科学出版社, 2000.

吴燕如. 中国动物志 昆虫纲 第四十四卷 膜翅目：切叶蜂科[M]. 北京：科学出版社, 2006.

吴燕如, 周勤. 中国经济昆虫志 第五十二册 膜翅目：泥蜂科[M]. 北京：科学出版社, 1996.

吴跃峰, 徐成立, 孔昭普. 河北滦河上游国家级自然保护区脊椎动物志[M]. 北京：科学出版社, 2013.

武春生. 中国动物志 昆虫纲 第二十五卷 鳞翅目：凤蝶科[M]. 北京：科学出版社, 2001.

武春生. 中国动物志 昆虫纲 第五十二卷 鳞翅目：粉蝶科[M]. 北京：科学出版社, 2010.

武春生, 方承莱. 中国动物志 昆虫纲 第三十一卷 鳞翅目：舟蛾科[M]. 北京：科学出版社, 2003.

武春生, 徐堉峰. 中国蝴蝶图鉴[M]. 福州：海峡书局, 2017.

王德艺, 李东义, 冯学全. 暖温带森林生态系统[M]. 北京：中国林业出版社, 2003.

王凤艳, 中国锯角叶甲与隐头叶甲亚科分类学（鞘翅目：肖叶甲科）[J]. 北京：中国科学院动物研究所, 2012.

王洪建, 杨星科. 甘肃省叶甲科昆虫志[M]. 兰州：甘肃科学技术出版社, 2006.

王敏, 范骁凌. 中国灰蝶志[M]. 郑州：河南科学技术出版社, 2002.

王 松, 鲍方印, 梅百茂等. 安徽鹞落坪国家级自然保护区蝶类的垂直分布及其群落多样性[J]. 应用生态学报, 2009, 20(9): 2262 - 2270.

王小奇, 方红, 张治良. 辽宁甲虫原色图鉴[M]. 沈阳：辽宁科学技术出版社, 2012.

王建国, 黄恢柏, 明旭等. 水生昆虫评价庐山自然保护区主要水体水质状况[J]. 江西农业大学学报, 1999, 21(3): 363 - 366.

王平远. 中国经济昆虫志第二十一册 鳞翅目：螟科[M]. 北京：科学出版社, 1980.

王新谱, 杨贵军. 宁夏贺兰山昆虫[M]. 银川：宁夏人民出版社. 2010.

王绪捷等. 河北森林昆虫图册[M]. 石家庄：河北科学技术出版社, 1985.

王义平, 毛晓鹏, 翁国杭等. 浙江乌岩岭国家级自然保护区蝴蝶多样性及其森林环境健康评价[J]. 环境昆虫学报, 2009, 31 (1): 14 - 19.

王治国, 张秀江. 河南直翅类昆虫志（螳螂目、蜚蠊目、等翅目、直翅目、蛸目、革翅目）[M]. 郑州：科学技术出版社, 2007.

王直诚. 中国天牛图志（上、下卷）[M]. 北京：科学技术文献出版社, 2014.

王遵明. 中国经济昆虫志 第二十六册 双翅目：虻科[M]. 北京：科学出版社, 1983.

萧采瑜等. 中国蝽类昆虫鉴定手册 第一册 半翅目：异翅亚目[M]. 北京：科学出版社, 1977.

萧刚柔. 中国森林昆虫（第2版）[M]. 北京：中国林业出版社, 1992.

萧刚柔, 黄孝连等. 中国经济叶蜂志（I）[M]. 西安：天则出版社, 1991.

夏凯龄等. 中国动物志 昆虫纲 第四卷 直翅目：蝗总科：癞蝗科, 瘤锥蝗科, 锥头蝗科[M]. 北京：科学出版社, 1994.

许荣满, 孙毅. 中国动物志 昆虫纲 第五十九卷 双翅目: 虻科[M]. 北京: 科学出版社, 2013.

徐志华, 郭书彬, 彭进友. 小五台山昆虫资源（第二卷）[M]. 北京: 中国林业出版社, 2013.

杨春. 塞罕坝机械林场森林病虫害预测预报及总体防控措施[J]. 河北林业科技. 2011(6): 63-65.

杨定. 河北动物志 双翅目[M]. 北京: 中国农业科学技术出版社, 2009.

杨定, 刘星月. 中国动物志 昆虫纲 第五十一卷 广翅目[M]. 北京: 科学出版社, 2010.

杨定, 姚刚, 崔维娜. 中国蜂虻科志[M]. 北京: 中国农业大学出版社, 2012.

杨定, 王孟卿, 董慧. 秦岭昆虫志. 10. 双翅目[M]. 西安: 世界图书出版公司, 2017.

杨定, 张莉莉等. 中国动物志 昆虫纲 第五十三卷 双翅目: 长足虻科（上下卷）[M]. 北京: 科学出版社, 2011.

杨干燕. 中国郭公虫科系统分类研究（鞘翅目）[J]. 北京: 中国科学院动物研究所, 2012.

杨丽坤, 任国栋, 董赛红. 河北小五台山昆虫区系分析[J]. 河北大学学报（自然科学版）, 2013, 33(3): 287-294.

杨惟义. 中国经济昆虫志 第二册 半翅目: 蝽科[M]. 北京: 科学出版社, 1962.

杨星科. 秦岭昆虫志. 5. 鞘翅目: 一[M]. 西安: 世界图书出版公司, 2018.

杨星科, 陈学新. 秦岭昆虫志. 11. 膜翅目[M]. 西安: 世界图书出版公司, 2018.

杨星科, 葛斯琴等. 中国动物志 昆虫纲 第六十一卷 鞘翅目: 叶甲科: 叶甲亚科[M]. 北京: 科学出版社, 2014.

杨星科, 林美英. 秦岭昆虫志. 6. 鞘翅目: 二. 天牛类[M]. 西安: 世界图书出版公司, 2017.

杨星科, 薛大勇. 秦岭昆虫志. 8. 鳞翅目: 大蛾科[M]. 西安: 世界图书出版公司, 2017.

杨星科, 杨集昆, 李文柱. 中国动物志 昆虫纲 第三十九卷 脉翅目: 草蛉科[M]. 北京: 科学出版社, 2005.

杨星科, 张润志. 秦岭昆虫志. 7. 鞘翅目: 三[M]. 西安: 世界图书出版公司, 2017.

杨秀娟. 中国土甲族Opatrini 鞘翅目: 拟步甲科系统学研究[J]. 河北大学, 2003.

尹文英. 中国动物志: 节肢动物门. 原尾纲[M]. 北京: 科学出版社, 1999.

尹文英, 周文豹, 石福明. 天目山动物志（第三卷）[M]. 杭州: 浙江大学出版社, 2014.

殷蕙芬, 黄复生, 李兆麟. 中国经济昆虫志 第二十九册 鞘翅目: 小蠹科[M]. 北京: 科学出版社, 1984.

印象初, 夏凯龄等. 中国动物志 昆虫纲 第三十二卷 直翅目: 蝗总科: 槌角蝗科, 剑角蝗科[M]. 北京: 科学出版社, 2003.

尤平, 李后魂, 王淑霞. 天津北大港湿地自然保护区蛾类的多样性[J]. 生态学报, 2006, 26(4): 999-1004.

于晓东, 罗天宏, 周红章,等. 边缘效应对卧龙自然保护区森林—草地群落交错带地表甲虫多样性的影响[J]. 昆虫学报, 2006, 49(2): 277-286.

于晓东, 周红章, 罗天宏. 云南西北部地区地表甲虫的物种多样性[J]. 动物学研究, 2001, 22(6): 454-460.

虞国跃. 中国瓢虫亚科图志[M]. 北京: 化学工业出版社, 2010.

虞国跃. 北京蛾类图谱[M]. 北京: 科学出版社, 2014.

虞国跃. 北京蛾类图谱[M]. 北京: 科学出版社, 2015.

虞佩玉, 王书永, 杨星科. 中国经济昆虫志 第五十四册 鞘翅目: 叶甲总科（二）[M]. 北京: 科学出版社, 1996.

袁锋, 周尧等. 中国动物志 昆虫纲 第二十八卷 同翅目: 角蝉总科: 梨胸蝉科, 角蝉科[M]. 北京: 科学出版社, 2002.

查玉平. 后河国家级自然保护区昆虫资源调查及其多样性的初步研究[J]. 武汉: 华中师范大学, 2005.

袁锋, 袁向群, 薛国喜. 中国动物志 昆虫纲 第五十五卷 鳞翅目: 弄蝶科[M]. 北京: 科学出版社, 2015.

赵建成, 吴跃峰, 赵建成等. 河北木兰围场植物志（上、下）[M]. 北京: 科学出版社, 2008, 1 - 784.

郑乐怡, 吕楠等. 中国动物志 昆虫纲 第三十三卷 半翅目: 盲蝽科: 盲蝽亚科[M]. 北京: 科学出版社, 2004.

张长荣. 河北的蝗虫[M]. 石家庄: 河北科学技术出版社. 1991.

张春田等. 东北地区寄蝇科昆虫[M]. 北京: 科学出版社, 2016

张培毅. 雾灵山昆虫生态图鉴[M]. 哈尔滨: 东北林业大学出版社, 2013.

张荣祖. 中国动物地理[M]. 北京: 科学出版社, 1999.

张少冰, 赵冰, 贺应科. 南岳衡山不同海拔的昆虫多样性[J]. 经济林研究, 2007, 25(3): 51 - 54.

张亚坤，盖新敏. 福建松针金龟概述[J]. 林业勘察设计, 2002(01): 108 - 110.

章士美. 中国经济昆虫志 第三十一册 半翅目（一）[M]. 北京: 科学出版社, 1985.

章士美等. 中国经济昆虫志 第五十册 半翅目（二）[M]. 北京: 科学出版社, 1995.

张巍巍, 李元胜. 中国昆虫生态大图鉴[M]. 重庆: 重庆大学出版社, 2011.

张雅林. 资源昆虫学[M]. 北京: 中国农业出版社, 2013.

赵仲苓. 中国经济昆虫志 第十二册 鳞翅目: 毒蛾科[M]. 北京: 科学出版社, 1978.

赵仲苓. 中国经济昆虫志 第四十二册 鳞翅目: 毒蛾科（二）[M]. 北京: 科学出版社, 1994.

赵仲苓. 中国动物志 昆虫纲 第三十卷 鳞翅目: 毒蛾科[M]. 北京: 科学出版社, 2003.

赵仲苓. 中国动物志 昆虫纲 第三十六卷 鳞翅目: 波纹蛾科[M]. 北京: 科学出版社, 2004.

张治良, 赵颖, 丁秀云. 沈阳昆虫原色图鉴[M]. 沈阳: 辽宁民族出版社, 2009.

赵建铭等. 中国动物志 昆虫纲 第二十三卷 双翅目: 寄蝇科（一）[M]. 北京: 科学出版社, 2001.

郑哲民. 中国动物志 昆虫纲 第十卷 直翅目: 蝗总科: 斑翅蝗科 网翅蝗科[M]. 北京: 科学出版社, 1998.

赵志模, 郭依泉. 群落生态学原理与方法[M]. 重庆: 科学技术出版社重庆分社, 1990.

张振兴. 中国拟天牛科部分类群分类（鞘翅目: 拟步甲总科）[J]. 河北大学, 2013.

中国科学院动物研究所. 中国蛾类图鉴I[M]. 北京: 科学出版社, 1981: 1 - 134 .

中国科学院动物研究所. 中国蛾类图鉴II[M]. 北京: 科学出版社, 1982: 135 - 236.

中国科学院动物研究所. 中国蛾类图鉴III[M]. 北京: 科学出版社, 1982: 237 - 390.

中国科学院动物研究所. 中国蛾类图鉴IV[M]. 北京: 科学出版社, 1983: 391 - 484.

周福成, 陈柏华. 塞罕坝森林公园林业有害生物危害种类及传播途径[J]. 绿色科技, 2014(7): 264 - 265.

周尧. 中国蝴蝶分类与鉴定[M]. 郑州: 河南科学技术出版社, 1998.

周尧. 中国蝶类志（上、下册）[M]. 郑州: 河南科学技术出版社, 1994.

周尧, 雷仲仁. 中国蝉科志（同翅目: 蝉总科）[M]. 香港: 香港天则出版社, 1997.

周勇. 中国伪叶甲亚族分类研究（鞘翅目: 拟步甲科: 伪叶甲族）[J]. 河北大学, 2011.

朱弘复. 中国动物志 昆虫纲 第三卷 鳞翅目: 圆钩蛾科 钩蛾科[M]. 北京: 科学出版社, 1991.

朱弘复. 中国动物志 昆虫纲 第五卷 鳞翅目：蚕蛾科 大蚕蛾科 网蛾科[M]. 北京：科学出版社, 1996.

朱弘复, 陈一心. 中国经济昆虫志 第三册 鳞翅目：夜蛾科（一）[M]. 北京：科学出版社, 1963.

朱弘复, 方承莱, 王林瑶. 中国经济昆虫志 第七册 鳞翅目：夜蛾科（三）[M]. 北京：科学出版社, 1963.

朱弘复, 杨集昆, 陆近仁, 陈一心. 中国经济昆虫志 第六册 鳞翅目：夜蛾科（二）[M]. 北京：科学出版社, 1964.

朱弘复, 王林瑶. 中国动物志 昆虫纲 第十一卷 鳞翅目：天蛾科[M]. 北京：科学出版社, 1997.

朱弘复, 王林瑶. 中国动物志 昆虫纲 第十五卷 鳞翅目：尺蛾科：花尺蛾亚科[M]. 北京：科学出版社, 1999.

Aslan E. G. Comparative diversity of Alticinae (Coleoptera: Chrysomelidae) between Çığlıkara and Dibek nature reserves in Antalya, Turkey[J]. Biologia, 2010, 65(2): 316 - 324.

Romero - Alcaraz E. & Ávila J. M. Landscape heterogeneity in relation to variations in epigaeic beetle diversity of a Mediterranean ecosystem. Implications for conservation[J]. Biodiversity and Conservation, 2000, 9: 985 - 1005.

Eric E P & Richard A R. Density, biomass and diversity of grasshoppers (Orthoptera: Acrididae) in a California native grassland[J]. Great Basin Naturalist. 1996, 56(2): 172 - 176.

Fermin Martin - Piera. Area networks for conserving Iberian insects: A case study of dung beetles (Col., Scarabaeoidea)[J]. Journal of Insect Conservation, 2001, 5: 233 - 252.

Gadek K. Diversity and role of insects in fir forest ecosystems in the Swietokrzyski NationalPark and the Roztoczanski National Park[J]. Acta Scientiarum Polonorum - Silvarum Colendarum Ratio et Industria Lignaria, 2009, 8: 4, 37 - 50.

Gressitt）. J. L. 1951. *Longicorn beetles of China*[J]. Longicornia Vol. 2: 667 pp.

Grichanov）. I. Y. 1999. A check list of genera of the family Dolichopodidae (Diptera)[J]. *Studia Dipterologica*, **6**: 327 - 332.

Hua）. L-Z. 2002. *List of Chinese insects (Vol. II)*[M]. Guangzhou: Sun Yat-sen University Press. 612 pp.

Hua）. L-Z. 2005. *List of Chinese insects (Vol. III)*[M]. Guangzhou: Sun Yat-sen University Press. 595 pp.

Hua）. L-Z. 2006. *List of Chinese insects (Vol. IV)*[M]. Guangzhou: Sun Yat-sen University Press. 540 pp.

Holt B G, Lessard J P, Borregaard M K, et al. An update of Wallace's zoogeographic regions of the world[J]. Science, 2013, 339(6115): 74 - 78.

Iwan D & Löbl L. (eds.). *Catalogue of Palaearctic Coleoptera. Vol. 5. Revivised and Updated second edition Tenebrionoidea*[J]. Koninklijke Brill NV, Leiden, The Netherlands. 945 pp.

Kristensen. N. P. & Beutel R. G. 2005. *Handbook of zoology. Anatural history of the phyla of the animal kingdom. Volum IV*[J]. *Arthropoda: Insecta. Part 38.* Berlin-New York: Walter de Gruyter.

Löbl. L. & Smetana. A. 2003. *Catalogue of Palaearctic Coleoptera Vol. 1*[J]. *Archostemata, Myxophaga, Adephaga.* Stenstrup: Apollo Books. 819 pp.

Löbl L. & Smetana A. 2004. *Catalogue of Palaearctic Coleoptera Vol. 2, Hydrophiloidea, Histeroidea, Staphylinoidea*[J]. Stenstrup: Apollo Books. 942 pp.

Löbl L. & Smetana A. 2006. *Catalogue of Palaearctic Coleoptera Vol. 3, Scarabaeoidea, Scirtoidea, Dascilloidea, Buprestoidea, Byrrhoidea*[J]. Stenstrup: Apollo Books. 690 pp.

Löbl L. & Smetana, A. 2007. *Catalogue of Palaearctic Coleoptera Vol. 4, Elateroidea, Derodontoidea, Bostrichoidea, Lymexyloidea, Cleroidea, Cucujoidea*[J]. Stenstrup: Apollo Books. 935 pp.

Löbl L. & Smetana A. 2008. *Catalogue of Palaearctic Coleoptera Vol. 5, Tenebrionoidea*[J]. Stenstrup: Apollo Books. 670 pp.

Ohmomo S. & Fukutomi H. 2013. *The buprestid beetles of Japan*[J]. Tokyo: Shizawa Printing Co. Ltd., 206 pp.

Robert E D. Species richness, density, and diversity of grasshoppers (Orthoptera: Acrididae) in a habitat of the mixed grass prairie[J]. The Canadian Entomologist. 1984, 116 (5): 703 - 709.

Solervicens J & Estrada P. Foliage. Coleoptera from the Rio Clarillo National Reserve (Central Chile)[J]. Acta Entomologica Chilena, 1996, 20: 29 - 44.

Triantakonstantis D P, Kollias V J & Kalivas D P. Forest re - growth since 1945 in the Dadia forest nature reserve in northern Greece[J]. New Forests, 2006, 32: 51 - 6.

中文名称索引

（按拼音排序，数字为描述所在页）

A

阿点灰蝶东北亚种	278
阿芬眼蝶	269
阿穆尔宽花天牛	139
艾蒿隐头叶甲	187
艾棕麦蛾	212
鞍背亚天牛	152
暗斑翅蜂虻	287
暗褐蝈螽	48
暗脉粉蝶	268
暗色圆鳖甲	133
暗天牛科	138
凹带优蚜蝇	291
凹胸豆芫菁	126
凹缘金花天牛	141
奥地利黄胡蜂	305

B

八纹夜蛾	249
八星粉天牛	164
八字地老虎	257
白斑趾花金龟	107
白斑迷蛱蝶	277
白边切夜蛾	252
白符等蚖	32
白钩蛱蝶	278
白黑首夜蛾	246
白桦梯楔天牛	167
白桦棕麦蛾	212
白环红天蛾	259
白矩朱蛱蝶	277
白蜡窄吉丁	110
白毛树皮象	201
白肾灰夜蛾	255
白肾裳夜蛾	243
白条利天牛	159
白尾灰蜻	40
白星花金龟	109
白雪灯蛾	237
白眼蝶	272
斑翅蝗科	51
斑刺小卷蛾	216
斑单爪鳃金龟	99
斑灯蛾	236
斑盾方头泥蜂	310
斑蛾科	210
斑额隐头叶甲指名亚种	188
斑角缘花天牛	145
斑貉灰蝶	280
斑腿蝗科	49
斑腿隐头叶甲	190
斑网蛱蝶	276
斑须蝽	68
斑缘豆粉蝶	267
半翅目	55
半黄赤蜻	41
半猛步甲	81
半纹腐阎虫	91
邦氏初姬螽	47
薄翅螳中国亚种	44
薄荷金叶甲	180
薄叶脉线蛉	284
豹灯蛾	234
北方美金翅夜蛾	250
北姬蜡	63
北京斑翅蜂虻	287
北京叉襀	43
北京三纹象	200
北京长须蜂	312
北李褐枯叶蛾	262
北亚拟修天牛	158
背匙同蝽	67
笨蝗	48
碧伟蜓	38
碧银冬夜蛾	248
扁盾蝽	72
扁腹赤蜻	41
扁毛土甲	136
滨尸葬甲	86
波翅青尺蛾	226
波莽夜蛾	256
波氏细锤角叶蜂	300
波氏长颈树蜂	316
波纹蛾科	228
波纹斜纹象	202
波原缘蝽	65
伯瑞象蜡蝉	57
布网蜘蛱蝶	273
步甲科	76

C

彩艳斑蜂	313
菜蝽	69

菜粉蝶	268	粗领盲蝽	61	淡足青步甲	79
灿福蛱蝶	275	粗绿彩丽金龟	104	弹尾纲	31
草蛾科	211	醋栗尺蛾	222	盗条蜂	311
草蛉科	281	翠色狼夜蛾	240	稻管蓟马	75
草螟科	219			灯蛾科	234
侧斑异丽金龟	104	**D**		等节䖴科	32
侧宽长角蚜蝇	288			地鳖蠊科	44
叉䗛科	43	达球蝽	53	地蚕大凹姬蜂黄盾亚种	303
叉角粪金龟	92	达乌里覆葬甲	87	地蜂科	315
蝉科	55	达乌里干葬甲	86	地长蝽科	64
蟾眼蝶	272	达乌柱锹甲	93	弟兄鳃金龟	100
铲尾尖腹蜂	313	大蚕蛾科	261	帝网蛱蝶	276
朝鲜东蚁蛉	283	大草蛉	282	点基斜纹小卷蛾	215
朝鲜梗天牛	154	大颚尖腹蜂	314	点伊缘蝽	66
车粪蜣螂	95	大和锉小蠹	208	雕角小步甲	82
尺蛾科	222	大黄赤蜻	42	蝶角蛉科	284
齿腹隐头叶甲	191	大菊花象	201	蝶青尺蛾	226
齿恭夜蛾	251	大麻多节天牛	152	丁目大蚕蛾	261
齿褐卷蛾	215	大麻双脊天牛	159	鼎脉灰蜻	40
齿球蝽	54	大毛眼蝶	271	东北拟修天牛	157
齿匙同蝽	67	大青叶蝉	56	东方雏蝗	50
齿星步甲	77	大头豆芫菁	126	东方古蚓	30
齿爪长足泥蜂齿爪亚种	310	大头婪步甲	82	东方蝼蛄	45
蜉目	74	大团扇春蜓	39	东方蜜蜂中华亚种	311
赤翅甲科	125	大卫邻烁甲	138	东方墨蚜蝇	292
赤天牛	165	大牙土天牛	157	东方切头叶甲	182
赤条蝽	69	大眼长蝽科	63	东方兀鲁夜蛾	257
赤杨镰钩蛾	210	大艳眼蝶	269	东方小垫甲	135
赤杨缘花天牛	144	大隐翅甲	90	东方油菜叶甲	183
翅目	209	大云斑鳃金龟	101	东方原缘蝽	64
翅痣瘤虻	285	带蛾科	210	东方圆胸姬蜂	302
臭椿沟眶象	200	戴锤角粪金龟	91	东风夜蛾	251
春蜓科	38	戴单爪鳃金龟	100	东亚异痣蟌	42
蝽科	68	戴利多脊萤叶甲	176	斗毛眼蝶	271
纯白草螟	219	淡红伪赤翅甲	125	豆长刺萤叶甲	175
刺蛾科	222	淡黄污灯蛾	236	窦舟蛾	233
葱韭蓟马	75	淡胸藜龟甲	173	毒蛾科	233
蟋科	42	淡须首蓿盲蝽	60	独环真猎蝽	59

中文名称索引

短带长毛象	199	粉蝶尺蛾	223	光肩星天牛	153
短腹管蚜蝇	291	粉蝶科	266	光亮拟天牛	130
短凯蜣螂	95	粉天牛	164	光轮小卷蛾	217
短毛斑金龟	109	粪堆粪金龟	92	光裳夜蛾	244
短毛草象	197	粪金龟科	91	广布弓背蚁	307
短毛长角蚜蝇	288	风桦锤角叶蜂	299	广二星蝽	69
短扇舟蛾	230	蜂虻科	286	龟蝽科	72
短体刺甲	137	缝刺墨天牛	161	龟纹瓢虫	124
短星翅蝗	49	凤蝶科	265	郭公甲科	114
断条楔天牛	167	佛光虹指名亚种	286		
钝圆筒喙象	204	蜉蝣科	37	**H**	
盾蝽科	72	蜉蝣目	36		
盾厚缘叶甲	179	副铁虱科	34	亥象	197
多脊草天牛	157	富冬夜蛾	247	蒿冬夜蛾	247
多毛伪叶甲	133			蒿龟甲	172
多毛栉衣鱼	35	**G**		蒿金叶甲	180
多色异丽金龟	103			浩蝽	70
多眼灰蝶	280	盖氏刺甲	137	和列蛾	211
多异瓢虫	122	甘薯腊龟甲	173	核桃扁叶甲	183
		甘薯肖叶甲	192	褐翅格斑金龟	108
E		甘薯阳麦蛾	213	褐翅皱葬甲	88
		甘肃虚幽尺蛾	224	褐带赤蜻	41
二点钳叶甲	184	干纹冬夜蛾	248	褐带平冠沫蝉	56
二点织蛾	217	戈壁黄痔蛇蛉	284	褐钝额野螟	220
二十二星菌瓢虫	124	鸽光裳夜蛾	245	褐粉菲寄蝇	295
二纹柱萤叶甲	176	革翅目	53	褐梗天牛	154
二星瓢虫	116	沟眶象	200	褐蛉科	282
二眼符蛱	33	沟胸金叶甲指名亚种	180	褐脉粉尺蛾	228
		钩蛾科	210	褐纹鲁夜蛾	257
F		枸杞龟甲	172	褐依缘蝽	66
		古北泥蛉	209	褐真蝽	71
泛希姬蝽	62	古灰蝶	280	褐足角胸肖叶甲	191
方斑墨蚜蝇	291	古蚖科	29	黑暗色蟋	43
方斑瓢虫	124	古蚖目	29	黑暗长角蚖	32
方胸蜉金龟	94	牯岭草蛉	281	黑斑锥胸叩甲	112
仿齿舟蛾	232	管蓟马科	75	黑背同蝽	66
蚤蠊目	44	贯冬夜蛾	248	黑背狭胸步甲	85
分异发丽金龟	105	光背锯角叶甲	182	黑翅脊筒天牛	162

黑大眼长蝽	63	横带瓢虫	120	花弄蝶	265
黑带二尾舟蛾	229	横断异盲蝽	61	花壮异蝽	73
黑带蚜蝇	290	横眉线蛱蝶	276	划蝽科	58
黑点粉天牛	164	横纹菜蝽	69	华北白眼蝶	271
黑盾角胫叶甲	183	横纹沟芫菁	127	华北大黑鳃金龟	98
黑盾锯角叶甲亚洲亚种	182	红翅裸花天牛	143	华麦蝽	68
黑额粗足叶甲	185	红翅伪叶甲	134	华秋枝尺蛾	224
黑缝隐头叶甲黑纹亚种	188	红带覆葬甲	87	华微小卷蛾	216
黑缶葬甲	88	红带皮蠹	114	桦尺蛾	223
黑跗拟天牛	130	红点唇瓢虫	118	桦褐叶尺蛾	225
黑蜉金龟	93	红腹刀锹甲	93	桦脊虎天牛	149
黑腹筒天牛	163	红腹裳夜蛾	244	桦霜尺蛾	223
黑覆葬甲	86	红光熊蜂	312	槐绿虎天牛	146
黑广肩步甲	77	红褐粒眼瓢虫	125	环跗钝杂姬蜂	301
黑龟铁甲	174	红灰蝶	279	环钩尾春蜓	39
黑褐长尾茧蜂	304	红脚平爪鳃金龟	98	环铅卷蛾	215
黑胫菊拟天牛	130	红节天蛾	260	环橡波纹蛾	229
黑胫宽花天牛	140	红颈负泥虫	171	荒夜蛾	240
黑脸油葫芦	46	红老豹蛱蝶	274	黄斑船象	196
黑龙江筒喙象	203	红亮蜉金龟	94	黄斑短突花金龟	108
黑鹿蛾	239	红胸负泥虫	170	黄斑青步甲	79
黑绒金龟	100	红胸蓝金花天牛	141	黄斑直缘跳甲	179
黑纱白眼蝶	272	红眼蝶	270	黄斑舟蛾	231
黑肾蜡丽夜蛾	253	红缘亚天牛	153	黄翅银弄蝶	264
黑始丽盲蝽	62	红云翅斑螟	217	黄刺蛾	222
黑条波萤	175	红脂大小蠹	206	黄带多带天牛	165
黑尾筒天牛	163	红珠灰蝶	279	黄带厚花天牛	144
黑纹北灯蛾	234	红足地蜂	315	黄盾蜂蚜蝇	293
黑纹冬夜蛾	247	红足真蝽	71	黄粉彩寄蝇	298
黑纹粉蝶	268	后褐土苔蛾	237	黄跗寄蝇	296
黑斜纹象	196	后委夜蛾	243	黄副铗虮	34
黑胸虎天牛	150	弧斑叶甲	181	黄褐棍腿天牛	165
黑胸伪叶甲	134	弧纹脊虎天牛	149	黄褐箩纹蛾	261
黑须卷蛾寄蝇	293	胡蜂科	305	黄褐幕枯叶蛾	262
黑缘红瓢虫	118	胡麻霾灰蝶	280	黄褐异丽金龟	104
黑缘嚙蜢螂	97	胡枝子克萤叶甲	175	黄花蝶角蛉	284
黑足伪叶甲	133	胡枝子隐头叶甲	187	黄环蛱蝶	277
横斑瓢虫	119	花背短柱叶甲	185	黄环链眼蝶	271

黄胫宽花天牛	140	棘钝姬蜂	301	金色扁胸天牛	156
黄领蜂虻	286	棘胸筒叩甲	112	净乔球蝽	55
黄脉天蛾	258	瘠粘夜蛾	253	九毛古蚖	29
黄毛角胸步甲	84	脊步甲指名亚种	77	菊小筒天牛	163
黄毛蚁	308	脊绿异丽金龟	103	巨暗步甲	76
黄鞘婪步甲	83	戟眉线蛱蝶	276	巨胸暗步甲	76
黄蜻	41	济源兜姬蜂	303	巨胸脊虎天牛	150
黄四斑尺蛾	228	寄蝇科	293	巨爪寄蝇	297
黄臀灯蛾	235	蓟马科	75	锯齿叉趾铁甲	174
黄臀短柱叶甲	184	蓟跳甲	178	锯花天牛	139
黄纹花天牛	143	冀地鳖	44	锯灰夜蛾	255
黄纹曲虎天牛	148	襀翅目	43	锯角差伪叶甲	135
黄纹野螟	221	家茸天牛	168	锯胸叶甲	193
黄缘蛱蝶	277	铗尾目	34	卷蛾科	213
黄缘隐头叶甲	189	蛱蝶科	269	卷象科	193
黄痣苔蛾	238	尖板尖腹蜂	313	绢粉蝶	266
黄壮异蝽	73	尖翅筒喙象	203	掘嚼蜉蝣	96
黄紫美冬夜蛾	249	尖钩粉蝶	267		
灰翅绢粉蝶	266	尖突巨牙甲	85	**K**	
灰翅叶斑蛾	210	尖纹虎天牛	148		
灰歹夜蛾	250	尖锥额野螟	220	咖啡脊虎天牛	149
灰带管蚜蝇	290	肩斑隐头叶甲	187	刻步甲	78
灰蝶科	278	茧蜂科	304	刻翅大步甲	78
灰胸突鳃金龟	101	剑角蝗科	52	客来夜蛾	245
灰眼斑瓢虫	117	剑纹夜蛾	239	孔雀蛱蝶	275
灰夜蛾	255	酱曲露尾甲	115	叩甲科	111
灰羽舟蛾	233	焦点滨尺蛾	225	枯叶蛾科	261
茴香薄翅野螟	221	焦毛冬夜蛾	248	宽背金叩甲	114
毁秀夜蛾	242	角斑沙蜂绣亚种	315	宽碧蝽	70
		角蝉科	56	宽翅曲背蝗	51
J		角马蜂	306	宽胫夜蛾	256
		角线寡夜蛾	241	宽太波纹蛾	228
姬蜂科	62	金龟科	93	昆虫纲	35
姬蜂科	301	金黄毛足蜂	315	阔华波纹蛾指名亚种	228
姬缘蝽科	65	金黄螟	218	阔胫萤叶甲	177
吉丁甲科	109	金绿球胸象	205		
吉林蜉	37	金绿树叶象	204	**L**	
吉氏分阎甲	91	金绿真蝽	70	癞蝗科	48

蓝翅负泥虫	170	瘤翅尖爪铁甲	174	麻胸锦叩甲	114
蓝灰蝶	279	瘤胸金花天牛	140	马铃薯瓢虫	121
蓝丽天牛	166	柳角胸天牛	166	马奇异春蜓	38
劳鲁夜蛾	257	柳美冬夜蛾	249	麦蛾科	211
类沙土甲	136	柳十八斑叶甲	181	麦奂夜蛾	241
冷杉短鞘天牛	159	柳紫闪蛱蝶	273	脉翅目	281
离缘蝽	64	六斑绿虎天牛	147	脉散纹夜蛾	240
梨斑叶甲	185	六斑凸胸花天牛	141	蛮夜蛾	253
梨光叶甲	187	六斑异瓢虫	116	满丫纹夜蛾	240
梨虎象	196	六齿小蠹	206	漫扇舟蛾	231
梨金缘吉丁	110	六星铜吉丁	110	盲蝽科	59
梨卷叶象	194	龙虱科	76	毛喙丽金龟	102
梨六点天蛾	259	隆额网翅蝗	49	毛基节菲寄蝇	296
李尺蛾	223	隆脊绿象	197	毛角多节天牛	152
李氏刺甲	138	隆胸负泥虫	170	帽斑紫天牛	166
丽斑芫菁	129	蝼蛄科	45	玫斑钻夜蛾	251
丽草蛉	281	漏芦菊花象	202	玫痣苔蛾	238
丽毒蛾	233	鹿蛾科	239	美苔蛾	238
丽直脊天牛	158	鹿裳夜蛾	245	虻科	285
利剑铅尺蛾	225	露尾甲科	115	蒙古齿胸叩甲	112
栎瘦花天牛	145	箩纹蛾科	261	蒙古高鳖甲	132
栗灰锦天牛	155	落叶松八齿小蠹	207	蒙古束颈蝗	52
连斑奥郭公	115	落叶松毛虫	262	蒙古异丽金龟	104
联纹小叶春蜓	38	落叶松小蠹	208	蒙灰夜蛾	255
镰尾露螽	48	绿豹蛱蝶	274	密点负泥虫	171
链弄蝶	265	绿边绿芫菁	127	蜜蜂科	311
亮毛蚁	308	绿步甲	79	黾蝽科	57
蓼蓝齿胫叶甲	183	绿金光伪蜻	39	明痣苔蛾	238
列蛾科	211	绿蓝隐头叶甲无斑亚种	190	鸣鸣蝉	55
猎蝽科	59	绿蓝隐头叶甲指名亚种	190	螟蛾科	217
林栖美土蚰	31	绿艳扁步甲	83	膜翅目	299
林弯遮颜蛾	264	绿芫菁	127	沫蝉科	56
鳞翅目	210	绿组夜蛾	242	陌夜蛾	256
麟角希夜蛾	251			木蠹蛾科	213
菱斑巧瓢虫	123	**M**		苜蓿多节天牛	151
刘氏郭公甲	115			苜蓿盲蝽	60
流纹州尺蛾	224	麻栎象	199	苜蓿夜蛾	253
琉璃灰蝶	278	麻竖毛天牛	168	牧女珍眼蝶	269

N

内蒙寡长足虻	287
尼覆葬甲	87
泥蜂科	309
泥红槽缝叩甲	111
泥蛉科	209
拟步甲科	131
拟蜂纹覆葬甲	88
拟腊天牛	168
拟天牛科	130
拟凸眼绢金龟	102
拟壮异蝽	73
黏虫	254
黏虫步甲	78
黏虫棘领姬蜂	304
弄蝶科	264
怒寄蝇	298
女贞尺蛾	227
女贞首夜蛾	246

O

欧洲方喙象	198

P

耙掌泥蜂红腹亚种	310
排点灯蛾	235
胖遮眼象	206
培甘弱脊天牛	158
膨条瘤虻	285
皮蠹科	114
皮金龟科	92
瓢甲科	116
平刺突娇异蝽	74
平行大粒象	196
平影夜蛾	254
苹刺裳夜蛾	243
苹果卷叶象	195
苹褐卷蛾	215
苹枯叶蛾	263
苹毛丽金龟	106
铺道蚁	309
普通黄胡蜂	306

Q

七斑长足瓢虫	122
七星瓢虫	119
槭隐头叶甲	189
前星覆葬甲	87
浅环边蚜蝇	289
强足通缘步甲	84
蔷薇扁身夜蛾	242
锹甲科	93
鞘翅目	76
切叶蜂科	313
茄纹红珠灰蝶	280
青豹蛱蝶	274
青藏雏蝗	51
青海草蛾	211
青金翅夜蛾	250
青铜网眼吉丁	110
青云卷蛾	214
清二线绿尺蛾	228
清文夜蛾	252
清夜蛾	251
蜻科	40
蜻蜓目	38
球蝽科	53
曲白带青尺蛾	225
曲角短翅芫菁	128
曲毛瘤隐翅甲	90
曲毛裸长角跳	32
曲亡葬甲	89
曲纹花天牛	142
曲牙土天牛	156
全北褐蛉	282
缺环绿虎天牛	147
雀纹天蛾	260

R

忍冬双斜卷蛾	213
日本菜叶蜂	299
日本覆葬甲	87
日本弓背蚁	307
日本黑褐蚁	308
日本虎甲	81
日本绿虎天牛	146
日本象天牛	160
日升古蚖	29
日土苔蛾	237
日原完眼蝶角蛉	284
日长须短鞘天牛	159
茸毛材小蠹	209
绒盾蝽	72
绒绿细纹吉丁	110
绒粘夜蛾	254
溶金斑夜蛾	245

S

赛剑纹夜蛾	239
赛婆鳃金龟	97
赛氏西蜣螂	97
三斑一角甲	125
三叉粪蜣螂	95
三带虎天牛	148
三点宽颚步甲	84
三点苜蓿盲蝽	59
三节叶蜂科	299

三棱草天牛	157	树蟋科	46	酸枣隐头叶甲	189		
三色密毛蚜蝇	290	双斑猛步甲	81	隧葬甲	89		
桑窝额萤叶甲	176	双斑冥葬甲	89				
骚扰黄虻	285	双翅目	285	**T**			
色蟌科	43	双刺褐蛉	282				
色孔雀夜蛾	255	双簇污天牛	160	泰加大树蜂	300		
沙蜂科	315	双带窄缘萤叶甲	178	螳螂科	44		
沙柳窄吉丁	109	双环真猎蝽	59	螳螂目	44		
沙泥蜂	309	双尖嗡蜣螂	96	桃红颈天牛	154		
山西黑额蜓	38	双瘤槽缝叩甲	111	桃剑纹夜蛾	239		
山杨卷象	195	双条杉天牛	167	桃棕麦蛾	212		
山楂棕麦蛾	211	双条隐头叶甲	191	梯斑巧瓢虫	123		
杉小枯叶蛾	261	双尾纲	34	天蛾科	257		
裳夜蛾	244	双线毛蚜蝇	289	天牛科	139		
蛇蛉科	284	双斜线尺蛾	224	甜菜龟甲	172		
蛇蛉目	284	双痣圆龟蝽	72	甜枣条麦蛾	211		
蛇眼蝶	272	丝光蚁	307	条斑次蚁蛉	283		
深色白眉天蛾	258	斯马蜂	307	条纹鸣螅	52		
深山珠弄蝶	264	四斑厚花天牛	144	条纹株阎甲	91		
虱蛄科	74	四斑露尾甲	116	庭园发丽金龟	105		
十斑裸瓢虫	117	四斑尾龟甲	173	蜓科	38		
十二斑褐菌瓢虫	125	四斑长跗萤叶甲	177	同蝽科	66		
十二斑花天牛	142	四带虎天牛	150	铜绿虎甲	80		
十二斑巧瓢虫	123	四点苜蓿盲蝽	60	铜绿花金龟	107		
十二齿小蠹	207	四点苔蛾	238	铜绿异丽金龟	103		
十六斑黄菌瓢虫	120	四点象天牛	160	铜色淡步甲	83		
十六星直脊天牛	158	四星梣芫菁	128	铜紫金叩甲	113		
十三星瓢虫	122	松地长蝽	64	瞳筒天牛	163		
十四斑负泥虫	169	松褐卷蛾	214	透顶单脉色蟌	43		
十四星裸瓢虫	117	松黑天蛾	258	突角通缘步甲	85		
石蛃科	35	松栎枯叶蛾	263	突角小粉蝶	268		
石蛃目	35	松瘤小蠹	207	土蝽科	67		
石长黄胡蜂	305	松梢芒天牛	165	土孔夜蛾	246		
嗜蒿冬夜蛾	247	松树皮象	201	土蚺科	31		
瘦眼花天牛	139	松线小卷蛾	217	土夜蛾	254		
瘦直扁足甲	137	松幽天牛	155	屯花小卷蛾	216		
梳跗盗夜蛾	252	酸模野螟	222	托球蜣	54		
树蜂科	300	酸枣光叶甲	186	驼尺蛾	227		

驼古嚙蜣螂	96	西伯毛锤角叶蜂	300	小足切叶蜂皮氏亚种	314
椭体直缝叩甲	113	西梵豆粉蝶	267	筱客来夜蛾	245
		西冷珍蛱蝶	270	斜斑鼓额蚜蝇	292
W		希氏跳蛃	35	斜斑虎甲	81
		蟋蟀科	45	谢氏阎甲	90
袜纹夜蛾	240	细黄胡蜂	306	心斑绿蟌	42
弯齿琵甲	131	细角黾蝽	57	星白雪灯蛾	237
弯拟细蜉	36	细沙泥蜂	309	星点弄蝶	265
网翅蝗	50	细蜉科	36	星天牛	153
网翅蝗科	49	细胸锥尾叩甲	111	凶野长须寄蝇	295
网目土甲	135	细羽齿舟蛾	232	胸突奥郭公甲	114
网纹蜜蛱蝶	277	细圆卷蛾	214	朽木夜蛾	243
网夜蛾	252	夏枯草线须野螟	220	嗅奥索寄蝇	293
网锥额野螟	219	鲜黄鳃金龟	101	玄灰蝶	281
微黾蝽	58	线痣灰蜻	40	雪尾尺蛾	227
微铜珠叩甲	113	象甲科	196	荨麻奥盲蝽	62
韦氏金弧夜蛾翅夜蛾	250	象蜡蝉科	57	荨麻蛱蝶	273
围绿单爪鳃金龟	99	橡黑花天牛	141		
伪蜻科	39	橡实剪枝象	195	**Y**	
委夜蛾	242	小檗绢粉蝶	266		
文步甲	79	小豆长喙天蛾	259	鸭跖草负泥虫	169
纹腹珀蟋	45	小峰熊蜂	311	牙甲科	85
纹迹烁划蝽	58	小黑通缘步甲	85	芽斑虎甲	80
乌苏里熊蜂	312	小红姬尺蛾	226	蚜蝇科	288
乌苏里褶缘野螟	221	小红蛱蝶	278	亚多沙蚱	286
污灯蛾	236	小红珠绢蝶	265	亚夹夜蛾	241
无斑壮异蝽	74	小黄长角蛾	210	亚姬缘蝽	65
无翅亚纲	35	小灰长角天牛	151	亚麻篱灯蛾	236
无色虱蜢	74	小脊斑螟	218	烟灰舟蛾	232
梧州蜉	37	小卷象	194	延安红脊角蝉	56
		小阔胫玛绢金龟	102	研夜蛾	241
X		小麦负泥虫	171	阎甲科	90
		小麦叶蜂	300	燕尾舟蛾	230
西北斑芫菁	129	小拟孔蜂	314	杨二尾舟蛾	229
西北豆芫菁	126	小青花金龟	107	杨褐枯叶蛾	262
西伯利亚草盲蝽	61	小雀斑龙虱	76	杨红颈天牛	155
西伯利亚绿象	198	小原等蜉	33	杨剑舟蛾	233
西伯利亚长角蚜蝇	289	小遮眼象	205	杨柳光叶甲	186

杨柳绿虎天牛	147	英雄珍眼蝶	270	**Z**	
杨目天蛾	260	缨翅目	75		
杨扇舟蛾	230	油泽琵甲	131	杂色栉甲	132
杨雪毒蛾	234	疣蝗	52	葬甲科	86
杨叶甲	181	疣异螋	53	枣桃六点天蛾	259
野蚕黑瘤姬蜂	302	有翅亚纲	36	蚤瘦花天牛	145
叶蝉科	56	鱼藤跗虎天牛	148	渣石斑螟	217
叶蜂科	299	榆白边舟蛾	231	柞栎象	199
叶甲科	169	榆绿毛萤叶甲	178	窄角寄蝇	297
夜蛾科	239	榆绿天蛾	257	樟泥色天牛	169
夜蛾瘦姬蜂	303	榆木蠹蛾	213	长瓣树蟋	46
一色兜夜蛾	246	榆三节叶蜂	299	长翅草蛉	47
伊诺小豹蛱蝶	274	榆隐头叶甲	188	长翅燕蝗	49
衣鱼科	35	玉带蜻	41	长肛短须寄蝇	294
衣鱼目	35	芫菁科	126	长尖筒喙象	204
蚁科	307	芫天牛	138	长角蛾科	210
蚁蛉科	283	园尼里寄蝇	294	长角蚖目	32
蚁形甲科	125	原蚖目	31	长角蚖科	32
异蝽科	73	原尾纲	29	长颈树蜂科	316
异角青步甲	80	圆斑卷象	193	长毛草盲蝽	61
异宽花天牛	140	圆点阿土蝽	67	长毛花金龟	106
异色灰蜻	40	圆点斑芫菁	129	长尾草蛉	47
异色瓢虫	120	圆顶梳龟甲	172	长尾管蚜蝇	291
阴卜夜蛾	243	圆颊珠蝽	72	长叶异痣蟌	42
银斑豹蛱蝶	275	圆筒筒喙象	203	长足虻科	287
银翅亮斑螟	218	圆胸短翅芫菁	128	沼泽蝗	51
银翅欧姬蜂端宽亚种	304	缘斑毛伪蜻	39	遮颜蛾科	264
银钩夜蛾	256	缘蝽科	64	折线蛱蝶	276
银光草螟	219	月斑鼓额蚜蝇	292	赭斑光叶甲	186
银光球胸象	205	月光枯叶蛾	263	榛卷象	194
银弄蝶	264	云斑白条天牛	155	榛象	199
银纹毛肖叶甲	192	云斑带蛾	210	直齿爪鳃金龟	98
银装冬夜蛾	248	云斑斜纹象	202	直翅目	45
隐斑瓢虫	121	云粉蝶	269	直蜉金龟	94
隐藏珍眼蝶	270	云青尺蛾	226	直角通缘步甲	84
隐翅甲科	90	云杉大墨天牛	161	直同蝽	66
印铜夜蛾	256	云杉小墨天牛	161	中斑赫氏筒天牛	162

中国绿刺蛾	222	蚤斯科	46	紫光盾天蛾	260
中国汝尺蛾	227	肿腿花天牛	143	紫黑扁身夜蛾	242
中黑土猎蝽	59	重眉线蛱蝶	275	紫金翅夜蛾	249
中黑肖亚天牛	152	舟蛾科	229	紫闪蛱蝶	273
中华雏蝗	50	舟山筒天牛	162	紫线尺蛾	224
中华弧丽金龟	106	皱亡葬甲	89	紫榆叶甲	179
中华寰螽	46	皱纹琵甲	132	紫缘常绿天牛	156
中华萝藦肖叶甲	192	朱蛱蝶	278	棕拉步甲	78
中华裸角天牛	151	珠蝽	71	棕色瓢跳甲	178
中华毛郭公	115	竹绿虎天牛	145	棕狭肋鳃金龟	98
中华琵甲	131	蠋步甲	82	鬃胫狭颊寄蝇	294
中华瓢虫	119	准蜂科	315	纵坑切梢小蠹	208
中华钳叶甲	184	紫翅果蝽	68	祖氏皮金龟	92
中长黄胡蜂	305	紫短翅芫菁	128		

拉丁文名称索引
（种或亚种的本名在前，属名在后）

A

Abraxas grossulariata	222
Acanthocinus griseus	151
Acanthosoma nigrodorsum	66
Acanthosomatidae	66
Aclypea daurica	86
Acmaeops angusticollis	139
Acrididae	52
Acronicta incretata	239
Acronicta leporina	239
Acronycta psi	239
Actebia praecox	240
Adalia bipunctata	116
Adelidae	210
Adelphocoris fasciaticollis	59
Adelphocoris lineolatus	60
Adelphocoris quadripunctatus	60
Adelphocoris reicheli	60
Adomerus rotundus	67
Adoretus (Chaetadoretus) hirsutus	102
Adosomus parallelocollis	196
Aegosoma sinicum sinicum	151
Aelia fieberi	68
Aeshilidae	38
Agapanthia amurensis	151
Agapanthia daurica daurica	152
Agapanthia pilicornis pilicornis	152
Aglais urticae	273
Aglia tau	261
Agomadaranus semiannulatus	193
Agrilus moerens	109
Agrilus planipennis	110
Agriotes subvittatus subvittatus	111
Agrodiaetus amandus amurensis	278
Agroperina lateritia	240
Agrypnus argillaceus argillaceus	111
Agrypnus bipapulatus	111
Aiolocaria hexaspilota	116
Alcis repandata	223
Aletia conigera	241
Aletia vitellina	241
Allodahlia scabriuscula	53
Alsomyia olfaciens	293
Altica cirsicola	178
Amara gigantea	76
Amara macronota	76
Amarysius altajensis altajensis	152
Amata ganssuensis	239
Amatidae	239
Amblyjoppa annulitarsis	301
Amblyteles armatorius	301
Ambrostoma quadriimpressum quadriimpressum	179
Ammophila pubescens	309
Ammophila sabulosa	309
Ampedus sanguinolentus sanguinolentus	112
Amphipoea asiatica	241
Amphipoea fucosa	241
Amphipyra livida	242
Amphipyra perflua	242
Amurrhyparia leopardinula	234
Anania fuscalis	220
Anania hortulata	220
Anaplectoides prasina	242
Anarsia bipinnata	211
Anatis ocellata	117
Anax parthenope Julius	38
Andrena haemorrhoa japonibia	315
Andrenidae	315
Angerona prunaria	223
Anisogomphus maacki	38
Anomala aulax	103
Anomala chamaeleon	103
Anomala corpulenta	103
Anomala exoleta	104
Anomala luculenta	104
Anomala mongolica mongolica	104
Anoplistes halodendri ephippium	152
Anoplistes halodendri pirus	153
Anoplophora chinensis	153
Anoplophora glabripennis	153
Anthaxia proteus	110
Anthaxia reticulata reticulata	110
Anthicidae	125

Anthinobaris dispilota dispilota 196	*Aromia bungii* 154	*Bombus* (*Bombus*) *ignitus* 312
Anthophora (*Melea*) *plagiata* 311	*Aromia orientalis* 155	*Bombus* (*Megabombus*) *ussurensis* 312
Aoria scutellaris 179	*Ascalaphidae* 284	Bombyliidae 286
Apamea funerea 242	*Ascalaphus sibiricus* 284	*Bomolocha stygiana* 243
Apatophysis (*Apatophysis*) *siversi* 139	*Asemum striatum* 155	*Bothynoderes declivis* 196
Apatura ilia 273	*Aspidimorpha difformis* 172	*Brachyphora nigrovittata* 175
Apatura iris 273	*Astynoscelis degener* 155	*Brachyta amurensis* 139
Apha yunnanensis 210	*Athalia japonica* 299	*Brachyta bifasciata bifasciata* 140
Aphantopus hyperanthus 269	*Athetis furvula* 242	*Brachyta interrogationis interrogationis* 140
Aphodius breviusculus 93	*Athetis gluteosa* 243	*Brachyta variabilis variabilis* 140
Aphodius impunctatus 94	*Atlanticus sinensis* 46	Braconidae 304
Aphodius quadratus 94	*Atrachya menetriesii* 175	*Brahmaea certhia* 261
Aphodius rectus 94	*Atrocalopteryx atrata* 43	Brahmaeidae 261
Aphomia zelleri 217	Attelabidae 193	*Brahmina* (*Brahmina*) *sedakovi* 97
Apidae 311	*Atylotus miser* 285	*Brenthis ino* 274
Apis (*Sigmatapis*) *cerana cerana* 311	*Autographa excelsa* 240	*Bupalus vestalis* 223
Apoderus coryli 194	*Autographa mandarina* 240	Buprestidae 109
Aporia crataegi 266	*Autosticha modicella* 211	*Byctiscus betulae* 194
Aporia hippia 266	Autostichidae 211	*Byctiscus princeps* 195
Aporia potanini 266	*Axylia putris* 243	*Byctiscus rugosus* 195
Apotomis capreana 215		
APTERYGOTA 35	B	C
Araschnia burejana 273	*Basilepta fulvipes* 191	*Caccobius brevis* 95
ARCHAEOGNATH 35	*Batocera horsfieldii* 155	*Callambulyx tatarinovi* 257
Arctia caja 234	*Bembix niponica picticollis* 315	*Callerebia suroia* 269
Arctiidae 234	*Biston betularia* 223	*Callidium aeneum aeneum* 156
Arcyptera coreana 49	*Blaps* (*Blaps*) *eleodes* 131	*Calliptamus abbreviatus* 49
Arcyptera fusca fusca 50	*Blaps* (*Blaps*) *femoralis femoralis* 131	*Callirhopalus sedakowii* 197
Arcypteridae 49	*Blaps* (*Blaps*) *rugosa* 132	*Calliteara pudibunda* 233
Arge captive 299	*Blaps*（*Blaps*）*chinensis* 131	*Callopistria venata* 240
Argidae 299	Blastobasidae 264	Calopterygidae 43
Argopistes hoenei 178	BLATTARIA 44	*Calosoma denticolle* 77
Argynnis paphia 274	*Blondelia nigripes* 293	*Calosoma maximoviczi* 77
Argynnis ruslana 274	*Bolbotrypes davidis* 91	
Arhopalus coreanus 154	*Bombomyia vitellinus* 286	
Arhopalus rusticus 154	*Bombus* (*Bombus*) *hypocrita* 311	

Calothysanis comptaria	224	*Catocala proxeneta*	245	*geniculata*	130
Calvia decemguttata	117	*Celastrina argiolus*	278	*Chrysaspidia conjuncta*	245
Calvia quatuordecimguttata	117	Cerambycidae	139	*Chrysobothris amurensis*	
Camponotus herculeanus	307	*Ceratophyus polyceros*	92	*amurensis*	110
Camponotus japonicus	307	Cercopidae	56	*Chrysochus chinensis*	192
Capsodes gothicus	61	*Cerura felina*	229	*Chrysolina aurichalcea*	180
Carabidae	76	*Cerura menciana*	229	*Chrysolina exanthematica*	
Carabus (Aulonocarabus)		*Cetonia magnifica*	106	*exanthematica*	180
canaliculatus canaliculatus	77	*Cetonia viridiopaca*	107	*Chrysolina sulcicollis*	
Carabus (Carabus) granulatus		*Chilocorus kuwanae*	118	*sulcicollis*	180
telluris	78	*Chilocorus rubidus*	118	*Chrysomela lapponica*	181
Carabus (Damaster)		*Chionarctia nivea*	237	*Chrysomela populi*	181
smaragdinus smaragdinus	79	*Chizuella bonneti*	47	*Chrysomela salicivoroax*	181
Carabus (Eucarabus)		*Chlaenius micans*	79	Chrysomelidae	169
(manifestus) manifestus	78	*Chlaenius pallipes*	79	*Chrysopa formosa*	281
Carabus (Piocarabus)		*Chlaenius variicornis*	80	*Chrysopa kulingensis*	281
vladsimirskyi vladsimirskyi	79	*Chloebius immeritus*	197	*Chrysopa pallens*	282
Carabus (Scambocarabus)		*Chloridolum lameeri*	156	Chrysopidae	281
kruberi	78	*Chlorophanus lineolus*	197	*Chrysorithrum amata*	245
Carabus (Scambocarabus)		*Chlorophanus sibiricus*	198	*Chrysorithrum flavomaculata*	
sculptipennis	78	*Chlorophorus (Chlorophorus)*			245
Carcelia tibialis	294	*annularis*	145	*Chrysotoxum fasciolatum*	288
Carilia tuberculicollis	140	*Chlorophorus*		*Chrysotoxum lanulosum*	288
Carpocoris purpureipennis	68	*(Humeromaculatus) diadema*		*Chrysotoxum sibiricum*	289
Carpophilus hemipterus	115	*diadema*	146	*Cicadella viridis*	56
Carterocephalus palaemon	264	*Chlorophorus*		Cicadellidae	56
Carterocephalus silvicda	264	*(Humeromaculatus) japonicus*		Cicadidae	55
Cassida deltoides	172		146	*Cicindela (Cicindela) coerulea*	
Cassida fuscorufa	172	*Chlorophorus (Humeromaculatus)*		*nitida*	80
Cassida nebulosa	172	*motschulskyi*	147	*Cicindela (Cicindela) gemmata*	
Cassida (Cassida) pallidicollis		*Chlorophorus (Immaculatus)*			80
	173	*arciferus*	147	*Cicindela japonica*	81
Cassidispa mirabilis	174	*Chlorophorus (Immaculatus)*		*Cimbex femorata*	299
Catantopidae	49	*simillimus*	147	*Cleonis pigra*	198
Catocala agitatrix	243	*Chorosoma brevicolle*	64	*Clepsis rurinana*	213
Catocala bella	243	*Chorthippus chinensis*	50	Cleridae	114
Catocala fulminea	244	*Chorthippus intermedius*	50	*Clinterocera mandarina*	107
Catocala nupta	244	*Chorthippus qingzangensis*	51	*Clossiana selenis*	270
Catocala pacta	244	*Chrysanthia geniculata*		*Clostera anachoreta*	230

Clostera curtuloides	230	*Copris ochus*	95	*peliopterus*	189
Clostera pigra	231	*Copris tripartitus*	95	*Cryptocephalus pustulipes*	190
Clovia bipunctata	56	*Coptocephala orientalis*	182	*Cryptocephalus regalis*	
Clytra atrphaxidis asiatica	182	*Coptosoma biguttula*	72	*cyanescens*	190
Clytra laeviuscula	182	*Coranus lativentris*	59	*Cryptocephalus regalis regalis*	
Clytus (*Clytus*) *arietoides*	148	Corduliidae	39		190
Cneorane elegans	175	Coreidae	64	*Cryptocephalus sinensis*	191
Cnephasia stephensiana	214	*Coreus marginatus orientalis*		*Cryptocephalus stchukini*	191
Coccinella septempunctata			64	*Ctenichneumon panzeri suzukii*	
	119	*Coreus potanini*	65		303
Coccinella transversoguttata		*Corgatha argillacea*	246	*Cteniopinus hypocrita*	132
transversoguttata	119	Corixidae	58	*Ctenognophos ventraria*	
Coccinella trifasciata	120	*Corizus tetraspilus*	65	*kansubia*	224
Coccinellidae	116	*Cosmia unicolor*	246	*Ctenolepsima villosa*	35
Coccinula sinensis	119	*Cosmotriche lobulina*	261	*Cucullia artemisiae*	247
Coccygomimus luctuosa	302	Cossidae	213	*Cucullia asteris*	247
Cochlidiidae	222	*Crabro cribrarius*	310	*Cucullia fraudatrix*	247
Coecobrya tenebricosa	32	Crambidae	219	*Cucullia fuchsiana*	247
Coelioxys (*Boreocoelioxys*)		*Crambus perlellus*	219	*Cucullia lampra*	248
spativentris	313	*Craniophora albonigra*	246	*Cucullia perforata*	248
Coelioxys (*Schizocoelioxys*)		*Craniophora ligustri*	246	*Cucullia splendida*	248
inermis	313	*Creophilus maxillosus*		*Curculio dentipes*	199
Coelioxys (*Schizocoelioxys*)		*maxillosus*	90	*Curculio dieckmanni*	199
mandibularis	314	*Crioceris*		*Curculio robustus*	199
Coenagrionidae	42	*quatuordecimpunctata*	169	Curculionidae	196
Coenonympha amaryllis	269	*Cryptocephalus bipunctatus*		Cydnidae	67
Coenonympha arcania	270	*cautus*	187	*Cylindera* (*Cylindera*)	
Coenonympha hero	270	*Cryptocephalus coerulans*	187	*obliquefasciata*	
Colasposoma dauricum	192	*Cryptocephalus koltzei koltzei*		*obliquefasciata*	81
COLEOPTERA	76		187	*Cyllorhynchites ursulus*	
Colias erate	267	*Cryptocephalus kulibini*		*rostralis*	195
Colias sieversi	267	*kulibini*	188	*Cymindis binotata*	81
COLLEMBOLA	31	*Cryptocephalus lemniscatus*	188	*Cymindis daimio*	81
Colpotrochia (*Scallama*)		*Cryptocephalus limbellus*		*Cyrtoclytus capra*	148
orientalis	302	*semenovi*	188		
Compsapoderus geminus	194	*Cryptocephalus mannerheimi*		**D**	
Conocephalus (*Anisoptera*)			189		
longipennis	47	*Cryptocephalus ochroloma*	189	*Dactylispa angulosa*	174
Conocephalus (*Anisoptera*)		*Cryptocephalus peliopterus*		*Damora sagana*	274
percaudatus	47				

Dasypoda cockerelli 315		*Epirrhoe tristata* 224
Dasysyrphus bilineatus 289		*Episyrphus balteatus* 290
Dendroctonus valens 206	**E**	*Epitheca marginata* 39
Dendroleon Iineatus 283	*Earias roseifera* 251	*Erebia alcmena* 270
Dendrolimus superans 262	*Ectinohoplia rufipes* 98	*Eriozona tricolorata* 290
Denticollis mongolicus 112	*Ectinus sericeus sericeus* 112	*Eristalinus cerealis* 290
DERMAPTERA 53	*Eilema flavocilata* 237	*Eristalis arbustorum* 291
Dermestes vorax 114	*Eilema japonica* 237	*Eristalis tenax* 291
Dermestidae 114	*Eirenephilus longipennis* 49	*Erynnis montanus* 264
Diachrysia chryson 249	*Elasmostethus interstinctus* 66	Ethmiidae 211
Diachrysia leonina 249	*Elasmucha dorsalis* 67	*Ethrnia nigripedella* 211
Diachrysia stenochrysis 250	*Elasmucha fieberi* 67	*Eucarta virgo* 251
Diachrysia witti 250	Elateridae 111	*Eucera pekingensis* 312
Diacrisia sannio 235	*Enallagma cyathigerum* 42	*Euclidia dentata* 251
Diarsia canescens 250	*Enaptorrhinus convexiusculus* 199	*Eucosma tundrana* 216
DICELLURA 34	*Enargia paleacea* 251	*Eucryptorrhynchus brandti* 200
Dichomeris derasella 211	*Ennomos autumnaria sinica* 224	
Dichomeris heriguronis 212	Entomobryidae 32	*Eucryptorrhynchus scrobiculatus* 200
Dichomeris rasilella 212	ENTOMOBRYOMORPHA 32	*Eulithis achatinellaria* 225
Dichomeris ustalella 212	*Entomoscelis orientalis* 183	*Eumecocera callosicollis* 157
Dichrorampha sinensis 216	*Eodorcadion egregium* 157	*Eumecocera impustulata* 158
Dictyophara patruelis 57	*Eodorcadion multicarinatum* 157	*Eupeodes nitens* 291
Dictyopharidae 57	EOSENTOMATA 29	Eupterotidae 210
Didea alneti 289	Eosentomidae 29	*Eurois occulta* 251
Dilichopodidae 287	*Eosentomon asahi* 29	*Euroleon coreaus* 283
DIPLURA 34	*Eosentomon novemchaetum* 29	*Eurydema dominulus* 69
DIPTERA 285	*Eosentomon orientalis* 30	*Eurydema gebleri* 69
Dolerus tritici 300	*Eotrichia niponensis* 98	*Eurygaster testudinaria* 72
Dolichomitus jiyuanensis 303	*Epatolmis caesarea* 235	*Eustrotia candidula* 252
Dolichovespula media 305	*Ephemera kirinensis* 37	*Eutetrapha elegans* 158
Dolichovespula saxonica 305	*Ephemera wuchowensis* 37	*Eutetrapha sedecimpunctata sedecimpunctata* 158
Dolichus halensis 82	Ephemeridae 37	
Dolycoris baccarum 68	EPHEMEROPTERA 36	*Euxoa oberthuri* 252
Dorysthenes hydropicus 156	*Ephesia columbina* 245	*Everes argiades* 279
Dorysthenes paradoxus 157	*Epicauta megalocephala* 126	*Evergestis extimalis* 221
Drepana curvatula 210	*Epicauta sibirica* 126	*Exangerona prattiaria* 225
Drepanidae 210	*Epicauta xantusi* 126	*Eysarcoris ventralis* 69
Dyschirius tristis 82		
Dytiscidae 76		

F

Fabriciana adippe	275
Fleutiauxia armata	176
Folsomia candida	32
Folsomia decemoculata	33
Forficula mikado	54
Forficula tomis scudderi	54
Forficulidae	53
Forfilula davidi	53
Formica fusca	307
Formica japonica	308
Formicidae	307
Furcula furcula	230

G

Gagitodes sagittata	225
Galeruca dahlii vicina	176
Gallerucida bifasciata	176
Gametis jucunda	107
Gampsocleis sedakovii	48
Gastrolina depressa	183
Gastropacha populifolia	262
Gastropacha quercifolia cerridifolia	262
Gastrophysa atrocyanea	183
Gaurotes virginea virginea	141
Gelechiidae	211
Geocoridae	63
Geocoris itonis	63
Geometra glaucaria	225
Geometra papilionaria	226
Geometra symaria	226
Geometridae	222
Geotrupes stercorarius	92
Geotrupidae	91
Gerridae	57
Gerris gracilicornis	57
Gerris nepalensis	58
Glischrochilus japonicus	116
Glycyphana fulvistemma	108
Glyptomorpha (Glyptomorpha) pectoralis	304
Gnorimus subopacus	108
Gomphidae	38
Gomphidia confluens	38
Gonepteryx mahaguru	267
Gonioctena fulva	183
Gonocephalum reticulatum	135
Graphosoma rubrolineatum	69
Gryllidae	45
Gryllotalpa orientalis	45
Gryllotalpidae	45

H

Habrosyne conscripta conscripta	228
Hadena aberrans	252
Halyzia sedecimguttata	120
Haplothrips aculeatus	75
Haplotropis brunneriana	48
Harmonia axyridis	120
Harmonia yedoensisi	121
Harpactor altaicus	59
Harpalus capito	82
Harpalus pallidipennis	83
Helcystogramma triannulella	213
Heliophobus reticulata	252
Heliothis viriplaca	253
Helotropha leucostigma	253
Hemerobiidae	282
Hemerobius bispinus	282
Hemerobius humulinus	282
Hemicrepidius oblongus	113
Hemipenthes beijingensis	287
Hemipenthes maura	287
HEMIPTERA	55
Hemisodorcus rubrofemoratus	93
Henosepilachna vigintioctomaculata	121
Hercostomus neimengensis	287
Hesperiidae	264
Heteropterus morpheus	265
Himacerus apterus	62
Himacerus (Stalia) dauricus	59
Hippodamia septemmaculata	122
Hippodamia tredecimpunctata	122
Hippodamia variegata	122
Hispellinus moerens	174
Hister sedakovii	90
Histeridae	90
Holcocerus vicarius	213
Holotrichia koraiensis	98
Holotrichia oblita	98
Hoplia (Decamera) davidis	100
Hoplia aureola	99
Hoplia cincticollis	99
Hoplitis (Alcidemea) pavli	314
Hybomitra expollicata	285
Hybomitra stigmoptera	285
Hycleus solonicus	127
Hydrophilidae	85
Hydrophilus (Hydrophilus) acuminatus	85
Hyles gallii	258
Hylobius albosparsus	201
Hylobius haroldi	201
Hyloicus caligineus sinicus	258
HYMENOPTERA	299

Hypatopa silvestrella	264	*Lamelligomphus ringens*	39	*Limenitis amphyssa*	275
Hypsosoma mongolica	132	*Lamprodila limbata*	110	*Limenitis homeyeri*	276
		Laodamia faecella	217	*Limenitis moltrechti*	276

I

		Laothoe amurensis	258	*Limenitis sydyi*	276
		Larinus griseopilosus	201	*Linnaemya perinealis*	294
Ichneumonidae	301	*Larinus scabrirostris*	202	Liposcelididae	74
Idaea muricata	226	Lasiocampidae	261	*Liposcelis decolor*	74
Illiberis hyalina	210	*Lasiommata majuscula*	271	*Lithosia quadra*	238
Inachis io	275	*Lasiotrichius succinctus*	109	*Lixus acutipennis*	203
INSECTA	35	*Lasius flavus*	308	*Lixus amurensis*	203
Ips acuminatus	206	*Lasius fuliginosus*	308	*Lixus fukienesis*	203
Ips sexdentatus	207	*Lasrommata deidamia*	271	*Lixus moiwanus*	204
Ips subelongatus	207	*Leiopus albivittis albivittis*	159	*Lixus subtilis*	204
Irochrotus mongolicus	72	*Lema (Petauristes) fortunei*	170	*Lopinga achine*	271
Ischnura asiatica	42	*Lema (Petauristes) honorata*		*Loxostege sticticalis*	219
Ischnura elegan	42		170	Lucanidae	93
Isotomidae	32	*Lema diversa*	169	*Luprops orientalis*	135
		Lemyra jankowskii	236	*Lycaeides argyrognomon*	279

J

		Lepidoptera	210	*Lycaena phlaeas*	279
		Lepismatidae	35	*Lycaena virgaureae*	280
Judolia sexmaculata	141	*Leptepania japonica*	159	Lycaenidae	278
		Leptidea amurensis	268	*Lygephila lubrica*	254

K

		Leptocimbex potanini	300	*Lygus rugulipennis*	61
		Leptophlebiidae	36	*Lygus sibiricus*	61
Kerala decipiens	253	*Leptura aethiops*	141	Lymantridae	233
		Leptura annularis	142	*Lytta caraganae*	127
		Leptura duodecimguttata		*Lytta suturella*	127

L

		duodecimguttata	142		
		Leptura ochraceofasciata			

M

Labidostomis chinensis	184	*ochraceofasciata*	143		
Labidostomis urticarum		*Lepyrus japonicus*	202	*Machaerotypus yananensis*	56
urticarum	184	*Lepyrus nebulosus*	202	Machilidae	35
Laccoptera (Laccopteroidea)		*Leucania pallidior*	253	*Macrochthonia fervens*	254
nepalensis	173	*Leucania separata*	254	*Macroglossum stellatarum*	259
Lagenolobus sieversi	200	*Leucania velutina*	254	*Maculinea teleia*	280
Lagria atripes	133	*Leucoma condida*	234	*Malacosoma neustria testacea*	
Lagria hirta	133	Libillulidae	40		262
Lagria nigricollis	134	*Lilioceris merdigera*	170	*Maladera orientalis*	100
Lagria rufipennis	134	*Lilioceris sieversi*	171	MANTEDEA	44

Mantidae	44	*Metacolpodes buchannani*	83	*Nicrophorus concolor*	86
Mantis religiosa sinica	44	*Miltochrista miniata*	238	*Nicrophorus dauricus*	87
Mantitheus pekinensis	138	*Mimathyma schrenckii*	277	*Nicrophorus investigator*	87
Margarinotus striola striola	91	*Mimela holosericea holosericea*	104	*Nicrophorus japonicus*	87
Marumba gaschkewitschi complacens	259	*Minois dryas*	272	*Nicrophorus maculifrons*	87
Marumba gaschkewitschi	259	Miridae	59	*Nicrophorus nepalensis*	87
Matrona basilaris	43	*Mniotype adusta*	248	*Nicrophorus vespilloides*	88
Mecostethus grossus	51	*Moechotypa diphysis*	160	*Nilea hortulana*	294
Megachile (*Xanthosaurus*) *lagopoda pieli*	314	*Molorchus minor minor*	159	Nitidulidae	115
Megachilidae	313	*Monema flavescens*	222	*Nivellia sanguinosa*	143
MEGALOPTERA	209	*Mongolotettix vittatus*	52	Noctuidae	239
Megaspilates mundataria	224	*Monochamus gravidas*	161	*Nomada versicolor*	313
Megatrachelus politus	128	*Monochamus sutor longulus*	161	*Notodonta dembowskii*	231
Melanargia epimede	271	*Monochamus urussovi*	161	*Notodonta torva*	232
Melanargia halimede	272	*Monolepta quadriguttata*	177	Notodontidae	229
Melanargia lugens	272	*Muschampia teessellum*	265	*Notoxus trinotatus*	125
Melanchra persicariae	255	*Myas cuprescens*	83	*Nupserha infantula*	162
Melanostoma mellinum	291	*Mylabris aulica*	129	Nymphalidae	269
Melanostoma orientale	292	*Mylabris sibirica*	129	*Nymphalis antiopa*	277
Melitaea diamina	276	*Mylabris speciosa*	129	*Nymphalis vau-album*	277
Melitaea didymoides	276	Myrmeleontidae	283	*Nymphalis xanthomelas*	278
Melittidae	315				
Mellicta dictynna	277	**N**		**O**	
Meloe coarctatus	128				
Meloe corvinus	128	Nabidae	62	*Oberea herzi*	162
Meloe proscarabeaus proscarabeaus	128	*Nabis reuteri*	63	*Oberea inclusa*	162
Meloidae	126	*Nacna prasinaria*	255	*Oberea nigriventris nigriventris*	163
Melolontha frater frater	100	*Naxa seriaria*	227	*Oberea pupillata*	163
Melolontha incana	101	*Necrodes littoralis*	86	*Oberea reductesignata*	163
Membracidae	56	*Nemophora staudingerella*	210	*Ochthephilum densipenne*	90
Menesia sulphurata	158	*Nemoura geei*	43	ODONATA	38
Merohister jekeli	91	Nemouridae	43	*Odonestis pruni*	263
Mesaphorura hylophila	31	*Neocalyptis liratana*	214	*Odontosiana tephroxantha*	232
Mesomorphus villiger	136	*Neptis themis*	277	Oecanthidae	46
Mesosa japonica	160	*Nerice davidi*	231	*Oecanthus longicauda*	46
Mesosa myops	160	*Neuronema laminatum*	284	*Oedecnema gebleri*	143
		NEUROPTERA	281	*Oedemera lucidicollis flaviventris*	130

Oedemera subrobusta	130			*Pelurga comitata*	227
Oedemeridae	130			*Pentatoma metallifera*	70
Oedipodidae	51	**P**		*Pentatoma rufipes*	71
Oenopia bissexnotata	123	*Pachybrachis ochropygus*	184	*Pentatoma semiannulata*	71
Oenopia conglobata conglobata	123	*Pachybrachis scriptidorsum*	185	Pentatomidae	68
Oenopia scalaris	123	*Pachyta mediofasciata*	144	*Pergesa askoldensis*	259
Oiceoptoma subrufum	88	*Pachyta quadrimaculata*	144	*Pericallia matronula*	236
Okeanus quelpartensis	70	*Palaeochrysophanus hippothoe*	280	*Perissus laetus*	148
Olenecamptus clarus	164	*Pallasiola absinthii*	177	*Peronomerus auripilis*	84
Olenecamptus cretaceus cretaceus	164	*Palmodes occitanicus perplexus*	310	*Phaneroptera (Phaneroptera) falcate*	48
Olenecamptus octopustulatus	164	*Palomena viridissirna*	70	*Phebellia fulvipollinis*	295
Omadius tricinctus	114	Pamphagidae	48	*Phebellia setocoxa*	296
Oncocera semirubella	217	*Panchrysia dives*	256	*Pheosia rimosa*	233
Oncotympana maculaticollis	55	*Pandemis cinnamomeana*	214	Phlaeothripidae	75
Onthophagus bivertex	96	*Pandemis heparana*	215	*Phlyphaga plancyi*	44
Onthophagus fodiens	96	*Pandemis phaedroma*	215	*Phosphuga atrata atrata*	88
Onthophagus gibbulus	96	*Pantala flavescens*	41	*Phragmatobia fuliginosa*	236
Onthophagus marginalis nigrimargo	97	Papilionidae	265	*Phyllobius virideaeris virideaeris*	204
Opatrum subaratum	136	*Paracardiophorus sequens sequens*	113	*Phyllobrotica signata*	178
Opheltes glaucopterus apicalis	304	*Paragaurotes ussuriensis*	141	*Phyllopertha diversa*	105
Ophion luteus	303	*Paraglenea swinhoei*	159	*Phyllopertha horticola*	105
Ophrida xanthospilota	179	Parajapygidae	34	*Phyllosphingia dissimilis*	260
Opilo communimacula	115	*Parajapyx isabellae*	34	*Phymatodes testaceus*	165
Orthetrum albistylum	40	*Paralebeda plagifera*	263	*Physosmaragdina nigrifrons*	185
Orthetrum lineostigma	40	*Paraleptophlebia cincta*	36	*Phytoecia rufiventris*	163
Orthetrum melania melania	40	*Pararcyptera microptera meridionalis*	51	*Piazomias fausti*	205
Orthetrum triangulare	40	*Parasa sinica*	222	*Piazomias virescens*	205
Orthops mutans	62	*Paratalanta ussurialis*	221	Pieridae	266
Orthoptera	45	*Parena tripunctata*	84	*Pieris melete*	268
Orthotomicus erosus	207	*Parnassius nomion*	265	*Pieris napi*	268
Oulema erichsonii	171	*Paropsides soriculata*	185	*Pieris rapae*	268
Oulema viridula	171	*Pedetontus silvestrii*	35	PLACOPTERA	43
Oupyrrhidium cinnabarium	165	*Pedinus strigosus*	137	*Planaeschna shanxiensis*	38
Ourapteryx nivea	227	*Peleteria ferina*	295	Plataspidae	72
		Pelochrista arabescana	216	*Platyscelis (Platyscelis) licenti*	138

Platyscelis brevis	137	
Platyscelis gebieni	137	
Plebeiogryllus guttiventris guttiventris	45	
Plebejus cleobis	280	
Plesiophthalmus davidis	138	
Podalonia affinis affinis	310	
PODUROMORPHA	31	
Poecilus fortipes	84	
Poecilus gebleri	84	
Pogonocherus fasciculatus fasciculatus	165	
Polia bombycina	255	
Polia nebulosa	255	
Polia serratilinea	255	
Polistes chinensis antennalis	306	
Polistes snelleni	307	
Polychrysia moneta	256	
Polygonia c-album	278	
Polymerus funestus	61	
Polyo mmatus eros	280	
Polyphagidae	44	
Polyphylla laticollis chinensis	101	
Polyzonus fasciatus	165	
Pontia edusa	269	
Popillia quadriguttata	106	
Prismognathus dauricus	93	
Proagopertha lucidula	106	
Proisotoma (Proisotoma) minuta	33	
Prolygus niger	62	
Propylea japonica	124	
Propylea quatuordecimpunctata	124	
Protaetia brevitarsis	109	
Protidricerus japonicus	284	
Protoschinia scutosa	256	
PROTURA	29	
Pseudocatharylla simplex	219	
Pseudocneorhinus minimus	205	
Pseudocneorhinus sellatus	206	
Pseudopyrochroa rufula	125	
Pseudosymmachia tumidifrons	101	
Pseudothemis zonata	41	
PSOCOPTERA	74	
Psyllobora vigintiduopunctata	124	
Pterostichus acutidens	85	
Pterostichus nigrita	85	
Pterostoma griseum	233	
PTERYGOTA	36	
Ptilodon capucina	232	
Ptomascopus plagiatus	89	
Ptycholoma lecheana	215	
Purpuricenus lituratus	166	
Pyralidae	217	
Pyralis regalis	218	
Pyrausta aurata	221	
Pyrausta memnialis	222	
Pyrgus maculatus	265	
Pyrochroidae	125	
Pyrrhalta aenescens	178	

R

Raphia peusteria	256
Raphidiidae	284
Reduviidae	59
Rhabdoclytus acutivittis acutivittis	148
Rhantus suturalis	76
RHAPHIDIODEA	284
Rheumaptera chinensis	227
Rhopalidae	65
Rhopaloscelis unifasciatus	166
Rhopalus latus	66
Rhopalus sapporensis	66
Rhynchites heros	196
Rhyparochromidae	64
Rhyparochromus (Rhyparochromus) pini	64
Rosalia coelestis	166
Rubiconia intermedia	71
Rubiconia peltata	72
Rudisociaria expeditana	217

S

Salebria ellenella	218
Saperda interrupta	167
Saperda scalaris hieroglyphica	167
Saprinus semistriatus	91
Saturniidae	261
Scaeva pyrastri	292
Scaeva selenitica	292
Scarabaeidae	93
Scolytoplatypus mikado	208
Scolytus morawitzi	208
Scutelleridae	72
Scytosoma opacum	133
Selagia argyrella	218
Selatosomus aeneomicans	113
Selatosomus latus	114
Selatosomus puncticollis	114
Semanotus bifasciatus	167
Serica ovatula	102
Serica rosinae rosinae	102
Sialidae	209
Sialis sibirica	209
Sigara lateralis	58
Silpha perforate	89
Silphidae	86
Sinella curviseta	32

Sinictinogomphus clavatus 39	*Sympetrum pedemontanum* 41	Tortricidae 213
Siona lineata 228	*Sympetrum uniforme* 42	*Trachea atriplicis* 256
Siricidae 300	*Syneta adamsi* 193	*Trichiosoma sibiricum* 300
Sisyphus (*Sisyphus*) *schaefferi* 97	*Syngrapha ain* 250	*Trichochrysea japana* 192
	Syrphidae 288	*Trichodes sinae* 115
Sitochroa verticalis 220		*Trichoferus campestris* 168
Smaragdina aurita hammarstraemi 186	**T**	*Trilophidia annulata* 52
Smaragdina boreosinica 186		*Triphysa phyrne* 272
Smaragdina mandzhura 186	Tabanidae 285	Trogidae 92
Smaragdina semiaurantiaca 187	*Tabanus budda budda* 286	*Trox zoufali* 92
	Tabanus subsabuletorum 286	Tullbergiidae 31
Smerithus caecus 260	*Tachina fera* 296	
Somadasys lunata 263	*Tachina macropuchia* 297	**U**
Somatochlora dido 39	*Tachina marklini* 297	
Speyeria aglaja 275	*Tachina nupta* 298	*Uraecha angusta* 169
Sphecidae 309	Tachinidae 293	*Urocerus gigas taiganus* 300
Sphecidae 315	*Teleogryllus occipitalis* 46	*Urochela caudatus* 73
Sphingidae 257	Tenebrionidae 131	*Urochela flavoannulata* 73
Sphingonotus mongolicus 52	*Tethea ampliata* 228	*Urochela luteovaria* 73
Sphinx ligustri 260	Tethredinidae 299	*Urochela pollescens* 74
Spilarctia lutea 236	*Tetramorium caespitum* 309	Urostylididae 73
Spilosoma menthastri 237	Tettigoniidae 46	*Urostylis lateralis* 74
Stamnodes danilovi 228	*Thalera fimbrialis* 226	
Staphylinidae 90	*Thanasimus lewisi* 115	**V**
Staurophora celsia 248	*Thanatophilus rugosus* 89	
Stenolophus connotatus 85	*Thanatophilus sinuatus* 89	*Vanessa cardui* 278
Stenygrinum quadrinotatum 168	*Theretra japonica* 260	Vesperidae 138
	Therion circumflexum 304	Vespidae 305
Stictoleptura dichroa 144	*Thetidia atyche* 228	*Vespula austriaca* 305
Stictoleptura variicornis 145	*Thlaspida lewisi* 173	*Vespula flaviceps* 306
Stigmatophora flava 238	Thripidae 75	*Vespula vulgaris* 306
Stigmatophora micans 238	*Thrips alliorum* 75	*Vibidia duodecimguttata* 125
Stigmatophora rhodophila 238	Thyatiridae 228	*Volucella pellucens tabanoides* 293
Strangalia attenuata 145	*Thyestilla gebleri* 168	
Strangalia fortunei 145	THYSANOPTERA 75	**X**
Sumnius brunneus 125	*Timomenus inermis* 55	
Sympetrum croceolum 41	*Toelgyfaloca circumdata* 229	*Xanthalia serrifera* 135
Sympetrum depressiusculum 41	*Tomicus piniperda* 208	
	Tongeia fischeri 281	

Xanthia icteritia	249	Xiphydriidae	316		
Xanthia togata	249	Xyleborus armipennis	209	**Z**	
Xanthostigma gobicola	284	Xylotrechus clarinus	149	Zaranga pannosa	233
Xestia baja	257	Xylotrechus grayii grayii	149	Zeiraphera grisecana	217
Xestia c-nigrum	257	Xylotrechus hircus	149	Zenillia dolosa	298
Xestia ditrapezium orientalis	257	Xylotrechus polyzonus	150	Zygaenidae	210
		Xylotrechus robusticollis	150	ZYGENTOMA	35
Xestia fuscostigma	257	Xylotrechus rufllius rufilius	150		
Xiphydria popovi	316				

图版 I

1. 碧伟蜓 *Anax parthenope Julius*；2. 山西黑额蜓 *Planaeschna shanxiensis*；3. 马奇异春蜓 *Anisogomphus maacki*；4. 联纹小叶春蜓 *Gomphidia confluens*；5. 环钩尾春蜓 *Lamelligomphus ringens*；6. 大团扇春蜓 *Sinictinogomphus clavatus*；7. 缘斑毛伪蜻 *Epitheca marginata*；8. 绿金光伪蜻 *Somatochlora dido*；9. 白尾灰蜻 *Orthetrum albistylum*.

| 图版 II

1. 线痣灰蜻 *Orthetrum lineostigma*；2. 鼎脉灰蜻 *Orthetrum triangulare*；3. 异色灰蜻 *Orthetrum melaniamelania*；4. 黄蜻 *Pantala flavescens*；5. *Pseudothemis zonata*；6. 半黄赤蜻 *Sympetrum croceolum*；7. 扁腹赤蜻 *Sympetrum depressiusculum*；8. 褐带赤蜻 *Sympetrum pedemontanum*；9. 大黄赤蜻 *Sympetrum uniforme*.

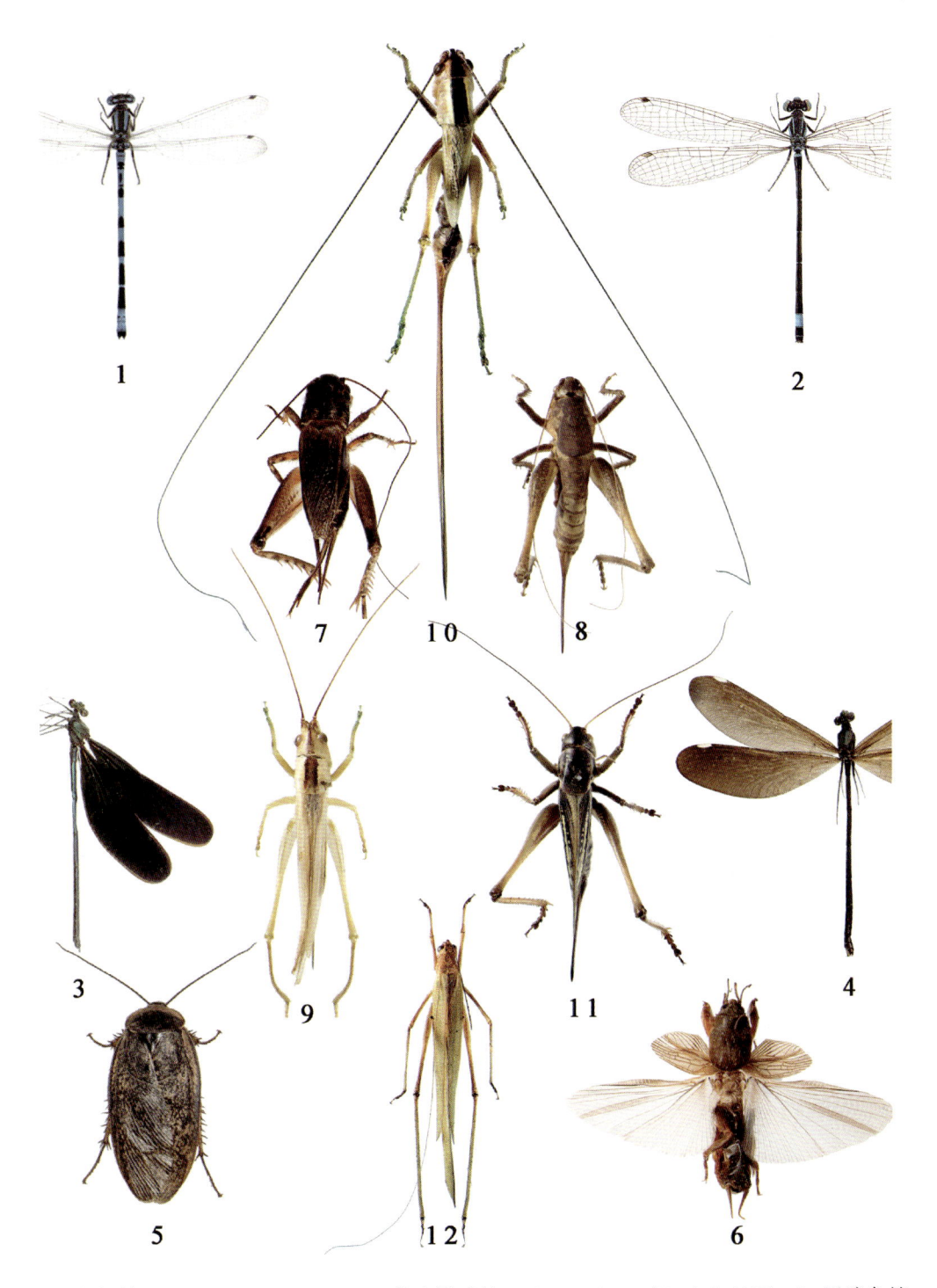

1. 心斑绿蟌 *Enallagma cyathigerum*；2. 长叶异痣蟌 *Ischnura elegan* (Vanderl, 1820)；3. 黑暗色蟌 *Atrocalopteryx atrata*；4. 透顶单脉色蟌 *Matrona basilaris*；5. 冀地鳖 *Phlyphaga planc*；6. 东方蝼蛄 *Gryllotalpa orientalis*；7. 纹腹珀蟋 *Plebeiogryllus guttiventris guttiventris*；8. 中华寰螽 *Atlanticus sinensis*；9. 长翅草螽 *Conocephalus (Anisoptera) longipennis*；10. 长尾草螽 *Conocephalus (Anisoptera) percaudatus*；11. 暗褐蝈螽 *Gampsocleis sedakovii*；12. 镰尾露螽 *Phaneroptera (Phaneroptera) falcate*.

| 图版 IV

1. 笨蝗 *Haplotropis brunneriana*；2. 短星翅蝗 *Calliptamus abbreviatus*；3. 隆额网翅蝗 *Arcyptera coreana*；4. 长翅燕蝗 *Eirenephilus longipennis*；5. 网翅蝗 *Arcyptera fusca fusca*；6. 中华雏蝗 *Chorthippus chinensis*；7. 东方雏蝗 *Chorthippus intermedius*；8. 青藏雏蝗 *Chorthippus qingzangensis*；9. 宽翅曲背蝗 *Pararcyptera microptera meridionalis*；10. 沼泽蝗 *Mecostethus grossus*；11. 蒙古束颈蝗 *Sphingonotus mongolicus*；12. 疣蝗 *Trilophidia annulata*.(4, 10 引自张长荣，1991)

图版 V

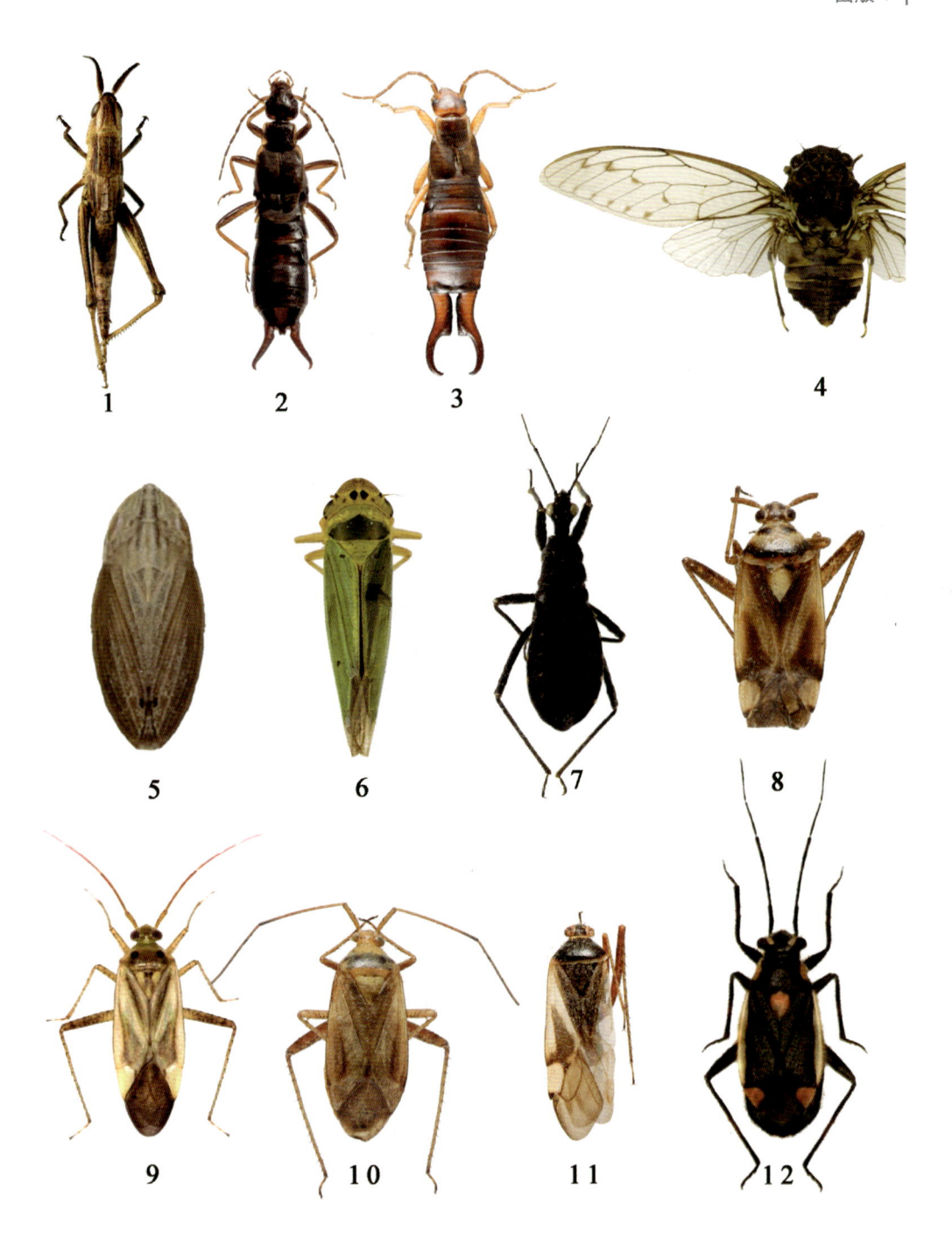

1. 条纹鸣蝗 *Mongolotettix vittatus*；2. 齿球螋 *Forficula mikado*；3. 托球螋 *Forficula tomis scudderi*；4. 鸣鸣蝉 *Oncotympana maculaticollis*；5. 褐带平冠沫蝉 *Clovia bipunctata*；6. 大青叶蝉 *Cicadella viridis*；7. 中黑土猎蝽 *Coranus lativentris*；8. 三点苜蓿盲蝽 *Adelphocoris fasciaticollis*；9. 苜蓿盲蝽 *Adelphocoris lineolatus*；10. 四点苜蓿盲蝽 *Adelphocoris quadripunctatus*；11. 淡须苜蓿盲蝽 *Adelphocoris reicheli*；12. 粗领盲蝽 *Capsodes gothicus*.

| 图版 VI

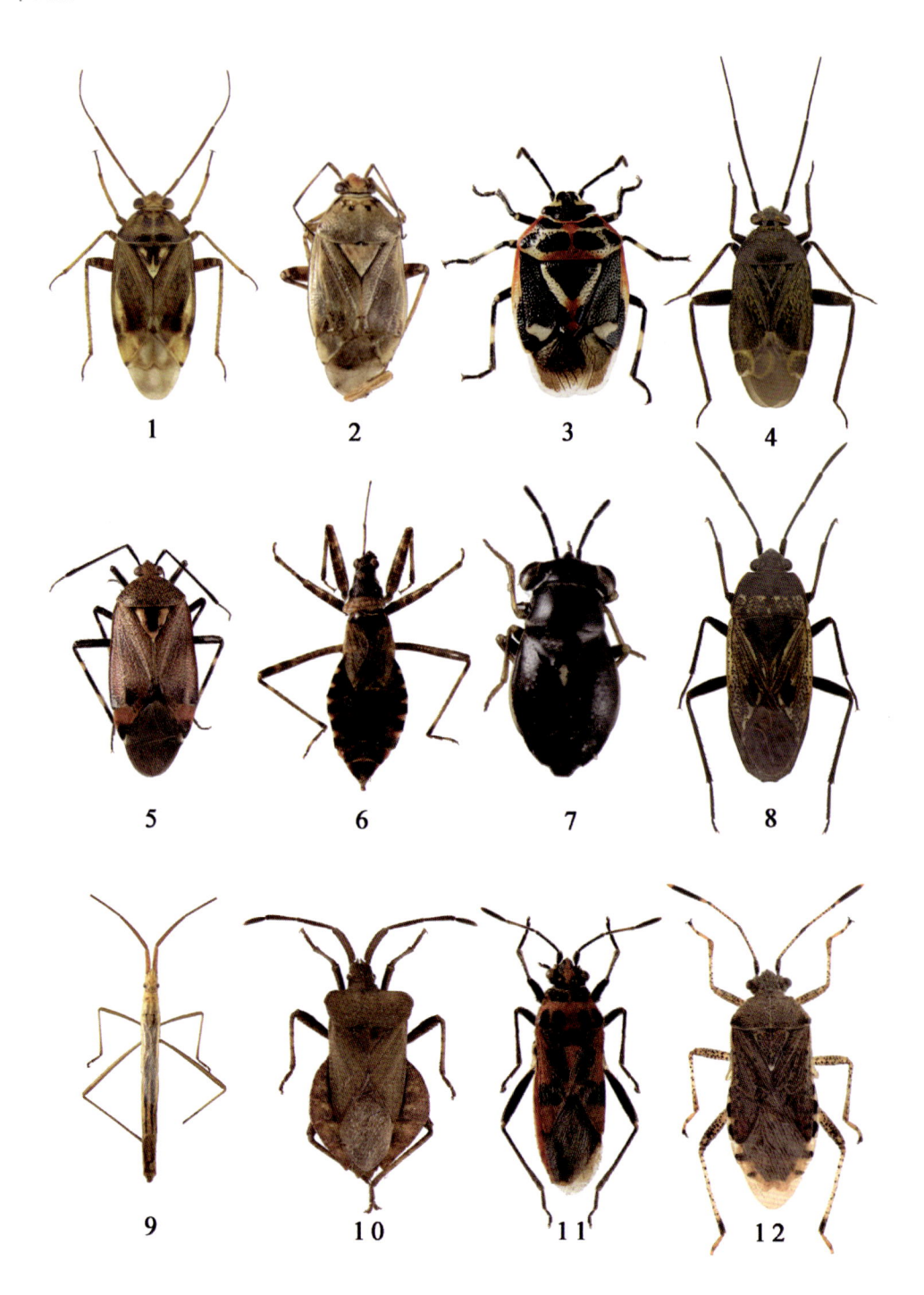

1. 长毛草盲蝽 *Lygus rugulipennis*；2. 西伯利亚草盲蝽 *Lygus sibiricus*；3. 横断异盲蝽 *Polymerus funestus*；4. 黑始丽盲蝽 *Prolygus niger*；5. 荨麻奥盲蝽 *Orthops mutans*；6. 泛希姬蝽 *Himacerus apterus*；7. 黑大眼长蝽 *Geocoris itonis*；8. 松地长蝽 *Rhyparochromus (Rhyparochromus) pini*；9. 离缘蝽 *Chorosoma brevicolle*；10. 波原缘蝽 *Coreus potanini*；11. 亚姬缘蝽 *Corizus tetraspilus*；12. 褐依缘蝽 *Rhopalus sapporensis*.

图版 VII

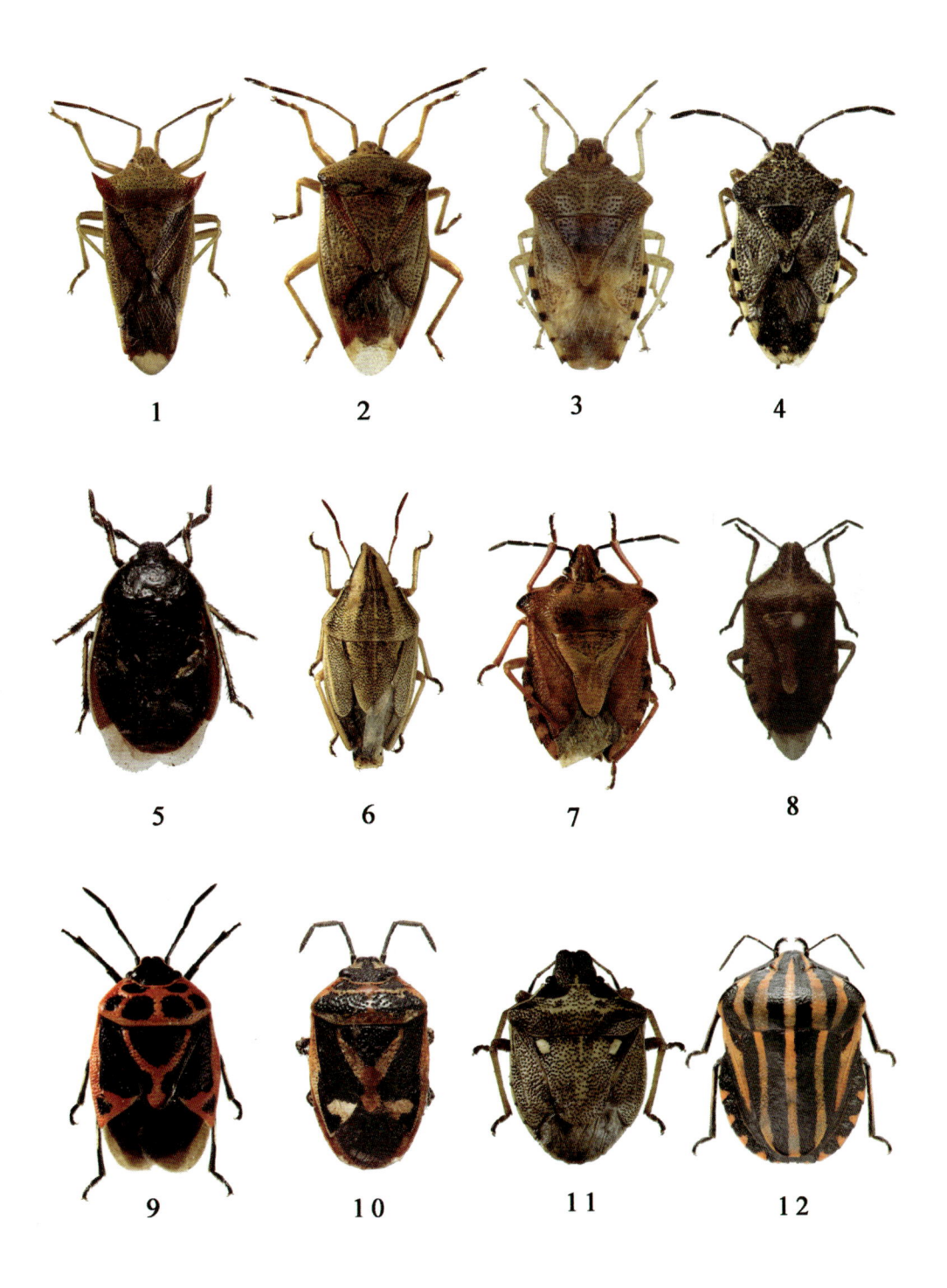

1. 黑背同蝽 *Acanthosoma nigrodorsum*；2. 直同蝽 *Elasmostethus interstinctus*；3. 背匙同蝽 *Elasmucha dorsalisv*；4. 齿匙同蝽 *Elasmucha fieberi*；5. 圆点阿土蝽 *Adomerus rotundus*；6. 华麦蝽 *Aelia fieberi*；7. 紫翅果蝽 *Carpocoris purpureipennis*；8. 斑须蝽 *Dolycoris baccarum*；9. 菜蝽 *Eurydema dominulus*；10. 横纹菜蝽 *Eurydema gebleri*；11. 广二星蝽 *Eysarcoris ventralis*；12. 赤条蝽 *Graphosoma rubrolineatum*.

| 图版 VIII

1. 浩蝽 *Okeanus quelpartensis*；2. 宽碧蝽 *Palomena viridissirna*；3. 褐真蝽 *Pentatoma semiannulata*；4. 红足真蝽 *Pentatoma rufipes*；5. 金绿真蝽 *Pentatoma metallifera*；6. 珠蝽 *Rubiconia intermedia*；7. 圆颊珠蝽 *Rubiconia peltata*；8. 双痣圆龟蝽 *Coptosoma biguttula*；9. 扁盾蝽 *Eurygaster testudinaria*；10. 拟壮异蝽 *Urochela caudatus*；11. 黄壮异蝽 *Urochela flavoannulata*；12. 花壮异蝽 *Urochela luteovaria*.

图版 IX

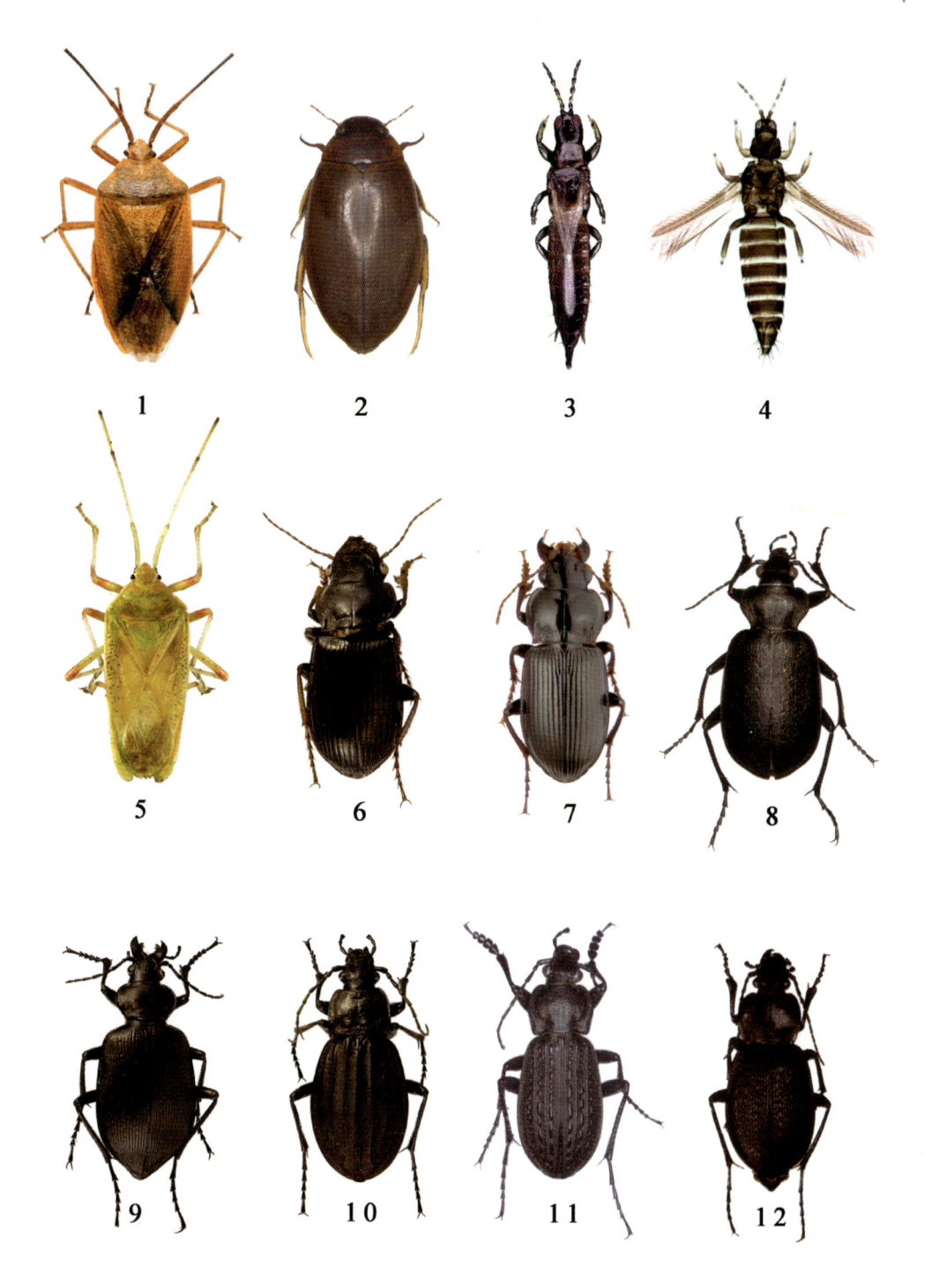

1. 无斑壮异蝽 *Urochela pollescens*；2. 小雀斑龙虱 *Rhantus suturalis*；3. 稻管蓟马 *Haplothrips aculeatus*；4. 葱韭蓟马 *Thrips alliorum*；5. 平刺突娇异蝽 *Urostylis lateralis*；6. 巨暗步甲 *Amara gigantea*；7. 巨胸暗步甲 *Amara macronota*；8. 齿星步甲 *Calosoma denticolle*；9. 黑广肩步甲 *Calosoma maximoviczi*；10. 脊步甲指名亚种 *Carabus (Aulonocarabus) canaliculatus canaliculatus*；11. 黏虫步甲 *Carabus (Carabus) granulatus telluris*；12. 刻步甲 *Carabus (Scambocarabus) kruberi*.(12 引自白晓拴等，2013)

| 图版 X

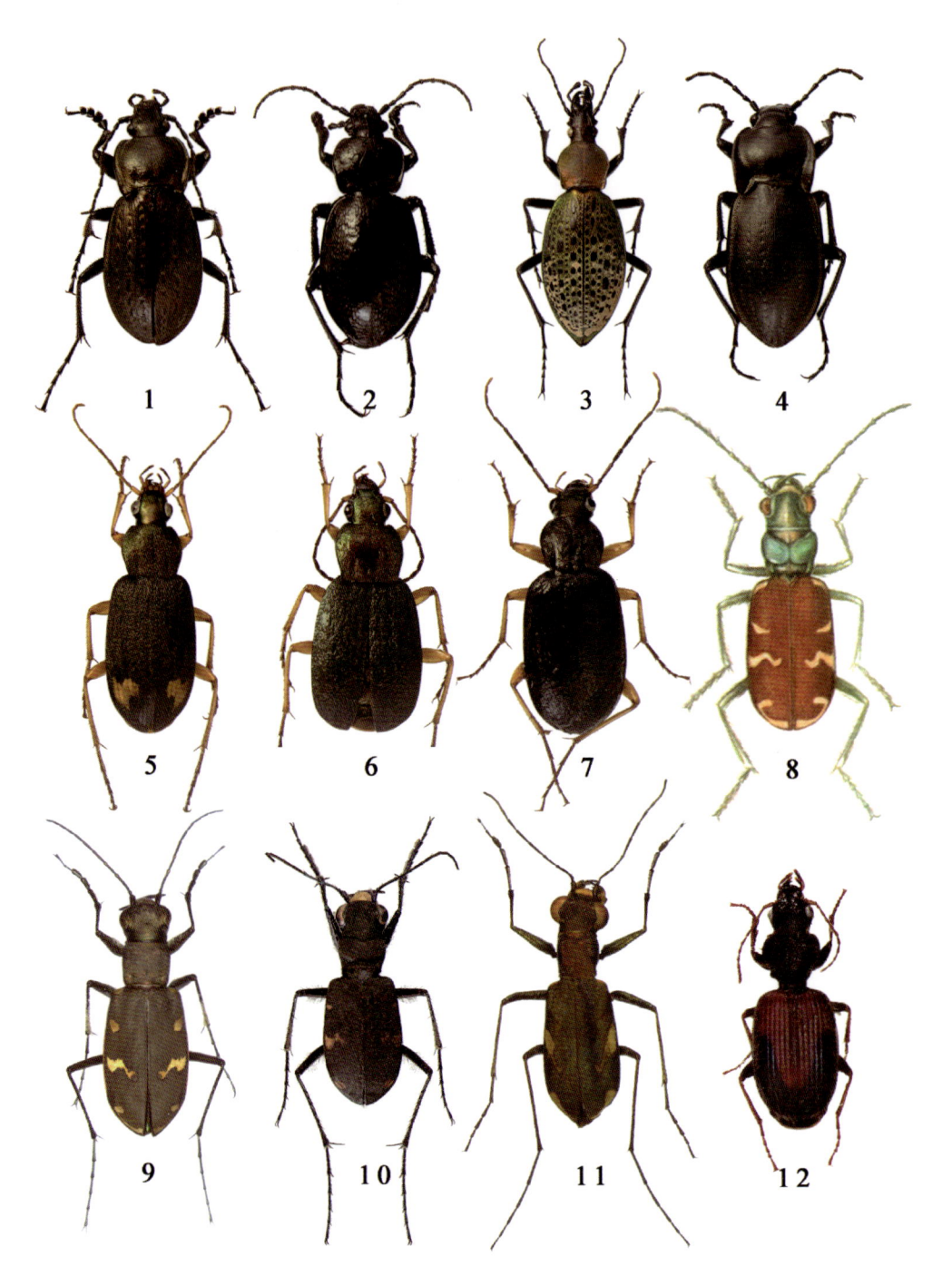

1. 棕拉步甲 Carabus (Eucarabus) (manifestus) manifestus；2. 刻翅大步甲 Carabus (Scambocarabus) sculptipennis；3. 绿步甲 Carabus (Damaster) smaragdinus smaragdinus；4. 文步甲 Carabus (Piocarabus) vladsimirskyi vladsimirskyi；5. 黄斑青步甲 Chlaeniusmicans；6. 淡足青步甲 Chlaenius pallipes；7. 异角青步甲 Chlaenius variicornis；8. 铜绿虎甲 Cicindela (Cicindela) coerulea nitida；9. 芽斑虎甲 Cicindela (Cicindela) gemmata；10. 日本虎甲 Cicindela japonica；11. 斜斑虎甲 Cylindera(Cylindera) obliquefasciata obliquefasciata；12. 半猛步甲 Cymindis daimio.

图版 XI

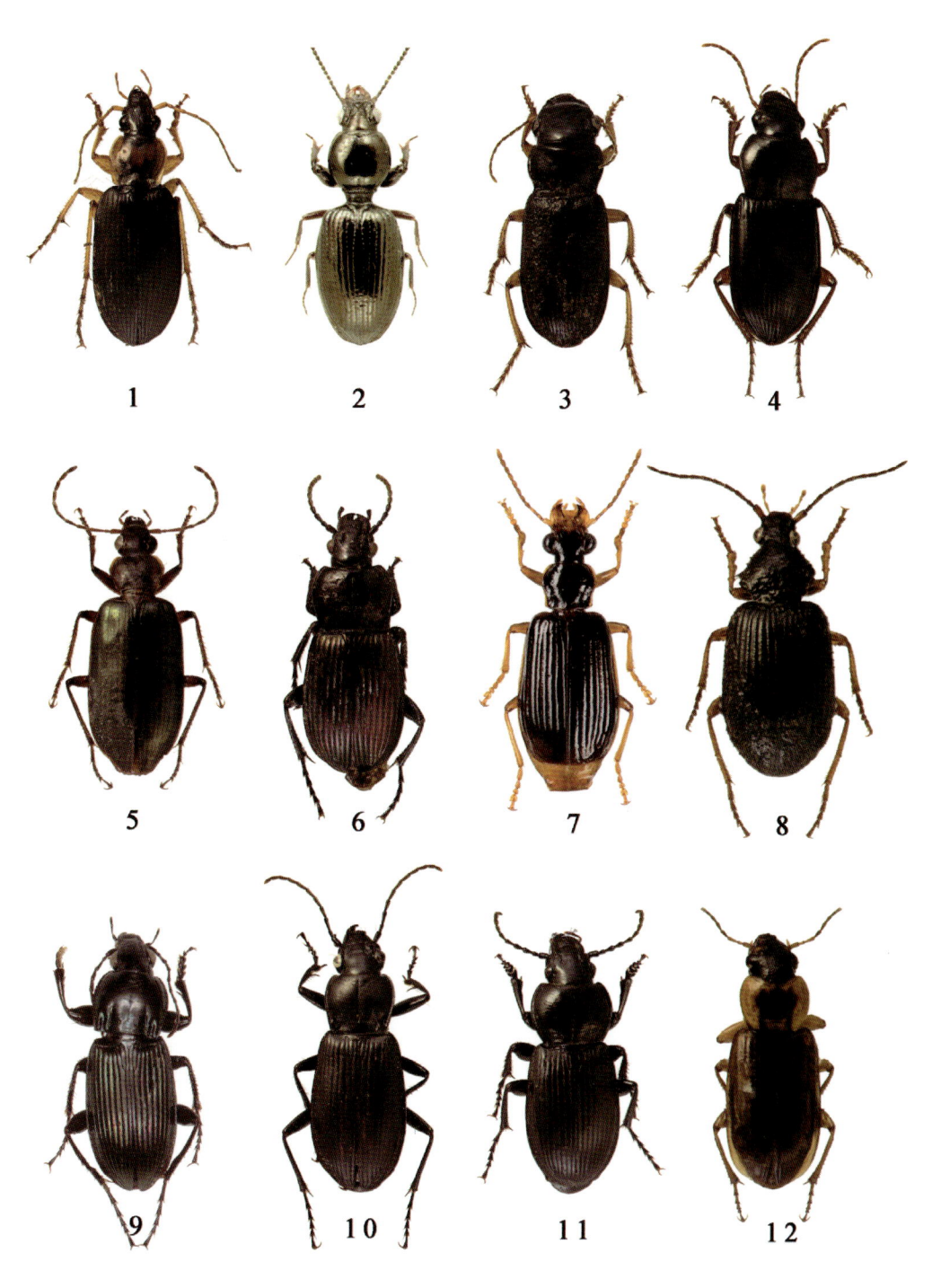

1. 蠋步甲 *Dolichus halensis*；2. 雕角小步甲 *Dyschiriustristis*；3. 大头婪步甲 *Harpalus capito*；4. 黄鞘婪步甲 *Harpalus pallidipennis*；5. 绿艳扁步甲 *Metacolpodes buchannani*；6. 铜色淡步甲 *Myas cuprescens*；7. 三点宽颚步甲 *Parena tripunctata*；8. 黄毛角胸步甲 *Peronomerus auripilis*；9. 强足通缘步甲 *Poecilus fortipes*；10. 直角通缘步甲 *Poecilus gebleri*；11. 小黑通缘步甲 *Pterostichus nigrita*；12. 黑背狭胸步甲 *Stenolophus connotatus*.

| 图版 XII

1. 尖突巨牙甲 *Hydrophilus (Hydrophilus) acuminatus*；2. 达乌里干葬甲 *Aclypea daurica*；3. 滨尸葬甲 *Necrodes littoralis*；4. 黑覆葬甲 *Nicrophorus concolor*；5. 红带覆葬甲 *Nicrophorus investigator*；6. 日本覆葬甲 *Nicrophorus japonicus*；7. 前星覆葬甲 *Nicrophorus maculifrons*；8. 尼覆葬甲 *Nicrophorus nepalensis*；9. 拟蜂纹覆葬甲 *Nicrophorus vespilloides*；10. 褐翅皱葬甲 *Oiceoptoma subrufum*；11. 黑缶葬甲 *Phosphuga atrata atrata*；12. 双斑冥葬甲 *Ptomascopus plagiatus*.(8，10-12 引自计云，2012)

图版 XIII

1. 皱亡葬甲 *Thanatophilus rugosus*；2. 曲亡葬甲 *Thanatophilus sinuatus*；3. 大隐翅甲 *Creophilus maxillosus maxillosus*；4. 谢氏阎甲 *Hister sedakovii*；5. 条纹株阎甲 *Margarinotus striola striola*；6. 吉氏分阎甲 *Merohister jekeli*；7. 半纹腐阎虫 *Saprinus semistriatus*；8. 戴锤角粪金龟 *Bolbotrypes davidis*；9. 叉角粪金龟 *Ceratophyus polyceros*；10. *Geotrupes stercorarius*；11. 祖氏皮金龟 *Trox zoufali*；12. 红腹刀锹甲 *Hemisodorcus rubrofemoratus*.

| 图版 XIV

1. 达乌柱锹甲 *Prismognathus dauricus*；2. 红亮蜉金龟 *Aphodius impunctatus*；3. 方胸蜉金龟 *Aphodius quadratus*；4. 直蜉金龟 *Aphodius rectus*；5. 短凯蜣螂 *Caccobius brevis*；6. 车粪蜣螂 *Copris ochus*；7. 双尖嗡蜣螂 *Onthophagus bivertex*；8. 掘嗡蜣螂 *Onthophagus fodiens*；9. 驼古嗡蜣螂 *Onthophagus gibbulus*；10. 黑缘嗡蜣螂 *Onthophagus marginalis nigrimargo*；11. 赛氏西蜣螂 *Sisyphus* (*Sisyphus*) *schaefferi*；12. 赛婆鳃金龟 *Brahmina* (*Brahmina*) *sedakovi*.(2 引自刘广瑞等，1997)

图版 XV

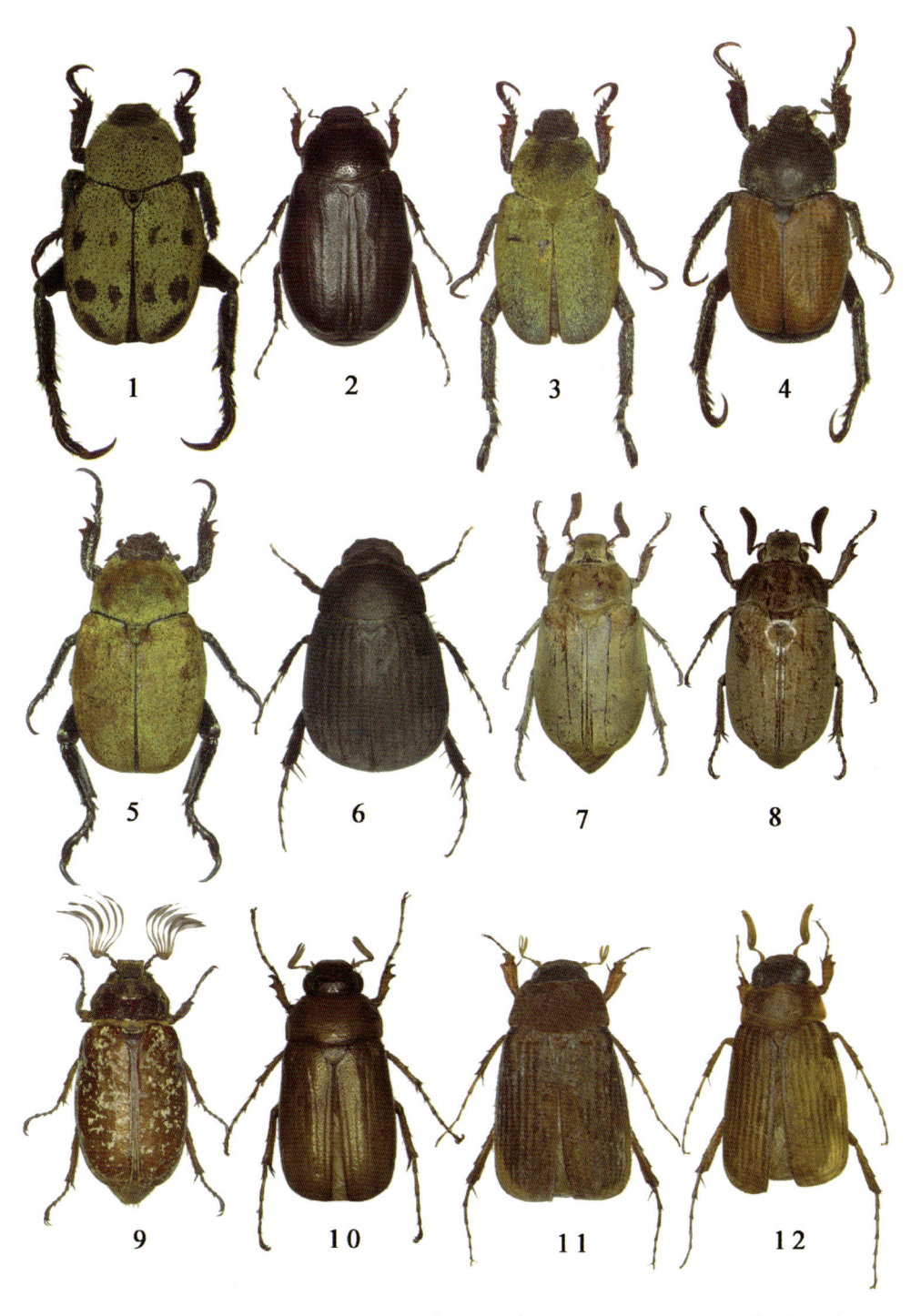

1. 红脚平爪鳃金龟 *Ectinohoplia rufipes*；2. 华北大黑鳃金龟 *Holotrichia oblita*；3. 斑单爪鳃金龟 *Hoplia aureola*；4. 围绿单爪鳃金龟 *Hoplia cincticollis*；5. 戴单爪鳃金龟 *Hoplia (Decamera) davidis*；6. 黑绒金龟 *Maladera orientalis*；7. 弟兄鳃金龟 *Melolontha frater frater*；8. 灰胸突鳃金龟 *Melolontha incana*；9. 大云斑鳃金龟 *Polyphylla laticollis chinensis*；10. 鲜黄鳃金龟 *Pseudosymmachia tumidifrons*；11. 小阔胫玛绢金龟 *Serica ovatula*；12. 拟突眼绢金龟 *Serica rosinae rosinae*.

| 图版 XVI

1. 脊绿异丽金龟 *Anomala aulax*；2. 多色异丽金龟 *Anomala chamaeleon*；3. 铜绿异丽金龟 *Anomala corpulenta*；4. 黄褐异丽金龟 *Anomala exoleta*；5. 侧斑异丽金龟 *Anomala luculenta*；6. 蒙古异丽金龟 *Anomala mongolica mongolica*；7. 分异发丽金龟 *Phyllopertha diversa*；8. 庭园发丽金龟 *Phyllopertha horticola*；9. 中华弧丽金龟 *Popillia quadriguttata*；10. 苹毛丽金龟 *Proagopertha lucidula*；11. 长毛花金龟 *Cetonia magnifica*；12. 铜绿花金龟 *Cetonia viridiopaca*.

图版 XVII

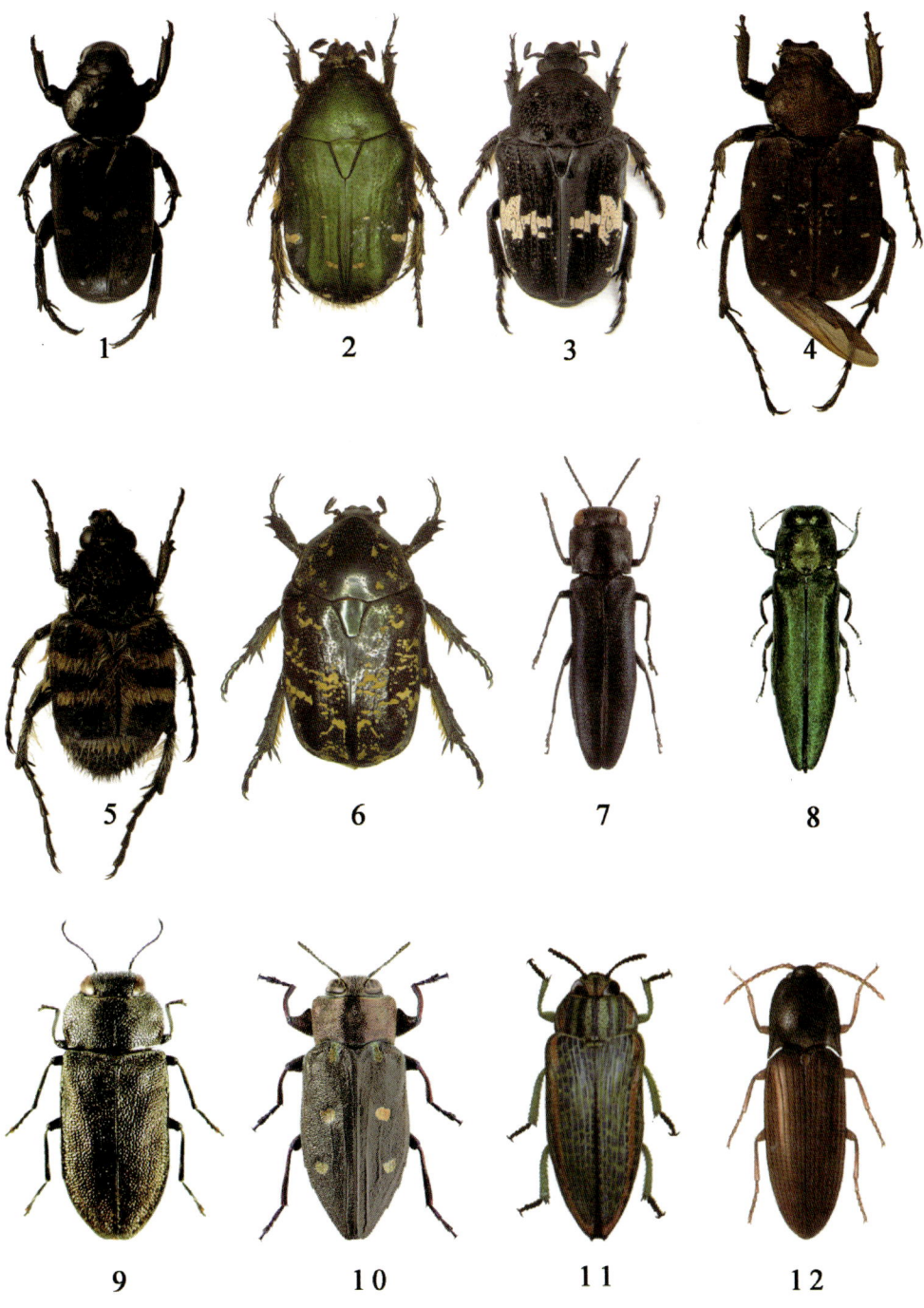

1. 白斑跗花金龟 *Clinterocera mandarina*；2. 小青花金龟 *Gametis jucunda*；3. 黄斑短突花金龟 *Glycyphana fulvistemma*；4. 翅格斑金龟 *Gnorimus subopacus*；5. 短毛斑金龟 *Lasiotrichius succinctus*；6. 白星花金龟 *Protaetia brevitarsis*；7. 沙柳窄吉丁 *Agrilus moerens*；8. 白蜡窄吉丁 *Agrilus planipennis*；9. 青铜网眼吉丁 *Anthaxia reticulata reticulata*；10. 六星铜吉丁 *Chrysobothris amurensis amurensis*；11. 梨金缘吉丁 *Lamprodila limbata*；12. 细胸锥尾叩甲 *Agriotes subvittatus subvittatus*.(10 引自 Ohmomo & Fukutomi, 2013；11 引自吴福桢等，1978；12 引自江世宏等，1999)

| 图版 XVIII

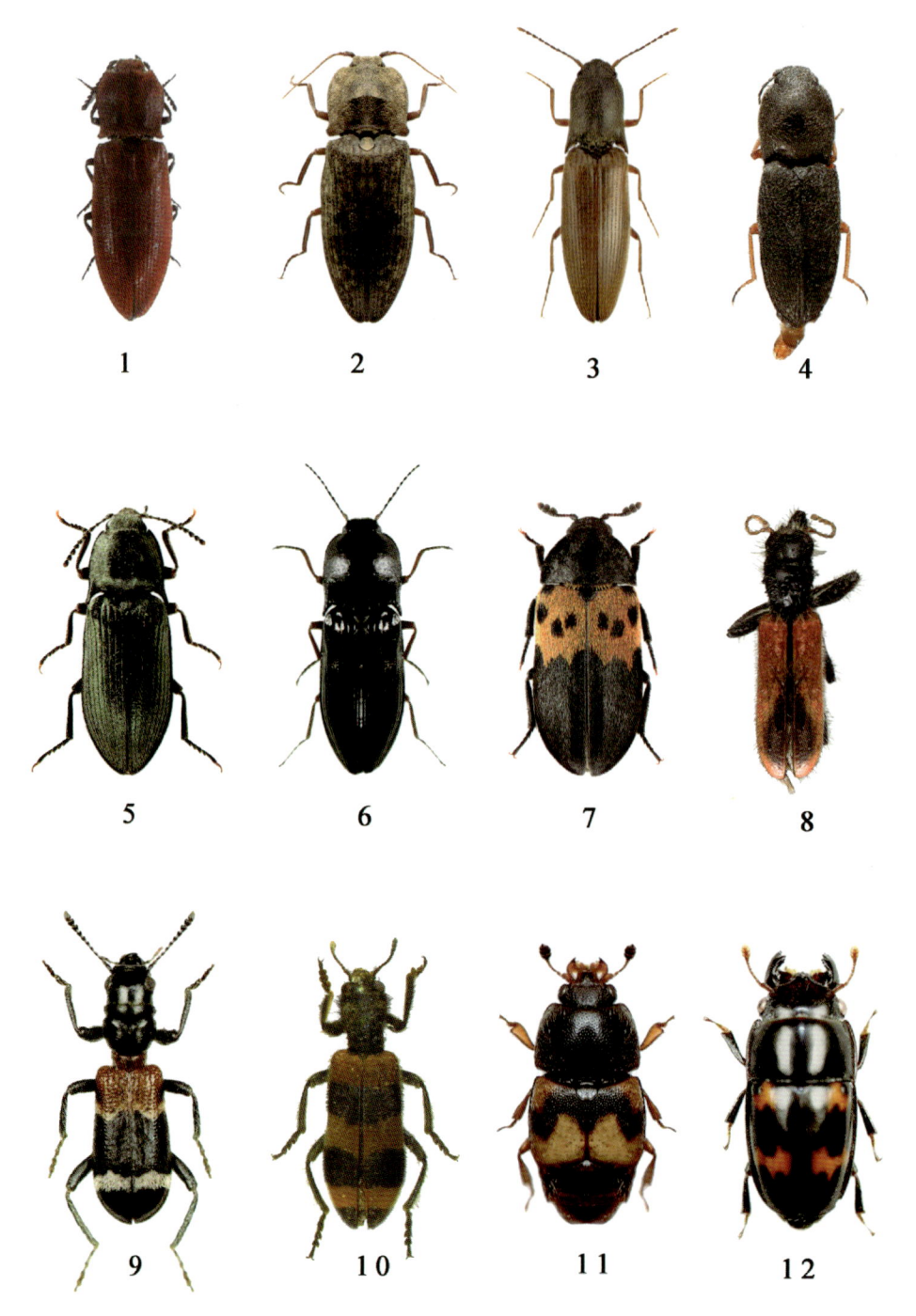

1. 泥红槽缝叩甲 *Agrypnus argillaceus argillaceus*; 2. 双瘤槽缝叩甲 *Agrypnus bipapulatus*; 3. 棘胸筒叩甲 *Ectinus sericeus sericeus*; 4. 微铜珠叩甲 *Paracardiophorus sequens sequens*; 5. 宽背金叩甲 *Selatosomus latus*; 6. 麻胸锦叩甲 *Selatosomus puncticollis*; 7. 红带皮蠹 *Dermestes vorax*; 8. 连斑奥郭公 *Opilo communimacula*; 9. 刘氏郭公甲 *Thanasimus lewisi*; 10. 中华毛郭公 *Trichodes sinae*; 11. 酱曲露尾甲 *Carpophilus hemipterus*; 12. 四斑露尾甲 *Glischrochilus japonicus*. (1 引自王新普等, 2010)

图版 XIX

1. 二星瓢虫 *Adalia bipunctata*；2. 六斑异瓢虫 *Aiolocaria hexaspilota*；3. 灰眼斑瓢虫 *Anatis ocellata*；4. 十斑裸瓢虫 *Calvia decemguttata*；5. 十四星裸瓢虫 *Calvia quatuordecimguttata*；6. 红点唇瓢虫 *Chilocorus kuwanae*；7. 黑缘红瓢虫 *Chilocorus rubidus*；8. 七星瓢虫 *Coccinella septempunctata*；9. 中华瓢虫 *Coccinula sinensis*；10. 横斑瓢虫 *Coccinella transversoguttata transversoguttata*；11. 横带瓢虫 *Coccinella trifasciata*；12. 十六斑黄菌瓢虫 *Halyzia sedecimguttata*.

| 图版 XX

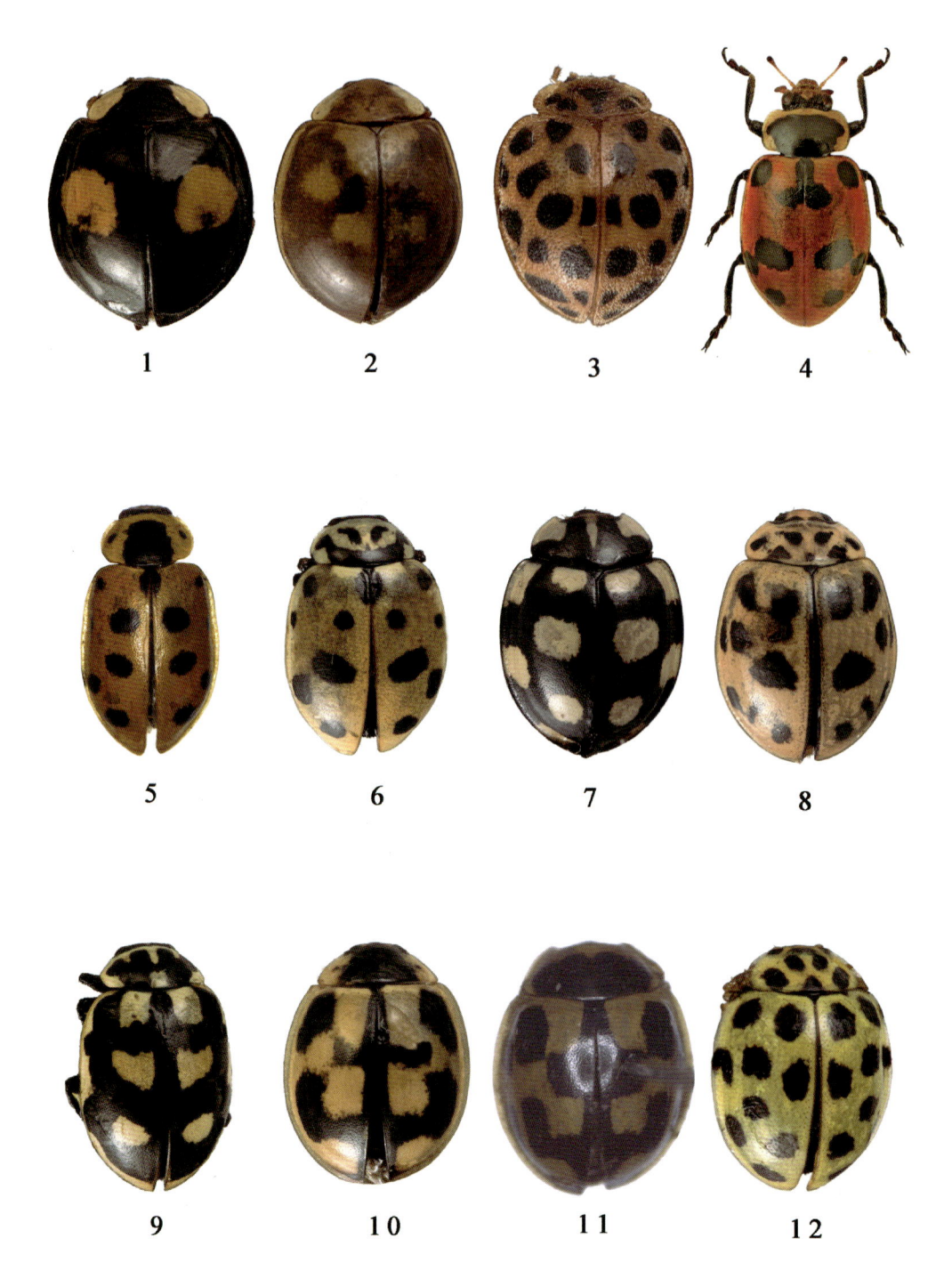

1. 异色瓢虫 *Harmonia axyridis*；2. 隐斑瓢虫 *Harmonia yedoensisi*；3. 马铃薯瓢虫 *Henosepilachna vigintioctomaculata*；4. 七斑长足瓢虫 *Hippodamia septemmaculata*；5. 十三星瓢虫 *Hippodamia tredecimpunctata*；6. 多异瓢虫 *Hippodamia variegata*；7. 十二斑巧瓢虫 *Oenopia bissexnotata*；8. 菱斑巧瓢虫 *Oenopia conglobata conglobata*；9. 梯斑巧瓢虫 *Oenopia scalaris*；10. 龟纹瓢虫 *Propylea japonica*；11. 方斑瓢虫 *Propylea quatuordecimpunctata*；12. 二十二星菌瓢虫 *Psyllobora vigintiduopunctata*.

图版 XXI

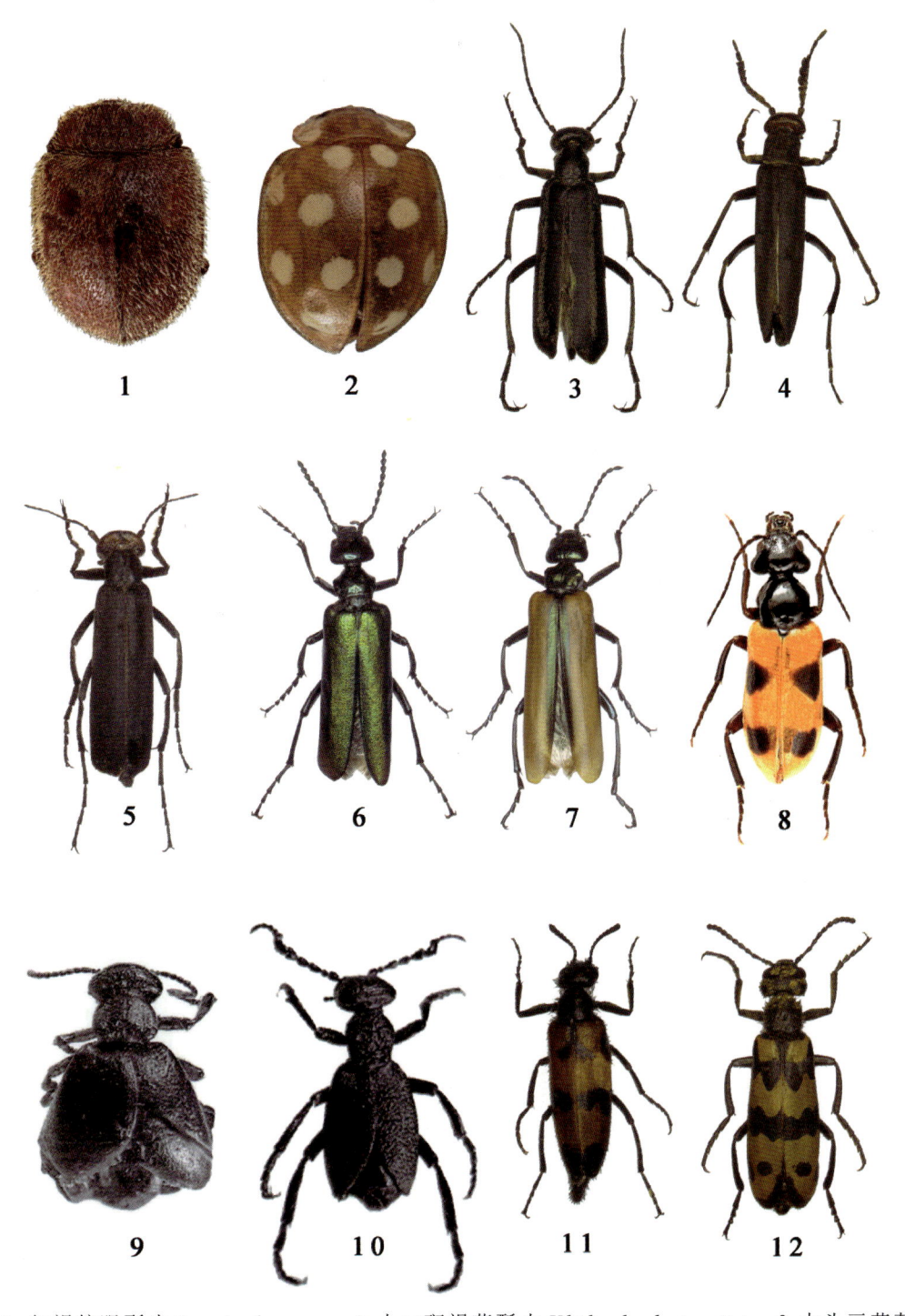

1. 红褐粒眼瓢虫 *Sumnius brunneus*；2. 十二斑褐菌瓢虫 *Vibidia duodecimguttata*；3. 大头豆芫菁 *Epicauta megalocephala*；4. 西北豆芫菁 *Epicauta sibirica*；5. 凹胸豆芫菁 *Epicauta xantusi*；6. 绿芫菁 *Lytta caraganae*；7. 绿边绿芫菁 *Lytta suturella*；8. 四星栉芫菁 *Megatrachelus politus*；9. 圆胸短翅芫菁 *Meloe corvinus*；10. 曲角短翅芫菁 *Meloeproscarabeaus proscarabaeus*；11. 西北斑芫菁 *Mylabris sibirica*；12. 丽斑芫菁 *Mylabris speciosa*.

| 图版 XXII

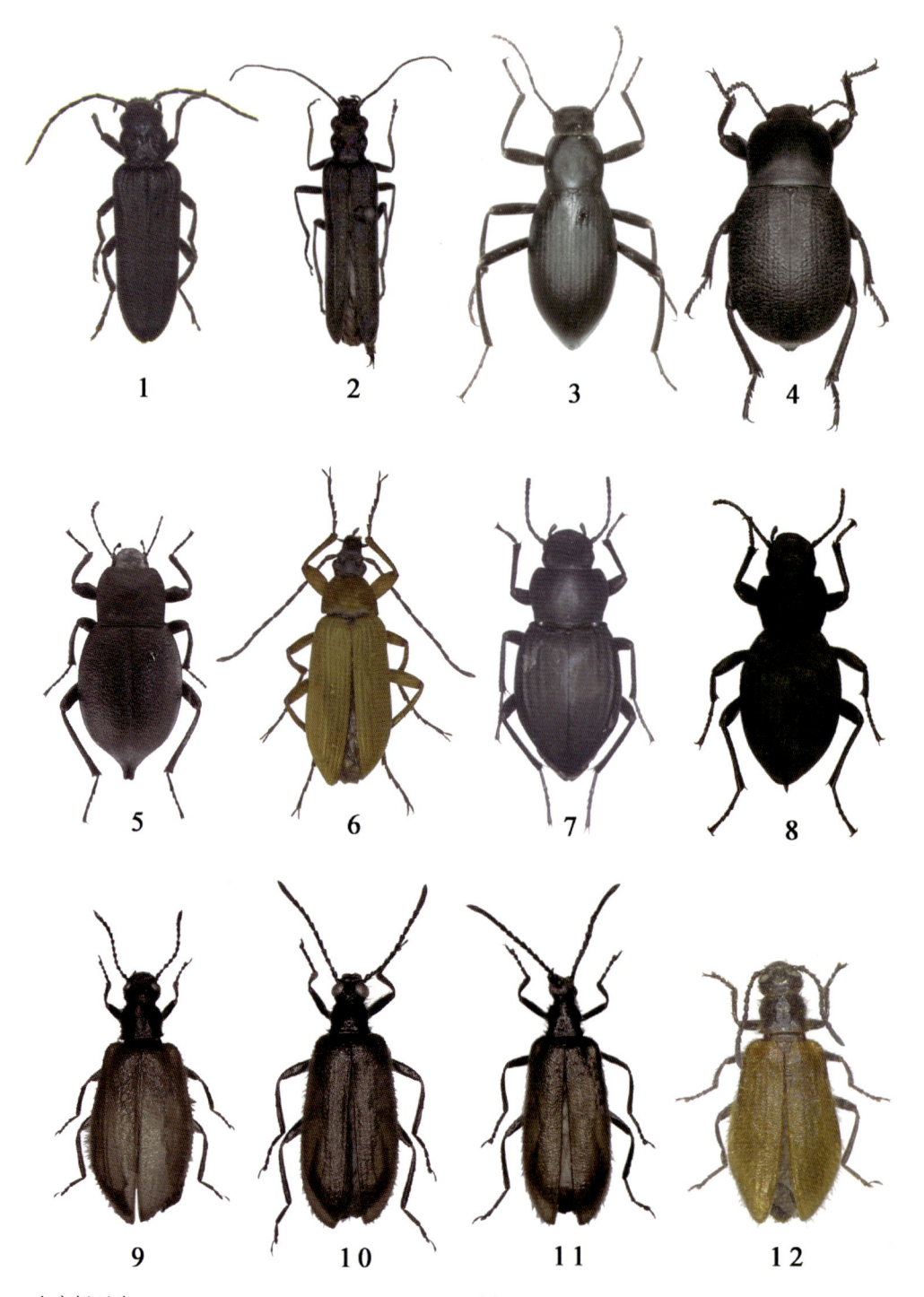

1. 光亮拟天牛 *Oedemera lucidicollis flaviventris*；2. 黑跗拟天牛 *Oedemera subrobusta*；3. 中华琵甲 *Blaps (Blaps) chinensis*；4. 弯齿琵甲 *Blaps (Blaps) femoralis femoralis*；5. 皱纹琵甲 *Blaps (Blaps) rugosa*；6. 杂色栉甲 *Cteniopinus hypocrita*；7. 蒙古高鳖甲 *Hypsosoma mongolica*；8. 暗色圆鳖甲 *Scytosoma opacum*；9. 黑足伪叶甲 *Lagria atripes*；10. 多毛伪叶甲 *Lagria hirta*；11. 黑胸伪叶甲 *Lagria nigricollis*；12. 红翅伪叶甲 *Lagria rufipennis*.

图版 XXIII

1. 锯角差伪叶甲 *Xanthalia serrifera*；2. 东方小垫甲 *Luprops orientalis*；3. 网目土甲 *Gonocephalum reticulatum*；4. 扁毛土甲 *Mesomorphus villiger*；5. 类沙土甲 *Opatrum subaratum*；6. 短体刺甲 *Platyscelis brevis*；7. 盖氏刺甲 *Platyscelis gebieni*；8. 大卫邻烁甲 *Plesiophthalmus davidis*；9. 芫天牛 *Mantitheus pekinensis*；10. 瘦眼花天牛 *Acmaeops angusticollis*；11. 锯花天牛 *Apatophysis* (*Apatophysis*) *siversi*；12. 阿穆尔宽花天牛 *Brachyta amurensis*.

| 图版 XXIV

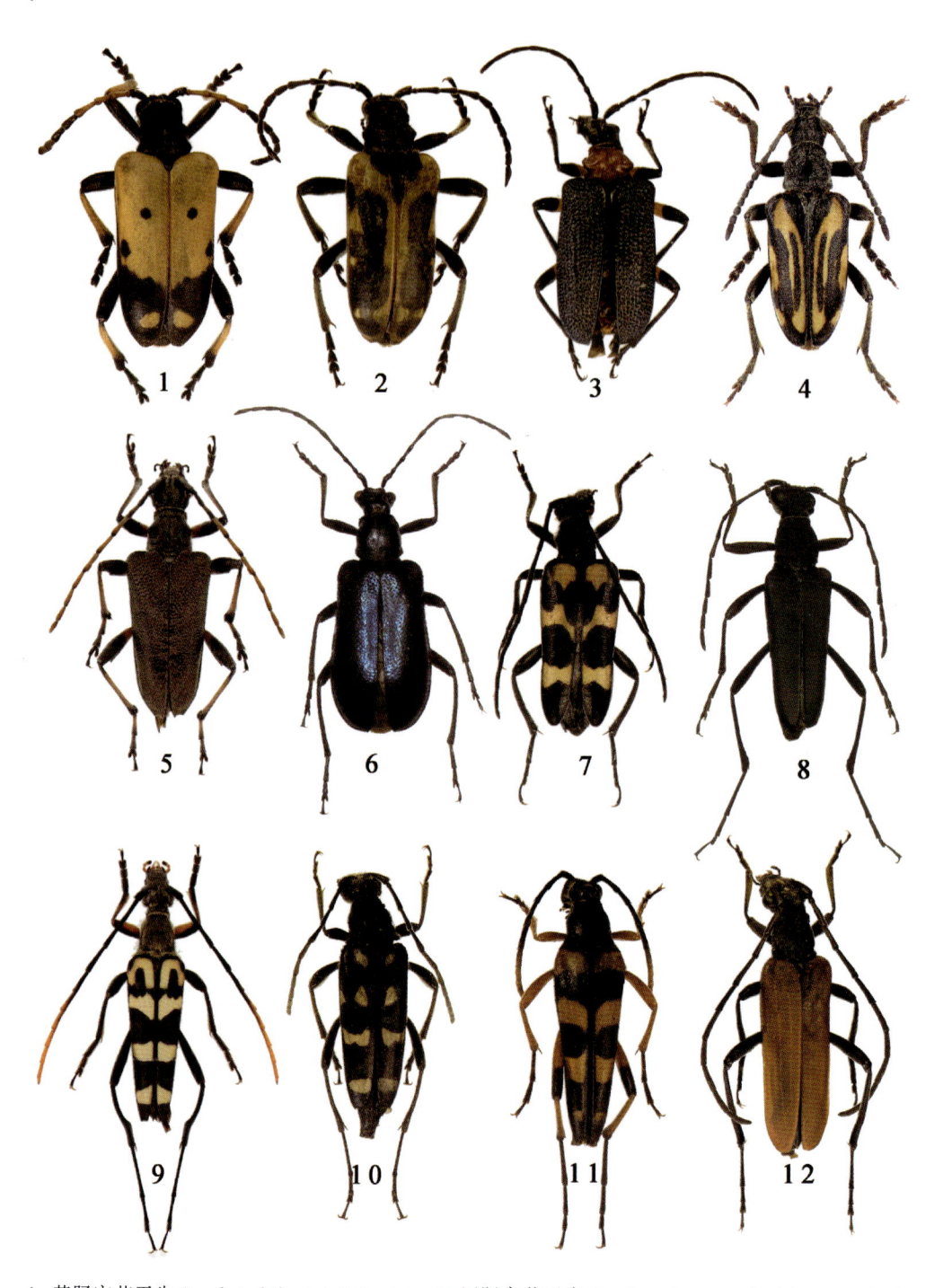

1. 黄胫宽花天牛 *Brachyta bifasciata bifasciata*；2. 黑胫宽花天牛 *Brachyta interrogationisinterrogationis*；3. 瘤胸金花天牛 *Carilia tuberculicollis*；4. 异宽花天牛 *Brachyta variabilis variabilis*；5. 凹缘金花天牛 *Paragaurotes ussuriensis*；6. 红胸蓝金花天牛 *Gaurotes virginea virginea*；7. 六斑凸胸花天牛 *Judolia sexmaculata*；8. 橡黑花天牛 *Leptura aethiops*；9. 曲纹花天牛 *Leptura annularis*；10. 十二斑花天牛 *Leptura duodecimguttata duodecimguttata*；11. 黄纹花天牛 *Leptura ochraceofasciata ochraceofasciata*；12. 红翅裸花天牛 *Nivellia sanguinosa*.

图版 XXV

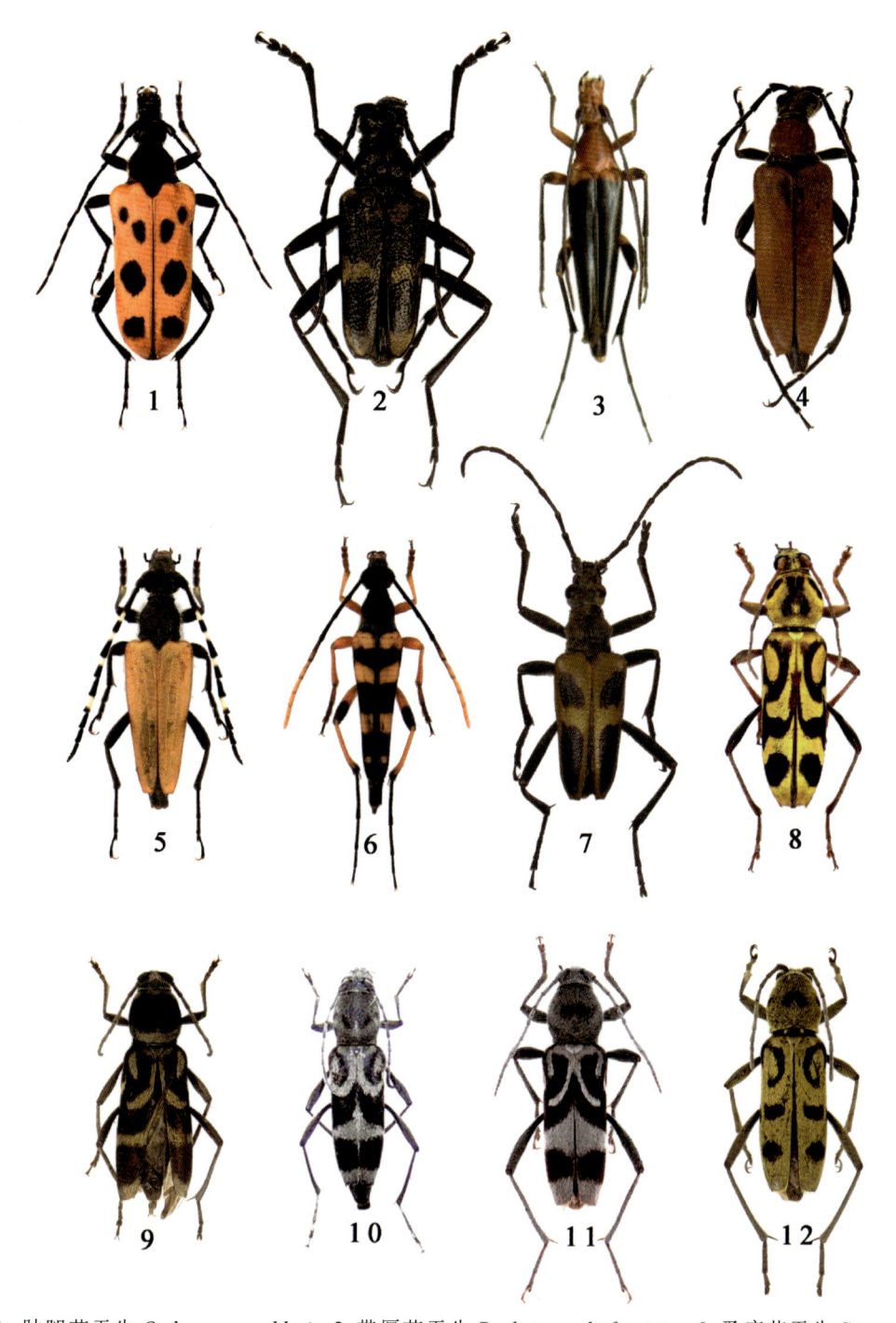

1. 肿腿花天牛 *Oedecnema gebleri*；2. 带厚花天牛 *Pachyta mediofasciata*；3. 蚤瘦花天牛 *Strangalia fortunei*；4. 赤杨缘花天牛 *Stictoleptura dichroa*；5. 斑角缘花天牛 *Stictoleptura variicornis*；6. 栎瘦花天牛 *Strangalia attenuata*；7. 四斑厚花天牛 *Pachyta quadrimaculata*；8. 竹绿虎天牛 *Chlorophorus (Chlorophorus) annularis*；9. 槐绿虎天牛 *Chlorophorus (Humeromaculatus) diadema diadema*；10. 日本绿虎天牛 *Chlorophorus (Humeromaculatus) japonicus*；11. 杨柳绿虎天牛 *Chlorophorus (Humeromaculatus) motschulskyi*；12. 缺环绿虎天牛 *Chlorophorus (Immaculatus) arciferus*.

| 图版 XXVI

1. 六斑绿虎天牛 *Chlorophorus (Immaculatus) simillimus*；2. 三带虎天牛 *Clytus(Clytus) arietoides*；3. 黄纹曲虎天牛 *Cyrtoclytus capra*；4. 鱼藤跗虎天牛 *Perissus laetus*；5. 尖纹虎天牛 *Rhabdoclytus acutivittis acutivittis*；6. 桦脊虎天牛 *Xylotrechus clarinus*；7. 咖啡脊虎天牛 *Xylotrechus grayii grayii*；8. 弧纹脊虎天牛 *Xylotrechus hircus*；9. 巨胸脊虎天牛 *Xylotrechus rufilius rufilius*；10. 四带虎天牛 *Xylotrechus polyzonus*；11. 黑胸虎天牛 *Xylotrechus robusticollis*；12. 中华裸角天牛 *Aegosoma sinicum sinicum*.

图版 XXVII

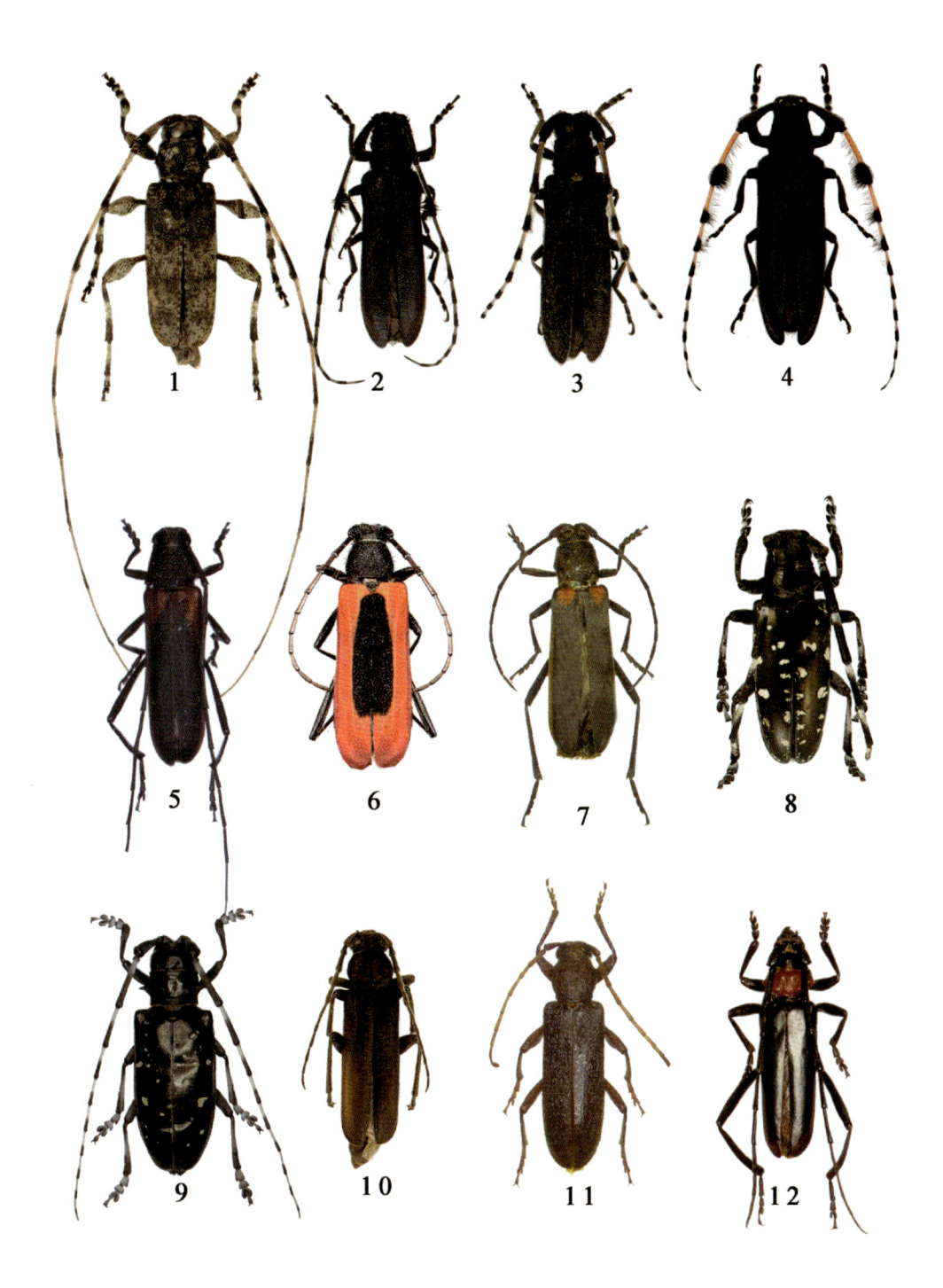

1. 小灰长角天牛 *Acanthocinus griseus*；2. 苜蓿多节天牛 *Agapanthia amurensis*；3. 大麻多节天牛 *Agapanthia daurica daurica*；4. 毛角多节天牛 *Agapanthia pilicornis pilicornis*；5. 鞍背亚天牛 *Anoplistes halodendri ephippium*；6. 中黑肖亚天牛 *Amarysius altajensis altajensis*；7. 红缘亚天牛 *Anoplistes halodendri pirus*；8. 星天牛 *Anoplophora chinensis*；9. 光肩星天牛 *Anoplophora glabripennis*；10. 朝鲜梗天牛 *Arhopalus coreanus*；11. 褐梗天牛 *Arhopalus rusticus*；12. 桃红颈天牛 *Aromia bungii*.

| 图版 XXVIII

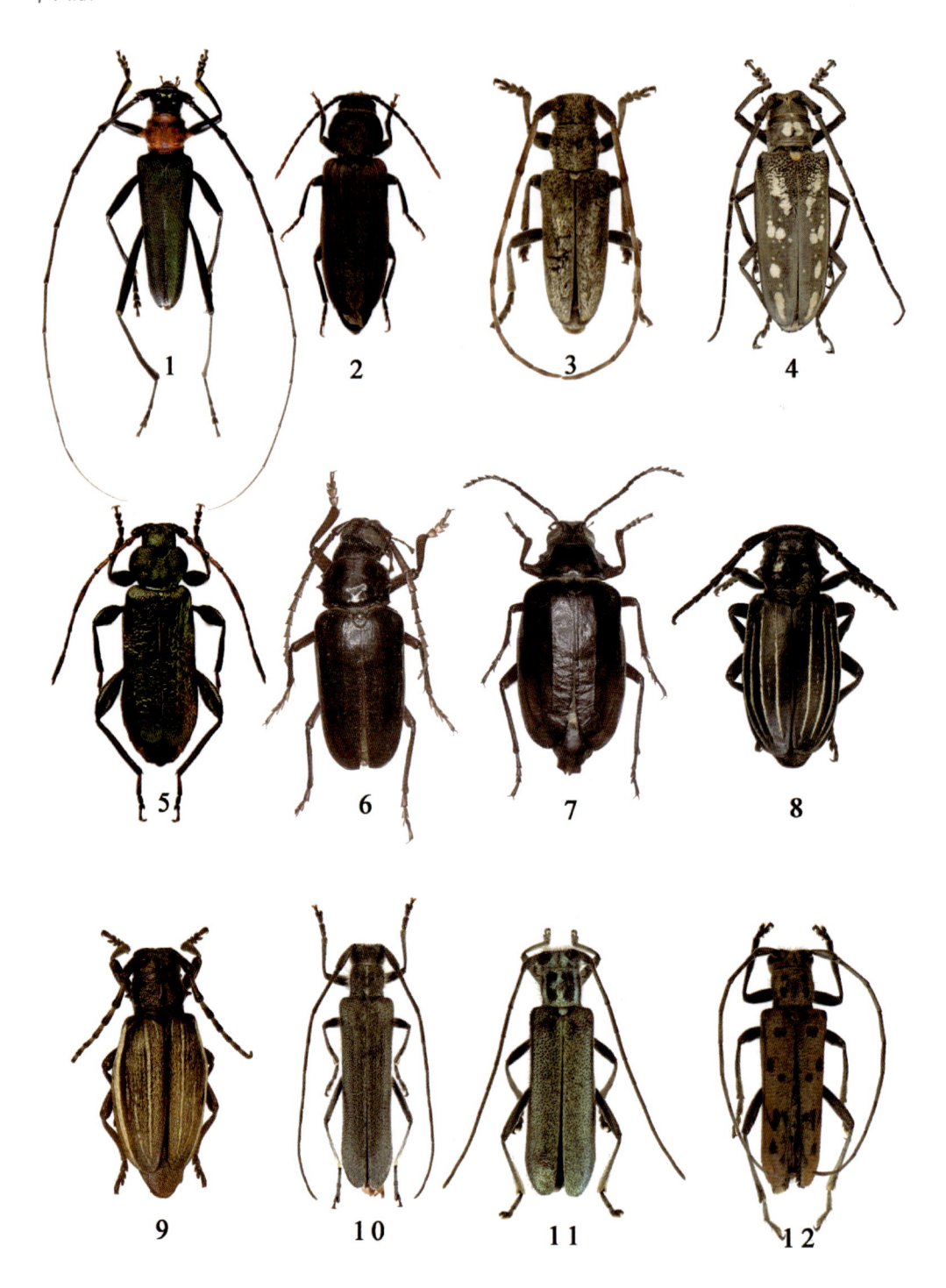

1. 杨红颈天牛 *Aromia orientalis*；2. 松幽天牛 *Asemum striatum*；3. 栗灰锦天牛 *Astynoscelis degener*；4. 云斑白条天牛 *Batocera horsfieldii*；5. 金色扁胸天牛 *Callidium aeneum aeneum*；6. 曲牙土天牛 *Dorysthenes hydropicus*；7. 大牙土天牛 *Dorysthenes paradoxus*；8. 三棱草天牛 *Eodorcadion egregium*；9. 多脊草天牛 *Eodorcadion multicarinatum*；10. 东北拟修天牛 *Eumecocera callosicollis*；11. 北亚拟修天牛 *Eumecocera impustulata*；12. 丽直脊天牛 *Eutetrapha elegans*.

图版 XXIX

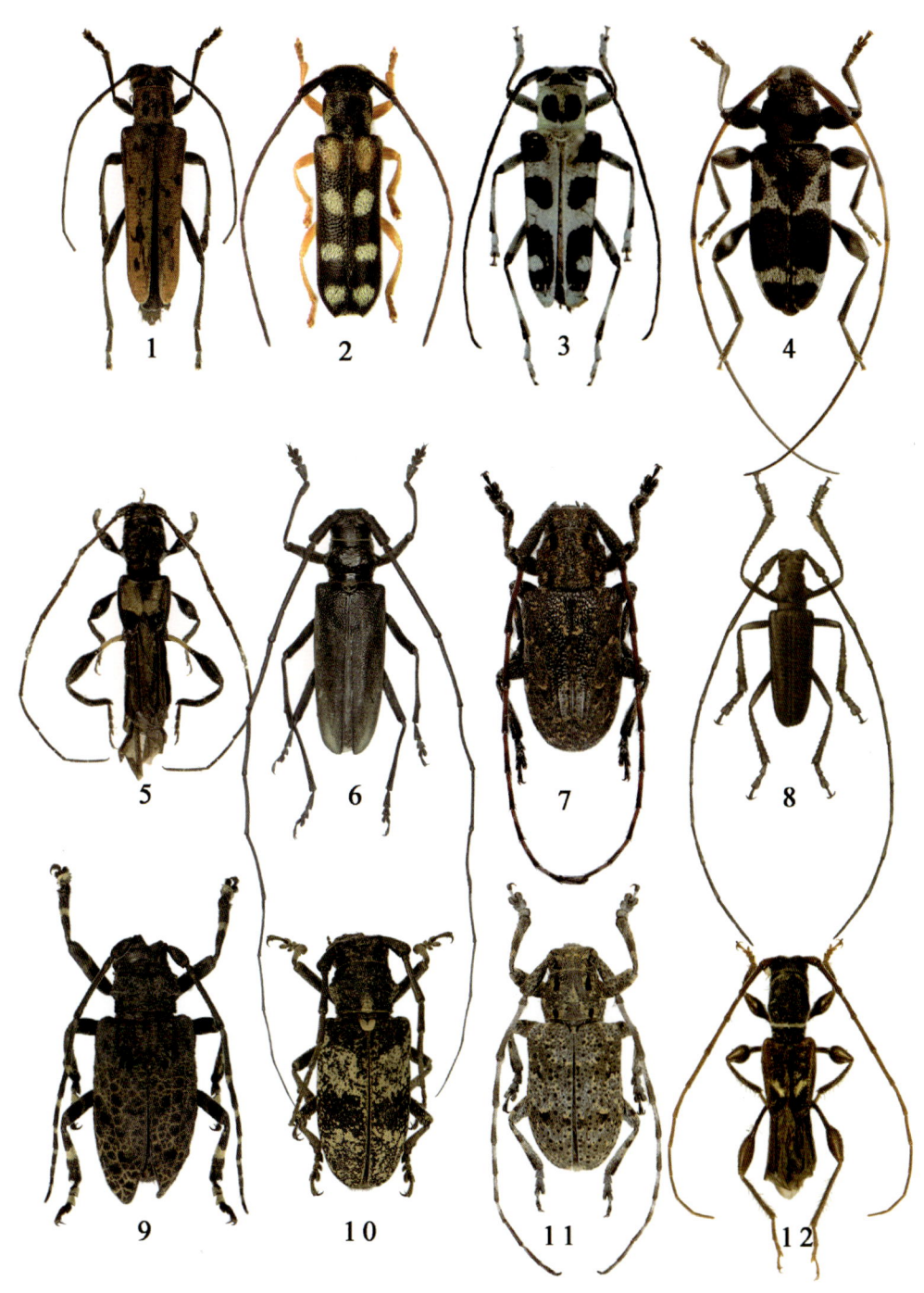

1. 十六星直脊天牛 *Eutetrapha sedecimpunctata sedecimpunctata*；2. 培甘弱脊天牛 *Menesia sulphurata*；3. 大麻双脊天牛 *Paraglenea swinhoei*；4. 白条利天牛 *Leiopus albivittis albivittis*；5. 日长须短鞘天牛 *Leptepania japonica*；6. 云杉大墨天牛 *Monochamus urussovi*；7. 日本象天牛 *Mesosa japonica*；8. 云杉小墨天牛 *Monochamus sutor longulus*；9. 双簇污天牛 *Moechotypa diphysis*；10. 缝刺墨天牛 *Monochamus gravidas*；11. 四点象天牛 *Mesosa myops*；12. 冷杉短鞘天牛 *Molorchus minor minor*.(8 引自蒋书楠等，1985)

| 图版 XXX

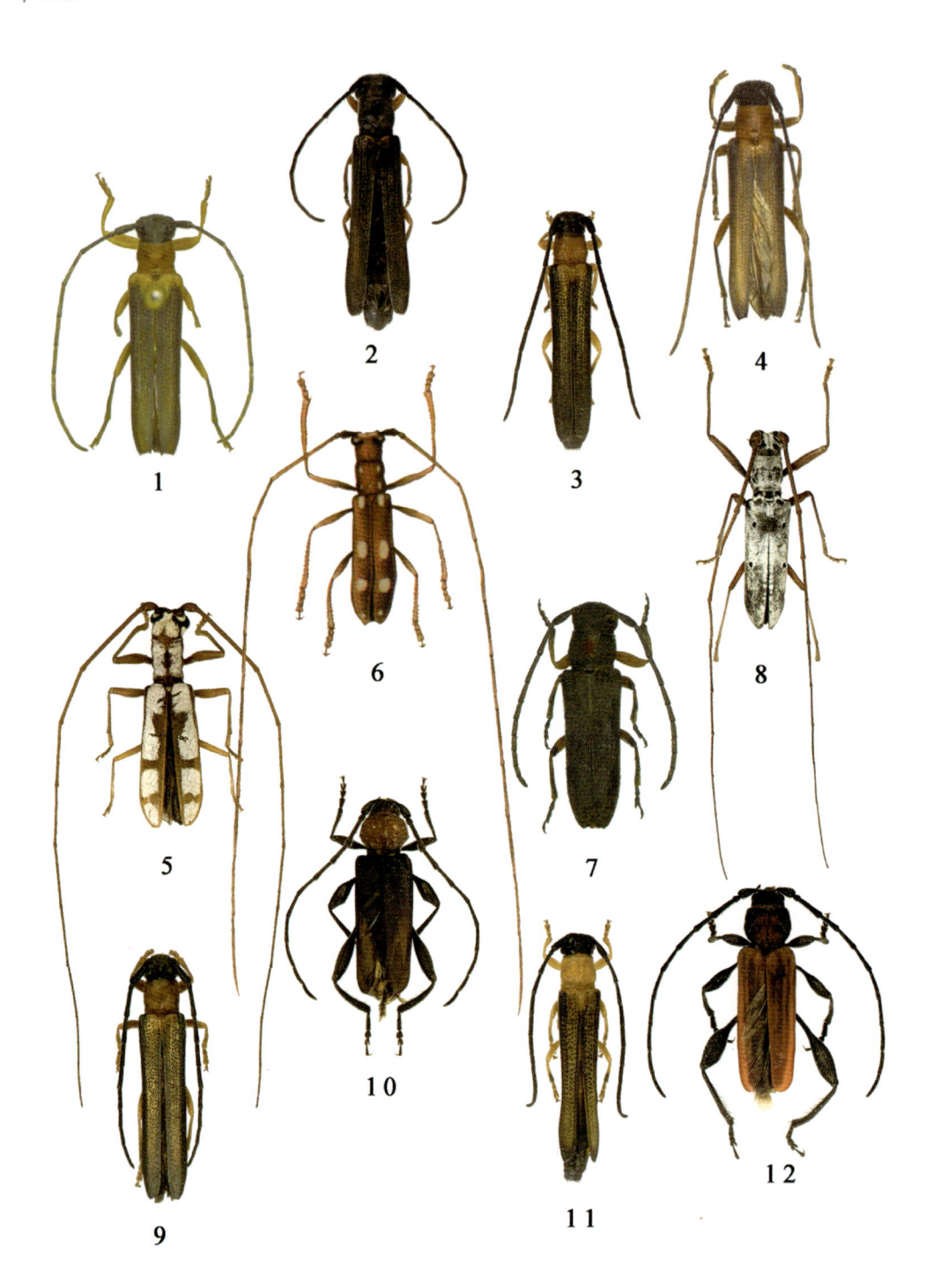

1. 黑翅脊筒天牛 *Nupserha infantula*；2. 中斑赫氏筒天牛 *Oberea herzi*；3. 舟山筒天牛 *Oberea inclusa*；4. 黑腹筒天牛 *Oberea nigriventris nigriventris*；5. 粉天牛 *Olenecamptus cretaceus cretaceus*；6. 八星粉天牛 *Olenecamptus octopustulatus*；7. 菊小筒天牛 *Phytoecia rufiventris a*；8. 黑点粉天牛 *Olenecamptus clarus*；9. 瞳筒天牛 *Oberea pupillata*；10. 黄褐棍腿天牛 *Phymatodes testaceus*；11. 黑尾筒天牛 *Oberea reductesignata*；12. 赤天牛 *Oupyrrhidium cinnabarium*.(6 引自蒋书楠等，1985)

图版 XXXI

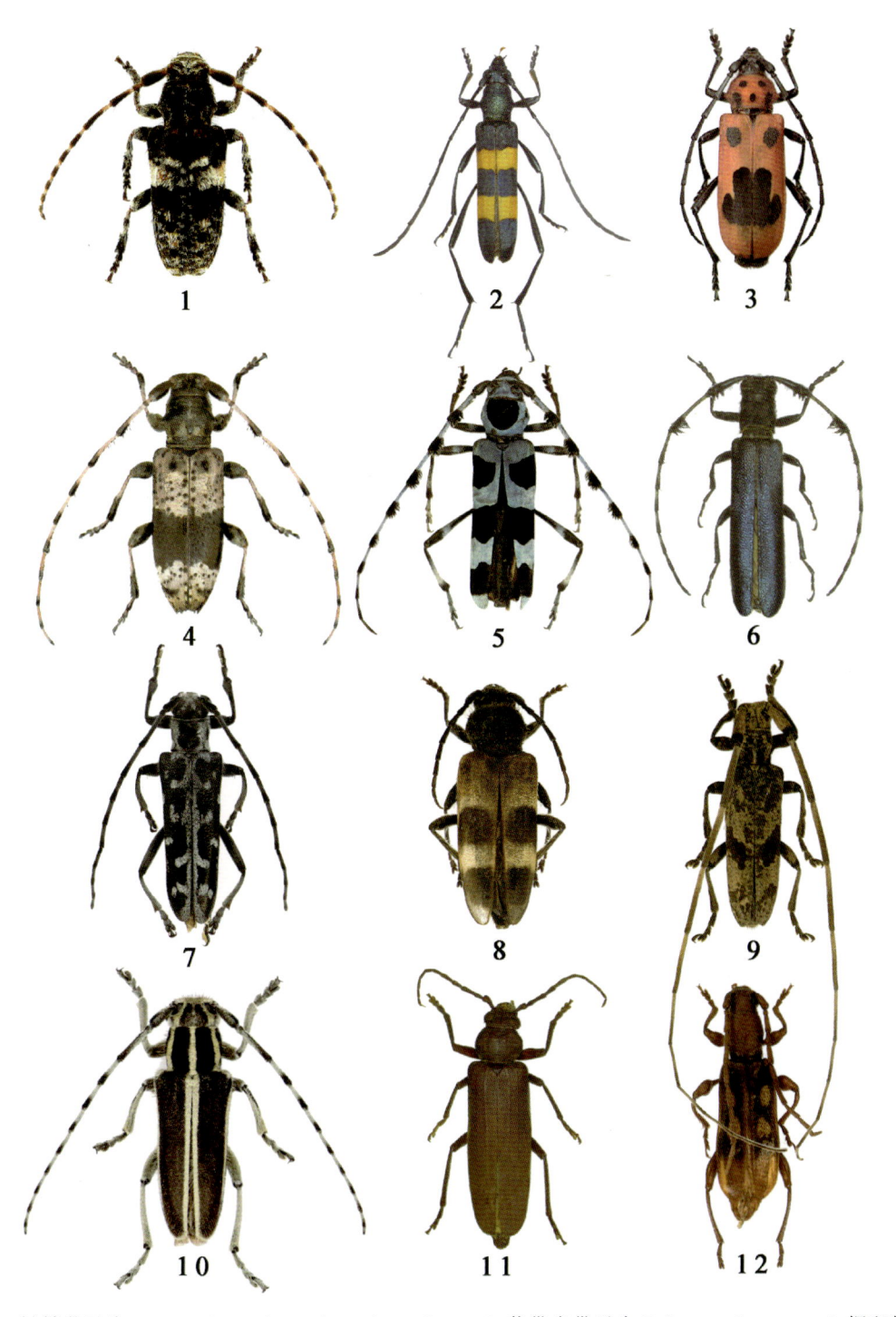

1. 松梢芒天牛 *Pogonocherus fasciculatus fasciculatus*；2. 黄带多带天牛 *Polyzonus fasciatus*；3. 帽斑紫天牛 *Purpuricenus lituratus*；4. 柳角胸天牛 *Rhopaloscelis unifasciatus*；5. 蓝丽天牛 *Rosalia coelestis*；6. 断条楔天牛 *Saperda interrupta*；7. 白桦梯楔天牛 *Saperda scalaris hieroglyphica*；8. 双条杉天牛 *Semanotus bifasciatus*；9. 樟泥色天牛 *Uraecha angusta*；10. 麻竖毛天牛 *Thyestilla gebleri*；11. 家茸天牛 *Trichoferus campestris*；12. 拟腊天牛 *Stenygrinum quadrinotatum*.

| 图版 XXXII

1. 十四斑负泥虫 *Crioceris quatuordecimpunctata*；2. 枸杞龟甲 *Cassida deltoides*；3. 隆胸负泥虫 *Lilioceris merdigera*；4. 密点负泥虫 *Oulema viridula*；5. 圆顶梳龟甲 *Aspidimorpha difformis*；6. 蓝翅负泥虫 *Lema (Petauristes) honorata*；7. 蒿龟甲 *Cassida fuscorufa*；8. 甜菜龟甲 *Cassida nebulosa*；9. 淡胸藜龟甲 *Cassida (Cassida) pallidicollis*；10. 甘薯腊龟甲 *Laccoptera (Laccopteroidea) nepalensis*；11. 四斑尾龟甲 *Thlaspida lewisi*；12. 黑龟铁甲 *Cassidispa mirabilis*.(1 引自谭娟杰等，1980)

图版 XXXIII

1. 锯齿叉趾铁甲 *Dactylispa angulosa*；2. 瘤翅尖爪铁甲 *Hispellinus moerens*；3. 黑条波萤 *Brachyphora nigrovittata*；4. 豆长刺萤叶甲 *Atrachya menetriesii*；5. 胡枝子克萤叶甲 *Cneorane elegans*；6. 桑窝额萤叶甲 *Fleutiauxia armata*；7. 戴利多脊萤叶甲 *Galeruca dahlii vicina*；8. 二纹柱萤叶甲 *Gallerucida bifasciata*；9. 四斑长跗萤叶甲 *Monolepta quadriguttata*；10. 阔胫萤叶甲 *Pallasiola absinthii*；11. 双带窄缘萤叶甲 *Phyllobrotica signata*；12. 榆绿毛萤叶甲 *Pyrrhalta aenescens*.(9 引自王洪建等，2006)

| 图版 XXXIV

1. 蓟跳甲 *Altica cirsicola*；2. 黄斑直缘跳甲 *Ophrida xanthospilota*；3. 紫榆叶甲 *Ambrostoma quadriimpressum quadriimpressum*；4. 盾厚缘叶甲 *Aoria scutellaris*；5. 蒿金叶甲 *Chrysolina aurichalcea*；6. 薄荷金叶甲 *Chrysolina exanthematica exanthematica*；7. 沟胸金叶甲指名亚种 *Chrysolina sulcicollis sulcicollis*；8. 弧斑叶甲 *Chrysomela lapponica*；9. 杨叶甲 *Chrysomela populi*；10. 柳十八斑叶甲 *Chrysomela salicivoroax*；11. 光背锯角叶甲 *Clytra laeviuscula*；12. 东方切头叶甲 *Coptocephala orientalis*.

图版 XXXV

1. 光轮小卷蛾东方油菜叶甲 *Entomoscelis orientalis*；2. 核桃扁叶甲 *Gastrolina depressa*；3. 黄臀短柱叶甲 *Pachybrachis ochropygus*；4. 黑盾角胫叶甲 *Gonioctena fulva*；5. 中华钳叶甲 *Labidostomis chinensis*；6. 二点钳叶甲 *Labidostomis urticarumurticarum*；7. 蓼蓝齿胫叶甲 *Gastrophysa atrocyanea*；8. 花背短柱叶甲 *Pachybrachisscriptidorsum*；9. 梨斑叶甲 *Paropsides soriculata*；10. 黑额粗足叶甲 *Physosmaragdina nigrifron*；11. 杨柳光叶甲 *Smaragdina aurita hammarstroemi*；12. 梨光叶甲 *Smaragdina semiaurantiaca*.

| 图版 XXXVI

1. 绿蓝隐头叶甲无斑亚种 *Cryptocephalus regalis cyanescens*；2. 艾蒿隐头叶甲 *Cryptocephalus koltzei koltzei*；3. 斑额隐头叶甲指名亚种 *Cryptocephalus kulibini kulibini*；4. 榆隐头叶甲 *Cryptocephalus lemniscatus*；5. 肩斑隐头叶甲 *Cryptocephalusbipunctatus cautus*；6. 槭隐头叶甲 *Cryptocephalus mannerheimi*；7. 黄缘隐头叶甲 *Cryptocephalus ochroloma*；8. 酸枣隐头叶甲 *Cryptocephalus peliopterus peliopterus*；9. 斑腿隐头叶甲 *Cryptocephalus pustulipes*；10. 绿蓝隐头叶甲指名亚种 *Cryptocephalus regalis regalis*；11. 齿腹隐头叶甲 *Cryptocephalus stchukini*；12. 褐足角胸肖叶甲 *Basilepta fulvipes*.(7 引自谭娟杰等，1980)

图版 XXXVII

1. 中华萝藦肖叶甲 *Chrysochus chinensis*；2. 甘薯肖叶甲 *Colasposoma dauricum*；3. 银纹毛肖叶甲 *Trichochrysea japana*；4. 锯胸叶甲 *Syneta adamsi*；5. 圆斑卷象 *Agomadaranus semiannulatus*；6. 榛卷象 *Apoderus coryli*；7. 小卷象 *Compsapoderus geminus*；8 梨卷叶象 *Byctiscus betulae*；9. 苹果卷叶象 *Byctiscus princeps*；10. 山杨卷象 *Byctiscus rugosus*；11. 实剪枝象 *Cyllorhynchites ursulus rostralis*；12. 梨虎象 *Rhynchites heros*.

| 图版 XXXVIII

1. 平行大粒象 *Adosomus parallelocollis*；2. 黄斑船象 *Anthinobaris dispilota dispilota*；3. 黑斜纹象 *Bothynoderes declivis*；4. 亥象 *Callirhopalus sedakowii*；5. 短毛草象 *Chloebius immeritus*；6. 隆脊绿象 *Chlorophanus lineolus*；7. 西伯利亚绿象 *Chlorophanus sibiricus*；8. 欧洲方喙象 *Cleonis pigra*；9. 柞栎象 *Curculio dentipes*；10. 榛象 *Curculio dieckmanni*；11. 麻栎象 *Curculio robustus*；12. 短带长毛象 *Enaptorrhinus convexiusculus*.

1. 臭椿沟眶象 *Eucryptorrhynchus brandti*；2. 沟眶象 *Eucryptorrhynchus scrobiculatus*；3. 北京三纹象 *Lagenolobus sieversi*；4. 白毛树皮象 *Hylobius albosparsus*；5. 松树皮象 *Hylobius haroldi*；6. 大菊花象 *Larinus griseopilosus*；7. 漏芦菊花象 *Larinus scabrirostris*；8. 波纹斜纹象 *Lepyrus japonicus*；9. 云斑斜纹象 *Lepyrus nebulosus*；10. 尖翅筒喙象 *Lixus acutipennis*；11. 黑龙江筒喙象 *Lixus amurensis*；12. 圆筒筒喙象 *Lixus fukienesis*.

| 图版 XL

1. 长尖筒喙象 *Lixus moiwanus*；2. 钝圆筒喙象 *Lixus subtilis*；3. 金绿树叶象 *Phyllobius virideaeris virideaeris*；4. 银光球胸象 *Piazomias fausti*；5. 小遮眼象 *Pseudocneorhinus minimus*；6. 胖遮眼象 *Pseudocneorhinus sellatus*；7. 红脂大小蠹 *Dendroctonus valens*；8. 六齿小蠹 *Ips acuminatus*；9. 十二齿小蠹 *Ips sexdentatus*；10. 落叶松八齿小蠹 *Ips subelongatus*；11. 松瘤小蠹 *Orthotomicus erosus*；12. 纵坑切梢小蠹 *Tomicus piniperda*.

图版 XLI

1. 大和锉小蠹 *Scolytoplatypus mikado*；2. 小黄长角蛾 *Nemophora staudingerella*；3. 灰翅叶斑蛾 *Illiberis hyalina*；4. 云斑带蛾 *Apha yunnanensis*；5. 赤杨镰钩蛾 *Drepana curvatula*；6. 青海草蛾 *Ethrnia nigripedella*；7. 甜枣条麦蛾 *Anarsia bipinnata*；8. 山楂棕麦蛾 *Dichomeris derasella*；9. 艾棕麦蛾 *Dichomeris rasilella*；10. 白桦棕麦蛾 *Dichomeris ustalella*；11. 榆木蠹蛾 *Holcocerus vicarius*；12. 忍冬双斜卷蛾 *Clepsis rurinana*；13. 青云卷蛾 *Cnephasia stephensiana*；14. 细圆卷蛾 *Neocalyptis liratana*；15. 松褐卷蛾 *Pandemis cinnamomeana*.

| 图版 XLII

1. 苹褐卷蛾 *Pandemis heparana*；2. 环铅卷蛾 *Ptycholoma lecheana*；3. 点基斜纹小卷蛾 *Apotomis capreana*；4. 屯花小卷蛾 *Eucosma tundrana*；5. 斑刺小卷蛾 *Pelochrista arabescana*；6. 光轮小卷蛾 *Rudisociaria expeditana*；7. 二点织蛾 *Aphomia zelleri*；8. 渣石斑螟 *Laodamia faecella*；9. 红云翅斑螟 *Oncocera semirubella*；10. 银翅亮斑螟 *Selagia argyrella*；11. 小脊斑螟 *Salebria ellenella*；12. 金黄螟 *Pyralis regalis*；13. 银光草螟 *Crambus perlellus*；14. 网锥额野螟 *Loxostege sticticalis*；15. 尖锥额野螟 *Sitochroa verticalis*.

1. 褐钝额野螟 *Anania fuscalis*；2. 夏枯草线须野螟 *Anania hortulata*；3. 茴香薄翅野螟 *Evergestis extimalis*；4. 乌苏里褶缘野螟 *Paratalanta ussurialis*；5. 黄纹野螟 *Pyrausta aurata*；6. 酸模野螟 *Pyrausta memnialis*；7. 黄刺蛾 *Monema flavescens*；8. 中国绿刺蛾 *Parasa sinica*；9. 醋栗尺蛾 *Abraxas grossulariata*；10. 桦霜尺蛾 *Alcis repandata*；11. 李尺蛾 *Angerona prunaria*；12. 桦尺蛾 *Biston betularia*；13. 粉蝶尺蛾 *Bupalus vestalis*；14. 紫线尺蛾 *Calothysanis comptaria*；15. 双斜线尺蛾 *Megaspilates mundataria*.

| 图版 XLIV

1. 甘肃虚幽尺蛾 *Ctenognophos ventraria kansubia*；2. 华秋枝尺蛾 *Ennomos autumnaria sinica*；3. 流纹州尺蛾 *Epirrhoe tristata*；4. 桦褐叶尺蛾 *Eulithis achatinellaria*；5. 焦点滨尺蛾 *Exangerona prattiaria*；6. 利剑铅尺蛾 *Gagitodes sagittata*；7. 曲白带青尺蛾 *Geometra glaucaria*；8. 蝶青尺蛾 *Geometra papilionaria*；9. 云青尺蛾 *Geometra symaria*；10. 波翅青尺蛾 *Thalera fimbrialis*；11. 小红姬尺蛾 *Idaea muricata*；12. 女贞尺蛾 *Naxa seriaria*；13. 雪尾尺蛾 *Ourapteryx nivea*；14. 驼尺蛾 *Pelurga comitata*；15. 中国汝尺蛾 *Rheumaptera chinensis*.

图版 XLV

1. 褐脉粉尺蛾 *Siona lineata*；2. 黄四斑尺蛾 *Stamnodes danilovi*；3. 清二线绿尺蛾 *Thetidia atyche*；4. 环橡波纹蛾 *Toelgyfaloca circumdata*；5. 黑带二尾舟蛾 *Cerura felina*；6. 杨二尾舟蛾 *Cerura menciana*；7. 燕尾舟蛾 *Furcula furcula*；8. 短扇舟蛾 *Clostera curtuloides*；9. 杨扇舟蛾 *Clostera anachoreta*；10. 漫扇舟蛾 *Clostera pigra*；11. 榆白边舟蛾 *Nerice davidi*；12. 黄斑舟蛾 *Notodonta dembowskii*；13. 烟灰舟蛾 *Notodonta torva*；14. 仿齿舟蛾 *Odontosiana tephroxantha*；15. 细羽齿舟蛾 *Ptilodon capucina*.

| 图版 XLVI

1. 杨剑舟蛾 *Pheosia rimosa*；2. 灰羽舟蛾 *Pterostoma griseum*；3. 窦舟蛾 *Zaranga pannosa*；4. 丽毒蛾 *Calliteara pudibunda*；5. 杨雪毒蛾 *Leucoma condida*；6. 黑纹北灯蛾 *Amurrhyparia leopardinula*；7. 豹灯蛾 *Arctia caja*；8. 排点灯蛾 *Diacrisia sannio*；9. 黄臀灯蛾 *Epatolmis caesarea*；10. 淡黄污灯蛾 *Lemyra jankowskii*；11. 斑灯蛾 *Pericallia matronula*；12. 亚麻篱灯蛾 *Phragmatobia fuliginosa*；13. 污灯蛾 *Spilarctia lutea*；14. 星白雪灯蛾 *Spilosoma menthastri*；15. 白雪灯蛾 *Chionarctia nivea*.

图版 XLVII

1. 后褐土苔蛾 *Eilema flavocilata*；2. 日土苔蛾 *Eilema japonica*；3. 四点苔蛾 *Lithosia quadra*；4. 美苔蛾 *Miltochrista miniata*；5. 黄痣苔蛾 *Stigmatophora flava*；6. 明痣苔蛾 *Stigmatophora micans*；7. 玫痣苔蛾 *Stigmatophora rhodophila*；8. 黑鹿蛾 *Amata ganssuensis*；9. 桃剑纹夜蛾 *Acronicta incretata*；10. 剑纹夜蛾 *Acronicta leporina*；11. 赛剑纹夜蛾 *Acronycta psi*；12. 袜纹夜蛾 *Autographa excelsa*；13. 满丫纹夜蛾 *Autographa mandarina*；14. 翠色狼夜蛾 *Actebia praecox*；15. 荒夜蛾 *Agroperina lateritia*.

| 图版 XLVIII

1. 角线寡夜蛾 *Aletia conigera*；2. 研夜蛾 *Aletia vitellina*；3. 亚央夜蛾 *Amphipoea asiatica*；4. 麦央夜蛾 *Amphipoea fucosa*；5. 紫黑扁身夜蛾 *Amphipyra livida*；6. 蔷薇扁身夜蛾 *Amphipyra perflua*；7. 绿组夜蛾 *Anaplectoides prasina*；8. 毁秀夜蛾 *Apamea funerea*；9. 委夜蛾 *Athetis furvula*；10. 后委夜蛾 *Athetis gluteosa*；11. 朽木夜蛾 *Axylia putris*；12. 阴卜夜蛾 *Bomolocha stygiana*；13. 白肾裳夜蛾 *Catocala agitatrix*；14. 苹刺裳夜蛾 *Catocala bella*；15. 光裳夜蛾 *Catocala fulminea*.

图版 XLIX

1. 裳夜蛾 *Catocala nupta*；2. 红腹裳夜蛾 *Catocala pacta*；3. 鹿裳夜蛾 *Catocala proxeneta*；4. 鸽光裳夜蛾 *Ephesia columbina*；5. 溶金斑夜蛾 *Chrysaspidia conjuncta*；6. 客来夜蛾 *Chrysorithrum amata*；7. 筱客来夜蛾 *Chrysorithrum flavomaculata*；8. 土孔夜蛾 *Corgatha argillacea*；9. 一色兜夜蛾 *Cosmia unicolor*；10. 白黑首夜蛾 *Craniophora albonigra*；11. 女贞首夜蛾 *Craniophora ligustri*；12. 嗜蒿冬夜蛾 *Cucullia artemisiae*；13. 黑纹冬夜蛾 *Cucullia asteris*；14. 蒿冬夜蛾 *Cucullia fraudatrix*；15. 富冬夜蛾 *Cucullia fuchsiana*.

| 图版 L

1. 银装冬夜蛾 Cucullia splendida；2. 焦毛冬夜蛾 Mniotype adusta；3. 干纹冬夜蛾 Staurophora celsia；4. 柳美冬夜蛾 Xanthia icteritia；5. 黄紫美冬夜蛾 Xanthia togata；6. 八纹夜蛾 Diachrysia leonina；7. 紫金翅夜蛾 Diachrysia chryson；8. 青金翅夜蛾 Diachrysia stenochrysis；9. 北方美金翅夜蛾 Syngrapha ain；10. 灰歹夜蛾 Diarsia canescens；11. 玫斑钻夜蛾 Earias roseifera；12. 清夜蛾 Enargia paleacea；13. 麟角希夜蛾 Eucarta virgo；14. 东风夜蛾 Eurois occulta；15. 白边切夜蛾 Euxoa oberthuri.

1. 梳跗盗夜蛾 *Hadena aberrans*；2. 网夜蛾 *Heliophobus reticulat*；3. 苜蓿夜蛾 *Heliothis viriplaca*；4. 蛮夜蛾 *Helotropha leucostigma*；5. 黑肾蜡丽夜蛾 *Kerala decipiens*；6. 瘠粘夜蛾 *Leucania pallidior*；7. 黏虫 *Leucania separata*；8. 绒粘夜蛾 *Leucania velutina*；9. 平影夜蛾 *Lygephila lubrica*；10. 土夜蛾 *Macrochthonia fervens*；11. 白肾灰夜蛾 *Melanchra persicariae*；12. 蒙灰夜蛾 *Polia bombycina*；13. 灰夜蛾 *Polia nebulosa*；14. 锯灰夜蛾 *Polia serratilinea*；15. 色孔雀夜蛾 *Nacna prasinaria*.

1. 银钩夜蛾 *Panchrysia dives*；2. 印铜夜蛾 *Polychrysia monet*；3. 宽胫夜蛾 *Protoschinia scutosa*；4. 陌夜蛾 *Trachea atriplicis*；5. 劳鲁夜蛾 *Xestia baja*；6. 八字地老虎 *Xestia c-nigrum*；7. 东方兀鲁夜蛾 *Xestia ditrapezium orientalis*；8. 榆绿天蛾 *Callambulyx tatarinovi*；9. 深色白眉天蛾 *Hyles gallii*；10. 松黑天蛾 *Hyloicus caligineus sinicus*；11. 黄脉天蛾 *Laothoe amurensis*；12. 小豆长喙天蛾 *Macroglossum stellatarum*；13. 梨六点天蛾 *Marumba gaschkewitschi complacens*；14. 枣桃六点天蛾 *Marumba gaschkewitschi*；15. 白环红天蛾 *Pergesa askoldensis*.

图版 LIII

1. 紫光盾天蛾 *Phyllosphingia dissimilis*；2. 杨目天蛾 *Smerithus caecus*；3. 红节天蛾 *Sphinx ligustri*；4. 雀纹天蛾 *Theretra japonica*；5. 丁目大蚕蛾 *Aglia tau*；6. 黄褐箩纹蛾 *Brahmaea certhia*；7. 杉小枯叶蛾 *Cosmotriche lobulina*；8. 落叶松毛虫 *Dendrolimus superans*；9. 杨褐枯叶蛾 *Gastropacha populifolia*；10. 北李褐枯叶蛾 *Gastropacha quercifolia cerridifolia*；11. 黄褐幕枯叶蛾 *Malacosoma neustria testacea*；12. 苹枯叶蛾 *Odonestis pruni*；13. 松栎枯叶蛾 *Paralebeda plagifera*；14. 月光枯叶蛾 *Somadasys lunata*；15. 银弄蝶 *Carterocephalus palaemon*.

| 图版 LIV

1. 黄翅银弄蝶 *Carterocephalus silvicda*；2. 深山珠弄蝶 *Erynnis montanus*；3. 链弄蝶 *Heteropterus morpheus*；4. 星点弄蝶 *Muschampia teessellum*；5. 花弄蝶 *Pyrgus maculatus*；6. 小红珠绢蝶 *Parnassius nomion*；7. 绢粉蝶 *Aporia crataegi*；8. 小檗绢粉蝶 *Aporia hippia*；9. 灰翅绢粉蝶 *Aporia potanini*；10. 斑缘豆粉蝶 *Colias erate*；11. 西梵豆粉蝶 *Colias sieversi*；12. 尖钩粉蝶 *Gonepteryx mahaguru*；13. 突角小粉蝶 *Leptidea amurensis*；14. 黑纹粉蝶 *Pieris melete*；15. 暗脉粉蝶 *Pieris napi*.

1. 菜粉蝶 *Pieris rapae*；2. 云粉蝶 *Pontia edusa*；3. 阿芬眼蝶 *Aphantopus hyperanthus*；4. 大艳眼蝶 *Callerebia suroia*；5. 牧女珍眼蝶 *Coenonympha amaryllis*；6. 隐藏珍眼蝶 *Coenonympha arcania*；7. 英雄珍眼蝶 *Coenonympha hero*；8. 西冷珍蛱蝶 *Clossiana selenis*；9. 红眼蝶 *Erebia alcmena*；10. 大毛眼蝶 *Lasiommata majuscula*；11. 斗毛眼蝶 *Lasrommata deidamia*；12. 黄环链眼蝶 *Lopinga achine*；13. 华北白眼蝶 *Melanargia epimede*；14. 白眼蝶 *Melanargia halimede*；15. 黑纱白眼蝶 *Melanargia lugens*..

| 图版 LVI

1. 蛇眼蝶 *Minois dryas*；2. 蟾眼蝶 *Triphysa phyrne*；3. 荨麻蛱蝶 *Aglais urticae*；4. 柳紫闪蛱蝶 *Apatura ilia* 5. 紫闪蛱蝶 *Apatura iris*；6. 布网蜘蛱蝶 *Araschnia burejana*；7. 绿豹蛱蝶 *Argynnis paphia*；8. 伊诺小豹蛱蝶 *Brenthis ino*；9. 青豹蛱蝶 *Damora sagana*；10. 银斑豹蛱蝶 *Speyeria aglaja*；11. 灿福蛱蝶 *Fabriciana adippe*；12. 孔雀蛱蝶 *Inachis io*；13. 重眉线蛱蝶 *Limenitis amphyssa*；14. 戟眉线蛱蝶 *Limenitis homeyeri*；15. 横眉线蛱蝶 *Limenitis moltrechti*.

1. 折线蛱蝶 *Limenitis sydyi*；2. 帝网蛱蝶 *Melitaea diamina*；3. 斑网蛱蝶 *Melitaea didymoides*；4. 白斑迷蛱蝶 *Mimathyma schrenckii*；5. 黄环蛱蝶 *Neptis themis*；6. 黄缘蛱蝶 *Nymphalis antiopa*；7. 白矩朱蛱蝶 *Nymphalis vau-album*；8. 朱蛱蝶 *Nymphalis xanthomelas*；9. 白钩蛱蝶 *Polygonia c-album*；10. 小红蛱蝶 *Vanessa cardui*；11. 琉璃灰蝶 *Celastrina argiolus*；12. 蓝灰蝶 *Everes argiades*；13. 红珠灰蝶 *Lycaeides argyrognomon*；14. 红灰蝶 *Lycaena phlaeas*；15. 斑貉灰蝶 *Lycaena virgaureae*.

| 图版 LVIII

1. 胡麻霾灰蝶 *Maculinea teleia*；2. 古灰蝶 *Palaeochrysophanus hippothoe*；3. 茄纹红珠灰蝶 *Plebejus cleobis*；4. 多眼灰蝶 *Polyo mmatus eros*；5. 玄灰蝶 *Tongeia fischeri*；6. 膨条瘤虻 *Hybomitra expollicata*；7. 大草蛉 *Chrysopa pallens*；8. 翅痣瘤虻 *Hybomitra stigmoptera*；9. 丽草蛉 *Chrysopa formosa*；10. 日原完眼蝶角蛉 *Protidricerus japonicus*；11. 亚多沙虻 *Tabanus subsabuletorum*；12. 全北褐蛉 *Hemerobius humulinus*；13. 骚扰黄虻 *Atylotus miser*；14. 黄领蜂虻 *Bombomyia vitellinus*；15. 北京斑翅蜂虻 *Hemipenthes beijingensis*.

图版 LIX

1. 短毛长角蚜蝇 *Chrysotoxum lanulosum*；2. 西伯利亚长角蚜蝇 *Chrysotoxum sibiricum*；3. 双线毛蚜蝇 *Dasysyrphus bilineatus*；4. 浅环边蚜蝇 *Didea alneti*；5. 黑带蚜蝇 *Episyrphus balteatus*；6. 三色密毛蚜蝇 *Eriozona tricolorata*；7. 灰带管蚜蝇 *Eristalinus cerealis*；8. 短腹管蚜蝇 *Eristalis arbustorum*；9. 长尾管蚜蝇 *Eristalis tenax*；10. 凹带优蚜蝇 *Eupeodes nitens*；11. 东方墨蚜蝇 *Melanostoma orientale*；12. 斜斑鼓额蚜蝇 *Scaeva pyrastri*.

| 图版 LX

1. 月斑鼓额蚜蝇 *Scaeva selenitica*；2. 黄盾蜂蚜蝇 *Volucella pellucens tabanoides*；3. 榆三节叶蜂 *Arge captive*；4. 日本菜叶蜂 *Athalia japonica*；5. 风桦锤角叶蜂 *Cimbex femorata*；6. 西伯毛锤角叶蜂 *Trichiosoma sibiricum*；7. 波氏细锤角叶蜂 *Leptocimbex potanini*；8. 小麦叶蜂 *Dolerus tritici*；9. 环跗钝杂姬蜂 *Amblyjoppa annulitarsis*；10. 棘钝姬蜂 *Amblyteles armatorius*；11. 野蚕黑瘤姬蜂 *Coccygomimus luctuosa*；12. 东方圆胸姬蜂 *Colpotrochia (Scallama) orientalis*.

图版 LXI

1. 地蚕大凹姬蜂黄盾亚种 *Ctenichneumon panzeri suzukii*；2. 银翅欧姬蜂端宽亚种 *Opheltes glaucopterus apicalis*；3. 黑褐长尾茧蜂 *Glyptomorpha (Glyptomorpha) pectoralis*；4. 中长黄胡蜂 *Dolichovespula media*；5. 石长黄胡蜂 *Dolichovespula saxonica*；6. 奥地利黄胡蜂 *Vespula austriaca*；7. 细黄胡蜂 *Vespula flaviceps*；8. 普通黄胡蜂 *Vespula vulgaris*；9. 角马蜂 *Polistes chinensis antennalis*；10. 斯马蜂 *Polistes snelleni*；11. 沙泥蜂 *Ammophila sabulosa*；12. 斑盾方头泥蜂 *Crabro cribrarius*.

| 图版 LXII

1. 耙掌泥蜂红腹亚种 *Palmodes occitanicus perplexus*；2. 盗条蜂 *Anthophora (Melea) plagiata*；3. 东方蜜蜂中华亚种 *Apis (Sigmatapis) cerana cerana*；4. 红光熊蜂 *Bombus (Bombus) ignitus*；5. 北京长须蜂 *Eucera pekingensis*；6. 彩艳斑蜂 *Nomada versicolor*；7. 斑沙蜂绣亚种 *Bembix niponica picticollis*；8. 红足地蜂 *Andrena haemorrhoa japonibia*；9. 金黄毛足蜂 *Dasypoda cockerelli*；10. 波氏长颈树蜂 *Xiphydria popovi*.

反侵权盗版声明

电子工业出版社依法对本作品享有专有出版权。任何未经权利人书面许可，复制、销售或通过信息网络传播本作品的行为；歪曲、篡改、剽窃本作品的行为，均违反《中华人民共和国著作权法》，其行为人应承担相应的民事责任和行政责任，构成犯罪的，将被依法追究刑事责任。

为了维护市场秩序，保护权利人的合法权益，我社将依法查处和打击侵权盗版的单位和个人。欢迎社会各界人士积极举报侵权盗版行为，本社将奖励举报有功人员，并保证举报人的信息不被泄露。

举报电话：（010）88254396；（010）88258888
传　　真：（010）88254397
E-mail：　dbqq@phei.com.cn
通信地址：北京市万寿路173信箱
　　　　　电子工业出版社总编办公室
邮　　编：100036